江西维管植物多样性编目

彭焱松 唐忠炳 谢宜飞 ◎ 主编

中国林业出版社
China Forestry Publishing House

内容简介

本书依据国际植物分类学的最新研究成果，石松类和蕨类植物按照PPG I 系统排列，裸子植物采用克氏系统（Christenhusz et al., 2011）排列，被子植物按APG IV 系统排列，共收录江西省行政区域内维管植物5766种（含种下等级），包含5100种、86亚种、539变种、25变形和16杂交种，隶属于230科1443属。其中野生维管植物有5196种（含种下等级），包含4593种、79亚种、498变种、22变形和4杂交种，隶属于219科1278属；归化或入侵植物有181种（含种下等级），包含176种、1亚种、1变种和3变形，隶属于40科123属。同时本书也收录了389种（含种下等级）常见栽培或具有重要经济价值的植物，包含331种、6亚种、40变种和12杂交种，隶属于89科216属。所有物种都列出了县级分布，以方便大家使用。本书可供从事植物学、林学、农学、医药等相关专业人员使用，也可供自然保护区管理、园林园艺、环境规划与评估、食品开发与利用等部门工作人员参考。

图书在版编目（CIP）数据

江西维管植物多样性编目 / 彭焱松等主编 . —北京：中国林业出版社，2021.11

ISBN 978-7-5219-1346-0

Ⅰ . ①江… Ⅱ . ①彭… Ⅲ . ①维管植物—生物多样性—编目—江西 Ⅳ . ① Q949.408

中国版本图书馆 CIP 数据核字 (2021) 第 181702 号

责任编辑：李　敏
电　　话：（010）83143575

出版发行：中国林业出版社（100009　北京西城区德内大街刘海胡同7号）
网　　站：http://www.forestry.gov.cn/lycb.html
印　　刷：北京中科印刷有限公司
版　　次：2021年11月第1版
印　　次：2021年11月第1次
开　　本：889mm×1194mm　1/16
印　　张：28.25
字　　数：956千字
定　　价：199.00元

《江西维管植物多样性编目》编委会

顾　问：黄宏文

主　编：彭焱松　唐忠炳　谢宜飞

编　委：（按姓氏拼音排序）

陈　慧　陈春发　程　林　邓绍勇　符　潮　桂忠明　郭龙清　何　梅
胡　菀　胡余楠　李　波　李中阳　梁同军　梁跃龙　廖许清　林昌勇
刘　勇　刘剑锋　刘江华　龙　川　卢　建　罗火林　彭鸿民　彭焱松
裘利洪　谭策铭　唐忠炳　万萍萍　王利松　温　馨　吴　丁　肖智勇
谢明华　谢宜飞　熊　宇　徐国良　徐艳琴　许宽宽　阳　亿　杨　军
乐新贵　詹慧英　詹选怀　张　丽　张　毅　张　忠　张朝晖　张文根
周赛霞　朱高栋

本书的出版得到以下单位的大力协助：

主持单位

中国科学院庐山植物园

参加单位

江西省科学技术厅	江西庐山国家级自然保护区管理局
江西省林业局	江西马头山国家级自然保护区管理局
赣南师范大学	江西赣江源国家级自然保护区管理局
江西农业大学	江西铜钹山国家级自然保护区管理局
南昌大学	江西官山国家级自然保护区管理局
江西中医药大学	江西九岭山国家级自然保护区管理局
景德镇学院	江西齐云山国家级自然保护区管理局
江西省林业科学院	江西南风面国家级自然保护区管理局
宜春市科学院	江西阳际峰国家级自然保护区管理局
萍乡市林业科学研究所	江西婺源森林鸟类国家级自然保护区
上饶市林业科学研究所	江西鄱阳湖国家级自然保护区管理局
江西井冈山国家级自然保护区管理局	九江森林植物标本馆
江西九连山国家级自然保护区管理局	瑞金市林业局
江西武夷山国家级自然保护区管理局	寻乌县自然资源局

本书的出版得到以下项目资助

中国科学院科技服务网络计划项目
　　中国植物园联盟建设（Ⅱ期）：本土植物全覆盖保护计划（项目编号：KFJ-3W-No1）

国家科技基础性工作专项重点项目
　　罗霄山脉地区生物多样性综合科学考察（项目编号：2013FY111500）

国家科技支撑计划
　　鄱阳湖流域重要珍稀濒危植物的保育及资源可持续利用技术集成研究与示范（项目编号：2011BAC13B00）

中国科学院战略生物资源科技支撑体系运行专项
　　生物标本馆（博物馆）运行补助经费项目（项目编号：CZBZX-1）

中国科学院战略生物资源能力建设项目
　　中亚热带/南亚热带过渡区域——南岭北坡-赣南地区的植物多样性研究（项目编号：KFJ-BRP-017-62）

国家自然科学基金地区项目
　　中国亚热带常绿阔叶林三种木兰科植物的比较谱系地理学研究（项目编号：41961009）

国家标本资源共享平台（NSII）项目
　　江西省维管植物名录及江西省数字标本馆建设（项目编号：2005DKA21400）

《江西维管植物多样性编目》序

联合国《生物多样性公约》第15次缔约方大会第一阶段会议于今年10月11～15日在昆明召开，凝聚了广泛的政治共识和社会认知。大会通过的《昆明宣言》为第二阶段会议达成兼具雄心和务实的未来十年全球生物多样性框架奠定了基础。有效履行《生物多样性公约》，首先要清楚生物多样性的家底，能够回答"有什么"、"在哪里"、现状"怎么样"等问题。《生物多样性公约》第七条 查明与监测要求缔约方查明生物多样性的组成部分，特别是与保护和可持续利用密切相关的生物多样性的组成部分，如物种、生态系统或遗传资源。生物多样性编目是"查明"的核心部分，具有重要意义。

欣闻庐山植物园和赣南师范大学联合相关单位，历时两年，对江西维管植物多样性进行全面整理，完成了《江西维管植物多样性编目》一书。汇集了作者们近20多年野外采集和相关研究成果，亦是100年来江西植物研究之集成。本书共收录江西省行政区域内维管植物5766种（含种下等级），包含5100种、86亚种、539变种、25变形和16杂交种，隶属于230科1443属。其中野生维管植物有5196种（含种下等级），包含4593种、79亚种、498变种、22变形和4杂交种，隶属于219科1278属，另有归化逸生种40科123属181种（含种下等级），常见栽培植物89科216属389种（含种下等级）。该书所收录之物种及其分布，是基于产自江西的34万份腊叶标本信息和大量的分类学文献资料，以及区域植物多样性研究数据，为完成《江西植物志》的编研和修订打下了坚实的基础，具有重要的学术价值。亦为江西植物多样性的保护与可持续利用提供了基础资料。

植物多样性研究是一个长期且艰苦的工作，更是极具传承性的工作。从1921年到2021年的100年中，在中华大地上，书写着一代又一代植物学人潜心考察和刻苦钻研的动人故事。江西植物研究的先贤领华夏之先，具有光荣的传统。我们看到了一种不忘初心，担当使命的植物学传承，也看到了一群充满朝气蓬勃的后劲之才。此书之成，彰显传承与奋进。故乐为之序。

马克平

中国科学院植物研究所研究员
中国科学院生物多样性委员会副主任兼秘书长
世界自然保护联盟（IUCN）亚洲区会员委员会主席
2021年11月18日于北京香山

《江西维管植物多样性编目》

前　言

江西地处中国亚热带湿润地区东部的中亚热带，北纬24°29'～30°05'、东经113°35'～118°29'，气候温暖湿润，为典型的中亚热带季风气候。全省除赣北地区相对平坦外，其余三面环山，全境有大小河流2400余条，还有中国最大淡水湖——鄱阳湖。这些优越的自然地理和气候条件为植物多样性的演化提供了丰富的生境类型和良好的生存条件。

江西省的植物科学研究自20世纪20年代初就已经开始，以胡先骕、钟观光等为代表的老一辈植物学家在江西开展了多次植物资源调查，拉开了江西植物研究的序幕。1934年庐山植物园的成立，一度让江西省植物引种和驯化工作走在全国前列。中华人民共和国成立后，以陈封怀、熊耀国、林英、赖书绅、胡启明、俞志雄、施兴华等为代表的植物学家组织并多次开展江西植物资源调查，采集了大量标本，为后人研究江西植物积累了宝贵资料。

1960年庐山植物园赖书绅、聂敏祥和胡启明等青年学者编写出版的《江西植物志》，收录有501种江西经济植物，该书虽以《江西植物志》为名，但内容还是对江西经济植物阶段性调查成果的总结。1979年江西省启动了《江西植物志》编研，在编委会的领导下，杨祥学于1982年整理出了内部版的《江西植物名录》。该名录记录有江西植物158科4253种（含栽培及种下等级），其中裸子植物13科129种，被子植物145科4124种，是对早期江西种子植物研究的比较全面的总结。2010年赣南师范大学刘仁林教授等编写出版了《江西种子植物名录》，该名录共记录有江西种子植物4452种（含栽培及种下等级），隶属于200科1160属，其中野生植物185科1054属4057种；裸子植物9科35属83种，被子植物191科1125属4369种，栽培植物6科71属312种。

随着《中国植物志》和《Flora of China》的完成，特别是《中国生物物种名录》的发布和近年来大量专科专属植物分类和分子系统学取得的重要研究成果，很多植物名称和分类地位得到修订。同时，全国各地出现的大量植物栽培、引种和外来植物入侵现象，对部分科研工作者和广大行政管理人员认清江西省植物资源造成了不小的困惑。为此，有必要在前人工作的基础上对江西植物名录进行全面修订，为《江西植物志》再版提供科学数据，有利于加强对江西省植物多样性保护、管理和可持续利用，服务于"美丽中国江西样板"建设。

本编目的物种名称以《中国生物物种名录》为标准进行核对，所收录的物种以腊叶标本记录信息为基础进行分类整理，标本和文献信息主要来自四个方面：一是庐山植物园标本馆馆藏的10万份产自江西的标本及作者长期采集、研究的成果；二是查阅了24万条国内其他标本馆收藏的江西植物标本信息；三是查阅并考证了国内外植物多样性研究文献，主要以《中国生物物种名录》为基准，同时参考《江西种子植物名录》(刘仁林，2010)、《江西植物志》1～3卷物种名录、PVH-江西数字植物标本馆–物种名录、"江西本土植物清查与保护"项目组专家审核的《江西本土植物名录》(2017年版)、《中国入侵植物名录》和《江西植物名录》(杨传学，1982)；四是查阅了自2000年以来发表的有关江西植物新类群和新记录信息。

基于以上处理原则，本编目共收录江西省行政区域内维管植物5766种（含种下等级），包含5100种、86亚种、539变种、25变形和16杂交种，隶属于230科1443属。其中野生维管植物有5196种（含种下等级），包含4593种、79亚种、498变种、22变形和4杂交种，隶属于219科1278属，另有归化逸生种40科123属181种（含种下等级），常见栽培植物89科216属389种（含种下等级）。本编目中栽培植物前面用"*"标注，对一些大家习惯使用的重要异名列出在物种拉丁名之后，并用"[ ]"标示。对一些从文献中考证存在但未见标本的物种，本编目用"评述"进行了说明，以方便读者进一步研究。

江西省维管植物统计表

类别	分类群	科	属	种及种下分类群	种	亚种	变种	变型	杂交种
按物种来源	野生	219	1278	5196	4593	79	498	22	4
	归化或入侵	40	123	181	176	1	1	3	0
	栽培	89	216	389	331	6	40	0	12
按物种类群	石松类和蕨类植物	35	103	489 (488*, 1▲)	454 (453*, 1▲)	2*	30*	1	2*
	裸子植物	9	36	99 (36*, 63♦)	89 (28*, 61♦)	0	9 (7*, 2♦)	1*	0
	被子植物	186	1304	5178 (4672*, 180▲, 326♦)	4557 (4112*, 175▲, 270♦)	84 (77*, 1▲, 6♦)	500 (461*, 1▲, 38♦)	23 (20*, 3▲)	14 (2*, 12♦)
	共计	230	1443	5766	5100	86	539	25	16

注：*表示野生植物种类数量；▲表示归化或入侵植物种类数量；♦表示栽培植物种类数量。

为和国际最新研究成果接轨，本编目石松类和蕨类植物按照PPG I系统排列，裸子植物采用克氏系统(Christenhusz et al., 2011)排列，被子植物按APG IV系统排列。虽与以往蕨类系统（秦仁昌系统）、裸子植物系统（郑万均系统）和被子植物系统（恩格勒系统、哈钦松系统、克朗奎斯特系统）相比变化较大，但新系统基于现代分子系统学研究的最新成果，能更好地揭示物种的演化与进化关系。

本编目有四个特点：一是分类系统最新。各类群排列采用国际上最新研究成果，有利于推动"进化"这一概念在生物多样性研究中的运用，并与国际植物分类学最新研究成果接轨。二是物种收录最全。本编目是编者近20余年野外采集研究成果的结晶，同时，收录了20年来各学者发表的产自江西的新种和新记录，是江西植物多样性研究最全面的资料。三是物种考证全面。通过查阅标本、文献资料和咨询国内专科专属分类研究专家，对存疑物种进行评估，并做出合理评述。四是物种分布可靠。县级分布地点基于产自江西的约34万份标本分布数据，并参考了近20年发表的分类学文献资料和区域植物多样性研究数据，力求客观、真实地反映江西植物家底。

本编目是江西本土及外省部分大专院校和科研院所对江西植物多样性研究的全面总结，是一部真正意义上属于江西省的维管植物名录，也是胡先骕从1921年开始对江西植物全面采集研究以来，历代学者历时100年共同努力的成果。

在此我们要特别感谢国家标本资源共享平台（NSII）马克平老师研究团队、中国科学院武汉植物园李新伟博士、中国科学院植物研究所于胜祥博士、赣南师范大学刘仁林教授、杭州师范大学金孝锋教授、南昌大学杨柏云教授和葛刚教授、江西农业大学杨光耀教授和张志勇教授等各位专家老师在整个编研过程中给予的指导与帮助。除此之外，还感谢江西植保所的黄向阳、靖安县林业局朱宗威、浙江大学陈洪梁博士等在编撰过程提供了个别物种分布信息。

本书由于涉及的类群丰富，标本、资料信息量大，我们在鉴定、分析和整理过程中难免有疏忽和错误，请读者不吝赐教，以期再版之时更正。非常感谢参与本书编写和提供数据的成员！

编　者

2021年7月于庐山植物园

《江西维管植物多样性编目》

目 录

序
前言

石松类和蕨类植物

石松科 **Lycopodiaceae** P. Beauv. ex Mirb. ·············· 02

水韭科 **Isoetaceae** Reichenb. ·············· 03

卷柏科 **Selaginellaceae** Willk. ·············· 03

木贼科 **Equisetaceae** Michx. ex DC. ·············· 04

松叶蕨科 **Psilotaceae** J. W. Griff. & Henfr. ·············· 04

瓶尔小草科 **Ophioglossaceae** Martinov ·············· 04

合囊蕨科 **Marattiaceae** Kaulf. ·············· 05

紫萁科 **Osmundaceae** Martinov ·············· 05

膜蕨科 **Hymenophyllaceae** Mart. ·············· 05

里白科 **Gleicheniaceae** C. Presl ·············· 06

海金沙科 **Lygodiaceae** M. Roem. ·············· 06

槐叶蘋科 **Salviniaceae** Martinov ·············· 07

蘋科 **Marsileaceae** Mirb. ·············· 07

瘤足蕨科 **Plagiogyriaceae** Bower ·············· 07

金毛狗科 **Cibotiaceae** Korall ·············· 08

桫椤科 **Cyatheaceae** Kaulf. ·············· 08

鳞始蕨科 **Lindsaeaceae** C. Presl ex M. R. Schomb. ·············· 08

凤尾蕨科 **Pteridaceae** E. D. N. Kirchn. ·············· 08

碗蕨科 **Dennstaedtiaceae** Lotsy ·············· 11

冷蕨科 **Cystopteridaceae** Schmakov ·············· 13

轴果蕨科 **Rhachidosoraceae** X. C. Zhang ·············· 13

肠蕨科 **Diplaziopsidaceae** X. C. Zhang & Christenh. ·············· 13

铁角蕨科 **Aspleniaceae** Newman	13
岩蕨科 **Woodsiaceae** Herter	15
球子蕨科 **Onocleaceae** Pic. Serm.	15
乌毛蕨科 **Blechnaceae** Newman	15
蹄盖蕨科 **Athyriaceae** Alston	16
金星蕨科 **Thelypteridaceae** Pic. Serm.	18
肿足蕨科 **Hypodematiaceae** Ching	21
鳞毛蕨科 **Dryopteridaceae** Hene	21
肾蕨科 **Nephrolepidaceae** Pic. Serm.	26
叉蕨科 **Tectariaceae** Panigrahi	26
篠蕨科 **Oleandraceae** Ching ex Pic. Serm.	26
骨碎补科 **Davalliaceae** M. R. Schomb.	26
水龙骨科 **Polypodiaceae** J. Presl & C. Presl	26

裸子植物

苏铁科 **Cycadaceae** Pers.	32
银杏科 **Ginkgoaceae** Engl.	32
买麻藤科 **Gnetaceae** Blume	32
松科 **Pinaceae** Spreng. ex F. Rudolphi	32
南洋杉科 **Araucariaceae** Henkel & W. Hochst.	34
罗汉松科 **Podocarpaceae** Endl.	34
柏科 **Cupressaceae** Gray	34
红豆杉科 **Taxaceae** Gray	37
金松科 **Sciadopityaceae** Luerss.	38

被子植物

（一）睡莲目 **Nymphaeales** Salisb. ex Bercht. & J. Presl	40
莼菜科 **Cabombaceae** Rich. ex A. Rich.	40
睡莲科 **Nymphaeaceae** Salisb.	40
（二）木兰藤目 **Austrobaileyales** Takht. ex Reveal	40
五味子科 **Schisandraceae** Bl.	40
（三）胡椒目 **Piperales** Bercht. & J. Presl	41
三白草科 **Saururaceae** Rich. ex T. Lestib.	41
胡椒科 **Piperaceae** Giseke	42
马兜铃科 **Aristolochiaceae** Juss.	42

（四）木兰目 **Magnoliales** Juss. ex Bercht. & J. Presl ··· 43
  木兰科 **Magnoliaceae** Juss. ··· 43
  番荔枝科 **Annonaceae** Juss. ··· 46

（五）樟目 **Laurales** Juss. ex Bercht. & J. Presl ··· 46
  蜡梅科 **Calycanthaceae** Lindl. ··· 46
  樟科 **Lauraceae** Juss. ··· 47

（六）金粟兰目 **Chloranthales** Mart. ··· 53
  金粟兰科 **Chloranthaceae** R. Br. ex Sims ··· 53

（七）菖蒲目 **Acorales** Mart. ··· 53
  菖蒲科 **Acoraceae** Martinov ··· 53

（八）泽泻目 **Alismatales** R. Br. ex Bercht. & J. Presl ··· 54
  天南星科 **Araceae** Juss. ··· 54
  泽泻科 **Alismataceae** Vent. ··· 55
  水鳖科 **Hydrocharitaceae** Juss. ··· 56
  水蕹科 **Aponogetonaceae** Planch. ··· 57
  眼子菜科 **Potamogetonaceae** Bercht. & J. Presl ··· 57

（九）无叶莲目 **Petrosaviales** Takht. ··· 58
  无叶莲科 **Petrosaviaceae** Hutch. ··· 58

（十）薯蓣目 **Dioscoreales** Mart. ··· 58
  沼金花科 **Nartheciaceae** Fr. ex Bjurzon ··· 58
  水玉簪科 **Burmanniaceae** Bl. ··· 59
  薯蓣科 **Dioscoreaceae** R. Br. ··· 59

（十一）露兜树目 **Pandanales** R. Br. ex Bercht. & J. Presl ··· 60
  霉草科 **Triuridaceae** Gardner ··· 60
  百部科 **Stemonaceae** Caruel ··· 60

（十二）百合目 **Liliales** Perleb ··· 61
  藜芦科 **Melanthiaceae** Batsch ex Borkh. ··· 61
  秋水仙科 **Colchicaceae** DC. ··· 62
  菝葜科 **Smilacaceae** Vent. ··· 62
  百合科 **Liliaceae** Juss. ··· 64

（十三）天门冬目 **Asparagales** Link ··· 65
  兰科 **Orchidaceae** Juss. ··· 65
  仙茅科 **Hypoxidaceae** R. Br. ··· 75
  鸢尾科 **Iridaceae** Juss. ··· 76

阿福花科 **Asphodelaceae** Juss. ··· 77

石蒜科 **Amaryllidaceae** J. St.–Hil. ·· 77

天门冬科 **Asparagaceae** Juss. ·· 78

（十四）棕榈目 **Arecales** Bromhead ··· 80

棕榈科 **Arecaceae** Bercht. & J. Presl ·· 80

（十五）鸭跖草目 **Commelinales** Mirb. ex Bercht. & J. Presl ·· 81

鸭跖草科 **Commelinaceae** Mirb. ·· 81

雨久花科 **Pontederiaceae** Kunth ·· 82

（十六）姜目 **Zingiberales** Griseb. ·· 82

芭蕉科 **Musaceae** Juss. ·· 82

美人蕉科 **Cannaceae** Juss. ·· 82

姜科 **Zingiberaceae** Martinov ··· 82

（十七）禾本目 **Poales** Small ··· 84

香蒲科 **Typhaceae** Juss. ··· 84

黄眼草科 **Xyridaceae** C. Agardh ·· 84

谷精草科 **Eriocaulaceae** Martinov ··· 84

灯心草科 **Juncaceae** Juss. ··· 85

莎草科 **Cyperaceae** Juss. ·· 85

禾本科 **Poaceae** Barnhart ··· 94

（十八）金鱼藻目 **Ceratophyllales** Link ··· 118

金鱼藻科 **Ceratophyllaceae** Gray ·· 118

（十九）毛茛目 **Ranunculales** Juss. ex Bercht. & J. Presl ·· 118

领春木科 **Eupteleaceae** K. Wilh. ··· 118

罂粟科 **Papaveraceae** Juss. ·· 118

木通科 **Lardizabalaceae** R. Br. ··· 119

防己科 **Menispermaceae** Juss. ··· 121

小檗科 **Berberidaceae** Juss. ·· 122

毛茛科 **Ranunculaceae** Juss. ·· 123

（二十）山龙眼目 **Proteales** Juss. ex Bercht. & J. Presl ·· 128

清风藤科 **Sabiaceae** Bl. ·· 128

莲科 **Nelumbonaceae** A. Rich. ··· 129

悬铃木科 **Platanaceae** T. Lestib. ··· 129

山龙眼科 **Proteaceae** Juss. ··· 130

（二十一）黄杨目 **Buxales** Takht. ex Reveal ··· 130

黄杨科 **Buxaceae** Dumort.	130
（二十二）虎耳草目 **Saxifragales** Bercht. & J. Presl	131
芍药科 **Paeoniaceae** Raf.	131
蕈树科 **Altingiaceae** Lindl.	131
金缕梅科 **Hamamelidaceae** R. Br.	132
连香树科 **Cercidiphyllaceae** Engl.	133
虎皮楠科 **Daphniphyllaceae** Müll. Arg.	134
鼠刺科 **Iteaceae** J. Agardh	134
茶藨子科 **Grossulariaceae** DC.	134
虎耳草科 **Saxifragaceae** Juss.	135
景天科 **Crassulaceae** J. St.-Hil.	135
扯根菜科 **Penthoraceae** Rydb. ex Britton	137
小二仙草科 **Haloragaceae** R. Br.	137
（二十三）葡萄目 **Vitales** Juss. ex Bercht. & J. Presl	138
葡萄科 **Vitaceae** Juss.	138
（二十四）蒺藜目 **Zygophyllales** Link	141
蒺藜科 **Zygophyllaceae** R. Br.	141
（二十五）豆目 **Fabales** Bromhead	141
豆科 **Fabaceae** Lindl.	141
远志科 **Polygalaceae** Hoffmanns. & Link	156
（二十六）蔷薇目 **Rosales** Bercht. & J. Presl	157
蔷薇科 **Rosaceae** Juss.	157
胡颓子科 **Elaeagnaceae** Juss.	171
鼠李科 **Rhamnaceae** Juss.	171
榆科 **Ulmaceae** Mirb.	174
大麻科 **Cannabaceae** Martinov	175
桑科 **Moraceae** Gaudich.	176
荨麻科 **Urticaceae** Juss.	178
（二十七）壳斗目 **Fagales** Engl.	182
壳斗科 **Fagaceae** Dumort.	182
杨梅科 **Myricaceae** Rich. ex Kunth	187
胡桃科 **Juglandaceae** DC. ex Perleb	187
桦木科 **Betulaceae** Gray	188
（二十八）葫芦目 **Cucurbitales** Juss. ex Bercht. & J. Presl	189

马桑科 **Coriariaceae** DC. ……… 189
葫芦科 **Cucurbitaceae** Juss. ……… 189
秋海棠科 **Begoniaceae** C. Agardh ……… 192

（二十九）卫矛目 **Celastrales** Link ……… 192
卫矛科 **Celastraceae** R. Br. ……… 192

（三十）酢浆草目 **Oxalidales** Bercht. & J. Presl ……… 195
酢浆草科 **Oxalidaceae** R. Br. ……… 195
杜英科 **Elaeocarpaceae** Juss. ……… 196

（三十一）金虎尾目 **Malpighiales** Juss. ex Bercht. & J. Presl ……… 196
古柯科 **Erythroxylaceae** Kunth ……… 196
藤黄科 **Clusiaceae** Lindl. ……… 197
金丝桃科 **Hypericaceae** Juss. ……… 197
堇菜科 **Violaceae** Batsch ……… 198
西番莲科 **Passifloraceae** Juss. ex Roussel ……… 200
杨柳科 **Salicaceae** Mirb. ……… 200
大戟科 **Euphorbiaceae** Juss. ……… 202
黏木科 **Ixonanthaceae** Planch. ex Miq. ……… 206
叶下珠科 **Phyllanthaceae** Martinov ……… 206

（三十二）牻牛儿苗目 **Geraniales** Juss. ex Bercht. & J. Presl ……… 208
牻牛儿苗科 **Geraniaceae** Juss. ……… 208

（三十三）桃金娘目 **Myrtales** Juss. ex Bercht. & J. Presl ……… 208
使君子科 **Combretaceae** R. Br. ……… 208
千屈菜科 **Lythraceae** J. St.-Hil. ……… 209
柳叶菜科 **Onagraceae** Juss. ……… 210
桃金娘科 **Myrtaceae** Juss. ……… 211
野牡丹科 **Melastomataceae** Juss. ……… 213

（三十四）缨子木目 **Crossosomatales** Takht. ex Reveal ……… 214
省沽油科 **Staphyleaceae** Martinov ……… 214
旌节花科 **Stachyuraceae** J. Agardh ……… 215

（三十五）腺椒树目 **Huerteales** Doweld ……… 215
瘿椒树科 **Tapisciaceae** Takht. ……… 215

（三十六）无患子目 **Sapindales** Juss. ex Bercht. & J. Presl ……… 215
漆树科 **Anacardiaceae** R. Br. ……… 215
无患子科 **Sapindaceae** Juss. ……… 216

芸香科 **Rutaceae** Juss. … 219

苦木科 **Simaroubaceae** DC. … 221

楝科 **Meliaceae** Juss. … 222

（三十七）锦葵目 **Malvales** Juss. ex Bercht. & J. Presl … 222

锦葵科 **Malvaceae** Juss. … 222

瑞香科 **Thymelaeaceae** Juss. … 226

（三十八）十字花目 **Brassicales** Bromhead … 227

叠珠树科 **Akaniaceae** Stapf … 227

山柑科 **Capparaceae** Juss. … 228

白花菜科 **Cleomaceae** Bercht. & J. Presl … 228

十字花科 **Brassicaceae** Burnett … 228

（三十九）檀香目 **Santalales** R. Br. ex Bercht. & J. Presl … 231

蛇菰科 **Balanophoraceae** Rich. … 231

檀香科 **Santalaceae** R. Br. … 232

青皮木科 **Schoepfiaceae** Bl. … 233

桑寄生科 **Loranthaceae** Juss. … 233

（四十）石竹目 **Caryophyllales** Juss. ex Bercht. & J. Presl … 234

蓼科 **Polygonaceae** Juss. … 234

茅膏菜科 **Droseraceae** Salisb. … 237

石竹科 **Caryophyllaceae** Juss. … 238

苋科 **Amaranthaceae** Juss. … 240

苋科 **Chenopodiaceae** Juss. … 241

番杏科 **Aizoaceae** Martinov … 243

商陆科 **Phytolaccaceae** R. Br. … 243

紫茉莉科 **Nyctaginaceae** Juss. … 243

粟米草科 **Molluginaceae** Bartl. … 243

落葵科 **Basellaceae** Raf. … 244

土人参科 **Talinaceae** Doweld … 244

马齿苋科 **Portulacaceae** Juss. … 244

仙人掌科 **Cactaceae** Juss. … 244

（四十一）山茱萸目 **Cornales** Link … 244

蓝果树科 **Nyssaceae** Juss. ex Dumort. … 244

绣球花科 **Hydrangeaceae** Dumort. … 245

山茱萸科 **Cornaceae** Bercht. & J. Presl … 247

（四十二）杜鹃花目 Ericales Bercht. & J. Presl ······ 248

  凤仙花科 **Balsaminaceae** A. Rich. ······ 248

  五列木科 **Pentaphylacaceae** Engl. ······ 250

  山榄科 **Sapotaceae** Juss. ······ 252

  柿科 **Ebenaceae** Gürke ······ 252

  报春花科 **Primulaceae** Batsch ex Borkh. ······ 253

  山茶科 **Theaceae** Mirb. ······ 257

  山矾科 **Symplocaceae** Desf. ······ 260

  安息香科 **Styracaceae** DC. & Spreng. ······ 261

  猕猴桃科 **Actinidiaceae** Gilg & Werderm. ······ 263

  桤叶树科 **Clethraceae** Klotzsch ······ 265

  杜鹃花科 **Ericaceae** Juss. ······ 265

  茶茱萸科 **Icacinaceae** Miers ······ 269

（四十三）丝缨花目 Garryales Mart. ······ 270

  杜仲科 **Eucommiaceae** Engl. ······ 270

  丝缨花科 **Garryaceae** Lindl. ······ 270

（四十四）龙胆目 Gentianales Juss. ex Bercht. & J. Presl ······ 270

  茜草科 **Rubiaceae** Juss. ······ 270

  龙胆科 **Gentianaceae** Juss. ······ 277

  马钱科 **Loganiaceae** R. Br. ex Mart. ······ 279

  钩吻科 **Gelsemiaceae** L. Struwe & V. A. Albert ······ 279

  夹竹桃科 **Apocynaceae** Juss. ······ 280

（四十五）紫草目 Boraginales Juss. ex Bercht. & J. Presl ······ 283

  紫草科 **Boraginaceae** Juss. ······ 283

（四十六）茄目 Solanales Juss. ex Bercht. & J. Presl ······ 284

  旋花科 **Convolvulaceae** Juss. ······ 284

  茄科 **Solanaceae** Juss. ······ 286

  楔瓣花科 **Sphenocleaceae** T. Baskerv. ······ 288

（四十七）唇形目 Lamiales Bromhead ······ 289

  木犀科 **Oleaceae** Hoffmanns. & Link ······ 289

  苦苣苔科 **Gesneriaceae** Rich. & Juss. ······ 292

  车前科 **Plantaginaceae** Juss. ······ 294

  玄参科 **Scrophulariaceae** Juss. ······ 297

  母草科 **Linderniaceae** Borsch, K. Müll. & Eb. Fisch. ······ 298

芝麻科 **Pedaliaceae** R. Br.	299
爵床科 **Acanthaceae** Juss.	299
紫葳科 **Bignoniaceae** Juss.	301
狸藻科 **Lentibulariaceae** Rich.	301
马鞭草科 **Verbenaceae** J. St.–Hil.	302
唇形科 **Lamiaceae** Martinov	302
通泉草科 **Mazaceae** Reveal	316
透骨草科 **Phrymaceae** Schauer	316
泡桐科 **Paulowniaceae** Paulowniaceae Nakai	316
列当科 **Orobanchaceae** Vent.	317
（四十八）冬青目 **Aquifoliales** Senft	318
青荚叶科 **Helwingiaceae** Decne.	318
冬青科 **Aquifoliaceae** Bercht. & J. Presl	319
（四十九）菊目 **Asterales** Link	322
桔梗科 **Campanulaceae** Juss.	322
睡菜科 **Menyanthaceae** Dumort.	324
菊科 **Asteraceae** Bercht. & J. Presl	324
（五十）川续断目 **Dipsacales** Juss. ex Bercht. & J. Presl	342
五福花科 **Adoxaceae** E. Mey.	342
忍冬科 **Caprifoliaceae** Juss.	345
（五十一）伞形目 **Apiales** Nakai	347
海桐科 **Pittosporaceae** R. Br.	347
五加科 **Araliaceae** Juss.	347
伞形科 **Apiaceae** Lindl.	351
参考文献	356
中文名称索引	360
拉丁学名索引	388
增订物种	432
后　记	433

石松类和蕨类植物
LYCOPODS AND FERNS

《江西维管植物多样性编目》

石松科 Lycopodiaceae P. Beauv. ex Mirb.

笔直石松属 Dendrolycopodium A. Haines

- 笔直石松 *Dendrolycopodium verticale* (Li Bing Zhang) Li Bing Zhang & X. M. Zhou [*Lycopodium obscurum* f. *strictum* (Milde) Nakai ex Hara]

  分布：武宁、井冈山、遂川。

石杉属 *Huperzia* Bernh.

- 皱边石杉 *Huperzia crispata* (Ching & H. S. Kung) Ching

  分布：瑞金、石城。
- 长柄石杉 *Huperzia javanica* (Sw.) C. Y. Yang

  分布：贵溪、遂川、井冈山、安福、龙南。
- 直叶金发石杉 *Huperzia quasipolytrichoides* var. *rectifolia* (J. F. Cheng) H. S. Kuang & L. B. Zhang

  分布：湖口、乐平、安义、分宜、莲花、上栗、芦溪、吉安。
- 小杉兰 *Huperzia selago* (L.) Bernh. ex Schrank & Mart.

  分布：铅山、寻乌。
- 蛇足石杉 *Huperzia serrata* (Thunb. ex Murray) Trevis.

  分布：九江、庐山、武宁、修水、德兴、上饶、婺源、铅山、玉山、广昌、宜丰、奉新、分宜、萍乡、芦溪、井冈山、安福、遂川、瑞金、石城、赣县、寻乌、龙南、崇义、全南、大余。
- 四川石杉 *Huperzia sutchueniana* (Herter) Ching

  分布：九江、庐山、萍乡、井冈山、遂川、靖安。

藤石松属 *Lycopodiastrum* Holub ex R. D. Dixit

- 藤石松 *Lycopodiastrum casuarinoides* (Spring) Holub ex R. D. Dixit [*Lycopodium casuarinoides* Spring]

  分布：修水、上饶、宜黄、广昌、黎川、铜鼓、萍乡、芦溪、井冈山、安福、永新、遂川、瑞金、南康、石城、安远、宁都、寻乌、兴国、上犹、崇义、全南、大余、会昌。

石松属 *Lycopodium* L.

- 扁枝石松 *Lycopodium complanatum* L.

  分布：九江、铅山、井冈山、遂川、大余、崇义。
- 石松 *Lycopodium japonicum* Thunb.

  分布：九江、庐山、修水、广丰、鄱阳、婺源、铅山、玉山、贵溪、宜黄、黎川、崇仁、宜春、靖安、宜丰、奉新、分宜、萍乡、吉安、井冈山、遂川、瑞金、安远、赣县、寻乌、兴国、上犹、崇义、全南、大余。

垂穗石松属 *Palhinhaea* Franco et Vasc. ex Vasc. et Franco.

- 垂穗石松 *Palhinhaea cernua* (L.) Vasc. & Franco [*Lycopodium cernuum* L.]

  分布：九江、庐山、修水、南昌、玉山、资溪、广昌、靖安、宜丰、万载、分宜、萍乡、芦溪、井冈山、吉安、安福、遂川、南康、寻乌、上犹、龙南、崇义、全南、大余、会昌。

马尾杉属 *Phlegmariurus* (Herter) Holub

- 华南马尾杉 *Phlegmariurus austrosinicus* (Ching) L. B. Zhang [*Huperzia austrosinica* Ching]

  分布：龙南、崇义、会昌。
- 柳杉叶马尾杉 *Phlegmariurus cryptomerianus* (Maxim.) Ching ex L. B. Zhang & H. S. Kung [*Huperzia cryptomeriana* (Maxim.) Dixit]

  分布：铅山。
- 福氏马尾杉 *Phlegmariurus fordii* (Baker) Ching [*Huperzia fordii* (Baker) Dixit]

  分布：寻乌、上犹、龙南、大余。
- 闽浙马尾杉 *Phlegmariurus mingcheensis* (Ching) L. B. Zhang [*Huperzia mingcheensis* (Ching) Holub]

分布：庐山、德兴、井冈山、崇义、大余。
- **有柄马尾杉** *Phlegmariurus petiolatus* (C. B. Clarke) H. S. Kung et L. B. Zhang

分布：崇义。

2 水韭科 Isoetaceae Reichenb.

水韭属 *Isoetes* L.

- **中华水韭** *Isoetes sinensis* Palmer

分布：彭泽、铜鼓、泰和。

- **高寒水韭** *Isoetes hypsophila* Hand.-Mazz.

分布：不详。

评述：《中国植物物种名录》（2020 版）有记载，未见标本。

3 卷柏科 Selaginellaceae Willk.

卷柏属 *Selaginella* P. Beauv.

- **布朗卷柏** *Selaginella braunii* Baker

分布：都昌、景德镇、铅山、瑞金、安远。

- **蔓出卷柏** *Selaginella davidii* Franch.

分布：德兴、铅山、贵溪、芦溪、安远。

- **薄叶卷柏** *Selaginella delicatula* (Desv.) Alston [*Lycopodioides delicatula* (Desv. ex Poir.) H. S. Kung]

分布：九江、修水、浮梁、德兴、婺源、玉山、贵溪、资溪、靖安、宜丰、万载、分宜、井冈山、安福、瑞金、南康、安远、寻乌、龙南、崇义、大余、会昌。

- **深绿卷柏** *Selaginella doederleinii* Hieron.

分布：庐山、武宁、修水、婺源、玉山、贵溪、南丰、资溪、广昌、黎川、高安、铜鼓、宜丰、奉新、万载、分宜、芦溪、井冈山、安福、永丰、遂川、瑞金、安远、寻乌、于都、龙南、崇义、全南、大余、会昌。

- **异穗卷柏** *Selaginella heterostachys* Baker

分布：九江、庐山、玉山、资溪、定南、龙南、崇义。

- **兖州卷柏** *Selaginella involvens* (Sw.) Spring

分布：九江、庐山、武宁、德兴、铅山、玉山、资溪、靖安、井冈山、遂川、崇义、会昌。

- **细叶卷柏** *Selaginella labordei* Hieron. ex Christ

分布：九江、庐山、武宁、修水、铅山、宜春、靖安、遂川、定南、崇义。

- **耳基卷柏** *Selaginella limbata* Alston

分布：寻乌、龙南、崇义、萍乡、安福。

- **江南卷柏** *Selaginella moellendorffii* Hieron.

分布：九江、庐山、武宁、修水、景德镇、上饶、广丰、铅山、玉山、宜黄、广昌、靖安、奉新、萍乡、芦溪、井冈山、安福、遂川、安远、宁都、兴国、上犹、龙南、崇义、信丰、会昌。

- **伏地卷柏** *Selaginella nipponica* Franch. & Sav.

分布：九江、庐山、新建、南昌、德兴、婺源、玉山、贵溪、南丰、宜黄、黎川、萍乡、井冈山、安远、龙南。

- **黑顶卷柏** *Selaginella picta* A. Braun ex Baker

分布：寻乌、龙南。

- **垫状卷柏** *Selaginella pulvinata* (Hook. & Grev.) Maxim.

分布：黎川、靖安、赣县、龙南。

- **疏叶卷柏** *Selaginella remotifolia* Spring

分布：贵溪、安福、安远、寻乌、龙南、崇义。

- **卷柏** *Selaginella tamariscina* (P. Beauv.) Spring

分布：九江、庐山、武宁、铅山、贵溪、南丰、广昌、井冈山、宁都、上犹、崇义、会昌、于都、萍乡。

- **毛枝卷柏** *Selaginella trichoclada* Alston
分布：瑞昌、武宁、修水、靖安、宜丰、瑞金、寻乌。
- **翠云草** *Selaginella uncinata* (Desv.) Spring
分布：九江、修水、奉新、井冈山、安福、遂川、崇义、大余。
- **剑叶卷柏** *Selaginella xipholepis* Baker
分布：龙南。

④ 木贼科 Equisetaceae Michx. ex DC.

木贼属 *Equisetum* L.

- **问荆** *Equisetum arvense* L.
分布：九江。
- **披散木贼** *Equisetum diffusum* D. Don
分布：庐山。
- **犬问荆** *Equisetum palustre* L.
分布：不详。
评述：《中国植物物种名录》（2020 版）有记载，未见标本。
- **节节草** *Equisetum ramosissimum* Desf.
分布：九江、庐山、瑞昌、武宁、修水、德兴、广丰、贵溪、广昌、铜鼓、奉新、萍乡、井冈山、安福、遂川、瑞金、南康、宁都、寻乌、兴国、全南、大余、会昌。
- **笔管草** *Equisetum ramosissimum* subsp. *debile* (Roxb.ex Vauch.) Hauke
分布：武宁、修水、广丰、靖安、萍乡、井冈山、安福、永新、赣南。

⑤ 松叶蕨科 Psilotaceae J. W. Griff. & Henfr.

松叶蕨属 *Psilotum* Sw.

- **松叶蕨** *Psilotum nudum* (L.) P. Beauv.
分布：广昌、铜鼓、上犹。

⑥ 瓶尔小草科 Ophioglossaceae Martinov

阴地蕨属 *Botrychium* Sw.

- **薄叶阴地蕨** *Botrychium daucifolium* Wall. ex Hook. & Grev.
分布：安远、龙南。
- **台湾阴地蕨** *Botrychium formosanum* Tagawa
分布：龙南。
- **华东阴地蕨** *Botrychium japonicum* (Prantl) Underw.
分布：九江、庐山、修水、井冈山、遂川、寻乌。
- **阴地蕨** *Botrychium ternatum* (Thunb.) Sw.
分布：九江、庐山、瑞昌、武宁、新建、广昌、黎川、宜春、靖安、萍乡、遂川。
- **蕨萁** *Botrychium virginianum* (L.) Sw.
分布：宜春、芦溪。

瓶尔小草属 *Ophioglossum* L.

- **心叶瓶尔小草**（心脏叶瓶尔小草）*Ophioglossum reticulatum* L.
分布：庐山、广昌、安福。

- 狭叶瓶尔小草 *Ophioglossum thermale* Kom.

分布：庐山、婺源、永丰。
- 瓶尔小草 *Ophioglossum vulgatum* L.

分布：南昌、永丰、遂川、赣州、崇义、龙南。
- 钝头瓶尔小草 *Ophioglossum petiolatum* Hook.

分布：不详。

评述：《中国植物物种名录》（2020版）有记载，未见标本。

⑦ 合囊蕨科 Marattiaceae Kaulf.

观音座莲属 *Angiopteris* Hoffm.

- 福建观音座莲 *Angiopteris fokiensis* Hieron.

分布：黎川、芦溪、莲花、井冈山、遂川、永丰、安福、泰和、遂川、安远、寻乌、于都、龙南、崇义、全南、大余、石城、定南、信丰、会昌、瑞金、宁都。

⑧ 紫萁科 Osmundaceae Martinov

紫萁属 *Osmunda* L.

- 粗齿紫萁 *Osmunda banksiifolia* (C. Presl) Kuhn

分布：铅山、广昌、瑞金、安远、寻乌、大余、龙南。
- 紫萁 *Osmunda japonica* Thunb.

分布：全省有分布。
- 粤紫萁 *Osmunda mildei* C. Chr.

分布：崇义。
- 华南紫萁 *Osmunda vachellii* Hook.

分布：新建、铅山、抚州、宜春、井冈山、吉安、安福、永新、遂川、赣州、瑞金、石城、寻乌、上犹、龙南、崇义、全南、大余、会昌。

桂皮紫萁属 *Osmundastrum* (C. Presl) C. Presl

- 桂皮紫萁 *Osmundastrum cinnamomeum* (Linnaeus) C. Presl

分布：九江、庐山、武宁、新建、上饶、井冈山、安远、寻乌、定南、崇义、大余、萍乡。

⑨ 膜蕨科 Hymenophyllaceae Mart.

假脉蕨属 *Crepidomanes* C. Presl

- 翅柄假脉蕨 *Crepidomanes latealatum* (Bosch) Copel.[长柄假脉蕨 *Crepidomanes racemulosum* (V d. B.) Ching]

分布：庐山、龙南。
- 团扇蕨 *Crepidomanes minutum* (Blume) K. Iwats.

分布：庐山、铅山、井冈山、龙南、大余、靖安、萍乡、崇义、寻乌、安福。
- 西藏假脉蕨（西藏瓶蕨）*Crepidomanes schmidianum* (Zenker ex Taschner) K. Iwats.

分布：铅山。

膜蕨属 *Hymenophyllum* Sm.

- 蕗蕨 *Hymenophyllum badium* Hook. & Grev.

分布：九江、铅山、玉山、萍乡、井冈山、安福、遂川、寻乌、上犹、龙南、崇义。
- 华东膜蕨 *Hymenophyllum barbatum* (Bosch) Baker

分布：九江、庐山、武宁、修水、贵溪、萍乡、芦溪、井冈山、安福、遂川、崇义。

● 毛蕗蕨 *Hymenophyllum exsertum* Wall.

分布：不详。

评述：《中国植物物种名录》（2020 版）有记载，未见标本。

● 顶果膜蕨 *Hymenophyllum khasyanum* Hook. et Bak.

分布：崇义。

● 长毛蕗蕨 *Hymenophyllum oligosorum* Makino

分布：不详。

评述：《Flora of China》（2～3 卷）有记载，未见标本。

● 长柄蕗蕨 *Hymenophyllum polyanthos* Bedd.

分布：九江、庐山、武宁、修水、铅山、井冈山、安福、遂川、石城、寻乌、崇义。

瓶蕨属 *Vandenboschia* Copel.

● 瓶蕨 *Vandenboschia auriculata* (Blume) Copel.

分布：九江、庐山、井冈山、安福、遂川、上犹、崇义、全南。

● 管苞瓶蕨 *Vandenboschia kalamocarpa* Ebihara

分布：芦溪、井冈山、寻乌、崇义。

● 南海瓶蕨 *Vandenboschia striata* (D. Don) Ebihara

分布：九江、庐山、武宁、铅山、井冈山、龙南、全南。

⑩ 里白科 Gleicheniaceae C. Presl

芒萁属 *Dicranopteris* Bernh.

● 大芒萁 *Dicranopteris ampla* Ching & P. S. Chiu

分布：不详。

评述：《中国植物物种名录》（2020 版）有记载，未见标本。

● 芒萁 *Dicranopteris pedata* (Houtt.) Nakaike

分布：九江、庐山、武宁、修水、铅山、鹰潭、贵溪、南丰、资溪、广昌、黎川、铜鼓、奉新、萍乡、芦溪、井冈山、安福、遂川、安远、寻乌、崇义、全南、大余。

里白属 *Diplopterygium* (Diels) Nakai

● 粤里白（广东里白）*Diplopterygium cantonense* (Ching) Ching

分布：龙南。

● 中华里白 *Diplopterygium chinense* (Rosenst.) De Vol

分布：新建、南昌、德兴、铅山、玉山、广昌、宜春、莲花、井冈山、永丰、赣州、安远、崇义、全南、大余、寻乌。

● 里白 *Diplopterygium glaucum* (Thunb. ex Houtt.) Nakai

分布：九江、武宁、永修、修水、铅山、南丰、广昌、黎川、铜鼓、靖安、宜丰、萍乡、芦溪、井冈山、安福、遂川、瑞金、宁都、寻乌、龙南、崇义。

● 光里白 *Diplopterygium laevissimum* (Christ) Nakai

分布：九江、庐山、武宁、上饶、铅山、鹰潭、抚州、资溪、黎川、宜春、萍乡、莲花、芦溪、井冈山、吉安、安福、赣州、崇义。

⑪ 海金沙科 Lygodiaceae M. Roem.

海金沙属 *Lygodium* Sw.

● 海金沙 *Lygodium japonicum* (Thunb.) Sw.

分布：九江、瑞昌、武宁、修水、德安、南昌、德兴、上饶、广丰、鄱阳、铅山、玉山、贵溪、资溪、宜黄、东乡、广昌、黎川、铜鼓、靖安、萍乡、莲花、井冈山、吉安、安福、永新、遂川、赣州、瑞金、南康、石城、安远、宁都、寻乌、兴国、龙南、崇义、全南、大余、会昌。
- 小叶海金沙 *Lygodium microphyllum* (Cav.) R. Br.
分布：安远、寻乌、崇义、全南、大余。

12 槐叶蘋科 Salviniaceae Martinov

满江红属 *Azolla* Lam.

- 细叶满江红 *Azolla filiculoides* Lam.
分布：全省有分布。
评述：归化或入侵。
- 满江红 *Azolla pinnata* subsp. *asiatica* R. M. K. Saunders & K. Fowler
分布：全省有分布。

槐叶蘋属 *Salvinia* Seg.

- 槐叶蘋 *Salvinia natans* (L.) All.
分布：九江、庐山、修水、婺源、贵溪、奉新、安福、遂川、安远、崇义、大余。

13 蘋科 Marsileaceae Mirb.

蘋属 *Marsilea* L.

- 南国蘋（南国田字草）*Marsilea minuta* L.
分布：全省有分布。
- 蘋 *Marsilea quadrifolia* L.
分布：全省有分布。

14 瘤足蕨科 Plagiogyriaceae Bower

瘤足蕨属 *Plagiogyria* (Kunze) Mett.

- 瘤足蕨 *Plagiogyria adnata* (Blume) Bedd.
分布：九江、铅山、玉山、贵溪、分宜、井冈山、安福、安远、宁都、寻乌、龙南、崇义、全南、大余、会昌。
- 华中瘤足蕨 *Plagiogyria euphlebia* (Kunze) Mett.
分布：九江、新建、上饶、铅山、玉山、贵溪、余江、抚州、黎川、宜春、莲花、芦溪、井冈山、安福、安远、龙南、崇义、大余。
- 镰羽瘤足蕨 *Plagiogyria falcata* Copel.
分布：德兴、铅山、玉山、抚州、黎川、宜春、井冈山、吉安、遂川、赣州、石城、宁都、龙南、崇义、全南。
- 华东瘤足蕨 *Plagiogyria japonica* Nakai
分布：九江、武宁、永修、修水、新建、上饶、铅山、玉山、贵溪、抚州、广昌、黎川、宜春、铜鼓、芦溪、井冈山、安福、遂川、赣州、瑞金、石城、安远、宁都、寻乌、龙南、崇义、大余。
- 耳形瘤足蕨 *Plagiogyria stenoptera* (Hance) Diels
分布：上饶、玉山、安福、石城、崇义、井冈山。

⑮ 金毛狗科 Cibotiaceae Korall

金毛狗属 Cibotium Kaulf.

- 金毛狗 *Cibotium barometz* (L.) J. Sm.

分布：铅山、贵溪、广昌、莲花、井冈山、永丰、永新、遂川、赣州、寻乌、崇义、全南、大余、龙南、信丰。

⑯ 桫椤科 Cyatheaceae Kaulf.

桫椤属 Alsophila R. Br

- 粗齿桫椤 *Alsophila denticulata* Baker

分布：安远、龙南、大余、崇义、寻乌、安福。

- 小黑桫椤 *Alsophila metteniana* Hance

分布：井冈山、安远、崇义、龙南。

- 桫椤 *Alsophila spinulosa* (Wall. ex Hook.) R. M. Tryon

分布：全南、大余。

⑰ 鳞始蕨科 Lindsaeaceae C. Presl ex M. R. Schomb.

鳞始蕨属 Lindsaea Dryand. ex Sm.

- 钱氏鳞始蕨 *Lindsaea chienii* Ching

分布：南昌、井冈山、安远、寻乌、龙南、崇义、大余。

- 爪哇鳞始蕨 *Lindsaea javanensis* Blume [云南鳞始蕨 *Lindsaea yunnanensis* Ching]

分布：井冈山、崇义。

- 亮叶鳞始蕨 *Lindsaea lucida* Blume

分布：武宁、修水、袁州、铜鼓、宜丰、井冈山、安福、万安、永新、泰和、遂川。

- 团叶鳞始蕨 *Lindsaea orbiculata* (Lam.) Mett. ex Kuhn

分布：南昌、井冈山、安远、寻乌、龙南、崇义、大余。

乌蕨属 Odontosoria Fee

- 乌蕨 *Odontosoria chinensis* J. Sm.

分布：庐山、修水、广丰、婺源、玉山、东乡、黎川、崇仁、铜鼓、宜丰、萍乡、南康、石城、安远、宁都、兴国、龙南、崇义、全南、会昌。

香鳞始蕨属 Osmolindsaea (K. U. Kramer) Lehtonen & Christenh.

- 日本鳞始蕨（日本香鳞始蕨）*Osmolindsaea japonica* (Baker) Lehtonen & Christenhusz

分布：不详。

评述：《Flora of China》（2～3卷）有记载，未见标本。

- 香鳞始蕨 *Osmolindsaea odorata* (Roxb.) Lehtonen & Christenh.

分布：铅山、井冈山、兴国、上犹、崇义。

⑱ 凤尾蕨科 Pteridaceae E. D. N. Kirchn.

铁线蕨属 Adiantum L.

- 铁线蕨 *Adiantum capillus-veneris* L.

分布：萍乡、大余。
- 鞭叶铁线蕨 *Adiantum caudatum* L.
分布：龙南、大余。
- 长尾铁线蕨 *Adiantum diaphanum* Blume
分布：德兴。
- 扇叶铁线蕨 *Adiantum flabellulatum* L.
分布：贵溪、南丰、广昌、吉安、遂川、瑞金、南康、安远、寻乌、兴国、龙南、崇义、全南、大余、会昌。
- 白垩铁线蕨 *Adiantum gravesii* Hance
分布：分宜。
- 仙霞铁线蕨 *Adiantum juxtapositum* Ching
分布：鹰潭。
- 假鞭叶铁线蕨 *Adiantum malesianum* Ghatak
分布：赣州。
- 灰背铁线蕨 *Adiantum myriosorum* Baker
分布：铅山。

粉背蕨属 *Aleuritopteris* Fée

- 粉背蕨（多鳞粉背蕨）*Aleuritopteris anceps* (Blanford) Panigrahi
分布：九江、庐山、修水、宜丰、井冈山、安福、安远、上犹、龙南、崇义、大余、会昌。
- 银粉背蕨 *Aleuritopteris argentea* (Gmél.) Fée
分布：九江、庐山、瑞昌、武宁、南昌、南丰、广昌、铜鼓、奉新、萍乡、安福。
- 陕西粉背蕨 *Aleuritopteris argentea* var. *obscura* (Christ) Ching
分布：奉新。
- 华北粉背蕨（华北薄鳞蕨）*Aleuritopteris kuhnii* (Milde) Ching
分布：芦溪。

车前蕨属 *Antrophyum* Kaulf.

- 长柄车前蕨 *Antrophyum obovatum* Baker
分布：井冈山、全南。

水蕨属 *Ceratopteris* Brongn.

- 粗梗水蕨 *Ceratopteris pteridoides* (Hook.) Hieron.
分布：九江、永修、泰和、安远。
- 水蕨 *Ceratopteris thalictroides* (L.) Brongn.
分布：濂溪、永修、庐山、瑞昌、上犹、安远、宜丰、婺源、铅山、井冈山、泰和。

碎米蕨属 *Cheilanthes* Sw.

- 毛轴碎米蕨 *Cheilanthes chusana* Hook.
分布：九江、武宁、南丰、奉新、万载、芦溪、赣州、安远、崇义、大余。
- 旱蕨 *Cheilanthes nitidula* Hook.
分布：九江、德兴、铅山、玉山、铜鼓、宜丰、井冈山、龙南、全南。
- 薄叶碎米蕨 *Cheilanthes tenuifolia* Hook.
分布：九江、武宁、南丰、奉新、万载、芦溪、赣州、安远、崇义、大余。

凤了蕨属 *Coniogramme* Fée

- 峨眉凤了蕨（峨眉凤丫蕨）*Coniogramme emeiensis* Ching & K. H. Shing
分布：井冈山、崇义。
- 普通凤了蕨（普通凤丫蕨）*Coniogramme intermedia* Hieron.

分布：武宁、萍乡、井冈山、崇义。

- 凤了蕨（凤丫蕨）*Coniogramme japonica* (Thunb.) Diels

分布：九江、庐山、武宁、修水、德兴、上饶、广丰、铅山、资溪、广昌、黎川、铜鼓、芦溪、井冈山、安福、遂川、瑞金、南康、石城、安远、宁都、上犹、龙南、崇义、全南、大余。

- 井冈山凤了蕨（井冈山凤丫蕨）*Coniogramme jinggangshanensis* Ching & K. H. Shing

分布：武宁、崇义、井冈山。

- 黑轴凤了蕨（黑轴凤丫蕨）*Coniogramme robusta* Christ

分布：九江、芦溪、崇义、萍乡、安福。

- 棕轴凤了蕨（棕轴凤丫蕨）*Coniogramme robusta* var. *rependula* Ching & K. H. Shing

分布：铜鼓、宜丰、萍乡、安福。

- 黄轴凤了蕨（黄轴凤丫蕨）*Coniogramme robusta* var. *splendens* Ching & K. H. Shing

分布：铅山、宜丰、芦溪、萍乡、安福。

- 疏网凤了蕨（疏网凤丫蕨）*Coniogramme wilsonii* Hieron

分布：九江、庐山、崇义。

书带蕨属 *Haplopteris* C. Presl

- 书带蕨 *Haplopteris flexuosa* (Fée) E. H. Crane

分布：九江、庐山、武宁、永修、修水、德兴、玉山、广昌、铜鼓、靖安、宜丰、萍乡、莲花、井冈山、安福、永新、泰和、遂川、石城、上犹、龙南、崇义、全南、大余。

- 平肋书带蕨 *Haplopteris fudzinoi* (Makino) E. H. Crane

分布：九江、庐山、武宁、广昌、宜春、萍乡、井冈山、遂川。

金粉蕨属 *Onychium* Kaulf.

- 野雉尾金粉蕨 *Onychium japonicum* (Thunb.) Kunze

分布：九江、庐山、武宁、永修、修水、南昌、德兴、广丰、铅山、玉山、贵溪、南丰、资溪、宜黄、广昌、铜鼓、靖安、宜丰、奉新、萍乡、井冈山、安福、遂川、赣州、瑞金、南康、石城、安远、赣县、宁都、寻乌、上犹、龙南、崇义、全南、大余、会昌。

- 栗柄金粉蕨 *Onychium japonicum* var. *lucidum* (Don) Christ

分布：庐山、井冈山、寻乌、龙南、崇义、全南、大余。

凤尾蕨属 *Pteris* L.

- 线羽凤尾蕨 *Pteris arisanensis* Tagawa

分布：崇义。

- 华南凤尾蕨 *Pteris austrosinica* (Ching) Ching

分布：崇义。

- 条纹凤尾蕨 *Pteris cadieri* Christ

分布：全省有分布。

- 欧洲凤尾蕨 *Pteris cretica* L.

分布：全省有分布。

- 粗糙凤尾蕨 *Pteris cretica* var. *laeta* (Wall. ex Ettingsh.) C. Chr. & Tardieu

分布：武宁、萍乡、井冈山、崇义。

- 刺齿半边旗 *Pteris dispar* Kunze

分布：九江、庐山、武宁、永修、修水、德兴、广丰、玉山、资溪、宜黄、广昌、宜丰、奉新、萍乡、井冈山、安福、遂川、南康、寻乌、龙南、崇义、大余。

- 剑叶凤尾蕨 *Pteris ensiformis* Burm.

分布：德兴、广丰、铅山、玉山、贵溪、抚州、广昌、黎川、崇仁、铜鼓、宜丰、萍乡、莲花、赣州、瑞金、南康、安远、寻乌、兴国、崇义、大余、会昌。

- 傅氏凤尾蕨 *Pteris fauriei* Hieron.

分布：武宁、德兴、玉山、黎川、宜丰、分宜、萍乡、井冈山、安福、瑞金、安远、赣县、寻乌、龙南、崇义、大余。

- **百越凤尾蕨** *Pteris fauriei* var. *chinensis* Ching & S. H. Wu

  分布：武宁、德兴、玉山、黎川、宜丰、分宜、萍乡、井冈山、安福、瑞金、石城、安远、赣县、寻乌、龙南、崇义、大余。

- **中华凤尾蕨** *Pteris inaequalis* Baker

  分布：铜鼓、万载、井冈山。

- **全缘凤尾蕨** *Pteris insignis* Mett. ex Kuhn

  分布：德兴、玉山、贵溪、黎川、萍乡、永新、遂川、瑞金、石城、安远、龙南、崇义、全南、大余。

- **平羽凤尾蕨** *Pteris kiuschiuensis* Hieron.

  分布：修水、萍乡、大余。

- **华中凤尾蕨** *Pteris kiuschiuensis* var. *centrochinensis* Ching & S. H. Wu

  分布：修水、德兴、玉山、宜春、莲花、瑞金、石城。

- **两广凤尾蕨** *Pteris maclurei* Ching

  分布：上饶、安远、大余、安福。

- **岭南凤尾蕨** *Pteris maclurioides* Ching ex Ching & S. H. Wu

  分布：安远。

- **井栏边草** *Pteris multifida* Poir.

  分布：九江、庐山、武宁、修水、浮梁、新建、南昌、德兴、上饶、广丰、鄱阳、贵溪、南丰、资溪、宜黄、广昌、黎川、宜丰、奉新、萍乡、井冈山、吉安、安福、遂川、南康、安远、兴国、定南、上犹、龙南、崇义、全南、大余。

- **江西凤尾蕨** *Pteris obtusiloba* Ching & S. H. Wu

  分布：分宜、崇义。

- **斜羽凤尾蕨** *Pteris oshimensis* Hieron.

  分布：安远、宁都、崇义、全南、大余。

- **栗柄凤尾蕨** *Pteris plumbea* Christ

  分布：萍乡、井冈山、崇义、安福。

- **半边旗** *Pteris semipinnata* L.

  分布：九江、庐山、武宁、修水、新建、南昌、德兴、上饶、广丰、铅山、玉山、资溪、宜黄、黎川、宜春、靖安、奉新、分宜、萍乡、井冈山、安福、遂川、赣州、瑞金、南康、安远、寻乌、崇义、全南。

- **溪边凤尾蕨** *Pteris terminalis* Wall.

  分布：九江、德兴、婺源、铅山、玉山、铜鼓、宜丰、井冈山、龙南、全南。

- **蜈蚣凤尾蕨** *Pteris vittata* L.

  分布：武宁、修水、铅山、贵溪、萍乡、井冈山、南康、上犹、崇义、全南、大余。

- **西南凤尾蕨** *Pteris wallichiana* Agardh

  分布：芦溪、安福、会昌、龙南、大余、崇义。

- **圆头凤尾蕨** *Pteris wallichiana* var. *obtusa* S. H. Wu ex Ching & S. H. Wu

  分布：广昌、莲花、芦溪、安福。

⑲ 碗蕨科 Dennstaedtiaceae Lotsy

碗蕨属 *Dennstaedtia* Bernh.

- **细毛碗蕨** *Dennstaedtia hirsuta* (Sw.) Mett. ex Miq.

  分布：九江、庐山、武宁、修水、铅山、宜春、靖安、萍乡、芦溪、井冈山、遂川。

- **碗蕨** *Dennstaedtia scabra* (Wall.) Moore

  分布：九江、庐山、武宁、铅山、黎川、靖安、萍乡、井冈山。

- **光叶碗蕨** *Dennstaedtia scabra* var. *glabrescens* (Ching) C. Chr.

  分布：九江、庐山、武宁、铅山、黎川、靖安、萍乡、井冈山、石城、寻乌、龙南、崇义。

- **溪洞碗蕨** *Dennstaedtia wilfordii* (Moore) Christ

分布：九江、庐山、修水、井冈山。

栗蕨属 Histiopteris (J. Agardh) J. Sm.

- 栗蕨 Histiopteris incisa (Thunb.) J. Sm.

分布：庐山、武宁、修水、铅山、萍乡、龙南、大余。

姬蕨属 Hypolepis Bernh.

- 姬蕨 Hypolepis punctata (Thunb.) Mett.

分布：九江、修水、广丰、铅山、玉山、贵溪、资溪、遂川、南康、安远、大余。

鳞盖蕨属 Microlepia C. Presl

- 华南鳞盖蕨 Microlepia hancei Prantl

分布：寻乌、崇义、龙南、大余、赣州。

- 虎克鳞盖蕨 Microlepia hookeriana (Wall.) C. Presl

分布：崇义、安远。

- 边缘鳞盖蕨 Microlepia marginata (Houtt.) C. Chr.

分布：九江、庐山、武宁、修水、德兴、上饶、广丰、婺源、铅山、玉山、贵溪、南丰、黎川、铜鼓、靖安、宜丰、萍乡、芦溪、井冈山、安福、瑞金、安远、寻乌、崇义。

- 二回边缘鳞盖蕨 Microlepia marginata var. bipinnata Makino

分布：九江、庐山、井冈山、安福、南康、崇义。

- 光叶鳞盖蕨 Microlepia marginata var. calvescens (Wall. ex Hook.) C. Chr.

分布：崇义。

- 毛叶边缘鳞盖蕨 Microlepia marginata var. villosa (C. Presl) Y. C. Wu

分布：庐山、瑞昌、崇义。

- 皖南鳞盖蕨 Microlepia modesta Ching

分布：寻乌。

- 假粗毛鳞盖蕨 Microlepia pseudostrigosa Makino

分布：武宁、上饶、芦溪、井冈山、安福、崇义。

- 粗毛鳞盖蕨 Microlepia strigosa (Thunb.) C. Presl

分布：武宁、婺源、安福、崇义、靖安。

- 亚粗毛鳞盖蕨 Microlepia substrigosa Tagawa

分布：武宁、萍乡、崇义、靖安。

稀子蕨属 Monachosorum Kunze

- 华中稀子蕨 Monachosorum flagellare var. nipponicum (Makino) Tagawa

分布：庐山、安福、井冈山。

- 尾叶稀子蕨 Monachosorum flagellare ((Maxim.) Hayata

分布：九江、庐山、芦溪、井冈山、安福、遂川、全南。

- 稀子蕨 Monachosorum henryi Christ

分布：井冈山、安福、萍乡。

- 岩穴蕨（穴子蕨）Monachosorum maximowiczii Hayata

分布：庐山、铅山、玉山、寻乌。

蕨属 Pteridium Gled. ex Scop.

- 蕨 Pteridium aquilinum var. latiusculum (Desv.) Underw. ex A. Heller

分布：九江、永修、都昌、德兴、广丰、婺源、广昌、萍乡、井冈山、安福、遂川、瑞金、石城、宁都、崇义、全南。

- 毛轴蕨 Pteridium revolutum (Blume) Nakai

分布：庐山、宜丰、井冈山、泰和、崇义。

⑳ 冷蕨科 Cystopteridaceae Schmakov

亮毛蕨属 Acystopteris Nakai

- 亮毛蕨 Acystopteris japonica (Luerss.) Nakai
分布：玉山、井冈山、崇义、安福、萍乡。

羽节蕨属 Gymnocarpium Newman

- 东亚羽节蕨 Gymnocarpium oyamense (Bakcr) Ching
分布：修水、铜鼓、井冈山。

㉑ 轴果蕨科 Rhachidosoraceae X. C. Zhang

轴果蕨属 Rhachidosorus Ching

- 轴果蕨 Rhachidosorus mesosorus (Makino) Ching
分布：乐平。

㉒ 肠蕨科 Diplaziopsidaceae X. C. Zhang & Christenh.

肠蕨属 Diplaziopsis C. Chr.

- 川黔肠蕨 Diplaziopsis cavaleriana (Christ) C. Chr.
分布：井冈山。

㉓ 铁角蕨科 Aspleniaceae Newman

铁角蕨属 Asplenium L.

- 西南铁角蕨 Asplenium aethiopicum (Burm. f.) Bech.
分布：不详。
评述：《Flora of China》（2～3卷）有记载，未见标本。
- 广布铁角蕨 Asplenium anogrammoides Christ
分布：九江、庐山、武宁、大余。
- 华南铁角蕨 Asplenium austrochinense Ching
分布：庐山、玉山、宜春、寻乌。
- 大盖铁角蕨 Asplenium bullatum Wall. ex Mett.
分布：会昌。
- 毛轴铁角蕨 Asplenium crinicaule Hance
分布：铅山、萍乡、井冈山、寻乌、龙南、全南。
- 剑叶铁角蕨 Asplenium ensiforme Wall. ex Hook. & Grev.
分布：九江、庐山、宜春、寻乌、崇义、安福、萍乡。
- 厚叶铁角蕨 Asplenium griffithianum Hook.
分布：石城。
- 江南铁角蕨 Asplenium holosorum Christ
分布：九江、庐山、宜春、龙南、崇义。
- 虎尾铁角蕨 Asplenium incisum Thunb.
分布：九江、庐山、武宁、彭泽、修水、德兴、铅山、广昌、奉新、井冈山、永新、泰和、遂川。
- 胎生铁角蕨 Asplenium indicum Sledge

分布：庐山、永修、广昌、萍乡、芦溪、井冈山、安福、遂川、龙南、崇义。

● 江苏铁角蕨 *Asplenium kiangsuense* Ching ex Y. X. Jing

分布：庐山。

● 倒挂铁角蕨 *Asplenium normale* Don

分布：九江、武宁、南丰、广昌、丰城、分宜、萍乡、井冈山、安福、遂川、石城、宁都、寻乌、上犹、龙南、崇义、全南、大余、会昌。

● 东南铁角蕨 *Asplenium oldhami* Hance

分布：九江、庐山、广昌、莲花。

● 北京铁角蕨 *Asplenium pekinense* Hance

分布：九江、庐山、德兴、铅山、玉山、石城。

● 长叶铁角蕨 *Asplenium prolongatum* Hook.

分布：上饶、铅山、广昌、铜鼓、靖安、井冈山、安福、遂川、石城、安远、宁都、寻乌、龙南、崇义、大余、会昌。

● 假大羽铁角蕨 *Asplenium pseudolaserpitiifolium* Ching

分布：会昌。

● 四倍体铁角蕨 *Asplenium quadrivalens* (D. E. Mey.) Landolt

分布：不详。

评述：《中国植物物种名录》（2020版）有记载，未见标本。

● 骨碎补铁角蕨 *Asplenium ritoense* Hayata

分布：庐山、龙南、崇义。

● 过山蕨 *Asplenium ruprechtii* Sa. Kurata

分布：庐山。

● 华中铁角蕨 *Asplenium sarelii* Hook.

分布：九江、庐山、武宁、宜丰、安远、大余。

● 黑边铁角蕨 *Asplenium speluncae* Christ

分布：庐山。

● 细茎铁角蕨 *Asplenium tenuicaule* Hayata

分布：不详。

评述：《中国植物物种名录》（2020版）有记载，未见标本。

● 钝齿铁角蕨 *Asplenium tenuicaule* var. *subvarians* (Ching) Viane

分布：萍乡。

● 铁角蕨 *Asplenium trichomanes* L.

分布：九江、武宁、彭泽、修水、上饶、婺源、铅山、玉山、贵溪、资溪、宜黄、广昌、宜春、铜鼓、靖安、宜丰、分宜、萍乡、井冈山、安福、遂川、石城、安远、兴国、大余。

● 三翅铁角蕨 *Asplenium tripteropus* Nakai

分布：九江、庐山、武宁、景德镇、上饶、广丰、铅山、玉山、抚州、南丰、分宜、萍乡、井冈山、安福、永丰、永新、泰和、遂川、龙南、崇义、全南。

● 半边铁角蕨 *Asplenium unilaterale* Lam

分布：庐山、瑞昌、遂川、井冈山、崇义。

● 闽浙铁角蕨 *Asplenium wilfordii* Mett. ex Kuhn

分布：九江、庐山。

● 狭翅铁角蕨 *Asplenium wrightii* Eaton ex Hook.

分布：九江、武宁、修水、铅山、铜鼓、井冈山、瑞金、寻乌、龙南、崇义。

● 棕鳞铁角蕨 *Asplenium yoshinagae* Makino

分布：庐山、修水、广昌、宜春、萍乡、井冈山、安福、遂川、龙南。

膜叶铁角蕨属 *Hymenasplenium* Hayata

● 齿果膜叶铁角蕨 *Hymenasplenium cheilosorum* Tagawa

分布：会昌。

- 单边膜叶铁角蕨 *Hymenasplenium murakami-hatanakae* Nakaike
分布：不详。
评述：《中国植物物种名录》（2020 版）有记载，未见标本。
- 阴湿膜叶铁角蕨 *Hymenasplenium obliquissimum* (Hayata) Sugim.
分布：庐山、宜丰、萍乡、井冈山、安福、龙南。

21 岩蕨科 Woodsiaceae Herter

膀胱蕨属 Protowoodsia Ching

- 膀胱蕨 *Protowoodsia manchuriensis* (Hook.) Ching [*Woodsia manchuriensis* Hook.]
分布：九江、庐山、修水、萍乡、安福。

岩蕨属 Woodsia R. Br.

- 耳羽岩蕨 *Woodsia polystichoides* Eaton
分布：九江、庐山、萍乡。

25 球子蕨科 Onocleaceae Pic. Serm.

东方荚果蕨属 Pentarhizidium Hayata

- 东方荚果蕨 *Pentarhizidium orientale* (Hook.) Hayata
分布：九江、庐山、武宁、修水、南昌、铅山、宜春、丰城、井冈山、遂川、崇义。

26 乌毛蕨科 Blechnaceae Newman

乌毛蕨属 Blechnum L.

- 乌毛蕨 *Blechnum orientale* L.
分布：九江、庐山、鹰潭、宜丰、萍乡、芦溪、遂川、安远、寻乌、兴国、龙南、崇义、全南、会昌。

苏铁蕨属 Brainea J. Sm

- 苏铁蕨 *Brainea insignis* (Hook.) J. Sm.
分布：寻乌。

崇澍蕨属 Chieniopteris Ching

- 崇澍蕨 *Chieniopteris harlandii* (Hook.) Ching
分布：铅山、井冈山、安远、寻乌、定南、崇义。

狗脊属 Woodwardia Sm.

- 狗脊 *Woodwardia japonica* (L. F.) Sm.
分布：九江、武宁、修水、浮梁、南昌、德兴、上饶、广丰、铅山、玉山、贵溪、余江、南丰、资溪、东乡、广昌、黎川、崇仁、宜丰、奉新、万载、萍乡、芦溪、井冈山、吉安、安福、遂川、瑞金、南康、石城、宁都、寻乌、兴国、上犹、崇义、全南、大余、会昌。
- 东方狗脊 *Woodwardia orientalis* Sw.
分布：资溪、黎川、井冈山、安福。
- 珠芽狗脊 *Woodwardia prolifera* Hook. & Arn.
分布：广丰、玉山、贵溪、南丰、宜黄、广昌、黎川、萍乡、赣州、瑞金、寻乌、兴国、定南、上犹、龙南、崇义、全南、大余、会昌。

- 顶芽狗脊 *Woodwardia unigemmata* (Makino) Nakai

  分布：萍乡、井冈山、赣南。

27 蹄盖蕨科 Athyriaceae Alston

安蕨属 *Anisocampium* C. Presl

- 日本安蕨（日本蹄盖蕨）*Anisocampium niponicum* (Mett.) Yea C. Liu, W. L. Chiou & M. Kato

  分布：九江、景德镇、铅山、分宜、莲花、上栗、井冈山、永丰、龙南、全南。

- 华东安蕨 *Anisocampium shearreri* (Baker) Ching

  分布：九江、庐山、永修、修水、德兴、铅山、玉山、分宜、萍乡、井冈山。

蹄盖蕨属 *Athyrium* Roth

- 宿蹄盖蕨 *Athyrium anisopterum* Christ

  分布：九江、龙南、安福、萍乡。

- 大叶假冷蕨 *Athyrium atkinsonii* Bedd.

  分布：九江、铅山、芦溪、井冈山、安福、崇义、大余。

- 坡生蹄盖蕨 *Athyrium clivicola* Tagawa

  分布：分宜、崇义。

- 溪边蹄盖蕨 *Athyrium deltoidofrons* Makino

  分布：新建、铅山、黎川。

- 瘦叶蹄盖蕨 *Athyrium deltoidofrons* var. *gracillimum* (Ching) Z. R. Wang

  分布：修水、萍乡、安福。

- 湿生蹄盖蕨 *Athyrium devolii* Ching

  分布：九江、庐山、武宁、新建、井冈山、崇义。

- 长叶蹄盖蕨 *Athyrium elongatum* Ching

  分布：井冈山。

- 长江蹄盖蕨 *Athyrium iseanum* Rosenst.

  分布：九江、庐山、铅山、玉山、黎川、分宜、萍乡、井冈山、石城、安远、龙南、崇义、全南。

- 紫柄蹄盖蕨 *Athyrium kenzo-satakei* Kurata

  分布：崇义、龙南。

- 多羽蹄盖蕨 *Athyrium multipinnum* Y. T. Hsieh & Z. R. Wang

  分布：井冈山。

- 峨眉蹄盖蕨 *Athyrium omeiense* Ching

  分布：崇义。

- 光蹄盖蕨 *Athyrium otophorum* (Miq.) Koidz.

  分布：九江、靖安、萍乡、井冈山、龙南、崇义。

- 软刺蹄盖蕨 *Athyrium strigillosum* (T. Moore ex E. J. Lowe) Salomon

  分布：九江、庐山、石城。

- 尖头蹄盖蕨 *Athyrium vidalii* (Franch. & Sav.) Nakai

  分布：九江、分宜。

- 胎生蹄盖蕨 *Athyrium viviparum* Christ

  分布：安福、靖安。

- 华中蹄盖蕨 *Athyrium wardii* (Hook.) Makino

  分布：九江、庐山、修水、铅山、靖安、萍乡、井冈山、崇义。

- 无毛华中蹄盖蕨 *Athyrium wardii* var. *glabratum* Y. T. Hsieh et Z. R. Wang

  分布：庐山。

- 禾秆蹄盖蕨 *Athyrium yokoscense* (Franch. & Sav.) Christ

  分布：九江、庐山、武宁、修水、铅山、铜鼓。

角蕨属 *Cornopteris* Nakai

- 毛叶角蕨 *Cornopteris decurrentialata* f. *pillosella* (H. Ito) W. M. Chu
分布：庐山。
- 角蕨 *Cornopteris decurrentialata* (Hook.) Nakai
分布：九江、庐山、永修、萍乡、芦溪、井冈山、安福、遂川、安远、崇义。
- 黑叶角蕨 *Cornopteris opaca* (Don) Tagawa
分布：井冈山、安远、崇义。

对囊蕨属 *Deparia* Hook. & Grev.

- 钝羽假蹄盖蕨（钝羽对囊蕨）*Deparia conilii* (Franch. & Sav.) M. Kato
分布：九江、婺源、芦溪、崇义。
- 二型叶假蹄盖蕨（二型叶对囊蕨）*Deparia dimorphophylla* (Koidz.) M. Kato
分布：九江、贵溪。
- 假蹄盖蕨（东洋对囊蕨）*Deparia japonica* (Thunb.) M. Kato
分布：铅山。
- 九龙蛾眉蕨（九龙对囊蕨）*Deparia jiulungensis* (Ching) Z. R. Wang
分布：不详。
评述：《中国植物物种名录》（2020版）有记载，未见标本。
- 单叶双盖蕨（单叶对囊蕨）*Deparia lancea* Fraser-Jenk.
分布：全省。
- 华中介蕨（大久保对囊蕨）*Deparia okuboana* (Makino) M. Kato [*Dryoathyrium okuboanum* (Makino) Ching]
分布：九江、庐山、德兴、婺源、铅山、玉山、铜鼓、靖安、宜丰、井冈山、安福、龙南、崇义、全南。
- 毛轴假蹄盖蕨（毛叶对囊蕨）*Deparia petersenii* (Kunze) M. Kato
分布：九江、庐山、武宁、修水、铅山、玉山、贵溪、宜丰、分宜、萍乡、芦溪、井冈山、安福、遂川、寻乌、崇义、会昌。
- 华中蛾眉蕨（华中对囊蕨）*Deparia shennongensis* (Ching, Boufford & K. H. Shing) X. C. Zhang
分布：庐山、修水。
- 羽裂叶对囊蕨 *Deparia × tomitaroana* R. Sano
分布：大余、崇义、石城、安远、全南、寻乌。
- 绿叶介蕨（绿叶对囊蕨）*Deparia viridifrons* (Makino) M. Kato
分布：不详。
评述：《中国植物物种名录》（2020版）有记载，未见标本。

双盖蕨属 *Diplazium* Sw.

- 百山祖短肠蕨（百山祖双盖蕨）*Diplazium baishanzuense* (Ching & P. S. Chiu) Z. R. He
分布：龙南、铅山。
- 中华短肠蕨（中华双盖蕨）*Diplazium chinense* (Baker) C. Chr.
分布：九江、庐山、高安、宜丰、万载、定南。
- 边生短肠蕨（边生双盖蕨）*Diplazium conterminum* Christ
分布：九江、芦溪、井冈山、遂川、崇义。
- 厚叶双盖蕨 *Diplazium crassiusculum* Ching
分布：井冈山、安福、遂川、安远、上犹、龙南、崇义、全南。
- 毛柄短肠蕨（毛柄双盖蕨）*Diplazium dilatatum* Blume [*Allantodia crinipes* (Ching) Ching]
分布：崇义。
- 光脚短肠蕨（光脚双盖蕨）*Diplazium doederleinii* (Luerss.) Makino [*Allantodia doederleinii* (Luerss.) Ching]
分布：武宁、崇义。
- 菜蕨（食用双盖蕨）*Diplazium esculentum* (Retz.) Sm. [*Callipteris esculenta* (Retz.) J. Sm. ex Moore et Houlst.]

分布：九江、庐山、武宁、永修、新建、德兴、广丰、宜春、宜丰、万载、分宜、井冈山、遂川、瑞金、寻乌、崇义、全南。
- ● 毛轴菜蕨（毛轴食用双盖蕨）*Diplazium esculentum* var. *pubescens* Tardeiu & C. Chr.

  分布：庐山、宜丰、芦溪。
- ● 大型短肠蕨（大型双盖蕨）*Diplazium giganteum* (Baker) Ching

  分布：江西南部。
- ● 薄盖短肠蕨（薄盖双盖蕨）*Diplazium hachijoense* Nakai

  分布：九江、庐山、武宁、宜丰、萍乡、芦溪、井冈山、崇义。
- ● 阔片短肠蕨（阔片双盖蕨）*Diplazium matthewii* (Copel.) C. Chr.

  分布：崇义。
- ● 江南短肠蕨（江南双盖蕨）*Diplazium mettenianum* (Miq.) C. Chr.

  分布：庐山、井冈山、安福、石城、赣县、寻乌、全南。
- ● 小叶短肠蕨（小叶双盖蕨）*Diplazium mettenianum* var. *fauriei* (Christ) Tagawa

  分布：井冈山、龙南。
- ● 假耳羽短肠蕨（假耳羽双盖蕨）*Diplazium okudairai* Makino

  分布：永修。
- ● 薄叶双盖蕨 *Diplazium pinfaense* Ching

  分布：安远、龙南。
- ● 毛轴线盖蕨（毛轴双盖蕨）*Diplazium pullingeri* var. *pullingeri* (Baker) J. Sm.

  分布：遂川、龙南。
- ● 大叶双盖蕨 *Diplazium splendens* Ching

  分布：遂川。
- ● 鳞柄短肠蕨（鳞柄双盖蕨）*Diplazium squamigerum* (Mett.) Matsum.

  分布：九江、庐山、武宁、修水、铅山。
- ● 淡绿短肠蕨（淡绿双盖蕨）*Diplazium virescens* Kunze

  分布：九江、庐山、铜鼓、芦溪、井冈山、遂川、瑞金、安远、寻乌、定南、崇义、全南、会昌。
- ● 耳羽短肠蕨（耳羽双盖蕨）*Diplazium wichurae* (Mett.) Diels

  分布：九江、庐山、武宁、永修、宜黄、崇义。
- ● 假江南短肠蕨（假江南双盖蕨）*Diplazium yaoshanense* (Y. C. Wu) Tardieu

  分布：龙南。

28 金星蕨科 Thelypteridaceae Pic. Serm.

星毛蕨属 Ampelopteris Kunze

- ● 星毛蕨 *Ampelopteris prolifera* (Retz.) Copel.

  分布：武宁、修水、崇义。

钩毛蕨属 Cyclogramma Tagawa

- ● 狭基钩毛蕨 *Cyclogramma leveillei* (Christ) Ching

  分布：萍乡、芦溪、井冈山、安福。

毛蕨属 Cyclosorus Link

- ● 渐尖毛蕨 *Cyclosorus acuminatus* (Houtt.) Nakai

  分布：九江、庐山、修水、南昌、广丰、鄱阳、婺源、玉山、贵溪、宜丰、分宜、萍乡、井冈山、瑞金、南康、兴国、定南、上犹、龙南、崇义、全南、大余。
- ● 鼓岭渐尖毛蕨（细柄毛蕨）*Cyclosorus acuminatus* var. *kuliangensis* Ching

  分布：九江、庐山。
- ● 干旱毛蕨 *Cyclosorus aridus* (Don) Tagawa

分布：九江、庐山、修水、德兴、宜黄、宜丰、芦溪、井冈山、泰和、遂川、瑞金、安远、寻乌、崇义、大余。

- 齿牙毛蕨 *Cyclosorus dentatus* (Forssk.) Ching

分布：南丰、萍乡、赣县、寻乌、崇义、大余、赣州、于都、龙南、定南、全南、信丰。

- 福建毛蕨 *Cyclosorus fukienensis* Ching

分布：寻乌、龙南、崇义。

- 毛蕨 *Cyclosorus interruptus* (Willd.) H. Ito

分布：九江、庐山、石城。

- 闽台毛蕨 *Cyclosorus jaculosus* (Christ) H. Ito

分布：龙南、崇义、龙南。

- 宽羽毛蕨 *Cyclosorus latipinnus* (Benth.) Tardieu

分布：寻乌、赣州。

- 华南毛蕨 *Cyclosorus parasiticus* (L.) Farw.

分布：九江、铅山、靖安、井冈山、瑞金、寻乌、定南、崇义。

- 矮毛蕨 *Cyclosorus pygmaeus* Ching & C. F. Zhang [程氏毛蕨 *Cyclosorus chengii* Ching ex Shing et J. F. Cheng]

分布：定南。

- 短尖毛蕨 *Cyclosorus subacutus* Ching

分布：九江、庐山。

- 台湾毛蕨 *Cyclosorus taiwanensis* (C. Chr.) H. Ito

分布：安远、寻乌、全南、龙南。

溪边蕨属 *Stegnogramma* Blume Enum.

- 华中茯蕨 *Stegnogramma centrochinensis* Ching ex Y. X. Lin

分布：安福。

- 圣蕨 *Stegnogramma griffithii* (Mett.) K. Iwats.

分布：井冈山、遂川、崇义、大余、上犹。

- 中间茯蕨 *Stegnogramma intermedia* Ching ex Y. X. Lin

分布：庐山。

- 闽浙圣蕨 *Stegnogramma mingchegensis* (Ching) X. C. Zhang & L. J. He

分布：资溪、寻乌。

- 戟叶圣蕨 *Stegnogramma sagittifolia* (Ching) L. J. He & X. C. Zhang

分布：井冈山、安福、遂川、龙南、崇义、上犹。

- 峨眉茯蕨 *Stegnogramma scallanii* (Christ) Ching

分布：九江、庐山、武宁、贵溪、萍乡、崇义、上饶。

- 小叶茯蕨 *Stegnogramma tottoides* H. Ito

分布：庐山、上饶、萍乡、芦溪、井冈山、崇义、大余。

- 羽裂圣蕨 *Stegnogramma wilfordii* (Hook.) Seriz.

分布：井冈山、石城、安远、宁都、龙南、崇义、全南、大余、会昌。

针毛蕨属 *Macrothelypteris* (H. Ito) Ching

- 针毛蕨 *Macrothelypteris oligophlebia* (Baker) Ching

分布：九江、庐山、武宁、修水、新建、贵溪、宜黄、萍乡、石城、寻乌、崇义。

- 雅致针毛蕨 *Macrothelypteris oligophlebia* var. *elegans* (Koidz.) Ching

分布：九江、分宜、宜黄。

- 普通针毛蕨 *Macrothelypteris torresiana* (Gaudich.) Ching

分布：九江、庐山、修水、井冈山、安远、崇义、安福、萍乡。

- 翠绿针毛蕨 *Macrothelypteris viridifrons* (Tagawa) Ching

分布：九江、庐山、分宜、芦溪、井冈山、崇义、安福、萍乡。

凸轴蕨属 *Metathelypteris* (H. Ito)Ching

- 微毛凸轴蕨 *Metathelypteris adscendens* (Ching) Ching

分布：资溪、芦溪、瑞金、安远、寻乌、定南、崇义、会昌。

- 林下凸轴蕨 *Metathelypteris hattorii* (H. Ito) Ching

分布：九江、庐山、修水、芦溪、井冈山、遂川、崇义。

- 疏羽凸轴蕨 *Metathelypteris laxa* (Franch. & Sav.) Ching

分布：九江、庐山、武宁、铅山、玉山、丰城、井冈山、瑞金、安远、崇义。

- 有柄凸轴蕨 *Metathelypteris petiolulata* Ching ex K. H. Shing

分布：修水。

金星蕨属 *Parathelypteris* (H. Ito) Ching

- 钝角金星蕨 *Parathelypteris angulariloba* (Ching) Ching

分布：安远、龙南、崇义。

- 长根金星蕨 *Parathelypteris beddomei* (Baker) Ching

分布：九江、武宁、安福、萍乡。

- 狭脚金星蕨 *Parathelypteris borealis* (Hara) K. H. Shing

分布：九江、武宁、安福、萍乡。

- 中华金星蕨 *Parathelypteris chinensis* (Ching) Ching

分布：九江、庐山、玉山、贵溪、黎川、铜鼓、芦溪、井冈山、瑞金、崇义。

- 毛果金星蕨 *Parathelypteris chinensis* var. *trichocarpa* Ching ex K. H. Shing & J. F. Cheng

分布：九江、玉山、贵溪、黎川、铜鼓、芦溪、井冈山、瑞金、崇义。

- 秦氏金星蕨 *Parathelypteris chingii* K. H. Shing & J. F. Cheng

分布：崇义、安远。

- 金星蕨 *Parathelypteris glanduligera* (Kunze) Ching

分布：九江、庐山、武宁、修水、新建、德兴、上饶、鹰潭、贵溪、南丰、资溪、黎川、丰城、奉新、分宜、萍乡、井冈山、瑞金、安远、寻乌、定南、崇义、全南、会昌。

- 微毛金星蕨 *Parathelypteris glanduligera* var. *puberula* (Ching)Ching ex Shing

分布：庐山、玉山、贵溪、黎川、铜鼓、井冈山、崇义、瑞金。

- 光脚金星蕨（光脚栗金星蕨）*Parathelypteris japonica* (Bak.) Ching

分布：九江、庐山、修水、玉山、贵溪、黎川、铜鼓、芦溪、井冈山、瑞金、崇义。

- 光叶金星蕨 *Parathelypteris japonica* var. *glabrata* (Ching) K. H. Shing

分布：九江、庐山、瑞金。

- 中日金星蕨 *Parathelypteris nipponica* (Franch. & Sav.) Ching

分布：九江、庐山、武宁、修水、鹰潭、宜丰、铜鼓、萍乡、安福、井冈山。

卵果蕨属 *Phegopteris* (C. Presl) Fee

- 延羽卵果蕨 *Phegopteris decursive-pinnata* (H. C. Hall) Fée

分布：九江、庐山、瑞昌、武宁、永修、修水、德兴、上饶、广丰、铅山、玉山、贵溪、南丰、资溪、黎川、靖安、奉新、分宜、萍乡、井冈山、安福、泰和、遂川、瑞金、安远、寻乌、定南、崇义、大余、会昌。

新月蕨属 *Pronephrium* C. Presl

- 红色新月蕨 *Pronephrium lakhimpurense* (Rosenst.) Holttum

分布：寻乌、龙南、崇义、大余。

- 微红新月蕨 *Pronephrium megacuspe* (Baker) Holttum

分布：寻乌、龙南。

- 披针新月蕨 *Pronephrium penangianum* (Hook.) Holttum

分布：九江、庐山、瑞昌、武宁、西湖、德兴、玉山、铜鼓、靖安、宜丰、分宜、萍乡、井冈山、崇义。

假毛蕨属 *Pseudocyclosorus* Ching

- **西南假毛蕨 *Pseudocyclosorus esquirolii*** (Christ) Ching
  分布：庐山、武宁、宜丰、龙南。
  评述：疑似标本鉴定错误。
- **镰片假毛蕨 *Pseudocyclosorus falcilobus*** (Hook.) Ching
  分布：井冈山、安远。
  评述：疑似标本鉴定错误。
- **普通假毛蕨 *Pseudocyclosorus subochthodes*** (Ching) Ching [庐山假毛蕨 *Pseudocyclosorus lushanensis* Ching ex Y. X. Lin、武宁假毛蕨 *Pseudocyclosorus paraochthodes* Ching ex Shing et J. F. Cheng、景烈假毛蕨 *Pseudocyclosorus tsoi* Ching]
  分布：九江、武宁、庐山、修水、上饶、玉山、贵溪、资溪、铜鼓、分宜、萍乡、芦溪、井冈山、安福、遂川、安远、寻乌、龙南、崇义、大余、会昌。

紫柄蕨属 *Pseudophegopteris* Ching

- **耳状紫柄蕨 *Pseudophegopteris aurita*** (Hook.) Ching
  分布：武宁、萍乡、芦溪、井冈山、遂川、龙南、崇义、靖安、于都。
- **星毛紫柄蕨 *Pseudophegopteris levingei*** (Clarke) Ching
  分布：不详。
  评述：《中国植物物种名录》（2020 版）有记载，未见标本。
- **紫柄蕨 *Pseudophegopteris pyrrhorhachis*** (Kunze) Ching
  分布：庐山、武宁、修水、上饶、铅山、铜鼓、靖安、井冈山。

㉙ 肿足蕨科 Hypodematiaceae Ching

肿足蕨属 *Hypodematium* Kunze

- **肿足蕨 *Hypodematium crenatum*** (Forssk.) Kuhn
  分布：九江、瑞昌、修水、崇义。
- **福氏肿足蕨 *Hypodematium fordii*** (Baker) Ching
  分布：九江、庐山、修水、萍乡。
- **修株肿足蕨 *Hypodematium gracile*** Ching
  分布：九江、庐山。
- **鳞毛肿足蕨 *Hypodematium squamuloso-pilosum*** Ching
  分布：萍乡。

㉚ 鳞毛蕨科 Dryopteridaceae Hene

复叶耳蕨属 *Arachniodes* Blume

- **斜方复叶耳蕨 *Arachniodes amabilis*** (Blume) Tindale
  分布：全省有分布。
- **多羽复叶耳蕨（美丽复叶耳蕨）*Arachniodes amoena*** (Ching) Ching
  分布：九江、庐山、铅山、萍乡、井冈山、遂川、寻乌、崇义。
- **刺头复叶耳蕨 *Arachniodes aristata*** (G. Forst.) Tindale
  分布：九江、庐山、武宁、修水、铅山、资溪、黎川、铜鼓、靖安、宜丰、奉新、萍乡、芦溪、井冈山、安福、安远、宁都、上犹、崇义。

- 粗齿黔蕨 *Arachniodes blinii* Nakaike

  分布：井冈山。
- 大片复叶耳蕨 *Arachniodes cavaleriei* (Christ) Ohwi

  分布：寻乌。
- 中华复叶耳蕨 *Arachniodes chinensis* (Rosenst.) Ching

  分布：武宁、贵溪、萍乡、井冈山、遂川、石城、安远、寻乌、龙南、崇义。
- 华南复叶耳蕨 *Arachniodes festina* (Hance) Ching

  分布：九江、武宁、铜鼓、芦溪、井冈山、安福、寻乌、龙南。
- 假斜方复叶耳蕨 *Arachniodes hekiana* Sa. Kurata [尾叶复叶耳蕨 *Arachniodes caudata* Ching]

  分布：崇义、龙南。
- 毛枝蕨 *Arachniodes miqueliana* (Maxim. ex Franch. & Sav.) Ohwi

  分布：庐山、武宁、芦溪、崇义。
- 日本复叶耳蕨 *Arachniodes nipponica* (Rosenst.) Ohwi

  分布：德兴、上饶、萍乡、芦溪。
- 四回毛枝蕨 *Arachniodes quadripinnata* (Hayata) Seriz.

  分布：庐山、铅山。
- 长尾复叶耳蕨 *Arachniodes simplicior* (Makino) Ohwi

  分布：九江、庐山、瑞昌、武宁、上饶、铅山、玉山、黎川、芦溪、井冈山、吉安、安远、寻乌、上犹、龙南、崇义。
- 华西复叶耳蕨 *Arachniodes simulans* (Ching) Ching

  分布：九江、修水、景德镇、德兴、铅山、玉山、分宜、萍乡、井冈山、永丰、龙南、全南。
- 无鳞毛枝蕨 *Arachniodes sinomiqueliana* (Ching) Ohwi

  分布：庐山。
- 美观复叶耳蕨 *Arachniodes speciosa* (D. Don) Ching

  分布：崇义、大余。
- 华东复叶耳蕨 *Arachniodes tripinnata* (Goldm.) Sledge

  分布：庐山。

实蕨属 *Bolbitis* Schott

- 华南实蕨 *Bolbitis subcordata* (Copel.) Ching

  分布：龙南、崇义、全南、大余。

肋毛蕨属 *Ctenitis* (C. Chr.) C. Chr.

- 二型肋毛蕨 *Ctenitis dingnanensis* Ching

  分布：安远、寻乌、定南、崇义、大余。
- 直鳞肋毛蕨 *Ctenitis eatonii* (Baker) Ching

  分布：武宁、崇义、大余。
- 三相蕨（厚叶肋毛蕨）*Ctenitis sinii* (Ching) Ohwi

  分布：宜丰、龙南、崇义、大余。
- 亮鳞肋毛蕨 *Ctenitis subglandulosa* (Hance) Ching

  分布：安远、寻乌、定南、龙南、崇义、大余。

贯众属 *Cyrtomium* C. Presl

- 刺齿贯众 *Cyrtomium caryotideum* (Wall. ex Hook. & Grev.) C. Presl

  分布：井冈山、安福、靖安。
- 密羽贯众 *Cyrtomium confertifolium* Ching & K. H. Shing

  分布：庐山。
- 披针贯众 *Cyrtomium devexiscapulae* (Koidz.) Ching

  分布：武宁、萍乡、龙南。

- **全缘贯众** *Cyrtomium falcatum* (L. f.) C. Presl

  分布：庐山、武宁、修水。

- **贯众** *Cyrtomium fortunei* J. Sm.

  分布：九江、庐山、瑞昌、武宁、彭泽、修水、浮梁、德兴、上饶、广丰、鄱阳、铅山、玉山、贵溪、资溪、广昌、黎川、宜丰、奉新、万载、萍乡、井冈山、安福、遂川、石城、安远、兴国、上犹、崇义、大余。

- **大叶贯众** *Cyrtomium macrophyllum* (Makino) Tagawa

  分布：武宁、萍乡、莲花、井冈山、遂川、崇义。

- **阔羽贯众** *Cyrtomium yamamotoi* Tagawa

  分布：九江、庐山、玉山。

鳞毛蕨属 *Dryopteris* Adanson

- **暗鳞鳞毛蕨** *Dryopteris atrata* (Kunze) Ching

  分布：九江、上饶、铅山、余江、抚州、广昌、黎川、宜春、宜丰、分宜、萍乡、井冈山、吉安、赣州、瑞金、宁都、兴国。

- **阔鳞鳞毛蕨** *Dryopteris championii* (Benth.) C. Chr.

  分布：九江、瑞昌、武宁、彭泽、永修、修水、乐平、南昌、广丰、婺源、玉山、贵溪、余江、南丰、宜黄、广昌、黎川、丰城、宜丰、奉新、萍乡、芦溪、井冈山、吉安、安福、瑞金、安远、寻乌、兴国、上犹、崇义。

- **中华鳞毛蕨** *Dryopteris chinensis* (Baker) Koidz.

  分布：九江、庐山。

- **混淆鳞毛蕨** *Dryopteris commixta* Tagawa

  分布：资溪、宜黄、黎川、宜丰、安福、萍乡。

- **桫椤鳞毛蕨** *Dryopteris cycadina* (Franch. & Sav.) C. Chr.

  分布：九江、庐山、修水、上饶、铅山、贵溪、广昌、黎川、宜丰、萍乡、井冈山、瑞金、安远、宁都、寻乌、兴国、上犹、崇义、会昌。

- **迷人鳞毛蕨** *Dryopteris decipiens* (Hook.) Kuntze

  分布：九江、庐山、玉山、贵溪、黎川、丰城、芦溪、安远、寻乌、崇义、全南。

- **深裂迷人鳞毛蕨** *Dryopteris decipiens* var. *diplazioides* (Christ) Ching

  分布：贵溪、丰城、井冈山、安福、崇义。

- **德化鳞毛蕨** *Dryopteris dehuaensis* Ching & K. H. Shing

  分布：鄱阳、安远、寻乌、定南。

- **远轴鳞毛蕨** *Dryopteris dickinsii* (Franch. & Sav.) C. Chr.

  分布：九江、庐山、武宁、铅山、宜丰、萍乡、安福、安远。

- **红盖鳞毛蕨** *Dryopteris erythrosora* (D. C. Eaton) Kuntze

  分布：九江、庐山、芦溪、瑞金。

- **黑足鳞毛蕨** *Dryopteris fuscipes* C. Chr.

  分布：九江、彭泽、景德镇、德兴、上饶、婺源、玉山、铜鼓、靖安、分宜、萍乡、芦溪、井冈山、瑞金、石城、安远、兴国、龙南、崇义、大余、会昌。

- **裸叶鳞毛蕨** *Dryopteris gymnophylla* (Baker) C. Chr.

  分布：九江、庐山。

- **裸果鳞毛蕨** *Dryopteris gymnosora* (Makino) C. Chr.

  分布：九江、庐山、萍乡、芦溪、井冈山、安福、遂川、崇义。

- **异鳞轴鳞蕨（异鳞鳞毛蕨）** *Dryopteris heterolaena* C. Chr.

  分布：铅山。

- **假异鳞毛蕨** *Dryopteris immixta* Ching

  分布：九江、庐山、武宁、宜春。

- **平行鳞毛蕨** *Dryopteris indusiata* (Makino) Makino & Yamam.

  分布：九江、庐山、芦溪、井冈山、安福、龙南、崇义。

- **泡鳞轴鳞蕨（泡鳞鳞毛蕨）** *Dryopteris kawakamii* Hayata

  分布：铅山。
- **京鹤鳞毛蕨** *Dryopteris kinkiensis* Koidz. ex Tagawa

  分布：庐山、武宁、铅山、芦溪、安远、靖安。
- **齿头鳞毛蕨** *Dryopteris labordei* (Christ) C. Chr.

  分布：九江、庐山、武宁、贵溪、萍乡、遂川、会昌。
- **狭顶鳞毛蕨** *Dryopteris lacera* (Thunb.) Kuntze

  分布：九江、庐山、铅山。
- **轴鳞鳞毛蕨** *Dryopteris lepidorachis* C. Chr.

  分布：九江、修水、贵溪、遂川、寻乌。
- **龙泉鳞毛蕨** *Dryopteris lungquanensis* Ching & P. C. Chiu

  分布：庐山。
- **边果鳞毛蕨** *Dryopteris marginata* (C. B. Clarke) Christ

  分布：不详。

  评述：《中国植物物种名录》（2020 版）有记载，未见标本。
- **阔鳞轴鳞蕨（马氏鳞毛蕨）** *Dryopteris maximowicziana* (Miq.) C. Chr.

  分布：庐山、修水、宜丰、井冈山、安远、龙南、崇义、大余。
- **黑鳞远轴鳞毛蕨** *Dryopteris namegatae* (Kurata) Kurata

  分布：宜丰、萍乡、石城。
- **太平鳞毛蕨** *Dryopteris pacifica* (Nakai) Tagawa

  分布：修水、玉山、宜丰、萍乡、井冈山、安福、遂川、安远、宁都、崇义。
- **鱼鳞蕨（鱼鳞鳞毛蕨）** *Dryopteris paleolata* (Pic. Serm.) Li Bing Zhang

  分布：井冈山、遂川、安福、萍乡。
- **半岛鳞毛蕨** *Dryopteris peninsulae* Kitag.

  分布：九江、庐山、德兴、铅山、玉山、资溪、新干、安福、萍乡。
- **宽羽鳞毛蕨** *Dryopteris ryo-itoana* Kurata

  分布：庐山、萍乡、崇义。
- **无盖鳞毛蕨** *Dryopteris scottii* (Bedd.) Ching ex C. Chr.

  分布：九江、庐山、广昌、井冈山、遂川、瑞金、石城、寻乌、定南、崇义。
- **两色鳞毛蕨** *Dryopteris setosa* (Thunb.) Akasawa

  分布：九江、庐山、武宁、修水、资溪、靖安、宜丰、芦溪、崇义。
- **奇羽鳞毛蕨** *Dryopteris sieboldii* (van Houtte ex Mett.) Kuntze

  分布：九江、庐山、武宁、修水、玉山、资溪、黎川、铜鼓、宜丰、萍乡、井冈山、安福、遂川、寻乌、兴国、崇义。
- **稀羽鳞毛蕨** *Dryopteris sparsa* (Buch.-Ham. ex D. Don) Kuntze

  分布：九江、庐山、铜鼓、奉新、分宜、芦溪、井冈山、瑞金、安远、寻乌、龙南、崇义、全南、大余、会昌。
- **无柄鳞毛蕨** *Dryopteris submarginata* Rosenst.

  分布：井冈山。
- **华南鳞毛蕨** *Dryopteris tenuicula* Matthew & Christ

  分布：九江、井冈山、安福、兴国。
- **东京鳞毛蕨** *Dryopteris tokyoensis* (Matsum. ex Makino) C. Chr.

  分布：黎川、靖安、安远、崇义。
- **观光鳞毛蕨** *Dryopteris tsoongii* Ching

  分布：九江、庐山、武宁、修水、婺源、靖安、崇义、大余。
- **同形鳞毛蕨** *Dryopteris uniformis* (Makino) Makino

  分布：九江、庐山、武宁、婺源、宜丰、萍乡、井冈山、崇义。
- **变异鳞毛蕨** *Dryopteris varia* (L.) Kuntze

  分布：九江、庐山、武宁、南昌、广丰、婺源、贵溪、资溪、铜鼓、宜丰、奉新、萍乡、芦溪、井冈山、遂川、瑞金、南康、寻乌、定南、龙南、崇义、大余、会昌。

- 大羽鳞毛蕨 *Dryopteris wallichiana* (Spreng.) Alston & Bonner

  分布：不详。

  评述：《Flora of China》（2～3卷）有记载，未见标本。

- 黄山鳞毛蕨 *Dryopteris whangshangensis* Ching

  分布：庐山、武宁、修水、上饶、靖安。

- 细叶鳞毛蕨 *Dryopteris woodsiisora* Hayata

  分布：九江、庐山。

- 寻乌鳞毛蕨 *Dryopteris xunwuensis* Ching & K. H. Shing

  分布：武宁、修水、寻乌。

舌蕨属 *Elaphoglossum* Schott. ex J. Sm.

- 舌蕨 *Elaphoglossum marginatum* T. Moore

  分布：崇义。

- 华南舌蕨 *Elaphoglossum yoshinagae* (Yatabe) Makino

  分布：庐山、井冈山、龙南、崇义、全南、大余、安福、萍乡、靖安。

耳蕨属 *Polystichum* Roth

- 镰羽贯众（巴郎耳蕨）*Polystichum balansae* Christ [*Cyrtomium balansae* (Christ) C. Chr]

  分布：九江、庐山、武宁、修水、玉山、黎川、铜鼓、靖安、宜丰、万载、萍乡、芦溪、井冈山、吉安、安福、遂川、赣州、安远、寻乌、上犹、龙南、崇义、全南、大余。

- 卵状鞭叶蕨（卵状鞭叶耳蕨）*Polystichum conjunctum* Ching

  分布：婺源、宜丰。

- 鞭叶耳蕨 *Polystichum craspedosorum* (Maxim.) Diels

  分布：九江、庐山、武宁、景德镇、新建、安义、德兴、婺源、资溪、黎川、南康、安远、龙南、崇义、大余。

- 小戟叶耳蕨 *Polystichum hancockii* (Hance) Diels

  分布：彭泽、上饶、井冈山、吉安、遂川、寻乌、上犹、崇义、大余。

- 芒刺耳蕨 *Polystichum hecatopterum* Diels

  分布：井冈山。

- 亮叶耳蕨 *Polystichum lanceolatum* (Baker) Diels

  分布：井冈山。

- 宽鳞耳蕨 *Polystichum latilepis* Ching & H. S. Kung

  分布：九江。

- 黑鳞耳蕨 *Polystichum makinoi* (Tagawa) Tagawa

  分布：九江、庐山、修水、铅山、黎川、靖安、井冈山、寻乌、崇义。

- 革叶耳蕨 *Polystichum neolobatum* Nakai

  分布：九江、庐山、武宁、修水、莲花、安福。

- 南碧耳蕨 *Polystichum otomasui* Sa. Kurata

  分布：庐山。

- 卵鳞耳蕨 *Polystichum ovatopaleaceum* (Kodama) Sa. Kurata

  分布：庐山。

- 假黑鳞耳蕨 *Polystichum pseudomakinoi* Tagawa

  分布：九江、庐山、武宁、铅山、黎川、靖安、分宜、萍乡、安福、定南。

- 假对马耳蕨 *Polystichum pseudotsus-simense* Ching

  分布：庐山。

- 洪雅耳蕨 *Polystichum pseudoxiphophyllum* Ching ex H. S. Kung

  分布：铅山。

- 倒鳞耳蕨 *Polystichum retrosopaleaceum* (Kodama) Tagawa

分布：庐山、萍乡、大余、崇义。
- 阔鳞耳蕨 *Polystichum rigens* Tagawa

分布：庐山。
- 灰绿耳蕨 *Polystichum scariosum* C. V. Morton

分布：井冈山、龙南、大余。
- 戟叶耳蕨 *Polystichum tripteron* (Kunze) C. Presl

分布：九江、庐山、武宁、德兴、上饶、铅山、靖安、宜丰、萍乡、遂川、龙南。
- 对马耳蕨 *Polystichum tsus-simense* (Hook.) J. Sm.

分布：九江、庐山、武宁、修水、广丰、铜鼓、宜丰、萍乡、遂川。

31 肾蕨科 Nephrolepidaceae Pic. Serm.

肾蕨属 *Nephrolepis* Schott

- 肾蕨 *Nephrolepis cordifolia* (L.) C. Presl

分布：全南。

32 叉蕨科 Tectariaceae Panigrahi

叉蕨属 *Tectaria* Cav.

- 条裂三叉蕨（条裂叉蕨）*Tectaria phaeocaulis* (Rosenst.) C. Chr.

分布：会昌、崇义。

33 蓧蕨科 Oleandraceae Ching ex Pic. Serm.

蓧蕨属 *Oleandra* Cav.

- 华南蓧蕨 *Oleandra cumingii* J. Sm.

分布：井冈山、龙南。

34 骨碎补科 Davalliaceae M. R. Schomb.

小膜盖蕨属 *Araiostegia* Cop.

- 鳞轴小膜盖蕨 *Araiostegia perdurans* (Christ) Copel.

分布：武宁、铅山。

阴石蕨属 *Humata* Cav.

- 杯盖阴石蕨 *Humata griffithiana* (Hook.) C. Chr. [圆盖阴石蕨 *Davallia teyermannii* Baker]

分布：庐山、武宁、修水、铅山、贵溪、铜鼓、靖安、宜丰、井冈山、赣州。
- 阴石蕨 *Humata repens* (L. f.) J. Small ex Diels

分布：安福、寻乌、龙南、崇义、全南。

35 水龙骨科 Polypodiaceae J. Presl & C. Presl

节肢蕨属 *Arthromeris* (T. Moore) J. Sm.

- 节肢蕨 *Arthromeris lehmannii* (Mett.) Ching

分布：九江、庐山、铅山、黎川、宜春、莲花、芦溪、井冈山、安福、永丰、遂川、石城。
- 龙头节肢蕨 *Arthromeris lungtauensis* Ching
分布：九江、武宁、上饶、婺源、铅山、黎川、井冈山、安福、遂川、石城、龙南、全南。
- 多羽节肢蕨 *Arthromeris mairei* (Brause) Ching
分布：九江、遂川、石城。

槲蕨属 *Drynaria* (Bory) J. Sm.

- 槲蕨 *Drynaria roosii* Nakaike
分布：九江、武宁、永修、南昌、上饶、玉山、南丰、广昌、铜鼓、宜丰、奉新、萍乡、井冈山、安福、永新、遂川、安远、兴国、上犹、崇义、大余、会昌。

雨蕨属 *Gymnogrammitis* Griff.

- 雨蕨 *Gymnogrammitis dareiformis* (Hook.) Ching ex Tardieu et C. Chr.
分布：崇义。

伏石蕨属 *Lemmaphyllum* C. Presl

- 肉质伏石蕨 *Lemmaphyllum carnosum* (J. Sm. ex Hook.) C. Presl
分布：不详。
评述：Wei X P , Zhang X C . Species delimitation in the fern genus *Lemmaphyllum* (Polypodiaceae) based on multivariate analysis of morphological variation[J]. Journal of Systematics and Evolution, 2013. 有记载，未见标本。
- 披针骨牌蕨 *Lemmaphyllum diversum* (Rosenst.) De Vol & C. M. Kuo
分布：九江、庐山、武宁、修水、上饶、铅山、鹰潭、抚州、黎川、宜春、靖安、莲花、井冈山、吉安、遂川、赣州、石城、安远、寻乌、上犹、龙南、崇义。
- 抱石莲 *Lemmaphyllum drymoglossoides* (Baker) Ching
分布：九江、庐山、瑞昌、武宁、修水、浮梁、广丰、玉山、资溪、广昌、宜春、铜鼓、奉新、分宜、萍乡、芦溪、井冈山、安福、遂川、安远、寻乌、上犹、崇义、全南、大余、会昌。
- 伏石蕨 *Lemmaphyllum microphyllum* C. Presl
分布：安远、寻乌、信丰。
- 骨牌蕨 *Lemmaphyllum rostratum* (Beddome) Tagawa
分布：铅山。

鳞果星蕨属 *Lepidomicrosorium* Ching & K. H. Shing

- 鳞果星蕨 *Lepidomicrosorium buergerianum* (Miq.) Ching et K. H. Shing
分布：武宁、修水、玉山、抚州、宜丰、奉新、井冈山、遂川、石城、崇义、全南、大余、会昌。
- 表面星蕨 *Lepidomicrosorium superficiale* (Blume) Li Wang
分布：全省山区有分布。

瓦韦属 *Lepisorus* (J. Sm.) Ching

- 黄瓦韦 *Lepisorus asterolepis* (Baker) Ching
分布：九江、修水、德兴、婺源、铅山、玉山、鹰潭、资溪、宜黄、黎川、宜春、袁州、铜鼓、宜丰、莲花、芦溪、井冈山、安福、永丰、永新、遂川、南康。
- 扭瓦韦 *Lepisorus contortus* (Christ) Ching
分布：九江、武宁、玉山、遂川、崇义。
- 庐山瓦韦 *Lepisorus lewisii* (Baker) Ching
分布：九江、庐山、德兴、上饶、婺源、铅山、玉山、抚州、宜春、井冈山、安福、遂川、大余。
- 大瓦韦 *Lepisorus macrosphaerus* (Baker) Ching
分布：德兴、玉山、铜鼓、靖安、宜丰、奉新、分宜、井冈山、安福、南康。
- 有边瓦韦 *Lepisorus marginatus* Ching
分布：庐山、芦溪。

- 丝带蕨 *Lepisorus miyoshianus* (Makino) Fraser-Jenk.

  分布：德兴、玉山、井冈山、崇义。

- 粤瓦韦 *Lepisorus obscurevenulosus* (Hayata) Ching

  分布：九江、庐山、德兴、铅山、玉山、广昌、铜鼓、宜丰、井冈山、遂川、赣州、崇义。

- 稀鳞瓦韦 *Lepisorus oligolepidus* (Baker) Ching

  分布：九江、武宁、余江、萍乡。

- 瓦韦 *Lepisorus thunbergianus* (Kaulf.) Ching

  分布：九江、武宁、修水、德兴、上饶、广丰、婺源、铅山、鹰潭、贵溪、广昌、黎川、宜春、萍乡、瑞金、石城、安远、寻乌、崇义。

- 阔叶瓦韦 *Lepisorus tosaensis* (Makino) H. Ito

  分布：宜丰、井冈山、遂川、崇义。

- 乌苏里瓦韦 *Lepisorus ussuriensis* (Regel et Maack) Ching

  分布：铅山、铜鼓。

- 远叶瓦韦 *Lepisorus ussuriensis* var. *distans* (Makino) Tagawa

  分布：九江、德兴、上饶、婺源、铅山、玉山、铜鼓、宜丰。

薄唇蕨属 *Leptochilus* Kaulf.

- 线蕨 *Leptochilus ellipticus* (Thunb.) Noot.

  分布：九江、武宁、永修、新建、玉山、南丰、资溪、宜黄、广昌、靖安、宜丰、万载、井冈山、吉安、安福、遂川、赣州、瑞金、南康、石城、安远、上犹、龙南、崇义、全南、大余、会昌。

- 曲边线蕨 *Leptochilus ellipticus* var. *flexilobus* (Christ) X. C. Zhang

  分布：武宁、铜鼓、安福、遂川、大余。

- 宽羽线蕨 *Leptochilus ellipticus* var. *pothifolius* (Buch.-Ham. ex D. Don) X. C. Zhang

  分布：全省山区有分布。

- 断线蕨 *Leptochilus hemionitideus* (Wall. ex Mett.) Noot.

  分布：广昌、石城、崇义、大余。

- 胄叶线蕨 *Leptochilus* × *hemitomus* (Hance) Noot.

  分布：井冈山、信丰、崇义、龙南。

- 矩圆线蕨 *Leptochilus henryi* (Baker) X. C. Zhang

  分布：贵溪、资溪、宜黄、黎川、铜鼓、宜丰、安福、龙南、崇义、全南。

- 绿叶线蕨 *Leptochilus leveillei* (Christ) X. C. Zhang & Noot.

  分布：不详。

  评述：《中国植物种名录》（2020版）有记载，未见标本。

- 褐叶线蕨 *Leptochilus wrightii* (Hook. & Baker) X. C. Zhang

  分布：修水、安远、寻乌、定南、龙南、全南。

剑蕨属 *Loxogramme* (Blume) C. Presl

- 黑鳞剑蕨 *Loxogramme assimilis* Ching

  分布：不详。

  评述：《中国植物种名录》（2020版）有记载，未见标本。

- 中华剑蕨 *Loxogramme chinensis* Ching

  分布：九江、修水、广昌、芦溪、安福、龙南。

- 褐柄剑蕨 *Loxogramme duclouxii* Christ

  分布：九江。

- 匙叶剑蕨 *Loxogramme grammitoides* (Baker) C. Chr.

  分布：九江、修水、德兴、婺源、铅山、玉山、芦溪、井冈山、遂川、安福。

- 柳叶剑蕨 *Loxogramme salicifolia* (Makino) Makino

  分布：九江、德兴、上饶、婺源、铅山、玉山、南丰、黎川、铜鼓、井冈山、安远、寻乌、定南、上犹、龙南、全南、会昌。

锯蕨属 *Micropolypodium* Hayata

- 锯蕨 *Micropolypodium okuboi* (Yatabe) Hayata
  分布：庐山、铅山、萍乡、安福、遂川。

星蕨属 *Microsorum* Link

- 羽裂星蕨 *Microsorum insigne* (Blume) Copel.
  分布：龙南。
- 翅星蕨（有翅星蕨）*Microsorum pteropus* (Blume) Copel.
  分布：崇义。

盾蕨属 *Neolepisorus* Ching

- 江南星蕨 *Neolepisorus fortunei* (Blume) Li Wang
  分布：全省有分布。
- 卵叶盾蕨 *Neolepisorus ovatus* (Bedd.) Ching
  分布：九江、武宁、修水、乐平、德兴、上饶、广丰、鄱阳、婺源、铅山、玉山、贵溪、南丰、宜黄、广昌、黎川、铜鼓、靖安、宜丰、分宜、萍乡、莲花、井冈山、吉安、安福、遂川、瑞金、石城、寻乌、兴国、龙南、崇义、大余、会昌。
- 显脉星蕨 *Neolepisorus zippelii* (Blume) Li Wang
  分布：龙南。

滨禾蕨属 *Oreogrammitis* Copeland

- 短柄滨禾蕨 *Oreogrammitis dorsipila* Parris
  分布：铅山、萍乡、崇义、大余。
- 隐脉滨禾蕨 *Oreogrammitis sinohirtella* Parris
  分布：不详。
  评述：《中国植物物种名录》（2020版）有记载，未见标本。

水龙骨属 *Polypodium* L.

- 友水龙骨 *Polypodiodes amoena* (Wall. ex Mett.) Ching
  分布：九江、靖安、井冈山、安福、遂川、寻乌、龙南、崇义、全南、大余。
- 中华水龙骨 *Polypodiodes chinensis* (Christ) S. G. Lu
  分布：安福、寻乌、萍乡。
- 日本水龙骨 *Polypodiodes niponica* (Mett.) Ching
  分布：九江、庐山、武宁、修水、德兴、上饶、广丰、铅山、玉山、资溪、广昌、靖安、奉新、萍乡、芦溪、井冈山、吉安、安福、石城。

石韦属 *Pyrrosia* Mirbel

- 石蕨 *Pyrrosia angustissima* (Giesenh. ex Diels) Tagawa & K. Iwats.
  分布：九江、庐山、武宁、修水、新建、南昌、上饶、铅山、余江、抚州、宜春、铜鼓、宜丰、奉新、井冈山、安福、遂川、安远、寻乌、定南。
- 相近石韦 *Pyrrosia assimilis* (Baker) Ching
  分布：九江、修水、乐平、上饶、广丰、鄱阳、广昌、黎川、井冈山、遂川、安远、龙南。
- 光石韦 *Pyrrosia calvata* (Baker) Ching
  分布：龙南、崇义。
- 石韦 *Pyrrosia lingua* (Thunb.) Farw.
  分布：九江、武宁、永修、修水、南昌、德兴、上饶、广丰、婺源、铅山、玉山、贵溪、宜黄、广昌、奉新、萍乡、莲花、芦溪、井冈山、安福、遂川、南康、石城、宁都、寻乌、兴国、定南、上犹、崇义、全南、大余。

- **有柄石韦** *Pyrrosia petiolosa* (Christ) Ching

  分布：九江、武宁、宜黄。

- **庐山石韦** *Pyrrosia shearer* (Baker) Ching

  分布：九江、武宁、永修、修水、浮梁、上饶、广丰、铅山、玉山、广昌、黎川、宜春、铜鼓、奉新、萍乡、芦溪、井冈山、安福、遂川、石城、寻乌。

- **相似石韦** *Pyrrosia similis* Ching

  分布：庐山。

修蕨属 *Selliguea* Bory

- **灰鳞假瘤蕨** *Selliguea albipes* (C. Chr. & Ching) S. G. Lu

  分布：井冈山、安远、寻乌、定南、安福、萍乡。

- **恩氏假瘤蕨** *Selliguea engleri* (Luerss.) Fraser-Jenk.

  分布：不详。

  评述：《中国植物物种名录》（2020版）有记载，未见标本。

- **金鸡脚假瘤蕨** *Selliguea hastata* (Thunb.) H. Ohashi & K. Ohashi

  分布：安福。

- **宽底假瘤蕨** *Selliguea majoensis* (C. Chr.) Fraser-Jenk.

  分布：芦溪、安福。

- **喙叶假瘤蕨** *Selliguea rhynchophylla* (Hook.) H. Ohashi & K. Ohashi

  分布：安远、寻乌、定南、龙南、全南、崇义。

- **屋久假瘤蕨（福建假瘤蕨）** *Selliguea yakushimensis* (Makino) H. Ohashi & K. Ohashi

  分布：崇义。

裂禾蕨属 *Tomophyllum* (E. Fournier) Parris

- **裂禾蕨** *Tomophyllum donianum* (Spreng.) Fraser-Jenk.

  分布：遂川。

裸子植物
GYMNOSPERMS

《江西维管植物多样性编目》

❶ 苏铁科 Cycadaceae Pers.

苏铁属 Cycas L.

- * 华南苏铁 *Cycas rumphii* Miq.
  分布：赣州。
- * 苏铁 *Cycas revoluta* Thunb.
  分布：全省有栽培。

❷ 银杏科 Ginkgoaceae Engl.

银杏属 Ginkgo L.

- * 银杏 *Ginkgo biloba* L.
  分布：全省有栽培。

❸ 买麻藤科 Gnetaceae Blume

买麻藤属 Gnetum L.

- 罗浮买麻藤 *Gnetum luofuense* C. Y. Cheng
  分布：寻乌。
- 小叶买麻藤 *Gnetum parvifolium* (Warb.) C. Y. Cheng ex Chun
  分布：资溪、井冈山、永丰、寻乌、兴国、上犹、龙南、信丰、大余、崇义、石城、会昌。

❹ 松科 Pinaceae Spreng. ex F. Rudolphi

黄杉属 Pseudotsuga Carrière

- * 花旗松 *Pseudotsuga menziesii* (Mirbel) Franco
  分布：九江。
- 华东黄杉 *Pseudotsuga gaussenii* Flous
  分布：玉山、德兴。

金钱松属 Pseudolarix Gordon

- 金钱松 *Pseudolarix amabilis* (J. Nelson) Rehder
  分布：九江、庐山、修水、玉山、铜鼓。

冷杉属 Abies Mill.

- 资源冷杉 *Abies beshanzuensis* var. *ziyuanensis* (L. K. Fu et S. L. Mo) L. K. Fu et Nan Li
  分布：井冈山、遂川。
- * 冷杉 *Abies fabri* (Mast.) Craib
  分布：庐山。
- * 日本冷杉 *Abies firma* Siebold et Zucc.
  分布：庐山、井冈山。

落叶松属 Larix Mill.

- * 日本落叶松 *Larix kaempferi* (Lamb.) Carrière
  分布：庐山。

松属 *Pinus* L.

- * 华山松 *Pinus armandii* Franch.

分布：庐山、宜春。

- * 湿地松 *Pinus elliottii* Engelm.

分布：吉安、赣州。

- 大别山五针松 *Pinus fenzeliana* var. *dabeshanensis* (C. Y. Cheng et Y. W. Law) L. K. Fu et Nan Li

分布：武宁。

- 华南五针松 *Pinus kwangtungensis* Chun et Tsiang

分布：寻乌、全南。

- 马尾松 *Pinus massoniana* Lamb.

分布：全省有分布。

- * 长叶松 *Pinus palustris* Mill.

分布：庐山。

- * 日本五针松 *Pinus parviflora* Siebold et Zucc.

分布：庐山。

- * 海岸松 *Pinus pinaster* Aiton

分布：庐山。

- * 刚松 *Pinus rigida* Mill.

分布：庐山。

- * 晚松 *Pinus serotina* Michx.

分布：庐山。

- * 油松 *Pinus tabuliformis* Carrière

分布：全省有栽培。

- 巴山松 *Pinus tabuliformis* var. *henryi* (Mast.) C. T. Kuan [武陵松 *Pinus massoniana* var. *wulingensis* C. J. Qi et Q. Z. Lin]

分布：九江、庐山、武宁。

- * 火炬松 *Pinus taeda* L.

分布：九江、庐山。

- 黄山松 *Pinus taiwanensis* Hayata

分布：九江、庐山、武宁、修水、德兴、上饶、铅山、玉山、贵溪、南丰、资溪、黎川、宜春、铜鼓、靖安、芦溪、井冈山、安福、遂川、上犹、崇义。

- * 黑松 *Pinus thunbergii* Parl.

分布：修水、南丰、靖安。

- * 矮松（北美二针松）*Pinus virginiana* Mill.

分布：庐山。

铁杉属 *Tsuga* (Endl.) Carrière

- 铁杉 *Tsuga chinensis* (Franch.) Pritz.

分布：九江、德兴、铅山、玉山、宜春、萍乡、芦溪、井冈山、安福、遂川、上犹、崇义、大余。

- 长苞铁杉 *Tsuga longibracteata* W. C. Cheng

分布：资溪、赣县、崇义、大余。

雪松属 *Cedrus* Trew

- * 雪松 *Cedrus deodara* (Roxb.) G. Don

分布：全省有栽培。

油杉属 *Keteleeria* Carrière

- 铁坚油杉 *Keteleeria davidiana* (Bertrand) Beissn.

分布：九江、修水、资溪、高安、崇义。

- * 油杉 *Keteleeria fortunei* (A. Murray) Carrière
  分布：崇义。
- 江南油杉 *Keteleeria fortunei* var. *cyclolepis* (Flous) Silba
  分布：崇义、安远、寻乌。

云杉属 *Picea* A. Dietrich

- * 欧洲云杉 *Picea abies* (L.) H. Karst.
  分布：九江。
- * 云杉 *Picea asperata* Mast.
  分布：庐山。
- * 麦吊云杉 *Picea brachytyla* (Franch.) E. Pritz.
  分布：庐山。
- * 青杆 *Picea wilsonii* Mast.
  分布：庐山。

⑤ 南洋杉科 Araucariaceae Henkel & W. Hochst.

南洋杉属 *Araucaria* Juss.

- * 南洋杉 *Araucaria cunninghamii* Aiton ex D. Don
  分布：九江、赣州。

⑥ 罗汉松科 Podocarpaceae Endl.

罗汉松属 *Podocarpus* L'Hér. ex Pers.

- 罗汉松 *Podocarpus macrophyllus* (Thunb.) Sweet
  分布：九江、庐山、德兴、婺源、玉山、黎川、分宜、萍乡、上栗、井冈山、遂川、赣州、石城、兴国、于都、信丰。
- * 短叶罗汉松 *Podocarpus macrophyllus* var. *maki* Siebold et Zucc.
  分布：九江、庐山、修水、浮梁、玉山、广昌、靖安、宜丰、萍乡、大余。
- 百日青 *Podocarpus neriifolius* D. Don
  分布：九江、婺源、资溪、萍乡、井冈山、安远、赣县、大余。

竹柏属 *Nageia* Gaertn.

- 竹柏 *Nageia nagi* (Thunb.) Kuntze
  分布：九江、资溪、广昌、靖安、宜丰、分宜、井冈山、泰和、石城、安远、赣县、寻乌、兴国、龙南、崇义、大余。

⑦ 柏科 Cupressaceae Gray

柏木属 *Cupressus* L.

- 柏木 *Cupressus funebris* Endl.
  分布：九江、武宁、永修、修水、南昌、德兴、玉山、贵溪、资溪、铜鼓、靖安、宜丰、奉新、分宜、井冈山、安福、永丰、永新、泰和、遂川、兴国、于都、信丰、全南、大余。

北美红杉属 *Sequoia* Endl.

- * 北美红杉 *Sequoia sempervirens* (D. Don) Endl.

分布：九江。

扁柏属 *Chamaecyparis* Spach

● * 美国扁柏 *Chamaecyparis lawsoniana* (A. Murray) Parl.

分布：庐山。

● * 日本扁柏 *Chamaecyparis obtusa* (Siebold et Zucc.) Endl.

分布：九江、庐山。

● * '黄叶扁柏' *Chamaecyparis obtusa* 'Creppsii'

分布：庐山。

● * '云片柏' *Chamaecyparis obtusa* 'Breviramea' Dallimore and Jackson

分布：庐山。

● * '凤尾柏' *Chamaecyparis obtusa* 'Filicoides' Dallimore and Jackson

分布：庐山。

● * '孔雀柏' *Chamaecyparis obtusa* 'Tetragona' Dallimore and Jackson

分布：庐山。

● * 日本花柏 *Chamaecyparis pisifera* (Siebold et Zucc.) Endl.

分布：九江、瑞昌、修水。

● * '线柏' *Chamaecyparis pisifera* 'Filifera' Dallimore and Jackson

分布：全省有栽培。

● * '绒柏' *Chamaecyparis pisifera* 'Squarrosa' Ohwi

分布：全省有栽培。

● * 美国尖叶扁柏 *Chamaecyparis thyoides* (L.) Britton, Sterns et Poggenb.

分布：庐山。

侧柏属 *Platycladus* Spach

● * 侧柏 *Platycladus orientalis* (L.) Franco

分布：九江、庐山、武宁、修水、南昌、贵溪、分宜、萍乡、井冈山、永新、遂川、赣州、瑞金、南康、宁都、寻乌、崇义、大余、会昌。

● * '千头柏' *Platycladus orientalis* 'Sieboldii' Dallimore and Jackson

分布：全省有栽培。

刺柏属 *Juniperus* L.

● 圆柏 *Juniperus chinensis* L.

分布：九江、庐山、武宁、永修、修水、新建、铅山、贵溪、安福、永丰、遂川、赣州。

● * '龙柏' *Juniperus chinensis* 'Kaizuca'

分布：全省有栽培。

● * '塔柏' *Juniperus chinensis* 'Pyramidalis'

分布：全省有栽培。

● 刺柏 *Juniperus formosana* Hayata

分布：九江、庐山、武宁、修水、新建、南昌、德兴、婺源、玉山、鹰潭、贵溪、余江、南丰、东乡、广昌、黎川、渝水、莲花、遂川、赣州、石城、寻乌、兴国、会昌、瑞金。

● 铺地柏 *Juniperus procumbens* (Siebold ex Endl.) Miq.

分布：全省有栽培。

● * 杜松 *Juniperus rigida* Siebold et Zucc.

分布：庐山、南昌。

● * 高山柏 *Juniperus squamata* Buch.-Ham. ex D. Don

分布：九江、玉山、资溪。

● * '粉柏' *Juniperus squamata* 'Meyeri' Dallimore and Jackson

分布：庐山。

- * 铅笔柏（北美圆柏）*Juniperus virginiana* L.
分布：全省有栽培。

翠柏属 *Calocedrus* Kurz

- * 翠柏 *Calocedrus macrolepis* Kurz
分布：庐山、南昌。

福建柏属 *Fokienia* A. Henry & H. H. Thomas

- 福建柏 *Fokienia hodginsii* (Dunn) A. Henry et H. H. Thomas
分布：玉山、资溪、分宜、芦溪、井冈山、安福、遂川、上犹、崇义、大余。

柳杉属 *Cryptomeria* D. Don

- * 日本柳杉 *Cryptomeria japonica* (Thunb. ex L. f.) D. Don
分布：九江、武宁、修水、南昌、铅山、贵溪、黎川、靖安、分宜、井冈山、安福、赣州、石城、上犹。
- * '圆球柳杉' *Cryptomeria japonica* 'Compactoglobosa'
分布：庐山。
- * '干头柳杉' *Cryptomeria japonica* 'Vilmoriniana' Dallimore and Jackson
分布：庐山。
- * '圆头柳杉' *Cryptomeria japonica* 'Yuantouliusha'
分布：庐山。
- 柳杉 *Cryptomeria japonica* var. *sinensis* Miq.
分布：九江、庐山、武宁、修水、铅山、黎川、宜春、靖安、万载、分宜、井冈山、安福、赣州、石城。

罗汉柏属 *Thujopsis* Siebold & Zucc. ex Endl.

- * 罗汉柏 *Thujopsis dolabrata* (Thunb. ex L. f.) Siebold et Zucc.
分布：九江、井冈山。

落羽杉属 *Taxodium* Rich.

- * 落羽杉 *Taxodium distichum* (L.) Rich.
分布：九江、宜春、赣州。
- * 池杉 *Taxodium distichum* var. *imbricatum* (Nuttall) Croom
分布：九江、彭泽、修水、分宜、安福、信丰、大余。
- * 墨西哥落羽杉 *Taxodium mucronatum* Ten.
分布：九江、赣州。

杉木属 *Cunninghamia* R. Br. ex A. Rich.

- 杉木 *Cunninghamia lanceolata* (Lamb.) Hook.
分布：全省有分布。
- * '灰叶杉木' *Cunninghamia lanceolata* 'Glauca' Dallimore and Jackson
分布：庐山、井冈山。

水杉属 *Metasequoia* Hu & W. C. Cheng

- * 水杉 *Metasequoia glyptostroboides* Hu et W. C. Cheng
分布：全省有栽培。

水松属 *Glyptostrobus* Endl.

- 水松 *Glyptostrobus pensilis* (Staunton ex D. Don) K. Koch

分布：玉山、弋阳、余江、铅山、贵溪、资溪、靖安、上犹、全南。

台湾杉属 Taiwania Hayata

- *台湾杉 *Taiwania cryptomerioides* Hayata [秃杉 *Taiwania flousiana* Gaussen]

分布：玉山、井冈山、章贡。

崖柏属 Thuja L.

- *北美香柏 *Thuja occidentalis* L.

分布：九江、井冈山。

- *北美乔柏 *Thuja plicata* Donn ex D. Don

分布：九江。

- *日本香柏 *Thuja standishii* (Gordon) Carrière

分布：九江、庐山、宜丰、全南。

8 红豆杉科 Taxaceae Gray

白豆杉属 Pseudotaxus W. C. Cheng

- 白豆杉 *Pseudotaxus chienii* (W. C. Cheng) W. C. Cheng

分布：德兴、玉山、芦溪、井冈山、安福、遂川、上犹。

榧属 Torreya Arn.

- 巴山榧树 *Torreya fargesii* Franch.

分布：宜丰。

- 榧树 *Torreya grandis* Fortune ex Lindl.

分布：九江、武宁、濂溪、修水、景德镇、浮梁、婺源、广丰、广信、铅山、玉山、贵溪、资溪、黎川、宜春、铜鼓、靖安、宜丰、奉新、遂川、石城、龙南、会昌。

- 长叶榧树 *Torreya jackii* Chun

分布：德兴、资溪。

- *日本榧树 *Torreya nucifera* (L.) Siebold et Zucc.

分布：庐山。

红豆杉属 Taxus L.

- 黄豆杉 *Taxus wallichiana* f. *flaviarilla* L. H. Qiu et W. G. Zhang

分布：德兴、乐安。

- 红豆杉 *Taxus wallichiana* var. *chinensis* (Pilg.) Florin

分布：铅山、玉山、芦溪。

- 南方红豆杉 *Taxus wallichiana* var. *mairei* (Lemée et H. Lév.) L. K. Fu et Nan Li

分布：全省有分布。

三尖杉属 Cephalotaxus Siebold & Zucc. ex Endl.

- 三尖杉 *Cephalotaxus fortunei* Hook.

分布：九江、武宁、永修、修水、景德镇、乐平、德兴、上饶、广丰、婺源、铅山、玉山、贵溪、南丰、资溪、宜黄、广昌、黎川、铜鼓、靖安、宜丰、井冈山、安福、泰和、遂川、瑞金、石城、宁都、寻乌、兴国、上犹、全南、大余、会昌。

- 宽叶粗榧 *Cephalotaxus latifolia* L. K. Fu et R. R. Mill.

分布：井冈山。

- 篦子三尖杉 *Cephalotaxus oliveri* Mast.

分布：修水、玉山、南丰、铜鼓、宜丰、芦溪、井冈山、安福、遂川、崇义、大余。

- **粗榧** *Cephalotaxus sinensis* (Rehder et E. H. Wilson) H. L. Li
分布：九江、永修、铅山、玉山、资溪、铜鼓、靖安、宜丰、井冈山、安福、遂川。

穗花杉属 *Amentotaxus* Pilg.

- **穗花杉** *Amentotaxus argotaenia* (Hance) Pilg.
分布：资溪、铜鼓、宜丰、芦溪、莲花、井冈山、安福、永新、安远、上犹。

⑨ 金松科 Sciadopityaceae Luerss.

金松属 *Sciadopitys* Siebold & Zucc.

- * **金松** *Sciadopitys verticillata* (Thunb.) Siebold et Zucc.
分布：庐山。

被子植物

ANGIOSPERMS

《江西维管植物多样性编目》

（一）睡莲目 Nymphaeales Salisb. ex Bercht. & J. Presl

① 莼菜科 Cabombaceae Rich. ex A. Rich.

莼菜属 Brasenia Schreb.

- 莼菜 *Brasenia schreberi* J. F. Gmel.
  分布：九江、庐山、临川、鹰潭、资溪、兴国。

② 睡莲科 Nymphaeaceae Salisb.

芡属 Euryale Salisb.

- 芡实 *Euryale ferox* Salisb. ex K. D. Koenig & Sims
  分布：九江、庐山、永修、南昌、玉山、萍乡、芦溪、安福、石城。

萍蓬草属 Nuphar Sm.

- 萍蓬草 *Nuphar pumila* (Timm) DC.[贵州萍蓬草 *Nuphar bornetii* H. Lévl. & Vaniot]
  分布：赣南、鄱阳湖、九江、庐山、贵溪、靖安、井冈山、吉安、永丰、遂川、石城。
- 中华萍蓬草 *Nuphar pumila* subsp. *sinensis* (Hand.-Mazz.) D. E. Padgett
  分布：崇仁、全南。

睡莲属 Nymphaea L.

- * 黄睡莲 *Nymphaea mexicana* Zucc.
  分布：全省有栽培。
- 睡莲 *Nymphaea tetragona* Georgi
  分布：全省有栽培。

（二）木兰藤目 Austrobaileyales Takht. ex Reveal

③ 五味子科 Schisandraceae Bl.

冷饭藤属 Kadsura Kaempf. ex Juss.

- 黑老虎 *Kadsura coccinea* (Lem.) A. C. Smith
  分布：资溪、靖安、井冈山、遂川、石城、安远、寻乌、定南、上犹、龙南、崇义、信丰、全南、大余、会昌。
- 异形南五味子 *Kadsura heteroclita* (Roxb.) Craib
  分布：九江、庐山、铅山、资溪、井冈山、章贡、石城。
- 日本南五味子 *Kadsura japonica* (L.) Dunal
  分布：庐山、九江、武宁、修水、瑞昌、新建、上饶、广丰、玉山、铅山、德兴、萍乡、贵溪、宜春、靖安、铜鼓、黎川、宜黄、资溪、广昌、遂川、安福、井冈山、赣县、上犹、崇义、龙南、兴国、会昌、寻乌、石城、瑞金。
- 南五味子 *Kadsura longipedunculata* Finet et Gagnep.
  分布：全省山区有分布。
- 冷饭藤 *Kadsura oblongifolia* Merr.
  分布：铅山、玉山、资溪、遂川。

五味子属 *Schisandra* Michx.

- 绿叶五味子 *Schisandra arisanensis* subsp. *viridis* (A. C. Smith) R. M. K. Saunders
分布：玉山、贵溪、资溪、井冈山、石城、上犹、龙南、崇义、信丰、全南。
- 二色五味子 *Schisandra bicolor* Cheng
分布：玉山、资溪、靖安。
- 五味子 *Schisandra chinensis* (Turcz.) Baill.
分布：全省山区有分布。
- 爪哇五味子 *Schisandra elongata* (Blume) Baill.
分布：九江、庐山、瑞昌、永修、修水、乐平、浮梁、铅山、黎川、铜鼓、靖安、宜丰、井冈山、吉安、安福、泰和、遂川、石城、兴国、定南、上犹、龙南、信丰、全南、大余。
- 翼梗五味子 *Schisandra henryi* C. B. Clarke
分布：全省山区有分布。
- 铁箍散 *Schisandra propinqua* subsp. *sinensis* (Oliv.) R. M. K. Saunders
分布：九江、景德镇、安义、黎川、宜春、萍乡、井冈山、安福、永新、遂川。
- 异色五味子 *Schisandra repanda* (Siebold et Zucc.) Radlk.
分布：上饶、井冈山、安福、安远。
- 华中五味子 *Schisandra sphenanthera* Rehder & E. H. Wilson
分布：九江、庐山、玉山、贵溪、靖安、井冈山、石城。

八角属 *Illicium* L.

- 大屿八角 *Illicium angustisepalum* A. C. Smith [闽皖八角 *Illicium minwanense* B. N. Chang & S. D. Zhang]
分布：修水、婺源、铅山、安福、遂川、上犹。
- 短柱八角 *Illicium brevistylum* A. C. Smith
分布：井冈山、遂川、赣州。
- 红茴香 *Illicium henryi* Diels
分布：玉山、资溪、靖安、石城。
- 假地枫皮 *Illicium jiadifengpi* B. N. Chang
分布：武宁、黎川、井冈山、遂川、上犹。
- 红毒茴 *Illicium lanceolatum* A. C. Smith
分布：全省山区有广布。
- 大八角 *Illicium majus* Hook. f. & Thomson
分布：芦溪。
- 厚皮香八角 *Illicium ternstroemioides* A. C. Smith
分布：乐安、大余、寻乌。

（三）胡椒目 Piperales Bercht. & J. Presl

1 三白草科 Saururaceae Rich. ex T. Lestib.

三白草属 *Saururus* L.

- 三白草 *Saururus chinensis* (Lour.) Baill.
分布：全省有分布。

蕺菜属 *Houttuynia* Thunb.

- 蕺菜 *Houttuynia cordata* Thunb.
分布：全省有分布。

⑤ 胡椒科 Piperaceae Giseke

胡椒属 *Piper* L.

- 华南胡椒 *Piper austrosinense* Y. C. Tseng

分布：安远、寻乌、全南。

评述：未见标本，《江西种子植物名录》（刘仁林，2010）有记载。

- 竹叶胡椒 *Piper bambusifolium* Y. C. Tseng

分布：九江、庐山、铅山、黎川、靖安、芦溪、井冈山、安福、石城、崇义。

- 山蒟 *Piper hancei* Maxim.

分布：全省山区有广布。

- 毛蒟 *Piper hongkongense* C. DC.

分布：庐山、贵溪、资溪、萍乡、泰和、寻乌、会昌。

- 风藤 *Piper kadsura* (Choisy) Ohwi

分布：铅山、玉山、资溪、芦溪、井冈山、安福、石城、安远、寻乌、全南。

- 假蒟 *Piper sarmentosum* Roxb.

分布：高安、宜丰、萍乡、泰和、龙南、大余。

- 石南藤 *Piper wallichii* (Miq.) Hand.-Mazz.

分布：九江、庐山、芦溪、安福、安远、上犹、龙南。

草胡椒属 *Peperomia* Ruiz & Pav.

- 石蝉草 *Peperomia blanda* (Jacquin) Kunth

分布：寻乌。

⑥ 马兜铃科 Aristolochiaceae Juss.

马蹄香属 *Saruma* Oliv.

- 马蹄香 *Saruma henryi* Oliv.

分布：九江、庐山、武宁、铅山、铜鼓、芦溪、井冈山、安福、遂川、石城、上犹。

马兜铃属 *Aristolochia* L.

- 北马兜铃 *Aristolochia contorta* Bunge

分布：九江、武宁、广丰。

- 马兜铃 *Aristolochia debilis* Siebold et Zucc.

分布：九江、庐山、瑞昌、彭泽、修水、浮梁、新建、铅山、抚州、铜鼓、永新、上犹。

- 通城虎 *Aristolochia fordiana* Hemsl.

分布：上犹。

- 蜂窠马兜铃 *Aristolochia foveolata* Merr.

分布：铅山。

- 异叶马兜铃 *Aristolochia heterophylla* Hemsl.

分布：庐山。

评述：《江西植物名录》（杨祥学，1982）有记载，未见标本。

- 大叶马兜铃 *Aristolochia kaempferi* Willd.

分布：九江、庐山、铜鼓。

- 寻骨风 *Aristolochia mollissima* Hance

分布：九江、玉山、贵溪、黎川、井冈山、石城、上犹。

- 宝兴马兜铃 *Aristolochia moupinensis* Franch.

分布：德兴。

- **耳叶马兜铃** *Aristolochia tagala* Champ.

  分布：永修。

  评述：《江西植物名录》（杨祥学，1982）有记载，标本凭证：蒋英 10664（永修沙田港）。

- **管花马兜铃** *Aristolochia tubiflora* Dunn

  分布：九江、武宁、彭泽、景德镇、乐平、玉山、贵溪、资溪、黎川、铜鼓、靖安、宜丰、萍乡、井冈山、吉安、遂川、石城、兴国。

细辛属 *Asarum* L.

- **尾花细辛** *Asarum caudigerum* Hance

  分布：赣南、九江、武宁、资溪、宜黄、黎川、铜鼓、靖安、宜丰、万载、井冈山、吉安、安福、泰和、遂川、安远、寻乌、上犹、龙南、崇义、全南、大余。

- **双叶细辛** *Asarum caulescens* Maxim.

  分布：不详。

  评述：《江西植物名录》（杨祥学，1982）有记载，未见标本。

- **杜衡** *Asarum forbesii* Maxim.

  分布：九江、瑞昌、玉山、贵溪、资溪、靖安、石城。

- **福建细辛** *Asarum fukienense* C. Y. Cheng et C. S. Yang

  分布：婺源、铅山、玉山、贵溪、资溪、铜鼓、靖安、宜丰、芦溪、井冈山、安福、遂川、石城、上犹、崇义。

- **小叶马蹄香** *Asarum ichangense* C. Y. Cheng et C. S. Yang

  分布：九江、庐山、武宁、浮梁、上饶、南丰、乐安、靖安、莲花、井冈山、安福、永新、遂川、寻乌、兴国、龙南、全南。

- **金耳环** *Asarum insigne* Diels

  分布：武宁、修水、资溪、黎川、铜鼓。

- **大花细辛** *Asarum macranthum* Hook. f.

  分布：九江、武宁、修水、玉山、资溪、井冈山。

- **祁阳细辛** *Asarum magnificum* Tsiang ex C. Y. Cheng et C. S. Yang

  分布：浮梁、德兴、婺源、资溪、吉安、井冈山、遂川。

- **大叶马蹄香** *Asarum maximum* Hemsl.

  分布：武宁、修水、铅山、玉山、贵溪、靖安、井冈山。

- **长毛细辛** *Asarum pulchellum* Hemsl.

  分布：景德镇、铅山、资溪、铜鼓、井冈山。

- **汉城细辛** *Asarum sieboldii* Miq.

  分布：九江、武宁、修水、玉山、贵溪、靖安、井冈山、石城。

- **五岭细辛** *Asarum wulingense* C. F. Liang

  分布：九江、修水、鄱阳、铅山、玉山、贵溪、资溪、铜鼓、宜丰、芦溪、井冈山、安福、永新、遂川、安远、龙南、全南。

（四）木兰目 Magnoliales Juss. ex Bercht. & J. Presl

❼ 木兰科 Magnoliaceae Juss.

含笑属 *Michelia* L.

- * **白兰** *Michelia × alba* DC.

  分布：赣南有栽培。

- * **阔瓣含笑** *Michelia cavaleriei* var. *platypetala* (Hand.-Mazz.) N. H. Xia

  分布：九江、南昌、赣州。

- * **黄兰含笑** *Michelia champaca* L.

分布：赣州。

- 乐昌含笑 *Michelia chapensis* Dandy

  分布：上饶、铅山、玉山、贵溪、资溪、宜春、铜鼓、靖安、宜丰、分宜、芦溪、井冈山、安福、遂川、石城、安远、上犹、龙南、崇义、全南。

- 紫花含笑 *Michelia crassipes* Y. W. Law

  分布：铅山、贵溪、资溪、宜丰、芦溪、井冈山、安福、石城、安远、于都、龙南、崇义、信丰、全南。

- 含笑花 *Michelia figo* (Lour.) Spreng.

  分布：九江、武宁、修水、德兴、上饶、广丰、贵溪、南丰、资溪、广昌、黎川、铜鼓、奉新、萍乡、吉安、永丰、永新、泰和、遂川、赣州、瑞金、石城、安远、上犹、崇义、全南、会昌。

- 金叶含笑 *Michelia foveolata* Merr. ex Dandy[灰毛含笑 *Michelia foveolata* var. *cinerascens* Law et Y. F. Wu、亮叶含笑 *Michelia fulgens* Dandy]

  分布：修水、上饶、贵溪、资溪、芦溪、井冈山、安福、泰和、遂川、石城、安远、上犹、龙南、崇义、全南、寻乌、大余。

- 福建含笑 *Michelia fujianensis* Q. F. Zheng[美毛含笑 *Michelia caloptila* Law et Y. F. Wu、七瓣含笑 *Michelia septipetala* Z. L. Nong]

  分布：贵溪、资溪、寻乌、信丰。

- *醉香含笑 *Michelia macclurei* Dandy

  分布：赣南有栽培。

- *黄心夜合 *Michelia martini* (Lévl.) Lévl.

  分布：井冈山。

- 深山含笑 *Michelia maudiae* Dunn

  分布：九江、武宁、贵溪、资溪、黎川、靖安、分宜、萍乡、莲花、井冈山、安福、永新、泰和、遂川、石城、安远、赣县、寻乌、上犹、龙南、崇义、信丰、全南、大余。

- 观光木 *Michelia odora* (Chun) Nooteboom & B. L. Chen

  分布：芦溪、井冈山、安福、遂川、石城、安远、赣县、寻乌、龙南、崇义、信丰、全南、大余、会昌。

- 野含笑 *Michelia skinneriana* Dunn

  分布：九江、武宁、永修、修水、新建、德兴、广丰、铅山、玉山、贵溪、南丰、资溪、广昌、黎川、丰城、靖安、宜丰、奉新、万载、分宜、莲花、芦溪、井冈山、安福、永新、泰和、遂川、瑞金、石城、安远、寻乌、定南、上犹、龙南、崇义、信丰、全南、大余、会昌。

- 峨眉含笑 *Michelia wilsonii* Finet et Gagnep.

  分布：宜丰。

玉兰属 *Yulania* Spach

- 天目玉兰 *Yulania amoena* (W. C. Cheng) D. L. Fu[天目木兰 *Magnolia amoena* W. C. Cheng]

  分布：上饶、玉山、奉新。

- 望春玉兰 *Yulania biondii* (Pampanini) D. L. Fu

  分布：瑞昌、安远。

- 黄山玉兰 *Yulania cylindrica* (E. H. Wilson) D. L. Fu[黄山木兰 *Magnolia cylindrica* E. H. Wilson]

  分布：德兴、上饶、铅山、玉山、高安、芦溪、井冈山、安福、遂川、赣县、兴国、崇义。

- 玉兰 *Yulania denudata* (Desr.) D. L. Fu

  分布：全省山区有分布。

- *日本辛夷 *Yulania kobus* (DC.) Spach

  分布：赣南有栽培。

- *紫玉兰 *Yulania liliiflora* (Desrousseaux) D. L. Fu

  分布：全省有栽培。

- 凹叶玉兰 *Yulania sargentiana* (Rehder & E. H. Wilson) D. L. Fu

  分布：湘东、井冈山。

- * **二乔玉兰** *Yulania × soulangeana* (Soulange–Bodin) D. L. Fu

  分布：全省有广泛栽培。
- **武当玉兰** *Yulania sprengeri* (Pampanini) D. L. Fu [武当木兰 *Magnolia sprengeri* Pamp.]

  分布：修水、靖安、万载。
- * **宝华玉兰** *Yulania zenii* (W. C. Cheng) D. L. Fu

  分布：瑞昌、安福、遂川、信丰。

拟单性木兰属 *Parakmeria* Hu & W. C. Cheng

- **乐东拟单性木兰** *Parakmeria lotungensis* (Chun & C. H. Tsoong) Y. W. Law

  分布：黎川、井冈山、安远、龙南、崇义、大余。

北美木兰属 *Magnolia* L.

- * **荷花玉兰** *Magnolia grandiflora* L.

  分布：全省有栽培。

鹅掌楸属 *Liriodendron* L.

- **鹅掌楸** *Liriodendron chinense* (Hemsl.) Sarg.

  分布：庐山、靖安、德兴、横峰、铅山、婺源、乐安、金溪。
- * **北美鹅掌楸** *Liriodendron tulipifera* L.

  分布：全省有栽培。

木莲属 *Manglietia* Bl.

- **桂南木莲** *Manglietia conifera* Dandy

  分布：资溪、分宜、井冈山、遂川、赣县、寻乌、上犹、龙南、崇义、信丰。
- * **大叶木莲** *Manglietia dandyi* (Gagnepain) Dandy

  分布：九江。
- **落叶木莲** *Manglietia decidua* Q. Y. Zheng [华木莲 *Sinomanglietia glauca* Z. X. Yu et Q. Y. Zheng]

  分布：宜春（明月山）、分宜。
- **木莲** *Manglietia fordiana* Oliv. [乳源木莲 *Manglietia yuyuanensis* Y. W. Law]

  分布：九江、庐山、铅山、玉山、资溪、黎川、宜丰、分宜、芦溪、井冈山、安福、石城、安远、寻乌、上犹、龙南、崇义、大余。
- * **苍背木莲** *Manglietia glaucifolia* Law et Y. F. Wu

  分布：九江。
- * **大果木莲** *Manglietia grandis* Hu et Cheng

  分布：九江。
- **红花木莲** *Manglietia insignis* (Wall.) Blume

  分布：井冈山、遂川、寻乌。
- **井冈山木莲** *Manglietia jinggangshanensis* R. L. Liu & Z. X. Zhang

  分布：井冈山、遂川。
- **毛桃木莲** *Manglietia kwangtungensis* (Merrill) Dandy

  分布：龙南、崇义。
- **倒卵叶木莲** *Manglietia obovalifolia* C. Y. Wu & Y. W. Law

  分布：上犹。
- **巴东木莲** *Manglietia patungensis* H. H. Hu

  分布：宜丰。

厚朴属 *Houpoea* N. H. Xia & C. Y. Wu

- **厚朴** *Houpoea officinalis* (Rehder & E. H. Wilson) N. H. Xia & C. Y. Wu [凹叶厚朴 *Magnolia officinalis* Rehd. & E. H. Wilson subsp. *biloba* (Rehd. & E. H. Wilson) Y. W. Law]

分布：庐山、武宁、修水、婺源、铅山、玉山、贵溪、宜黄、宜丰、铜鼓、宜丰、芦溪、井冈山、安福、上犹。

天女花属 Oyama (Nakai) N. H. Xia & C. Y. Wu

- 天女花 Oyama sieboldii (K. Koch) N. H. Xia & C. Y. Wu [天女木兰 Magnolia sieboldii K. Koch]
分布：德兴、铅山、玉山、广昌、萍乡、芦溪、安福。

⑧ 番荔枝科 Annonaceae Juss.

鹰爪花属 Artabotrys R. Br.

- 鹰爪花 Artabotrys hexapetalus (L. f.) Bhandari
分布：寻乌、全南、大余。
- 香港鹰爪花 Artabotrys hongkongensis Hance
分布：寻乌、龙南、信丰。
- 厚瓣鹰爪花 Artabotrys pachypetalus B. Xue & Junhao Chen
分布：寻乌、龙南。

瓜馥木属 Fissistigma Griff.

- 白叶瓜馥木 Fissistigma glaucescens (Hance) Merr.
分布：寻乌、龙南、崇义、大余。
- 瓜馥木 Fissistigma oldhamii (Hemsl.) Merr.
分布：全省山区有分布。
- 香港瓜馥木 Fissistigma uonicum (Dunn) Merr.
分布：井冈山、安远、寻乌、龙南、崇义、信丰、全南、大余。

紫玉盘属 Uvaria L.

- 光叶紫玉盘 Uvaria boniana Finet et Gagnep.
分布：寻乌。

（五）樟目 Laurales Juss. ex Bercht. & J. Presl

⑨ 蜡梅科 Calycanthaceae Lindl.

夏蜡梅属 Calycanthus L.

- *美国蜡梅 Calycanthus floridus L.
分布：全省有栽培。
- *长叶美国蜡梅 Calycanthus floridus var. oblongifolius (Nutt.) D. E. Boufford & S. A. Spogbe
分布：九江。

蜡梅属 Chimonanthus Lindl.

- 突托蜡梅 Chimonanthus grammatus M. C. Liu
分布：安远、会昌。
- 山蜡梅 Chimonanthus nitens Oliv.
分布：乐平、德兴、广丰、婺源、玉山、贵溪、资溪、宜黄、靖安、井冈山、永丰、永新、泰和、石城、上犹。
- *蜡梅 Chimonanthus praecox (L.) Link
分布：全省有栽培。

- 柳叶蜡梅 *Chimonanthus salicifolius* H. H. Hu

  分布：修水、乐平、德兴、广丰、婺源、玉山、资溪、宜黄、黎川、泰和。

10 樟科 Lauraceae Juss.

山胡椒属 *Lindera* Thunb.

- 乌药 *Lindera aggregata* (Sims) Kosterm.

  分布：全省山区有分布。
- 狭叶山胡椒 *Lindera angustifolia* W. C. Cheng

  分布：九江、庐山、永修、修水、乐平、新建、上饶、鄱阳、铅山、玉山、鹰潭、贵溪、余江、南丰、资溪、黎川、靖安、莲花、芦溪、井冈山、吉安、安福、永新、泰和、遂川、石城、安远、崇义、全南。
- 江浙山胡椒 *Lindera chienii* W. C. Cheng

  分布：武宁、井冈山。
- 鼎湖钓樟 *Lindera chunii* Merr.

  分布：井冈山。
- 香叶树 *Lindera communis* Hemsl.

  分布：全省有分布。
- 红果山胡椒 *Lindera erythrocarpa* Makino

  分布：九江、庐山、瑞昌、武宁、永修、修水、乐平、浮梁、新建、上饶、鄱阳、婺源、铅山、玉山、贵溪、资溪、宜黄、东乡、广昌、黎川、高安、铜鼓、靖安、宜丰、奉新、分宜、萍乡、芦溪、井冈山、安福、永新、遂川、石城、安远、崇义、全南。
- 香叶子 *Lindera fragrans* Oliv.

  分布：铅山、资溪、芦溪、井冈山、安福、安远、寻乌、崇义、全南。
- 山胡椒 *Lindera glauca* (Siebold & Zucc.) Blume

  分布：全省山区有广布。
- 广东山胡椒 *Lindera kwangtungensis* (H. Liou) C. K. Allen

  分布：井冈山、遂川、寻乌、上犹、龙南、崇义、大余、会昌。
- 黑壳楠 *Lindera megaphylla* Hemsl. [毛黑壳楠 *Lindera megaphylla* f. *trichoclada* (Rehder) Cheng]

  分布：九江、庐山、武宁、修水、德兴、广丰、婺源、铅山、玉山、贵溪、南丰、资溪、广昌、黎川、铜鼓、靖安、宜丰、井冈山、石城、安远、寻乌、龙南、崇义、信丰、全南。
- 网叶山胡椒 *Lindera metcalfiana* var. *dictyophylla* (C. K. Allen) H. P. Tsui

  分布：武宁、广丰、黎川。
- 绒毛山胡椒 *Lindera nacusua* (D. Don) Merr.

  分布：庐山、武宁、德兴、分宜、井冈山、永新、遂川、瑞金、宁都、寻乌、崇义、全南、大余、会昌。
- 绿叶甘橿 *Lindera neesiana* (Wall. ex Nees) Kurz

  分布：九江、庐山、武宁、永修、修水、铅山、玉山、贵溪、南丰、资溪、铜鼓、靖安、分宜、芦溪、井冈山、安福。
- 三桠乌药 *Lindera obtusiloba* Blume

  分布：九江、庐山、武宁、修水、景德镇、铅山、玉山、铜鼓、靖安、芦溪、井冈山、安福。
- 大果山胡椒 *Lindera praecox* (Siebold & Zucc.) Blume

  分布：九江、庐山、武宁、丰城、铜鼓。
- 香粉叶 *Lindera pulcherrima* var. *attenuata* C. K. Allen

  分布：宜春、井冈山、安福、遂川、大余、寻乌。
- 川钓樟 *Lindera pulcherrima* var. *hemsleyana* (Diels) H. P. Tsui

  分布：资溪、宜春、芦溪、井冈山。

  评述：疑似标本鉴定有误，误将香粉叶鉴定为该种。
- 山橿 *Lindera reflexa* Hemsl.

分布：全省山区有广布。
- 红脉钓樟 *Lindera rubronervia* Gamble
分布：九江、庐山、武宁、永修、修水、上饶、铅山、玉山、贵溪、资溪、宜黄、黎川、丰城、靖安、莲花、井冈山、安福、瑞金、石城、赣县、宁都、寻乌、兴国、崇义。
- 大叶钓樟 *Lindera umbellata* Thunb.
分布：九江、铅山、贵溪、黎川、南丰、资溪、会昌。

黄肉楠属 *Actinodaphne* Nees

- 红果黄肉楠 *Actinodaphne cupularis* (Hemsl.) Gamble
分布：井冈山、全南。

琼楠属 *Beilschmiedia* Nees

- 广东琼楠 *Beilschmiedia fordii* Dunn
分布：安远、寻乌、龙南、全南、大余。
- 网脉琼楠 *Beilschmiedia tsangii* Merr.
分布：寻乌。
评述：查阅南昌大学植物标本馆腊叶标本发现，前人将采自江西寻乌县的网脉琼楠误鉴定为海南琼楠（黄志琼楠）*Beilschmiedia wangii* Allen。

无根藤属 *Cassytha* L.

- 无根藤 *Cassytha filiformis* L.
分布：武宁、高安、靖安、井冈山、瑞金、寻乌、崇义。

樟属 *Cinnamomum* Schaeff.

- 毛桂 *Cinnamomum appelianum* Schewe
分布：资溪、莲花、芦溪、井冈山、安福、永新、遂川、石城、安远、上犹、崇义、全南、大余、会昌。
- 华南桂 *Cinnamomum austrosinense* H. T. Chang
分布：新建、贵溪、资溪、芦溪、井冈山、石城、安远、寻乌、上犹、崇义、会昌。
- 猴樟 *Cinnamomum bodinieri* H. Lév.
分布：九江、井冈山、安福。
- 阴香 *Cinnamomum burmannii* (Nees et T. Nees) Blume
分布：修水、资溪、靖安、芦溪、井冈山、安福、遂川、安远、寻乌、上犹、龙南、崇义。
- 樟 *Cinnamomum camphora* (L.) Presl
分布：全省有分布。
- 肉桂 *Cinnamomum cassia* (L.) D. Don
分布：资溪、寻乌。
- 云南樟 *Cinnamomum glanduliferum* (Wall.) Meisner
分布：修水。
评述：仅见一份标本，疑似标本鉴定有误。
- 天竺桂 *Cinnamomum japonicum* Siebold
分布：九江、武宁、修水、南昌、玉山、资溪、宜黄、广昌、萍乡、安福、泰和、寻乌、兴国、龙南、全南、大余。
- 野黄桂 *Cinnamomum jensenianum* Hand.-Mazz.
分布：九江、武宁、玉山、贵溪、资溪、宜黄、广昌、宜春、靖安、安福、石城、寻乌、兴国、龙南。
- 银叶桂 *Cinnamomum mairei* H. Lév.
分布：资溪、芦溪、井冈山、安福。
评述：仅见两份标本，疑似标本鉴定有误，误将黄樟鉴定为该种。
- 沉水樟 *Cinnamomum micranthum* (Hayata) Hayata

分布：资溪、萍乡、井冈山、吉安、遂川、瑞金、石城、寻乌、信丰、全南。

● 黄樟 *Cinnamomum parthenoxylon* (Jack.) Meissn

分布：玉山、南丰、南城、资溪、黎川、靖安、宜丰、分宜、井冈山、遂川、石城、安远、赣县、寻乌、兴国、上犹、龙南、崇义、信丰、全南、大余。

● 少花桂 *Cinnamomum pauciflorum* Nees

分布：玉山、贵溪、资溪、广昌、靖安、石城、寻乌、龙南。

● 卵叶桂 *Cinnamomum rigidissimum* H. T. Chang

分布：上饶、永新、龙南、大余。

● 香桂 *Cinnamomum subavenium* Miq.

分布：九江、庐山、德兴、婺源、玉山、贵溪、资溪、黎川、靖安、分宜、井冈山、石城、寻乌、崇义。

● 辣汁树 *Cinnamomum tsangii* Merr.

分布：安福、永新、遂川、安远。

● 川桂 *Cinnamomum wilsonii* Gamble

分布：资溪、靖安、萍乡、井冈山、永新、遂川、上犹、信丰。

厚壳桂属 *Cryptocarya* R. Br.

● 厚壳桂 *Cryptocarya chinensis* (Hance) Hemsl.

分布：安远、龙南、信丰、全南、会昌。

● 硬壳桂 *Cryptocarya chingii* W. C. Cheng

分布：井冈山、瑞金、石城、安远、寻乌、定南、上犹、龙南、崇义、全南、大余。

● 黄果厚壳桂 *Cryptocarya concinna* Hance

分布：安远、寻乌、龙南、信丰、全南、会昌。

新木姜子属 *Neolitsea* Merr.

● 新木姜子 *Neolitsea aurata* (Hayata) Koidz.

分布：武宁、修水、德兴、玉山、贵溪、资溪、广昌、宜春、铜鼓、靖安、分宜、萍乡、莲花、芦溪、井冈山、吉安、安福、遂川、瑞金、石城、上犹、信丰、全南、大余。

● 浙江新木姜子 *Neolitsea aurata* var. *chekiangensis* (Nakai) Yen C. Yang et P. H. Huang

分布：全省山区有分布。

● 粉叶新木姜子 *Neolitsea aurata* var. *glauca* Yen C. Yang

分布：铅山、资溪、芦溪、井冈山、安福、上犹、崇义。

● 云和新木姜子 *Neolitsea aurata* var. *paraciculata* (Nakai) Yen C. Yang & P. H. Huang

分布：九江、武宁、永修、修水、上饶、婺源、玉山、贵溪、资溪、黎川、靖安、萍乡、莲花、芦溪、井冈山、吉安、安福、石城、寻乌、兴国、上犹、大余。

● 浙闽新木姜子 *Neolitsea aurata* var. *undulatula* Yen C. Yang & P. H. Huang

分布：庐山、武宁、永修、信丰。

● 短梗新木姜子 *Neolitsea brevipes* H. W. Li

分布：石城、崇义。

评述：疑似标本鉴定有误，误将浙江新木姜子鉴定为该种。

● 锈叶新木姜子 *Neolitsea cambodiana* Lecomte

分布：瑞金、石城、赣县、寻乌、信丰、大余、会昌。

● 香港新木姜子 *Neolitsea cambodiana* var. *glabra* C. K. Allen

分布：安远、寻乌。

● 鸭公树 *Neolitsea chui* Merrill

分布：新建、资溪、井冈山、石城、安远、寻乌、上犹、龙南、崇义、全南、会昌、大余。

● 簇叶新木姜子 *Neolitsea confertifolia* (Hemsl.) Merr.

分布：芦溪、井冈山、安福、遂川。

● 广西新木姜子 *Neolitsea kwangsiensis* Liou

分布：井冈山、安远、龙南、崇义。
评述：《江西种子植物名录》（刘仁林，2010）有记载，未见标本。
- 大叶新木姜子 *Neolitsea levinei* Merr.

分布：资溪、宜春、萍乡、莲花、芦溪、井冈山、安福、永新、石城、寻乌、龙南、全南、大余、会昌。
- 显脉新木姜子 *Neolitsea phanerophlebia* Merr.

分布：铅山、玉山、贵溪、资溪、芦溪、井冈山、安福、石城、安远、寻乌、上犹、龙南、崇义、全南、大余、会昌。
- 羽脉新木姜子 *Neolitsea pinninervis* Yen C. Yang & P. H. Huang

分布：吉安、龙南、崇义、信丰、大余。
- 美丽新木姜子 *Neolitsea pulchella* (Meisn.) Merr.

分布：芦溪、永新、安远、寻乌、龙南。
- 舟山新木姜子 *Neolitsea sericea* (Blume) Koidz.

分布：九江、庐山、武宁、铜鼓。
评述：《江西种子植物名录》（刘仁林，2010）有记载，未见标本。
- 新宁新木姜子 *Neolitsea shingningensis* Yen C. Yang & P. H. Huang

分布：寻乌、崇义。
- 南亚新木姜子 *Neolitsea zeylanica* (Nees & T. Nees) Merr.

分布：新建、资溪、寻乌、上犹、龙南、崇义、信丰、全南、大余。

楠属 *Phoebe* Nees

- 闽楠 *Phoebe bournei* (Hemsl.) Yen C. Yang

分布：九江、修水、浮梁、铅山、玉山、德兴、贵溪、南丰、黎川、乐安、宜黄、资溪、奉新、铜鼓、靖安、宜丰、分宜、万载、芦溪、莲花、井冈山、遂川、永新、安福、永丰、泰和、石城、安远、寻乌、上犹、龙南、崇义、大余、会昌、定南、全南。
- 浙江楠 *Phoebe chekiangensis* C. B. Shang

分布：武宁、修水、婺源、上饶、广信、玉山、贵溪、南城、黎川、宜黄、资溪、黎川、宜春、奉新、莲花、安福、永新、永丰、石城、宁都、崇义、会昌、
- 山楠 *Phoebe chinensis* Chun

分布：芦溪、井冈山、安福、安远、上犹、崇义、大余。
评述：疑似标本鉴定有误，误将凤凰润楠和木姜润楠鉴定为该种。
- 湘楠 *Phoebe hunanensis* Hand.-Mazz.

分布：九江、庐山、瑞昌、武宁、永修、修水、德兴、铅山、玉山、贵溪、资溪、樟树、铜鼓、靖安、宜丰、奉新、分宜、萍乡、莲花、芦溪、井冈山、安福、泰和、遂川、南康、石城、兴国、上犹、龙南、崇义、大余。
- 白楠 *Phoebe neurantha* (Hemsl.) Gamble

分布：九江、庐山、瑞昌、武宁、永修、修水、玉山、资溪、宜黄、黎川、铜鼓、靖安、宜丰、奉新、万载、萍乡、井冈山、泰和、遂川、南康、石城、兴国、上犹、于都、龙南、全南。
- 光枝楠 *Phoebe neuranthoides* S. K. Lee & F. N. Wei

分布：奉新、芦溪、井冈山、遂川。
- 紫楠 *Phoebe sheareri* (Hemsl.) Gamble

分布：庐山、玉山、贵溪、资溪、宜春、靖安、宜丰、奉新、井冈山、瑞金、石城、安远、寻乌、龙南、崇义、全南、大余。

檫木属 *Sassafras* J. Presl

- 檫木 *Sassafras tzumu* (Hemsl.) Hemsl.

分布：全省山区有分布。

木姜子属 *Litsea* Lam.

- 尖脉木姜子 *Litsea acutivena* Hayata

分布：石城、寻乌、龙南、大余。
- **天目木姜子** *Litsea auriculata* S. S. Chien & W. C. Cheng

分布：铅山。
- **朝鲜木姜子** *Litsea coreana* H. Lév.

分布：修水。
- **毛豹皮樟** *Litsea coreana* var. *lanuginosa* (Migo) Yen C. Yang & P. H. Huang

分布：九江、庐山、铅山、玉山、贵溪、资溪、靖安、芦溪、井冈山、安福、石城、安远、上犹、龙南、崇义、信丰、全南。
- **豹皮樟** *Litsea coreana* var. *sinensis* (C. K. Allen) Yen C. Yang & P. H. Huang [扬子黄肉楠 *Actinodaphne lancifolia* var. *sinensis* C. K. Allen]

分布：九江、庐山、武宁、永修、修水、婺源、铅山、玉山、贵溪、南丰、资溪、广昌、铜鼓、宜丰、莲花、芦溪、井冈山、吉安、安福、泰和、石城、安远、赣县、兴国、上犹、龙南、崇义、信丰、全南。
- **山鸡椒** *Litsea cubeba* (Lour.) Pers.

分布：全省山区有分布。
- **毛山鸡椒** *Litsea cubeba* var. *formosana* (Nakai) Yen C. Yang & P. H. Huang

分布：铅山、资溪、芦溪、安福、永新、寻乌、崇义。
- **黄丹木姜子** *Litsea elongata* (Wall. ex Nees) Benth. et Hook. f.

分布：全省山区有分布。
- **石木姜子** *Litsea elongata* var. *faberi* (Hemsl.) Yen C. Yang & P. H. Huang

分布：九江、庐山、铅山、玉山、贵溪、资溪、黎川、铜鼓、靖安、宜丰、芦溪、井冈山、安福、石城、安远、寻乌、上犹、龙南、崇义、信丰、全南。
- **潺槁木姜子** *Litsea glutinosa* (Lour.) C. B. Rob.

分布：铅山、资溪、井冈山、永丰、石城、兴国、龙南。
- **华南木姜子** *Litsea greenmaniana* C. K. Allen

分布：资溪、寻乌、定南、龙南、信丰、全南、大余、会昌。
- **湖北木姜子** *Litsea hupehana* Hemsl.

分布：武宁、铜鼓。

评述：武宁有标本记录，但疑似鉴定有误。
- **宜昌木姜子** *Litsea ichangensis* Gamble

分布：武宁、修水。
- **秃净木姜子** *Litsea kingii* Hook. f.

分布：九江、武宁。
- **大果木姜子** *Litsea lancilimba* Merr.

分布：龙南、信丰、寻乌。
- **毛叶木姜子** *Litsea mollis* Hemsl.[清香木姜子 *Litsea euosma* W. W. Sm.]

分布：新建、资溪、铜鼓、分宜、萍乡、莲花、安福、永新。
- **红皮木姜子** *Litsea pedunculata* (Diels) Yen C. Yang & P. H. Huang

分布：芦溪、井冈山、安福、崇义。
- **木姜子** *Litsea pungens* Hemsl.

分布：铅山、玉山、资溪、芦溪、井冈山、宁都、安福、安远、龙南、崇义、信丰。
- **圆叶豹皮樟** *Litsea rotundifolia* Hemsl.

分布：铅山、资溪、井冈山、龙南、寻乌。
- **豹皮樟** *Litsea rotundifolia* var. *oblongifolia* (Nees) C. K. Allen

分布：铅山、井冈山、寻乌、龙南。
- **卵叶豹皮樟** *Litsea rotundifolia* var. *ovatifolia* Yen C. Yang & P. H. Huang

分布：龙南、崇义。
- **圆果木姜子** *Litsea sinoglobosa* J. Li & H. W. Li

分布：龙南、崇义、信丰、大余。
- **栓皮木姜子** *Litsea suberosa* Yen C. Yang & P. H. Huang

分布：寻乌、崇义。
- 轮叶木姜子 *Litsea verticillata* Hance

分布：安远、龙南、信丰、大余、寻乌。

润楠属 *Machilus* Nees

- 短序润楠 *Machilus breviflora* (Benth.) Hemsl.

分布：玉山、资溪、井冈山、寻乌、龙南、崇义。
- 浙江润楠 *Machilus chekiangensis* S. K. Lee [长序润楠 *Machilus longipedunculata* S. K. Lee et F. N. Wei]

分布：资溪、安远、宁都、寻乌、龙南、信丰、大余。
- 华润楠 *Machilus chinensis* (Champ. ex Benth.) Hemsl.

分布：九江、庐山、铅山、玉山、贵溪、资溪、芦溪、井冈山、安福、石城、安远、寻乌、上犹、龙南、崇义、信丰、全南。
- 基脉润楠 *Machilus decursinervis* Chun

分布：资溪、安远、龙南、大余。

评述：疑似标本鉴定有误，误将凤凰润楠鉴定为该种。
- 黄绒润楠 *Machilus grijsii* Hance

分布：玉山、贵溪、资溪、靖安、安远、寻乌、龙南、崇义。
- 宜昌润楠 *Machilus ichangensis* Rehder & E. H. Wilson

分布：全省山区有分布。
- 广东润楠 *Machilus kwangtungensis* Yen C. Yang

分布：寻乌、龙南、信丰。
- 薄叶润楠 *Machilus leptophylla* Hand.-Mazz.

分布：庐山、武宁、修水、玉山、贵溪、资溪、靖安、芦溪、井冈山、永新、遂川、石城、寻乌。
- 木姜润楠 *Machilus litseifolia* S. K. Lee

分布：新建、资溪、靖安、石城、龙南、崇义、上犹。
- 小果润楠 *Machilus microcarpa* Hemsl.

分布：龙南、信丰、全南。

评述：仅见一份上犹无花无果标本，疑似鉴定有误。
- 纳槁润楠 *Machilus nakao* S. K. Lee

分布：资溪、龙南、信丰、全南。

评述：标本记录无花无果，疑似标本鉴定有误。
- 润楠 *Machilus nanmu* (Oliv.) Hemsl.

分布：资溪。

评述：疑似标本鉴定有误，误将浙江润楠和红楠鉴定为该种。
- 龙眼润楠 *Machilus oculodracontis* Chun

分布：寻乌、龙南、崇义、大余。
- 建润楠 *Machilus oreophila* Hance

分布：寻乌、龙南。
- 刨花润楠 *Machilus pauhoi* Kaneh.

分布：武宁、修水、玉山、贵溪、资溪、芦溪、井冈山、泰和、寻乌、龙南、信丰。
- 凤凰润楠 *Machilus phoenicis* Dunn

分布：玉山、资溪、井冈山、崇义、大余、上犹。
- 柳叶润楠 *Machilus salicina* Hance

分布：寻乌。
- 红楠 *Machilus thunbergii* Siebold & Zucc.

分布：全省山区有分布。
- 绒毛润楠 *Machilus velutina* Champ. ex Benth.

分布：玉山、贵溪、资溪、靖安、井冈山、石城、寻乌、龙南。
- 黄枝润楠 *Machilus versicolora* S. K. Lee & F. N. Wei

分布：寻乌、全南。

香面叶属 *Iteadaphne* Bl.

- 香面叶 *Iteadaphne caudata* (Nees) H. W. Li

分布：资溪、井冈山。

评述：《江西种子植物名录》（刘仁林，2010）有记载，未见标本。

（六）金粟兰目 Chloranthales Mart.

⑪ 金粟兰科 Chloranthaceae R. Br. ex Sims

金粟兰属 *Chloranthus* Sw.

- 狭叶金粟兰 *Chloranthus angustifolius* Oliv.

分布：九江、庐山、铜鼓、靖安。

评述：疑似标本鉴定有误，误将及己鉴定为该种。

- 丝穗金粟兰 *Chloranthus fortunei* (A. Gray) Solms-Laub

分布：九江、庐山、新建、南丰、靖安。

- 宽叶金粟兰 *Chloranthus henryi* Hemsl.

分布：玉山、贵溪、资溪、靖安、井冈山、石城、安远、寻乌、兴国、定南、龙南、全南、大余。

- 银线草 *Chloranthus japonicus* Siebold

分布：德兴、铅山、玉山、资溪。

- 多穗金粟兰 *Chloranthus multistachys* S. J. Pei

分布：玉山、贵溪、资溪、靖安、井冈山、石城。

- 及己 *Chloranthus serratus* (Thunb.) Roem. et Schult.

分布：九江、武宁、永新、遂川、安远。

- 四川金粟兰 *Chloranthus sessilifolius* K. F. Wu

分布：井冈山。

- 华南金粟兰 *Chloranthus sessilifolius* var. *austrosinensis* K. F. Wu

分布：婺源、铅山、玉山、资溪、万载、分宜、芦溪、安福、石城、安远、上犹、崇义、全南。

- * 金粟兰 *Chloranthus spicatus* (Thunb.) Makino

分布：九江、南昌。

草珊瑚属 *Sarcandra* Gardner

- 草珊瑚 *Sarcandra glabra* (Thunb.) Nakai

分布：全省山区有分布。

（七）菖蒲目 Acorales Mart.

⑫ 菖蒲科 Acoraceae Martinov

菖蒲属 *Acorus* L.

- 菖蒲 *Acorus calamus* L.

分布：全省山区有分布。

- 金钱蒲 *Acorus gramineus* Soland.

分布：全省山区有分布。

（八）泽泻目 Alismatales R. Br. ex Bercht. & J. Presl

13 天南星科 Araceae Juss.

魔芋属 Amorphophallus Bl. ex Decne.

- 东亚魔芋 *Amorphophallus kiusianus* (Makino) Makino
  分布：资溪、靖安、石城。
- 花魔芋 *Amorphophallus konjac* K. Koch[魔芋 *Amorphophallus rivieri* Durand ex Carrière]
  分布：全省有分布。
- 野魔芋 *Amorphophallus variabilis* Blume
  分布：上犹、龙南、信丰、大余。

海芋属 Alocasia (Schott.) G. Don

- 尖尾芋 *Alocasia cucullata* (Lour.) Schott
  分布：铅山、靖安、寻乌、会昌。
- 海芋 *Alocasia odora* (Roxburgh) K. Koch
  分布：靖安、芦溪、安福、龙南。

浮萍属 Lemna L.

- 稀脉浮萍 *Lemna aequinoctialis* Welwitsch
  分布：资溪。
  评述：归化或入侵。
- 浮萍 *Lemna minor* L.
  分布：全省有分布。
- 品藻 *Lemna trisulca* L.
  分布：全省山区有分布。

天南星属 Arisaema Mart.

- 东北南星 *Arisaema amurense* Maxim.
  分布：井冈山。
- 狭叶南星 *Arisaema angustatum* Franch. et Sav.
  分布：资溪。
  评述：《江西种子植物名录》（刘仁林，2010）有记载，未见标本。
- 灯台莲 *Arisaema bockii* Engler[全缘灯台莲 *Arisaema sikokianum* Franch. & Sav.]
  分布：九江、庐山、武宁、婺源、贵溪、资溪、宜春、铜鼓、靖安、宜丰、井冈山、安福、遂川、石城、上犹。
- 一把伞南星 *Arisaema erubescens* (Wall.) Schott
  分布：全省山区有分布。
- 天南星 *Arisaema heterophyllum* Blume
  分布：全省山区有分布。
- 湘南星 *Arisaema hunanense* Hand.-Mazz.
  分布：铅山、芦溪、吉安、遂川。
- 花南星 *Arisaema lobatum* Engl.
  分布：修水、铅山、玉山、井冈山、永丰。
- 细齿南星 *Arisaema peninsulae* Nakai
  分布：井冈山。
  评述：江西本土植物名录（2017）有记载，未见标本。
- 鄂西南星 *Arisaema silvestrii* Pamp. [云台南星 *Arisaema silvestrii* Pamp.]
  分布：九江、庐山、靖安。

评述：《中国植物物种名录》（2020 版）有记载，未见标本。

无根萍属 *Wolffia* Horkel ex Schleid.

● 芜萍 *Wolffia arrhiza* (L.) Horkel ex Wimm.
分布：全省山区有分布。

犁头尖属 *Typhonium* Schott.

● 犁头尖 *Typhonium blumei* Nicolson & Sivadasan
分布：九江、靖安、井冈山、遂川、寻乌、大余。

紫萍属 *Spirodela* Schleid.

● 紫萍 *Spirodela polyrhiza* (L.) Schleiden
分布：全省有分布。

斑龙芋属 *Sauromatum* Schott.

● 独角莲 *Sauromatum giganteum* (Engler) Cusimano & Hetterscheid
分布：修水、贵溪、赣州。

大薸属 *Pistia* L.

● 大薸 *Pistia stratiotes* L.
分布：全省有分布。
评述：归化或入侵。

半夏属 *Pinellia* Ten.

● 滴水珠 *Pinellia cordata* N. E. Brown
分布：全省山区有分布。
● 虎掌 *Pinellia pedatisecta* Schott
分布：九江、庐山、资溪、靖安、石城。
● 半夏 *Pinellia ternata* (Thunb.) Breitenb.
分布：九江、庐山、修水、新建、铅山、贵溪、南丰、资溪、丰城、靖安、奉新、萍乡、井冈山、吉安、泰和、遂川、石城、兴国、崇义。

芋属 *Colocasia* Schott.

● 野芋 *Colocasia antiquorum* Schott
分布：九江、庐山、武宁、铅山、贵溪、资溪、靖安、莲花、井冈山、龙南。
● 芋 *Colocasia esculenta* (L.) Schott
分布：南丰、铜鼓、莲花、安福、遂川、赣州、龙南、崇义、全南、大余、会昌。
● * 紫芋 *Colocasia esculenta* 'Tonoimo'
分布：全省广泛栽培。
● 大野芋 *Colocasia gigantea* (Blume) Hook. f.
分布：高安、安福、安远、上犹、龙南、信丰、全南。

⑭ 泽泻科 Alismataceae Vent.

毛茛泽泻属 *Ranalisma* Stapf

● 长喙毛茛泽泻 *Ranalisma rostrata* Stapf
分布：永修。
评述：《中国植物物种名录》（2020 版）有记载，未见标本。

泽泻属 *Alisma* L.

- 窄叶泽泻 *Alisma canaliculatum* A. Braun & C. D. Bouché
分布：九江、庐山、资溪。
- 东方泽泻 *Alisma orientale* (Samuel.) Juz.
分布：都昌、鄱阳、资溪、井冈山。
- 泽泻 *Alisma plantago-aquatica* L.
分布：九江、景德镇、南昌、抚州、宜春、新余、萍乡、吉安。

慈姑属 *Sagittaria* L.

- 冠果草 *Sagittaria guayanensis* subsp. *lappula* (D. Don) Bogin
分布：全省有分布。
- 利川慈姑 *Sagittaria lichuanensis* J. K. Chen, S. C. Sun et H. Q. Wang
分布：永修、新建、上饶、资溪、靖安、井冈山、龙南。
- 小慈姑 *Sagittaria potamogetonifolia* Merrill
分布：鄱阳湖、九江、南昌、贵溪、资溪、靖安、遂川、石城、安远、赣县、寻乌、兴国、于都、大余、会昌。
- 矮慈姑 *Sagittaria pygmaea* Miq.
分布：九江、庐山、修水、上饶、贵溪、余江、靖安、石城、安远。
- * 欧洲慈姑 *Sagittaria sagittifolia* L.
分布：全省有栽培。
- 野慈姑 *Sagittaria trifolia* L.
分布：鄱阳湖、九江、瑞昌、武宁、永修、修水、德兴、上饶、铅山、玉山、贵溪、资溪、黎川、宜丰、萍乡、井冈山、安福、永新、泰和、寻乌、龙南、会昌。
- * 华夏慈姑 *Sagittaria trifolia* subsp. *leucopetala* (Miquel) Q. F. Wang
分布：全省有栽培。

15 水鳖科 Hydrocharitaceae Juss.

水鳖属 *Hydrocharis* L.

- 水鳖 *Hydrocharis dubia* (Blume) Backer
分布：鄱阳湖、九江、庐山、永修、都昌、南昌、贵溪、资溪、靖安、井冈山、吉安、吉水。

茨藻属 *Najas* L.

- 弯果茨藻 *Najas ancistrocarpa* A. Braun ex Magnus
分布：余干。
- 东方茨藻 *Najas chinensis* N. Z. Wang[多孔茨藻 *Najas foveolata* A. Br. ex Magnus]
分布：进贤。
- 纤细茨藻 *Najas gracillima* (A. Braun ex Engelmann) Magnus[草茨藻 *Najas graminea* Delile]
分布：鄱阳湖、上犹。
- 草茨藻 *Najas graminea* Delile
分布：永丰、上犹。
- 大茨藻 *Najas marina* L.
分布：九江、庐山、贵溪、鄱阳湖。
- 粗齿大茨藻 *Najas marina* var. *grossidentata* Rendle
分布：全省有分布。
- 小茨藻 *Najas minor* All.
分布：九江、庐山、都昌、鄱阳、余干、贵溪、资溪、靖安、赣州。

- 澳古茨藻 *Najas oguraensis* Miki
  分布：鄱阳湖、永修。

水车前属 *Ottelia* Pers.

- 龙舌草 *Ottelia alismoides* (L.) Pers.
  分布：鄱阳湖、九江、修水、进贤、上饶、铅山、余干、宜春、萍乡、吉安、瑞金、赣县、兴国、龙南、崇义、全南、大余。

苦草属 *Vallisneria* L.

- 苦草 *Vallisneria natans* (Lour.) H. Hara [亚洲苦草 *Vallisneria asiatica* Miki]
  分布：都昌、鄱阳、德安、共青城、修水、景德镇、贵溪、资溪、靖安、石城。
- 刺苦草 *Vallisneria spinulosa* Yan
  分布：九江、永修、进贤、余干、永新、泰和。

黑藻属 *Hydrilla* Rich.

- 黑藻 *Hydrilla verticillata* (L. f.) Royle
  分布：九江、庐山、都昌、景德镇、新建、进贤、贵溪、资溪、靖安、萍乡、井冈山、安福、石城。
- 罗氏轮叶黑藻 *Hydrilla verticillata* var. *roxburghii* Casp.
  分布：全省有分布。

水筛属 *Blyxa* Noronha ex Thouars

- 无尾水筛 *Blyxa aubertii* Rich.
  分布：鄱阳湖、婺源、资溪、黎川、吉安、永新、泰和。
- 有尾水筛 *Blyxa echinosperma* (C. B. Clarke) Hook. f.
  分布：九江、庐山、鹰潭、资溪、靖安、安福、遂川、上犹。
- 水筛 *Blyxa japonica* (Miq.) Maxim. ex Asch. & Gürke
  分布：鄱阳湖、九江、南昌、婺源、余干、贵溪、靖安、泰和、峡江、章贡、瑞金、赣县。
- 光滑水筛 *Blyxa leiosperma* Koidz.
  分布：九江、庐山、都昌。
  评述：《中国植物物种名录》（2020版）和《中国植物志》有记载，未见标本。

16 水蕹科 Aponogetonaceae Planch.

水蕹属 *Aponogeton* L. f.

- 水蕹 *Aponogeton lakhonensis* A. Camus
  分布：永修、都昌、鄱阳、铅山、贵溪、资溪、宜黄、广昌、泰和、瑞金、石城、大余。

17 眼子菜科 Potamogetonaceae Bercht. & J. Presl

眼子菜属 *Potamogeton* L.

- 菹草 *Potamogeton crispus* L.
  分布：九江、庐山、都昌、鄱阳、铅山、贵溪、资溪、靖安、萍乡、井冈山、安福、石城。
- 鸡冠眼子菜 *Potamogeton cristatus* Regel et Maack
  分布：九江、庐山、南昌、南丰、崇仁、吉安、南康、会昌。
- 眼子菜 *Potamogeton distinctus* A. Bennett
  分布：九江、庐山、修水、南昌、鄱阳、玉山、贵溪、资溪、黎川、宜春、铜鼓、靖安、井冈山、永新、遂川、南康、石城、上犹。

- **光叶眼子菜** *Potamogeton lucens* L.

  分布：鄱阳湖、九江、庐山、永修、余江、靖安。

- **微齿眼子菜** *Potamogeton maackianus* A. Bennett

  分布：鄱阳湖、九江、庐山、景德镇、南昌、井冈山、永新、泰和、章贡。

- **浮叶眼子菜** *Potamogeton natans* L.

  分布：玉山、宜黄、安福、南康、安远。

- **尖叶眼子菜** *Potamogeton oxyphyllus* Miq.

  分布：九江、庐山、武宁、南昌、玉山、资溪、丰城、靖安、吉水、万安、泰和、遂川、章贡。

- **穿叶眼子菜** *Potamogeton perfoliatus* L.

  分布：不详。

  评述：《中国植物物种名录》（2020版）有记载，未见标本。

- **小眼子菜** *Potamogeton pusillus* L.

  分布：九江、武宁、都昌、南昌、鄱阳、玉山、贵溪、靖安、泰和、遂川、章贡、石城、信丰。

- **竹叶眼子菜** *Potamogeton wrightii* Morong

  分布：九江、庐山、都昌、新建、婺源、鹰潭、贵溪、资溪、靖安、萍乡、万安、泰和、石城、赣县、寻乌、兴国、上犹。

角果藻属 *Zannichellia* L.

- **角果藻** *Zannichellia palustris* L.

  分布：鄱阳湖、永修、景德镇、南昌、抚州、宜春、新余、萍乡、吉安。

篦齿眼子菜属 *Stuckenia* Börner

- **篦齿眼子菜** *Stuckenia pectinata* (L.) Borner

  分布：都昌、鄱阳、靖安。

  评述：《江西种子植物名录》（刘仁林，2010）有记载，未见标本。

（九）无叶莲目 Petrosaviales Takht.

18 无叶莲科 Petrosaviaceae Hutch.

无叶莲属 *Petrosavia* Becc.

- **疏花无叶莲** *Petrosavia sakuraii* (Makino) J. J. Sm. ex Steenis

  分布：井冈山。

（十）薯蓣目 Dioscoreales Mart.

19 沼金花科 Nartheciaceae Fr. ex Bjurzon

肺筋草属 *Aletris* L.

- **无毛粉条儿菜** *Aletris glabra* Bureau & Franch.

  分布：铅山。

- **短柄粉条儿菜** *Aletris scopulorum* Dunn

  分布：九江、庐山、湖口、新建、南昌、资溪、靖安、萍乡、井冈山、吉安、遂川、龙南。

- **粉条儿菜** *Aletris spicata* (Thunb.) Franch.

  分布：九江、庐山、武宁、彭泽、永修、浮梁、南丰、资溪、黎川、靖安、宜丰、奉新、井冈山、遂川、兴国、上犹、龙南、崇义。

20 水玉簪科 Burmanniaceae Bl.

水玉簪属 *Burmannia* L.

- 头花水玉簪 *Burmannia championii* Thwaites

  分布：上犹、崇义。

- 香港水玉簪 *Burmannia chinensis* Gand.

  分布：不详。

  评述：《中国植物物种名录》（2020 版）有记载，未见标本。

- 三品一枝花 *Burmannia coelestis* D. Don

  分布：九江、庐山、靖安、井冈山。

- 水玉簪 *Burmannia disticha* L.

  分布：庐山、铅山、大余。

- 宽翅水玉簪 *Burmannia nepalensis* (Miers) Hook. f.

  分布：井冈山、上犹、龙南、崇义。

21 薯蓣科 Dioscoreaceae R. Br.

薯蓣属 *Dioscorea* L.

- 参薯 *Dioscorea alata* L.

  分布：九江、庐山、武宁、资溪、靖安、井冈山、安福。

- 黄独 *Dioscorea bulbifera* L.

  分布：九江、庐山、武宁、修水、新建、贵溪、资溪、广昌、靖安、宜丰、井冈山、安福、永新、遂川、瑞金、石城、寻乌、兴国、大余。

- 薯莨 *Dioscorea cirrhosa* Lour.

  分布：武宁、修水、景德镇、新建、南昌、铅山、鹰潭、抚州、广昌、黎川、宜春、宜丰、分宜、萍乡、井冈山、吉安、安福、遂川、赣州、寻乌、龙南、全南、大余。

- 叉蕊薯蓣 *Dioscorea collettii* Hook. f.

  分布：修水、景德镇、新建、南昌、铅山、鹰潭、抚州、宜春、分宜、萍乡、吉安、赣州。

- 粉背薯蓣 *Dioscorea collettii* var. *hypoglauca* (Palib.) Pei et C. T. Ting

  分布：九江、庐山、修水、景德镇、婺源、资溪、黎川、铜鼓、靖安、井冈山、安远。

- 山薯 *Dioscorea fordii* Prain & Burkill

  分布：铅山、靖安、井冈山、安福、遂川、寻乌。

- 福州薯蓣 *Dioscorea futschauensis* Uline ex R. Knuth

  分布：庐山、靖安。

- 纤细薯蓣 *Dioscorea gracillima* Miq.

  分布：九江、庐山、景德镇、浮梁、婺源、贵溪、资溪、靖安、井冈山、泰和、石城。

- 日本薯蓣 *Dioscorea japonica* Thunb.

  分布：九江、庐山、武宁、修水、景德镇、浮梁、德兴、上饶、铅山、贵溪、资溪、宜黄、东乡、广昌、宜春、铜鼓、靖安、萍乡、莲花、井冈山、吉安、安福、永新、遂川、瑞金、南康、石城、安远、宁都、寻乌、兴国、上犹、龙南、全南、大余、会昌。

- 细叶日本薯蓣 *Dioscorea japonica* var. *oldhamii* Uline ex R. Knuth

  分布：安福。

- 毛藤日本薯蓣 *Dioscorea japonica* var. *pilifera* C. T. Ting et M. C. Chang

  分布：宜丰、井冈山、石城、寻乌、龙南、崇义、信丰。

- 毛芋头薯蓣 *Dioscorea kamoonensis* Kunth

  分布：德兴、铅山、玉山、遂川。

- 柳叶薯蓣 *Dioscorea linearicordata* Prain & Burkill

分布：靖安、安远、龙南、信丰、全南。
- 穿龙薯蓣 *Dioscorea nipponica* Makino

分布：九江、庐山、修水、婺源、铅山、万载、安福。
- 五叶薯蓣 *Dioscorea pentaphylla* L.

分布：靖安、井冈山、寻乌、龙南、全南。
- 褐苞薯蓣 *Dioscorea persimilis* Prain & Burkill

分布：九江、资溪、靖安、宜丰、万载、莲花、井冈山、全南、大余、会昌。
- 薯蓣 *Dioscorea polystachya* Turczaninow

分布：九江、庐山、瑞昌、武宁、永修、修水、新建、贵溪、乐安、资溪、广昌、黎川、铜鼓、靖安、莲花、井冈山、吉安、永丰、永新、遂川、石城、安远、上犹。
- 马肠薯蓣 *Dioscorea simulans* Prain & Burkill

分布：上犹、龙南、信丰、全南。

评述：江西本土植物名录（2017）有记载，未见标本。
- 绵萆薢 *Dioscorea spongiosa* J. Q. Xi, M. Mizuno & W. L. Zhao

分布：武宁、修水、横峰、资溪、黎川、铜鼓、靖安、宜丰、井冈山、吉安、安福、石城、安远、兴国。
- 细柄薯蓣 *Dioscorea tenuipes* Franch. et Sav.

分布：贵溪、资溪、靖安、井冈山。
- 山萆薢 *Dioscorea tokoro* Makino

分布：九江、庐山、贵溪、资溪、靖安、井冈山、石城。
- 盾叶薯蓣 *Dioscorea zingiberensis* C. H. Wright

分布：贵溪、资溪、宜丰。

蒟蒻薯属 *Tacca* J. R. Forst. & G. Forst.

- 裂果薯 *Tacca plantaginea* (Hance) Drenth

分布：资溪、芦溪、井冈山、安福、上犹、龙南、全南。

（十一）露兜树目 Pandanales R. Br. ex Bercht. & J. Presl

22 霉草科 Triuridaceae Gardner

霉草属 *Sciaphila* Bl.

- 多枝霉草 *Sciaphila ramosa* Fukuy. & T. Suzuki

分布：龙南。
- 大柱霉草 *Sciaphila secundiflora* Thwaites ex Bentham

分布：寻乌。

23 百部科 Stemonaceae Caruel

金刚大属 *Croomia* Torr.

- 黄精叶钩吻 *Croomia japonica* Miq.

分布：景德镇、广丰、玉山、资溪、芦溪。

百部属 *Stemona* Lour.

- 百部 *Stemona japonica* (Blume) Miq.

分布：九江、庐山、浮梁、南昌、贵溪、南丰、资溪、广昌、靖安、芦溪、井冈山、安福、石城。
- 直立百部 *Stemona sessilifolia* (Miq.) Miq.

分布：婺源、石城。
评述：《中国植物物种名录》（2020版）有记载，未见标本。
- **大百部** *Stemona tuberosa* Lour.
分布：资溪、靖安、井冈山、安福、永新、石城、寻乌、龙南、崇义。

（十二）百合目 Liliales Perleb

㉑ 藜芦科 Melanthiaceae Batsch ex Borkh.

重楼属 Paris L.

- **金线重楼** *Paris delavayi* Franch.
分布：九江、庐山。
- **球药隔重楼** *Paris fargesii* Franch.
分布：九江、庐山、武宁、铅山、资溪、靖安、芦溪、井冈山、安福。
- **具柄重楼** *Paris fargesii* var. *petiolata* (Baker ex C. H. Wright) F. T. Wang & Tang
分布：九江、庐山、芦溪、井冈山、安福、遂川。
- **日本重楼** *Paris japonica* Franch.
分布：浮梁。
- **亮叶重楼** *Paris nitida* G. W. Hu, Zhi Wang & Q. F. Wang
分布：靖安。
- **华重楼** *Paris polyphylla* var. *chinensis* (Franch.) H. Hara
分布：九江、庐山、浮梁、婺源、贵溪、宜黄、广昌、黎川、靖安、宜丰、萍乡、芦溪、井冈山、安福、永新、遂川、瑞金、石城、安远、宁都、寻乌、定南、上犹、龙南、崇义、全南、大余、会昌。
- **宽叶重楼** *Paris polyphylla* var. *latifolia* F. T. Wang & C. Yu Chang
分布：瑞金。
- **狭叶重楼** *Paris polyphylla* var. *stenophylla* Franch.
分布：靖安、井冈山、遂川。
- **宽瓣重楼** *Paris polyphylla* var. *yunnanensis* (Franch.) Hand.-Mzt
分布：庐山、黎川、寻乌、石城。
- **黑籽重楼** *Paris thibetica* Franch.[短梗重楼 *Paris polyphylla* Sm. var. *appendiculata* Hara]
分布：庐山、武宁、浮梁、婺源、资溪、宜春、分宜、宁都。

丫蕊花属 Ypsilandra Franch.

- **丫蕊花** *Ypsilandra thibetica* Franch.
分布：井冈山、崇义、上犹。

白丝草属 Chionographis Maxim.

- **中国白丝草** *Chionographis chinensis* K. Krause
分布：井冈山、遂川、上犹、崇义。

藜芦属 Veratrum L.

- **毛叶藜芦** *Veratrum grandiflorum* (Maxim. ex Baker) Loes.
分布：贵溪、靖安、井冈山。
- **毛穗藜芦** *Veratrum maackii* Regel
分布：九江、武宁、永修、修水、玉山、安远、寻乌、全南。
- **藜芦** *Veratrum nigrum* L.
分布：九江、庐山、资溪、靖安、芦溪、安福、石城。
- **长梗藜芦** *Veratrum oblongum* Loes.

分布：崇义。

- **牯岭藜芦** *Veratrum schindleri* Loes.[黑紫藜芦 *Veratrum japonicum* (Baker) Loes.]

分布：九江、庐山、修水、上饶、铅山、贵溪、资溪、黎川、宜春、靖安、芦溪、井冈山、安福、遂川、石城、寻乌、兴国。

延龄草属 *Trillium* L.

- **延龄草** *Trillium tschonoskii* Maxim.

分布：铅山、井冈山。

评述：只见早期标本，但考察没有发现野生植株。

仙杖花属 *Chamaelirium* Willd.

- **江西矮百合** *Chamaelirium viridiflorum* Lei Wang, Z. C. Liu & W. B. Liao

分布：上犹。

25 秋水仙科 Colchicaceae DC.

万寿竹属 *Disporum* Salisb.

- **万寿竹** *Disporum cantoniense* (Lour.) Merr.

分布：九江、庐山、瑞昌、武宁、德兴、玉山、资溪、铜鼓、宜丰、井冈山、吉安、遂川、石城。

- **长蕊万寿竹** *Disporum longistylum* (H. Lév. & Vaniot) H. Hara

分布：铅山、资溪、宜丰、井冈山、安福、龙南、信丰、全南。

- **少花万寿竹** *Disporum uniflorum* Baker ex S. Moore

分布：瑞昌、武宁、新建、德兴、资溪、广昌、黎川、宜春、铜鼓、安福、遂川、兴国。

26 菝葜科 Smilacaceae Vent.

菝葜属 *Smilax* L.

- **尖叶菝葜** *Smilax arisanensis* Hayata

分布：九江、庐山、武宁、铅山、资溪、靖安、宜丰、安福、遂川、石城。

- **浙南菝葜** *Smilax austrozhejiangensis* Q. Lin

分布：广丰。

- **菝葜** *Smilax china* L.

分布：九江、庐山、瑞昌、武宁、彭泽、永修、修水、新建、南昌、德兴、上饶、广丰、婺源、玉山、贵溪、南丰、资溪、广昌、黎川、靖安、宜丰、奉新、萍乡、莲花、吉安、永新、遂川、南康、石城、安远、兴国、定南、上犹、全南、大余、会昌。

- **柔毛菝葜** *Smilax chingii* F. T. Wang & Tang

分布：宁都、大余。

- **银叶菝葜** *Smilax cocculoides* Warb.

分布：铜鼓、靖安、芦溪。

- **平滑菝葜** *Smilax darrisii* H. Lév.

分布：广丰。

- **小果菝葜** *Smilax davidiana* A. DC.

分布：九江、庐山、武宁、修水、浮梁、新建、上饶、广丰、婺源、铅山、贵溪、南丰、资溪、广昌、黎川、铜鼓、靖安、宜丰、奉新、吉安、安福、泰和、遂川、石城、安远、宁都、寻乌、兴国、崇义、全南、大余、会昌。

- **托柄菝葜** *Smilax discotis* Warb.

分布：九江、庐山、资溪、靖安、奉新、井冈山、石城。

- **长托菝葜** *Smilax ferox* Wall. ex Kunth

  分布：黎川、大余。
- **土茯苓** *Smilax glabra* Roxb.

  分布：全省有分布。
- **黑果菝葜** *Smilax glaucochina* Warb.

  分布：九江、庐山、武宁、彭泽、修水、德兴、婺源、玉山、贵溪、南丰、资溪、广昌、靖安、萍乡、井冈山、安福、遂川、石城、安远、兴国、崇义。
- **菱叶菝葜** *Smilax hayatae* T. Koyama

  分布：井冈山、寻乌。
- **粉背菝葜** *Smilax hypoglauca* Benth.

  分布：贵溪、靖安、安远、寻乌、会昌。
- **马甲菝葜** *Smilax lanceifolia* Roxb.

  分布：武宁、修水、玉山、贵溪、资溪、黎川、吉安、安福、永丰、遂川、赣州、龙南。
- **折枝菝葜** *Smilax lanceifolia* var. *elongata* (Warb.) F. T. Wang et Ts. Tang

  分布：玉山、资溪、黎川、井冈山、遂川。
- **暗色菝葜** *Smilax lanceifolia* var. *opaca* A. DC. [白背圆叶菝葜 *Smilax opaca* (A. DC.) J. B. Norton]

  分布：武宁、新建、玉山、贵溪、资溪、广昌、黎川、高安、靖安、分宜、萍乡、井冈山、安福、永新、泰和、遂川、赣州、石城、安远、宁都、寻乌、兴国、上犹、龙南、崇义、大余。
- **大花菝葜** *Smilax megalantha* C. H. Wright

  分布：芦溪、安福。
- **小叶菝葜** *Smilax microphylla* C. H. Wright

  分布：南丰、井冈山。
- **缘脉菝葜** *Smilax nervomarginata* Hayata

  分布：修水、铅山、贵溪、石城、安远、宁都、会昌。
- **无疣菝葜** *Smilax nervomarginata* var. *liukiuensis* F. T. Wang et T. Tang

  分布：上饶、贵溪、余江、宜丰、萍乡。
- **白背牛尾菜** *Smilax nipponica* Miq.

  分布：九江、庐山、彭泽、贵溪、资溪、靖安、宜丰、萍乡、芦溪、井冈山、安福、石城、宁都、寻乌、兴国。
- **武当菝葜** *Smilax outanscianensis* Pamp.

  分布：井冈山、安福、遂川。
- **扁柄菝葜** *Smilax planipes* F. T. Wang & Tang

  分布：武宁、铅山、大余。
- **牛尾菜** *Smilax riparia* A. DC.

  分布：九江、庐山、瑞昌、武宁、彭泽、修水、新建、南昌、德兴、上饶、铅山、玉山、贵溪、资溪、宜黄、黎川、铜鼓、靖安、宜丰、萍乡、莲花、芦溪、井冈山、安福、永新、遂川、瑞金、南康、石城、安远、寻乌、龙南、崇义、大余、会昌。
- **短梗菝葜** *Smilax scobinicaulis* C. H. Wright

  分布：九江、庐山、武宁、修水、贵溪、黎川、萍乡、安福。
- **华东菝葜** *Smilax sieboldii* Miq.

  分布：彭泽、资溪、井冈山、石城。
- **鞘柄菝葜** *Smilax stans* Maxim.

  分布：武宁、铅山、资溪、靖安、萍乡、井冈山、石城。
- **糙柄菝葜** *Smilax trachypoda* J. B. Norton

  分布：铅山。

  评述：江西本土植物名录（2017）有记载，未见标本。
- **三脉菝葜** *Smilax trinervula* Miq.

  分布：九江、修水、德兴、铅山、玉山、萍乡、井冈山、遂川。

27 百合科 Liliaceae Juss.

肖菝葜属 Heterosmilax Kunth

- 肖菝葜 *Heterosmilax japonica* (Kunth) P. Li & C. X. Fu [西南菝葜 *Smilax bockii* Warb.]
分布：景德镇、铅山、贵溪、资溪、靖安、上栗、芦溪、井冈山、安福。

百合属 *Lilium* L.

- 野百合 *Lilium brownii* F. E. Brown ex Miellez
分布：全省山区有分布。
- 百合 *Lilium brownii* var. *viridulum* Baker
分布：全省山区有分布。
- 条叶百合 *Lilium callosum* Siebold et Zucc.
分布：德兴、玉山。
- 湖北百合 *Lilium henryi* Baker
分布：井冈山。
评述：《中国植物物种名录》（2020 版）有记载，未见标本。
- 药百合 *Lilium speciosum* var. *gloriosoides* Baker
分布：九江、庐山、贵溪、资溪、萍乡、芦溪、井冈山、安福、兴国。
- 卷丹 *Lilium tigrinum* Ker Gawler
分布：九江、庐山、修水、新建、铅山、资溪、宜丰、奉新、莲花、安福、遂川、大余。

贝母属 *Fritillaria* L.

- 天目贝母 *Fritillaria monantha* Migo
分布：彭泽、湖口、婺源。
- 浙贝母 *Fritillaria thunbergii* Miq.
分布：庐山。

油点草属 *Tricyrtis* Wall.

- 中国油点草 *Tricyrtis chinensis* Hir. Takah. bis
分布：不详。
评述：《Flora of China》（24 卷）有记载，未见标本。
- 油点草 *Tricyrtis macropoda* Miq.
分布：全省山区有分布。
- 黄花油点草 *Tricyrtis pilosa* Wall.
分布：井冈山、龙南。
- 绿花油点草 *Tricyrtis viridula* Hir. Takahashi
分布：铅山。

郁金香属 *Tulipa* L.

- 二叶郁金香 *Tulipa erythronioides* Baker
分布：永修。
- * 郁金香 *Tulipa gesneriana* L.
分布：全省有栽培。

老鸦瓣属 *Amana* Honda

- 老鸦瓣 *Amana edulis* (Miq.) Honda
分布：九江、庐山。

大百合属 *Cardiocrinum* (Endl.) Lindl.

- 荞麦叶大百合 *Cardiocrinum cathayanum* (E. H. Wilson) Stearn

分布：九江、庐山、武宁、婺源、铅山、资溪、宜春、铜鼓、靖安、井冈山、安福、遂川、石城、寻乌。

- 大百合 *Cardiocrinum giganteum* (Wall.) Makino

分布：资溪、井冈山。

- 云南大百合 *Cardiocrinum giganteum* var. *yunnanense* (Leichtlin ex Elwes) Stearn

分布：不详。

评述：《中国植物物种名录》（2020版）有记载，未见标本。

（十三）天门冬目 Asparagales Link

28 兰科 Orchidaceae Juss.

绶草属 *Spiranthes* Rich.

- 香港绶草 *Spiranthes hongkongensis* S. Y. Hu & Barretto

分布：婺源、崇义。

- 绶草 *Spiranthes sinensis* (Pers.) Ames

分布：全省有分布。

- 宋氏绶草 *Spiranthes sunii* Boufford & Wen H. Zhang

分布：崇义。

苞舌兰属 *Spathoglottis* Bl.

- 苞舌兰 *Spathoglottis pubescens* Lindl.

分布：九江、庐山、资溪、井冈山、安福、瑞金、石城、寻乌、上犹、全南。

独花兰属 *Changnienia* S. S. Chien

- 独花兰 *Changnienia amoena* S. S. Chien

分布：九江、庐山、资溪、靖安、井冈山。

羊耳蒜属 *Liparis* Rich.

- 镰翅羊耳蒜 *Liparis bootanensis* Griff.

分布：资溪、井冈山、安远、寻乌、龙南、全南。

- 羊耳蒜 *Liparis campylostalix* Rchb.f.

分布：庐山、井冈山、崇义。

- 丛生羊耳蒜 *Liparis cespitosa* (Thouars) Lindl.

分布：井冈山。

- 福建羊耳蒜 *Liparis dunnii* Rolfe

分布：九江、庐山、铅山、贵溪、资溪、遂川、石城、寻乌。

- 紫花羊耳蒜 *Liparis gigantea* C. L. Tso

分布：井冈山。

评述：江西本土植物名录（2017）有记载，未见标本。

- 长苞羊耳蒜 *Liparis inaperta* Finet

分布：铅山、资溪、宜丰、井冈山、遂川。

- 黄花羊耳蒜 *Liparis luteola* Lindl.

分布：井冈山。

- 见血青 *Liparis nervosa* (Thunb. ex A. Murray) Lindl.

分布：全省有分布。

- **香花羊耳蒜** *Liparis odorata* (Willd.) Lindl.

  分布：武宁、资溪、铜鼓、井冈山、遂川、上犹。

- **长唇羊耳蒜** *Liparis pauliana* Hand.-Mazz.

  分布：九江、庐山、武宁、资溪、靖安、吉安。

- **柄叶羊耳蒜** *Liparis petiolata* (D. Don) P. F. Hunt et Summerh.

  分布：武宁、资溪、铜鼓、井冈山、安福、遂川、石城、崇义。

吻兰属 *Collabium* Bl.

- **吻兰** *Collabium chinense* (Rolfe) Tang & F. T. Wang

  分布：井冈山、安福、上犹、崇义、全南。

- **台湾吻兰** *Collabium formosanum* Hayata

  分布：井冈山、上犹、崇义。

  评述：江西本土植物名录（2017）有记载，未见标本。

隔距兰属 *Cleisostoma* Bl.

- **大序隔距兰** *Cleisostoma paniculatum* (Ker–Gawl.) Garay

  分布：上犹、龙南、崇义、大余。

石豆兰属 *Bulbophyllum* Thouars

- **芳香石豆兰** *Bulbophyllum ambrosia* (Hance) Schltr.

  分布：铅山、井冈山、龙南。

- **城口卷瓣兰** *Bulbophyllum chondriophorum* (Gagnepain) Seidenfaden[浙杭卷瓣兰 *Bulbophyllum quadrangulum* Z. H. Tsi]

  分布：鹰潭。

- **大苞石豆兰** *Bulbophyllum cylindraceum* Lindl.

  分布：井冈山。

  评述：江西本土植物名录（2017）有记载，未见标本。

- **圆叶石豆兰** *Bulbophyllum drymoglossum* Maxim. ex M. Okubo

  分布：井冈山。

  评述：江西本土植物名录（2017）有记载，未见标本。

- **瘤唇卷瓣兰** *Bulbophyllum japonicum* (Makino) Makino

  分布：铅山、靖安、井冈山、寻乌、龙南。

- **广东石豆兰** *Bulbophyllum kwangtungense* Schltr.

  分布：九江、庐山、武宁、修水、贵溪、资溪、靖安、井冈山、安福、遂川、石城、安远、寻乌、龙南、崇义。

- **齿瓣石豆兰** *Bulbophyllum levinei* Schltr.

  分布：资溪、井冈山、遂川、上犹。

  评述：《中国植物物种名录》（2020 版）有记载，未见标本。

- **斑唇卷瓣兰** *Bulbophyllum pecten-veneris* (Gagnepain) Seidenfaden

  分布：铅山。

- **藓叶卷瓣兰** *Bulbophyllum retusiusculum* Rchb. f.

  分布：永修、井冈山。

  评述：江西本土植物名录（2017）有记载，未见标本。

- **伞花石豆兰** *Bulbophyllum shweliense* W. W. Sm.

  分布：井冈山。

  评述：江西本土植物名录（2017）有记载，未见标本。

黄兰属 *Cephalantheropsis* Guillaumin

- ***黄兰** *Cephalantheropsis obcordata* (Lindl.) Ormerod

  分布：赣南有栽培。

头蕊兰属 Cephalanthera Rich.

- 银兰 *Cephalanthera erecta* (Thunb. ex A. Murray) Blume

分布：九江、庐山、贵溪、靖安、井冈山、石城。

- 金兰 *Cephalanthera falcata* (Thunb. ex A. Murray) Blume

分布：九江、庐山、上饶、资溪、广昌、黎川、袁州、靖安、宜丰、奉新、井冈山、安福、永丰、永新、遂川。

虾脊兰属 Calanthe R. Br.

- 泽泻虾脊兰 *Calanthe alismatifolia* Lindl.

分布：龙南。

- 银带虾脊兰 *Calanthe argenteostriata* C. Z. Tang & S. J. Cheng

分布：龙南、崇义。

- 棒距虾脊兰 *Calanthe clavata* Lindl.

分布：井冈山。

评述：江西本土植物名录（2017）有记载，未见标本。

- 虾脊兰 *Calanthe discolor* Lindl.

分布：全省有分布。

- 钩距虾脊兰 *Calanthe graciliflora* Hayata

分布：全省有分布。

- 异钩距虾脊兰 *Calanthe graciliflora* f. *jiangxiensis* B. Li

分布：安远。

- 细花虾脊兰 *Calanthe mannii* Hook. f.

分布：九江、庐山、武宁、修水、石城。

- 反瓣虾脊兰 *Calanthe reflexa* (Kuntze) Maxim.

分布：庐山、武宁、修水、资溪、宜春、靖安、井冈山、遂川。

- 大黄花虾脊兰 *Calanthe sieboldii* Decne. ex Regel

分布：靖安、井冈山。

- 异大黄花虾脊兰 *Calanthe sieboldopsis* B. Y. Yang & Bo Li

分布：井冈山。

- 长距虾脊兰 *Calanthe sylvatica* (Thouars) Lindl.

分布：永丰、寻乌、龙南。

- 无距虾脊兰 *Calanthe tsoongiana* T. Tang et F. T. Wang

分布：武宁、资溪。

评述：江西本土植物名录（2017）有记载，未见标本。

异型兰属 Chiloschista Lindl.

- 广东异型兰 *Chiloschista guangdongensis* Z. H. Tsi

分布：龙南。

带唇兰属 Tainia Bl.

- 心叶带唇兰 *Tainia cordifolia* Hook. f.

分布：龙南。

评述：《江西种子植物名录》（刘仁林，2010）有记载，未见标本。

- 带唇兰 *Tainia dunnii* Rolfe

分布：九江、庐山、贵溪、资溪、靖安、芦溪、井冈山、安福、遂川、瑞金、石城、寻乌、上犹、龙南。

齿唇兰属 Odontochilus Bl.

- 广东齿唇兰 *Odontochilus guangdongensis* S. C. Chen, S. W. Gale & P. J. Cribb

分布：资溪、崇义。
- 齿爪齿唇兰 *Odontochilus poilanei* (Gagnepain) Ormerod
分布：井冈山。

鸢尾兰属 *Oberonia* Lindl.

- 狭叶鸢尾兰 *Oberonia caulescens* Lindl.
分布：定南、上犹、龙南、崇义、全南。
评述：江西本土植物名录（2017）有记载，未见标本。
- 小叶鸢尾兰 *Oberonia japonica* (Maxim.) Makino
分布：铅山、资溪。
评述：江西本土植物名录（2017）有记载，未见标本。
- 小花鸢尾兰 *Oberonia mannii* Hook. f.
分布：崇义。
评述：江西本土植物名录（2017）有记载，未见标本。

白点兰属 *Thrixspermum* Lour.

- 小叶白点兰 *Thrixspermum japonicum* (Miq.) Rchb. f.
分布：井冈山、上犹。
评述：江西本土植物名录（2017）有记载，未见标本。
- 长轴白点兰 *Thrixspermum saruwatarii* (Hayata) Schltr.
分布：井冈山、上犹、崇义。

带叶兰属 *Taeniophyllum* Bl.

- 带叶兰 *Taeniophyllum glandulosum* Blume
分布：铅山、资溪、井冈山。

线柱兰属 *Zeuxine* Lindl.

- 黄花线柱兰 *Zeuxine flava* (Wall. ex Lindl.) Trimen
分布：不详。
评述：南昌大学杨柏云教授提供标本照片和鉴定。
- 线柱兰 *Zeuxine strateumatica* (L.) Schltr.
分布：南昌、龙南。

宽距兰属 *Yoania* Maxim.

- 宽距兰 *Yoania japonica* Maxim.
分布：铅山、广昌。
评述：《中国植物物种名录》（2020版）有记载，未见标本。

二尾兰属 *Vrydagzynea* Bl.

- 二尾兰 *Vrydagzynea nuda* Blume
分布：龙南、全南。
评述：江西本土植物名录（2017）有记载，未见标本。

萼脊兰属 *Sedirea* Garay et Sweet

- 短茎萼脊兰 *Sedirea subparishii* (Z. H. Tsi) Christenson
分布：井冈山。

盆距兰属 *Gastrochilus* D. Don

- 广东盆距兰 *Gastrochilus guangtungensis* Z. H. Tsi

分布：井冈山。
- 黄松盆距兰 *Gastrochilus japonicus* (Makino) Schltr.

分布：龙南。
- 江口盆距兰 *Gastrochilus nanus* Z. H. Tsi

分布：不详。

评述：南昌大学杨柏云教授提供标本照片和鉴定。
- 无茎盆距兰 *Gastrochilus obliquus* (Lindl.) Kuntze

分布：井冈山、遂川。

兰属 *Cymbidium* Sw.

- 送春 *Cymbidium cyperifolium* var. *szechuanicum* (Y. S. Wu & S. C. Chen) S. C. Chen & Z. J. Liu

分布：井冈山。

评述：江西本土植物名录（2017）有记载，未见标本。
- 建兰 *Cymbidium ensifolium* (L.) Sw.

分布：全省山区有分布。
- 冬凤兰 *Cymbidium dayanum* Rchb. f.

分布：井冈山。
- 蕙兰 *Cymbidium faberi* Rolfe

分布：全省山区有分布。
- 多花兰 *Cymbidium floribundum* Lindl.

分布：全省山区有分布。
- 春兰 *Cymbidium goeringii* (Rchb. f.) Rchb. f.

分布：全省山区有分布。
- 寒兰 *Cymbidium kanran* Makino

分布：全省山区有分布。
- 兔耳兰 *Cymbidium lancifolium* Hook. f.

分布：龙南、全南。
- 大根兰 *Cymbidium macrorhizon* Lindl.

分布：龙南。
- 峨眉春蕙 *Cymbidium omeiense* Y. S. Wu & S. C. Chen

分布：龙南、崇义、靖安、井冈山、资溪。
- 墨兰 *Cymbidium sinense* (Jackson ex Andr.) Willd.

分布：资溪、井冈山、遂川。

芋兰属 *Nervilia* Comm. ex Gaudich.

- 广布芋兰 *Nervilia aragoana* Gaudin

分布：龙南。
- 毛叶芋兰 *Nervilia plicata* (Andr.) Schltr.

分布：龙南。

评述：《中国植物物种名录》（2020版）有记载，未见标本。

全唇兰属 *Myrmechis* Bl.

- 全唇兰 *Myrmechis chinensis* Rolfe

分布：铅山。
- 日本全唇兰 *Myrmechis japonica* (Rchb. f.) Rolfe

分布：九江、庐山、铅山。

肉果兰属 *Cyrtosia* Bl.

- 血红肉果兰 *Cyrtosia septentrionalis* (Rchb. f.) Garay

分布：全南。

盂兰属 *Lecanorchis* Bl.

- 全唇盂兰 *Lecanorchis nigricans* Honda
分布：铅山、龙南。

槽舌兰属 *Holcoglossum* Schltr.

- 短距槽舌兰 *Holcoglossum flavescens* (Schltr.) Z. H. Tsi
分布：婺源、铅山。

翻唇兰属 *Hetaeria* Bl.

- 白肋翻唇兰 *Hetaeria cristata* Blume
分布：寻乌、龙南。

菱兰属 *Rhomboda* Lindl.

- 白肋菱兰 *Rhomboda tokioi* (Fukuy) Ormerod
分布：龙南。

角盘兰属 *Herminium* L.

- 叉唇角盘兰 *Herminium lanceum* (Thunb. ex Sw.) Vuijk
分布：九江、庐山、铅山、资溪、靖安。
- 角盘兰 *Herminium monorchis* (L.) R. Br.
分布：不详。
评述：《江西种子植物名录》(刘仁林，2010) 有记载，未见标本。

厚唇兰属 *Epigeneium* Gagnep.

- 单叶厚唇兰 *Epigeneium fargesii* (Finet) Gagnep.
分布：修水、资溪、井冈山、寻乌、龙南、芦溪。

虎舌兰属 *Epipogium* Gmelin ex Borkhausen

- 虎舌兰 *Epipogium roseum* (D. Don) Lindl.
分布：龙南、全南。

石斛属 *Dendrobium* Sw.

- 钩状石斛 *Dendrobium aduncum* Wall ex Lindl.
分布：定南、上犹、龙南、全南。
- 黄石斛 *Dendrobium catenatum* Lindl.
分布：九江、武宁、安福、遂川、兴国、上犹、龙南、大余。
评述：《江西种子植物名录》(刘仁林，2010) 有记载，未见标本。
- 密花石斛 *Dendrobium densiflorum* Lindl.
分布：龙南。
- 串珠石斛 *Dendrobium falconeri* Hook.
分布：井冈山。
- 重唇石斛 *Dendrobium hercoglossum* Rchb. f.
分布：资溪、龙南、全南。
- 霍山石斛 *Dendrobium huoshanense* C. Z. Tang & S. J. Cheng
分布：龙南。
- 美花石斛 *Dendrobium loddigesii* Rolfe
分布：龙南。

- **罗河石斛** *Dendrobium lohohense* Tang & F. T. Wang

  分布：寻乌。
- **细茎石斛** *Dendrobium moniliforme* (L.) Sw.[广东石斛 *Dendrobium wilsonii* Rolfe.]

  分布：九江、庐山、贵溪、资溪、靖安、井冈山、安福、遂川、兴国、上犹、龙南、崇义、大余。
- **石斛** *Dendrobium nobile* Lindl.

  分布：井冈山、上犹。
- **铁皮石斛** *Dendrobium officinale* Kimura et Migo

  分布：铅山、鹰潭、宜丰、井冈山、龙南、全南。
- **单莛草石斛** *Dendrobium porphyrochilum* Lindl.

  分布：龙南。
- **始兴石斛** *Dendrobium shixingense* Z. L. Chen, S. J. Zeng & J. Duan

  分布：龙南。

杓兰属 *Cypripedium* L.

- **扇脉杓兰** *Cypripedium japonicum* Thunb.

  分布：九江、庐山、井冈山、上犹、崇义。

无叶兰属 *Aphyllorchis* Bl.

- **无叶兰** *Aphyllorchis montana* Rchb. f.

  分布：龙南。
- **单唇无叶兰** *Aphyllorchis simplex* T. Tang et F. T. Wang

  分布：龙南。

无柱兰属 *Amitostigma* Schltr.

- **无柱兰** *Amitostigma gracile* (Blume) Schltr.

  分布：九江、武宁、永修、景德镇、上饶、抚州、袁州、铜鼓、靖安、宜丰、分宜、萍乡、井冈山、安福、永丰、永新、遂川、龙南。
- **大花无柱兰** *Amitostigma pinguicula* (H. G. Reichenbach & S. Moore) Schlechter

  分布：资溪。

叉柱兰属 *Cheirostylis* Bl.

- **中华叉柱兰** *Cheirostylis chinensis* Rolfe

  分布：寻乌。
- **云南叉柱兰** *Cheirostylis yunnanensis* Rolfe

  分布：龙南。

  评述：南昌大学杨柏云教授提供标本照片和鉴定。

美冠兰属 *Eulophia* R. Br. ex Lindl.

- **紫花美冠兰** *Eulophia spectabilis* (Dennst.) Suresh

  分布：龙南。
- **无叶美冠兰** *Eulophia zollingeri* (Rchb. f.) J. J. Smith

  分布：龙南。

斑叶兰属 *Goodyera* R. Br.

- **大花斑叶兰** *Goodyera biflora* (Lindl.) Hook. f.

  分布：九江、庐山、资溪、井冈山、遂川、石城。
- **波密斑叶兰** *Goodyera bomiensis* K. Y. Lang

  分布：资溪、安远。
- **莲座叶斑叶兰** *Goodyera brachystegia* Hand.-Mazz.

分布：资溪。
评述：南昌大学杨柏云教授提供标本照片和鉴定。
- 多叶斑叶兰 *Goodyera foliosa* (Lindl.) Benth. ex C. B. Clarke

分布：玉山、资溪、铜鼓、全南。
- 光萼斑叶兰 *Goodyera henryi* Rolfe

分布：资溪、宜丰、井冈山、上犹。
- 高斑叶兰 *Goodyera procera* (Ker.–Gawl.) Hook.

分布：铅山。
- 小斑叶兰 *Goodyera repens* (L.) R. Br.

分布：庐山、修水。
评述：疑似将斑叶兰鉴定为本种。
- 斑叶兰 *Goodyera schlechtendaliana* Rchb. f.

分布：全省山区有分布。
- 绒叶斑叶兰 *Goodyera velutina* Maxim.

分布：资溪、井冈山。
- 绿花斑叶兰 *Goodyera viridiflora* (Blume) Blume

分布：铅山、芦溪、井冈山、龙南。
- 小小斑叶兰 *Goodyera pusilla* Blume

分布：九江、庐山、贵溪、资溪、靖安、石城、龙南。

贝母兰属 *Coelogyne* Lindl.

- 流苏贝母兰 *Coelogyne fimbriata* Lindl.

分布：资溪、井冈山、遂川、安远、寻乌、龙南、全南。

天麻属 *Gastrodia* R. Br.

- 天麻 *Gastrodia elata* Blume

分布：九江、庐山、井冈山。
- 北插天天麻 *Gastrodia peichatieniana* S. S. Ying

分布：井冈山、遂川、龙南。

山珊瑚属 *Galeola* Lour.

- 山珊瑚 *Galeola faberi* Rolfe

分布：武宁、修水、井冈山、龙南、全南。
- 毛萼山珊瑚 *Galeola lindleyana* (Hook. f. et Thoms.) Rchb. f.

分布：武宁、修水、资溪、井冈山、靖安。

杜鹃兰属 *Cremastra* Lindl.

- 杜鹃兰 *Cremastra appendiculata* (D. Don) Makino

分布：九江、庐山、景德镇、资溪、靖安、宜丰、井冈山、石城、兴国。
- 斑叶杜鹃兰 *Cremastra unguiculata* (Finet) Finet

分布：九江、庐山、井冈山。

玉凤花属 *Habenaria* Willd.

- 毛莛玉凤花 *Habenaria ciliolaris* Kranzl.

分布：九江、庐山、资溪、瑞金、上犹、全南。
- 鹅毛玉凤花 *Habenaria dentata* (Sw.) Schltr

分布：九江、庐山、铅山、资溪、靖安、井冈山、遂川、瑞金、石城、寻乌、兴国、龙南。
- 线瓣玉凤花 *Habenaria fordii* Rolfe

分布：资溪、安远、龙南。

- **线叶十字兰** *Habenaria linearifolia* Maxim.

分布：九江、庐山、武宁、修水、新建、资溪、铜鼓、靖安、井冈山、安福、兴国、上犹。

- **裂瓣玉凤花** *Habenaria petelotii* Gagnep.

分布：资溪、井冈山、安福、上犹。

- **橙黄玉凤花** *Habenaria rhodocheila* Hance

分布：瑞昌、资溪、宜丰、井冈山、安远、寻乌、定南、龙南、全南。

- **十字兰** *Habenaria schindleri* Schltr.

分布：九江、庐山、武宁、修水、新建、铜鼓、靖安、安福、兴国、上犹。

开唇兰属 *Anoectochilus* Bl.

- **金线兰** *Anoectochilus roxburghii* (Wall.) Lindl. [香港金线兰 *Anoectochilus yungianus* S. Y. Hu]

分布：铅山、资溪、靖安、宜丰、万载、芦溪、井冈山、吉安、安福、龙南。

- **浙江金线兰** *Anoectochilus zhejiangensis* Z. Wei et Y. B. Chang

分布：修水、靖安。

白及属 *Bletilla* Rchb. f.

- **小白及** *Bletilla formosana* (Hayata) Schltr.

分布：井冈山、石城、上犹。

- **黄花白及** *Bletilla ochracea* Schltr.

分布：井冈山。

- **白及** *Bletilla striata* (Thunb. ex A. Murray) Rchb. f.

分布：九江、庐山、武宁、修水、湖口、婺源、贵溪、资溪、铜鼓、靖安、宜丰、萍乡、井冈山、遂川。

竹叶兰属 *Arundina* Bl.

- **竹叶兰** *Arundina graminifolia* (D. Don) Hochr.

分布：上饶、资溪、井冈山、寻乌、兴国。

石仙桃属 *Pholidota* Lindl. ex Hook.

- **细叶石仙桃** *Pholidota cantonensis* Rolfe

分布：铅山、资溪、靖安、宜丰、井冈山、永新、遂川、石城、寻乌、上犹、龙南、全南、会昌。

- **石仙桃** *Pholidota chinensis* Lindl.

分布：临川、资溪、井冈山、全南。

鹤顶兰属 *Phaius* Lour.

- **黄花鹤顶兰** *Phaius flavus* (Blume) Lindl.

分布：铅山、资溪、靖安、芦溪、井冈山、安福、石城、寻乌、崇义。

阔蕊兰属 *Peristylus* Bl.

- **小花阔蕊兰** *Peristylus affinis* (D. Don) Seidenf.

分布：资溪、井冈山、上犹、龙南。

- **长须阔蕊兰** *Peristylus calcaratus* (Rolfc) S. Y. Hu

分布：资溪、寻乌。

- **狭穗阔蕊兰** *Peristylus densus* (Lindl.) Santapau & Kapadia

分布：铅山、资溪、龙南。

- **阔蕊兰** *Peristylus goodyeroides* (D. Don) Lindl.

分布：资溪、井冈山、遂川、龙南、全南。

白蝶兰属 *Pecteilis* Raf.

- **龙头兰** *Pecteilis susannae* (L.) Rafin.

分布：新建、婺源、靖安、安远、龙南、大余。

舌唇兰属 Platanthera Rich.

- 南方舌唇兰 *Platanthera angustata* Lindl

分布：资溪。

- 多叶舌唇兰 *Platanthera densa* Freyn

分布：不详。

评述：《中国植物物种名录》（2020版）有记载，未见标本。

- 密花舌唇兰 *Platanthera hologlottis* Maxim.

分布：九江、庐山、武宁、铅山、贵溪、靖安、井冈山、石城、兴国。

- 舌唇兰 *Platanthera japonica* (Thunb. ex Marray) Lindl.

分布：九江、庐山、铅山、资溪、井冈山、石城、上犹、崇义。

- 尾瓣舌唇兰 *Platanthera mandarinorum* Rchb. f.

分布：九江、庐山、瑞昌、湖口、德安、铅山、资溪、广昌、铜鼓、宜丰、分宜、兴国。

- 小舌唇兰 *Platanthera minor* (Miq.) Rchb. f.

分布：九江、庐山、修水、资溪、铜鼓、井冈山、安福、永新、遂川、寻乌、兴国、大余。

- 南岭舌唇兰 *Platanthera nanlingensis* X. H. Jin & W. T. Jin

分布：江西南部。

评述：南昌大学杨柏云教授提供标本照片和鉴定。

- 筒距舌唇兰 *Platanthera tipuloides* (L. F.) Lindl.

分布：广丰、铅山、资溪、莲花。

- 东亚舌唇兰 *Platanthera ussuriensis* (Regel et Maack) Maxim.

分布：修水、进贤、上饶、铅山、资溪、广昌、万载、芦溪、遂川、瑞金、寻乌、上犹。

- 黄山舌唇兰 *Platanthera whangshanensis* (S. S. Chien) Efimov

分布：不详。

评述：Efimov P. *Platanthera whangshanensis* (S. S. Chien) Efimov, a Forgotten Orchid of Chinese Flora[J]. Taiwania, 2013, 58(3):189–193. 有记载，未见标本。

兜被兰属 Neottianthe Schltr.

- 二叶兜被兰 *Neottianthe cucullata* (L.) Schltr.

分布：龙南。

独蒜兰属 Pleione D. Don

- 独蒜兰 *Pleione bulbocodioides* (Franch.) Rolfe

分布：九江、庐山、武宁、贵溪、南丰、资溪、黎川、铜鼓、靖安、井冈山、遂川、石城、安远、上犹、崇义、大余。

评述：本种标本很多，可能皆为错误鉴定，江西省分布的多数是台湾独蒜兰。

- 台湾独蒜兰 *Pleione formosana* Hayata

分布：全省山区有分布。

- 毛唇独蒜兰 *Pleione hookeriana* (Lindl.) B. S. Williams

分布：遂川。

鸟巢兰属 Neottia Guett.

- 日本对叶兰 *Neottia japonica* (Blume) Szlach.

分布：遂川。

- 大花对叶兰 *Neottia wardii* (Rolfe) Szlachetko

分布：铅山。

评述：江西本土植物名录（2017）有记载，未见标本。

风兰属 Neofinetia Hu

- 风兰 Neofinetia falcata (Thunb. ex A. Murray) H. H. Hu
分布：九江、武宁、修水、玉山。

朱兰属 Pogonia Juss.

- 朱兰 Pogonia japonica Rchb. f.
分布：九江、庐山、铅山、铜鼓、靖安、井冈山、安福、兴国、上犹。

山兰属 Oreorchis Lindl.

- 长叶山兰 Oreorchis fargesii Finet
分布：九江、庐山、资溪、井冈山。
评述：江西本土植物名录（2017）有记载，未见标本。
- 山兰 Oreorchis patens (Lindl.) Lindl.
分布：庐山、铅山、芦溪、安福。

葱叶兰属 Microtis R. Br.

- 葱叶兰 Microtis unifolia (Forst.) Rchb. f.
分布：九江、庐山、广昌、芦溪、井冈山、安福、龙南。

蛤兰属 Conchidium Griff.

- 高山蛤兰 Conchidium japonicum (Maxim.) S. C. Chen & J. J. Wood[高山毛兰 Eria reptans (Franch. & Sav.) Makino]
分布：铅山。
评述：《江西种子植物名录》（刘仁林，2010）有记载，未见标本。

丹霞兰属 Danxiaorchis J. W. Zhai, F. W. Xing & Z. J. Liu

- 杨氏丹霞兰 Danxiaorchis yangii B. Y. Yang & Bo Li
分布：井冈山。

小沼兰属 Oberonioides Szlach.

- 小沼兰 Oberonioides microtatantha (Tang & F. T. Wang) Szlach.
分布：新建、鹰潭、贵溪、资溪、黎川、靖安、井冈山、龙南、崇义。

沼兰属 Crepidium Blume

- 深裂沼兰 Crepidium purpureum (Lindley) Szlachetko
分布：资溪。

苹兰属 Pinalia Buch.-Ham. ex D. Don

- 马齿苹兰 Pinalia szetschuanica (Schlechter) S. C. Chen & J. J. Wood[马齿毛兰 Eria szetschuanica Schltr.]
分布：井冈山。
评述：江西本土植物名录（2017）有记载，未见标本。

29 仙茅科 Hypoxidaceae R. Br.

仙茅属 Curculigo Gaertn.

- 大叶仙茅 Curculigo capitulata (Lour.) O. Kuntze
分布：贵溪、赣州。

- 仙茅 *Curculigo orchioides* Gaertn.
分布：铅山、靖安、宜丰、安福、永新、遂川、龙南。

小金梅草属 *Hypoxis* L.

- 小金梅草 *Hypoxis aurea* Lour.
分布：庐山、武宁、修水、南丰、资溪、靖安、奉新、井冈山、遂川、寻乌、龙南、大余。

30 鸢尾科 Iridaceae Juss.

庭菖蒲属 *Sisyrinchium* L.

- * 庭菖蒲 *Sisyrinchium rosulatum* Bickn.
分布：九江、庐山。

射干属 *Belamcanda* Adans.

- 射干 *Belamcanda chinensis* (L.) Redouté
分布：九江、庐山、瑞昌、武宁、修水、德兴、上饶、铅山、玉山、贵溪、南丰、资溪、靖安、萍乡、莲花、井冈山、安福、遂川、瑞金、石城、宁都、寻乌、兴国、上犹、会昌。

鸢尾属 *Iris* L.

- * 单苞鸢尾 *Iris anguifuga* Y. T. Zhao ex X. J. Xue
分布：九江、南昌、井冈山。
评述：仅见一份标本，疑似为小花鸢尾。
- 野鸢尾 *Iris dichotoma* Pall.
分布：玉山、石城、龙南。
- 蝴蝶花 *Iris japonica* Thunb.
分布：庐山、瑞昌、武宁、永修、修水、浮梁、婺源、资溪、铜鼓、靖安、分宜、莲花、井冈山、吉安、安福、遂川、石城、寻乌、兴国、龙南、全南。
- 君子峰鸢尾 *Iris junzifengensis* S. P. Chen, X. Y. Chen & L. Ma
分布：资溪。
- 马蔺 *Iris lactea* Pall.
分布：全省有栽培。
评述：归化或入侵。
- 紫苞鸢尾 *Iris ruthenica* Ker Gawl.
分布：贵溪、赣州。
评述：《中国植物物种名录》（2020版）有记载，未见标本。
- 小花鸢尾 *Iris speculatrix* Hance
分布：庐山、瑞昌、武宁、修水、景德镇、乐平、浮梁、铅山、玉山、贵溪、南丰、资溪、广昌、靖安、奉新、莲花、井冈山、吉安、遂川、瑞金、南康、石城、安远、寻乌、兴国、上犹、崇义、全南、大余。
- 鸢尾 *Iris tectorum* Maxim.
分布：九江、彭泽、靖安、遂川、石城。

肖鸢尾属 *Moraea* Mill.

- * 肖鸢尾 *Moraea iridioides* L. Mant.
分布：九江、庐山、靖安。

31 阿福花科 Asphodelaceae Juss.

山菅兰属 Dianella Lam. ex Juss.

- 山菅 *Dianella ensifolia* (L.) DC.
分布：井冈山、安远、寻乌、龙南、崇义、全南、大余。

萱草属 Hemerocallis L.

- 黄花菜 *Hemerocallis citrina* Baroni
分布：新建、铅山、贵溪、资溪、靖安、井冈山、石城。
- 萱草 *Hemerocallis fulva* (L.) L.
分布：全省有分布。
- 北黄花菜 *Hemerocallis lilioasphodelus* L.
分布：九江、德兴、玉山。

32 石蒜科 Amaryllidaceae J. St.-Hil.

葱属 Allium L.

- * 洋葱 *Allium cepa* L.
分布：全省广泛栽培。
- 火葱 *Allium cepa* var. *aggregatum* L.
分布：全省有栽培。
评述：归化或入侵。
- 藠头 *Allium chinense* G. Don
分布：全省广泛栽培。
评述：归化或入侵。
- * 葱 *Allium fistulosum* L.
分布：全省广泛栽培。
- 宽叶韭 *Allium hookeri* Thwaites
分布：武宁。
- 薤白 *Allium macrostemon* Bunge
分布：全省有分布。
- * 蒜 *Allium sativum* L.
分布：全省广泛栽培。
- 细叶韭 *Allium tenuissimum* L.
分布：鹰潭。
- * 韭 *Allium tuberosum* Rottler ex Spreng.
分布：全省广泛栽培。

石蒜属 Lycoris Herb.

- 忽地笑 *Lycoris aurea* (L'Her.) Herb.
分布：九江、庐山、武宁、贵溪、资溪、靖安、井冈山、石城、龙南。
- 短蕊石蒜 *Lycoris caldwellii* Traub
分布：德兴、上饶、婺源、玉山、贵溪、宜春。
- 中国石蒜 *Lycoris chinensis* Traub
分布：九江、庐山、瑞昌、井冈山。
- 石蒜 *Lycoris radiata* (L'Her.) Herb.
分布：全省有分布。

水仙属 *Narcissus* L.

- * 水仙 *Narcissus tazetta* var. *chinensis* M. Roem.
分布：全省广泛栽培。

文殊兰属 *Crinum* L.

- * 文殊兰 *Crinum asiaticum* var. *sinicum* (Roxb.ex Herb.) Baker
分布：铅山、大余、寻乌。

朱顶红属 *Hippeastrum* Herb.

- * 朱顶红 *Hippeastrum rutilum* (Ker-Gawl.) Herb.
分布：全省有栽培。

葱莲属 *Zephyranthes* Herb.

- * 葱莲 *Zephyranthes candida* (Lindl.) Herb.
分布：全省有栽培。
- * 韭莲 *Zephyranthes carinata* Herbert
分布：全省有栽培。

33 天门冬科 Asparagaceae Juss.

蜘蛛抱蛋属 *Aspidistra* Ker Gawl.

- 蜘蛛抱蛋 *Aspidistra elatior* Bulme
分布：九江、贵溪、资溪、宜春、井冈山、安福、遂川、大余。
- 流苏蜘蛛抱蛋 *Aspidistra fimbriata* F. T. Wang & K. Y. Lang
分布：广丰、资溪、贵溪、宜春。
- 九龙盘 *Aspidistra lurida* Ker Gawl.
分布：资溪、靖安、萍乡、井冈山、遂川、龙南。
- 湖南蜘蛛抱蛋 *Aspidistra triloba* F. T. Wang & K. Y. Lang
分布：井冈山。

竹根七属 *Disporopsis* Hance

- 散斑竹根七 *Disporopsis aspersa* (Hua) Engl. ex K. Krause
分布：井冈山。
- 竹根七 *Disporopsis fuscopicta* Hance
分布：南丰、资溪、靖安、井冈山、遂川、石城、寻乌、兴国、龙南、会昌。
- 深裂竹根七 *Disporopsis pernyi* (Hua) Diels
分布：九江、庐山、武宁、永修、修水、德兴、上饶、南丰、资溪、黎川、靖安、奉新、万载、井冈山、安福、遂川、寻乌、全南、大余。

黄精属 *Polygonatum* Mill.

- 多花黄精 *Polygonatum cyrtonema* Hua
分布：全省山区有分布。
- 长梗黄精 *Polygonatum filipes* Merr. ex C. Jeffrey et McEwan
分布：全省山区有分布。
- 节根黄精 *Polygonatum nodosum* Hua
分布：铅山。
- 玉竹 *Polygonatum odoratum* (Mill.) Druce

分布：九江、庐山、瑞昌、武宁、彭泽、永修、修水、新建、资溪、靖安、石城。
- 湖北黄精 *Polygonatum zanlanscianense* Pamp.
分布：修水、铅山、靖安、宜丰、分宜。

舞鹤草属 *Maianthemum* F. H. Wigg.

- 鹿药 *Maianthemum japonicum* (A. Gray) LaFrankie
分布：武宁、婺源、贵溪、资溪、靖安、安福、遂川。

山麦冬属 *Liriope* Lour.

- 禾叶山麦冬 *Liriope graminifolia* (L.) Baker
分布：全省山区有分布。
- 矮小山麦冬 *Liriope minor* (Maxim.) Makino
分布：南昌、靖安。
- 阔叶山麦冬 *Liriope muscari* (Decne.) L. H. Bailey
分布：全省山区有分布。
- 山麦冬 *Liriope spicata* (Thunb.) Lour.
分布：全省有分布。

天门冬属 *Asparagus* L.

- 山文竹 *Asparagus acicularis* F. T. Wang & S. C. Chen
分布：九江、庐山、永修、新建、靖安。
- 天门冬 *Asparagus cochinchinensis* (Lour.) Merr.
分布：全省山区有分布。
- 羊齿天门冬 *Asparagus filicinus* D. Don
分布：九江、庐山。

玉簪属 *Hosta* Tratt.

- * 紫玉簪 *Hosta albomarginata* (Hook.) Ohwi
分布：九江。
- 玉簪 *Hosta plantaginea* (Lam.) Asch.
分布：庐山、瑞昌、武宁、永修、修水、铅山、贵溪、资溪、靖安、井冈山、石城。
- 紫萼 *Hosta ventricosa* (Salisb.) Stearn
分布：全省山区有分布。

异蕊草属 *Thysanotus* R. Br.

- 异蕊草 *Thysanotus chinensis* Benth.
分布：铅山。
评述：江西本土植物名录（2017）有记载，未见标本。

白穗花属 *Speirantha* Baker

- 白穗花 *Speirantha gardenii* (Hook.) Baill.
分布：井冈山、遂川。

沿阶草属 *Ophiopogon* Ker Gawl.

- 沿阶草 *Ophiopogon bodinieri* H. Lév.
分布：全省山区有分布。
- 间型沿阶草 *Ophiopogon intermedius* D. Don
分布：靖安、永新。
- 麦冬 *Ophiopogon japonicus* (L. f.) Ker Gawl.

分布：全省有分布。
- 狭叶沿阶草 *Ophiopogon stenophyllus* (Merr.) Rodrig.
分布：安福、大余。
- 阴生沿阶草 *Ophiopogon umbraticola* Hance
分布：九江、庐山。

万年青属 *Rohdea* Roth

- 万年青 *Rohdea japonica* (Thunb.) Roth
分布：九江、庐山、景德镇、乐平、铜鼓、靖安、遂川。

吉祥草属 *Reineckea* Kunth

- 吉祥草 *Reineckea carnea* (Andrews) Kunth
分布：庐山、武宁、修水、贵溪、资溪、铜鼓、靖安、芦溪、井冈山、安福。

绵枣儿属 *Barnardia* Lindl.

- 绵枣儿 *Barnardia japonica* (Thunb.) Schult. & Schult.f.
分布：九江、庐山、德兴、广昌、永丰、寻乌、龙南。

开口箭属 *Campylandra* Baker

- 开口箭 *Campylandra chinensis* (Baker) M. N. Tamura, S. Yun Liang et Turland
分布：九江、庐山、铅山、贵溪、资溪、靖安、芦溪、井冈山、安福、遂川、石城、上犹、龙南。

异黄精属 *Heteropolygonatum* M. N. Tamura & Ogisu

- 武功山异黄精 *Heteropolygonatum wugongshanensis* G. X. Chen, Ying Meng & J. W. Xiao
分布：芦溪。

（十四）棕榈目 Arecales Bromhead

34 棕榈科 Arecaceae Bercht. & J. Presl

棕榈属 *Trachycarpus* H. Wendl.

- 棕榈 *Trachycarpus fortunei* (Hook.) H. Wendl.
分布：全省有分布。

棕竹属 *Rhapis* L. f. ex Aiton

- 棕竹 *Rhapis excelsa* (Thunb.) Henry ex Rehder
分布：贵溪、黎川、赣州。

蒲葵属 *Livistona* R. Br.

- *蒲葵 *Livistona chinensis* (Jacq.) R. Br.
分布：赣南有栽培。

省藤属 *Calamus* L.

- 杖藤 *Calamus rhabdocladus* Burret
分布：大余。
- 毛鳞省藤 *Calamus thysanolepis* Hance[高毛鳞省藤 *Calamus hoplites* Dunn]
分布：瑞金、寻乌、定南、龙南、信丰、全南、会昌。

（十五）鸭跖草目 Commelinales Mirb. ex Bercht. & J. Presl

35 鸭跖草科 Commelinaceae Mirb.

蓝耳草属 Cyanotis D. Don

- 蛛丝毛蓝耳草 *Cyanotis arachnoidea* C. B. Clarke

分布：寻乌、龙南、信丰。

- 蓝耳草 *Cyanotis vaga* (Lour.) Schultes. et J. H. Schultes

分布：全省有分布。

聚花草属 Floscopa Lour.

- 聚花草 *Floscopa scandens* Lour.

分布：德兴、南丰、资溪、靖安、井冈山、瑞金、石城、安远、寻乌、兴国、上犹、龙南、崇义、会昌。

水竹叶属 Murdannia Royle

- 大苞水竹叶 *Murdannia bracteata* (C. B. Clarke) J. K. Morton ex D. Y. Hong

分布：靖安。

- 根茎水竹叶 *Murdannia hookeri* (C. B. Clarke) Bruckn.

分布：资溪、井冈山。

评述：《江西种子植物名录》（刘仁林，2010）有记载，未见标本。

- 狭叶水竹叶 *Murdannia kainantensis* (Masam.) D. Y. Hong

分布：抚州。

- 疣草 *Murdannia keisak* (Hassk.) Hand.-Mazz.

分布：九江、南昌、德兴、上饶、资溪、井冈山、遂川、兴国。

- 牛轭草 *Murdannia loriformis* (Hassk.) R. S. Rao et Kammathy

分布：全省有分布。

- 裸花水竹叶 *Murdannia nudiflora* (L.) Brenan

分布：全省有分布。

- 矮水竹叶 *Murdannia spirata* (L.) Bruckn.

分布：靖安。

评述：《江西种子植物名录》（刘仁林，2010）有记载，未见标本。

- 水竹叶 *Murdannia triquetra* (Wall. ex C. B. Clarke) Brückner

分布：全省有分布。

杜若属 Pollia Thunb.

- 杜若 *Pollia japonica* Thunb.

分布：全省山区有分布。

- 长花枝杜若 *Pollia secundiflora* (Blume) Bakh. f.

分布：石城、龙南。

竹叶吉祥草属 Spatholirion Ridl.

- 竹叶吉祥草 *Spatholirion longifolium* (Gagnep.) Dunn

分布：靖安、宜丰、井冈山、安福、泰和。

鸭跖草属 Commelina L.

- 饭包草 *Commelina benghalensis* L.

分布：全省有分布。

- 鸭跖草 *Commelina communis* L.

  分布：全省有分布。
- 大苞鸭跖草 *Commelina paludosa* Blume

  分布：资溪、靖安、石城、寻乌、龙南、全南。

㊱ 雨久花科 Pontederiaceae Kunth

凤眼莲属 *Eichhornia* Kunth

- 凤眼蓝 *Eichhornia crassipes* (Mart.) Solme

  分布：全省有分布。

  评述：归化或入侵。

雨久花属 *Monochoria* C. Presl

- 雨久花 *Monochoria korsakowii* Regel et Maack

  分布：都昌、鄱阳、资溪、井冈山、龙南。
- 鸭舌草 *Monochoria vaginalis* (Burm. f.) C. Presl ex Kunth [窄叶鸭舌草 *Monochoria vaginalis* var. *plantaginea* (Roxb.) Solms，少花鸭舌草 *Monochoria vaginalis* var. *pauciflora* Merr.]

  分布：九江、庐山、贵溪、资溪、靖安、井冈山、石城。

（十六）姜目 Zingiberales Griseb.

㊲ 芭蕉科 Musaceae Juss.

芭蕉属 *Musa* L.

- 野蕉 *Musa balbisiana* Colla

  分布：全省有分布。
- 芭蕉 *Musa basjoo* Siebold et Zucc.

  分布：九江、修水、全南。

㊳ 美人蕉科 Cannaceae Juss.

美人蕉属 *Canna* L.

- *蕉芋 *Canna indica* 'Edulis'

  分布：全省有栽培。
- *黄花美人蕉 *Canna indica* var. *flava* Roxb.

  分布：全省有栽培。

㊴ 姜科 Zingiberaceae Martinov

姜花属 *Hedychium* J. Koenig

- *姜花 *Hedychium coronarium* J. Koenig

  分布：全省有栽培。

舞花姜属 *Globba* L.

- 浙赣舞花姜 *Globba chekiangensis* G. Y. Li

分布：井冈山。
- **舞花姜** *Globba racemosa* Smith

分布：资溪、靖安、井冈山、石城、安远、寻乌、龙南。

姜黄属 *Curcuma* L.

- * **莪术** *Curcuma phaeocaulis* Valeton

分布：南昌、资溪、靖安、井冈山。
- **温郁金** *Curcuma wenyujin* Y. H. Chen & C. Ling

分布：寻乌。

评述：江西新记录。

姜属 *Zingiber* Boehm.

- **蘘荷** *Zingiber mioga* (Thunb.) Roscoe

分布：九江、庐山、广丰、贵溪、资溪、靖安、芦溪、井冈山、安福、石城、寻乌。
- * **姜** *Zingiber officinale* Roscoe

分布：全省广泛栽培。
- **阳荷** *Zingiber striolatum* Diels

分布：井冈山、寻乌、龙南。

土田七属 *Stahlianthus* Kuntze

- **土田七** *Stahlianthus involucratus* (King ex Bak.) Craib ex Loesener

分布：赣南有栽培。

评述：归化或入侵。

山姜属 *Alpinia* Roxb.

- **山姜** *Alpinia japonica* (Thunb.) Miq.

分布：全省山区有分布。
- **箭杆风** *Alpinia jianganfeng* T. L. Wu

分布：芦溪、井冈山、安福、上犹、龙南、崇义。
- **华山姜** *Alpinia oblongifolia* Hayata

分布：全省山区有分布。
- **高良姜** *Alpinia officinarum* Hance

分布：资溪、井冈山、石城、安远、寻乌、龙南、信丰、全南。
- **花叶山姜** *Alpinia pumila* Hook.f.

分布：龙南。
- **密苞山姜** *Alpinia stachyodes* Hance

分布：寻乌、大余、会昌。
- **滑叶山姜** *Alpinia tonkinensis* Gagnep.

分布：贵溪、赣州。

评述：《江西种子植物名录》（刘仁林，2010）有记载，未见标本。

闭鞘姜属 *Cheilocostus* C. D. Specht

- **闭鞘姜** *Cheilocostus speciosus* (J. König) C. D. Specht

分布：赣南有栽培。

评述：归化或入侵。

（十七）禾本目 Poales Small

⑩ 香蒲科 Typhaceae Juss.

黑三棱属 *Sparganium* L.

- 黑三棱 *Sparganium stoloniferum* (Graebn.) Buch.-Ham. ex Juz.
分布：婺源、安福。

香蒲属 *Typha* L.

- 水烛 *Typha angustifolia* L.
分布：九江、庐山、德兴、资溪、井冈山、泰和、石城、龙南、信丰。
- 长苞香蒲 *Typha domingensis* Persoon
分布：九江、南昌。
- 无苞香蒲 *Typha laxmannii* Lepech.
分布：九江、武宁、全南。
- 香蒲 *Typha orientalis* C. Presl
分布：九江、庐山、都昌、鄱阳、资溪、靖安、井冈山。

⑪ 黄眼草科 Xyridaceae C. Agardh

黄眼草属 *Xyris* L.

- 葱草 *Xyris pauciflora* Willd.
分布：南昌、鹰潭、靖安、永丰、石城。

⑫ 谷精草科 Eriocaulaceae Martinov

谷精草属 *Eriocaulon* L.

- 高山谷精草 *Eriocaulon alpestre* J. D. Hooker et Thomson ex Kornicke
分布：萍乡。
- 毛谷精草 *Eriocaulon australe* R. Br.
分布：泰和、石城、赣县、寻乌、兴国、会昌。
- 谷精草 *Eriocaulon buergerianum* Koern.
分布：全省有分布。
- 白药谷精草 *Eriocaulon cinereum* R. Br.
分布：修水、铅山、玉山、贵溪、资溪、靖安、萍乡、井冈山、大余。
- 长苞谷精草 *Eriocaulon decemflorum* Maxim.
分布：贵溪、资溪、靖安、井冈山、寻乌、兴国、崇义。
- 尖苞谷精草 *Eriocaulon echinulatum* Martius
分布：永丰。
- 江南谷精草 *Eriocaulon faberi* Ruhland
分布：九江、庐山、上饶、玉山、贵溪、资溪、广昌、靖安、石城、崇义。
- 小谷精草 *Eriocaulon luzulifolium* Mart.
分布：景德镇、抚州、新余、吉安。
- 尼泊尔谷精草 *Eriocaulon nepalense* Prescott ex Bongard
分布：九江、井冈山、会昌。
- 华南谷精草 *Eriocaulon sexangulare* L.

分布：赣州。

⑬ 灯心草科 Juncaceae Juss.

灯心草属 Juncus L.

- 翅茎灯心草 *Juncus alatus* Franch. et Sav.

分布：九江、庐山、贵溪、资溪、靖安、井冈山、石城。

- 小灯心草 *Juncus bufonius* L.

分布：九江、庐山、武宁。

- 星花灯心草 *Juncus diastrophanthus* Buchenau

分布：九江、庐山、资溪、靖安、井冈山、信丰。

- 灯心草 *Juncus effusus* L.

分布：九江、庐山、铅山、贵溪、资溪、靖安、井冈山、石城、崇义。

- 细灯心草 *Juncus gracillimus* V. Krecz. et Gontsch.

分布：九江、铅山、兴国。

- 笄石菖 *Juncus prismatocarpus* R. Brown

分布：九江、彭泽、南昌、铅山、南丰、宜春、奉新、新余、井冈山、吉安、遂川、寻乌、兴国、上犹、大余。

- 野灯心草 *Juncus setchuensis* Buchenau ex Diels

分布：九江、庐山、铅山、资溪、井冈山、上犹、崇义。

- 假灯心草 *Juncus setchuensis* var. *effusoides* Buchenau

分布：资溪、铜鼓、靖安、芦溪、井冈山、安福。

- 坚被灯心草 *Juncus tenuis* Will

分布：九江。

地杨梅属 Luzula DC.

- 地杨梅 *Luzula campestris* (L.) DC.

分布：武宁、南昌、分宜。

- 异被地杨梅 *Luzula inaequalis* K. F. Wu

分布：庐山。

- 多花地杨梅 *Luzula multiflora* (Ehrh.) Lej.

分布：九江、庐山。

- 羽毛地杨梅 *Luzula plumosa* E. Mey.

分布：九江、庐山、铅山、资溪、铜鼓、靖安、井冈山、崇义。

⑭ 莎草科 Cyperaceae Juss.

莎草属 Cyperus L.

- 阿穆尔莎草 *Cyperus amuricus* Maxim.

分布：九江、庐山、资溪、铜鼓、莲花、芦溪、安福。

- 密穗砖子苗 *Cyperus compactus* Retz.

分布：资溪、石城。

- 扁穗莎草 *Cyperus compressus* L.

分布：九江、庐山、武宁、修水、新建、婺源、贵溪、资溪、靖安、万载、井冈山、安福、遂川、石城。

- 长尖莎草 *Cyperus cuspidatus* Kunth

分布：庐山、武宁、修水、广丰、铅山、资溪、靖安、井冈山、遂川、定南、龙南。

- 莎状砖子苗 *Cyperus cyperinus* (Retz.) Suringar

分布：不详。

评述：《中国植物物种名录》（2020 版）有记载，未见标本。

- 砖子苗 *Cyperus cyperoides* (L.) Kuntze

分布：全省有分布。

- 异型莎草 *Cyperus difformis* L.

分布：全省有分布。

- 高秆莎草 *Cyperus exaltatus* Retz.

分布：寻乌。

- 畦畔莎草 *Cyperus haspan* L.

分布：全省有分布。

- 碎米莎草 *Cyperus iria* L.

分布：全省有分布。

- 茳芏 *Cyperus malaccensis* Lam.

分布：修水、广丰、遂川。

- 短叶茳芏 *Cyperus malaccensis* subsp. *monophyllus* (Vahl) T. Koyama

分布：广丰、遂川。

- 旋鳞莎草 *Cyperus michelianus* (L.) Link

分布：庐山、武宁、南昌、进贤、贵溪、资溪、井冈山、石城、寻乌。

- 具芒碎米莎草 *Cyperus microiria* Steud.

分布：九江、庐山、铅山、贵溪、资溪、井冈山、遂川、石城、崇义。

- 白鳞莎草 *Cyperus nipponicus* Franch. et Sav.

分布：九江、庐山。

- 三轮草 *Cyperus orthostachyus* Franch. et Sav.

分布：资溪、靖安。

- 毛轴莎草 *Cyperus pilosus* Vahl

分布：九江、庐山、修水、广丰、贵溪、靖安、萍乡、安福、泰和、遂川、南康、石城、宁都、寻乌、兴国、上犹、会昌。

- 香附子 *Cyperus rotundus* L.

分布：全省有分布。

- 水莎草 *Cyperus serotinus* Rottb.

分布：九江、德兴、永丰、石城。

- 窄穗莎草 *Cyperus tenuispica* Steud.

分布：资溪、井冈山。

黑莎草属 *Gahnia* J. R. Forst. & G. Forst.

- 黑莎草 *Gahnia tristis* Nees

分布：资溪、靖安、石城。

裂颖茅属 *Diplacrum* R. Br.

- 裂颖茅 *Diplacrum caricinum* R. Br.

分布：鄱阳湖、婺源、铅山、资溪、靖安、井冈山、新干、泰和。

薹草属 *Carex* L.

- 球穗薹草 *Carex amgunensis* Fr. Schmidt

分布：资溪、井冈山。

- 阿齐薹草 *Carex argyi* H. Lév. & Vaniot

分布：九江、永修、修水、信丰。

- 浆果薹草 *Carex baccans* Nees

分布：井冈山、安福、赣州、于都。

● 滨海薹草 *Carex bodinieri* Franch.

分布：九江、贵溪、广昌、黎川、宁都、信丰。

● 卷柱头薹草 *Carex bostrychostigma* Maxim.

分布：全省有分布。

评述：《江西种子植物名录》（刘仁林，2010）有记载，未见标本。

● 青绿薹草 *Carex breviculmis* R. Br.

分布：庐山、贵溪、资溪、石城。

● 短尖薹草 *Carex brevicuspis* C. B. Clarke

分布：修水、贵溪、靖安、寻乌、上犹。

● 亚澳薹草 *Carex brownii* Tuckerm.

分布：庐山、贵溪、资溪、石城、寻乌。

● 褐果薹草 *Carex brunnea* Thunb.

分布：九江、庐山、修水、上饶、资溪、广昌、安福、石城、崇义。

● 发秆薹草 *Carex capillacea* Boott

分布：九江、庐山、贵溪、资溪、靖安、石城。

● 陈氏薹草 *Carex cheniana* Tang & F. T. Wang ex S. Yun Liang

分布：景德镇、南昌、抚州、宜春、新余、萍乡、吉安。

● 中华薹草 *Carex chinensis* Retz.

分布：贵溪、资溪、石城。

● 仲氏薹草 *Carex chungii* C. P. Wang

分布：庐山。

● 灰化薹草 *Carex cinerascens* Kük.

分布：资溪、井冈山、石城。

● 缘毛薹草 *Carex craspedotricha* Nelmes

分布：庐山、浮梁、南昌、资溪、黎川、井冈山、安福、永新、遂川。

● 十字薹草 *Carex cruciata* Wahlenb.

分布：武宁、修水、贵溪、资溪、宜春、靖安、新余、分宜、芦溪、井冈山、安福、永新、瑞金、石城、寻乌、大余。

● 无喙囊薹草 *Carex davidii* Franch.

分布：九江、庐山。

● 二形鳞薹草 *Carex dimorpholepis* Steud.

分布：庐山、修水、都昌。

● 皱果薹草 *Carex dispalata* Boott

分布：贵溪、寻乌。

● 签草 *Carex doniana* Spreng.

分布：九江、南昌、上饶、鹰潭、南丰、资溪、黎川、宜丰、新余、萍乡、井冈山、安福、永新、遂川、赣州。

● 川东薹草 *Carex fargesii* Franch.

分布：武宁。

● 蕨状薹草 *Carex filicina* Nees

分布：武宁、修水、上饶、广丰、铅山、玉山、资溪、广昌、靖安、遂川、石城、上犹、崇义。

● 福建薹草 *Carex fokienensis* Dunn

分布：铅山、资溪。

评述：《江西种子植物名录》（刘仁林，2010）有记载，未见标本。

● 穿孔薹草 *Carex foraminata* C. B. Clarke

分布：九江、庐山、武宁、铅山、贵溪、资溪、永丰、龙南。

● 亲族薹草 *Carex gentilis* Franch.

分布：九江、龙南。

● 穹隆薹草 *Carex gibba* Wahlenb.

分布：九江、庐山、贵溪、资溪、石城。

● 长梗薹草 *Carex glossostigma* Hand.-Mazz.

分布：九江、庐山、武宁、上饶、贵溪、资溪、靖安、奉新、分宜、石城。

● 长芒薹草 *Carex gmelinii* Hook. et Arn.

分布：九江、庐山。

评述：《江西种子植物名录》（刘仁林，2010）有记载，未见标本。

● 长囊薹草 *Carex harlandii* Boott

分布：靖安、石城。

● 疏果薹草 *Carex hebecarpa* C. A. Mey.

分布：安远。

● 亨氏薹草 *Carex henryi* C. B. Clarke ex Franch

分布：修水。

● 异鳞薹草 *Carex heterolepis* Bunge

分布：鄱阳湖、九江。

● 睫背薹草 *Carex hypoblephara* Ohwi & T. S. Liu

分布：不详。

评述：《中国植物物种名录》（2020版）有记载，未见标本。

● 狭穗薹草 *Carex ischnostachya* Steud.

分布：庐山、修水、贵溪、南丰、奉新、井冈山、泰和、寻乌、崇义。

● 日本薹草 *Carex japonica* Thunb.

分布：九江、庐山、资溪、石城。

● 大披针薹草 *Carex lanceolata* Boott

分布：九江、庐山、资溪、靖安、石城、崇义。

● 弯喙薹草 *Carex laticeps* C. B. Clarke ex Franch.

分布：九江、庐山、资溪、靖安、井冈山、永丰、石城。

● 舌叶薹草 *Carex ligulata* Nees ex Wight

分布：九江、庐山、贵溪、资溪、靖安、石城。

● 刘氏薹草 *Carex liouana* F. T. Wang & Tang

分布：井冈山。

● 卵果薹草 *Carex maackii* Maxim.

分布：九江、庐山。

● 斑点果薹草 *Carex maculata* Boott

分布：南昌、奉新、寻乌。

● 套鞘薹草 *Carex maubertiana* Boott

分布：德兴、资溪、靖安。

● 乳突薹草 *Carex maximowiczii* Miq.

分布：九江、庐山。

评述：《江西种子植物名录》（刘仁林，2010）有记载，未见标本。

● 灰帽薹草 *Carex mitrata* Franch.

分布：庐山。

评述：江西本土植物名录（2017）有记载，未见标本。

● 条穗薹草 *Carex nemostachys* Steud.

分布：庐山、武宁、修水、南昌、铅山、玉山、资溪、广昌、黎川、靖安、上高、井冈山、安福、永丰、石城、宁都、龙南。

● 翼果薹草 *Carex neurocarpa* Maxim.

分布：九江、德兴、鄱阳、余干、万年、贵溪。

● 短苞薹草 *Carex paxii* Kukenth.

分布：贵溪、崇义。

● 霹雳薹草 *Carex perakensis* C. B. Clanke

分布：龙南、信丰。
- **镜子薹草** *Carex phacota* Spreng

分布：贵溪、资溪、宜黄、靖安、奉新、寻乌、龙南。
- **粉被薹草** *Carex pruinosa* Boott

分布：九江、庐山、武宁、婺源、贵溪、资溪、广昌、奉新、上高、莲花、芦溪、永丰、石城、上犹。
- **似舌叶薹草** *Carex pseudoligulata* L. K. Dai

分布：九江、庐山、靖安。

评述：《江西种子植物名录》（刘仁林，2010）有记载，未见标本。
- **矮生薹草** *Carex pumila* Thunb.

分布：九江、庐山、井冈山。

评述：《江西种子植物名录》（刘仁林，2010）有记载，未见标本。
- **根花薹草** *Carex radiciflora* Dunn

分布：安远。
- **松叶薹草** *Carex rara* Boott

分布：新建、资溪。
- **书带薹草** *Carex rochebrunii* Franchet & Savatier

分布：庐山。
- **点囊薹草** *Carex rubrobrunnea* C. B. Clarke

分布：资溪。
- **短苞薹草** *Carex rubrobrunnea* var. *brevibracteata* T. Koyama

分布：贵溪、崇义。
- **大理薹草** *Carex rubrobrunnea* var. *taliensis* (Franch.) Kük.

分布：九江、庐山、资溪、龙南。
- **横纹薹草** *Carex rugata* Ohwi

分布：九江。
- **糙叶薹草** *Carex scabrifolia* Steud.

分布：贵溪。

评述：《江西种子植物名录》（刘仁林，2010）有记载，未见标本。
- **糙囊薹草** *Carex scabrisacca* Ohwi & Ryu

分布：不详。

评述：《中国植物物种名录》（2020版）有记载，未见标本。
- **花莛薹草** *Carex scaposa* C. B. Clarke

分布：资溪、靖安、石城。
- **糙叶花莛薹草** *Carex scaposa* var. *hirsuta* P. C. Li

分布：不详。

评述：《中国植物物种名录》（2020版）有记载，未见标本。
- **硬果薹草** *Carex sclerocarpa* Franch.

分布：贵溪、赣州。
- **仙台薹草** *Carex sendaica* Franch.

分布：武宁、铅山、贵溪、黎川。
- **宽叶薹草** *Carex siderosticta* Hance

分布：九江、庐山、贵溪、资溪、井冈山。
- **毛缘宽叶薹草** *Carex siderosticta* var. *pilosa* Levl. ex Nakai

分布：庐山、玉山。
- **柄果薹草** *Carex stipitinux* C. B. Clarke

分布：九江、庐山、修水、铅山、贵溪。
- **似柔果薹草** *Carex submollicula* Tang & F. T. Wang ex L. K. Dai

分布：井冈山、上犹。
- **肿胀果薹草** *Carex subtumida* (Kük.) Ohwi

分布：九江、奉新、井冈山。
- **长柱头薹草** *Carex teinogyna* Boott

分布：九江、广丰、玉山、宜丰、安福、遂川。
- **横果薹草** *Carex transversa* Boott

分布：资溪、井冈山。
- **三穗薹草** *Carex tristachya* Thunb.

分布：庐山、贵溪、南丰、资溪、靖安、奉新、井冈山、安福、寻乌、龙南。
- **合鳞薹草** *Carex tristachya* var. *pocilliformis* (Boott) Kük.

分布：宜丰、萍乡、永新。

评述：《中国植物物种名录》（2020版）有记载，未见标本。
- **截鳞薹草** *Carex truncatigluma* C. B. Clarke

分布：贵溪、井冈山、寻乌、龙南。
- **单性薹草** *Carex unisexualis* C. B. Clarke

分布：九江、庐山、铅山、贵溪、井冈山。
- **武夷山薹草** *Carex wuyishanensis* S. Yun Liang

分布：安远。
- **丫蕊薹草** *Carex ypsilandrifolia* F. T. Wang & T. Tang

分布：上犹。

球柱草属 *Bulbostylis* Kunth

- **球柱草** *Bulbostylis barbata* (Rottb.) C. B. Clarke

分布：九江、庐山、武宁、修水、德兴、广丰、玉山、贵溪、资溪、宜春、安福、永丰、永新、遂川、赣县、兴国、崇义、大余。
- **丝叶球柱草** *Bulbostylis densa* (Wall.) Hand.-Mazz.

分布：九江、庐山、修水、上饶、广丰、铅山、玉山、宜春、安福、遂川、安远、兴国、崇义、信丰、大余。

三棱草属 *Bolboschoenus* (Asch.) Palla

- **荆三棱** *Bolboschoenus yagara* (Ohwi) Y. C. Yang & M. Zhan

分布：贵溪、南丰。

扁莎属 *Pycreus* P. Beauv.

- **宽穗扁莎** *Pycreus diaphanus* (Roem. et Schult.) S. S. Hooper et T. Koyama

分布：九江、庐山、贵溪、资溪、靖安、石城。
- **球穗扁莎** *Pycreus flavidus* (Retzius) T. Koyama

分布：九江、庐山、武宁、修水、南昌、铅山、广昌、井冈山、遂川、瑞金、全南、会昌。
- **小球穗扁莎** *Pycreus flavidus* var. *nilagiricus* (Hochstetter ex Steudel) C. Y. Wu ex Karthikeyan

分布：庐山、铅山、靖安、井冈山、崇义。
- **直球穗扁莎** *Pycreus flavidus* var. *strictus* (Roxb.) C. Y. Wu

分布：九江、庐山、靖安。
- **多枝扁莎** *Pycreus polystachyos* (Rottboll) P. Beauvois

分布：九江、庐山、铜鼓、宜丰、龙南。
- **矮扁莎** *Pycreus pumilus* (L.) Domin

分布：庐山、靖安、万载、井冈山、永丰、石城。
- **红鳞扁莎** *Pycreus sanguinolentus* (Vahl) Nees

分布：九江、庐山、修水、铅山、玉山、贵溪、靖安、萍乡、井冈山、遂川、石城、兴国。

湖瓜草属 *Lipocarpha* R. Br.

- **华湖瓜草** *Lipocarpha chinensis* (Osbeck) Kern

分布：九江、修水、德兴、铅山、玉山、贵溪、南丰、宜丰、兴国、上犹、崇义。

- 湖瓜草 *Lipocarpha microcephala* (R. Brown) Kunth

分布：庐山、武宁。

鳞籽莎属 *Lepidosperma* Labill.

- 鳞籽莎 *Lepidosperma chinense* Nees et C. A. Mey.

分布：资溪、靖安、寻乌。

水葱属 *Schoenoplectus* (Rchb.) Palla

- 萤蔺 *Schoenoplectus juncoides* (Roxburgh) Palla

分布：九江、庐山、武宁、修水、德兴、广丰、玉山、贵溪、余江、宜黄、广昌、黎川、铜鼓、靖安、井冈山、遂川、瑞金、石城、寻乌、龙南、大余、会昌。

- 水毛花 *Schoenoplectus mucronatus* subsp. *robustus* (Miq.) T. Koyama

分布：九江、庐山、南昌、德兴、铅山、玉山、资溪、铜鼓、靖安、吉安、安远、寻乌、龙南。

- 水葱 *Schoenoplectus tabernaemontani* (C. C. Gmelin) Palla

分布：南昌。

评述：江西本土植物名录（2017）有记载，未见标本。

- 三棱水葱 *Schoenoplectus triqueter* (L.) Palla[藨草 *Scirpus triqueter* L.]

分布：九江。

- 猪毛草 *Schoenoplectus wallichii* (Nees) T. Koyama

分布：贵溪、靖安、吉安、安福、遂川、兴国。

荸荠属 *Eleocharis* R. Br.

- 紫果蔺 *Eleocharis atropurpurea* (Retz.) Kunth

分布：资溪、石城。

- 渐尖穗荸荠 *Eleocharis attenuata* (Franch. & Sav.) Palla

分布：九江、庐山。

- 密花荸荠 *Eleocharis congesta* D. Don

分布：全省有分布。

- 荸荠 *Eleocharis dulcis* (Burm. f.) Trin. ex Hensch.

分布：全省有栽培。

- 江南荸荠 *Eleocharis migoana* Ohwi & T. Koyama

分布：九江、庐山、南昌、铅山、贵溪、龙南。

- 透明鳞荸荠 *Eleocharis pellucida* J. Presl & C. Presl

分布：九江、修水、德兴、玉山、贵溪、铜鼓、宜丰、上高、井冈山、泰和、寻乌、兴国、崇义。

- 稻田荸荠 *Eleocharis pellucida* var. *japonica* (Miq.) Tang & F. T. Wang

分布：九江、鹰潭。

- 海绵基荸荠 *Eleocharis pellucida* var. *spongiosa* Tang & F. T. Wang

分布：萍乡。

- 龙师草 *Eleocharis tetraquetra* Nees

分布：九江、庐山、武宁、修水、德兴、广丰、铅山、鹰潭、贵溪、资溪、靖安、萍乡、安福、瑞金、兴国。

- 具刚毛荸荠 *Eleocharis valleculosa* var. *setosa* Ohwi

分布：全省有分布。

评述：江西本土植物名录（2017）有记载，未见标本。

- 牛毛毡 *Eleocharis yokoscensis* (Franch. & Sav.) Tang & F. T. Wang

分布：鄱阳湖、九江、庐山、修水、南昌、铅山、贵溪、资溪、宜春、靖安、分宜、上栗、安福、永丰、石城、寻乌。

藨草属 *Scirpus* L.

- 华东藨草 *Scirpus karuisawensis* Makino

分布：武宁、修水、铅山、黎川、靖安、石城、崇义。
- **庐山藨草** *Scirpus lushanensis* Ohwi[茸球藨草 *Scirpus asiaticus* Beetle]

分布：庐山、瑞昌、武宁、永修、修水、德安、婺源、玉山、资溪、广昌、崇仁、铜鼓、靖安、宜丰、奉新、万载、安福、永新、遂川。
- **北水毛花** *Scirpus mucronatus* L

分布：庐山、南昌、奉新、安福、安远。
- **百球藨草** *Scirpus rosthornii* Diels

分布：九江、庐山、武宁、修水、南丰、资溪、宜黄、黎川、靖安、井冈山、寻乌、兴国、上犹、全南。
- **百穗藨草** *Scirpus ternatanus* Reinw. ex Miq.

分布：武宁、广昌、奉新、井冈山、永丰、瑞金、上犹、全南、大余、会昌。
- **球穗藨草** *Scirpus wichurae* Boeckeler

分布：庐山。

珍珠茅属 *Scleria* P. J. Bergius

- **二花珍珠茅** *Scleria biflora* Roxb.

分布：广丰、南丰、资溪、靖安、芦溪、安福、寻乌、兴国、大余、会昌。
- **黑鳞珍珠茅** *Scleria hookeriana* Boeck.

分布：九江、庐山、武宁、铅山、贵溪、井冈山、永丰、石城、上犹、崇义、大余。
- **毛果珍珠茅** *Scleria levis* Retzius

分布：九江、庐山、修水、广丰、铅山、资溪、黎川、高安、靖安、萍乡、安福、石城、安远、寻乌、龙南、大余、会昌。
- **小型珍珠茅** *Scleria parvula* Steud.

分布：安远、兴国。
- **纤秆珍珠茅** *Scleria pergracilis* (Nees) Kunth

分布：九江、庐山。
- **垂序珍珠茅** *Scleria rugosa* R. Brown

分布：资溪、靖安。

评述：《江西种子植物名录》（刘仁林，2010）有记载，未见标本。
- **高秆珍珠茅** *Scleria terrestris* (L.) Fassett

分布：武宁、铅山、南丰、黎川、靖安、宜丰、井冈山、南康、石城、安远、寻乌、上犹、龙南、大余、会昌。

水蜈蚣属 *Kyllinga* Rottb.

- **短叶水蜈蚣** *Kyllinga brevifolia* Rottb.

分布：全省山区有分布。
- **圆筒穗水蜈蚣** *Kyllinga cylindrica* Nees

分布：不详。

评述：《中国植物物种名录》（2020版）有记载，未见标本。
- **单穗水蜈蚣** *Kyllinga nemoralis* (J. R. et G. Forst.) Dandy ex Hatch. et Dalziel

分布：资溪、井冈山、石城。
- **水蜈蚣** *Kyllinga polyphylla* Kunth

分布：庐山。

刺子莞属 *Rhynchospora* Vahl

- **华刺子莞** *Rhynchospora chinensis* Nees et Mey.

分布：九江、庐山、贵溪、靖安、井冈山、石城。
- **细叶刺子莞** *Rhynchospora faberi* C. B. Clarke

分布：德兴、铅山。

- 刺子莞 *Rhynchospora rubra* (Lour.) Makino

分布：九江、庐山、瑞昌、铅山、贵溪、资溪、铜鼓、靖安、宜丰、安福、瑞金、石城、赣县、寻乌、兴国、龙南、大余。

- 白喙刺子莞 *Rhynchospora rugosa* subsp. *brownii* (Roemer & Schultes) T. Koyama

分布：庐山。

飘拂草属 *Fimbristylis* Vahl

- 夏飘拂草 *Fimbristylis aestivalis* (Retz.) Vahl

分布：资溪、黎川、靖安、石城、安远、上犹。

- 秋飘拂草 *Fimbristylis autumnalis* (L.) Roemer & Schultes

分布：九江。

- 复序飘拂草 *Fimbristylis bisumbellata* (Forsk.) Bubani

分布：九江、庐山、武宁、资溪、遂川、石城、于都、龙南。

- 扁鞘飘拂草 *Fimbristylis complanata* (Retz.) Link

分布：九江、庐山、修水、南昌、宜丰、井冈山、安福、瑞金、寻乌、会昌。

- 矮扁鞘飘拂草 *Fimbristylis complanata* var. *exaltata* (T. Koyama) Y. C. Tang ex S. R. Zhang & T. Koyama

分布：庐山、上饶、安福、瑞金、寻乌。

- 两歧飘拂草 *Fimbristylis dichotoma* (L.) Vahl

分布：九江、庐山、武宁、永修、修水、德安、进贤、德兴、上饶、广丰、贵溪、资溪、广昌、靖安、宜丰、安福、瑞金、南康、石城、安远、寻乌、大余。

- 绒毛飘拂草 *Fimbristylis dichotoma* subsp. *podocarpa* (Nees) T. Koyama

分布：不详。

评述：《中国植物物种名录》（2020版）有记载，未见标本。

- 拟二叶飘拂草 *Fimbristylis diphylloides* Makino

分布：九江、庐山、贵溪、资溪、靖安、石城。

- 黄鳞二叶飘拂草 *Fimbristylis diphylloides* var. *straminea* Tang & F. T. Wang

分布：修水、鹰潭。

- 疣果飘拂草 *Fimbristylis dipsacea* var. *verrucifera* (Maxim.) T. Koyama

分布：德兴、上饶、玉山、井冈山。

评述：江西本土植物名录（2017）有记载，未见标本。

- 知风飘拂草 *Fimbristylis eragrostis* (Nees) Hance

分布：全省有分布。

- 暗褐飘拂草 *Fimbristylis fusca* (Nees) Benth.

分布：南昌、贵溪。

- 宜昌飘拂草 *Fimbristylis henryi* C. B. Clarke

分布：九江、庐山、修水、贵溪、资溪、黎川、宜春、安福、石城。

- 金色飘拂草 *Fimbristylis hookeriana* Boeck.

分布：九江、鹰潭、余江、井冈山。

- 水虱草 *Fimbristylis littoralis* Gaudich.

分布：九江、庐山、南昌、进贤、铅山、玉山、资溪、广昌、黎川、宜春、宜丰、万载、井冈山、安福、遂川、瑞金、南康、石城、安远、寻乌、兴国、龙南、会昌。

- 东南飘拂草 *Fimbrlstylis pierotii* Miq.

分布：德兴、靖安、永丰。

- 五棱秆飘拂草 *Fimbristylis quinquangularis* (Vahl) Kunth

分布：靖安。

- 结状飘拂草 *Fimbristylis rigidula* Nees

分布：铅山、贵溪。

- 少穗飘拂草 *Fimbristylis schoenoides* (Retz.) Vahl

分布：九江、武宁、南昌、资溪、广昌、宜丰、永丰、兴国。

被子植物 / 93

- 烟台飘拂草 *Fimbristylis stauntonii* Debeaux & Franch.

分布：贵溪。
- 双穗飘拂草 *Fimbristylis subbispicata* Nees et Meyen

分布：鹰潭、资溪、井冈山。
- 四棱飘拂草 *Fimbristylis tetragona* R. Br.

分布：永丰。
- 西南飘拂草 *Fimbristylis thomsonii* Boeck.

分布：寻乌。
- 伞形飘拂草 *Fimbristylis umbellaris* (Lam.) Vahl [两广球穗飘拂草 *Fimbristylis globulosa* var. *austro-japonica* Ohwi]

分布：修水、德兴、资溪、东乡、大余。

细莞属 Isolepis R. Br.

- 细莞 *Isolepis setacea* (L.) R. Br.

分布：德安。

蔺藨草属 Trichophorum Pers.

- 玉山针蔺 *Trichophorum subcapitatum* (Thwaites & Hooker) D. A. Simpson

分布：庐山、武宁、修水、铅山、黎川、井冈山、安福、遂川。

⑮ 禾本科 Poaceae Barnhart

芨芨草属 Achnatherum P. Beauv.

- 大叶直芒草 *Achnatherum coreanum* (Honda) Ohwi

分布：九江、庐山、武宁、安福。

柳叶箬属 Isachne R. Br.

- 白花柳叶箬 *Isachne albens* Trin.

分布：武宁、上饶、广丰、龙南。
- 柳叶箬 *Isachne globosa* (Thunb.) Kuntze

分布：全省有分布。
- 永修柳叶箬 *Isachne hirsuta* var. *yongxiouensis* W. Z. Wang

分布：永修。
- 浙江柳叶箬 *Isachne hoi* Keng f.

分布：广丰。
- 荏弱柳叶箬 *Isachne myosotis* Nees

分布：德兴。
- 日本柳叶箬 *Isachne nipponensis* Ohwi

分布：九江、修水、德兴、贵溪、资溪、铜鼓、靖安、遂川、石城。
- 江西柳叶箬 *Isachne nipponensis* var. *kiangsiensis* Keng f.

分布：铅山、石城。
- 矮小柳叶箬 *Isachne pulchella* Roth [二型柳叶箬 *Isachne dispar* Trin.]

分布：石城、兴国。
- 匍匐柳叶箬 *Isachne repens* Keng

分布：玉山、资溪、井冈山、石城。

评述：江西本土植物名录（2017）有记载，未见标本。
- 平颖柳叶箬 *Isachne truncata* A. Camus

分布：贵溪、宜春、井冈山、寻乌。

狗牙根属 *Cynodon* Rich.

- 狗牙根 *Cynodon dactylon* (L.) Pers.
分布：九江、庐山、永修、南昌、萍乡、吉安、泰和、遂川、安远、兴国、上犹、崇义。

香茅属 *Cymbopogon* Spreng.

- 橘草 *Cymbopogon goeringii* (Steud.) A. Camus
分布：九江、庐山、瑞昌、德安、广丰、广昌、铜鼓、井冈山、遂川、瑞金、南康、石城、寻乌、兴国、龙南、会昌。
- 青香茅 *Cymbopogon mekongensis* A. Camus
分布：资溪、石城、寻乌、上犹。
- 扭鞘香茅 *Cymbopogon tortilis* (J. Presl) A. Camus
分布：九江、庐山、武宁、修水、南昌、广丰、萍乡、安福、瑞金、石城、宁都、兴国、龙南、大余。

茵草属 *Beckmannia* Host

- 茵草 *Beckmannia syzigachne* (Steud.) Fernald
分布：九江、庐山、上饶、铅山、资溪、靖安、上高、萍乡、石城、寻乌。

莎禾属 *Coleanthus* Seidl

- 莎禾 *Coleanthus subtilis* (Tratt.) Seidel
分布：九江、武宁、彭泽、永修、湖口、都昌、鄱阳、余干、万年、贵溪。
评述：《中国植物物种名录》（2020版）有记载，未见标本。

薏苡属 *Coix* L.

- 薏苡 *Coix lacryma-jobi* L.
分布：全省有分布。
- 薏米 *Coix lacryma-jobi* var. *ma-yuen* (Rom. Caill.) Stapf
分布：贵溪、靖安、石城。

隐子草属 *Cleistogenes* Keng

- 朝阳隐子草 *Cleistogenes hackelii* (Honda) Honda
分布：九江、庐山、修水、都昌、贵溪。
- 宽叶隐子草 *Cleistogenes hackelii* var. *nakaii* (Keng) Ohwi
分布：井冈山。
评述：江西本土植物名录（2017）有记载，未见标本。
- 北京隐子草 *Cleistogenes hancei* Keng
分布：九江、庐山、瑞昌、广丰、铅山、横峰、弋阳、玉山、万年、宜丰。

三芒草属 *Aristida* L.

- 黄草毛 *Aristida cumingiana* Trin. et Rupr.
分布：鄱阳湖、九江。

鸭嘴草属 *Ischaemum* L.

- 毛鸭嘴草 *Ischaemum anthephoroides* (Steud.) Miq.
分布：庐山、修水、南昌、德兴、婺源、余干、玉山、万年、余江、黎川、宜春、靖安、分宜、吉安、安福、永丰、遂川、瑞金、寻乌、兴国、上犹。
- 有芒鸭嘴草 *Ischaemum aristatum* L. [本田鸭嘴草 *Ischaemum hondae* Matsuda]
分布：永修、南昌、德兴、上饶、资溪、黎川、萍乡、井冈山、安福、瑞金、石城、安远、赣县、寻乌、兴国、崇义。

- 鸭嘴草 *Ischaemum aristatum* var. *glaucum* (Honda) T. Koyama

 分布：乐平、贵溪。
- 粗毛鸭嘴草 *Ischaemum barbatum* Retzius

 分布：九江、庐山、南昌、婺源、贵溪、泰和、遂川、瑞金、石城、安远、寻乌、龙南。
- 细毛鸭嘴草 *Ischaemum ciliare* Retzius [*Ischaemum indicum* (Houtt.) Merr.]

 分布：九江、庐山、修水、贵溪、黎川、铜鼓、靖安、分宜、吉安、安福、石城、兴国、上犹。

稗荩属 *Sphaerocaryum* Nees ex Hook. f.

- 稗荩 *Sphaerocaryum malaccense* (Trin.) Pilger

 分布：九江、庐山、武宁、修水、贵溪、靖安、永丰、寻乌。

楔颖草属 *Apocopis* Nees

- 瑞氏楔颖草 *Apocopis wrightii* Munro

 分布：九江、庐山。

黄花茅属 *Anthoxanthum* L.

- 黄花茅 *Anthoxanthum odoratum* L.

 分布：九江。

酸竹属 *Acidosasa* C. D. Chu & C. S. Chao ex Keng f.

- 粉酸竹 *Acidosasa chienouensis* (T. H. Wen) C. S. Chao & T. H. Wen

 分布：芦溪、安福。

 评述：江西本土植物名录（2017）有记载，未见标本。
- 长舌酸竹 *Acidosasa nanunica* (McClure) C. S. Chao & G. Y. Yang

 分布：遂川、兴国、崇义。
- 斑箨酸竹 *Acidosasa notata* (Z. P. Wang & G. H. Ye) S. S. You

 分布：武宁、修水、宜黄、黎川、靖安、奉新、安福、吉水、泰和、遂川、宁都、兴国、上犹、崇义。
- 毛花酸竹 *Acidosasa purpurea* (Hsueh et T. P. Yi) P. C. Keng

 分布：铅山、靖安。

须芒草属 *Andropogon* L.

- 弗吉尼亚须芒草 *Andropogon virginicus* L.

 分布：鹰潭。

 评述：归化或入侵。

看麦娘属 *Alopecurus* L.

- 看麦娘 *Alopecurus aequalis* Sobol.

 分布：全省有分布。
- 日本看麦娘 *Alopecurus japonicus* Steud.

 分布：九江、庐山、永修、南昌、鄱阳、南丰、资溪、靖安、寻乌。

毛颖草属 *Alloteropsis* J. Presl

- 毛颖草 *Alloteropsis semialata* (R. Br.) Hitchc.

 分布：奉新。

剪股颖属 *Agrostis* L.

- 华北剪股颖 *Agrostis clavata* Trin.[剪股颖 *Agrostis matsumurae* Hack. ex Honda]

 分布：九江、乐平、浮梁、安义、上饶、鹰潭、抚州、宜春、分宜、莲花、上栗、芦溪、井冈山、安福、永丰、永新、遂川、赣州。

- **巨序剪股颖** *Agrostis gigantea* Roth[小糠草 *Agrostis alba* L.]
分布：九江、庐山、铅山、资溪、靖安、井冈山。
- **小花剪股颖** *Agrostis micrantha* Steud.[多花剪股颖 *Agrostis myriantha* Hook.f.]
分布：铅山。
- **台湾剪股颖** *Agrostis sozanensis* Hayata
分布：九江、庐山、永修、铅山、贵溪、南城、靖安、井冈山、安福、兴国。
- **西伯利亚剪股颖** *Agrostis stolonifera* Linnaeus
分布：庐山。

唐竹属 *Sinobambusa* Makino ex Nakai

- **白皮唐竹** *Sinobambusa farinosa* (McClure) T. H. Wen
分布：不详。
评述：《中国植物物种名录》（2020版）有记载，未见标本。
- **晾衫竹** *Sinobambusa intermedia* McClure
分布：黎川、靖安、宜丰、安福、吉水、宁都、全南。
- **肾耳唐竹** *Sinobambusa nephroaurita* C. D. Chu et C. S. Chao
分布：靖安。
评述：江西本土植物名录（2017）有记载，未见标本。
- **唐竹** *Sinobambusa tootsik* (Sieb.) Makino
分布：铅山、芦溪、井冈山、安福、遂川、上犹、崇义。

短颖草属 *Brachyelytrum* P. Beauv.

- **日本短颖草** *Brachyelytrum japonicum* (Hackel) Matsumura ex Honda
分布：九江、庐山。

虎尾草属 *Chloris* Sw.

- **虎尾草** *Chloris virgata* Sw.
分布：资溪、靖安。
评述：归化或入侵。

业平竹属 *Semiarundinaria* Makino ex Nakai

- **短穗竹** *Semiarundinaria densiflora* (Rendle) T. H. Wen
分布：瑞昌、武宁、修水、德安、靖安、奉新、宜丰。

短柄草属 *Brachypodium* P. Beauv.

- **短柄草** *Brachypodium sylvaticum* (Huds.) Beauv.
分布：九江、庐山、铅山。

洋狗尾草属 *Cynosurus* L.

- **洋狗尾草** *Cynosurus cristatus* L.
分布：庐山。

寒竹属 *Chimonobambusa* Makino

- **寒竹** *Chimonobambusa marmorea* (Mitford) Makino
分布：井冈山、遂川、上犹、崇义、全南、大余。
- **方竹** *Chimonobambusa quadrangularis* (Franceschi) Makino
分布：庐山、靖安、宜丰、奉新、万载、分宜、上栗、井冈山、安福、永新、新干。

赤竹属 *Sasa* Makino & Shibata

- 广西赤竹 *Sasa guangxiensis* C. D. Chu et C. S. Chao

  分布：遂川。

  评述：《中国植物物种名录》（2020 版）有记载，未见标本。

- 湖北华箬竹 *Sasa hubeiensis* (C. H. Hu) C. H. Hu

  分布：武宁、靖安。

  评述：《中国植物物种名录》（2020 版）有记载，未见标本。

- 赤竹 *Sasa longiligulata* McClure

  分布：井冈山、遂川、安远、寻乌、定南、龙南、全南。

- 华箬竹 *Sasa sinica* Keng

  分布：婺源、崇义。

拂子茅属 *Calamagrostis* Adans.

- 拂子茅 *Calamagrostis epigeios* (L.) Roth [密花拂子茅 *Calamagrostis epigeios* var. *densiflora* Griseb.]

  分布：九江、庐山、瑞昌、上饶、铅山、贵溪、资溪、铜鼓、靖安、芦溪、安福、石城、大余。

- 远东拂子茅 *Calamagrostis extremiorientalis* (Tzvel.) Prob.

  分布：铅山。

裂稃草属 *Schizachyrium* Nees

- 裂稃草 *Schizachyrium brevifolium* (Sw.) Nees ex Büse

  分布：九江、庐山、武宁、修水、新建、德兴、广丰、玉山、贵溪、资溪、铜鼓、萍乡、井冈山、泰和、遂川、石城、兴国。

- 斜须裂稃草 *Schizachyrium fragile* (R. Brown) A. Camus

  分布：赣州、兴国。

- 红裂稃草 *Schizachyrium sanguineum* (Retz.) Alston

  分布：铅山、寻乌、信丰。

簩竹属 *Schizostachyum* Nees

- 苗竹仔 *Schizostachyum dumetorum* (Hance) Munro

  分布：不详。

  评述：《中国植物物种名录》（2020 版）有记载，未见标本。

- 火筒竹 *Schizostachyum dumetorum* var. *xinwuense* (T. H. Wen & J. Y. Chin) N. H. Xia

  分布：寻乌。

荩草属 *Arthraxon* P. Beauv.

- 荩草 *Arthraxon hispidus* (Trin.) Makino

  分布：全省有分布。

- 中亚荩草 *Arthraxon hispidus* var. *centrasiaticus* (Grisb.) Honda

  分布：南昌、资溪、靖安、龙南。

- 茅叶荩草 *Arthraxon prionodes* (Steudel) Dandy

  分布：九江、庐山、贵溪、资溪、靖安、石城。

鹅毛竹属 *Shibataea* Makino ex Nakai

- 鹅毛竹 *Shibataea chinensis* Nakai

  分布：婺源、乐安、宜黄、崇仁。

  评述：《中国植物物种名录》（2020 版）有记载，未见标本。

- 矮雷竹 *Shibataea strigosa* T. H. Wen

  分布：铅山。

评述：《中国植物物种名录》（2020版）有记载，未见标本。

雀麦属 *Bromus* L.

- 雀麦 *Bromus japonicus* Thunb.

分布：九江、庐山、瑞昌、武宁、南昌、贵溪、南丰、资溪、靖安、分宜、井冈山、吉安、石城。

- 疏花雀麦 *Bromus remotiflorus* (Steud.) Ohwi

分布：九江、庐山、武宁、贵溪、资溪、黎川、铜鼓、靖安、莲花、石城、安远、兴国、大余。

- 硬雀麦 *Bromus rigidus* Roth

分布：九江、庐山。

- 旱雀麦 *Bromus tectorum* L.

分布：九江、庐山。

狗尾草属 *Setaria* P. Beauv.

- 莠草 *Setaria chondrachne* (Steud.) Honda

分布：九江、庐山、武宁、上饶、婺源、余干、横峰、弋阳、玉山、万年、宜春、上高、分宜、芦溪、安福、宁都。

- 大狗尾草 *Setaria faberi* R. A. W. Herrmann

分布：全省有分布。

- 粱 *Setaria italica* (L.) P. Beauv.

分布：全省有栽培。

评述：归化或入侵。

- 棕叶狗尾草 *Setaria palmifolia* (J. Konig) Stapf

分布：全省有分布。

评述：归化或入侵。

- 幽狗尾草 *Setaria parviflora* (Poir.) Kerguélen [莠狗尾草 *Setaria geniculata* (Lam.) P. Beauv.]

分布：资溪、永丰。

评述：归化或入侵。

- 皱叶狗尾草 *Setaria plicata* (Lam.) T. Cooke

分布：九江、庐山、武宁、修水、南昌、铅山、贵溪、靖安、萍乡、安福、遂川、石城、宁都。

- 金色狗尾草 *Setaria pumila* (Poiret) Roemer & Schultes

分布：全省有分布。

- 狗尾草 *Setaria viridis* (L.) P. Beauv.

分布：全省有分布。

臂形草属 *Brachiaria* (Trin.) Griseb.

- 四生臂形草 *Brachiaria subquadripara* (Trin.) Hitchc

分布：井冈山、章贡。

- 毛臂形草 *Brachiaria villosa* (Ham.) A. Camus

分布：修水、南昌、广丰、铅山、玉山、贵溪、资溪、宜黄、萍乡、安福、永新、瑞金、兴国、大余、会昌。

酸模芒属 *Centotheca* Desv.

- 酸模芒 *Centotheca lappacea* (L.) Desv.

分布：不详。

评述：《中国植物物种名录》（2020版）有记载，未见标本。

细柄草属 *Capillipedium* Stapf

- 硬秆子草 *Capillipedium assimile* (Steud.) A. Camus

分布：九江、庐山、德兴、玉山、资溪、靖安、井冈山、永丰、遂川、瑞金、寻乌、崇义。

- 细柄草 *Capillipedium parviflorum* (R. Br.) Stapf

分布：九江、庐山、武宁、德兴、广丰、玉山、贵溪、资溪、广昌、黎川、靖安、萍乡、井冈山、泰和、遂川、瑞金、石城、安远、赣县、宁都、兴国、崇义、大余。

- 多节细柄草 *Capillipedium spicigerum* S. T. Blake

分布：泰和。

鸭茅属 *Dactylis* L.

- 鸭茅 *Dactylis glomerata* L.

分布：庐山。

早熟禾属 *Poa* L.

- 大穗早熟禾 *Poa sphondylodes* var. *subtrivialis* Ohwi

分布：庐山。

- 白顶早熟禾 *Poa acroleuca* Steud.

分布：九江、庐山、永修、南昌、婺源、贵溪、资溪、广昌、靖安、奉新、吉安、泰和、寻乌、兴国、上犹。

- 早熟禾 *Poa annua* L.

分布：九江、庐山、贵溪、南丰、广昌、靖安、奉新、吉安、石城。

- 加拿大早熟禾 *Poa compressa* L.

分布：庐山。

评述：归化或入侵。

- 法氏早熟禾 *Poa faberi* Rendle

分布：九江、庐山、修水、南丰、芦溪、安福、兴国、上犹。

- 草地早熟禾 *Poa pratensis* L.

分布：九江、庐山、南昌、靖安、泰和。

- 硬质早熟禾 *Poa sphondylodes* Trin.

分布：庐山。

- 普通早熟禾 *Poa trivialis* L.

分布：九江、庐山。

披碱草属 *Elymus* L.

- 纤毛披碱草 *Elymus ciliaris* (Trinius ex Bunge) Tzvelev [纤毛鹅观草 *Roegneria ciliaris* (Trin.) Nevski]

分布：九江、庐山、瑞昌、奉新、井冈山。

- 日本纤毛草 *Elymus ciliaris* var. *hackelianus* (Honda) G. Zhu & S. L. Chen [竖立鹅观草 *Roegneria japonensis* (Honda) Keng]

分布：九江、上饶、广昌、奉新、萍乡、井冈山、寻乌、上犹、龙南。

- 柯孟披碱草 *Elymus kamoji* (Ohwi) S. L. Chen [鹅观草 *Roegneria kamoji* (Ohwi) Keng & S. L. Chen]

分布：庐山、鹰潭、靖安、石城。

- 东瀛披碱草 *Elymus* × *mayebaranus* (Honda) S. L. Chen

分布：庐山。

大油芒属 *Spodiopogon* Trin.

- 油芒 *Spodiopogon cotulifer* (Thunberg) Hackel

分布：修水、德兴、上饶、广丰、玉山、铜鼓、靖安、宜丰、萍乡、井冈山、安福、永新、遂川、信丰。

- 大油芒 *Spodiopogon sibiricus* Trin.

分布：九江、庐山、武宁、修水、德兴、玉山、上犹。

穇属 *Eleusine* Gaertn.

- 穇 *Eleusine coracana* (L.) Gaertn.

分布：井冈山。
- **牛筋草** *Eleusine indica* (L.) Gaertn.

分布：全省有分布。

画眉草属 *Eragrostis* Wolf

- **鼠妇草** *Eragrostis atrovirens* (Desf.) Trin. ex Steud.

分布：庐山、永修、都昌、南昌、资溪、靖安。
- **秋画眉草** *Eragrostis autumnalis* Keng

分布：九江、庐山、铅山、资溪。
- **长画眉草** *Eragrostis brownii* (Kunth) Nees

分布：九江、庐山、靖安。
- **大画眉草** *Eragrostis cilianensis* (All.) Vignolo-Lutati ex Janch.

分布：九江、庐山、永修、南昌、贵溪、南丰、资溪、靖安、永新、石城。
- **珠芽画眉草** *Eragrostis cumingii* Steud.

分布：修水、南昌、资溪、井冈山、安福、石城、安远。
- **双药画眉草** *Eragrostis elongata* (Willdenow) J. Jacquin

分布：广昌、安福、安远、赣县、兴国。
- **知风草** *Eragrostis ferruginea* (Thunb.) P. Beauv.

分布：全省有分布。
- **乱草** *Eragrostis japonica* (Thunb.) Trin.

分布：全省有分布。
- **小画眉草** *Eragrostis minor* Host

分布：修水、万载、赣州、安远、兴国。
- **多秆画眉草** *Eragrostis multicaulis* Steudel[无毛画眉草 *Eragrostis pilosa* var. *imberbis* Franch.]

分布：九江、资溪、安远。
- **华南画眉草** *Eragrostis nevinii* Hance

分布：贵溪、瑞金、南康、石城、安远、赣县、寻乌、兴国、定南、上犹、于都、龙南、崇义、信丰、全南、大余、会昌。
- **黑穗画眉草** *Eragrostis nigra* Nees ex Steud.

分布：资溪、石城。

评述：《中国植物物种名录》（2020 版）有记载，未见标本。
- **宿根画眉草** *Eragrostis perennans* Keng

分布：永修、南昌、铅山、贵溪、黎川、永丰、瑞金、南康、石城、安远、宁都、寻乌、定南、上犹、龙南、崇义、信丰、全南、大余、会昌。
- **疏穗画眉草** *Eragrostis perlaxa* Keng ex P. C. Keng et L. Liu

分布：修水、南昌、资溪、石城、安远、兴国。
- **画眉草** *Eragrostis pilosa* (L.) P. Beauv.

分布：九江、庐山、修水、南昌、铅山、贵溪、靖安、吉安、石城、安远、崇义。
- **多毛知风草** *Eragrostis pilosissima* Link

分布：南昌、资溪、井冈山、石城。
- **鲫鱼草** *Eragrostis tenella* (L.) P. Beauv. ex Roemer et Schult.

分布：九江、遂川。
- **牛虱草** *Eragrostis unioloides* (Retz.) Nees ex Steud.

分布：九江、庐山、靖安、井冈山、石城、寻乌、龙南。

芦竹属 *Arundo* L.

- **芦竹** *Arundo donax* L.

分布：九江、庐山、永修、南昌、宜春、靖安。

水蔗草属 *Apluda* L.

- 水蔗草 *Apluda mutica* L.
分布：黎川、上犹、崇义、大余。

弓果黍属 *Cyrtococcum* Stapf

- 弓果黍 *Cyrtococcum patens* (L.) A. Camus
分布：九江、庐山、资溪、靖安、井冈山、永新、南康、寻乌、兴国。

龙爪茅属 *Dactyloctenium* Willd.

- 龙爪茅 *Dactyloctenium aegyptium* (L.) Willd.
分布：九江、庐山、武宁、永修、南昌、贵溪、铜鼓、靖安、永丰、新干、遂川、章贡、石城、兴国。

大节竹属 *Indosasa* McClure

- *橄榄竹 *Indosasa gigantea* (T. H. Wen) T. H. Wen
分布：南昌。
- 棚竹 *Indosasa longispicata* W. Y. Hsiung et C. S. Chao [花箨唐竹 *Sinobambusa striata* Wen]
分布：万载。
评述：江西本土植物名录（2017）有记载，未见标本。
- *中华大节竹 *Indosasa sinica* C. D. Chu & C. S. Chao
分布：南昌。
- 江华大节竹 *Indosasa spongiosa* C. S. Chao & B. M. Yang
分布：安福、吉水。

野青茅属 *Deyeuxia* Clarion ex P. Beauv.

- 长舌野青茅 *Deyeuxia arundinacea* var. *ligulata* (Rendle) P. C. Kuo et S. L. Lu
分布：不详。
评述：《中国植物物种名录》（2020版）有记载，未见标本。
- 疏穗野青茅 *Deyeuxia effusiflora* Rendle
分布：九江、庐山、靖安。
- 箱根野青茅 *Deyeuxia hakonensis* (Franch. et Sav.) Keng
分布：芦溪、安福。
- 野青茅 *Deyeuxia pyramidalis* (Host) Veldkamp [湖北野青茅 *Deyeuxia hupehensis* Rendle]
分布：九江、庐山、武宁、修水、德安、南昌、广丰、铅山、玉山、广昌、奉新、萍乡、安福、遂川、石城、安远、寻乌、大余。

马唐属 *Digitaria* Haller

- 升马唐 *Digitaria ciliaris* (Retz.) Koel.
分布：全省有分布。
- 毛马唐 *Digitaria ciliaris* var. *chrysoblephara* (Figari & De Notaris) R. R. Stewart
分布：九江、庐山、武宁、修水、南昌、德兴、上饶、广丰、玉山、贵溪、南丰、资溪、黎川、萍乡、井冈山、遂川、石城、安远、寻乌、崇义。
- 纤维马唐 *Digitaria fibrosa* (Hack.) Stapf
分布：铅山。
评述：江西本土植物名录（2017）有记载，未见标本。
- 止血马唐 *Digitaria ischaemum* (Schreb.) Muhl.
分布：九江、庐山、铅山、贵溪、资溪、靖安、石城、安远。
- 长花马唐 *Digitaria longiflora* (Retz.) Pers.
分布：南昌、井冈山、石城、寻乌。

- 绒马唐 *Digitaria mollicoma* (Kunth) Henrard

分布：九江、庐山、都昌、南昌、贵溪。
- 红尾翎 *Digitaria radicosa* (J. Presl) Miq.

分布：九江、庐山、彭泽、资溪、泰和。
- 马唐 *Digitaria sanguinalis* (L.) Scop.

分布：九江、庐山、永修、上饶、广丰、铅山、玉山、贵溪、资溪、黎川、铜鼓、萍乡、安福、遂川、南康、石城、安远、定南、崇义。
- 海南马唐 *Digitaria setigera* Roth ex Roem et Schult.[短颖马唐 *Digitaria microbachne* (J. Presl) Henrard]

分布：修水、宜丰、万载、会昌。
- 紫马唐 *Digitaria violascens* Link

分布：九江、修水、南昌、进贤、德兴、玉山、贵溪、铜鼓、靖安、萍乡、井冈山、永新、遂川、瑞金、南康、石城、安远、寻乌、兴国、大余、会昌。

牡竹属 Dendrocalamus Nees

- * 麻竹 *Dendrocalamus latiflorus* Munro

分布：南昌、赣州。

雁茅属 Dimeria R. Br.

- 镰形䅽茅 *Dimeria falcata* Hack.

分布：资溪、靖安、会昌。
- 䅽茅 *Dimeria ornithopoda* Trin.

分布：九江、庐山、贵溪、资溪、靖安。
- 华䅽茅 *Dimeria sinensis* Rendle

分布：九江、庐山、资溪、靖安、吉水、泰和。

耳稃草属 Garnotia Brongn.

- 锐颖葛氏草 *Garnotia acutigluma* (Steud.) Ohwi[三芒耳稃草 *Garnotia triseta* Hitchc.、细弱耳稃草 *Garnotia tenuis* Santos、丛茎耳稃草 *Garnotia caespitosa* Santos、偃卧耳稃草 *Garnotia triseta* var. *decumbens* Keng]

分布：庐山、资溪、靖安。
- 无芒耳稃草 *Garnotia patula* var. *mutica* (Munro) Rendle

分布：不详。

评述：PVH- 江西数字植物标本馆有记载，未见标本。

羊茅属 Festuca L.

- 苇状羊茅 *Festuca arundinacea* Schreb.

分布：庐山、铅山。

评述：归化或入侵。
- 羊茅 *Festuca ovina* L.

分布：九江、庐山。
- 小颖羊茅 *Festuca parvigluma* Steud.

分布：九江、庐山、修水、贵溪、南丰、靖安、奉新、遂川、石城、寻乌、兴国。
- 紫羊茅 *Festuca rubra* L.

分布：九江、庐山、南昌。

拟金茅属 Eulaliopsis Honda

- 拟金茅 *Eulaliopsis binata* (Retz.) C. E. Hubb.

分布：不详。

评述：江西本土植物名录（2017）有记载，未见标本。

野黍属 *Eriochloa* Kunth

- 野黍 *Eriochloa villosa* (Thunb.) Kunth

分布：九江、永修、修水、进贤、铅山、贵溪、资溪、铜鼓、靖安、萍乡、井冈山、泰和、石城、安远、兴国、崇义。

稗属 *Echinochloa* P. Beauv.

- 长芒稗 *Echinochloa caudata* Roshev.

分布：九江、庐山、修水、贵溪、资溪、石城、安远、寻乌。

- 光头稗 *Echinochloa colona* (L.) Link

分布：九江、庐山、彭泽、贵溪、靖安、石城、安远、崇义、大余。

- 稗 *Echinochloa crusgalli* (L.) P. Beauv. [旱稗 *Echinochloa hispidula* (Retz.) Nees]

分布：全省有分布。

- 小旱稗 *Echinochloa crusgalli* var. *austrojaponensis* Ohwi

分布：资溪、分宜、井冈山。

- 无芒稗 *Echinochloa crusgalli* var. *mitis* (Pursh) Petermann

分布：九江、庐山、武宁、鄱阳、铅山、南丰、资溪、靖安、井冈山、安福、安远、寻乌。

- 西来稗 *Echinochloa crusgalli* var. *zelayensis* (Kunth) Hitchcock

分布：九江、武宁、贵溪、南康、石城、安远。

- 硬稃稗 *Echinochloa glabrescens* Munro ex Hook. f

分布：庐山、崇义、安远、瑞金。

- 水田稗 *Echinochloa oryzoides* (Ard.) Flritsch.

分布：全省有分布。

鹧鸪草属 *Eriachne* R. Br.

- 鹧鸪草 *Eriachne pallescens* R. Br.

分布：资溪、石城、赣县、信丰。

球穗草属 *Hackelochloa* Kuntze

- 球穗草 *Hackelochloa granularis* (L.) Kuntze

分布：九江、庐山、武宁、修水、德兴、玉山、贵溪、永丰、寻乌。

囊颖草属 *Sacciolepis* Nash

- 囊颖草 *Sacciolepis indica* (L.) A. Chase

分布：九江、庐山、修水、南昌、德兴、上饶、婺源、玉山、贵溪、资溪、广昌、黎川、靖安、万载、萍乡、井冈山、吉水、泰和、遂川、南康、石城、兴国、上犹、龙南、崇义、大余。

- 鼠尾囊颖草 *Sacciolepis myosuroides* (R. Br.) A. Chase ex E. G. Camus et A. Cacmus

分布：资溪、靖安。

- 矮小囊颖草 *Sacciolepis myosuroides* var. *nana* S. L. Chen & T. D. Zhuang

分布：寻乌。

簕竹属 *Bambusa* Schreb.

- 花竹 *Bambusa albolineata* (McClure) L. C. Chia

分布：大余。

- 长枝竹 *Bambusa dolichoclada* Hayata

分布：赣县、宁都、于都。

- 坭竹 *Bambusa gibba* McClure

分布：宁都、大余。

评述：《中国植物物种名录》（2020版）有记载，未见标本。

- 孝顺竹 *Bambusa multiplex* (Lour.) Raeusch. ex Schult. et Schult. f.

分布：武宁、湖口、鄱阳、靖安、宁都、兴国、龙南、全南、大余。

- *凤尾竹 *Bambusa multiplex* f. *fernleaf* (R. A. Young) T. P. Yi

分布：全省有栽培。

- 毛凤尾竹 *Bambusa multiplex* var. *incana* B. M. Yang

分布：兴国、宁都、寻乌。

- *小琴丝竹 *Bambusa multiplex* var. *multiplex* 'Alphonse-Karr' R. A. Young

分布：南昌、靖安。

- *观音竹 *Bambusa multiplex* var. *riviereorum* Maire

分布：九江、南昌。

- *绿竹 *Bambusa oldhamii* Munro

分布：铅山、铜鼓、靖安、大余。

- 米筛竹 *Bambusa pachinensis* Hayata

分布：莲花。

评述：《中国植物物种名录》（2020版）有记载，未见标本。

- 撑篙竹 *Bambusa pervariabilis* McClure

分布：兴国。

评述：《江西种子植物名录》（刘仁林，2010）有记载，未见标本。

- 硬头黄竹 *Bambusa rigida* Keng et Keng f.

分布：宜黄、袁州、樟树、井冈山、吉安、吉水、万安、泰和、遂川。

评述：江西本土植物名录（2017）有记载，未见标本。

- 青皮竹 *Bambusa textilis* McClure

分布：九江、瑞昌、都昌、奉新、吉安、新干、瑞金、宁都、上犹。

- 光竿青皮竹 *Bambusa textilis* var. *glabra* McClure

分布：全省有分布。

- *佛肚竹 *Bambusa ventricosa* McClure

分布：全省有栽培。

- *黄金间碧竹 *Bambusa vulgaris* f. *vittata* (Riviere & C. Riviere) T. P. Yi

分布：全省庭园中栽培。

燕麦属 *Avena* L.

- 野燕麦 *Avena fatua* L.

分布：全省有分布。

评述：归化或入侵。

- 光稃野燕麦 *Avena fatua* var. *glabrata* Peterm.

分布：九江、永修、南昌、奉新。

猬草属 *Hystrix* Moench

- 猬草 *Hystrix duthiei* (Stapf ex Hook. f.) Bor

分布：九江、庐山。

野古草属 *Arundinella* Raddi

- 毛节野古草 *Arundinella barbinodis* Keng ex B. S. Sun et Z. H. Hu

分布：德兴、广丰、婺源、铅山、余干、横峰、弋阳、玉山、黎川、龙南、信丰。

- 大序野古草 *Arundinella cochinchinensis* Keng

分布：贵溪、资溪、靖安。

评述：《江西种子植物名录》（刘仁林，2010）有记载，未见标本。

- 溪边野古草 *Arundinella fluviatilis* Hand.-Mazz.

分布：九江、永修、南昌、铅山、上高、安福。

- **毛秆野古草** *Arundinella hirta* (Thunb.) Tanaka
分布：全省有分布。
- **庐山野古草** *Arundinella hirta* var. *hondana* Koidzumi
分布：九江、庐山。
- **石芒草** *Arundinella nepalensis* Trin.
分布：全省有分布。
- **刺芒野古草** *Arundinella setosa* Trin.
分布：九江、庐山、永修、南昌、贵溪、广昌、黎川、萍乡、安福、永丰、瑞金、南康、石城、赣县、寻乌、兴国、大余。
- **无刺野古草** *Arundinella setosa* var. *esetosa* Bor ex S. M. Phillip et S. L. Chen
分布：广昌、石城。

绒毛草属 *Holcus* L.

- **绒毛草** *Holcus lanatus* L.
分布：庐山、奉新、遂川。

白茅属 *Imperata* Cyrillo

- **白茅** *Imperata cylindrica* (L.) Raeuschel
分布：全省有分布。
- **大白茅** *Imperata cylindrica* var. *major* (Nees) C. E. Hubb.
分布：全省有分布。

距花黍属 *Ichnanthus* P. Beauv.

- **大距花黍** *Ichnanthus pallens* var. *major* (Nees) Stieber [距花黍 *Ichnanthus vicinus* (F. M. Bailey) Merr.]
分布：靖安、永新、石城。

膜稃草属 *Hymenachne* P. Beauv.

- **展穗膜稃草** *Hymenachne patens* L. Liu
分布：彭泽、湖口、都昌、鄱阳、铅山、余干、万年、贵溪。

甜茅属 *Glyceria* R. Br.

- **甜茅** *Glyceria acutiflora* subsp. *japonica* (Steud.) T. Koyana et Kawano
分布：九江、庐山、永修、贵溪、南丰、黎川、靖安、奉新。
- **假鼠妇草** *Glyceria leptolepis* Ohwi
分布：庐山、瑞昌、永修、都昌。
- **卵花甜茅** *Glyceria tonglensis* C. B. Clarke
分布：不详。
评述：《中国植物物种名录》（2020版）有记载，未见标本。

黄茅属 *Heteropogon* Pers.

- **黄茅** *Heteropogon contortus* (L.) P. Beauv. ex Roem. et Schult.
分布：九江、庐山、贵溪、资溪、靖安、安福、泰和、石城、赣县、会昌。

黄金茅属 *Eulalia* Kunth

- **龚氏金茅** *Eulalia leschenaultiana* (Decue) Ohwi
分布：南昌、永丰。
- **棕茅** *Eulalia phaeothrix* (Hack.) Kuntze
分布：资溪、石城。
评述：江西本土植物名录（2017）有记载，未见标本。

- 四脉金茅 *Eulalia quadrinervis* (Hack.) Kuntze

  分布：九江、庐山、武宁、广丰、玉山、贵溪、资溪、黎川、靖安、萍乡、井冈山、永丰、瑞金、石城、龙南。

- 金茅 *Eulalia speciosa* (Debeaux) Kuntze

  分布：九江、庐山、修水、广丰、铅山、玉山、贵溪、广昌、靖安、井冈山、石城。

牛鞭草属 *Hemarthria* R. Br.

- 大牛鞭草 *Hemarthria altissima* (Poir.) Stapf et C. E. Hubb

  分布：庐山、南昌、德兴、大余、安远、会昌、南康。

- 扁穗牛鞭草 *Hemarthria compressa* (L. f.) R. Br.

  分布：九江、南昌、资溪、宜春、万载、分宜、安福、永丰、石城、安远、会昌。

- 牛鞭草 *Hemarthria sibirica* (Gandoger) Ohwi

  分布：九江、庐山、贵溪、崇仁、泰和、石城。

多裔草属 *Polytoca* R. Br.

- 多裔草 *Polytoca digitata* (L. f.) Druce

  分布：资溪、铜鼓、井冈山。

  评述：《江西种子植物名录》（刘仁林，2010）有记载，未见标本。

水禾属 *Hygroryza* Nees

- 水禾 *Hygroryza aristata* (Retz.) Nees

  分布：进贤、泰和、万年、黎川。

芒属 *Miscanthus* Andersson

- 五节芒 *Miscanthus floridulus* (Labill.) Warburg ex K. Schumann

  分布：全省有分布。

- 南荻 *Miscanthus lutarioriparius* L. Liu ex Renvoize & S. L. Chen

  分布：九江、永修、共青城、都昌、南昌、鄱阳。

- 荻 *Miscanthus sacchariflorus* (Maxim.) Benth. & Hook. f. ex Franch.

  分布：九江、庐山、永修、修水、德安、都昌、鄱阳、贵溪、资溪、宜春、靖安、泰和、石城。

- 芒 *Miscanthus sinensis* Andersson

  分布：全省有分布。

刚竹属 *Phyllostachys* Sieb. et Zucc.

- * 尖头青竹 *Phyllostachys acuta* C. D. Chu & C. S. Chao

  分布：庐山、修水、靖安、分宜。

- 黄古竹 *Phyllostachys angusta* McClure

  分布：德安、靖安、奉新、芦溪、安福。

  评述：江西本土植物名录（2017）有记载，未见标本。

- * 石绿竹 *Phyllostachys arcana* McClure

  分布：奉新。

- 人面竹 *Phyllostachys aurea* Riviere & C. Rivière

  分布：修水、宜黄、袁州、铜鼓、靖安、宜丰、奉新、分宜、井冈山。

- * 黄槽竹 *Phyllostachys aureosulcata* McClure

  分布：奉新、南昌。

- * '黄竿京竹' *Phyllostachys aureosulcata* 'Aureocaulis' Z. P. Wang et N. X. Ma

  分布：南昌。

- * '金镶玉竹' *Phyllostachys aureosulcata* 'Spectabilis' C. D. Chu. Et C. S. Chao

  分布：南昌。

- 蓉城竹 *Phyllostachys bissetii* McCl.

  分布：庐山、修水、婺源、靖安、奉新、宜黄。
- 毛壳花哺鸡竹 *Phyllostachys circumpilis* C. Y. Yao et S. Y. Chen

  分布：瑞金。
- * 白哺鸡竹 *Phyllostachys dulcis* McClure

  分布：靖安、宜丰、奉新。
- 毛竹 *Phyllostachys edulis* (Carrière) J. Houz.

  分布：全省有分布。
- 花毛竹 *Phyllostachys edulis* f. *bicolor* (Nakai) C. S. Chao & Y. L. Ding

  分布：庐山、靖安、井冈山、遂川、安福、寻乌。
- '龟甲竹' *Phyllostachys edulis* 'Heterocycla'

  分布：芦溪、上栗、万载、铜鼓、井冈山、寻乌、崇义。
- 黄皮花毛竹 *Phyllostachys edulis* f. *huamozhu* (T. H. Wen) C. S. Chao & Renvoize

  分布：九江、庐山、靖安、井冈山、安福、寻乌。
- 厚皮毛竹 *Phyllostachys edulis* f. *pachyloen* Cai

  分布：宜丰、万载。
- * 甜笋竹 *Phyllostachys elegans* McClure

  分布：奉新。
- 角竹 *Phyllostachys fimbriligula* T. W. Wen

  分布：瑞昌、分宜。

  评述：《中国植物物种名录》（2020版）有记载，未见标本。
- * 花哺鸡竹 *Phyllostachys glabrata* S. Y. Chen et C. Y. Yao

  分布：宜丰、分宜。
- 淡竹 *Phyllostachys glauca* McClure

  分布：九江、瑞昌、湖口、修水、德安、庐山、鄱阳、奉新、靖安、宜丰、分宜、资溪、永丰、宁都。
- 水竹 *Phyllostachys heteroclada* Oliv.

  分布：九江、南丰、资溪、铜鼓、靖安、宜丰、奉新、万载、萍乡、井冈山、永新、安远、寻乌、兴国。
- 实心竹 *Phyllostachys heteroclada* f. *solida* (S. L. Chen) Z. P. Wang et Z. H. Yu

  分布：全省有分布。
- * 红哺鸡竹 *Phyllostachys iridescens* C. Y. Yao et S. Y. Chen

  分布：靖安、宜丰、奉新、分宜。
- 台湾桂竹 *Phyllostachys makinoi* Hayata

  分布：武宁、德兴、万载、泰和、瑞金。
- 毛环竹 *Phyllostachys meyeri* McClure

  分布：德兴、奉新。

  评述：《中国植物物种名录》（2020版）有记载，未见标本。
- 篌竹 *Phyllostachys nidularia* Munro

  分布：九江、庐山、瑞昌、修水、德安、玉山、乐安、靖安、奉新、分宜、吉安。
- 实肚竹 *Phyllostachys nidularia* f. *farcta* H. R. Zhao & A. T. Lin

  分布：寻乌、上犹、龙南、崇义、信丰、全南、大余。

  评述：《江西种子植物名录》（刘仁林，2010）有记载，未见标本。
- 光箨篌竹 *Phyllostachys nidularia* f. *glabrovagina* T. W. Wen

  分布：不详。

  评述：江西本土植物名录（2017）有记载，未见标本。
- 紫竹 *Phyllostachys nigra* (Lodd. ex Lindl.) Munro

  分布：庐山、武宁、铜鼓、奉新、分宜、井冈山、永新、新干、遂川。
- 毛金竹 *Phyllostachys nigra* var. *henonis* (Mitford) Stapf ex Rendle

  分布：九江、庐山、武宁、靖安、宜丰、奉新、万载、芦溪、安福、大余。
- 灰竹 *Phyllostachys nuda* McClure

分布：奉新、大余。
- 高节竹 *Phyllostachys prominens* W. Y. Xiong

分布：德安、德兴、分宜、崇义。

评述：江西本土植物名录（2017）有记载，未见标本。
- 早园竹 *Phyllostachys propinqua* McClure

分布：九江、庐山、瑞昌、靖安、安福。
- 桂竹 *Phyllostachys reticulata* (Rupr.) K. Koch

分布：九江、南丰、铜鼓、靖安、分宜、萍乡、井冈山、吉水、泰和、峡江、遂川、全南。
- 芽竹 *Phyllostachys robustiramea* S. Y. Chen & C. Y. Yao

分布：瑞金、龙南。

评述：《江西种子植物名录》（刘仁林，2010）有记载，未见标本。
- *红后竹 *Phyllostachys rubicunda* T. W. Wen

分布：南昌。
- *红边竹 *Phyllostachys rubromarginata* McClure

分布：南昌、奉新、宜黄。
- 舒城刚竹 *Phyllostachys shuchengensis* S. C. Li & S. H. Wu

分布：赣东北。

评述：《中国植物物种名录》（2020版）有记载，未见标本。
- 漫竹 *Phyllostachys stimulosa* H. R. Zhao et A. T. Lin

分布：靖安、崇义。

评述：《江西种子植物名录》（刘仁林，2010）有记载，未见标本。
- 金竹 *Phyllostachys sulphurea* (Carrière) Riviere et C. Rivière

分布：德兴。

评述：《中国植物物种名录》（2020版）有记载，未见标本。
- *'绿皮黄筋竹' *Phyllostachys sulphurea* 'Houzeau' McClure

分布：婺源、靖安。
- 黄皮绿筋刚竹 *Phyllostachys sulphurea* f. *robertii* C. S. Chao & Renvoize[黄皮绿筋竹 *Phyllostachys sulphurea* (Carr.) A. et C. Riv. 'Robert' Young]

分布：袁州、铜鼓、靖安、宜丰。
- 刚竹 *Phyllostachys sulphurea* var. *viridis* R. A. Young

分布：九江、庐山、武宁、玉山、宜丰、奉新、万载、芦溪、井冈山、安福、永新、峡江、遂川、安远、龙南、大余。
- 早竹 *Phyllostachys violascens* (Carrière) Riviere et C. Rivière

分布：宜丰、奉新、分宜。

评述：《中国植物物种名录》（2020版）有记载，未见标本。
- *'雷竹' *Phyllostachys violascens* 'Prevernalis' S. Y. Chen et C. Y. Yao

分布：全省有栽培。
- 粉绿竹 *Phyllostachys viridiglaucescens* Riviere et C. Rivière

分布：瑞昌、婺源、资溪、靖安、井冈山。
- *乌哺鸡竹 *Phyllostachys vivax* McClure

分布：靖安、宜丰、南昌。

芦苇属 *Phragmites* Adans.

- 芦苇 *Phragmites australis* (Cav.) Trin. ex Steud.

分布：鄱阳湖、九江、庐山、武宁、永修、南昌、德兴、贵溪、资溪、广昌、靖安、吉安、章贡、寻乌、崇义、全南、大余。

梯牧草属 *Phleum* L.

- 鬼蜡烛 *Phleum paniculatum* Huds.

分布：庐山、瑞昌、永修、修水、湖口。

虉草属 Phalaris L.

- 虉草 *Phalaris arundinacea* L.

分布：九江、庐山、瑞昌、贵溪、奉新、吉安、安福、遂川。

显子草属 Phaenosperma Munro ex Benth.

- 显子草 *Phaenosperma globosa* Munro ex Benth.

分布：全省有分布。

蓝沼草属 Molinia Schrank

- 日本麦氏草 *Molinia japonica* Hack.[拟麦氏草 *Molinia hui* Pilger]

分布：铅山、井冈山、遂川、全南。

臭草属 Melica L.

- 大花臭草 *Melica grandiflora* Koidz.

分布：九江、庐山。

- 广序臭草 *Melica onoei* Franch. et Sav.

分布：九江、庐山、铅山、靖安。

- 臭草 *Melica scabrosa* Trin.

分布：武宁、上饶、鄱阳、婺源、余干、贵溪、瑞金、南康、石城、安远、赣县、宁都、寻乌、兴国、于都、崇义、大余、会昌。

评述：江西本土植物名录（2017）有记载，未见标本。

苦竹属 Pleioblastus Nakai

- 苦竹 *Pleioblastus amarus* (Keng) Keng f.

分布：九江、庐山、武宁、修水、南昌、德兴、婺源、铅山、资溪、靖安、奉新、永丰、遂川、崇义。

- *无毛翠竹 *Pleioblastus distichus* (Mitford) Nakai [翠竹 *Arundinaria pygmaea* (Miq.) Mitf. var. *disticha* (Mitf.) C. S. Chao & Renv.]

分布：南昌、奉新、井冈山。

- *菲白竹 *Pleioblastus fortunei* (Van Houtte ex Munro) Nakai

分布：南昌、奉新、靖安、井冈山。

- 大明竹 *Pleioblastus gramineus* (Bean) Nakai

分布：南昌、奉新。

- 光箨苦竹 *Pleioblastus hsienchuensis* var. *subglabratus* (S. Y. Chen) C. S. Chao & G. Y. Yang [巨县苦竹 *Arundinaria hsienc-huensis* var. *subglabrata* (S. Y. Chen) C. S. Chao et G. Y. Yang]

分布：铅山、乐安。

评述：江西本土植物名录（2017）有记载，未见标本。

- 斑苦竹 *Pleioblastus maculatus* (McClure) C. D Chu et C. S. Chao

分布：九江、黎川、井冈山、永新、峡江、永丰、安远、大余。

- 油苦竹 *Pleioblastus oleosus* T. H. Wen

分布：兴国、安远、寻乌、定南、信丰。

- 皱苦竹 *Pleioblastus rugatus* T. H. Wen et S. Y. Chen

分布：资溪、黎川。

评述：江西本土植物名录（2017）有记载，未见标本。

- 三明苦竹 *Pleioblastus sanmingensis* S. L. Chen et G. Y. Cheng

分布：铅山。

评述：江西本土植物名录（2017）有记载，未见标本。

- *川竹 *Pleioblastus simonii* (Carrière) Nakai

分布：南昌。

● 实心苦竹 *Pleioblastus solidus* S. Y. Chen
分布：德安、婺源、资溪、黎川。
评述：江西本土植物名录（2017）有记载，未见标本。

● 武夷山苦竹 *Pleioblastus wuyishanensis* Q. F. Zhang et K. F. Huang
分布：铅山、瑞金。
评述：江西本土植物名录（2017）有记载，未见标本。

沟稃草属 *Aniselytron* Merr.

● 沟稃草 *Aniselytron treutleri* (Kuntze) Sojak
分布：铅山、安福。

洽草属 *Koeleria* Pers.

● 洽草 *Koeleria macrantha* (Ledebour) Schultes
分布：贵溪、资溪、靖安。

甘蔗属 *Saccharum* L.

● 斑茅 *Saccharum arundinaceum* Retz.
分布：全省有分布。

● 台蔗茅 *Saccharum formosanum* (Stapf) Ohwi
分布：广丰、铅山。

● 河八王 *Saccharum narenga* (Nees ex Steudel) Wall. ex Hackel
分布：九江、彭泽、德兴、玉山、萍乡。

● * 甘蔗 *Saccharum officinarum* L.
分布：全省广泛栽培。

● 竹蔗 *Saccharum sinense* Roxb.
分布：不详。
评述：《中国植物物种名录》（2020版）有记载，未见标本。

● 甜根子草 *Saccharum spontaneum* L.
分布：庐山、武宁、靖安、龙南、崇义。

千金子属 *Leptochloa* P. Beauv.

● 千金子 *Leptochloa chinensis* (L.) Nees
分布：九江、庐山、武宁、修水、南昌、德兴、铅山、贵溪、黎川、铜鼓、靖安、萍乡、井冈山、永丰、石城、兴国、崇义。

● 双稃草 *Leptochloa fusca* (L.) Kunth
分布：庐山。

● 短尖千金子 *Leptochloa mucronata* (Michx.) Kunth
分布：庐山。

● 虮子草 *Leptochloa panicea* (Retz.) Ohwi
分布：南昌、德兴、铅山、资溪、黎川、铜鼓、靖安、萍乡、兴国。

伪针茅属 *Pseudoraphis* Griff. ex Pilg.

● 瘦脊伪针茅 *Pseudoraphis sordida* (Thwaites) S. M. Phillips & S. L. Chen
分布：庐山、都昌。

金发草属 *Pogonatherum* P. Beauv.

● 金丝草 *Pogonatherum crinitum* (Thunb.) Kunth
分布：全省有分布。

- 金发草 *Pogonatherum paniceum* (Lam.) Hack.

分布：九江、庐山、靖安、井冈山、石城。

雀稗属 *Paspalum* L.

- 双穗雀稗 *Paspalum distichum* L.

分布：九江、庐山、进贤、贵溪、余江、资溪、靖安、安福、永丰、永新、石城、寻乌、定南。

- 长叶雀稗 *Paspalum longifolium* Roxb.

分布：铅山、永丰、遂川、赣县、寻乌、大余。

- 鸭嘴草 *Paspalum scrobiculatum* L.

分布：上饶、广昌、黎川、泰和、南康、安远、寻乌、大余、会昌。

- 圆果雀稗 *Paspalum scrobiculatum* var. *orbiculare* (G. Forst.) Hack.

分布：九江、庐山、彭泽、修水、铅山、贵溪、资溪、广昌、靖安、宜丰、吉水、永丰、泰和、石城、安远、赣县、寻乌、兴国、全南、大余、会昌。

- 雀稗 *Paspalum thunbergii* Kunth ex Steud.

分布：全省有分布。

求米草属 *Oplismenus* P. Beauv.

- 竹叶草 *Oplismenus compositus* (L.) P. Beauv.

分布：九江、庐山、上饶、鄱阳、铅山、宜黄、全南。

- 求米草 *Oplismenus undulatifolius* (Ard.) Roemer et Schuit.

分布：全省山区有分布。

- 狭叶求米草 *Oplismenus undulatifolius* var. *imbecillis* (R. Br.) Hack.

分布：九江、铅山、宜春、井冈山、全南。

- 日本求米草 *Oplismenus undulatifolius* var. *japonicus* (Steud.) Koidz.

分布：庐山、瑞昌、武宁、彭泽、永修、修水、湖口、德安、都昌、上饶、鄱阳、婺源、铅山、余干、宜春、萍乡、安远、宁都。

黍属 *Panicum* L.

- 糠稷 *Panicum bisulcatum* Thunb.

分布：九江、庐山、永修、修水、德兴、上饶、广丰、婺源、玉山、广昌、宜春、铜鼓、靖安、上高、萍乡、芦溪、井冈山、安福、峡江、遂川。

- 短叶黍 *Panicum brevifolium* L.

分布：资溪、井冈山、永新、石城、寻乌、上犹、于都、全南、大余。

- 洋野黍 *Panicum dichotomiflorum* Michx.

分布：大余。

评述：归化或入侵。

- 藤竹草 *Panicum incomtum* Trin.

分布：庐山、井冈山、永新、遂川、于都、大余。

- 心叶稷 *Panicum notatum* Retz.

分布：寻乌。

- 铺地黍 *Panicum repens* L.

分布：贵溪、靖安、石城。

评述：归化或入侵。

- 细柄黍 *Panicum sumatrense* Roth ex Roemer & Schultes

分布：九江、武宁、修水、贵溪、安福、章贡、安远。

稻属 *Oryza* L.

- 野生稻 *Oryza rufipogon* Griff.

分布：东乡。

- * 稻 *Oryza sativa* L.

分布：全省广泛栽培。

棒头草属 Polypogon Desf.

- 棒头草 *Polypogon fugax* Nees ex Steud.

分布：九江、瑞昌、永修、上饶、贵溪、资溪、靖安、宜丰、泰和、石城、寻乌。
- 长芒棒头草 *Polypogon monspeliensis* (L.) Desf.

分布：贵溪、资溪、黎川、靖安、井冈山、石城。

狼尾草属 Pennisetum Rich.

- 狼尾草 *Pennisetum alopecuroides* (L.) Spreng.

分布：全省有分布。
- 象草 *Pennisetum purpureum* Schumach.

分布：九江、赣州。

评述：归化或入侵。

莠竹属 Microstegium Nees

- 刚莠竹 *Microstegium ciliatum* (Trin.) A. Camus

分布：玉山、石城、安远。
- 蔓生莠竹 *Microstegium fasciculatum* (L.) Henrard

分布：遂川。
- 膝曲莠竹 *Microstegium fauriei* subsp. *geniculatum* (Hayata) T. Koyama

分布：井冈山。
- 日本莠竹 *Microstegium japonicum* (Miq.) Koidz.

分布：九江、武宁、南昌、德兴、铅山、玉山、萍乡、井冈山、安远。
- 竹叶茅 *Microstegium nudum* (Trin.) A. Camus

分布：九江、庐山、永修、南昌、德兴、玉山、铜鼓、萍乡、芦溪、井冈山、安福、石城。
- 柔枝莠竹 *Microstegium vimineum* (Trin.) A. Camus[莠竹 *Microstegium nodosum* (Kom.) Tzvelev]

分布：九江、庐山、武宁、德兴、上饶、婺源、玉山、贵溪、资溪、井冈山、遂川、石城。

结缕草属 Zoysia Willd.

- 结缕草 *Zoysia japonica* Steud.

分布：九江、庐山、湖口、都昌、铅山、贵溪、靖安、石城。
- 细叶结缕草 *Zoysia pacifica* (Goudswaard) M. Hotta & S. Kuroki

分布：全省有栽培。

评述：归化或入侵。
- 中华结缕草 *Zoysia sinica* Hance

分布：庐山、濂溪、崇义、石城、信丰、宁都、靖安、宜丰、婺源、遂川、井冈山、资溪。

菰属 Zizania L.

- 菰 *Zizania latifolia* (Griseb.) Turcz. ex Stapf

分布：九江、南昌、崇仁、安福。

玉蜀黍属 Zea L.

- * 玉蜀黍 *Zea mays* L.

分布：全省广泛栽培。

玉山竹属 Yushania Keng f.

- 百山祖玉山竹 *Yushania baishanzuensis* Z. P. Wang et G. H. Ye

分布：广丰。
- 鄂西玉山竹 *Yushania confusa* (McClure) Z. P. Wang et G. H. Ye

分布：庐山。
- 湖南玉山竹 *Yushania farinosa* Y. P. Wang et G. H. Ye

分布：庐山、靖安。

评述：江西本土植物名录（2017）有记载，未见标本。
- 毛竿玉山竹 *Yushania hirticaulis* Z. P. Wang et G. H. Ye

分布：铅山。
- 玉山竹 *Yushania niitakayamensis* (Hayata) Keng f.

分布：庐山、修水、玉山、井冈山。
- 庐山玉山竹 *Yushania varians* T. P. Yi

分布：庐山。

鼠茅属 *Vulpia* C. C. Gmel.

- 鼠茅 *Vulpia myuros* (L.) C. C. Gmel.

分布：九江、庐山、德兴、上饶、广丰、鄱阳、婺源、余干、横峰、弋阳、玉山、万年、余江、莲花、井冈山。

淡竹叶属 *Lophatherum* Brongn.

- 淡竹叶 *Lophatherum gracile* Brongn.

分布：全省有分布。
- 中华淡竹叶 *Lophatherum sinense* Rendle

分布：九江、庐山、铅山、贵溪、靖安、井冈山、安福、遂川、石城、安远、上犹、崇义。

假稻属 *Leersia* Sol. & Swartz

- 李氏禾 *Leersia hexandra* Sw.

分布：庐山、南昌、广丰、贵溪、余江、芦溪、南康。
- 假稻 *Leersia japonica* (Makino ex Honda) Honda

分布：九江、庐山、永修、南昌、德兴、广丰、贵溪、靖安、安福、南康、石城、赣县。
- 秕壳草 *Leersia sayanuka* Ohwi

分布：九江、庐山、武宁、婺源、资溪、靖安、宜丰、井冈山、安福。

三毛草属 *Trisetum* Pers.

- 三毛草 *Trisetum bifidum* (Thunb.) Ohwi

分布：九江、庐山、贵溪、宜春、靖安、奉新、石城、安远、寻乌、兴国、上犹、大余。
- 湖北三毛草 *Trisetum henryi* Rendle

分布：九江、庐山、武宁、景德镇、资溪、靖安、泰和、石城、寻乌。

草沙蚕属 *Tripogon* Roem. & Schult.

- 中华草沙蚕 *Tripogon chinensis* (Franch.) Hack.

分布：德兴、玉山。

评述：江西本土植物名录（2017）有记载，未见标本。
- 线形草沙蚕 *Tripogon filiformis* Nees ex Stend.

分布：庐山。
- 长芒草沙蚕 *Tripogon longearistatus* Hackel ex Honda

分布：铜鼓、井冈山。

高粱属 *Sorghum* Moench

- 高粱 *Sorghum bicolor* (L.) Moench

分布：全省有栽培。

评述：归化或入侵。

● **光高粱** *Sorghum nitidum* (Vahl) Pers.

分布：靖安。

● **拟高粱** *Sorghum propinquum* (Kunth) Hitchc.

分布：武宁、宜丰。

箬竹属 *Indocalamus* Nakai

● **粽巴箬竹** *Indocalamus herklotsii* McClure

分布：寻乌。

评述：江西本土植物名录（2017）有记载，未见标本。

● **毛鞘箬竹** *Indocalamus hirtivaginatus* H. R. Zhao & Y. L. Yang

分布：黎川、资溪、瑞金。

● **阔叶箬竹**（庐山茶竿竹）*Indocalamus latifolius* (Keng) McClure [大箬竹 *Indocalamus migoi* (Nakai ex Migo) Keng f.]

分布：九江、庐山、彭泽、铅山、资溪、广昌、奉新、莲花、芦溪、安福、永新、峡江、大余。

● **箬叶竹** *Indocalamus longiauritus* Hand.-Mazz.

分布：九江、永修、井冈山、寻乌、全南、大余。

● **箬竹** *Indocalamus tessellatus* (Munro) P. C. Keng

分布：九江、修水、上饶、崇仁、靖安、宜丰、奉新、分宜、莲花、芦溪、井冈山、安福、遂川、于都、崇义、信丰。

假金发草属 *Pseudopogonatherum* A. Camus

● **中华笔草** *Pseudopogonatherum contortum* var. *sinense* Keng ex S. L. Chen

分布：龙南。

● **刺叶假金发草** *Pseudopogonatherum koretrostachys* (Trin.) Henrard

分布：资溪、石城、宁都、信丰、会昌。

矢竹属 *Pseudosasa* Makino ex Nakai

● **茶竿竹** *Pseudosasa amabilis* (McClure) P. C. Keng ex S. L. Chen et al.

分布：九江、修水、靖安、安福、石城、安远、宁都、寻乌、定南、上犹、于都、崇义、信丰、大余、会昌。

● **福建茶竿竹** *Pseudosasa amabilis* var. *convexa* Z. P. Wang et G. H. Ye

分布：铅山、瑞金。

● **托竹** *Pseudosasa cantorii* (Munro) P. C. Keng ex S. L. Chen et al

分布：寻乌、大余。

● **篲竹** *Pseudosasa hindsii* (Munro) C. D. Chu et C. S. Chao[篱竹 *Arundinaria hindsii* Munro]

分布：靖安、吉安、吉水、永新、泰和、瑞金、安远、寻乌、兴国、上犹、龙南、全南、大余。

● * **矢竹** *Pseudosasa japonica* (Sieb. & Zucc. ex Steud.) Makino ex Nakai

分布：南昌。

● **面竿竹** *Pseudosasa orthotropa* S. L. Chen & T. H. Wen

分布：不详。

评述：《中国植物物种名录》（2020 版）有记载，未见标本。

● **毛花茶秆竹** *Pseudosasa pubiflora* (Keng) P. C. Keng ex D. Z. Li & L. M. Gao

分布：井冈山、遂川、龙南。

评述：《中国植物物种名录》（2020 版）有记载，未见标本。

● **近实心茶竿竹** *Pseudosasa subsolida* S. L. Chen et G. Y. Sheng

分布：乐安、分宜、芦溪、安福、永新、上犹。

评述：《中国植物物种名录》（2020 版）有记载，未见标本。

● **武夷山茶竿竹** *Pseudosasa wuyiensis* S. L. Chen et G. Y. Sheng

分布：铅山。
评述：江西本土植物名录（2017）有记载，未见标本。

筒轴茅属 Rottboellia L. f.

- 筒轴茅 *Rottboellia cochinchinensis* (Lour.) Clayton
分布：鄱阳湖、九江、庐山、贵溪、资溪、靖安、万载、萍乡、井冈山、安福、永丰、上犹。

少穗竹属 Oligostachyum Z. P. Wang & G. H. Ye

- 凤竹 *Oligostachyum hupehense* (J. L. Lu) Z. P. Wang et G. H. Ye
分布：黎川、井冈山、上犹、崇义、大余。
评述：江西本土植物名录（2017）有记载，未见标本。
- 四季竹 *Oligostachyum lubricum* (T. W. Wen) Keng f.
分布：宁都、全南。
- 糙花少穗竹 *Oligostachyum scabriflorum* (McClure) Wang et Ye[糙花青篱竹 *Arundinaria scabriflora* (McCl.) Z. D. Chu & C. S. Chao]
分布：宜黄、袁州、铜鼓、靖安、宜丰、奉新、分宜、井冈山。
- 斗竹 *Oligostachyum spongiosum* (C. D. Chu et Chao) Ye et Z. P. Wang
分布：黎川、井冈山、上犹、崇义、大余。
评述：江西本土植物名录（2017）有记载，未见标本。
- 少穗竹 *Oligostachyum sulcatum* (McClure) Z. P. Wang et G. H. Ye
分布：安远、宁都。
评述：江西本土植物名录（2017）有记载，未见标本。
- 肿节少穗竹 *Oligostachyum oedogonatum* (Z. P. Wang et G. H. Ye) Q. F. Zhang et K. F. Huan [肿节竹 *Arundinaria oedogonata* (Z. P. Wang & G. H. Ye) H. Y. Zou ex G. Y. Yang & C. S. Chao]
分布：铅山、黎川、井冈山、永新、上犹、安远、寻乌。

粟草属 Milium L.

- 粟草 *Milium effusum* L.
分布：九江、庐山、德兴、广昌、井冈山。

乱子草属 Muhlenbergia Schreb.

- 乱子草 *Muhlenbergia huegelii* Trinius
分布：武宁、铅山、玉山、贵溪、资溪、宜丰、萍乡、安福、遂川、石城、寻乌、大余。
- 日本乱子草 *Muhlenbergia japonica* Steud.
分布：九江、庐山、广丰、铅山、玉山、资溪、靖安、井冈山、遂川、大余。
- 多枝乱子草 *Muhlenbergia ramosa* (Hackel ex Matsum.) Makino
分布：九江、庐山、铅山、玉山、贵溪、资溪、靖安、萍乡、井冈山、安福、遂川、大余。

棕叶芦属 Thysanolaena Nees

- 棕叶芦 *Thysanolaena latifolia* (Roxburgh ex Hornemann) Honda
分布：全省有分布。
评述：江西本土植物名录（2017）有记载，未见标本。

类芦属 Neyraudia Hook. f.

- 山类芦 *Neyraudia montana* Keng
分布：九江、庐山、铅山、贵溪、黎川、靖安、井冈山、泰和、南康、大余、会昌。
- 类芦 *Neyraudia reynaudiana* (Kunth) Keng ex Hitchc.
分布：九江、庐山、武宁、修水、上饶、广丰、玉山、贵溪、资溪、广昌、黎川、铜鼓、靖安、萍乡、井冈山、安福、遂川、南康、石城、寻乌、兴国、全南、大余。

鼠尾粟属 *Sporobolus* R. Br.

- 鼠尾粟 *Sporobolus fertilis* (Steud.) Clayton
分布：全省有分布。
- 毛鼠尾粟 *Sporobolus pilifer* (Trinius) Kunth
分布：九江、庐山、铅山、贵溪。

黑麦草属 *Lolium* L.

- 多花黑麦草 *Lolium multiflorum* Lam.
分布：全省有分布。
评述：归化或入侵。
- 黑麦草 *Lolium perenne* L.
分布：全省有分布。
评述：归化或入侵。

菅属 *Themeda* Forssk.

- 苞子草 *Themeda caudata* (Nees) A. Camus
分布：九江、庐山、瑞昌、武宁、彭泽、修水、鹰潭、宜春、靖安、宜丰、遂川、石城、寻乌、全南、会昌。
- 阿拉伯黄背草 *Themeda triandra* Forssk.
分布：九江、庐山、贵溪、靖安、石城。
- 菅 *Themeda villosa* (Poir.) A. Camus
分布：九江、庐山、武宁、修水、贵溪、广昌、黎川、铜鼓、靖安、安福、遂川、宁都、寻乌、龙南。

孔颖草属 *Bothriochloa* Kuntze

- 臭根子草 *Bothriochloa bladhii* (Retz.) S. T. Blake
分布：庐山、永修、修水、资溪、靖安、安远、兴国、上犹、于都、龙南、崇义。
- 白羊草 *Bothriochloa ischaemum* (L.) Keng
分布：九江、庐山、修水、南昌、德兴、上饶、广丰、资溪、靖安、萍乡、吉安、泰和、石城、安远、赣县、宁都、兴国、崇义。
- 孔颖草 *Bothriochloa pertusa* (L.) A. Camus
分布：贵溪、宜丰、分宜、瑞金、南康、赣县、兴国、上犹、于都、崇义、信丰、大余。
评述：江西本土植物名录（2017）有记载，未见标本。

莲座黍属 *Dichanthelium* (Hitchc. & A. Chase) Gould

- 渐尖二型花 *Dichanthelium acuminatum* Sw.
分布：庐山。
评述：归化或入侵。

蜈蚣草属 *Eremochloa* Buse

- 蜈蚣草 *Eremochloa ciliaris* (L.) Merr.
分布：铅山、赣州。
- 假俭草 *Eremochloa ophiuroides* (Munro) Hack.
分布：九江、庐山、修水、德兴、上饶、贵溪、丰城、靖安、泰和、南康、石城、上犹。

短枝竹属 *Gelidocalamus* T. H. Wen

- 井冈寒竹 *Gelidocalamus stellatus* T. H. Wen
分布：井冈山、遂川。
- 武功山短枝竹 *Gelidocalamus wugongshanensis* G. Y. Yang & Z. Y. Li
分布：芦溪、安福。

- **寻乌短枝竹** *Gelidocalamus xunwuensis* W. G. Zhang & G. Y. Yang
分布：寻乌。

假硬草属 *Pseudosclerochloa* Tzvelev

- **耿氏假硬草** *Pseudosclerochloa kengiana* (Ohwi) Tzvelev[耿氏硬草 *Sclerochloa kengiana* (Ohwi) Tzvelev]
分布：玉山、井冈山。
评述：《中国植物物种名录》（2020 版）有记载，未见标本。

（十八）金鱼藻目 Ceratophyllales Link

46 金鱼藻科 Ceratophyllaceae Gray

金鱼藻属 *Ceratophyllum* L.

- **金鱼藻** *Ceratophyllum demersum* L.
分布：九江、修水、都昌、景德镇、进贤、玉山、贵溪、南丰、资溪、靖安、萍乡、安福、石城。
- **粗糙金鱼藻** *Ceratophyllum muricatum* subsp. *kossinskyi* (Kuzen.) Les[宽叶金鱼藻 *Ceratophyllum inflatum* Jao]
分布：鄱阳湖。
评述：《江西种子植物名录》（刘仁林，2010）有记载，未见标本。
- **五刺金鱼藻** *Ceratophyllum platyacanthum* subsp. *oryzetorum* (Kom.) Les
分布：九江、上饶、鹰潭、赣州。
评述：江西本土植物名录（2017）有记载，未见标本。

（十九）毛茛目 Ranunculales Juss. ex Bercht. & J. Presl

47 领春木科 Eupteleaceae K. Wilh.

领春木属 *Euptelea* Sieb. et Zucc.

- **领春木** *Euptelea pleiosperma* Hook. f. et Thomson
分布：铅山、崇义。

48 罂粟科 Papaveraceae Juss.

荷青花属 *Hylomecon* Maxim.

- **荷青花** *Hylomecon japonica* (Thunb.) Prantl et Kük.
分布：玉山、资溪、井冈山。
评述：江西本土植物名录（2017）有记载，未见标本。

博落回属 *Macleaya* R. Br.

- **博落回** *Macleaya cordata* (Willd.) R. Br.
分布：全省有分布。
- **小果博落回** *Macleaya microcarpa* (Maxim.) Fedde
分布：黎川。

血水草属 *Eomecon* Hance

- **血水草** *Eomecon chionantha* Hance
分布：庐山、武宁、修水、婺源、铅山、玉山、贵溪、资溪、黎川、铜鼓、靖安、宜丰、莲花、芦溪、井冈山、吉安、安福、永新、泰和、石城、安远、上犹、崇义、全南、大余。

白屈菜属 Chelidonium L.

- **白屈菜** *Chelidonium majus* L.

分布：九江、庐山、瑞昌、武宁、永修、新建、南昌、婺源、黎川、莲花、吉安、遂川、赣州、安远、寻乌、兴国、上犹、大余。

紫堇属 Corydalis DC.

- **北越紫堇** *Corydalis balansae* Prain

分布：全省有分布。

- **夏天无** *Corydalis decumbens* (Thunb.) Pers. [伏生紫堇 *Corydalis amabilis* Migo]

分布：九江、庐山、南昌、铅山、玉山、贵溪、资溪、靖安、芦溪、井冈山、吉安、安福、遂川、石城、上犹。

- **紫堇** *Corydalis edulis* Maxim.

分布：九江、庐山、修水、婺源、玉山、贵溪、资溪、黎川、靖安、井冈山、永新、石城。

- **异果黄堇** *Corydalis heterocarpa* Siebold et Zucc.

分布：不详。

评述：《江西植物名录》（杨祥学，1982）有记载，标本凭证：江西中医学院 679。

- **黄山紫堇** *Corydalis huangshanensis* L. Q. Huang & H. S. Peng

分布：德兴。

- **刻叶紫堇** *Corydalis incisa* (Thunb.) Pers.

分布：九江、庐山、彭泽、修水、婺源、玉山、贵溪、黎川、靖安、井冈山、永新。

- **蛇果黄堇** *Corydalis ophiocarpa* Hook. f. et Thomson

分布：九江、庐山、武宁、修水、德兴、遂川。

- **黄堇** *Corydalis pallida* (Thunb.) Pers.

分布：全省有分布。

- **小花黄堇** *Corydalis racemosa* (Thunb.) Pers.

分布：九江、庐山、武宁、南昌、婺源、玉山、贵溪、南丰、资溪、广昌、黎川、靖安、奉新、萍乡、井冈山、石城、安远、寻乌、大余。

- **全叶延胡索** *Corydalis repens* Mandl et Muehld.

分布：玉山、贵溪、资溪、井冈山、永新。

- **地锦苗** *Corydalis sheareri* S. Moore [红花鸡距草 *Corydalis suaveolens* Hance]

分布：九江、武宁、南昌、婺源、玉山、贵溪、资溪、黎川、上高、芦溪、井冈山、吉安、安福、遂川、石城、寻乌。

- **珠果黄堇** *Corydalis speciosa* Maxim.

分布：彭泽。

- **齿瓣延胡索** *Corydalis turtschaninovii* Bess.

分布：九江、庐山。

- **阜平黄堇** *Corydalis wilfordii* Regel

分布：不详。

评述：《中国植物物种名录》（2020 版）有记载，未见标本。

- **延胡索** *Corydalis yanhusuo* W. T. Wang ex Z. Y. Su & C. Y. Wu

分布：庐山、永修、修水。

49 木通科 Lardizabalaceae R. Br.

野木瓜属 Stauntonia DC.

- **黄蜡果** *Stauntonia brachyanthera* Hand.-Mazz.

分布：庐山、武宁、广丰、莲花、永丰、瑞金、会昌。
- 野木瓜 *Stauntonia chinensis* DC.

分布：全省山区有分布。
- 显脉野木瓜 *Stauntonia conspicua* R. H. Chang

分布：九江、庐山、资溪、井冈山、遂川。
- 羊瓜藤 *Stauntonia duclouxii* Gagnep.

分布：修水、芦溪。
- 牛藤果 *Stauntonia elliptica* Hemsl.

分布：靖安、井冈山、定南、上犹、龙南。
- 斑叶野木瓜 *Stauntonia maculata* Merr.

分布：安远。
- 倒卵叶野木瓜 *Stauntonia obovata* Hemsl.

分布：武宁、修水、全南。
- 五指挪藤 *Stauntonia obovatifolia* subsp. *intermedia* (Y. C. Wu) T. Chen

分布：玉山、资溪。
- 尾叶那藤 *Stauntonia obovatifoliola* subsp. *urophylla* (Hand.-Mazz.) H. N. Qin

分布：九江、庐山、资溪、井冈山、石城、安远、寻乌、上犹、崇义。

大血藤属 *Sargentodoxa* Rehd. & E. H. Wilson

- 大血藤 *Sargentodoxa cuneata* (Oliv.) Rehder et E. H. Wilson

分布：全省山区有分布。

猫儿屎属 *Decaisnea* Hook. f. & Thomson

- 猫儿屎 *Decaisnea insignis* (Griff.) Hook. f. et Thomson

分布：武宁、婺源、玉山、井冈山、遂川。

木通属 *Akebia* Decne.

- 木通 *Akebia quinata* (Houtt.) Decne.

分布：九江、庐山、瑞昌、武宁、修水、景德镇、玉山、贵溪、资溪、铜鼓、靖安、宜丰、井冈山、石城、崇义。
- 三叶木通 *Akebia trifoliata* (Thunb.) Koidz.

分布：全省山区有分布。
- 白木通 *Akebia trifoliata* subsp. *australis* (Diels) T. Shimizu

分布：全省山区有分布。

串果藤属 *Sinofranchetia* (Diels) Hemsl.

- 串果藤 *Sinofranchetia chinensis* (Franch.) Hemsl.

分布：九江、庐山、井冈山。

八月瓜属 *Holboellia* Diels

- 五月瓜藤 *Holboellia angustifolia* Wall.

分布：玉山、贵溪、资溪、靖安、万载、井冈山、石城、崇义、大余。
- 鹰爪枫 *Holboellia coriacea* Deils

分布：玉山、资溪、靖安、宜丰、奉新、井冈山、泰和。
- 牛姆瓜 *Holboellia grandiflora* Réaub.

分布：贵溪、资溪、石城。

50 防己科 Menispermaceae Juss.

轮环藤属 Cyclea Arn. & Wight

- 毛叶轮环藤 *Cyclea barbata* Miers

分布：九江、庐山、上饶、井冈山。

- 纤细轮环藤 *Cyclea gracillima* Diels

分布：铅山、资溪、芦溪、安福。

评述：疑为标本鉴定有误，误将粉叶轮环藤鉴定为该种。

- 粉叶轮环藤 *Cyclea hypoglauca* (Schauer) Diels

分布：铅山、资溪、井冈山、赣州、石城。

- 轮环藤 *Cyclea racemosa* Oliv.

分布：全省山区有分布。

- 四川轮环藤 *Cyclea sutchuenensis* Gagnep.

分布：玉山、贵溪、靖安、宜丰。

蝙蝠葛属 Menispermum L.

- 蝙蝠葛 *Menispermum dauricum* DC.

分布：庐山、瑞昌、永修、玉山、靖安、石城。

青牛胆属 Tinospora Miers

- 青牛胆 *Tinospora sagittata* (Oliv.) Gagnep. [*Tinospora capillipes* Gagnep.]

分布：全省山区有分布。

千金藤属 Stephania Lour.

- 金线吊乌龟 *Stephania cephalantha* Hayata

分布：铅山、玉山、贵溪、南丰、资溪、黎川、靖安、井冈山、石城、安远、上犹、崇义、大余。

- 江南地不容 *Stephania excentrica* H. S. Lo

分布：铅山、玉山、黎川、靖安、芦溪、井冈山、安福、石城、上犹、龙南、崇义、信丰、全南。

- 千金藤 *Stephania japonica* (Thunb.) Miers

分布：九江、庐山、瑞昌、武宁、彭泽、修水、湖口、都昌、南昌、玉山、贵溪、资溪、铜鼓、靖安、莲花、安福、石城。

- 粪箕笃 *Stephania longa* Lour.

分布：铅山、井冈山、寻乌。

- 粉防己 *Stephania tetrandra* S. Moore

分布：全省山区有分布。

细圆藤属 Pericampylus Miers

- 细圆藤 *Pericampylus glaucus* (Lam.) Merr.

分布：贵溪、资溪、广昌、井冈山、永新、南康、石城、寻乌、崇义、大余。

秤钩风属 Diploclisia Miers

- 秤钩风 *Diploclisia affinis* (Oliv.) Diels

分布：庐山、永修、玉山、贵溪、南丰、资溪、黎川、靖安、萍乡、井冈山、石城、安远。

- 苍白秤钩风 *Diploclisia glaucescens* (Blume) Diels

分布：贵溪、资溪、井冈山、安福、石城、安远、寻乌、大余。

木防己属 Cocculus DC.

- 樟叶木防己 *Cocculus laurifolius* DC.

分布：崇义。
- 木防己 *Cocculus orbiculatus* (L.) DC.

分布：全省有分布。

夜花藤属 *Hypserpa* Miers

- 夜花藤 *Hypserpa nitida* Miers

分布：寻乌。

风龙属 *Sinomenium* Diels

- 风龙 *Sinomenium acutum* (Thunb.) Rehder et E. H. Wilson[汉防己 *Sinomenium acutum* (Thunb.) Rehder et Wils. var. *cinerum* (Thals) Rehder & Wils.]

分布：庐山、武宁、修水、玉山、资溪、靖安、莲花、芦溪、井冈山、安福。

51 小檗科 Berberidaceae Juss.

淫羊藿属 *Epimedium* L.

- 淫羊藿 *Epimedium brevicornu* Maxim.

分布：资溪、靖安、井冈山。

- 宝兴淫羊藿 *Epimedium davidii* Franch.

分布：武宁、修水。

- 木鱼坪淫羊藿 *Epimedium franchetii* Stearn

分布：靖安。

- 时珍淫羊藿 *Epimedium lishihchenii* Stearn

分布：庐山。

- 柔毛淫羊藿 *Epimedium pubescens* Maxim.

分布：武宁、修水。

- 三枝九叶草 *Epimedium sagittatum* (Siebold et Zucc.) Maxim.

分布：全省有分布。

- 光叶淫羊藿 *Epimedium sagittatum* var. *glabratum* T. S. Ying

分布：武宁、修水、萍乡、上犹。

鬼臼属 *Dysosma* Woodson

- 小八角莲 *Dysosma difformis* (Hemsl. et E. H. Wilson) T. H. Wang

分布：九江、庐山、瑞昌、武宁、修水、都昌、铜鼓。

评述：《江西种子植物名录》（刘仁林，2010）有记载，未见标本。

- 六角莲 *Dysosma pleiantha* (Hance) Woodson [毛八角莲 *Dysosma hispida* (K. S. Hao) M. Hiroe]

分布：庐山、景德镇、南昌、玉山、贵溪、抚州、资溪、黎川、靖安、井冈山、安福、寻乌、上犹、崇义。

- 八角莲 *Dysosma versipellis* (Hance) M. Cheng

分布：庐山、武宁、修水、婺源、玉山、贵溪、资溪、崇仁、靖安、萍乡、井冈山、泰和、石城、寻乌。

南天竹属 *Nandina* Thunb.

- 南天竹 *Nandina domestica* Thunb.

分布：全省有分布。

小檗属 *Berberis* L.

- 安徽小檗 *Berberis anhweiensis* Ahrendt

分布：庐山、玉山、靖安。
- 华东小檗 *Berberis chingii* Cheng

分布：武宁、修水、景德镇、婺源、铅山、玉山、贵溪、资溪、黎川、靖安、井冈山、安福。
- 川鄂小檗 *Berberis henryana* C. K. Schneid.

分布：九江、庐山。
- 南岭小檗 *Berberis impedita* C. K. Schneid.

分布：遂川、石城、上犹、龙南、崇义。
- 江西小檗 *Berberis jiangxiensis* C. M. Hu

分布：万载、井冈山、安福、遂川、上犹。
- 短叶江西小檗 *Berberis jiangxiensis* var. *pulchella* C. M. Hu

分布：南丰。
- 豪猪刺 *Berberis julianae* C. K. Schneid.

分布：婺源、资溪、黎川、靖安、奉新、芦溪、井冈山、石城。
- 天台小檗 *Berberis lempergiana* Ahrendt

分布：宜春。
- *日本小檗 *Berberis thunbergii* DC.

分布：全省有栽培。
- 庐山小檗 *Berberis virgetorum* C. K. Schneid.

分布：庐山、瑞昌、武宁、修水、景德镇、德兴、婺源、玉山、南丰、资溪、黎川、铜鼓、靖安、宜丰、万载、芦溪、井冈山、吉安、安福、泰和、龙南、崇义。
- 武夷小檗 *Berberis wuyiensis* C. M. Hu

分布：铅山。

红毛七属 *Caulophyllum* Michx.

- 红毛七 *Caulophyllum robustum* Maxim.

分布：九江、庐山、武宁、修水、铜鼓。

十大功劳属 *Mahonia* Nutt.

- 阔叶十大功劳 *Mahonia bealei* (Fortune) Carrière

分布：庐山、武宁、修水、铅山、玉山、贵溪、南城、资溪、靖安、井冈山、石城、上犹、崇义。
- 小果十大功劳 *Mahonia bodinieri* Gagnep.

分布：资溪、靖安、井冈山、安福、永新、瑞金、安远、兴国、崇义、全南、大余。
- 密叶十大功劳 *Mahonia conferta* Takeda

分布：武宁、宜丰。
- 北江十大功劳 *Mahonia fordii* C. K. Schneid.

分布：资溪、井冈山、安远、寻乌、上犹、崇义、大余。
- 十大功劳 *Mahonia fortunei* (Lindl.) Fedde

分布：芦溪。
- 台湾十大功劳 *Mahonia japonica* (Thunb.) DC.

分布：玉山、贵溪、资溪、井冈山、石城、安远、寻乌、上犹、崇义、大余。
- 沈氏十大功劳 *Mahonia shenii* Chun

分布：井冈山、遂川、寻乌。

52 毛茛科 Ranunculaceae Juss.

银莲花属 *Anemone* L.

- 卵叶银莲花 *Anemone begoniifolia* H. Lév. & Vaniot

分布：资溪、黎川。

评述：《江西种子植物名录》（刘仁林，2010）有记载，未见标本。
- 鹅掌草 *Anemone flaccida* F. Schmidt

分布：武宁、安福。
- 打破碗花花 *Anemone hupehensis* (Lemoine) Lemoine

分布：庐山、瑞昌、武宁、修水、铅山、玉山、铜鼓、万载、芦溪、井冈山、安福。
- 秋牡丹 *Anemone hupehensis* var. *japonica* (Thunb.) Bowles et Stearn

分布：九江、瑞昌、修水、黎川、萍乡、井冈山、安福。

水毛茛属 *Batrachium* S. F. Gray

- 水毛茛 *Batrachium bungei* (Steud.) L. Liou

分布：鄱阳湖、九江、庐山、南昌。
- 小花水毛茛 *Batrachium bungei* var. *micranthum* W. T. Wang

分布：南昌。

升麻属 *Cimicifuga* L.

- 升麻 *Cimicifuga foetida* L.

分布：遂川。
- 小升麻 *Cimicifuga japonica* (Thunb.) Spreng.

分布：庐山、资溪、宜春、靖安、石城。
- 单穗升麻 *Cimicifuga simplex* (DC.) Wormsk. ex Turcz.

分布：资溪、靖安。

人字果属 *Dichocarpum* W. T. Wang & P. K. Hsiao

- 蕨叶人字果 *Dichocarpum dalzielii* (J. R. Drumm. & Hutch.) W. T. Wang & P. G. Xiao

分布：武宁、资溪、铜鼓、靖安、芦溪、井冈山、崇义。
- 小花人字果 *Dichocarpum franchetii* (Finet & Gagnep.) W. T. Wang & P. G. Xiao

分布：资溪、黎川、井冈山、安福、永新、遂川。

毛茛属 *Ranunculus* L.

- 田野毛茛 *Ranunculus arvensis* L.

分布：九江。

评述：归化或入侵。
- 禺毛茛 *Ranunculus cantoniensis* DC.

分布：全省有分布。
- 茴茴蒜 *Ranunculus chinensis* Bunge

分布：九江、彭泽、资溪、萍乡、崇义、信丰。
- 西南毛茛 *Ranunculus ficariifolius* H. Lév. & Vaniot

分布：武宁、南昌、资溪、井冈山、遂川、上犹。
- 毛茛 *Ranunculus japonicus* Thunb.

分布：全省有分布。
- 三小叶毛茛 *Ranunculus japonicus* var. *ternatifolius* L. Liao

分布：玉山、资溪。
- 刺果毛茛 *Ranunculus muricatus* L

分布：九江、庐山、濂溪。
- 柄果毛茛 *Ranunculus podocarpus* W. T. Wang

分布：九江、庐山。
- 肉根毛茛 *Ranunculus polii* Franch. ex Hemsl.

分布：九江、庐山、靖安。
- 石龙芮 *Ranunculus sceleratus* L.

分布：九江、庐山、南昌、贵溪、资溪、靖安、泰和、石城。
- 扬子毛茛 *Ranunculus sieboldii* Miq.

分布：九江、庐山、南丰、资溪、靖安、石城、兴国、龙南、崇义。
- 钩柱毛茛 *Ranunculus silerifolius* H. Lév.

分布：九江、庐山、南昌、井冈山、泰和、遂川、定南、龙南、崇义、大余。
- 猫爪草 *Ranunculus ternatus* Thunb.

分布：九江、庐山、贵溪、资溪、靖安、遂川、石城、安远。

乌头属 *Aconitum* L.

- 乌头 *Aconitum carmichaelii* Debeaux

分布：庐山、武宁、永修、修水、南昌、资溪、靖安、分宜、萍乡、井冈山、安福、遂川、石城、兴国。
- 狭菱裂乌头 *Aconitum carmichaelii* var. *angustius* W. T. Wang & P. G. Xiao

分布：不详。

评述：《中国植物物种名录》（2020版）有记载，未见标本。
- 黄山乌头 *Aconitum carmichaelii* var. *hwangshanicum* (W. T. Wang & P. K. Hsiao) W. T. Wang & P. K. Hsiao

分布：庐山、婺源、玉山。
- 展毛乌头 *Aconitum carmichaelii* var. *truppelianum* (Ulbr.) W. T. Wang et P. G. Xiao

分布：九江、庐山。
- 赣皖乌头 *Aconitum finetianum* Hand.-Mazz.

分布：九江、庐山、婺源、玉山、贵溪、资溪、宜春、靖安、石城、兴国、龙南、大余。
- 瓜叶乌头 *Aconitum hemsleyanum* E. Pritz.

分布：庐山、武宁、修水、铜鼓、靖安。
- 花葶乌头 *Aconitum scaposum* Franch.

分布：铅山、靖安。
- 高乌头 *Aconitum sinomontanum* Nakai

分布：九江。
- 狭盔高乌头 *Aconitum sinomontanum* var. *angustius* W. T. Wang

分布：九江、庐山、靖安、芦溪、安福。
- 蔓乌头 *Aconitum volubile* Pall. ex Koelle

分布：靖安。

评述：《江西种子植物名录》（刘仁林，2010）有记载，未见标本。

唐松草属 *Thalictrum* L.

- 尖叶唐松草 *Thalictrum acutifolium* (Hand.-Mazz.) B. Boivin

分布：九江、庐山、铅山、玉山、贵溪、资溪、靖安、芦溪、井冈山、安福、石城、寻乌、龙南、崇义。
- 大叶唐松草 *Thalictrum faberi* Ulbr.

分布：庐山、南昌、铅山、玉山、贵溪、资溪、靖安、南康、石城。
- 西南唐松草 *Thalictrum fargesii* Franch. ex Finet et Gagnep.

分布：九江。
- 华东唐松草 *Thalictrum fortunei* S. Moore

分布：庐山、玉山、贵溪、资溪、靖安、石城。
- 盾叶唐松草 *Thalictrum ichangense* Lecoy. ex Oliv.

分布：井冈山。

评述：《江西植物名录》（杨祥学，1982）有记载。仅见一份标本，标本采集地点有误，产地为湖北巴东。
- 爪哇唐松草 *Thalictrum javanicum* Blume

分布：庐山、武宁、铅山、资溪、铜鼓、靖安、石城。
- 东亚唐松草 *Thalictrum minus* var. *hypoleucum* (Siebold et Zucc.) Miq.

分布：全省有分布。
- **深山唐松草** *Thalictrum tuberiferum* Maxim.
分布：武宁。
- **阴地唐松草** *Thalictrum umbricola* Ulbr.
分布：铅山、资溪、井冈山、上犹、大余。
- **武夷唐松草** *Thalictrum wuyishanicum* W. T. Wang et S. H. Wang
分布：上饶、南丰、黎川。

天葵属 *Semiaquilegia* Makino

- **天葵** *Semiaquilegia adoxoides* (DC.) Makino
分布：全省有分布。

黄连属 *Coptis* Salisb.

- * **黄连** *Coptis chinensis* Franch.
分布：玉山、资溪、靖安、芦溪、井冈山、安福、遂川、上犹。
- **短萼黄连** *Coptis chinensis* var. *brevisepala* W. T. Wang & P. G. Xiao
分布：庐山、铅山、玉山、资溪、靖安、芦溪、井冈山、石城、寻乌、上犹、龙南。

铁线莲属 *Clematis* L.

- **女萎** *Clematis apiifolia* DC.
分布：九江、武宁、彭泽、修水、南昌、广丰、玉山、贵溪、资溪、宜春、靖安、莲花、井冈山、永丰、遂川、石城。
- **钝齿铁线莲** *Clematis apiifolia* var. *argentilucida* (H. Lév. & Vaniot) W. T. Wang
分布：九江、庐山、瑞昌、永修、都昌、广丰、玉山、贵溪、资溪、宜春、铜鼓、靖安、宜丰、莲花、井冈山、吉安、安福、遂川、石城、赣县、上犹、龙南、崇义、大余。
- **小木通** *Clematis armandii* Franch.
分布：九江、修水、南昌、玉山、贵溪、南丰、资溪、广昌、万载、新余、芦溪、安福、永丰、遂川、石城、宁都、寻乌、上犹、崇义。
- **短尾铁线莲** *Clematis brevicaudata* DC.
分布：庐山、武宁、修水。
- **短柱铁线莲** *Clematis cadmia* Buch.-Ham. ex Hook. f. et Thomson
分布：九江、庐山、武宁、彭泽、湖口、南昌。
- **浙江山木通** *Clematis chekiangensis* C. P'ei
分布：德兴、铅山、玉山、黎川、石城、寻乌。
- **威灵仙** *Clematis chinensis* Osbeck
分布：九江、庐山、瑞昌、武宁、永修、修水、德安、南昌、广丰、鄱阳、玉山、贵溪、资溪、崇仁、萍乡、吉安、永丰、赣州、南康、石城、兴国、龙南。
- **安徽铁线莲** *Clematis chinensis* var. *anhweiensis* (M. C. Chang) W. T. Wang
分布：九江。
- **厚叶铁线莲** *Clematis crassifolia* Benth.
分布：寻乌、上犹、崇义、大余。
- **山木通** *Clematis finetiana* H. Lév. & Vaniot
分布：九江、庐山、武宁、彭泽、永修、修水、浮梁、南昌、德兴、上饶、广丰、鄱阳、婺源、铅山、玉山、贵溪、南丰、资溪、宜黄、东乡、广昌、黎川、崇仁、丰城、铜鼓、靖安、宜丰、奉新、分宜、萍乡、莲花、井冈山、吉安、安福、永新、泰和、遂川、章贡、瑞金、南康、石城、安远、赣县、宁都、寻乌、兴国、上犹、龙南、崇义、全南、大余、会昌。
- **铁线莲** *Clematis florida* Thunb.
分布：修水。
- **重瓣铁线莲** *Clematis florida* var. *plena* D. Don

分布：资溪、芦溪、安福、上犹、龙南、崇义。

评述：《江西种子植物名录》（刘仁林，2010）有记载，未见标本。

- 小蓑衣藤 *Clematis gouriana* Roxb. ex DC.

分布：庐山。

评述：《江西植物名录》（杨祥学，1982）有记载，标本凭证：庐山 00301。

- 粗齿铁线莲 *Clematis grandidentata* (Rehder et E. H. Wilson) W. T. Wang

分布：庐山、彭泽、靖安、龙南。

- 金佛铁线莲 *Clematis gratopsis* W. T. Wang

分布：安义。

评述：《江西植物名录》（杨祥学，1982）有记载，标本凭证：林英 13956（安义太平公社南源坪）。

- 毛萼铁线莲 *Clematis hancockiana* Maxim.

分布：不详。

评述：《中国植物物种名录》（2020版）有记载，未见标本。

- 单叶铁线莲 *Clematis henryi* Oliv.

分布：九江、庐山、武宁、修水、广丰、婺源、玉山、贵溪、南丰、资溪、黎川、靖安、芦溪、井冈山、吉安、安福、遂川、石城、上犹、崇义。

- 吴兴铁线莲 *Clematis huchouensis* Tamura

分布：九江、庐山、永修。

- 毛蕊铁线莲 *Clematis lasiandra* Maxim.

分布：庐山、武宁、修水、资溪、靖安、井冈山。

- 锈毛铁线莲 *Clematis leschenaultiana* DC.

分布：芦溪、井冈山、安福、遂川、寻乌、上犹、崇义、全南、会昌。

- 毛柱铁线莲 *Clematis meyeniana* Walp.

分布：九江、庐山、修水、玉山、贵溪、资溪、宜春、铜鼓、靖安、分宜、萍乡、莲花、井冈山、吉安、安福、永新、赣县、寻乌、兴国、上犹、全南、大余。

- 绣球藤 *Clematis montana* Buch.-Ham. ex DC.

分布：九江、庐山、修水、玉山、贵溪、靖安、萍乡、芦溪、井冈山、安福、遂川。

- 裂叶铁线莲 *Clematis parviloba* Gardner et Champ.

分布：修水、婺源、资溪、铜鼓、靖安、井冈山、寻乌、龙南、人余、会昌。

- 巴氏铁线莲 *Clematis parviloba* var. *bartlettii* (Yamamoto) W. T. Wang

分布：南昌。

评述：《江西植物名录》（杨祥学，1982）有记载，标本凭证：林英 13889（新建望城冈乌井碧云寺侧）。

- 钝萼铁线莲 *Clematis peterae* Hand.-Mazz.

分布：九江。

- 毛果铁线莲 *Clematis peterae* var. *trichocarpa* W. T. Wang

分布：九江、庐山、瑞昌、武宁、湖口、玉山、贵溪、资溪、石城。

- 华中铁线莲 *Clematis pseudootophora* M. Y. Fang

分布：武宁、芦溪、安福。

- 短毛铁线莲 *Clematis puberula* J. D. Hooker & Thomson

分布：武宁。

- 扬子铁线莲 *Clematis puberula* var. *ganpiniana* (H. Lév. & Vaniot) W. T. Wang

分布：九江、庐山、武宁、彭泽、修水、德安、上饶、铅山、资溪、宜黄、靖安、芦溪、安福、遂川、上犹。

- 五叶铁线莲 *Clematis quinquefoliolata* Hutch.

分布：资溪、上犹。

- 曲柄铁线莲 *Clematis repens* Finet et Gagnep.

分布：江西西部。

评述：《江西植物名录》（杨祥学，1982）有记载，未见标本。

- 圆锥铁线莲 *Clematis terniflora* DC.

分布：九江、庐山、武宁、彭泽、铜鼓、靖安。

- 柱果铁线莲 *Clematis uncinata* Champ. & Benth.

  分布：九江、庐山、武宁、修水、上饶、铅山、玉山、贵溪、南丰、南城、资溪、铜鼓、靖安、萍乡、遂川、南康、上犹。

翠雀属 *Delphinium* L.

- 还亮草 *Delphinium anthriscifolium* Hance

  分布：九江、武宁、彭泽、浮梁、南昌、上饶、婺源、南丰、资溪、铜鼓、靖安、奉新、吉安、泰和、遂川、章贡、石城、上犹。

- 卵瓣还亮草 *Delphinium anthriscifolium* var. *savatieri* (Franch.) Munz

  分布：九江、庐山。

（二十）山龙眼目 Proteales Juss. ex Bercht. & J. Presl

53 清风藤科 Sabiaceae Bl.

泡花树属 *Meliosma* Bl.

- 珂南树 *Meliosma alba* (Schlechtendal) Walpers

  分布：资溪、石城。

- 泡花树 *Meliosma cuneifolia* Franch.

  分布：九江、永修、景德镇、铅山、玉山、贵溪、资溪、黎川、袁州、靖安、奉新、分宜、萍乡、安福、永新、遂川、上犹。

- 光叶泡花树 *Meliosma cuneifolia* var. *glabriuscula* Cufod.

  分布：九江、武宁。

- 垂枝泡花树 *Meliosma flexuosa* Pamp.

  分布：九江、庐山、修水、玉山、资溪、铜鼓、靖安、奉新、芦溪、井冈山、安福、永新、石城、安远、崇义。

- 香皮树 *Meliosma fordii* Hemsl.

  分布：安远、寻乌、龙南、崇义、全南、大余。

- 腺毛泡花树 *Meliosma glandulosa* Cufod.

  分布：永修、宜丰、井冈山、永丰、大余。

- 多花泡花树 *Meliosma myriantha* Siebold et Zucc.

  分布：九江、南丰、黎川、永丰、遂川、寻乌、上犹、全南、会昌。

- 异色泡花树 *Meliosma myriantha* var. *discolor* Dunn [庐山泡花树 *Meliosma stewardii* Merr.]

  分布：九江、景德镇、上饶、鹰潭、资溪、广昌、黎川、宜丰、莲花、芦溪、赣州。

- 柔毛泡花树 *Meliosma myriantha* var. *pilosa* (Lecomte) Law

  分布：九江、庐山、修水、玉山、资溪、铜鼓、芦溪、井冈山、安福、石城、安远、上犹、崇义。

- 红柴枝 *Meliosma oldhamii* Maxim.

  分布：九江、武宁、安义、上饶、鄱阳、玉山、贵溪、南丰、广昌、铜鼓、宜丰、萍乡、永丰、寻乌、龙南。

- 有腺泡花树 *Meliosma oldhamii* var. *glandulifera* Cufod.

  分布：九江、南昌、宜丰、奉新、上高。

- 细花泡花树 *Meliosma parviflora* Lecomte

  分布：石城。

  评述：江西本土植物名录（2017）有记载，未见标本。

- 狭序泡花树 *Meliosma paupera* Hand.-Mazz.

  分布：寻乌、龙南、全南。

- 漆叶泡花树 *Meliosma rhoifolia* Maxim.

  分布：黎川、寻乌。

- 腋毛泡花树 *Meliosma rhoifolia* var. *barbulata* (Cufod.) Y. W. Law

分布：武宁、永修、德兴、上饶、宜丰、莲花、芦溪、井冈山、吉安、安福、永新、泰和、安远、寻乌、上犹、龙南、崇义、全南、大余、会昌。

● 笔罗子 *Meliosma rigida* Siebold et Zucc.
分布：靖安、永丰、寻乌、信丰。

● 毡毛泡花树 *Meliosma rigida* var. *pannosa* (Hand.-Mazz.) Y. W. Law
分布：永修、修水、南昌、铅山、玉山、资溪、广昌、黎川、宜春、铜鼓、靖安、宜丰、芦溪、井冈山、安福、永新、遂川、石城、安远、寻乌、龙南、崇义、信丰、全南、大余。

● 樟叶泡花树 *Meliosma squamulata* Hance
分布：井冈山、遂川、寻乌、上犹、崇义。

● 山榄叶泡花树 *Meliosma thorelii* Lecomte
分布：资溪、井冈山。

● 暖木 *Meliosma veitchiorum* Hemsl.
分布：铅山、黎川、瑞金、石城。

清风藤属 *Sabia* Colebr.

● 鄂西清风藤 *Sabia campanulata* subsp. *ritchieae* (Rehder & E. H. Wilson) Y. F. Wu
分布：九江、庐山、武宁、修水、玉山、贵溪、资溪、靖安、萍乡、井冈山、永新、遂川、石城、寻乌、上犹、崇义。

● 革叶清风藤 *Sabia coriacea* Rehder et E. H. Wilson
分布：资溪、井冈山、遂川、石城、寻乌、上犹、崇义、信丰。

● 灰背清风藤 *Sabia discolor* Dunn
分布：九江、庐山、修水、玉山、贵溪、南丰、资溪、黎川、安福、永丰、泰和、遂川、瑞金、石城、安远、赣县、寻乌、上犹、全南。

● 簇花清风藤 *Sabia fasciculata* Lecomte ex L. Chen
分布：寻乌。

● 清风藤 *Sabia japonica* Maxim.
分布：全省山区有分布。

● 中华清风藤 *Sabia japonica* var. *sinensis* (Stapf ex Koidz) L. Chen
分布：石城、寻乌、上犹、龙南、崇义。

● 长脉清风藤 *Sabia nervosa* Chun ex Y. F. Wu
分布：新建、安远、龙南。

● 尖叶清风藤 *Sabia swinhoei* Hemsl.
分布：九江、庐山、武宁、南昌、玉山、贵溪、资溪、宜黄、靖安、宜丰、安源、莲花、上栗、芦溪、井冈山、吉安、遂川、瑞金、石城、寻乌、兴国、崇义。

● 阔叶清风藤 *Sabia yunnanensis* subsp. *latifolia* (Rehder & E. H. Wilson) Y. F. Wu
分布：庐山、芦溪、井冈山、安福、上犹。

54 莲科 Nelumbonaceae A. Rich.

莲属 *Nelumbo* Adans.

● *莲 *Nelumbo nucifera* Gaertn.
分布：全省有栽培。

55 悬铃木科 Platanaceae T. Lestib.

悬铃木属 *Platanus* L.

● *二球悬铃木 *Platanus acerifolia* (Aiton) Willdenow

分布：全省有栽培。
- * **一球悬铃木** *Platanus occidentalis* L.

  分布：全省有栽培。
- * **三球悬铃木** *Platanus orientalis* L.

  分布：全省有栽培。

56 山龙眼科 Proteaceae Juss.

山龙眼属 Helicia Lour.

- **小果山龙眼** *Helicia cochinchinensis* Lour.

  分布：修水、南昌、德兴、贵溪、资溪、宜黄、黎川、崇仁、高安、宜丰、莲花、井冈山、安福、永丰、永新、遂川、瑞金、南康、石城、赣县、宁都、寻乌、兴国、上犹、龙南、全南、大余、会昌。
- **广东山龙眼** *Helicia kwangtungensis* W. T. Wang

  分布：安远、寻乌、龙南、全南、大余。
- **网脉山龙眼** *Helicia reticulata* W. T. Wang

  分布：贵溪、资溪、章贡、石城、寻乌、龙南、崇义、信丰、全南、大余。

银桦属 Grevillea R. Br.

- * **银桦** *Grevillea robusta* A. Cunn. ex R. Br.

  分布：赣南有栽培。

（二十一）黄杨目 Buxales Takht. ex Reveal

57 黄杨科 Buxaceae Dumort.

黄杨属 Buxus L.

- **雀舌黄杨** *Buxus bodinieri* H. Lév.

  分布：修水、婺源、奉新、井冈山、安福、安远、崇义、大余。
- **大花黄杨** *Buxus henryi* Mayr

  分布：黎川、井冈山、龙南、会昌。
- **大叶黄杨** *Buxus megistophylla* H. Lév.

  分布：资溪、黎川、芦溪、井冈山、龙南、崇义、会昌。
- **皱叶黄杨** *Buxus rugulosa* Hatusima

  分布：铅山。
- **宜昌黄杨** *Buxus ichangensis* Hatusima

  分布：九江、修水、南昌、遂川、崇义、寻乌。
- **黄杨** *Buxus sinica* (Rehder & E. H. Wilson) M. Cheng

  分布：九江、南昌、广丰、铅山、玉山、贵溪、资溪、宜黄、黎川、芦溪、井冈山、安福、石城、安远、寻乌、全南。
- **尖叶黄杨** *Buxus sinica* var. *aemulans* (Rehder & E. H. Wilson) P. Brückner & T. L. Ming [江西黄杨 *Buxus microphylla* var. *kiangsiensis* Hu et F. H. Chen]

  分布：玉山、贵溪、资溪、黎川、靖安、寻乌、上犹。
- **小叶黄杨** *Buxus sinica* var. *parvifolia* M. Cheng

  分布：九江、庐山。
- **越橘叶黄杨** *Buxus sinica* var. *vacciniifolia* M. Cheng

  分布：九江、庐山、铅山。
- **狭叶黄杨** *Buxus stenophylla* Hance

分布：婺源、吉安、安福。

板凳果属 *Pachysandra* Michx.

- 板凳果 *Pachysandra axillaris* Franch.

分布：武宁、铅山、玉山、铜鼓、井冈山、遂川。

- 多毛板凳果 *Pachysandra axillaris* var. *stylosa* (Dunn) M. Cheng

分布：铅山、玉山、资溪、铜鼓、奉新、芦溪、井冈山、吉安、遂川、上犹、龙南。

- 顶花板凳果 *Pachysandra terminalis* Siebold et Zucc.

分布：庐山、玉山。

野扇花属 *Sarcococca* Lindl.

- 长叶柄野扇花 *Sarcococca longipetiolata* M. Cheng

分布：九江、武宁、庐山、新建、安义、萍乡、莲花、安福、万载、铜鼓、黎川、广昌、龙南。

- 东方野扇花 *Sarcococca orientalis* C. Y. Wu

分布：九江、庐山、武宁、南昌、安义、贵溪、资溪、广昌、黎川、铜鼓、靖安、万载、湘东、莲花、上栗、芦溪、井冈山、石城、安远、龙南、崇义。

- 野扇花 *Sarcococca ruscifolia* Stapf

分布：九江、瑞昌、武宁、南昌、乐安、广昌、黎川、铜鼓、靖安、宜丰、萍乡、莲花、龙南。

（二十二）虎耳草目 Saxifragales Bercht. & J. Presl

58 芍药科 Paeoniaceae Raf.

芍药属 *Paeonia* L.

- 芍药 *Paeonia lactiflora* Pall.

分布：庐山、永修、修水、玉山、井冈山、永丰、遂川。

- 草芍药 *Paeonia obovata* Maxim.

分布：九江、庐山、修水、靖安。

- ▲牡丹 *Paeonia suffruticosa* Andrews

分布：全省有栽培。

59 蕈树科 Altingiaceae Lindl.

蕈树属 *Altingia* Noronha

- 蕈树 *Altingia chinensis* (Champ. ex Benth.) Oliv. ex Hance

分布：上饶、贵溪、抚州、井冈山、永丰、泰和、赣州。

- 细柄蕈树 *Altingia gracilipes* Hemsl.[细齿蕈树 *Altingia gracilipes* var. *serrulata* Tutch.]

分布：上饶、贵溪、资溪、广昌、瑞金、石城、安远、寻乌、会昌。

- 镰尖蕈树 *Altingia siamensis* Craib [窄叶蕈树 *Altingia angustifolia* Chang]

分布：寻乌。

评述：江西新记录。

- 薄叶蕈树 *Altingia tenuifolia* Chun ex H. T. Chang

分布：寻乌。

枫香树属 *Liquidambar* L.

- 缺萼枫香树 *Liquidambar acalycina* H. T. Chang

分布：庐山、永修、修水、铅山、铜鼓、萍乡、井冈山、安福、遂川、寻乌、龙南、全南。

- 枫香树 *Liquidambar formosana* Hance

  分布：全省有分布。

半枫荷属 *Semiliquidambar* Chang

- 半枫荷 *Semiliquidambar cathayensis* H. T. Chang[小叶半枫荷 *Semiliquidambar cathayensis* var. *parvifolia* (Chun) H. T. Chang]

  分布：贵溪、井冈山、永丰、遂川、石城、安远、赣县、寻乌、龙南、崇义、信丰、全南、大余、瑞金、会昌、上犹。

- 细柄半枫荷 *Semiliquidambar chingii* (F. P. Metcalf) H. T. Chang

  分布：井冈山、赣县、寻乌。

60 金缕梅科 Hamamelidaceae R. Br.

牛鼻栓属 *Fortunearia* Rehd. & E. H. Wilson

- 牛鼻栓 *Fortunearia sinensis* Rehder & E. H. Wilson

  分布：九江、庐山、武宁、修水、南昌、玉山、贵溪。

壳菜果属 *Mytilaria* Lecomte

- * 壳菜果（米老排）*Mytilaria laosensis* Lecomte

  分布：上犹、大余。

马蹄荷属 *Exbucklandia* R. W. Brown

- 大果马蹄荷 *Exbucklandia tonkinensis* (Lecomte) H. T. Chang

  分布：井冈山、石城、安远、寻乌、定南、上犹、龙南、崇义、全南。

秀柱花属 *Eustigma* Gardner & Champ.

- 秀柱花 *Eustigma oblongifolium* Gardn. et Champ.

  分布：石城、安远、寻乌、龙南、崇义、信丰、全南。

蚊母树属 *Distylium* Sieb. et Zucc.

- 小叶蚊母树 *Distylium buxifolium* (Hance) Merr.

  分布：资溪、井冈山、寻乌、大余、会昌。

- 闽粤蚊母树 *Distylium chungii* (F. P. Metcalf) W. C. Cheng

  分布：资溪、石城、安远、上犹。

- 鳞毛蚊母树 *Distylium elaeagnoides* H. T. Chang

  分布：石城、安远、会昌。

- 大叶蚊母树 *Distylium macrophyllum* H. T. Chang

  分布：赣州。

  评述：《江西种子植物名录》（刘仁林，2010）有记载，未见标本。

- 杨梅叶蚊母树 *Distylium myricoides* Hemsl. [亮叶蚊母树 *Distylium myricoides* var. *nitidum* Chang]

  分布：九江、庐山、武宁、修水、婺源、玉山、贵溪、资溪、宜黄、广昌、黎川、铜鼓、靖安、宜丰、萍乡、井冈山、安福、泰和、遂川、瑞金、石城、安远、寻乌、兴国、上犹、龙南、全南、大余。

- * 蚊母树 *Distylium racemosum* Sieb. et Zucc.

  分布：全省有栽培。

双花木属 *Disanthus* Maxim.

- 双花木 *Disanthus cercidifolius* Maxim.

  分布：吉安、永新。

- **长柄双花木** *Disanthus cercidifolius* subsp. *longipes* (H. T. Chang) K. Y. Pan

  分布：玉山、南丰、宜黄、广昌、铜鼓、宜丰、芦溪、井冈山、安福、永新。

檵木属 *Loropetalum* R. Br.

- **檵木** *Loropetalum chinense* (R. Br.) Oliv.

  分布：全省有分布。

- **红花檵木** *Loropetalum chinense* var. *rubrum* Yieh

  分布：上栗。

波斯铁木属 *Parrotia* C. A. Mey.

- ***银缕梅** *Parrotia subaequalis* (H. T. Chang) R. M. Hao et H. T. Wei[小叶金缕梅 *Hamamelis subaequalis* H. T. Chang]

  分布：庐山。

  评述：江西本土植物名录（2017）有记载，未见标本。

金缕梅属 *Hamamelis* Gronov. ex L.

- **金缕梅** *Hamamelis mollis* Oliv.

  分布：九江、庐山、武宁、修水、贵溪、宜春、宜丰、章贡、宁都、寻乌、兴国。

水丝梨属 *Sycopsis* Oliv.

- **水丝梨** *Sycopsis sinensis* Oliv.

  分布：九江、玉山、贵溪、资溪、井冈山、安福、石城、寻乌、全南。

蜡瓣花属 *Corylopsis* Sieb. et Zucc.

- **腺蜡瓣花** *Corylopsis glandulifera* Hemsl. [灰白蜡瓣花 *Corylopsis glandulifera* var. *hypoglauca* (Cheng) H. T. Chang]

  分布：玉山、资溪。

- **瑞木** *Corylopsis multiflora* Hance

  分布：石城、崇义、信丰、大余。

- **蜡瓣花** *Corylopsis sinensis* Hemsl.

  分布：九江、庐山、武宁、永修、修水、景德镇、浮梁、玉山、贵溪、南丰、资溪、铜鼓、靖安、宜丰、井冈山、吉安、安福、泰和、遂川、石城、安远、赣县、寻乌、兴国、上犹、崇义、全南。

- **秃蜡瓣花** *Corylopsis sinensis* var. *calvescens* Rehder & E. H. Wilson

  分布：九江、庐山、上饶、铅山、玉山、贵溪、南丰、莲花、井冈山、赣县。

假蚊母属 *Distyliopsis* P. K. Endress

- **尖叶假蚊母树** *Distyliopsis dunnii* (Hemsl.) P. K. Endress[尖叶水丝梨 *Sycopsis dunnii* Hemsl.]

  分布：安远、赣县、崇义。

- **钝叶假蚊母树** *Distyliopsis tutcheri* (Hemsl.) P. K. Endress[钝叶水丝梨 *Sycopsis tutcheri* Hemsl.]

  分布：安远。

61 连香树科 Cercidiphyllaceae Engl.

连香树属 *Cercidiphyllum* Sieb. et Zucc.

- **连香树** *Cercidiphyllum japonicum* Sieb. & Zucc.

  分布：庐山、铅山、安福、婺源、资溪、南丰、宜丰、宜春。

62 虎皮楠科 Daphniphyllaceae Müll. Arg.

虎皮楠属 Daphniphyllum Bl.

- **狭叶虎皮楠** *Daphniphyllum angustifolium* Hutch.
分布：铅山、宜丰、井冈山、上犹、龙南、崇义、全南、大余。
评述：疑似标本鉴定有误，误将虎皮楠鉴定为该种。
- **牛耳枫** *Daphniphyllum calycinum* Benth.
分布：井冈山、遂川、章贡、瑞金、南康、石城、安远、赣县、宁都、寻乌、兴国、上犹、于都、龙南、崇义、全南、大余、会昌。
- **长序虎皮楠**（江西虎皮楠）*Daphniphyllum longeracemosum* Rosenth.
分布：井冈山。
- **交让木** *Daphniphyllum macropodum* Miq.
分布：九江、庐山、武宁、修水、德兴、上饶、婺源、铅山、玉山、贵溪、南丰、资溪、黎川、铜鼓、靖安、宜丰、万载、莲花、芦溪、井冈山、安福、遂川、赣县、全南。
- **虎皮楠** *Daphniphyllum oldhamii* (Hemsl.) K. Rosenth.
分布：九江、庐山、修水、德兴、上饶、婺源、铅山、玉山、贵溪、南丰、资溪、广昌、黎川、靖安、萍乡、莲花、井冈山、吉安、安福、永新、遂川、瑞金、石城、安远、宁都、寻乌、兴国、上犹、龙南、全南、大余。

63 鼠刺科 Iteaceae J. Agardh

鼠刺属 *Itea* L.

- **鼠刺** *Itea chinensis* Hook. et Arn.
分布：玉山、萍乡、吉安。
- **厚叶鼠刺** *Itea coriacea* Y. C. Wu
分布：靖安、井冈山、遂川、上犹。
- **峨眉鼠刺** *Itea omeiensis* C. K. Schneider
分布：全省有分布。

64 茶藨子科 Grossulariaceae DC.

茶藨子属 *Ribes* L.

- **革叶茶藨子** *Ribes davidii* Franch.
分布：遂川。
- **簇花茶藨子** *Ribes fasciculatum* Siebold & Zucc.
分布：九江。
- **华蔓茶藨子** *Ribes fasciculatum* var. *chinense* Maxim.
分布：九江、湖口。
- **冰川茶藨子** *Ribes glaciale* Wall
分布：庐山。
- **宝兴茶藨子** *Ribes moupinense* Franch.
分布：靖安。
评述：《江西种子植物名录》（刘仁林，2010）有记载，未见标本。
- **细枝茶藨子** *Ribes tenue* Jancz.
分布：九江。

65 虎耳草科 Saxifragaceae Juss.

涧边草属 Peltoboykinia (Engl.) Hara

- 涧边草 *Peltoboykinia tellimoides* (Maxim.) H. Hara
  分布：贵溪。
  评述：江西本土植物名录（2017）有记载，未见标本。

金腰属 Chrysosplenium Tourn. ex L.

- 无毛金腰 *Chrysosplenium glaberrimum* W. T. Wang
  分布：庐山。
- 日本金腰 *Chrysosplenium japonicum* (Maxim.) Makino
  分布：庐山、婺源、分宜。
- 绵毛金腰 *Chrysosplenium lanuginosum* Hook. f. & Thomson
  分布：武宁、宜丰、芦溪、井冈山、遂川。
- 大叶金腰 *Chrysosplenium macrophyllum* Oliv.
  分布：九江、庐山、武宁、修水、婺源、玉山、贵溪、资溪、靖安、宜丰、井冈山、安福、遂川、上犹、崇义。
- 中华金腰 *Chrysosplenium sinicum* Maxim.
  分布：九江、庐山、武宁、资溪、靖安。
- 单花金腰 *Chrysosplenium uniflorum* Maxim
  分布：庐山。

落新妇属 Astilbe Buch.-Ham. ex D. Don

- 落新妇 *Astilbe chinensis* (Maxim.) Franch. et Sav. [紫花落新妇 *Astilbe davidii* (Franch.) L. Henry]
  分布：庐山、修水、上饶、玉山、宜黄、广昌、黎川、宜春、靖安、安福、遂川、石城、寻乌、兴国、上犹、崇义。
- 大落新妇 *Astilbe grandis* Stapf ex E. H. Wilson [华南落新妇 *Astilbe austrosinensis* Hand.-Mazz.]
  分布：九江、庐山、瑞昌、武宁、上饶、铅山、玉山、贵溪、资溪、黎川、靖安、石城、大余、崇义。
- 大果落新妇 *Astilbe macrocarpa* Knoll
  分布：九江、庐山、瑞昌、武宁、修水、景德镇、黎川、铜鼓、芦溪、井冈山、安福、遂川、石城。

黄水枝属 Tiarella L.

- 黄水枝 *Tiarella polyphylla* D. Don
  分布：九江、庐山、永修、修水、婺源、铅山、玉山、贵溪、资溪、靖安、芦溪、井冈山、安福、石城。

虎耳草属 Saxifraga Tourn. ex L.

- 罗霄虎耳草 *Saxifraga luoxiaoensis* W. B. Liao, L. Wang & X. J. Zhang
  分布：井冈山、安福、遂川。
- 神农氏虎耳草 *Saxifraga shennongii* Lei Wang, W. B. Liao & Ji J. Zhang
  分布：安福。
- 虎耳草 *Saxifraga stolonifera* Curtis
  分布：全省有分布。

66 景天科 Crassulaceae J. St.-Hil.

瓦松属 Orostachys (DC.) Fisch.

- 瓦松 *Orostachys fimbriata* (Turczaninow) A. Berger

分布：九江、庐山、瑞昌、湖口、铅山、资溪、芦溪、井冈山、安福。

● 晚红瓦松 *Orostachys japonica* A. Berger

分布：九江、瑞昌、湖口、玉山。

景天属 *Sedum* L.

● 东南景天 *Sedum alfredii* Hance

分布：武宁、婺源、玉山、贵溪、资溪、黎川、靖安、宜丰、永丰、永新、遂川、石城。

● 对叶景天 *Sedum baileyi* Praeger

分布：九江、庐山、玉山、黎川、靖安、井冈山、崇义。

● 珠芽景天 *Sedum bulbiferum* Makino

分布：全省有分布。

● 大叶火焰草 *Sedum drymarioides* Hance

分布：九江、庐山、彭泽、永修、婺源、玉山、贵溪。

● 凹叶景天 *Sedum emarginatum* Migo

分布：九江、庐山、修水、南昌、玉山、贵溪、资溪、靖安、奉新、萍乡、井冈山、安福、遂川、石城、安远、寻乌、兴国、上犹、崇义。

● 小山飘风 *Sedum filipes* Hemsl.

分布：铅山、玉山、资溪、黎川、井冈山。

评述：《江西种子植物名录》（刘仁林，2010）有记载，未见标本。

● 禾叶景天 *Sedum grammophyllum* Fröd.

分布：大余。

● 本州景天 *Sedum hakonense* Makino

分布：寻乌、上犹。

● 日本景天 *Sedum japonicum* Siebold ex Miq.

分布：九江、庐山、南昌、玉山、贵溪、资溪、靖安、井冈山。

● 潜茎景天 *Sedum latentibulbosum* K. T. Fu & G. Y. Rao

分布：庐山。

● 薄叶景天 *Sedum leptophyllum* Fröd.

分布：九江、庐山、靖安。

● 佛甲草 *Sedum lineare* Thunb.

分布：九江、庐山、武宁、修水、南昌、玉山、贵溪、南丰、资溪、靖安、宜丰、萍乡、莲花、吉安、泰和、遂川、石城、于都、龙南。

● 龙泉景天 *Sedum lungtsuanense* S. H. Fu

分布：鹰潭、靖安、吉安、兴国。

● 庐山景天 *Sedum lushanense* S. S. Lai

分布：九江、庐山。

● 圆叶景天 *Sedum makinoi* Maxim.

分布：武宁、南昌、铅山。

● 大苞景天 *Sedum oligospermum* Maire [串枝莲 *Sedum bracteatum* Diels]

分布：南昌、铅山、宜黄、井冈山、泰和、上犹、崇义、大余。

● 叶花景天 *Sedum phyllanthum* H. Lév. & Vaniot

分布：莲花。

● 藓状景天 *Sedum polytrichoides* Hemsl.

分布：九江、庐山、武宁、修水、玉山、贵溪、资溪、宜丰、芦溪。

● 垂盆草 *Sedum sarmentosum* Bunge

分布：九江、庐山、武宁、南昌、玉山、贵溪、资溪、广昌、靖安、井冈山、安福、遂川、寻乌。

● 火焰草 *Sedum stellariifolium* Franch.

分布：庐山、玉山、资溪、靖安、上犹。

● 细小景天 *Sedum subtile* Miq.

分布：庐山、井冈山、遂川、崇义。
- **四芒景天** *Sedum tetractinum* Fröd.

分布：修水、上饶、铅山、玉山、贵溪、靖安、泰和、龙南。
- **土佐景天** *Sedum tosaense* Makino

分布：芦溪、安福。
- **疏花佛甲草** *Sedum uniflorum* Hooker et Arnott

分布：不详。

评述：《中国植物物种名录》（2020版）有记载，未见标本。
- **短蕊景天** *Sedum yvesii* Raym.–Hamet

分布：九江、庐山、瑞昌。

石莲属 *Sinocrassula* A. Berger

- **石莲** *Sinocrassula indica* (Decne.) A. Berger

分布：修水、铜鼓。

评述：《江西种子植物名录》（刘仁林，2010）有记载，未见标本。

八宝属 *Hylotelephium* H. Ohba

- **八宝** *Hylotelephium erythrostictum* (Miq.) H. Ohba

分布：庐山、宜春。
- **紫花八宝** *Hylotelephium mingjinianum* (S. H. Fu) H. Ohba

分布：广丰。
- **轮叶八宝** *Hylotelephium verticillatum* (L.) H. Ohba

分布：九江、庐山、彭泽、湖口、德兴、宜春、铜鼓。

费菜属 *Phedimus* Raf.

- **费菜** *Phedimus aizoon* (L.) 't Hart

分布：九江、庐山、武宁、修水、上饶、铅山、玉山、贵溪、资溪、铜鼓、靖安。

67 扯根菜科 Penthoraceae Rydb. ex Britton

扯根菜属 *Penthorum* Gronov. ex L.

- **扯根菜** *Penthorum chinense* Pursh

分布：九江、庐山、武宁、修水、玉山、贵溪、万载、萍乡、井冈山、永丰、遂川。

68 小二仙草科 Haloragaceae R. Br.

狐尾藻属 *Myriophyllum* L.

- **东方狐尾藻** *Myriophyllum oguraense* Miki

分布：不详。

评述：《中国植物物种名录》（2020版）有记载，未见标本。
- **绿狐尾藻** *Myriophyllum quitense* Kunth

分布：全省广泛栽培。
- **穗状狐尾藻** *Myriophyllum spicatum* L.

分布：鄱阳湖、九江、庐山。
- **乌苏里狐尾藻** *Myriophyllum ussuriense* (Regel) Maximowicz

分布：九江、庐山、婺源、鄱阳湖、萍乡、泰和。
- **狐尾藻** *Myriophyllum verticillatum* L.

分布：鄱阳湖、九江、庐山、余干、崇仁、靖安、永丰。

小二仙草属 Gonocarpus Thunb.

- 黄花小二仙草 *Gonocarpus chinensis* (Loureiro) Orchard

分布：寻乌。

- 小二仙草 *Gonocarpus micranthus* Thunberg

分布：全省有分布。

（二十三）葡萄目 Vitales Juss. ex Bercht. & J. Presl

69 葡萄科 Vitaceae Juss.

葡萄属 *Vitis* L.

- 山葡萄 *Vitis amurensis* Rupr.

分布：庐山。

- 小果葡萄 *Vitis balansana* Planchon

分布：武宁、婺源、资溪、萍乡、井冈山、永新、遂川。

- 美丽葡萄 *Vitis bellula* (Rehder) W. T. Wang [小叶毛葡萄 *Vitis quinquangularis* var. *bellula* (Rehder) Rehder]

分布：庐山、修水。

- 桦叶葡萄 *Vitis betulifolia* Diels et Gilg

分布：武宁、永修。

- 蘡薁 *Vitis bryoniifolia* Bunge

分布：武宁、修水、玉山、贵溪、资溪、黎川、靖安、吉安、永新、泰和、遂川、瑞金、南康、石城、安远、寻乌、龙南、崇义、大余。

- 东南葡萄 *Vitis chunganensis* Hu

分布：九江、庐山、武宁、修水、婺源、玉山、贵溪、资溪、宜黄、铜鼓、靖安、宜丰、奉新、萍乡、井冈山、吉安、永新、遂川、石城、安远、赣县、兴国、上犹。

- 闽赣葡萄 *Vitis chungii* F. P. Metcalf

分布：武宁、修水、资溪、黎川、铜鼓、靖安、萍乡、莲花、井冈山、吉安、寻乌、崇义。

- 刺葡萄 *Vitis davidii* (Rom.Caill.) Foëx

分布：九江、庐山、瑞昌、武宁、彭泽、浮梁、婺源、铅山、玉山、贵溪、资溪、铜鼓、靖安、井冈山、安福、泰和、石城、寻乌、大余、会昌。

- 锈毛刺葡萄 *Vitis davidii* var. *ferruginea* Merr.& Chun

分布：修水、浮梁、婺源、铅山、资溪、铜鼓、井冈山、石城、寻乌、会昌。

- 红叶葡萄 *Vitis erythrophylla* W. T. Wang

分布：景德镇、婺源。

- 葛藟葡萄 *Vitis flexuosa* Thunb.

分布：九江、庐山、武宁、永修、贵溪、奉新、萍乡、安福、泰和、遂川、石城、寻乌、上犹、大余、会昌。

- 菱叶葡萄 *Vitis hancockii* Hance [山毛榉叶葡萄 *Vitis fagifolia* Hu]

分布：九江、庐山、浮梁、南昌、婺源、贵溪、资溪、黎川、丰城、靖安、宜丰、奉新、吉安。

- 毛葡萄 *Vitis heyneana* Roem. et Schult

分布：九江、庐山、武宁、永修、修水、上饶、贵溪、资溪、靖安、永新、瑞金、石城、安远、寻乌。

- 桑叶葡萄 *Vitis heyneana* subsp. *ficifolia* (Bge.) C. L. Li

分布：庐山、分宜。

- 庐山葡萄 *Vitis hui* Cheng

分布：九江、庐山、都昌、靖安。

- 井冈葡萄 *Vitis jinggangensis* W. T. Wang

分布：井冈山。

- 鸡足葡萄 *Vitis lanceolatifoliosa* C. L. Li

分布：兴国。

- 龙泉葡萄 *Vitis longquanensis* P. L. Chiu

分布：德兴、上饶、广丰、铅山、玉山。

- 变叶葡萄 *Vitis piasezkii* Maxim.

分布：九江、宜黄、靖安。

- 毛脉葡萄 *Vitis pilosonerva* F. P. Metcalf

分布：寻乌。

- 华东葡萄 *Vitis pseudoreticulata* W. T. Wang

分布：九江、庐山、武宁、南昌、婺源、贵溪、南丰、资溪、黎川、铜鼓、靖安、宜丰、奉新、井冈山、遂川、安远、寻乌、兴国、上犹、大余、会昌。

- 秋葡萄 *Vitis romanetii* Rom. Caill.

分布：修水。

- 湖北葡萄 *Vitis silvestrii* Pamp

分布：庐山。

- 小叶葡萄 *Vitis sinocinerea* W. T. Wang

分布：九江、庐山、贵溪、资溪、靖安、宜丰、萍乡、井冈山、吉安、遂川、石城、会昌。

- 狭叶葡萄 *Vitis tsoi* Merrill

分布：修水、贵溪、资溪、黎川、宜丰、萍乡、井冈山、永新、安远、上犹、龙南、崇义、大余。

- * 葡萄 *Vitis vinifera* L.

分布：全省广泛栽培。

- 网脉葡萄 *Vitis wilsoniae* H. J. Veitch

分布：庐山、武宁、铅山、玉山、贵溪、资溪、宜黄、万载、井冈山、吉安、遂川、石城。

- 武汉葡萄 *Vitis wuhanensis* C. L. Li

分布：庐山、修水、乐平、上饶、南丰、东乡、黎川、吉安、上犹。

蛇葡萄属 *Ampelopsis* Michx.

- 乌头叶蛇葡萄 *Ampelopsis aconitifolia* Bunge

分布：吉安。

评述：江西本土植物名录（2017）有记载，未见标本。

- 蓝果蛇葡萄 *Ampelopsis bodinieri* (H. Lév. & Vaniot) Rehder

分布：分宜、芦溪、安福。

- 广东蛇葡萄 *Ampelopsis cantoniensis* (Hook. et Arn.) Planch.

分布：庐山、武宁、修水、浮梁、玉山、贵溪、南丰、资溪、黎川、铜鼓、萍乡、莲花、井冈山、吉安、安福、永新、遂川、瑞金、南康、安远、寻乌、兴国、龙南、崇义、全南、大余、会昌。

- 羽叶蛇葡萄 *Ampelopsis chaffanjonii* (H. Léveillé & Vaniot) Rehder

分布：贵溪、资溪、井冈山、遂川、南康、石城、安远、寻乌、龙南、崇义、信丰、全南、大余。

- 三裂蛇葡萄 *Ampelopsis delavayana* Planch.

分布：九江、瑞昌、武宁、修水、浮梁、玉山、鹰潭、贵溪、南丰、资溪、宜黄、黎川、铜鼓、靖安、奉新、莲花、井冈山、吉安、永新、遂川、石城、安远、宁都、兴国、龙南、崇义、会昌。

- 蛇葡萄 *Ampelopsis glandulosa* (Wall.) Momiy.

分布：九江、黎川、铜鼓、分宜、莲花、安福、南康、大余、会昌。

- 东北蛇葡萄 *Ampelopsis glandulosa* var. *brevipedunculata* (Maximowicz) Momiyama

分布：庐山、芦溪。

- 光叶蛇葡萄 *Ampelopsis glandulosa* var. *hancei* (Planchon) Momiyama

分布：九江、庐山、武宁、永修、修水、南丰、资溪、广昌、宜春、靖安、宜丰、奉新、万载、安福、安远、寻乌、兴国、上犹、大余。

- 异叶蛇葡萄 *Ampelopsis glandulosa* var. *heterophylla* (Thunberg) Momiyama

分布：庐山、德兴、铅山、玉山、贵溪、南丰、资溪、东乡、铜鼓、井冈山、安福、石城、寻乌、大余、会昌。

- 牯岭蛇葡萄 *Ampelopsis glandulosa* var. *kulingensis* (Rehder) Momiyama

分布：九江、庐山、武宁、修水、浮梁、德兴、上饶、铅山、贵溪、南丰、资溪、广昌、黎川、铜鼓、奉新、井冈山、吉安、安福、遂川、瑞金、石城、安远、寻乌、兴国、上犹、崇义、大余、会昌。

- 显齿蛇葡萄 *Ampelopsis grossedentata* (Hand.-Mazz.) W. T. Wang [粗齿广东蛇葡萄 *Ampelopsis cantoniensis* var. *grossedentata* Hand.-Mazz.]

分布：上饶、南丰、广昌、黎川、铜鼓、宜丰、萍乡、莲花、上栗、芦溪、井冈山、吉安、安福、永丰、永新、泰和、遂川、瑞金、南康、石城、安远、赣县、宁都、寻乌、兴国、于都、龙南、崇义、大余、会昌。

- 葎叶蛇葡萄 *Ampelopsis humulifolia* Bunge

分布：九江、庐山、武宁、永修、修水、南昌、南丰、东乡、石城、赣县、兴国、大余、会昌。

- 粉叶蛇葡萄 *Ampelopsis hypoglauca* (Hance) C. L. Li

分布：南丰、安远、寻乌、定南。

- 白蔹 *Ampelopsis japonica* (Thunb.) Makino

分布：九江、庐山、瑞昌、永修、玉山、贵溪、南丰、资溪、靖安、井冈山、龙南。

- 大叶蛇葡萄 *Ampelopsis megalophylla* Diels et Gilg

分布：南丰、石城、寻乌、大余。

- 柔毛大叶蛇葡萄 *Ampelopsis megalophylla* var. *jiangxiensis* (W. T. Wang) C. L. Li

分布：修水、景德镇、资溪、大余。

- 毛枝蛇葡萄 *Ampelopsis rubifolia* (Wall.) Planch.

分布：资溪、井冈山。

崖爬藤属 Tetrastigma (Miq.) Planch.

- 三叶崖爬藤 *Tetrastigma hemsleyanum* Diels et Gilg

分布：全省有分布。

- 崖爬藤 *Tetrastigma obtectum* (Wall.) Planch. [毛叶崖爬藤 *Tetrastigma obtectum* var. *pilosum* Gagnep.]

分布：修水、资溪、井冈山、永新、安远、寻乌、上犹。

- 无毛崖爬藤 *Tetrastigma obtectum* var. *glabrum* (H. Lév. & Vaniot) Gagnep.

分布：芦溪、井冈山、安福、遂川、石城、寻乌、上犹、龙南。

- 扁担藤 *Tetrastigma planicaule* (Hook.) Gagnep.

分布：安远、寻乌、定南、龙南、全南。

评述：仅见一份标本保藏于厦门大学标本馆标本（林鹏，1010），采自庐山含鄱口，从该种植物地理区系来看，本种应该不会分布到庐山，有待进一步考证。

白粉藤属 Cissus L.

- 苦郎藤 *Cissus assamica* (M. A. Lawson) Craib

分布：资溪、宜黄、广昌、黎川、井冈山、吉安、安福、永新、遂川、石城、安远、寻乌、兴国、上犹、龙南、崇义、全南、大余、会昌。

- 白粉藤 *Cissus repens* Lam.

分布：井冈山、信丰。

俞藤属 Yua C. L. Li

- 大果俞藤 *Yua austro-orientalis* (F. P. Metcalf) C. L. Li [东南爬山虎 *Parthenocissus austro-orientalis* F. P. Metcalf]

分布：资溪、莲花、井冈山、安福、永新、遂川、寻乌、龙南、崇义。

- 俞藤 *Yua thomsonii* (M. A. Lawson) C. L. Li [粉叶爬山虎 *Parthenocissus thomsonii* (M. A. Lawson) Planch.]

分布：九江、庐山、永修、修水、安义、上饶、鹰潭、资溪、铜鼓、靖安、宜丰、奉新、分宜、萍乡、安福、永新、遂川、兴国、龙南。

- 华西俞藤 *Yua thomsonii* var. *glaucescens* (Diels & Gilg) C. L. Li

分布：宜春、安福。

地锦属 Parthenocissus Planch.

- 异叶地锦 *Parthenocissus dalzielii* Gagnep.
分布：修水、上饶、贵溪、资溪、广昌、黎川、莲花、芦溪、井冈山、安福、永新、安远、寻乌、大余。
- 花叶地锦 *Parthenocissus henryana* (Hemsl.) Diels et Gilg
分布：宜丰。
- 绿叶地锦 *Parthenocissus laetevirens* Rehder
分布：庐山、武宁、德兴、贵溪、黎川、靖安、井冈山、安福、寻乌、龙南、崇义。
- 三叶地锦 *Parthenocissus semicordata* (Wall.) Planch.
分布：九江、上饶、鹰潭、赣州。
- 栓翅地锦 *Parthenocissus suberosa* Hand.-Mazz.
分布：庐山、修水。
- 地锦 *Parthenocissus tricuspidata* (Siebold & Zucc.) Planch.
分布：全省有分布。

乌蔹莓属 Cayratia Juss.

- 白毛乌蔹莓 *Cayratia albifolia* C. L. Li
分布：九江、修水、铅山、广昌、莲花、安远、上犹、崇义。
- 角花乌蔹莓 *Cayratia corniculata* (Benth.) Gagnep.
分布：庐山、彭泽、永修、玉山、贵溪、南丰、资溪、上栗、石城、寻乌、崇义。
- 乌蔹莓 *Cayratia japonica* (Thunb.) Gagnep.
分布：全省有分布。
- 尖叶乌蔹莓 *Cayratia japonica* var. *pseudotrifolia* (W. T. Wang) C. L. Li
分布：九江、修水。
- 华中乌蔹莓 *Cayratia oligocarpa* (H. Lév. et Vaniot) Gagnep.
分布：九江、庐山、铅山、资溪、靖安、井冈山、寻乌、上犹。

（二十四）蒺藜目 Zygophyllales Link

70 蒺藜科 Zygophyllaceae R. Br.

蒺藜属 Tribulus L.

- 蒺藜 *Tribulus terrestris* L.
分布：九江、庐山、靖安。

（二十五）豆目 Fabales Bromhead

71 豆科 Fabaceae Lindl.

链荚豆属 Alysicarpus Neck. ex Desv.

- 链荚豆 *Alysicarpus vaginalis* Chun
分布：泰和、寻乌。

猴耳环属 Archidendron F. Muell.

- 亮叶猴耳环 *Archidendron lucidum* (Benth.) I. C. Nielsen
分布：寻乌、龙南、崇义、信丰、大余。

黄芪属 Astragalus L.

● 紫云英 *Astragalus sinicus* L.
分布：全省有分布。

相思树属（金合欢属）Acacia Mill.

● * 台湾相思 *Acacia confusa* Merr.
分布：南昌、高安、赣州。
● * 金合欢 *Acacia farnesiana* (L.) Willd.
分布：赣南有栽培。
● * 黑荆 *Acacia mearnsii* De Wild.
分布：赣南有栽培。
● 羽叶金合欢 *Acacia pennata* (L.) Willd.
分布：宜春、宜丰。

鸡眼草属 Kummerowia Schindl.

● 长萼鸡眼草 *Kummerowia stipulacea* (Maxim.) Makino
分布：九江、庐山、武宁、湖口、玉山、贵溪、资溪、靖安、分宜、永丰、石城。
● 鸡眼草 *Kummerowia striata* (Thunb.) Schindl.
分布：九江、庐山、修水、都昌、新建、安义、德兴、铅山、广昌、高安、铜鼓、萍乡、井冈山、吉安、安福、永丰、泰和、遂川、瑞金、全南、会昌。

羊蹄甲属 Bauhinia L.

● 阔裂叶羊蹄甲 *Bauhinia apertilobata* Merr. et F. P. Metcalf
分布：安远、寻乌、龙南、崇义、全南、大余、会昌。
● 龙须藤 *Bauhinia championii* (Benth.) Benth.
分布：上饶、高安、萍乡、遂川、寻乌、兴国、龙南、全南、大余。
● 首冠藤 *Bauhinia corymbosa* Roxb.
分布：资溪、万载、遂川、于都。
● 粉叶羊蹄甲 *Bauhinia glauca* (Wall. ex Benth.) Benth. [白背羊蹄甲 *Bauhinia paraglauca* Tang & F. T. Wang]
分布：乐安、资溪、萍乡、芦溪、井冈山、安福、寻乌、崇义、大余。
● 薄叶羊蹄甲 *Bauhinia glauca* subsp. *tenuiflora* (Watt ex C. B. Clarke) K. Larsen et S. S. Larsen[鄂羊蹄甲 *Bauhinia glauca* (Wall. ex Benth.) Benth. subsp. *hupehana* (Craib) T. C. Chen]
分布：九江、庐山、贵溪、资溪、黎川、靖安、宜丰、井冈山、石城、龙南。

坡油甘属 Smithia Aiton

● 坡油甘 *Smithia sensitiva* Aiton
分布：上饶、铜鼓、萍乡、井冈山、永丰、永新、寻乌、兴国、龙南、信丰、大余。

灰毛豆属 Tephrosia Pers.

● 黄灰毛豆 *Tephrosia vestita* Vogel
分布：江西南部。

槐属 Styphnolobium Schott.

● 槐 *Styphnolobium japonicum* (L.)Schott
分布：九江、庐山、修水、新建、南昌、德兴、贵溪、铜鼓、靖安、分宜、萍乡、井冈山、吉安、安福、永丰、永新、遂川、章贡、瑞金、寻乌、兴国、龙南、大余、会昌。
● * '龙爪槐' *Styphnolobium japonicum* 'Pendula'

分布：全省有栽培。

葫芦茶属 Tadehagi H. Ohashi

- 蔓茎葫芦茶 *Tadehagi pseudotriquetrum* (DC.) Yen C. Yang & P. H. Huang

分布：安远、寻乌、定南、龙南、全南。

- 葫芦茶 *Tadehagi triquetrum* (L.) Ohashi

分布：高安、安远、寻乌、上犹。

老虎刺属 Pterolobium R. Br. ex Wight & Arn.

- 老虎刺 *Pterolobium punctatum* Hemsl.

分布：武宁、修水、萍乡、吉安、赣州。

紫荆属 Cercis L.

- *紫荆 *Cercis chinensis* Bunge

分布：全省有栽培。

- 黄山紫荆 *Cercis chingii* Chun

分布：永新、龙南、崇义、大余。

- 广西紫荆 *Cercis chuniana* F. P. Metcalf

分布：安远、上犹、崇义、大余。

- 湖北紫荆 *Cercis glabra* Pamp.

分布：芦溪。

- 垂丝紫荆 *Cercis racemosa* Oliv.

分布：铅山。

云实属 Caesalpinia L.

- 华南云实 *Caesalpinia crista* L.

分布：大余。

- 云实 *Caesalpinia decapetala* (Roth) Alston

分布：九江、瑞昌、武宁、安义、婺源、铅山、南丰、乐安、东乡、广昌、黎川、丰城、萍乡、吉安、永新、遂川、石城、安远、寻乌、兴国、上犹、龙南、全南。

- 小叶云实 *Caesalpinia millettii* Hook. et Arn.

分布：铅山、宜春、芦溪。

木豆属 Cajanus DC.

- 木豆 *Cajanus cajan* (L.) Millsp.

分布：遂川、南康。

评述：归化或入侵。

鸡血藤属 Callerya Endl.

- 绿花鸡血藤 *Callerya championii* (Benth.) X. Y. Zhu

分布：武宁、修水、资溪、广昌、靖安。

- 灰毛鸡血藤 *Callerya cinerea* (Bentham) Schot

分布：武宁、永修、修水、上饶、铅山、资溪、广昌、黎川、高安、铜鼓、靖安、萍乡、莲花、井冈山、吉安、安福、永新、遂川、石城、安远、寻乌、兴国、上犹、龙南、崇义、全南、大余。

- 密花鸡血藤 *Callerya congestiflora* (T. C. Chen) Z. Wei & Pedley

分布：武宁、修水、资溪、宜黄、黎川、靖安、井冈山、寻乌、龙南、信丰、大余。

- 香花鸡血藤 *Callerya dielsiana* (Harms) P. K. Loc ex Z. Wei & Pedley

分布：全省有分布。

- 异果鸡血藤 *Callerya dielsiana* var. *heterocarpa* (Chun ex T. C. Chen) X. Y. Zhu ex Z. Wei & Pedley

分布：全省山区有分布。
评述：《中国植物物种名录》（2020版）有记载，未见标本。
- 宽序鸡血藤 *Callerya eurybotrya* (Drake) Schot

分布：大余、龙南、寻乌。
- 江西鸡血藤 *Callerya kiangsiensis* (Z. Wei) Z. Wei & Pedley

分布：武宁、彭泽、修水、安义、铅山、黎川、芦溪、井冈山、安福、永丰、寻乌。
- 亮叶鸡血藤 *Callerya nitida* (Bentham) R. Geesink

分布：武宁、修水、景德镇、湾里、新建、安义、抚州、宜春、新余、萍乡、井冈山、吉安、赣州。
- 丰城鸡血藤 *Callerya nitida* var. *hirsutissima* (Z. Wei) X. Y. Zhu

分布：永丰、永新、遂川、瑞金、石城、宁都、寻乌、兴国、龙南、全南、大余、会昌。
- 峨眉鸡血藤 *Callerya nitida* var. *minor* (Z. Wei) X. Y. Zhu

分布：铅山、南丰、宜春、靖安、井冈山、龙南、全南。
- 网络鸡血藤 *Callerya reticulata* (Bentham) Schot [毛萼鸡血藤 *Millettia cognata* Hance]

分布：全省山区有分布。
- 锈毛鸡血藤 *Callerya sericosema* (Hance) Z. Wei & Pedley

分布：资溪、芦溪、石城。
- 喙果鸡血藤 *Callerya tsui* (F. P. Metc.) Z. Wei & Pedley

分布：上犹。
评述：江西本土植物名录（2017）有记载，未见标本。

杭子梢属 *Campylotropis* Bunge

- 杭子梢 *Campylotropis macrocarpa* (Bunge) Rehder [宜昌杭子梢 *Campylotropis ichangensis* Schindl. ex S. H. Cheng et al.]

分布：庐山、瑞昌、武宁、彭泽、修水、南昌、鄱阳、余江、广昌、安福、上犹。

土圞儿属 *Apios* Fabr.

- 肉色土圞儿 *Apios carnea* (Wall.) Benth. ex Baker

分布：铅山、靖安。
- 南岭土圞儿 *Apios chendezhaoana* (Y. K. Yang & L. H. Liu & J. K. Wu) B. Pan bis & X. L. Yu & F. Zhang

分布：芦溪、安福。
- 土圞儿 *Apios fortunei* Maxim.

分布：九江、庐山、瑞昌、修水、玉山、靖安、井冈山、石城、崇义、大余。

锦鸡儿属 *Caragana* Fabr.

- 锦鸡儿 *Caragana sinica* (Buc'hoz) Rehder

分布：九江、庐山、南昌、婺源、玉山、贵溪、资溪、靖安、宜丰、井冈山、安福、上犹、大余。

山蚂蝗属 *Desmodium* Desv.

- 假地豆 *Desmodium heterocarpon* (L.) DC.

分布：九江、修水、玉山、铜鼓、宜丰、萍乡、遂川、石城、宁都、寻乌、兴国、上犹、崇义。
- 糙毛假地豆 *Desmodium heterocarpon* var. *strigosum* Meeuwen

分布：分宜、永丰。
评述：江西本土植物名录（2017）有记载，未见标本。
- 异叶山蚂蝗 *Desmodium heterophyllum* (Willd.) DC.

分布：靖安、井冈山、安远、寻乌。
- 大叶拿身草 *Desmodium laxiflorum* DC.

分布：宜丰、寻乌、龙南、全南。
- 小叶三点金 *Desmodium microphyllum* (Thunb.) DC.

分布：九江、庐山、武宁、修水、南昌、德兴、广丰、铅山、玉山、资溪、宜黄、广昌、黎川、铜鼓、万载、萍乡、莲花、井冈山、吉安、安福、永新、泰和、遂川、瑞金、石城、安远、寻乌、兴国、上犹、龙南、崇义、全南、大余、会昌。

- 饿蚂蟥 *Desmodium multiflorum* DC.

分布：武宁、修水、德兴、上饶、广丰、铅山、广昌、黎川、铜鼓、靖安、宜丰、万载、萍乡、莲花、井冈山、安福、遂川、石城、寻乌、上犹、崇义。

- 赤山蚂蟥 *Desmodium rubrum* (Lour.) DC.

分布：新建。

- 三点金 *Desmodium triflorum* (L.) DC.

分布：寻乌。

刀豆属 *Canavalia* DC.

- *直生刀豆 *Canavalia ensiformis* (L.) DC.

分布：九江、全南。

- *刀豆 *Canavalia gladiata* (Jacq.) DC.[尖萼刀豆 *Canavalia gladiolata* Sauer]

分布：全省有栽培。

肥皂荚属 *Gymnocladus* Lam.

- 肥皂荚 *Gymnocladus chinensis* Baill.

分布：九江、庐山、永修、景德镇、新建、南昌、德兴、广丰、铅山、南丰、丰城、高安、井冈山、永新、遂川、石城、大余。

木蓝属 *Indigofera* L.

- 多花木蓝 *Indigofera amblyantha* Craib

分布：武宁、修水、玉山、贵溪、靖安、石城。

- 深紫木蓝 *Indigofera atropurpurea* Buch.-Ham. ex Hornem.

分布：资溪、寻乌、全南、大余。

- 河北木蓝 *Indigofera bungeana* Walp.

分布：九江、庐山、瑞昌、武宁、永修、修水、景德镇、南昌、德兴、婺源、临川、铜鼓、靖安、章贡、寻乌、信丰。

- 苏木蓝 *Indigofera carlesii* Craib

分布：九江、庐山、永修、玉山、贵溪、黎川。

- 庭藤 *Indigofera decora* Lindl.

分布：九江、武宁、修水、浮梁、婺源、临川、南丰、广昌、黎川、靖安、奉新、井冈山、安福、泰和、遂川、瑞金、南康、安远、赣县、寻乌、上犹、龙南、会昌。

- 宁波木蓝 *Indigofera decora* var. *cooperi* (Craib) Y. Y. Fang et C. Z. Zheng

分布：乐平、遂川、寻乌。

- 宜昌木蓝 *Indigofera decora* var. *ichangensis* (Craib) Y. Y. Fang et C. Z. Zheng

分布：九江、庐山、修水、浮梁、广丰、鄱阳、婺源、铅山、宜黄、东乡、黎川、宜丰、奉新、萍乡、吉安、安福、遂川、瑞金、石城、安远、兴国、上犹、龙南、全南、大余、会昌。

- 华东木蓝 *Indigofera fortunei* Craib

分布：九江、庐山、武宁、玉山、贵溪、南丰、永丰、石城。

- 穗序木蓝 *Indigofera hendecaphylla* Jacq.

分布：永丰。

- 花木蓝 *Indigofera kirilowii* Maxim. ex Palibin

分布：彭泽、修水、铅山、井冈山。

- 黑叶木蓝 *Indigofera nigrescens* Kurz ex King et Prain

分布：南昌、德兴、广丰、横峰、弋阳、玉山、万年、广昌、黎川、铜鼓、宜丰、萍乡、芦溪、井冈山、安福、泰和、兴国、龙南、全南。

- 浙江木蓝 *Indigofera parkesii* Craib

分布：资溪、黎川、靖安、永新、瑞金。
- 长总梗木蓝 *Indigofera parkesii* var. *longipedunculata* (Y. Y. Fang & C. Z. Zheng) X. F. Gao & Schrire

分布：庐山、景德镇、上饶、贵溪、抚州、宜春、吉安、赣州。
- 多叶浙江木蓝 *Indigofera parkesii* var. *polyphylla* Y. Y. Fang et C. Z. Zheng

分布：资溪。
- 野青树 *Indigofera suffruticosa* Mill.

分布：寻乌、龙南。

评述：归化或入侵。
- 木蓝 *Indigofera tinctoria* L.

分布：修水、广丰、资溪、靖安、井冈山、永新。

猪屎豆属 *Crotalaria* L.

- 响铃豆 *Crotalaria albida* B. Heyne ex Roth

分布：武宁、永修、修水、都昌、德兴、上饶、铜鼓、萍乡、安福、永新、遂川、龙南、全南、大余。
- 大猪屎豆 *Crotalaria assamica* Benth.

分布：九江、庐山、南昌、德兴、吉安、安福、石城。
- 长萼猪屎豆 *Crotalaria calycina* Schrank

分布：靖安、井冈山、永丰。
- 中国猪屎豆 *Crotalaria chinensis* L.

分布：修水、南昌、玉山、临川、资溪、黎川、靖安、石城。
- 假地蓝 *Crotalaria ferruginea* Graham ex Benth.

分布：武宁、修水、上饶、资溪、宜黄、广昌、黎川、宜丰、萍乡、莲花、井冈山、安福、遂川、瑞金、石城、安远、寻乌、兴国、龙南、崇义、全南、大余、会昌。
- * 菽麻 *Crotalaria juncea* L.

分布：吉安。
- 线叶猪屎豆 *Crotalaria linifolia* L. f.

分布：龙南、崇义、大余。
- 猪屎豆 *Crotalaria pallida* Aiton

分布：九江、南昌。

评述：归化或入侵。
- 紫花野百合 *Crotalaria sessiliflora* L. [野百合 *Lilium brownii* F. E. Br. ex Miellez]

分布：九江、庐山、武宁、永修、修水、德兴、广丰、铅山、玉山、广昌、黎川、崇仁、高安、铜鼓、宜丰、萍乡、莲花、井冈山、吉安、安福、遂川、瑞金、寻乌、兴国、上犹、崇义、全南、会昌。
- 大托叶猪屎豆 *Crotalaria spectabilis* Roth

分布：南昌、芦溪、井冈山、吉安、安福、石城、上犹。

黄檀属 *Dalbergia* L. f.

- 秧青 *Dalbergia assamica* Benth. [南岭黄檀 *Dalbergia balansae* Prain]

分布：南昌、南丰、东乡、宜丰、章贡、安远、寻乌、龙南、全南。
- 两粤黄檀 *Dalbergia benthamii* Prain

分布：遂川。
- 大金刚藤 *Dalbergia dyeriana* Prain ex Harms

分布：九江、庐山、武宁、修水。
- 藤黄檀 *Dalbergia hancei* Benth.

分布：全省山区有分布。
- 黄檀 *Dalbergia hupeana* Hance

分布：九江、庐山、瑞昌、武宁、永修、修水、乐平、南昌、铅山、临川、贵溪、资溪、广昌、黎川、丰城、铜鼓、靖安、宜丰、莲花、上栗、芦溪、井冈山、安福、永新、泰和、遂川、瑞金、石城、安远、寻乌、兴国、龙南、崇义、信丰、全南、大余、会昌。

- **香港黄檀** *Dalbergia millettii* Benth.

  分布：芦溪。

- **象鼻藤** *Dalbergia mimosoides* Franch.

  分布：九江、庐山、资溪、靖安、井冈山。

- **多裂黄檀** *Dalbergia rimosa* Roxb.

  分布：不详。

  评述：《中国植物物种名录》（2020 版）有记载，未见标本。

皂荚属 *Gleditsia* L.

- **华南皂荚** *Gleditsia fera* (Lour.) Merr.

  分布：龙南、崇义。

- **山皂荚** *Gleditsia japonica* Miq.

  分布：九江、景德镇、上饶、鹰潭、黎川、靖安、吉安、赣州。

- **皂荚** *Gleditsia sinensis* Lam.

  分布：九江、景德镇、上饶、抚州、宜春、萍乡、井冈山、安福、永丰、永新、遂川、赣州。

山黑豆属 *Dumasia* DC.

- **小鸡藤** *Dumasia forrestii* Diels

  分布：庐山。

  评述：疑似标本鉴定有误，误将山黑豆鉴定为该种。

- **硬毛山黑豆** *Dumasia hirsuta* Craib

  分布：修水、分宜。

- **山黑豆** *Dumasia truncata* Siebold & Zucc.

  分布：庐山、修水、上饶、婺源、靖安、石城、寻乌。

- **柔毛山黑豆** *Dumasia villosa* DC.

  分布：庐山、靖安、宜丰、芦溪、井冈山、遂川。

野扁豆属 *Dunbaria* Wight & Arn.

- **长柄野扁豆** *Dunbaria podocarpa* Kurz

  分布：赣北。

- **圆叶野扁豆** *Dunbaria rotundifolia* (Lour.) Merr.

  分布：寻乌、上犹、全南。

- **鸽仔豆** *Dunbaria truncata* (Miq.) Maesen

  分布：九江、铅山、铜鼓、永丰。

- **野扁豆** *Dunbaria villosa* (Thunb.) Makino

  分布：九江、庐山、武宁、修水、南昌、玉山、资溪、靖安、萍乡、安福、石城、兴国、大余。

鱼藤属 *Derris* Lour.

- **锈毛鱼藤** *Derris ferruginea* (Roxb.) Benth.

  分布：资溪。

  评述：《江西种子植物名录》（刘仁林，2010）有记载，未见标本。

- **中南鱼藤** *Derris fordii* Oliv.

  分布：九江、武宁、修水、乐安、资溪、宜黄、黎川、铜鼓、宜丰、萍乡、吉安、安福、永丰、泰和、石城、安远、寻乌、兴国、龙南、崇义、全南、大余。

- **边荚鱼藤** *Derris marginata* (Roxb.) Benth.

  分布：铅山、龙南。

- **鱼藤** *Derris trifoliata* Lour.

  分布：贵溪、赣州。

香槐属 Cladrastis Raf.

- 翅荚香槐 Cladrastis platycarpa (Maxim.) Makino
分布：资溪。
- 香槐 Cladrastis wilsonii Takeda
分布：九江、庐山、武宁、修水、铅山、玉山、贵溪、靖安、萍乡、芦溪、井冈山、安福、上犹、石城。

两型豆属 Amphicarpaea Elliott ex Nutt.

- 两型豆 Amphicarpaea edgeworthii Benth.
分布：九江、武宁、修水、德安、德兴、上饶、广丰、铅山、广昌、铜鼓、井冈山、石城。

合萌属 Aeschynomene L.

- 合萌 Aeschynomene indica L.
分布：九江、武宁、修水、德兴、上饶、铅山、贵溪、资溪、广昌、黎川、铜鼓、萍乡、莲花、吉安、安福、瑞金、石城、安远、寻乌、兴国、上犹、龙南、大余、会昌。

大豆属 Glycine Willd.

- * 大豆 Glycine max (L.) Merr.
分布：全省广泛栽培。
- 野大豆 Glycine soja Siebold & Zucc.
分布：全省有分布。

鸡头薯属 Eriosema (DC.) G. Don

- 鸡头薯 Eriosema chinense Vogel
分布：全省有分布。

千斤拔属 Flemingia Roxb. ex W. T. Aiton

- 大叶千斤拔 Flemingia macrophylla (Willd.) Kuntze ex Prain
分布：广昌、安远、寻乌、龙南、全南。
- 千斤拔 Flemingia prostrata Roxb. f. ex Roxb.
分布：永修、南昌、靖安、莲花、井冈山、安福、永新、石城、寻乌、龙南、崇义、全南、大余、会昌。
- 球穗千斤拔 Flemingia strobilifera (L.) W. T. Aiton
分布：寻乌、定南。

乳豆属 Galactia P. Browne

- 乳豆 Galactia tenuiflora (Klein ex Willd.) Wight et Arn
分布：分宜、井冈山、永丰、遂川、赣州、南康、大余。

米口袋属 Gueldenstaedtia Fisch.

- 少花米口袋 Gueldenstaedtia verna (Georgi) Boriss.[米口袋 Gueldenstaedtia verna (Georgi) Boriss. subsp. multiflora (Bunge) H. B.、狭叶米口袋 Gueldenstaedtia stenophylla Bunge]
分布：湖口。

山豆根属 Euchresta Benn.

- 山豆根 Euchresta japonica Hook. f. ex Regel
分布：芦溪、宜丰、铜鼓、靖安、井冈山、安远、寻乌、定南。
- 管萼山豆根 Euchresta tubulosa Dunn
分布：宜丰。

豌豆属 Pisum L.

- *豌豆 *Pisum sativum* L.
分布：全省广泛栽培。

草木樨属 Melilotus (L.) Mill.

- 白花草木樨 *Melilotus albus* Medik.
分布：井冈山。
评述：归化或入侵。
- 印度草木樨 *Melilotus indicus* (L.) All.
分布：庐山、濂溪、永修、德安。
评述：归化或入侵。
- 草木樨 *Melilotus officinalis* (L.) Pall.
分布：全省有分布。
评述：归化或入侵。

胡枝子属 Lespedeza Michx.

- 胡枝子 *Lespedeza bicolor* Turcz.
分布：九江、庐山、武宁、修水、德兴、上饶、广丰、铅山、广昌、铜鼓、萍乡、井冈山、吉安、瑞金、安远、宁都、寻乌、全南。
- 绿叶胡枝子 *Lespedeza buergeri* Miq.
分布：九江、庐山、武宁、修水、景德镇、靖安、芦溪、安福。
- 中华胡枝子 *Lespedeza chinensis* G. Don
分布：九江、庐山、武宁、修水、德安、德兴、上饶、广丰、铅山、玉山、广昌、黎川、铜鼓、靖安、萍乡、遂川、瑞金、寻乌、上犹、龙南、全南。
- 截叶铁扫帚 *Lespedeza cuneata* (Dum. Cours.) G. Don
分布：九江、武宁、永修、修水、南昌、德兴、上饶、广丰、铅山、玉山、乐安、广昌、万载、萍乡、井冈山、安福、永丰、泰和、遂川、瑞金、宁都、兴国、龙南、全南、大余。
- 短梗胡枝子 *Lespedeza cyrtobotrya* Miq.
分布：九江、庐山、玉山、贵溪、资溪、万载、上高、芦溪、井冈山、安福。
- 大叶胡枝子 *Lespedeza davidii* Franch.
分布：九江、庐山、武宁、修水、贵溪、丰城、铜鼓、萍乡、莲花、井冈山、安福、永新、遂川、石城、上犹、龙南、大余。
- 兴安胡枝子 *Lespedeza davurica* (Laxmann) Schindler[达呼里胡枝子 *Lespedeza daurica* (Laxm.) Schindl.]
分布：武宁、修水、上饶、广丰、铅山、黎川。
- 春花胡枝子 *Lespedeza dunnii* Schindl.
分布：资溪、靖安。
评述：疑似标本鉴定有误，误将胡枝子鉴定为该种。
- 多花胡枝子 *Lespedeza floribunda* Bunge
分布：九江、庐山、彭泽、南昌、德兴、上饶、铅山、玉山、资溪、石城。
- 广东胡枝子 *Lespedeza fordii* Schindl.
分布：九江、庐山、修水、贵溪、资溪、铜鼓、靖安、井冈山、永新、全南。
- 江西胡枝子 *Lespedeza jiangxiensis* Bo Xu bis, X. F. Gao & Li Bing Zhang
分布：武宁、资溪。
- 阴山胡枝子 *Lespedeza inschanica* (Maxim.) Schindl.
分布：广信。
- 宽叶胡枝子 *Lespedeza maximowiczii* C. K. Schneid.[假绿叶胡枝子 *Lespedeza friebeana* Schindl.]
分布：修水、靖安。
- 短叶胡枝子 *Lespedeza mucronata* Ricker

分布：武宁、修水、都昌。
- 展枝胡枝子 *Lespedeza patens* Nakai

分布：修水、上饶、广丰、铅山、玉山。
- 铁马鞭 *Lespedeza pilosa* (Thunb.) Siebold et Zucc.

分布：九江、武宁、修水、南昌、德兴、上饶、贵溪、资溪、广昌、黎川、靖安、井冈山、安福、遂川、上犹。
- 牛枝子 *Lespedeza potaninii* Vassilcz

分布：不详。

评述：江西本土植物名录（2017）有记载，未见标本。
- 美丽胡枝子 *Lespedeza thunbergii* subsp. *formosa* (Vogel) H. Ohashi [南胡枝子 *Lespedeza wilfordi* Ricker]

分布：全省有分布。
- 绒毛胡枝子 *Lespedeza tomentosa* (Thunb.) Siebold ex Maxim.

分布：九江、庐山、武宁、修水、玉山、资溪、靖安、遂川。
- 细梗胡枝子 *Lespedeza virgata* (Thunb.) DC.

分布：九江、修水、都昌、上饶、余江、资溪、黎川、萍乡、井冈山、吉安、永丰、永新。

排钱树属 *Phyllodium* Desv.

- 排钱树 *Phyllodium pulchellum* (L.) Desv.

分布：寻乌、龙南、信丰、全南、大余。

百脉根属 *Lotus* L.

- 百脉根 *Lotus corniculatus* L.

分布：庐山。

评述：CVH 仅见两份秦仁昌采集自广西的标本，误将广西当成江西，其他标本未见。

马鞍树属 *Maackia* Rupr.

- 华南马鞍树 *Maackia australis* (Dunn) Takeda

分布：安远、寻乌、定南、龙南、全南。

评述：江西本土植物名录（2017）有记载，未见标本。
- 浙江马鞍树 *Maackia chekiangensis* S. S. Chien

分布：庐山、进贤、新建、南昌、永新。
- 马鞍树 *Maackia hupehensis* Takeda

分布：九江、庐山、武宁、修水、铅山、玉山、芦溪、井冈山、安福、永新。
- 光叶马鞍树 *Maackia tenuifolia* (Hemsl.) Hand.-Mazz.

分布：德兴、玉山。

苜蓿属 *Medicago* L.

- 天蓝苜蓿 *Medicago lupulina* L.

分布：九江、庐山、玉山、贵溪。
- 小苜蓿 *Medicago minima* (L.) L.

分布：九江、庐山、湖口、都昌。
- 南苜蓿 *Medicago polymorpha* L.

分布：全省有分布。

评述：归化或入侵。
- 紫苜蓿 *Medicago sativa* L.

分布：九江、南昌。

评述：归化或入侵。

合欢属 *Albizia* Durazz.

- 合欢 *Albizia julibrissin* Durazz.

分布：九江、武宁、永修、修水、乐平、德兴、广丰、资溪、黎川、铜鼓、宜丰、吉安、安福、永新、遂川、安远、兴国、龙南、会昌。

● 山槐 *Albizia kalkora* (Roxb.) Prain

分布：九江、武宁、永修、修水、景德镇、南昌、上饶、铅山、玉山、资溪、宜黄、黎川、铜鼓、宜丰、萍乡、井冈山、吉安、遂川、石城、寻乌、兴国、全南、大余。

红豆属 *Ormosia* Jacks.

● 长脐红豆 *Ormosia balansae* Drake

分布：石城、寻乌、上犹。

● 肥荚红豆 *Ormosia fordiana* Oliv.

分布：龙南。

● 光叶红豆 *Ormosia glaberrima* Y. C. Wu

分布：资溪、上犹、崇义。

● 花榈木 *Ormosia henryi* Prain

分布：全省有分布。

● 红豆树 *Ormosia hosiei* Hemsl. & E. H. Wilson

分布：南丰、资溪、广昌、靖安、宜丰、井冈山、石城、龙南、崇义、大余。

● 软荚红豆 *Ormosia semicastrata* Hance

分布：资溪、寻乌、崇义、全南、大余。

● 苍叶红豆 *Ormosia semicastrata* f. *pallida* How

分布：井冈山、崇义、全南、寻乌。

● 木荚红豆 *Ormosia xylocarpa* Chun ex Merr. et L. Chen

分布：资溪、宜丰、莲花、井冈山、遂川、瑞金、石城、寻乌、龙南、崇义、全南、大余、会昌。

棘豆属 *Oxytropis* DC.

● 短梗棘豆 *Oxytropis brevipedunculata* P. C. Li

分布：资溪、黎川、宜丰、萍乡、井冈山、安福、永新、遂川、安远、寻乌、定南、龙南、全南。

评述：未见标本，仅见资料记载。本种仅在西藏和新疆有分布。

菜豆属 *Phaseolus* L.

● * 棉豆 *Phaseolus lunatus* L.

分布：全省有栽培。

● * 菜豆 *Phaseolus vulgaris* L.

分布：全省广泛栽培。

葛属 *Pueraria* DC.

● 葛 *Pueraria montana* (Lour.) Merr.

分布：全省山区有分布。

● 葛麻姆 *Pueraria montana* var. *lobata* (Willd.) Maesen et S. M. Almeida ex Sanjappa et Predeep

分布：全省山区有分布。

● 粉葛 *Pueraria montana* var. *thomsonii* (Benth.) Wiersema ex D. B. Ward

分布：上饶、广丰、广昌。

● 三裂叶野葛 *Pueraria phaseoloides* (Roxb.) Benth.

分布：全省有分布。

野豌豆属 *Vicia* L.

● 广布野豌豆 *Vicia cracca* L.

分布：全省有分布。

● * 蚕豆 *Vicia faba* L.

分布：全省广泛栽培。
- 小巢菜 *Vicia hirsuta* (L.) Gray

分布：全省有分布。
- 牯岭野豌豆 *Vicia kulingana* L. H. Bailey

分布：九江、庐山、瑞昌、武宁、修水、铅山、铜鼓、靖安、宜丰、井冈山。
- 明月山野豌豆 *Vicia mingyueshanensis* Z. Y. Xiao & X. L. Li

分布：宜春。
- 大叶野豌豆 *Vicia pseudo-orobus* Fischer & C. A. Meyer

分布：九江、修水、德兴、上饶、婺源、玉山、铜鼓、靖安、宜丰、万载、萍乡、井冈山、安福、永新、遂川。
- 救荒野豌豆 *Vicia sativa* L.

分布：全省有分布。
- 窄叶野豌豆 *Vicia sativa* subsp. *nigra* (L.) Ehrh.

分布：九江、庐山、武宁、修水。
- 四籽野豌豆 *Vicia tetrasperma* (L.) Schreber

分布：全省有分布。
- 歪头菜 *Vicia unijuga* A. Br.

分布：武宁、修水、铜鼓、靖安、宜丰。
- 长柔毛野豌豆 *Vicia villosa* Roth

分布：庐山。

评述：归化或入侵。

豇豆属 *Vigna* Savi

- * 赤豆 *Vigna angularis* (Willd.) Ohwi et Ohashi

分布：全省广泛栽培。
- 贼小豆 *Vigna minima* (Roxb.) Ohwi et Ohashi

分布：九江、萍乡、龙南、全南、大余。
- * 绿豆 *Vigna radiata* (L.) Wilczek

分布：全省广泛栽培。
- 赤小豆 *Vigna umbellata* (Thunb.) Ohwi et Ohashi

分布：九江、庐山、武宁、修水、宜丰、安福、全南。
- * 豇豆 *Vigna unguiculata* (L.) Walp.

分布：全省广泛栽培。
- * 短豇豆 *Vigna unguiculata* subsp. *cylindrica* (L.) Verdc.

分布：全省广泛栽培。
- * 长豇豆 *Vigna unguiculata* subsp. *sesquipedalis* (L.) Verdc.

分布：全省广泛栽培。
- 野豇豆 *Vigna vexillata* (L.) A. Rich.[云南野豇豆 *Vigna vexillata* var. *yunnanensis* Franch.]

分布：九江、庐山、贵溪、资溪、靖安、井冈山、石城。

紫藤属 *Wisteria* Nutt.

- * 多花紫藤 *Wisteria floribunda* (Willd.) DC.

分布：庐山、石城。
- 紫藤 *Wisteria sinensis* (Sims) Sweet

分布：九江、庐山、武宁、彭泽、永修、乐平、浮梁、南昌、鄱阳、婺源、玉山、贵溪、资溪、靖安、莲花。

任豆属 *Zenia* Chun

- * 任豆 *Zenia insignis* Chun

分布：全省有栽培。

丁癸草属 *Zornia* J. F. Gmel.

- **丁癸草** *Zornia gibbosa* Span.

分布：临川、吉安、安福、泰和、赣州、章贡、瑞金、南康、安远、赣县、寻乌、兴国、龙南、信丰、全南。

狸尾豆属 *Uraria* Desv.

- **猫尾草** *Uraria crinita* (L.) Desv. ex DC.

分布：寻乌、龙南、崇义、信丰、全南。

- **狸尾豆** *Uraria lagopodioides* (L.) Desv. ex DC.

分布：寻乌、龙南、崇义、全南。

- **福建狸尾豆（黑狸尾豆）** *Uraria neglecta* Prain [*Uraria fujianensis* Yen C. Yang & P. H. Huang]

分布：不详。

评述：《中国植物物种名录》（2020版）有记载，未见标本。

苦参属 *Sophora* L.

- **短蕊槐** *Sophora brachygyna* C. Y. Ma

分布：武宁、黎川、铜鼓、靖安、安福。

- **苦参** *Sophora flavescens* Aiton

分布：九江、武宁、永修、修水、浮梁、新建、鄱阳、婺源、贵溪、乐安、黎川、靖安、莲花、井冈山、吉安、安福、永丰、遂川、兴国。

- **闽槐** *Sophora franchetiana* Dunn

分布：铅山、安远、寻乌、龙南。

- **锈毛槐** *Sophora prazeri* Prain

分布：不详。

评述：江西本土植物名录（2017）有记载，未见标本。

- **越南槐** *Sophora tonkinensis* Gagnep.

分布：不详。

评述：《中国植物物种名录》（2020版）有记载，未见标本。

密子豆属 *Pycnospora* R. Br. ex Wight & Arn.

- **密子豆** *Pycnospora lutescens* (Poir.) Schindl.

分布：资溪、分宜、龙南、全南。

决明属 *Senna* Mill.

- **豆茶决明** *Senna nomame* (Makino) T. C. Chen

分布：德兴、广丰、玉山、铜鼓、靖安、井冈山。

- **望江南** *Senna occidentalis* (L.) Link

分布：全省有分布。

评述：归化或入侵。

- **槐叶决明** *Senna sophera* (L.) Roxb.

分布：遂川、会昌。

评述：归化或入侵。

- **决明** *Senna tora* (L.) Roxburgh

分布：九江、永修、修水、南昌、德兴、婺源、高安、莲花、安福、永丰、寻乌、龙南。

田菁属 *Sesbania* Scop.

- **刺田菁** *Sesbania bispinosa* (Jacq.) W. F. Wight

分布：庐山。

评述：江西本土植物名录（2017）有记载，未见标本。
- 田菁 *Sesbania cannabina* (Retz.) Poir.

分布：全省有分布。

评述：归化或入侵。

扁豆属 *Lablab* Adans.

- * 扁豆 *Lablab purpureus* (L.) Sweet

分布：全省广泛栽培。

崖豆藤属 *Millettia* Wight & Arn.

- 厚果崖豆藤 *Millettia pachycarpa* Benth.

分布：安义、铅山、寻乌、定南、龙南。

- 印度崖豆 *Millettia pulchra* (Benth.) Kurz

分布：江西南部。

- 疏叶崖豆 *Millettia pulchra* var. *laxior* (Dunn) Z. Wei

分布：安义、铅山、寻乌、定南、龙南。

含羞草属 *Mimosa* L.

- 光荚含羞草 *Mimosa bimucronata* (DC.) Kuntze

分布：寻乌。

评述：归化或入侵。

- 含羞草 *Mimosa pudica* L.

分布：全省有分布。

评述：归化或入侵。

油麻藤属 *Mucuna* Adans.

- 白花油麻藤 *Mucuna birdwoodiana* Tutcher

分布：铅山、黎川、井冈山、安福、永新、遂川、寻乌。

- 港油麻藤 *Mucuna championii* Benth.

分布：宜黄、安义。

- 闽油麻藤 *Mucuna cyclocarpa* F. P. Metcalf

分布：庐山、南昌、贵溪、萍乡、石城。

- 褶皮黧豆 *Mucuna lamellata* Wilmot-Dear

分布：玉山、资溪。

- * 黧豆 *Mucuna pruriens* var. *utilis* (Wall. ex Wight) Baker ex Burck

分布：全省有栽培。

- 常春油麻藤 *Mucuna sempervirens* Hemsl.

分布：全省山区有分布。

鹿藿属 *Rhynchosia* Lour.

- 渐尖叶鹿藿 *Rhynchosia acuminatifolia* Makino

分布：修水、德兴、婺源、玉山、资溪、井冈山。

- 中华鹿藿 *Rhynchosia chinensis* H. T. Chang ex Y. T. Wei et S. K. Lee

分布：资溪。

评述：《中国植物物种名录》（2020版）有记载，未见标本。

- 菱叶鹿藿 *Rhynchosia dielsii* Harms

分布：武宁、修水、铜鼓、靖安、宜丰、井冈山。

- 紫脉花鹿藿 *Rhynchosia himalensis* var. *craibiana* (Rehder) E. Peter

分布：九江、庐山。

评述：疑似标本鉴定有误，误将鹿藿鉴定为该种。
- 鹿藿 *Rhynchosia volubilis* Lour.

分布：九江、庐山、武宁、彭泽、永修、修水、德兴、玉山、资溪、宜黄、广昌、崇仁、萍乡、安福、永丰、永新、遂川、瑞金、南康、石城、安远、宁都、寻乌、兴国、上犹、全南、会昌。

车轴草属 *Trifolium* L.

- 红车轴草 *Trifolium pratense* L.

分布：全省有分布。

评述：归化或入侵。

- 白车轴草 *Trifolium repens* L.

分布：全省有分布。

评述：归化或入侵。

野决明属 *Thermopsis* R. Br.

- 霍州油菜 *Thermopsis chinensis* Benth. ex S. Moore

分布：玉山、资溪。

评述：《江西种子植物名录》（刘仁林，2010）有记载，未见标本。

紫穗槐属 *Amorpha* L.

- * 紫穗槐 *Amorpha fruticosa* L.

分布：庐山、修水、南昌、大余。

落花生属 *Arachis* L.

- * 落花生 *Arachis hypogaea* L.

分布：全省广泛栽培。

山扁豆属 *Chamaecrista* Moench

- 大叶山扁豆 *Chamaecrista leschenaultiana* (DC.)Degener[短叶决明 *Cassia leschenaultiana* DC.]

分布：庐山、武宁、修水、玉山、贵溪、资溪、靖安、安福。

- 山扁豆 *Chamaecrista mimosoides* (L.) Greene

分布：全省有分布。

评述：归化或入侵。

舞草属 *Codoriocalyx* Hassk.

- 舞草 *Codoriocalyx motorius* (Houtt.) Ohashi

分布：铅山、井冈山。

补骨脂属 *Cullen* Medik.

- * 补骨脂 *Cullen corylifolium* (L.) Medikus

分布：全省有栽培。

象耳豆属 *Enterolobium* Mart.

- * 青皮象耳豆 *Enterolobium contortisiliquum* (Vell.) Morong

分布：赣南有栽培。

- * 象耳豆 *Enterolobium cyclocarpum* (Jacq.) Griseb.

分布：赣南有栽培。

长柄山蚂蝗属 *Hylodesmum* H. Ohashi & R. R. Mill

- 侧序长柄山蚂蝗 *Hylodesmum laterale* (Schindler) H. Ohashi & R. R. Mill

分布：寻乌、龙南。
- 疏花长柄山蚂蝗 *Hylodesmum laxum* (Candolle) H. Ohashi & R. R. Mill

分布：武宁、修水、宜黄、铜鼓、安福、瑞金、寻乌。
- 细长柄山蚂蝗 *Hylodesmum leptopus* (A. Gray ex Bentham) H. Ohashi & R. R. Mill[细柄山蚂蝗 *Podocarpium leptopus* (A. Gray ex Benth.) Yen C. Yang et P. H. Huang]

分布：资溪、分宜、安福、崇义。
- 羽叶长柄山蚂蝗 *Hylodesmum oldhamii* (Oliv.) H. Ohashi & R. R. Mill

分布：九江、武宁、修水、安义、上饶、铅山、铜鼓。
- 长柄山蚂蝗 *Hylodesmum podocarpum* (Candolle) H. Ohashi & R. R. Mill

分布：九江、景德镇、安义、抚州、宜春、萍乡、吉安、赣州。
- 宽卵叶长柄山蚂蝗 *Hylodesmum podocarpum* subsp. *fallax* (Schindler) H. Ohashi & R. R. Mill

分布：九江、庐山、武宁、玉山、资溪、石城。
- 尖叶长柄山蚂蝗 *Hylodesmum podocarpum* subsp. *oxyphyllum* (Candolle) H. Ohashi & R. R. Mill

分布：九江、庐山、武宁、彭泽、修水、南昌、上饶、广丰、铅山、玉山、宜黄、广昌、黎川、铜鼓、宜丰、分宜、萍乡、莲花、井冈山、吉安、安福、永新、遂川、石城、安远、寻乌、兴国、崇义、全南、大余。

小槐花属 *Ohwia* H. Ohashi

- 小槐花 *Ohwia caudata* (Thunb.) Ohashi

分布：全省有分布。

豆薯属 *Pachyrhizus* Rich. ex DC.

- * 豆薯 *Pachyrhizus erosus* (L.) Urb.

分布：全省广泛栽培。

拟鱼藤属 *Paraderris* (Miq.) R. Geesink

- 毛鱼藤 *Paraderris elliptica* (Wall.) Adema

分布：井冈山、崇义。

刺槐属 *Robinia* L.

- 刺槐 *Robinia pseudoacacia* L.

分布：全省有分布。

评述：归化或入侵。

儿茶属 *Senegalia* Raf.

- 藤儿茶 *Senegalia rugata* (Lam.) Britton & Rose[藤金合欢 *Acacia sinuata* (Lour.) Merr.]

分布：资溪、寻乌、大余。
- 越南藤儿茶 *Senegalia vietnamensis* (I. C. Nielsen) Maslin, Seigler & Ebinger

分布：井冈山、龙南。

72 远志科 Polygalaceae Hoffmanns. & Link

远志属 *Polygala* L.

- 荷包山桂花 *Polygala arillata* Buch.-Ham. ex D. Don

分布：资溪、黎川、井冈山、安远。
- 华南远志 *Polygala chinensis* L.

分布：资溪、上犹、龙南。
- 黄花倒水莲 *Polygala fallax* Hemsl.

分布：玉山、贵溪、资溪、黎川、靖安、万载、井冈山、安福、永新、遂川、瑞金、南康、石城、安远、赣县、寻乌、兴国、上犹、龙南、崇义、信丰、全南、大余。

- 香港远志 *Polygala hongkongensis* Hemsl.

分布：上饶、泰和、遂川、上犹。

- 狭叶香港远志 *Polygala hongkongensis* var. *stenophylla* (Hayata) Migo

分布：九江、庐山、武宁、永修、婺源、玉山、贵溪、资溪、广昌、靖安、井冈山、石城、安远、寻乌、兴国、上犹、崇义、大余。

- 瓜子金 *Polygala japonica* Houtt.

分布：九江、庐山、武宁、修水、浮梁、新建、南昌、婺源、贵溪、南丰、资溪、黎川、崇仁、宜春、铜鼓、奉新、吉安、安福、遂川、安远、寻乌、兴国、上犹、崇义、全南、大余。

- 曲江远志 *Polygala koi* Merr.

分布：井冈山、遂川、上犹、崇义。

- 大叶金牛 *Polygala latouchei* Franch.

分布：寻乌。

- 小花远志 *Polygala polifolia* Presl

分布：南昌、鹰潭、余江、广昌、黎川、崇仁、赣州、寻乌、龙南。

- 西伯利亚远志 *Polygala sibirica* L.

分布：九江、庐山、南昌、资溪、广昌、靖安、萍乡、井冈山、吉安、遂川、上犹。

- 小扁豆 *Polygala tatarinowii* Regel

分布：九江、庐山、资溪、井冈山。

- 远志 *Polygala tenuifolia* Willd.

分布：九江、庐山、武宁、修水、婺源、玉山、广昌、黎川、铜鼓、靖安、奉新、萍乡、遂川、寻乌、兴国。

- 长毛籽远志 *Polygala wattersii* Hance

分布：资溪。

齿果草属 *Salomonia* Lour.

- 齿果草 *Salomonia cantoniensis* Lour.

分布：九江、庐山、资溪、靖安、安福、永新、瑞金、安远、寻乌、上犹、龙南、全南、大余。

- 椭圆叶齿果草 *Salomonia ciliata* (L.) DC. [缘毛齿果草 *Salomonia oblongifolia* DC.]

分布：鹰潭、宜黄、井冈山、安福、万安、永新、遂川、安远、寻乌、兴国、定南、龙南、全南、大余。

（二十六）蔷薇目 Rosales Bercht. & J. Presl

73 蔷薇科 Rosaceae Juss.

绣线梅属 *Neillia* D. Don

- 井冈山绣线梅 *Neillia jinggangshanensis* Z. X. Yu

分布：井冈山。

- 中华绣线梅 *Neillia sinensis* Oliv.

分布：修水、靖安、石城。

地榆属 *Sanguisorba* L.

- 地榆 *Sanguisorba officinalis* L.

分布：九江、武宁、彭泽、南昌、玉山、贵溪、宜春、靖安、永丰、遂川、石城。

- 长叶地榆 *Sanguisorba officinalis* var. *longifolia* (Bertol.) T. T. Yu et C. L. Li

分布：九江、庐山、瑞昌、武宁、彭泽、南昌、广丰、资溪、宜春、樟树、靖安、永丰、遂川。

红果树属 *Stranvaesia* Lindl.

- 毛萼红果树 *Stranvaesia amphidoxa* C. K. Schneid.
分布：资溪、靖安。
- 红果树 *Stranvaesia davidiana* Decne.
分布：九江、庐山、宜春、铜鼓、芦溪、井冈山、安福。
- 波叶红果树 *Stranvaesia davidiana* var. *undulata* (Decne.) Rehder & E. H. Wilson
分布：九江、庐山、铅山、玉山、资溪、铜鼓、芦溪、安福、寻乌、龙南、全南。

花楸属 *Sorbus* L.

- 水榆花楸 *Sorbus alnifolia* (Siebold et Zucc.) C. Koch
分布：九江、庐山、玉山、贵溪、资溪、靖安、井冈山、石城、全南。
- 毛花楸 *Sorbus alnifolia* var. *hirtella* (Nakai) Nakai
分布：庐山。
- 黄山花楸 *Sorbus amabilis* Cheng ex T. T. Yu et K. C. Kuan
分布：铅山、玉山、芦溪。
- 美脉花楸 *Sorbus caloneura* (Stapf) Rehder
分布：玉山、资溪。
- 棕脉花楸 *Sorbus dunnii* Rehder
分布：德兴、铅山、玉山、贵溪、资溪、黎川、靖安。
- 石灰花楸 *Sorbus folgneri* (C. K. Schneid.) Rehder
分布：九江、庐山、武宁、永修、玉山、贵溪、资溪、黎川、铜鼓、靖安、宜丰、萍乡、莲花、井冈山、遂川、石城、上犹、大余。
- 齿叶石灰花楸 *Sorbus folgneri* var. *duplicatodentata* T. T. Yu & L. T. Lu
分布：武宁、铜鼓。
- 江南花楸 *Sorbus hemsleyi* (C. K. Schneid.) Rehder [亨氏花楸 *Sorbus henryi* Rehder]
分布：九江、庐山、修水、玉山、贵溪、资溪、黎川、铜鼓、靖安、宜丰、永新、遂川。
- 湖北花楸 *Sorbus hupehensis* C. K. Schneid.
分布：庐山、资溪、靖安、芦溪。
- 毛序花楸 *Sorbus keissleri* (C. K. Schneid.) Rehder
分布：芦溪、井冈山、安福、遂川、大余。
- 庐山花楸 *Sorbus lushanensis* Xin Chen & Jing Qiu
分布：庐山。
- 大果花楸 *Sorbus megalocarpa* Rehder
分布：资溪、崇义。

绣线菊属 *Spiraea* L.

- 绣球绣线菊 *Spiraea blumei* G. Don
分布：九江、庐山、武宁、玉山、南丰、资溪、靖安、奉新、永丰、泰和、遂川、瑞金、上犹。
- 宽瓣绣球绣线菊 *Spiraea blumei* var. *latipetala* Hemsl.
分布：黎川、兴国、会昌。
- 麻叶绣线菊 *Spiraea cantoniensis* Lour.
分布：九江、武宁、永修、修水、婺源、资溪、靖安。
- 江西绣线菊 *Spiraea cantoniensis* var. *jiangxiensis* (Z. X. Yu) L. T. Lu
分布：武宁、修水、靖安。
- 中华绣线菊 *Spiraea chinensis* Maxim.
分布：九江、武宁、永修、乐平、浮梁、南昌、玉山、南丰、宜黄、广昌、黎川、宜春、奉新、萍乡、吉安、安福、遂川、瑞金、南康、石城、安远、宁都、兴国、上犹、龙南、全南、会昌。
- 毛花绣线菊 *Spiraea dasyantha* Bunge

分布：九江、庐山、资溪、靖安、井冈山。
- 华北绣线菊 *Spiraea fritschiana* C. K. Schneid.

分布：庐山。
- 大叶华北绣线菊 *Spiraea fritschiana* var. *angulata* (Fritsch ex C. K. Schneid.) Rehder

分布：庐山。
- 疏毛绣线菊 *Spiraea hirsuta* (Hemsl.) C. K. Schneid.

分布：九江、庐山、瑞昌、武宁、永修、修水、资溪、黎川、崇义。
- * 粉花绣线菊 *Spiraea japonica* L. f.

分布：九江、南昌。
- 渐尖粉花绣线菊 *Spiraea japonica* var. *acuminata* Franch.

分布：九江、景德镇、南城、广昌、黎川、宜丰、分宜、萍乡、井冈山、安福、遂川、瑞金、宁都、崇义、大余。
- 光叶粉花绣线菊 *Spiraea japonica* var. *fortunei* (Planchon) Rehder

分布：九江、南昌、上饶、鹰潭、南城、资溪、广昌、黎川、铜鼓、宜丰、吉安、赣州。
- 无毛粉花绣线菊 *Spiraea japonica* var. *glabra* (Regel) Koidz.

分布：九江、庐山、资溪。
- 细枝绣线菊 *Spiraea myrtilloides* Rehder

分布：武宁。
- 李叶绣线菊 *Spiraea prunifolia* Siebold & Zucc.

分布：玉山、贵溪。
- 单瓣李叶绣线菊 *Spiraea prunifolia* var. *simpliciflora* (Nakai) Nakai

分布：武宁、浮梁、新建、南昌、婺源、南丰、铜鼓、宁都。
- 川滇绣线菊 *Spiraea schneideriana* Rehder

分布：铅山。
- 菱叶绣线菊 *Spiraea* × *vanhouttei* (Briot) Carriere

分布：井冈山。

评述：PVH- 江西数字植物标本馆有记载，未见标本。

李属 *Prunus* L.

- 迎春樱桃 *Prunus discoidea* (T. T. Yu et C. L. Li) Z. Wei et Y. B. Chang

分布：九江、庐山、武宁、婺源、玉山、贵溪、资溪。
- 李 *Prunus salicina* Lindl.

分布：九江、庐山、玉山、资溪、石城。
- 雪落寨樱花 *Prunus xueluoensis* (C. H. Nan & X. R. Wang) Y. H. Tong & N. H. Xia

分布：武宁。

小米空木属 *Stephanandra* Sieb.et Zucc.

- 华空木 *Stephanandra chinensis* Hance

分布：九江、庐山、玉山、靖安。

山楂属 *Crataegus* L.

- 野山楂 *Crataegus cuneata* Siebold et Zucc. [牯岭山楂 *Crataegus kulingensis* Sarg.]

分布：全省山区有分布。
- 湖北山楂 *Crataegus hupehensis* Sarg.

分布：九江、庐山、永修、修水、南昌、玉山、靖安。
- 华中山楂 *Crataegus wilsonii* Sarg.

分布：九江、修水、南昌。

珍珠梅属 *Sorbaria* (Ser.) A. Braun

- 高丛珍珠梅 *Sorbaria arborea* C. K. Schneid.

  分布：全省有分布。

石楠属 *Photinia* Lindl.

- 中华石楠 *Photinia beauverdiana* C. K. Schneid.

  分布：九江、瑞昌、武宁、永修、修水、景德镇、乐平、浮梁、德兴、上饶、鄱阳、婺源、玉山、贵溪、资溪、黎川、铜鼓、宜丰、奉新、井冈山、安福、永丰、遂川、石城、寻乌、兴国、上犹、龙南。

- 短叶中华石楠 *Photinia beauverdiana* var. *brevifolia* Cardot

  分布：九江、庐山、贵溪。

- 闽粤石楠 *Photinia benthamiana* Hance

  分布：资溪、寻乌。

- 贵州石楠 *Photinia bodinieri* H. Lév.[椤木石楠 *Photinia davidsoniae* Rehder & E. H. Wilson]

  分布：九江、庐山、玉山、贵溪、靖安、石城。

- 厚齿石楠 *Photinia callosa* Chun ex K. C. Kuan

  分布：庐山、井冈山。

- 福建石楠 *Photinia fokienensis* (Finet et Franch.) Franch. ex Cardot

  分布：铅山、宁都、石城、寻乌、会昌。

- 光叶石楠 *Photinia glabra* (Thunb.) Maxim.

  分布：全省山区有分布。

- 褐毛石楠 *Photinia hirsuta* Hand.-Mazz.

  分布：修水、广丰、婺源、贵溪、南丰、资溪、东乡、黎川、铜鼓、靖安、萍乡、泰和、遂川、兴国、上犹、崇义。

- 陷脉石楠 *Photinia impressivena* Hayata

  分布：安远、赣县、寻乌、上犹、龙南、崇义、大余。

- 垂丝石楠 *Photinia komarovii* (H. Lévl. & Vaniot) L. T. Lu & C. L. Li[武夷山石楠 *Photinia wuyishanensis* Z. X. Yu]

  分布：武宁、上饶、铅山、靖安、奉新、井冈山、遂川、会昌。

- 倒卵叶石楠 *Photinia lasiogyna* (Franch.) C. K. Schneid.

  分布：九江、庐山、南丰、铜鼓、遂川。

- 脱毛石楠 *Photinia lasiogyna* var. *glabrescens* L. T. Lu & C. L. Li

  分布：井冈山、石城。

- 小叶石楠 *Photinia parvifolia* (E. Pritz.) C. K. Schneid.

  分布：全省山区有分布。

- 桃叶石楠 *Photinia prunifolia* (Hook. et Arn.) Lindl.

  分布：修水、贵溪、资溪、宜丰、分宜、萍乡、吉安、万安、泰和、赣州、瑞金、安远、赣县、寻乌、兴国、定南、上犹、崇义、全南、大余。

- 齿叶桃叶石楠 *Photinia prunifolia* var. *denticulata* T. T. Yu

  分布：萍乡。

- 饶平石楠 *Photinia raupingensis* K. C. Kuan

  分布：安义、寻乌、龙南、全南。

- 绒毛石楠 *Photinia schneideriana* Rehder & E. H. Wilson

  分布：九江、庐山、玉山、贵溪、寻乌。

- 石楠 *Photinia serratifolia* (Desfontaines) Kalkman

  分布：九江、庐山、武宁、修水、都昌、乐平、南昌、上饶、广丰、婺源、铅山、玉山、鹰潭、南丰、资溪、东乡、广昌、黎川、铜鼓、靖安、宜丰、奉新、分宜、安福、永新、瑞金、石城、宁都、寻乌、定南、上犹、崇义、大余。

- 毛叶石楠 *Photinia villosa* (Thunb.) DC.

分布：九江、庐山、永修、浮梁、婺源、南丰、东乡、铜鼓、宜丰、奉新、萍乡、井冈山、遂川、安远、寻乌、崇义。

- 光萼石楠 *Photinia villosa* var. *glabricalycina* L. T. Lu & C. L. Li

分布：九江、武宁、修水、铜鼓、靖安、上犹、崇义。

- 无毛毛叶石楠（庐山石楠）*Photinia villosa* var. *sinica* Rehder et E. H. Wilson

分布：九江、庐山、玉山、贵溪、资溪、石城。

臭樱属 *Maddenia* Hook. f. et Thoms.

- 福建假稠李 *Maddenia fujianensis* Y. T. Chang

分布：铅山。

龙芽草属 *Agrimonia* L.

- 日本龙芽草 *Agrimonia nipponica* Koidz.

分布：庐山、井冈山。

- 小花龙芽草 *Agrimonia nipponica* var. *occidentalis* Skalicky

分布：九江、庐山、修水、广丰、玉山、贵溪、资溪、靖安、井冈山、遂川、瑞金、寻乌、龙南。

- 龙芽草 *Agrimonia pilosa* Ledeb.

分布：九江、瑞昌、武宁、修水、南昌、德兴、上饶、广丰、铅山、玉山、贵溪、南丰、资溪、宜黄、东乡、黎川、铜鼓、萍乡、莲花、井冈山、安福、永新、泰和、遂川、瑞金、南康、石城、宁都、寻乌、兴国、上犹、全南、大余、会昌。

- 黄龙尾 *Agrimonia pilosa* var. *nepalensis* Ledeb.

分布：九江、德兴、萍乡、井冈山、兴国、崇义。

委陵菜属 *Potentilla* L.

- 蛇莓委陵菜 *Potentilla centigrana* Maxim.

分布：永丰。

- 委陵菜 *Potentilla chinensis* Ser.

分布：庐山、永修、靖安。

- 翻白草 *Potentilla discolor* Bunge

分布：九江、庐山、瑞昌、彭泽、永修、新建、南昌、玉山、贵溪、南丰、黎川、宜丰、奉新、井冈山、吉安、泰和、遂川、安远、大余。

- 莓叶委陵菜 *Potentilla fragarioides* L.

分布：九江、庐山、南昌、资溪、黎川、铜鼓、靖安、上犹。

- 三叶委陵菜 *Potentilla freyniana* Bornm.

分布：九江、武宁、修水、玉山、贵溪、黎川、铜鼓、宜丰、分宜、安福、遂川、上犹。

- 中华三叶委陵菜 *Potentilla freyniana* var. *sinica* Migo

分布：九江、庐山、婺源、井冈山。

- 柔毛委陵菜 *Potentilla griffithii* Hook. f.

分布：铜鼓。

评述：《江西种子植物名录》（刘仁林，2010）有记载，未见标本。

- 蛇含委陵菜 *Potentilla kleiniana* Wight et Arn.

分布：九江、武宁、彭泽、永修、修水、浮梁、南昌、婺源、临川、南丰、乐安、靖安、宜丰、奉新、分宜、萍乡、井冈山、吉安、安福、遂川、石城、安远、寻乌、兴国、崇义。

- 下江委陵菜 *Potentilla limprichtii* J. Krause

分布：九江、庐山。

- 多茎委陵菜 *Potentilla multicaulis* Bunge

分布：庐山。

评述：仅见一份来自南京大学生物学植物标本室于1959年，南大学生 –115，采自庐山的腊叶标本。

- 朝天委陵菜 *Potentilla supina* L.

被子植物 / 161

分布：九江、庐山、彭泽、玉山、资溪、靖安、上犹。
- 三叶朝天委陵菜 *Potentilla supina* var. *ternata* Peterm.
分布：九江、庐山、武宁、安远。

臀果木属 *Pygeum* Gaertn.

- 臀果木 *Pygeum topengii* Merr.
分布：安远。

火棘属 *Pyracantha* M. Roem.

- * 全缘火棘 *Pyracantha atalantioides* (Hance) Stapf
分布：全省有栽培。
- 细圆齿火棘 *Pyracantha crenulata* (D. Don) M. Roem.
分布：九江、永修。
- 火棘 *Pyracantha fortuneana* (Maxim.) H. L. Li
分布：九江、永修、玉山、资溪、靖安。

石斑木属 *Rhaphiolepis* Lindl.

- 锈毛石斑木 *Rhaphiolepis ferruginea* F. P. Metcalf
分布：寻乌、龙南、崇义、全南、大余。
- 齿叶锈毛石斑木 *Rhaphiolepis ferruginea* var. *serrata* F. P. Metcalf
分布：崇义、信丰、大余。
- 石斑木 *Rhaphiolepis indica* (L.) Lindl.
分布：全省有分布。
- 细叶石斑木 *Rhaphiolepis lanceolata* H. H. Hu
分布：资溪、上高、井冈山、安福、崇义。
- 大叶石斑木 *Rhaphiolepis major* Cardot
分布：德兴、上饶、铅山、弋阳、资溪、遂川。
- 柳叶石斑木 *Rhaphiolepis salicifolia* Lindl.
分布：资溪、井冈山、上犹、崇义。
- 厚叶石斑木 *Rhaphiolepis umbellata* (Thunb.) Makino
分布：铅山。

悬钩子属 *Rubus* L.

- 腺毛莓 *Rubus adenophorus* Rolfe
分布：玉山、贵溪、南丰、资溪、宜黄、黎川、莲花、井冈山、安福、永新、泰和、石城、安远、寻乌、上犹、龙南、崇义、全南、大余、会昌。
- 粗叶悬钩子 *Rubus alceifolius* Poiret
分布：修水、德兴、铅山、玉山、贵溪、乐安、资溪、靖安、宜丰、万载、井冈山、安福、永新、遂川、石城、安远、寻乌、上犹、龙南、崇义、信丰、全南、大余。
- 周毛悬钩子 *Rubus amphidasys* Focke ex Diels
分布：九江、庐山、武宁、修水、鄱阳、玉山、贵溪、资溪、黎川、宜春、铜鼓、靖安、芦溪、井冈山、安福、瑞金、南康、石城、寻乌、兴国、崇义。
- 寒莓 *Rubus buergeri* Miq.
分布：全省有分布。
- 尾叶悬钩子 *Rubus caudifolius* Wuzhi
分布：芦溪。
- 长序莓 *Rubus chiliadenus* Focke
分布：崇义。
- 掌叶覆盆子 *Rubus chingii* Hu [小号覆盆子 *Rubus palmatus* Hemsl.]

分布：玉山、贵溪、资溪、靖安、石城。

- 毛萼莓 *Rubus chroosepalus* Focke

分布：莲花、井冈山、安福、永新、泰和、上犹、崇义。

- 小柱悬钩子 *Rubus columellaris* Tutcher

分布：九江、武宁、修水、广昌、崇仁、靖安、宜丰、奉新、萍乡、莲花、芦溪、井冈山、吉安、安福、永丰、遂川、石城、安远、寻乌、兴国、上犹、龙南、崇义、信丰、全南、大余。

- 山莓 *Rubus corchorifolius* L. f.

分布：全省有分布。

- 插田泡 *Rubus coreanus* Miq.

分布：九江、庐山、武宁、彭泽、浮梁、玉山、贵溪、资溪、靖安、上高、萍乡、井冈山。

- 毛叶插田泡 *Rubus coreanus* var. *tomentosus* Cardot

分布：袁州、分宜、莲花、上栗、芦溪、安福。

- 厚叶悬钩子 *Rubus crassifolius* T. T. Yu & L. T. Lu

分布：宜春、芦溪、安福。

- 大红泡 *Rubus eustephanos* Focke

分布：安远、寻乌。

- 攀枝莓 *Rubus flagelliflorus* Focke ex Diels

分布：靖安、吉安、遂川、上犹。

- 光果悬钩子 *Rubus glabricarpus* W. C. Cheng

分布：玉山、铅山、资溪、井冈山、崇义、大余。

- 无毛光果悬钩子 *Rubus glabricarpus* var. *glabratus* C. Z. Zheng & Y. Y. Fang [武夷悬钩子 *Rubus jiangxiensis* Z. X. Yu, W. T. Ji et H. Zheng]

分布：铅山、贵溪、黎川、井冈山、寻乌。

- 腺果悬钩子 *Rubus glandulosocarpus* M. X. Nie

分布：井冈山。

- 中南悬钩子 *Rubus grayanus* Maxim.

分布：萍乡、井冈山、安福、遂川。

- 江西悬钩子（闽东悬钩子）*Rubus gressittii* F. P. Metcalf

分布：安远、寻乌、定南、全南。

- 华南悬钩子（韩氏悬钩子）*Rubus hanceanus* Kuntze

分布：安远、上犹、寻乌。

- 戟叶悬钩子 *Rubus hastifolius* H. Lév. & Vaniot

分布：武宁、修水、铜鼓、靖安、宜丰、遂川。

- 蓬蘽 *Rubus hirsutus* Thunb.

分布：全省有分布。

- 湖南悬钩子 *Rubus hunanensis* Hand.-Mazz.

分布：九江、庐山、武宁、修水、上饶、铅山、玉山、黎川、宜春、芦溪、井冈山、安福、遂川、瑞金。

- 拟覆盆子 *Rubus idaeopsis* Focke

分布：铜鼓、宜丰。

- 陷脉悬钩子 *Rubus impressinervus* F. P. Metcalf

分布：资溪、黎川、井冈山、石城、寻乌、上犹。

- 白叶莓 *Rubus innominatus* S. Moore

分布：九江、庐山、鄱阳、玉山、贵溪、资溪、黎川、铜鼓、靖安、宜丰、莲花、井冈山、吉安、永丰、石城、寻乌。

- 蜜腺白叶莓 *Rubus innominatus* var. *aralioides* (Hance) T. T. Yu & L. T. Lu

分布：庐山、景德镇、宜黄、泰和、安远、寻乌、兴国、上犹、全南、大余、会昌。

- 无腺白叶莓 *Rubus innominatus* var. *kuntzeanus* (Hemsl.) L. H. Bailey

分布：九江、庐山、武宁、玉山、黎川、铜鼓、萍乡。

- 五叶白叶莓 *Rubus innominatus* var. *quinatus* L. H. Bailey

分布：九江、庐山、修水。

- **灰毛泡** *Rubus irenaeus* Focke

分布：九江、武宁、永修、修水、乐安、资溪、宜黄、黎川、铜鼓、靖安、宜丰、萍乡、井冈山、永丰、永新、泰和、遂川、兴国、上犹、龙南、崇义。

- **蒲桃叶悬钩子** *Rubus jambosoides* Hance

分布：资溪、崇义。

- **常绿悬钩子** *Rubus jianensis* L. T. Lu & Boufford

分布：莲花、井冈山、吉安、安福、遂川、上犹、崇义。

- **牯岭悬钩子** *Rubus kulinganus* L. H. Bailey

分布：九江、庐山。

- **高粱泡** *Rubus lambertianus* Ser.

分布：全省有分布。

- **光滑高粱泡** *Rubus lambertianus* var. *glaber* Hemsl.

分布：九江、广丰、遂川。

- **白花悬钩子** *Rubus leucanthus* Hance

分布：萍乡、遂川、广昌、石城、寻乌、定南、大余、广昌。

- **黎川悬钩子** *Rubus lichuanensis* T. T. Yu & L. T. Lu

分布：黎川、石城。

- **光亮悬钩子** *Rubus lucens* Focke

分布：资溪。

评述：《江西种子植物名录》（刘仁林，2010）有记载，未见标本。

- **棠叶悬钩子**（羊尿泡）*Rubus malifolius* Focke

分布：修水、宜丰、大余。

- **刺毛悬钩子** *Rubus multisetosus* T. T. Yu & L. T. Lu

分布：贵溪、资溪。

- **太平莓** *Rubus pacificus* Hance

分布：九江、庐山、武宁、乐平、婺源、贵溪、南丰、资溪、宜黄、广昌、靖安、宜丰、奉新、井冈山、永丰、遂川。

- **茅莓** *Rubus parvifolius* L.

分布：九江、庐山、武宁、永修、修水、南昌、婺源、南丰、资溪、广昌、黎川、靖安、宜丰、奉新、萍乡、吉安、安福、永丰、遂川、章贡、南康、安远、寻乌、定南、上犹、龙南、崇义、大余、会昌。

- **腺花茅莓** *Rubus parvifolius* var. *adenochlamys* (Focke) Migo

分布：资溪、黎川、遂川。

- **黄泡** *Rubus pectinellus* Maxim.

分布：玉山、贵溪、资溪、黎川、井冈山、遂川、上犹。

- **盾叶莓** *Rubus peltatus* Maxim.

分布：九江、庐山、武宁、玉山、南丰、靖安、井冈山、遂川。

- **多腺悬钩子** *Rubus phoenicolasius* Maxim.

分布：庐山。

- **羽萼悬钩子** *Rubus pinnatisepalus* Hemsl.

分布：广昌、井冈山、上犹。

评述：《江西植物名录》（杨祥学，1982），标本凭证：广昌调查队 762055。

- **梨叶悬钩子** *Rubus pirifolius* Smith

分布：玉山、资溪、大余。

- **大乌泡** *Rubus pluribracteatus* L. T. Lu & Boufford

分布：安远。

- **毛叶悬钩子** *Rubus poliophyllus* Kuntze

分布：资溪。

评述：《江西种子植物名录》（刘仁林，2010）有记载，未见标本。

● 针刺悬钩子 *Rubus pungens* Cambess.

分布：不详。

评述：《中国植物物种名录》（2020 版）有记载，未见标本。

● 香莓 *Rubus pungens* var. *oldhamii* (Miq.) Maxim.

分布：九江、庐山、芦溪、遂川。

● 饶平悬钩子 *Rubus raopingensis* T. T. Yu & L. T. Lu

分布：资溪、崇义。

● 锈毛莓 *Rubus reflexus* Ker Gawl.

分布：武宁、修水、德兴、上饶、贵溪、资溪、黎川、莲花、芦溪、井冈山、吉安、永新、瑞金、安远、赣县、寻乌、上犹、龙南、崇义、信丰、全南、大余、会昌。

● 浅裂锈毛莓 *Rubus reflexus* var. *hui* (Diels ex Hu) F. P. Metcalf

分布：修水、玉山、资溪、铜鼓、宜丰、奉新、井冈山、瑞金、安远、寻乌、崇义、大余、会昌。

● 深裂锈毛莓 *Rubus reflexus* var. *lanceolobus* F. P. Metcalf

分布：贵溪、资溪、宜丰、大余。

● 长叶锈毛莓 *Rubus reflexus* var. *orogenes* Hand.-Mazz.

分布：九江、庐山、靖安、井冈山。

● 曲萼悬钩子 *Rubus refractus* H. Lév.

分布：崇义。

● 空心泡 *Rubus rosifolius* Smith

分布：九江、庐山、玉山、贵溪、资溪、靖安、石城。

● 重瓣空心泡 *Rubus rosifolius* var. *coronarius* (Sims) Focke[武夷山空心泡 *Rubus rosifolius* var. *wuyishanensis* Z. X. Yu]

分布：铅山、寻乌。

● 无刺空心泡 *Rubus rosifolius* var. *inermis* Z. X. Yu

分布：铅山。

● 棕红悬钩子 *Rubus rufus* Focke

分布：资溪、黎川、井冈山、安福、遂川、南康。

● 川莓 *Rubus setchuenensis* Bureau et Franch.

分布：九江、武宁。

● 红腺悬钩子 *Rubus sumatranus* Miq. [楸叶莓 *Rubus sorbifolius* Maxim.]

分布：九江、修水、浮梁、德兴、婺源、资溪、靖安、宜丰、萍乡、井冈山、永丰、永新、泰和、遂川、宁都、寻乌、上犹、龙南、崇义、全南、大余。

● 木莓 *Rubus swinhoei* Hance

分布：修水、浮梁、上饶、婺源、铅山、资溪、铜鼓、靖安、宜丰、莲花、上栗、芦溪、井冈山、吉安、永丰、遂川、寻乌、上犹、龙南、崇义、信丰。

● 灰白毛莓 *Rubus tephrodes* Hance

分布：九江、庐山、武宁、修水、乐平、南昌、鹰潭、宜黄、东乡、靖安、奉新、萍乡、莲花、井冈山、吉安、安福、会昌。

● 无腺灰白毛莓 *Rubus tephrodes* var. *ampliflorus* (H. Lév. & Vaniot) Hand.-Mazz.

分布：九江、庐山、瑞昌、玉山、贵溪、资溪、崇仁、靖安、永丰、石城、宁都。

● 长腺灰白毛莓 *Rubus tephrodes* var. *setosissimus* Hand.-Mazz.

分布：九江、永修、修水、铜鼓、靖安、莲花、井冈山、吉安。

● 三花悬钩子 *Rubus trianthus* Focke

分布：全省山区有分布。

● 光滑悬钩子 *Rubus tsangii* Merr.

分布：资溪、井冈山。

● 铅山悬钩子 *Rubus tsangii* var. *yanshanensis* (Z. X. Yu & W. T. Ji) L. T. Lu

分布：铅山。

● 东南悬钩子 *Rubus tsangiorum* Hand.-Mazz.

分布：九江、庐山、铅山、玉山、贵溪、资溪、广昌、黎川、会昌。
- 黄脉莓 *Rubus xanthoneurus* Focke ex Diels

分布：井冈山。

枸子属 *Cotoneaster* Medik.

- 散生枸子 *Cotoneaster divaricatus* Rehder & E. H. Wilson

分布：铜鼓、芦溪、安福。
- 平枝枸子 *Cotoneaster horizontalis* Decne.

分布：九江、武宁、黎川、铜鼓。
- 华中枸子 *Cotoneaster silvestrii* Pamp.

分布：九江、瑞昌。
- 西北枸子 *Cotoneaster zabelii* C. K. Schneid.

分布：庐山。

蔷薇属 *Rosa* L.

- 木香花 *Rosa banksiae* Aiton

分布：泰和、龙南。
- 拟木香 *Rosa banksiopsis* Baker

分布：武宁。
- 硕苞蔷薇 *Rosa bracteata* J. C. Wendl.

分布：九江、庐山、铅山、玉山、贵溪、资溪、井冈山、会昌。
- * 月季花 *Rosa chinensis* Jacq.

分布：全省广泛栽培。
- 小果蔷薇 *Rosa cymosa* Tratt.

分布：全省有分布。
- 毛叶山木香 *Rosa cymosa* var. *puberula* T. T. Yu & T. C. Ku

分布：九江、景德镇、靖安、宜丰、分宜。
- 软条七蔷薇 *Rosa henryi* Boulenger

分布：九江、武宁、彭泽、永修、修水、浮梁、新建、德兴、上饶、广丰、鄱阳、铅山、玉山、贵溪、资溪、黎川、铜鼓、靖安、宜丰、奉新、萍乡、井冈山、遂川、瑞金、安远、宁都、寻乌、上犹、龙南、大余。
- 广东蔷薇 *Rosa kwangtungensis* T. T. Yu & H. T. Tsai

分布：江西南部。

评述：《江西种子植物名录》（刘仁林，2010）有记载，未见标本。
- 金樱子 *Rosa laevigata* Michx. [光果金樱子 *Rosa laevigata* var. *leiocarpa* Y. Q. Wang et P. Y. Chen]

分布：九江、武宁、彭泽、永修、浮梁、新建、南昌、德兴、上饶、广丰、鄱阳、婺源、铅山、玉山、临川、贵溪、南丰、乐安、资溪、东乡、广昌、黎川、丰城、高安、铜鼓、宜丰、奉新、萍乡、莲花、井冈山、吉安、安福、永丰、遂川、瑞金、南康、石城、宁都、寻乌、兴国、上犹、龙南、崇义、大余、会昌。
- 重瓣金樱子 *Rosa laevigata* f. *semiplena* T. T. Yu et T. C. Ku

分布：景德镇、上栗、芦溪。
- 野蔷薇 *Rosa multiflora* Thunb.

分布：九江、武宁、铅山、贵溪、广昌、奉新、井冈山、泰和、遂川、寻乌、全南。
- * 七姊妹 *Rosa multiflora* var. *carnea* Thory

分布：全省有栽培。
- 粉团蔷薇 *Rosa multiflora* var. *cathayensis* Rehder & E. H. Wilson

分布：九江、武宁、永修、浮梁、南昌、婺源、贵溪、南丰、广昌、靖安、宜丰、奉新、分宜、萍乡、井冈山、永丰、遂川、南康、兴国、上犹。
- 缫丝花 *Rosa roxburghii* Tratt.

分布：九江、庐山、乐平、浮梁、鄱阳、婺源。
- 单瓣缫丝花 *Rosa roxburghii* f. *normalis* Rehder & E. H. Wilson

分布：乐平、浮梁。
- **悬钩子蔷薇** *Rosa rubus* H. Lév. & Vaniot

分布：靖安、奉新、萍乡、莲花、井冈山、安福、永新、遂川、南康、寻乌、兴国、上犹、崇义、全南、大余。
- **钝叶蔷薇** *Rosa sertata* Rolfe

分布：九江、庐山。
- ***黄刺玫** *Rosa xanthina* Lindl.

分布：玉山、资溪。

梨属 *Pyrus* L.

- **杜梨** *Pyrus betulifolia* Bunge

分布：九江、庐山、武宁、都昌、靖安。
- **豆梨** *Pyrus calleryana* Decne.[毛豆梨 *Pyrus calleryana* f. *tomentella* Rehder]

分布：全省有分布。
- **楔叶豆梨** *Pyrus calleryana* var. *koehnei* (C. K. Schneid.) T. T. Yu

分布：资溪、寻乌。
- **沙梨** *Pyrus pyrifolia* (Burm. f.) Nakai

分布：九江、玉山、鹰潭、靖安。
- **麻梨** *Pyrus serrulata* Rehder

分布：九江、庐山、修水、安义、铅山、贵溪、广昌、黎川、铜鼓、靖安、分宜、吉安、遂川、瑞金、石城、兴国、崇义、全南。

苹果属 *Malus* Mill.

- **台湾林檎** *Malus doumeri* (Bois) A. Chev.

分布：九江、修水、铅山、玉山、资溪、广昌、铜鼓、宜丰、奉新、萍乡、莲花、井冈山、安福、永新、泰和、遂川、安远、寻乌、上犹、龙南、信丰、全南。
- **湖北海棠** *Malus hupehensis* (Pamp.) Rehder

分布：九江、瑞昌、武宁、永修、修水、浮梁、德兴、上饶、广丰、铅山、玉山、贵溪、南丰、资溪、黎川、铜鼓、靖安、奉新、莲花、井冈山、安福、永新、遂川、瑞金、兴国、崇义、大余。
- **光萼林檎** *Malus leiocalyca* S. Z. Huang

分布：九江、庐山、铅山、玉山、资溪。
- **毛山荆子** *Malus mandshurica* (Maxim.) Kom. ex Juz.

分布：上饶。
- **三叶海棠** *Malus sieboldii* (Regel) Rehder

分布：九江、井冈山、遂川、寻乌、上犹、崇义、大余。

桂樱属 *Laurocerasus* Torn.ex Duh.

- **冬青叶桂樱** *Laurocerasus aquifolioides* Chun ex T. T. Yu et L. T. Lu

分布：寻乌。
- **华南桂樱** *Laurocerasus fordiana* (Dunn.) T. T. Yu et C. L. Li

分布：资溪、遂川、安远、赣县、崇义、信丰、全南。
- **毛背桂樱** *Laurocerasus hypotricha* (Rehder) T. T. Yu et L. T. Lu

分布：全南。
- **全缘桂樱** *Laurocerasus marginata* (Dunn.) T. T. Yu et L. T. Lu

分布：寻乌。
- **腺叶桂樱** *Laurocerasus phaeosticta* (Hance) C. K. Schneid.

分布：修水、上饶、铅山、玉山、资溪、黎川、井冈山、安福、永新、泰和、遂川、寻乌、上犹、龙南、崇义、大余。
- **刺叶桂樱** *Laurocerasus spinulosa* (Siebold et Zucc.) C. K. Schneid.

分布：九江、庐山、武宁、永修、修水、德兴、上饶、广丰、玉山、贵溪、广昌、黎川、铜鼓、靖安、宜丰、奉新、万载、井冈山、安福、遂川、石城、安远、赣县、寻乌、上犹、龙南、大余。

- 尖叶桂樱 *Laurocerasus undulata* (D. Don) Roem.[钝齿尖叶桂樱 *Laurocerasus undulata* f. *microbotrys* (Koehne) Yü et Lu、毛序尖叶桂樱 *Laurocerasus undulata* f. *pubigera* Yü et Lu]

分布：玉山、贵溪、黎川、石城、寻乌、龙南、全南。

- 大叶桂樱 *Laurocerasus zippeliana* (Miq.) T. T. Yu et L. T. Lu [大叶野樱 *Cerasus macrophylla* Sweet]

分布：安义、玉山、南丰、袁州、宜丰、万载、萍乡、井冈山、吉安、永丰、泰和、安远、寻乌、定南、上犹、龙南、全南。

稠李属 *Padus* Mill.

- 短梗稠李 *Padus brachypoda* (Batalin) C. K. Schneid. [无腺樱木 *Prunus brachypoda* Batalin]

分布：九江、庐山、玉山、铜鼓、靖安。

- 橉木 *Padus buergeriana* (Miq.) T. T. Yu et T. C. Ku [两广樱桃 *Prunus adenodonta* Merr.]

分布：九江、庐山、瑞昌、武宁、彭泽、永修、德兴、南丰、黎川、靖安、宜丰、莲花、井冈山、安福、遂川、寻乌、大余。

- 灰叶稠李 *Padus grayana* (Maxim.) C. K. Schneid.

分布：九江、庐山、武宁、永修、玉山、黎川、靖安、芦溪、安福、遂川、全南。

- 粗梗稠李 *Padus napaulensis* (Ser.) Schneid.

分布：黎川、遂川、上犹、崇义、大余。

- 细齿稠李 *Padus obtusata* (Koehne) T. T. Yu et T. C. Ku

分布：九江、庐山、永修、修水、玉山、靖安、宜丰、莲花、安福、宁都、大余。

- 星毛稠李 *Padus stellipila* (Koehne) T. T. Yu et C. L. Li

分布：九江、铅山、黎川。

- 毡毛稠李 *Padus velutina* (Batalin) C. K. Schneid.

分布：铜鼓。

- 绢毛稠李 *Padus wilsonii* C. K. Schneid.

分布：九江、武宁、上饶、铅山、玉山、宜春、靖安、井冈山、安福。

路边青属 *Geum* L.

- 路边青 *Geum aleppicum* Jacquem.

分布：玉山、资溪、靖安。

评述：疑似标本鉴定有误，误将柔毛路边青鉴定为该种。

- 柔毛路边青 *Geum japonicum* var. *chinense* F. Bolle

分布：九江、武宁、永修、修水、德兴、上饶、铅山、玉山、贵溪、铜鼓、靖安、萍乡、莲花、井冈山、安福、永新、遂川。

草莓属 *Fragaria* L.

- *草莓 *Fragaria* × *ananassa* Duch.

分布：全省有栽培。

白鹃梅属 *Exochorda* Lindl.

- 红柄白鹃梅 *Exochorda giraldii* Hesse

分布：九江、庐山、彭泽、铜鼓。

评述：《江西种子植物名录》（刘仁林，2010）有记载，未见标本。

- 白鹃梅 *Exochorda racemosa* (Lindl.) Rehder

分布：九江、武宁、玉山。

枇杷属 *Eriobotrya* Lindl.

- 大花枇杷 *Eriobotrya cavaleriei* (H. Lév.) Rehder

分布：井冈山、石城、安远、寻乌、龙南、全南、会昌。
- 台湾枇杷 *Eriobotrya deflexa* (Hemsl.) Nakai
分布：资溪、井冈山、安远、赣县、上犹、龙南、崇义、大余。
评述：疑似标本鉴定有误，误将香花枇杷鉴定为该种。
- 香花枇杷 *Eriobotrya fragrans* Champ. ex Benth.
分布：龙南、全南。
- * 枇杷 *Eriobotrya japonica* (Thunb.) Lindl.
分布：全省有栽培。

棣棠花属 *Kerria* DC.

- 棣棠花 *Kerria japonica* (L.) DC.
分布：九江、庐山、武宁、修水、浮梁、婺源、铅山、玉山、宜黄、靖安、宜丰、奉新、萍乡、芦溪、井冈山、安福、遂川、石城、上犹、大余。

蛇莓属 *Duchesnea* J. E. Smith.

- 皱果蛇莓 *Duchesnea chrysantha* (Zoll. et Mor.) Miq
分布：庐山。
- 蛇莓 *Duchesnea indica* (Andrews) Focke
分布：九江、武宁、修水、浮梁、新建、南昌、婺源、南丰、资溪、宜黄、广昌、黎川、铜鼓、奉新、分宜、萍乡、莲花、井冈山、吉安、安福、遂川、石城、宁都、寻乌、兴国、上犹、大余。

木瓜海棠属 *Chaenomeles* Lindl.

- 毛叶木瓜 *Chaenomeles cathayensis* (Hemsl.) C. K. Schneid.
分布：九江、庐山、吉安、安福、上犹、崇义。
- 木瓜 *Chaenomeles sinensis* (Thouin) Koehne
分布：玉山、贵溪、靖安。
- * 皱皮木瓜 *Chaenomeles speciosa* (Sweet) Nakai
分布：全省有栽培。

唐棣属 *Amelanchier* Medik.

- 东亚唐棣 *Amelanchier asiatica* (Siebold et Zucc.) Endl. ex Walp.
分布：修水、铅山、玉山、南丰、靖安。

桃属 *Amygdalus* L.

- 山桃 *Amygdalus davidiana* (Carrière) de Vos ex Henry
分布：全省山区有分布。
- * 桃 *Amygdalus persica* L.
分布：全省有栽培。
- * 榆叶梅 *Amygdalus triloba* (Lindl.) Ricker
分布：彭泽、南昌、玉山。

杏属 *Armeniaca* Mill.

- 梅 *Armeniaca mume* Siebold
分布：九江、武宁、南昌、婺源、南丰、铜鼓、井冈山、安福、永丰、泰和、遂川、寻乌、上犹、崇义、全南。
- 毛茎梅 *Armeniaca mume* var. *pubicaulina* C. Z. Qiao & H. M. Shen
分布：广丰。
- * 杏 *Armeniaca vulgaris* Lam.
分布：全省有栽培。

樱属 *Cerasus* Mill.

- 钟花樱桃 *Cerasus campanulata* (Maxim.) A. N. Vassiljeva
分布：九江、修水、铅山、靖安、井冈山、全南。
- 微毛樱桃 *Cerasus clarofolia* (C. K. Schneid.) T. T. Yu et C. L. Li
分布：资溪、井冈山、安福、崇义、信丰、大余。
- 华中樱桃 *Cerasus conradinae* (Koehne) T. T. Yu et C. L. Li
分布：永修、铅山、玉山、贵溪、黎川、芦溪、井冈山、安福、石城。
- 尾叶樱桃 *Cerasus dielsiana* (C. K. Schneid.) T. T. Yu et C. L. Li
分布：九江、武宁、玉山、贵溪、资溪、黎川、靖安、遂川、石城。
- 短梗尾叶樱桃 *Cerasus dielsiana* var. *abbreviata* (Card.) Yü et Li
分布：庐山。
- 麦李 *Cerasus glandulosa* (Thunb.) Sokolovsk.
分布：庐山、玉山、贵溪、井冈山。
- 郁李 *Cerasus japonica* (Thunb.) Loisel.
分布：庐山、彭泽、鄱阳、玉山、资溪、井冈山。
- 毛柱郁李 *Cerasus pogonostyla* (Maxim.) T. T. Yu et C. L. Li
分布：庐山、永修。
- 长尾毛柱樱桃 *Cerasus pogonostyla* var. *obovata* (Koehne) T. T. Yu et C. L. Li
分布：寻乌。
- 樱桃 *Cerasus pseudocerasus* (Lindl.) Loudon
分布：九江、武宁、南昌、玉山、资溪、靖安、石城。
- 浙闽樱桃 *Cerasus schneideriana* (Koehne) T. T. Yu et C. L. Li
分布：九江、广丰、铅山、黎川、靖安、分宜、遂川。
- 山樱花 *Cerasus serrulata* (Lindl.) Loudon
分布：九江、武宁、永修、南昌、上饶、萍乡、安福、遂川。
- * 日本晚樱 *Cerasus serrulata* var. *lannesiana* (Carrière) T. T. Yu et C. L. Li
分布：全省有栽培。
- 毛叶山樱花 *Cerasus serrulata* var. *pubescens* (Makino) T. T. Yu et C. L. Li
分布：九江、庐山。
评述：江西本土植物名录（2017）有记载，未见标本。
- * 大叶早樱 *Cerasus × subhirtella* (Miq.) Sok
分布：庐山。
- 毛樱桃 *Cerasus tomentosa* (Thunb.) Wall.
分布：全省山区有分布。
- * 东京樱花 *Cerasus × yedoensis* (Mats.) T. T. Yu et C. L. Li
分布：全省有栽培。

假升麻属 *Aruncus* L.

- 假升麻 *Aruncus sylvester* Kostel. ex Maxim.
分布：九江、庐山、玉山、资溪、靖安、芦溪、井冈山、安福。

榅桲属 *Cydonia* Mill.

- * 榅桲 *Cydonia oblonga* Mill.
分布：永修、井冈山、瑞金、宁都、崇义。

落叶石楠属 *Pourthiaea* Decne.

- 中华落叶石楠 *Pourthiaea arguta* (Wall. ex Lindl.) Decne.
分布：不详。

评述：BB Liu, Hong D Y. A taxonomic revision of four complexes in the genus *Pourthiaea* (Rosaceae)[J]. Phytotaxa, 2017, 325(1):1. 有记载，未见标本。

⑺ 胡颓子科 Elaeagnaceae Juss.

胡颓子属 *Elaeagnus* L.

- 佘山羊奶子 *Elaeagnus argyi* H. Lév.

分布：九江、庐山、瑞昌、修水、玉山、井冈山、上犹、崇义。

- 长叶胡颓子 *Elaeagnus bockii* Diels

分布：资溪、靖安、莲花、井冈山。

- 毛木半夏 *Elaeagnus courtoisii* Belval

分布：上犹、崇义。

- 巴东胡颓子 *Elaeagnus difficilis* Servettaz [铜色叶胡颓子 *Elaeagnus cuprea* Rehder]

分布：德兴、上饶、玉山、资溪、广昌、宜春、靖安、芦溪、井冈山、安福、寻乌、龙南。

- 蔓胡颓子 *Elaeagnus glabra* Thunb.

分布：九江、庐山、武宁、彭泽、永修、修水、浮梁、南昌、德兴、广丰、鄱阳、婺源、玉山、贵溪、广昌、黎川、靖安、奉新、萍乡、安福、井冈山、遂川、石城、宁都、寻乌、全南、大余、会昌。

- 角花胡颓子 *Elaeagnus gonyanthes* Benth.

分布：靖安、井冈山、遂川、石城、龙南、全南。

- 宜昌胡颓子 *Elaeagnus henryi* Warb. ex Diels

分布：九江、修水、资溪、靖安、奉新、井冈山、安福。

- 江西羊奶子 *Elaeagnus jiangxiensis* C. Y. Chang

分布：遂川。

- 披针叶胡颓子 *Elaeagnus lanceolata* Warb.

分布：修水、宜春、芦溪、安福、遂川。

- 鸡柏紫藤 *Elaeagnus loureiroi* Champ.

分布：安福、安远、寻乌、定南。

评述：江西本土植物名录（2017）有记载，未见标本。

- 银果牛奶子 *Elaeagnus magna* (Servett.) Rehder

分布：宜丰、分宜、莲花、井冈山、安福、龙南。

- 木半夏 *Elaeagnus multiflora* Thunb.

分布：九江、庐山、瑞昌、浮梁、婺源、贵溪、靖安、井冈山、石城。

- 倒果木半夏 *Elaeagnus multiflora* var. *obovoidea* C. Y. Chang

分布：九江、浮梁、婺源。

- 胡颓子 *Elaeagnus pungens* Thunb.

分布：九江、庐山、武宁、彭泽、修水、德安、德兴、上饶、广丰、鄱阳、婺源、铅山、玉山、黎川、铜鼓、靖安、奉新、分宜、萍乡、井冈山、安福、遂川、石城、宁都、上犹、会昌。

- 星毛羊奶子 *Elaeagnus stellipila* Rehder

分布：修水、资溪、黎川、井冈山。

- 牛奶子 *Elaeagnus umbellata* Thunb.

分布：九江、庐山、武宁、永修、修水、玉山、贵溪、资溪、靖安、宜丰、奉新。

⑺ 鼠李科 Rhamnaceae Juss.

翼核果属 *Ventilago* Gaertn.

- 翼核果 *Ventilago leiocarpa* Benth.

分布：寻乌

枣属 *Ziziphus* Mill.

- * 枣 *Ziziphus jujuba* Mill.
分布：全省有栽培。
- * 无刺枣 *Ziziphus jujuba* var. *inermis* (Bunge) Rehder
分布：铜鼓、靖安。

猫乳属 *Rhamnella* Miq.

- 猫乳 *Rhamnella franguloides* (Maxim.) Weberb.
分布：九江、庐山、瑞昌、永修、修水、景德镇、安义、玉山、靖安。

马甲子属 *Paliurus* Mill.

- 铜钱树 *Paliurus hemsleyanus* Rehder
分布：九江、庐山、武宁、修水、玉山、东乡、铜鼓、靖安。
- 硬毛马甲子 *Paliurus hirsutus* Hemsl.
分布：永修、南昌、玉山、贵溪、丰城、靖安、永新、南康、全南、大余。
- 马甲子 *Paliurus ramosissimus* (Lour.) Poir.
分布：南昌、吉安、新干、遂川、瑞金、南康、安远、寻乌、兴国、龙南、崇义、全南、大余、会昌。

雀梅藤属 *Sageretia* Brongn.

- 钩刺雀梅藤 *Sageretia hamosa* (Wall.) Brongn.
分布：贵溪、资溪、靖安、石城。
- 梗花雀梅藤 *Sageretia henryi* J. R. Drumm. & Sprague
分布：庐山、资溪、万载。
- 疏花雀梅藤 *Sageretia laxiflora* Hand.-Mazz.
分布：九江、德兴、萍乡。
评述：产自江西的标本疑似错误鉴定，有待进一步研究。
- 亮叶雀梅藤 *Sageretia lucida* Merr.
分布：崇义。
- 刺藤子 *Sageretia melliana* Hand.-Mazz.
分布：九江、南昌、德兴、上饶、广丰、婺源、玉山、广昌、黎川、宜丰、萍乡、井冈山、宁都、于都。
- 皱叶雀梅藤 *Sageretia rugosa* Hance
分布：资溪、芦溪、井冈山、安福。
评述：《江西种子植物名录》（刘仁林，2010）有记载，未见标本。
- 尾叶雀梅藤 *Sageretia subcaudata* C. K. Schneid.
分布：玉山、萍乡。
- 雀梅藤 *Sageretia thea* (Osbeck) M. C. Johnst. [对结刺 *Sageretia theezans* (L.) Brongn.]
分布：玉山、贵溪、资溪、吉安、遂川、石城、龙南、全南。
- 毛叶雀梅藤 *Sageretia thea* var. *tomentosa* (C. K. Schneid.) Y. L. Chen et P. K. Chou
分布：玉山、南丰、资溪、井冈山、寻乌、全南。

勾儿茶属 *Berchemia* Neck. ex DC.

- 多花勾儿茶 *Berchemia floribunda* (Wall.) Brongn. [纪氏勾儿茶 *Berchemia giraldiana* Schneider]
分布：九江、庐山、武宁、修水、浮梁、德兴、广丰、婺源、铅山、贵溪、南丰、资溪、黎川、高安、靖安、萍乡、莲花、井冈山、吉安、安福、泰和、遂川、瑞金、石城、赣县、寻乌、兴国、上犹、龙南、崇义、全南。
- 矩叶勾儿茶 *Berchemia floribunda* var. *oblongifolia* Y. L. Chen et P. K. Chou
分布：九江、上饶、广丰、铅山、上犹。
- 大叶勾儿茶 *Berchemia huana* Rehder

分布：九江、庐山、武宁、修水、玉山、资溪、宜黄、广昌、靖安、井冈山、遂川。

- 脱毛大叶勾儿茶 *Berchemia huana* var. *glabrescens* W. C. Cheng ex Y. L. Chen

分布：铅山。

- 牯岭勾儿茶 *Berchemia kulingensis* C. K. Schneid.

分布：九江、庐山、瑞昌、武宁、修水、浮梁、广丰、婺源、玉山、贵溪、南丰、资溪、铜鼓、靖安、奉新、吉安、泰和、寻乌、上犹、龙南、崇义。

- 铁包金 *Berchemia lineata* (L.) DC.

分布：赣州。

- 光枝勾儿茶 *Berchemia polyphylla* var. *leioclada* Hand.-Mazz.

分布：江西南部。

- 勾儿茶 *Berchemia sinica* C. K. Schneid.[云南勾儿茶 *Berchemia yunnanensis* Franch.]

分布：九江、武宁、永修。

枳椇属 *Hovenia* Thunb.

- 枳椇 *Hovenia acerba* Lindl.

分布：九江、武宁、修水、乐平、南昌、铅山、南丰、宜黄、黎川、铜鼓、萍乡、吉安、安福、永丰、永新、遂川、瑞金、石城、安远、宁都、寻乌、兴国、龙南、崇义、信丰、全南、大余。

- 北枳椇 *Hovenia dulcis* Thunb.

分布：九江、庐山、武宁、修水、乐平、玉山、贵溪、宜黄、广昌、黎川、铜鼓、靖安、宜丰、奉新、萍乡、井冈山、吉安、永新、遂川、赣州、瑞金、石城、安远、宁都、寻乌、兴国、上犹、龙南、崇义、大余、会昌。

- 毛果枳椇 *Hovenia trichocarpa* Chun et Tsiang

分布：庐山、武宁、修水、玉山、贵溪、广昌、铜鼓、靖安、井冈山、遂川、大余。

- 光叶毛果枳椇 *Hovenia trichocarpa* var. *robusta* (Nakai & Y. Kimura) Y. L. Chou & P. K. Chou

分布：遂川、瑞金。

鼠李属 *Rhamnus* L.

- 山绿柴 *Rhamnus brachypoda* C. Y. Wu ex Y. L. Chen

分布：遂川、寻乌、上犹、龙南、全南、大余。

- 长叶冻绿 *Rhamnus crenata* Siebold et Zucc.

分布：九江、庐山、瑞昌、武宁、修水、乐平、浮梁、南昌、德兴、鄱阳、铅山、玉山、临川、南丰、资溪、宜黄、东乡、广昌、黎川、铜鼓、靖安、奉新、莲花、井冈山、吉安、安福、吉水、永丰、永新、泰和、遂川、瑞金、南康、石城、安远、赣县、寻乌、兴国、上犹、龙南、崇义、全南、大余、会昌。

- 刺鼠李 *Rhamnus dumetorum* C. K. Schneid.

分布：芦溪、会昌。

评述：本种模式产四川康定，江西产刺鼠李疑似错误鉴定，误将皱叶鼠李鉴定为该种。

- 圆叶鼠李 *Rhamnus globosa* Bunge

分布：九江、庐山、瑞昌、彭泽、玉山、贵溪、资溪、靖安、永新。

- 亮叶鼠李 *Rhamnus hemsleyana* C. K. Schneid.

分布：贵溪。

评述：本种是典型的华中区系成分，仅见一份标本，疑似鉴定有误。

- 毛叶鼠李 *Rhamnus henryi* C. K. Schneid.

分布：井冈山、上犹、龙南、崇义。

评述：《江西种子植物名录》（刘仁林，2010）有记载，未见标本。该种属于热带成分，目前主要是在云南、广西、西藏一带，江西未见过标本，疑似前人鉴定有误。

- 钩齿鼠李 *Rhamnus lamprophylla* C. K. Schneid.

分布：铅山、贵溪、资溪、会昌。

- 薄叶鼠李 *Rhamnus leptophylla* C. K. Schneid.

分布：九江、瑞昌、武宁、都昌、新建、广丰、铜鼓、萍乡、安福、永新、崇义、大余。

- 长柄鼠李 *Rhamnus longipes* Merr. et Chun

  分布：萍乡、崇义、大余。

- 尼泊尔鼠李 *Rhamnus napalensis* (Wall.) Lawson [伞花鼠李 *Rhamnus paniculiflorus* C. K. Schneid.]

  分布：武宁、修水、德兴、上饶、广丰、铅山、玉山、贵溪、南丰、资溪、宜黄、广昌、黎川、崇仁、铜鼓、宜丰、万载、萍乡、泰和、瑞金、石城、安远、宁都、寻乌、兴国、上犹、龙南、崇义、全南、大余、会昌。

- 皱叶鼠李 *Rhamnus rugulosa* Hemsl. ex Forbes et Hemsl.

  分布：九江、庐山、瑞昌、修水、景德镇。

- 冻绿 *Rhamnus utilis* Decne.

  分布：九江、武宁、彭泽、永修、修水、浮梁、南昌、德兴、广丰、婺源、玉山、临川、贵溪、南丰、乐安、资溪、东乡、靖安、奉新、萍乡、莲花、井冈山、吉安、安福、永新、泰和、遂川、瑞金、南康、石城、安远、宁都、兴国、上犹、崇义、大余。

- 山鼠李（庐山鼠李）*Rhamnus wilsonii* C. K. Schneid.

  分布：九江、庐山、武宁、景德镇、浮梁、德兴、上饶、婺源、铅山、玉山、贵溪、南丰、资溪、宜黄、东乡、广昌、黎川、靖安、奉新、井冈山、石城、兴国。

- 毛山鼠李 *Rhamnus wilsonii* var. *pilosa* Rehder

  分布：九江、浮梁、上饶、贵溪、南丰、宜黄、广昌、永新、信丰。

76 榆科 Ulmaceae Mirb.

刺榆属 Hemiptelea Planch.

- 刺榆 *Hemiptelea davidii* (Hance) Planch.

  分布：庐山、南昌、婺源。

榉属 Zelkova Spach

- 大叶榉树 *Zelkova schneideriana* Hand.-Mazz.

  分布：九江、庐山、南昌、广丰、婺源、黎川、铜鼓、萍乡、石城、寻乌。

- 榉树 *Zelkova serrata* (Thunb.) Makino

  分布：九江、庐山、武宁、修水、贵溪、资溪、靖安、寻乌。

- 大果榉 *Zelkova sinica* C. K. Schneid.

  分布：庐山、铜鼓、宜丰。

榆属 Ulmus L.

- 兴山榆 *Ulmus bergmanniana* C. K. Schneid.

  分布：九江、武宁、井冈山、全南、大余。

- 多脉榆 *Ulmus castaneifolia* Hemsl.

  分布：武宁、修水、资溪、井冈山、石城、大余。

- 杭州榆 *Ulmus changii* W. C. Cheng

  分布：九江、庐山、武宁、安义、南丰、黎川、萍乡、井冈山。

- 春榆 *Ulmus davidiana* var. *japonica* (Rehder) Nakai [毛榆 *Ulmus wilsoniana* C. K. Schneid.]

  分布：芦溪、井冈山、石城。

- 长序榆 *Ulmus elongata* L. K. Fu et C. S. Ding

  分布：武宁、修水、铅山、玉山、广丰、贵溪、资溪、黎川、铜鼓、芦溪、井冈山、安福、上犹。

- 大果榆 *Ulmus macrocarpa* Hance

  分布：资溪、靖安、安远、龙南。

  评述：江西本土植物名录（2017）有记载，未见标本。

- 榔榆 *Ulmus parvifolia* Jacq.

  分布：九江、庐山、永修、修水、新建、南昌、广丰、泰和、遂川、石城、安远、龙南、全南。

- *榆树 *Ulmus pumila* L.

分布：全省有栽培。
- 红果榆 *Ulmus szechuanica* W. P. Fang
分布：玉山、资溪、分宜、全南。

77 大麻科 Cannabaceae Martinov

朴属 *Celtis* L.

- 紫弹树 *Celtis biondii* Pamp.
分布：九江、庐山、瑞昌、武宁、彭泽、永修、修水、湖口、乐平、浮梁、新建、南昌、鄱阳、婺源、南丰、宜黄、东乡、广昌、黎川、铜鼓、靖安、奉新、萍乡、莲花、井冈山、吉安、安福、遂川、瑞金、安远、龙南、大余。
- 黑弹树 *Celtis bungeana* Blume
分布：九江、庐山、彭泽、遂川、上犹。
- 小果朴 *Celtis cerasifera* C. K. Schneid.
分布：庐山、资溪、靖安。
- 天目朴树 *Celtis chekiangensis* W. C. Cheng
分布：武宁、玉山、安福。
- 珊瑚朴 *Celtis julianae* C. K. Schneid.
分布：修水、玉山、资溪、靖安、萍乡。
- 朴树 *Celtis sinensis* Pers. [小叶朴 *Celtis nervosa* Hemsl.]
分布：九江、庐山、永修、修水、浮梁、新建、南昌、南丰、资溪、广昌、黎川、高安、萍乡、井冈山、吉安、安福、永新、泰和、遂川、章贡、石城、安远、寻乌、于都、崇义、信丰、全南、大余。
- 西川朴 *Celtis vandervoetiana* C. K. Schneid.
分布：婺源、贵溪、资溪、靖安、井冈山、石城、全南、大余。

大麻属 *Cannabis* L.

- * 大麻 *Cannabis sativa* L.
分布：九江。

葎草属 *Humulus* L.

- 葎草 *Humulus scandens* (Lour.) Merr.
分布：全省有分布。

青檀属 *Pteroceltis* Maxim.

- 青檀 *Pteroceltis tatarinowii* Maxim.
分布：九江、庐山、瑞昌、武宁、彭泽、永修、修水、湖口、黎川、萍乡、瑞金、寻乌。

山黄麻属 *Trema* Lour.

- 光叶山黄麻 *Trema cannabina* Lour.
分布：九江、铅山、资溪、芦溪、井冈山、安福、龙南、大余。
- 山油麻 *Trema cannabina* var. *dielsiana* (Hand.-Mazz.) C. J. Chen
分布：九江、庐山、武宁、永修、修水、浮梁、新建、德兴、贵溪、资溪、宜黄、广昌、崇仁、莲花、安福、永丰、永新、泰和、遂川、赣州、安远、赣县、寻乌、兴国、上犹、龙南、崇义、大余、会昌。
- 山黄麻 *Trema tomentosa* (Roxb.) H. Hara
分布：黎川、定南。

糙叶树属 *Aphananthe* Planch.

- 糙叶树 *Aphananthe aspera* (Thunb.) Planch.

分布：九江、庐山、修水、浮梁、南昌、德兴、玉山、南丰、资溪、广昌、黎川、高安、铜鼓、井冈山、吉安、安福、永新、泰和、遂川、石城、安远、寻乌、于都、龙南、全南、大余。

- 柔毛糙叶树 *Aphananthe aspera* var. *pubescens* C. J. Chen

分布：修水、铜鼓、靖安。

78 桑科 Moraceae Gaudich.

波罗蜜属 *Artocarpus* J. R. Forst. & G. Forst.

- 白桂木 *Artocarpus hypargyreus* Hance

分布：井冈山、石城、安远、寻乌、定南、上犹、龙南、崇义、信丰、全南、大余、会昌。

榕属 *Ficus* L.

- 石榕树 *Ficus abelii* Miq.

分布：宜丰、万载、遂川、章贡、安远、寻乌、龙南、崇义。

- *无花果 *Ficus carica* L.

分布：全省有栽培。

- 雅榕 *Ficus concinna* (Miq.) Miq.

分布：吉安、赣州。

- *印度榕 *Ficus elastica* Roxb. ex Hornem.

分布：赣南有栽培。

- 矮小天仙果 *Ficus erecta* Thunb.

分布：乐平、德兴、上饶、婺源、铅山、玉山、贵溪、南丰、乐安、资溪、宜黄、广昌、黎川、宜丰、莲花、井冈山、安福、永新、泰和、遂川、赣州、瑞金、南康、石城、安远、赣县、宁都、寻乌、兴国、定南、上犹、龙南、崇义、全南、大余、会昌。

- 台湾榕 *Ficus formosana* Maxim.

分布：德兴、贵溪、南丰、资溪、广昌、黎川、铜鼓、宜丰、万载、井冈山、吉安、安福、永新、泰和、遂川、赣州、瑞金、南康、石城、安远、赣县、宁都、寻乌、兴国、上犹、于都、龙南、崇义、全南、大余、会昌。

- 冠毛榕 *Ficus gasparriniana* Miq.

分布：遂川、南康、龙南、崇义、全南。

- 长叶冠毛榕 *Ficus gasparriniana* var. *esquirolii* (H. Lév. & Vaniot) Corner

分布：广丰、玉山、贵溪、瑞金、寻乌。

- 异叶榕 *Ficus heteromorpha* Hemsl.

分布：九江、瑞昌、武宁、永修、修水、上饶、广丰、铅山、贵溪、资溪、广昌、黎川、高安、铜鼓、宜丰、萍乡、莲花、井冈山、吉安、安福、永新、遂川、瑞金、安远、寻乌、崇义、大余。

- 粗叶榕 *Ficus hirta* Vahl

分布：资溪、井冈山、永新、泰和、遂川、瑞金、石城、安远、赣县、宁都、寻乌、上犹、于都、龙南、崇义、信丰、全南、大余、会昌。

- 榕树 *Ficus microcarpa* L. f.

分布：赣南、吉安。

- 琴叶榕 *Ficus pandurata* Hance

分布：九江、庐山、武宁、永修、修水、乐平、德兴、上饶、广丰、铅山、玉山、临川、贵溪、南丰、资溪、宜黄、东乡、广昌、黎川、高安、铜鼓、靖安、宜丰、奉新、万载、萍乡、井冈山、吉安、安福、永新、泰和、遂川、赣州、瑞金、南康、石城、安远、赣县、宁都、寻乌、兴国、上犹、龙南、崇义、全南、大余、会昌。

- 薜荔 *Ficus pumila* L.

分布：全省有分布。

- 匍茎榕 *Ficus sarmentosa* Buch.-Ham. ex J. E. Sm.

分布：武宁、黎川。
- 珍珠莲 *Ficus sarmentosa* var. *henryi* (King et Oliv.)Corner

  分布：九江、武宁、修水、浮梁、新建、南昌、德兴、广丰、婺源、贵溪、资溪、广昌、黎川、铜鼓、靖安、宜丰、萍乡、井冈山、吉安、安福、永新、泰和、遂川、石城、安远、宁都、寻乌、兴国、上犹、龙南、崇义、全南。

- 爬藤榕 *Ficus sarmentosa* var. *impressa* (Champion ex Bentham) Corner

  分布：九江、武宁、彭泽、修水、德兴、鄱阳、婺源、玉山、宜春、铜鼓、萍乡、瑞金、崇义。

- 尾尖爬藤榕 *Ficus sarmentosa* var. *lacrymans* (Lév.) Corner

  分布：南丰、宜丰、萍乡、永新、上犹、崇义、全南。

- 长柄爬藤榕 *Ficus sarmentosa* var. *luducca* (Roxb.)Corner

  分布：资溪。

- 白背爬藤榕 *Ficus sarmentosa* var. *nipponica* (Franch. et Sav.) Corner

  分布：九江、庐山、资溪、芦溪、井冈山、安福、石城。

- 竹叶榕 *Ficus stenophylla* Hemsl.

  分布：九江、资溪、广昌、崇仁、高安、井冈山、石城、赣县、寻乌、龙南、大余。

- *笔管榕 *Ficus subpisocarpa* Gagnepain

  分布：赣南有栽培。

- 楔叶榕 *Ficus trivia* Corner

  分布：遂川、石城、赣县。

- 变叶榕 *Ficus variolosa* Lindl. ex Benth.

  分布：玉山、贵溪、资溪、广昌、靖安、井冈山、永新、泰和、遂川、石城、安远、赣县、寻乌、定南、上犹、龙南、崇义、大余。

水蛇麻属 *Fatoua* Gaudich.

- 细齿水蛇麻 *Fatoua pilosa* Gaud

  分布：庐山、景德镇、宜丰、广昌、遂川。

- 水蛇麻 *Fatoua villosa* (Thunb.) Nakai

  分布：九江、庐山、瑞昌、修水、景德镇、德兴、广丰、玉山、贵溪、资溪、广昌、铜鼓、靖安、宜丰、萍乡、安福、遂川、安远、兴国、上犹、龙南。

橙桑属 *Maclura* Nutt.

- 构棘 *Maclura cochinchinensis* (Loureiro) Corner

  分布：九江、庐山、瑞昌、武宁、修水、新建、德兴、广丰、婺源、铅山、玉山、贵溪、抚州、南丰、资溪、广昌、黎川、铜鼓、靖安、宜丰、奉新、萍乡、井冈山、吉安、安福、永新、泰和、遂川、瑞金、石城、宁都、寻乌、兴国、定南、上犹、龙南、崇义、全南、大余、会昌。

- 毛柘藤 *Maclura pubescens* (Trécul) Z. K. Zhou et M. G. Gilbert

  分布：资溪、万载、石城、崇义。

- 柘 *Maclura tricuspidata* Carrière

  分布：九江、庐山、武宁、彭泽、修水、浮梁、新建、南昌、上饶、婺源、玉山、贵溪、南丰、资溪、宜黄、黎川、铜鼓、靖安、宜丰、奉新、萍乡、莲花、井冈山、吉安、安福、永新、泰和、遂川、瑞金、石城、兴国、崇义、全南、大余。

构属 *Broussonetia* L'Hér. ex Vent.

- 葡蟠 *Broussonetia kaempferi* Siebold

  分布：九江、南昌、玉山、贵溪、南丰、乐安、资溪、黎川、铜鼓、靖安、宜丰、奉新、井冈山、吉安、安福、永新、遂川、寻乌、上犹、龙南、大余。

- 藤构 *Broussonetia kaempferi* var. *australis* T. Suzuki

  分布：九江、庐山、瑞昌、武宁、彭泽、永修、修水、景德镇、浮梁、鄱阳、婺源、玉山、贵溪、南丰、乐安、资溪、宜黄、广昌、铜鼓、宜丰、分宜、萍乡、莲花、井冈山、吉安、安福、泰和、遂川、石城、寻乌、兴国、定南、上犹、崇义、全南、大余、会昌。
- 楮（小构树）*Broussonetia kazinoki* Siebold
分布：九江、庐山、瑞昌、武宁、彭泽、永修、修水、景德镇、浮梁、鄱阳、婺源、贵溪、南丰、乐安、资溪、宜黄、广昌、铜鼓、靖安、宜丰、分宜、萍乡、莲花、井冈山、吉安、安福、泰和、遂川、寻乌、兴国、定南、上犹、崇义、全南、大余、会昌。
- 构树 *Broussonetia papyrifera* (Linn) L'Her. ex Vent.
分布：全省有分布。

桑属 *Morus* L.

- 桑 *Morus alba* L.
分布：九江、庐山、永修、浮梁、南昌、婺源、玉山、贵溪、资溪、铜鼓、靖安、分宜、井冈山、石城、全南。
- 鸡桑 *Morus australis* Poir. [花叶鸡桑 *Morus australis* var. *inusitata* (Lévl.) C. Y. Wu]
分布：九江、庐山、婺源、玉山、贵溪、南丰、资溪、广昌、铜鼓、靖安、奉新、萍乡、安福、永新、遂川、寻乌、上犹、龙南、全南。
- 华桑 *Morus cathayana* Hemsl.
分布：九江、庐山、武宁、景德镇、浮梁、玉山、贵溪、资溪、宜黄、铜鼓、靖安、宜丰、吉安、遂川。
- 蒙桑 *Morus mongolica* (Bureau) C. K. Schneid.
分布：庐山、石城。
- 长穗桑 *Morus wittiorum* Hand.–Mazz
分布：全南、龙南、安远、寻乌、信丰。

79 荨麻科 Urticaceae Juss.

假楼梯草属 *Lecanthus* Wedd.

- 假楼梯草 *Lecanthus peduncularis* (Wall. ex Royle) Wedd.
分布：武宁、永修、修水、铅山、铜鼓、靖安、宜丰、井冈山、安福、上犹。
- 冷水花假楼梯草 *Lecanthus pileoides* S. S. Chien et C. J. Chen
分布：寻乌。

紫麻属 *Oreocnide* Miq.

- 紫麻 *Oreocnide frutescens* (Thunb.) Miq.
分布：九江、庐山、瑞昌、武宁、永修、修水、景德镇、新建、上饶、广丰、鄱阳、婺源、玉山、贵溪、南丰、资溪、宜黄、黎川、铜鼓、靖安、宜丰、井冈山、吉安、安福、永新、遂川、赣州、瑞金、石城、安远、寻乌、上犹、龙南、崇义、全南、大余、会昌。
- 细梗紫麻 *Oreocnide frutescens* subsp. *insignis* C. J. Chen
分布：寻乌、于都。
评述：江西新记录。

冷水花属 *Pilea* Lindl.

- 圆瓣冷水花 *Pilea angulata* (Blume) Blume
分布：资溪、靖安、龙南。
- 华中冷水花 *Pilea angulata* subsp. *latiuscula* C. J. Chen
分布：九江、宜春、上栗、芦溪。
- 长柄冷水花 *Pilea angulata* subsp. *petiolaris* (Siebold & Zucc.) C. J. Chen
分布：九江、黎川、靖安。
- 湿生冷水花 *Pilea aquarum* Dunn

分布：资溪、奉新、萍乡、井冈山、遂川。
- * **花叶冷水花** *Pilea cadierei* Gagnep. et Guillaumin

分布：全省有栽培。
- **波缘冷水花** *Pilea cavaleriei* H. Lév.

分布：资溪、井冈山。
- **山冷水花** *Pilea japonica* (Maxim.) Hand.-Mazz.

分布：九江、上饶、靖安、遂川。
- **隆脉冷水花** *Pilea lomatogramma* Hand.-Mazz.

分布：铅山、奉新、萍乡、龙南、全南。
- **大叶冷水花** *Pilea martini* (H. Lév.) Hand.-Mazz.

分布：资溪、龙南、信丰、全南。
- **小叶冷水花** *Pilea microphylla* (L.) Liebm.

分布：全省有分布。

评述：归化或入侵。
- **念珠冷水花** *Pilea monilifera* Hand.-Mazz.

分布：婺源、石城、寻乌。
- **冷水花** *Pilea notata* C. H. Wright

分布：九江、庐山、武宁、修水、上饶、广丰、铅山、玉山、贵溪、资溪、广昌、铜鼓、靖安、井冈山、安福、永新、遂川、石城、龙南、全南。
- **矮冷水花** *Pilea peploides* (Gaudich.) Hook. et Arn.

分布：全省山区有分布。
- **透茎冷水花** *Pilea pumila* (L.) A. Gray

分布：九江、庐山、武宁、德兴、铅山、玉山、资溪、广昌、井冈山、安福、寻乌。
- **荫地冷水花** *Pilea pumila* var. *hamaoi* (Makino) C. J. Chen

分布：玉山、铜鼓。
- **镰叶冷水花** *Pilea semisessilis* Hand.-Mazz.

分布：芦溪、井冈山、安福、遂川、上犹、崇义。
- **粗齿冷水花** *Pilea sinofasciata* C. J. Chen

分布：九江、武宁、上饶、铅山、资溪、靖安、芦溪、井冈山、安福、南康、上犹、崇义、大余。
- **三角形冷水花** *Pilea swinglei* Merr.

分布：九江、庐山、玉山、贵溪、资溪、靖安、石城、寻乌。
- **疣果冷水花** *Pilea verrucosa* Hand.-Mazz. [紫背冷水花 *Pilea purpurella* C. J. Chen]

分布：庐山、黎川、芦溪、井冈山、吉安、安福、遂川、上犹、崇义。

艾麻属 *Laportea* Gaudich.

- **珠芽艾麻** *Laportea bulbifera* (Siebold & Zucc.) Wedd. [中华艾麻 *Laportea sinensis* C. H. Wright]

分布：九江、庐山、武宁、上饶、铅山、玉山、贵溪、资溪、芦溪、井冈山、安福、遂川、南康、龙南。
- **艾麻** *Laportea cuspidata* (Wedd.) Friis

分布：九江、玉山、贵溪、靖安、安福、石城。
- **靖安艾麻** *Laportea jinganensis* W. T. Wang

分布：靖安。

墙草属 *Parietaria* L.

- **墙草** *Parietaria micrantha* Ledeb.

分布：于都。

蝎子草属 *Girardinia* Gaudich.

- **大蝎子草** *Girardinia diversifolia* (Link) Friis

分布：九江、武宁、修水。

楼梯草属 *Elatostema* J. R. Forst. & G. Forst.

- 骤尖楼梯草 *Elatostema cuspidatum* Wight

分布：井冈山、永新、遂川、安远、寻乌、上犹、龙南、崇义、信丰。

- 锐齿楼梯草 *Elatostema cyrtandrifolium* (Zoll. et Moritzi) Miq.

分布：资溪、莲花、上栗、芦溪。

- 楼梯草 *Elatostema involucratum* Franch. et Sav.

分布：九江、庐山、彭泽、玉山、贵溪、资溪、靖安、芦溪、井冈山、安福、永新、上犹、龙南、全南。

- 狭叶楼梯草 *Elatostema lineolatum* Wight

分布：资溪。

- 长梗楼梯草 *Elatostema longipes* W. T. Wang

分布：铅山。

评述：疑似标本鉴定有误，该种仅产四川。

- 多序楼梯草 *Elatostema macintyrei* Dunn

分布：寻乌。

- 托叶楼梯草 *Elatostema nasutum* Hook. f.

分布：莲花、上栗、芦溪、井冈山、安福、永新、遂川、上犹。

- 短毛楼梯草 *Elatostema nasutum* var. *puberulum* (W. T. Wang) W. T. Wang

分布：芦溪、井冈山、安福。

- 钝叶楼梯草 *Elatostema obtusum* Wedd.

分布：铅山、玉山、资溪、靖安。

- 三齿钝叶楼梯草 *Elatostema obtusum* var. *trilobulatum* (Hayata) W. T. Wang

分布：铅山、莲花、上栗、芦溪、井冈山、遂川。

- 石生楼梯草 *Elatostema rupestre* (Buch.-Ham.) Wedd.

分布：资溪、井冈山。

评述：《江西种子植物名录》（刘仁林，2010）有记载，未见标本。

- 对叶楼梯草 *Elatostema sinense* H. Schroter

分布：修水、上饶、资溪、黎川、铜鼓、靖安、芦溪。

- 庐山楼梯草 *Elatostema stewardii* Merr.

分布：九江、庐山、武宁、修水、贵溪、资溪、宜黄、广昌、靖安、井冈山、瑞金、石城、上犹、寻乌。

- 歧序楼梯草 *Elatostema subtrichotomum* W. T. Wang

分布：寻乌。

苎麻属 *Boehmeria* Jacq.

- 白面苎麻 *Boehmeria clidemioides* Miq.

分布：德兴、贵溪、万载。

- 序叶苎麻 *Boehmeria clidemioides* var. *diffusa* (Wedd.) Hand.-Mazz.

分布：九江、庐山、武宁、修水、德兴、上饶、广丰、铅山、玉山、贵溪、资溪、铜鼓、靖安、万载、安福、永新、石城、宁都、上犹。

- 密球苎麻 *Boehmeria densiglomerata* W. T. Wang

分布：寻乌、定南、上犹、龙南、崇义、信丰、全南、大余。

- 海岛苎麻 *Boehmeria formosana* Hayata

分布：九江、德兴、铅山、资溪、龙南、寻乌、信丰。

- 福州苎麻 *Boehmeria formosana* var. *stricta* (C. H. Wright) C. J. Chen

分布：庐山、九江、南丰、崇义、安远、龙南、宁都、于都、寻乌。

- 野线麻 *Boehmeria japonica* (L. f.) Miq.

分布：九江、庐山、武宁、修水、上饶、广丰、婺源、铅山、玉山、贵溪、资溪、黎川、靖安、宜丰、井冈山、安福、永新、遂川、南康、石城、安远、寻乌、上犹、龙南、崇义、大余、会昌。

- 苎麻 *Boehmeria nivea* (L.) Gaudich.

分布：九江、瑞昌、武宁、彭泽、永修、乐平、德兴、广丰、铅山、玉山、贵溪、黎川、铜鼓、靖安、萍乡、井冈山、安福、永新、遂川、石城、寻乌、兴国、龙南、崇义、全南。

- 青叶苎麻 *Boehmeria nivea* var. *tenacissima* (Gaudich.)Miq.

分布：玉山、资溪、靖安。

- 赤麻 *Boehmeria silvestrii* (Pampanini) W. T. Wang

分布：靖安。

- 小赤麻 *Boehmeria spicata* (Thunb.) Thunb.

分布：九江、庐山、武宁、修水、铅山、资溪、靖安、井冈山、遂川、石城、兴国、上犹。

- 悬铃叶苎麻 *Boehmeria tricuspis* (Hance) Makino

分布：九江、庐山、瑞昌、武宁、修水、景德镇、乐平、浮梁、新建、广丰、玉山、贵溪、资溪、宜黄、黎川、铜鼓、靖安、萍乡、莲花、安福、遂川、瑞金、石城、兴国、定南、龙南。

花点草属 *Nanocnide* Bl.

- 花点草 *Nanocnide japonica* Blume

分布：九江、庐山、武宁、婺源、玉山、贵溪、资溪、黎川。

- 毛花点草 *Nanocnide lobata* Wedd.

分布：九江、庐山、南昌、婺源、玉山、贵溪、南丰、资溪、奉新、萍乡、安福、泰和、遂川、大余。

微柱麻属 *Chamabainia* Wight

- 微柱麻 *Chamabainia cuspidata* Wight

分布：资溪、靖安、莲花、上栗、芦溪、井冈山、安福、遂川。

雾水葛属 *Pouzolzia* Gaudich.

- 雾水葛 *Pouzolzia zeylanica* (L.) Benn.

分布：九江、庐山、修水、德兴、上饶、广丰、铅山、玉山、贵溪、资溪、铜鼓、靖安、万载、上犹、龙南、大余。

- 多枝雾水葛 *Pouzolzia zeylanica* var. *microphylla* (Wedd.)W. T. Wang

分布：修水、德兴、宜春、靖安、宜丰、寻乌、定南、上犹、龙南、崇义、大余。

荨麻属 *Urtica* L.

- 荨麻 *Urtica fissa* E. Pritz.

分布：永修、贵溪、资溪。

评述：《江西种子植物名录》（刘仁林，2010）有记载，未见标本。

- 宽叶荨麻 *Urtica laetevirens* Maxim.

分布：武宁、资溪。

评述：《江西种子植物名录》（刘仁林，2010）有记载，未见标本。

- 裂叶荨麻 *Urtica lotabifolia* S. S. Ying

分布：玉山、宜丰。

评述：《江西种子植物名录》（刘仁林，2010）和《江西植物名录》（杨祥学，1982）有记载，标本凭证：江西中医学院 701153。

赤车属 *Pellionia* Gaudich.

- 短叶赤车 *Pellionia brevifolia* Benth.

分布：九江、庐山、武宁、婺源、玉山、奉新、安福、井冈山、崇义。

- 华南赤车 *Pellionia grijsii* Hance

分布：井冈山、遂川、上犹、寻乌、大余。

- **异被赤车** *Pellionia heteroloba* Wedd.

分布：武宁、遂川、上犹。

- **赤车** *Pellionia radicans* (Siebold & Zucc.) Wedd.

分布：九江、庐山、武宁、德兴、广丰、铅山、玉山、贵溪、资溪、广昌、黎川、靖安、萍乡、吉安、安福、遂川、石城、安远、寻乌、上犹、龙南。

- **曲毛赤车** *Pellionia retrohispida* W. T. Wang

分布：奉新、永丰。

- **蔓赤车** *Pellionia scabra* Benth.

分布：九江、庐山、永修、新建、南昌、玉山、贵溪、南丰、资溪、宜黄、铜鼓、靖安、宜丰、万载、遂川、石城、宁都、寻乌、信丰、大余、崇义。

糯米团属 Gonostegia Turcz.

- **糯米团** *Gonostegia hirta* (Blume) Miq.

分布：九江、庐山、武宁、永修、修水、浮梁、新建、德兴、上饶、铅山、玉山、贵溪、南丰、资溪、宜黄、广昌、黎川、铜鼓、靖安、奉新、萍乡、莲花、井冈山、吉安、安福、永新、遂川、瑞金、南康、石城、安远、寻乌、兴国、上犹、龙南、崇义、全南、大余、会昌。

（二十七）壳斗目 Fagales Engl.

⑧ 壳斗科 Fagaceae Dumort.

栗属 Castanea Mill.

- *** 日本栗** *Castanea crenata* Siebold & Zucc.

分布：九江。

- **锥栗** *Castanea henryi* (Skan) Rehder & E. H. Wilson

分布：九江、庐山、武宁、永修、修水、景德镇、德兴、鄱阳、婺源、铅山、玉山、贵溪、南丰、资溪、宜黄、黎川、铜鼓、靖安、宜丰、奉新、分宜、萍乡、莲花、芦溪、井冈山、安福、永新、石城、寻乌、大余。

- **栗** *Castanea mollissima* Blume

分布：全省山区有分布。

- **茅栗** *Castanea seguinii* Dode

分布：九江、武宁、彭泽、永修、修水、景德镇、乐平、浮梁、新建、德兴、上饶、玉山、临川、贵溪、南丰、资溪、宜黄、广昌、黎川、铜鼓、靖安、奉新、分宜、萍乡、莲花、井冈山、吉安、安福、永新、泰和、遂川、瑞金、南康、石城、宁都、寻乌、兴国、上犹、信丰、全南、大余。

水青冈属 Fagus L.

- **米心水青冈** *Fagus engleriana* Seem.

分布：玉山、资溪、芦溪、安福、寻乌。

- **水青冈** *Fagus longipetiolata* Seemen

分布：武宁、永修、修水、上饶、婺源、铅山、玉山、贵溪、资溪、广昌、黎川、铜鼓、靖安、宜丰、奉新、万载、莲花、井冈山、安福、遂川、石城、安远、赣县、宁都、寻乌、兴国、上犹、龙南、崇义、全南、大余、会昌。

- **光叶水青冈** *Fagus lucida* Rehder & E. H. Wilson.

分布：修水、玉山、资溪、安福、寻乌。

柯属 Lithocarpus Bl.

- **杏叶柯** *Lithocarpus amygdalifolius* (Skan) Hayata

分布：寻乌、大余、信丰。

- 短尾柯 *Lithocarpus brevicaudatus* (Skan) Hayata

分布：九江、上饶、铅山、贵溪、余江、宜黄、黎川、铜鼓、靖安、宜丰、分宜、莲花、井冈山、安福、永新、遂川、瑞金、寻乌。

- 美叶柯 *Lithocarpus calophyllus* Chun ex C. C. Huang et Y. T. Chang

分布：资溪、芦溪、井冈山、安福、遂川、寻乌、崇义、全南、大余。

- 粤北柯 *Lithocarpus chifui* Chun et Tsiang

分布：龙南、信丰、全南。

评述：《江西种子植物名录》（刘仁林，2010）有记载，未见标本。

- 金毛柯 *Lithocarpus chrysocomus* Chun et Tsiang

分布：井冈山、定南、龙南、崇义、大余。

- 包果柯 *Lithocarpus cleistocarpus* (Seemen) Rehder et E. H. Wilson

分布：武宁、景德镇、婺源、铅山、玉山、南丰、资溪、黎川、铜鼓、靖安、安福、寻乌。

- 烟斗柯 *Lithocarpus corneus* (Lour.) Rehder [怀集柯 *Lithocarpus tsangii* A. Camus]

分布：资溪、石城、寻乌。

- 白柯 *Lithocarpus dealbatus* (Hook. f. et Thomson ex Miq.) Rehder [箭杆柯 *Lithocarpus viridis* Rehder et Wils.]

分布：遂川、龙南、全南、大余。

评述：江西本土植物名录（2017）有记载，未见标本。

- 厚斗柯 *Lithocarpus elizabethiae* (Tutcher) Rehder[贵州石栎 *Lithocarpus elyabathae* Rehder]

分布：武宁、资溪、上犹、龙南、崇义。

- 泥柯 *Lithocarpus fenestratus* (Roxburgh) Rehder

分布：芦溪、井冈山、安福、石城、安远、龙南、崇义、信丰、全南。

评述：《江西种子植物名录》（刘仁林，2010）有记载，未见标本。

- 卷毛柯 *Lithocarpus floccosus* C. C. Huang et Y. T. Chang

分布：寻乌、会昌。

- 柯 *Lithocarpus glaber* (Thunb.) Nakai

分布：全省山区有分布。

- 苍耳柯 *Lithocarpus haipinii* Chun

分布：井冈山、赣县。

- 硬壳柯 *Lithocarpus hancei* (Bentham) Rehder [三果石栎 *Lithocarpus ternaticupulus* (Hayata) Hayata]

分布：上饶、铅山、贵溪、资溪、黎川、高安、井冈山、赣州、瑞金、安远、赣县、宁都、寻乌、上犹、龙南、崇义、信丰、大余。

- 港柯 *Lithocarpus harlandii* (Hance ex Walpers) Rehder

分布：九江、庐山、武宁、德兴、铅山、资溪、黎川、宜春、铜鼓、靖安、宜丰、奉新、井冈山、安福、遂川、瑞金、石城、赣县、寻乌、兴国、于都、大余。

- 灰柯 *Lithocarpus henryi* (Seemen) Rehder & E. H. Wilson

分布：庐山、武宁、修水、玉山、资溪、黎川、宜春、铜鼓、靖安、宜丰、萍乡、芦溪、井冈山、安福、遂川、石城、宁都、寻乌、上犹。

- 鼠刺叶柯 *Lithocarpus iteaphyllus* (Hance) Rehder

分布：武宁、黎川、井冈山、寻乌、上犹、龙南、崇义、信丰、全南。

- 木姜叶柯 *Lithocarpus litseifolius* (Hance) Chun

分布：庐山、修水、德兴、上饶、玉山、贵溪、南丰、资溪、黎川、铜鼓、靖安、宜丰、奉新、万载、井冈山、永新、遂川、瑞金、石城、安远、寻乌、兴国、上犹、龙南、崇义、全南、大余、会昌。

- 大叶柯 *Lithocarpus megalophyllus* Rehder et E. H. Wilson

分布：贵溪、分宜、井冈山、安福、永新、遂川、赣州。

- 榄叶柯 *Lithocarpus oleifolius* A. Camus

分布：玉山、贵溪、遂川、石城、寻乌、龙南。

- 大叶苦柯 *Lithocarpus paihengii* Chun et Tsiang

分布：芦溪、井冈山、寻乌。

- 圆锥柯 *Lithocarpus paniculatus* Hand.-Mazz.

被子植物 / 183

分布：武宁、修水、铅山、黎川、铜鼓、靖安、萍乡、莲花、井冈山、泰和、遂川、瑞金、石城、寻乌。

- 多穗柯 *Lithocarpus polystachyus* Rehder

分布：上饶、广丰、铅山、南丰、资溪、宜黄、广昌、黎川、铜鼓、宜丰、分宜、井冈山、永新、泰和、遂川、安远、宁都、兴国、上犹、龙南、崇义、全南、大余、会昌。

- 栎叶柯 *Lithocarpus quercifolius* C. C. Huang et Y. T. Chang

分布：井冈山、遂川、上犹、龙南、崇义、信丰、全南。

- 南川柯 *Lithocarpus rosthornii* (Schottky) Barnett

分布：崇义。

- 滑皮柯 *Lithocarpus skanianus* (Dunn) Rehder

分布：资溪、莲花、井冈山、永新、遂川、石城、寻乌、大余。

- 菱果柯 *Lithocarpus taitoensis* (Hayata) Hayata

分布：九江、上饶、余江。

- 薄叶柯 *Lithocarpus tenuilimbus* H. T. Chang

分布：资溪、龙南、崇义。

- 截果柯 *Lithocarpus truncatus* (King ex J. D. Hooker) Rehder et E. H. Wilson

分布：上犹、龙南、崇义、全南、石城。

- 卵叶玉盘柯 *Lithocarpus uvariifolius* var. *ellipticus* (F. P. Metcalf) C. C. Huang & Y. T. Chang

分布：寻乌。

- 麻子壳柯 *Lithocarpus variolosus* (Franch.) Chun

分布：南丰、宜春、分宜、龙南、全南。

评述：江西本土植物名录（2017）和《江西植物名录》（杨祥学，1982）有记载，标本凭证：龙南县76144。

锥属 *Castanopsis* Spach

- 米槠 *Castanopsis carlesii* (Hemsl.) Hayata.

分布：永修、修水、浮梁、新建、德兴、鄱阳、婺源、玉山、贵溪、资溪、靖安、宜丰、万载、井冈山、石城、安远、寻乌、定南、上犹、于都、龙南、崇义、全南、大余。

- 短刺米槠 *Castanopsis carlesii* var. *spinulosa* W. C. Cheng & C. S. Chao

分布：石城、龙南。

- 锥 *Castanopsis chinensis* (Sprengel) Hance

分布：安远。

- 厚皮锥 *Castanopsis chunii* W. C. Cheng

分布：上犹、龙南、崇义、大余。

- 华南锥 *Castanopsis concinna* (Champ. ex Benth.) A. DC.

分布：安远。

- 甜槠 *Castanopsis eyrei* (Champ. ex Benth.) Tutcher

分布：全省山区有分布。

- 罗浮锥 *Castanopsis faberi* Hance

分布：安远、寻乌、定南、龙南、信丰、全南。

- 栲 *Castanopsis fargesii* Franch.

分布：全省山区有分布。

- 黧蒴锥 *Castanopsis fissa* (Champion ex Bentham) Rehder et E. H. Wilson

分布：安远、寻乌、龙南、崇义、信丰、全南、大余。

- 毛锥 *Castanopsis fordii* Hance

分布：九江、新建、玉山、广昌、黎川、芦溪、井冈山、吉安、安福、赣州、瑞金、石城、寻乌、上犹、龙南、崇义、信丰、全南、大余。

- 红锥 *Castanopsis hystrix* Hook. f. et Thomson ex A. DC.

分布：寻乌。

- 秀丽锥 *Castanopsis jucunda* Hance [台湾锥 *Castanopsis formosana* Hayata]

  分布：九江、永修、修水、德安、乐平、浮梁、新建、南昌、德兴、玉山、贵溪、南丰、资溪、宜黄、广昌、黎川、铜鼓、靖安、万载、吉安、泰和、赣州、瑞金、南康、石城、宁都、寻乌、兴国、龙南、信丰、全南、大余、会昌。

- 吊皮锥 *Castanopsis kawakamii* Hayata

  分布：玉山、资溪、石城、寻乌、龙南、崇义、信丰、全南。

- 鹿角锥 *Castanopsis lamontii* Hance

  分布：武宁、玉山、资溪、井冈山、永新、遂川、赣州、石城、安远、寻乌、龙南、崇义、信丰、全南、大余。

- 黑叶锥 *Castanopsis nigrescens* Chun et C. C. Huang

  分布：贵溪、资溪、黎川、石城、宁都、寻乌、定南、龙南、信丰、全南、会昌。

- 苦槠 *Castanopsis sclerophylla* (Lindl.) Schottky

  分布：九江、庐山、武宁、彭泽、永修、修水、景德镇、乐平、浮梁、新建、南昌、德兴、上饶、广丰、婺源、铅山、玉山、鹰潭、贵溪、南丰、资溪、宜黄、广昌、黎川、丰城、铜鼓、靖安、宜丰、奉新、分宜、萍乡、莲花、井冈山、安福、泰和、遂川、赣州、瑞金、南康、石城、宁都、兴国、上犹、崇义、大余。

- 钩锥 *Castanopsis tibetana* Hance

  分布：九江、庐山、武宁、修水、广丰、婺源、玉山、贵溪、南丰、资溪、广昌、黎川、铜鼓、靖安、宜丰、分宜、萍乡、井冈山、安福、永新、遂川、瑞金、石城、安远、赣县、寻乌、兴国、上犹、于都、全南、大余。

- 淋漓锥 *Castanopsis uraiana* (Hayata) Kaneh. et Sasaki

  分布：芦溪、井冈山、安福、石城、安远、寻乌、上犹、龙南、信丰、全南。

青冈属 *Cyclobalanopsis* Oerst.

- 岭南青冈 *Cyclobalanopsis championii* (Benth.) Oerst.

  分布：安远、寻乌、龙南、信丰、全南、会昌。

- 福建青冈 *Cyclobalanopsis chungii* (F. P. Metcalf) Y. C. Hsu et H. W. Jen

  分布：永新、赣县、寻乌、信丰。

- 碟斗青冈 *Cyclobalanopsis disciformis* (Chun et Tsiang) Y. C. Hsu et H. W. Jen

  分布：资溪、安远、上犹、龙南、崇义。

- 华南青冈 *Cyclobalanopsis edithiae* (Skan) Schott.

  分布：上犹、龙南、崇义。

  评述：《江西种子植物名录》（刘仁林，2010）有记载，未见标本。

- 突脉青冈 *Cyclobalanopsis elevaticostata* Q. F. Zheng

  分布：寻乌。

- 饭甑青冈 *Cyclobalanopsis fleuryi* (Hickel et A. Camus) Chun ex Q. F. Zheng

  分布：铅山、资溪、黎川、芦溪、井冈山、安福、寻乌、上犹、崇义、大余。

- 赤皮青冈 *Cyclobalanopsis gilva* (Blume) Oersted [湖南石槠 *Cyclobalanopsis hunanensis* (Hand.-Mazz.) W. C. Cheng et T. Hong]

  分布：资溪、广昌、靖安、井冈山、遂川。

- 青冈 *Cyclobalanopsis glauca* (Thunberg) Oersted

  分布：九江、武宁、彭泽、永修、修水、乐平、浮梁、新建、德兴、上饶、广丰、鄱阳、婺源、铅山、玉山、贵溪、南丰、资溪、宜黄、东乡、广昌、黎川、铜鼓、靖安、宜丰、分宜、萍乡、莲花、芦溪、井冈山、安福、永新、泰和、遂川、赣州、瑞金、南康、石城、安远、赣县、宁都、寻乌、兴国、定南、上犹、龙南、崇义、全南、大余、会昌。

- 细叶青冈 *Cyclobalanopsis gracilis* (Rehder et E. H. Wilson) W. C. Cheng et T. Hong

  分布：九江、武宁、修水、婺源、玉山、贵溪、南丰、资溪、广昌、黎川、铜鼓、靖安、宜丰、分宜、萍乡、井冈山、吉安、安福、石城、安远、寻乌、全南。

- 雷公青冈 *Cyclobalanopsis hui* (Chun) Chun ex Y. C. Hsu et H. W. Jen

分布：井冈山、上犹、龙南、崇义、大余。

- 大叶青冈 *Cyclobalanopsis jenseniana* (Hand.-Mazz.) W. C. Cheng et T. Hong ex Q. F.

分布：武宁、玉山、贵溪、资溪、黎川、靖安、萍乡、安福、遂川、安远、寻乌、崇义、信丰、大余、会昌。

- 木姜叶青冈 *Cyclobalanopsis litseoides* (Dunn) Schottky

分布：资溪、井冈山。

评述：《江西种子植物名录》（刘仁林，2010）有记载，未见标本。

- 多脉青冈 *Cyclobalanopsis multinervis* W. C. Cheng et T. Hong

分布：九江、庐山、武宁、玉山、贵溪、资溪、黎川、靖安、萍乡、井冈山、石城、寻乌。

- 小叶青冈 *Cyclobalanopsis myrsinifolia* (Blume) Oersted

分布：九江、庐山、武宁、永修、修水、上饶、玉山、贵溪、资溪、黎川、铜鼓、靖安、万载、莲花、芦溪、井冈山、安福、永新、瑞金、石城、寻乌、上犹、崇义、信丰。

- 竹叶青冈 *Cyclobalanopsis neglecta* Schottky

分布：资溪、芦溪、井冈山、安福、石城、上犹、崇义。

- 宁冈青冈 *Cyclobalanopsis ningangensis* W. C. Cheng et Y. C. Hsu

分布：玉山、贵溪、资溪、芦溪、井冈山、上犹、崇义。

- 倒卵叶青冈 *Cyclobalanopsis obovatifolia* (C. C. Huang) Q. F. Zheng

分布：资溪。

评述：《江西种子植物名录》（刘仁林，2010）有记载，未见标本。

- 曼青冈 *Cyclobalanopsis oxyodon* (Miq.) Oersted

分布：九江、庐山、修水、上饶、铅山、资溪、黎川、铜鼓、井冈山、安福、永新、遂川、赣县、寻乌、龙南、全南、大余。

- 毛果青冈 *Cyclobalanopsis pachyloma* (Seemen) Schottky

分布：安远、寻乌、信丰。

- 托盘青冈 *Cyclobalanopsis patelliformis* (Chun) Y. C. Hsu et H. W. Jen

分布：上犹、龙南、崇义、大余。

- 云山青冈 *Cyclobalanopsis sessilifolia* (Blume) Schottky

分布：九江、庐山、永修、修水、铅山、玉山、贵溪、南丰、资溪、黎川、铜鼓、靖安、宜丰、分宜、井冈山、安福、永新、遂川、石城、赣县、寻乌、全南、大余。

- 褐叶青冈 *Cyclobalanopsis stewardiana* (A. Camus) Y. C. Hsu et H. W. Jen

分布：九江、庐山、铅山、玉山、资溪、遂川、上犹、崇义、全南。

栎属 *Quercus* L.

- 麻栎 *Quercus acutissima* Carruth.

分布：九江、庐山、南昌、玉山、资溪、黎川、靖安、宜丰、萍乡、莲花、永丰、遂川、赣州、寻乌、大余。

- 槲栎 *Quercus aliena* Blume

分布：九江、武宁、永修、德兴、上饶、鹰潭、贵溪、宜黄、广昌、铜鼓、宜丰、分宜、萍乡、安福、永丰、赣州、安远。

- 锐齿槲栎 *Quercus aliena* var. *acutiserrata* Maxim. ex Wenz.

分布：九江、庐山、武宁、德兴、玉山、资溪、安远。

- 小叶栎 *Quercus chenii* Nakai

分布：九江、庐山、武宁、修水、南昌、德兴、玉山、贵溪、广昌、黎川、铜鼓、靖安、宜丰、萍乡、井冈山、吉安、泰和、赣州、石城。

- 槲树 *Quercus dentata* Thunb.

分布：九江、上饶、鹰潭、分宜。

- 巴东栎 *Quercus engleriana* Seemen

分布：修水、鄱阳、贵溪、黎川、靖安、大余。

- 白栎 *Quercus fabri* Hance

分布：九江、庐山、瑞昌、武宁、彭泽、永修、修水、乐平、浮梁、新建、南昌、安义、德兴、上饶、广丰、鄱阳、婺源、铅山、玉山、鹰潭、贵溪、南丰、资溪、宜黄、东乡、广昌、黎川、高安、铜鼓、靖安、宜丰、奉新、分宜、萍乡、莲花、井冈山、吉安、安福、永新、泰和、南康、石城、宁都、兴国、上犹、崇义、全南。

● 尖叶栎 *Quercus oxyphylla* (E. H. Wilson) Hand.-Mazz.

分布：浮梁、婺源。

● 乌冈栎 *Quercus phillyreoides* A. Gray

分布：广丰、玉山、贵溪、资溪、靖安、芦溪、井冈山、安福、永新、上犹、崇义。

● 枹栎 *Quercus serrata* Murray

分布：九江、庐山、武宁、彭泽、永修、修水、景德镇、新建、德兴、上饶、婺源、铅山、玉山、贵溪、南丰、资溪、宜黄、黎川、铜鼓、靖安、宜丰、安福、全南。

● 刺叶高山栎 *Quercus spinosa* David ex Franch.

分布：武宁、修水、靖安、上犹。

● 黄山栎 *Quercus stewardii* Rehder

分布：九江、玉山。

● 栓皮栎 *Quercus variabilis* Blume

分布：九江、庐山、武宁、景德镇、乐平、玉山、东乡、靖安、上栗。

81 杨梅科 Myricaceae Rich. ex Kunth

香杨梅属 *Myrica* L.

● 杨梅 *Myrica rubra* (Lour.) Siebold et Zucc.

分布：全省有分布。

82 胡桃科 Juglandaceae DC. ex Perleb

化香树属 *Platycarya* Sieb. et Zucc.

● 化香树 *Platycarya strobilacea* Siebold & Zucc.

分布：九江、庐山、瑞昌、武宁、永修、修水、景德镇、浮梁、新建、德兴、上饶、铅山、玉山、贵溪、抚州、南丰、乐安、资溪、黎川、铜鼓、靖安、宜丰、奉新、萍乡、莲花、芦溪、井冈山、吉安、安福、永新、石城、宁都、崇义。

枫杨属 *Pterocarya* Kunth

● 枫杨 *Pterocarya stenoptera* C. DC.

分布：九江、庐山、瑞昌、武宁、彭泽、永修、浮梁、新建、南昌、婺源、铅山、玉山、临川、贵溪、南丰、资溪、黎川、崇仁、铜鼓、靖安、奉新、分宜、萍乡、井冈山、吉安、安福、遂川、石城、定南、龙南、崇义、全南。

烟包树属 *Engelhardia* Lesch. ex Bl.

● 黄杞 *Engelhardia roxburghiana* Wall.[少叶黄杞 *Engelhardtia fenzlii* Merr.]

分布：广丰、铅山、贵溪、资溪、广昌、黎川、分宜、莲花、井冈山、安福、永丰、永新、泰和、遂川、瑞金、石城、安远、赣县、寻乌、兴国、上犹、龙南、崇义、信丰、全南、大余、会昌。

胡桃属 *Juglans* L.

● 胡桃楸 *Juglans mandshurica* Maxim.

分布：九江、武宁、修水、乐平、南昌、铅山、黎川、万载、永新、遂川、兴国。

● *胡桃 *Juglans regia* L.

分布：全省有栽培。

青钱柳属 Cyclocarya Iljinsk.

- 青钱柳 *Cyclocarya paliurus* (Batal.) Iljinsk.
分布：九江、庐山、武宁、永修、修水、德兴、上饶、铅山、玉山、贵溪、资溪、宜黄、黎川、铜鼓、靖安、宜丰、芦溪、井冈山、安福、遂川、石城、赣县、宁都、寻乌、上犹、龙南、崇义、信丰、全南、大余。

山核桃属 Carya Nutt.

- 山核桃 *Carya cathayensis* Sarg.
分布：资溪。
- *美国山核桃 *Carya illinoinensis* (Wangenheim) K. Koch
分布：九江、南昌。

83 桦木科 Betulaceae Gray

鹅耳枥属 Carpinus L.

- 粤北鹅耳枥 *Carpinus chuniana* Hu
分布：资溪、井冈山、上犹、崇义、大余。
- 千金榆 *Carpinus cordata* Blume
分布：庐山。
- 华千金榆 *Carpinus cordata* var. *chinensis* Franch.
分布：庐山。
- 湖北鹅耳枥 *Carpinus hupeana* Hu
分布：庐山。
- 短尾鹅耳枥 *Carpinus londoniana* H. J. P. Winkl.
分布：永修、上饶、婺源、贵溪、余江、资溪、铜鼓、宜丰、分宜、萍乡、井冈山、吉安、永新、遂川、安远、寻乌、定南、上犹、全南、大余。
- 多脉鹅耳枥 *Carpinus polyneura* Franch.
分布：九江、庐山、武宁、修水、上饶、资溪、靖安、全南。
- 昌化鹅耳枥 *Carpinus tschonoskii* Maxim. [镰苞鹅耳枥 *Carpinus falcatibracteata* Hu]
分布：修水、玉山、资溪。
- 鹅耳枥 *Carpinus turczaninowii* Hance
分布：景德镇、资溪、宜黄、靖安。
- 雷公鹅耳枥 *Carpinus viminea* Lindl. [大穗鹅耳枥 *Carpinus fargesii* Franch.]
分布：九江、武宁、永修、修水、浮梁、上饶、铅山、玉山、贵溪、南丰、资溪、黎川、铜鼓、靖安、宜丰、萍乡、莲花、井冈山、安福、永新、遂川、石城、赣县、宁都、寻乌、兴国、上犹、龙南、崇义、全南。

榛属 Corylus L.

- 披针叶榛 *Corylus fargesii* C. K. Schneid.
分布：武宁。
- 榛 *Corylus heterophylla* Fisch. ex Trautv.
分布：九江。
- 川榛 *Corylus heterophylla* var. *sutchuanensis* Franch.
分布：九江、庐山。

桤木属 Alnus Mill.

- *桤木 *Alnus cremastogyne* Burkill

分布：全省有栽培。

- 江南桤木 *Alnus trabeculosa* Hand.-Mazz.

分布：九江、武宁、修水、新建、德兴、铅山、玉山、资溪、黎川、铜鼓、靖安、井冈山、吉安、永新、遂川、石城、安远、寻乌、上犹、崇义、会昌。

桦木属 *Betula* L.

- 华南桦 *Betula austrosinensis* Chun ex P. C. Li

分布：武宁、新建、靖安、万载、井冈山、安福、遂川、安远、上犹、龙南、崇义、信丰、全南、会昌、寻乌。

- 香桦 *Betula insignis* Franch.

分布：武宁、安福、遂川、龙南。

- 亮叶桦 *Betula luminifera* H. J. P. Winkl.

分布：九江、武宁、修水、浮梁、上饶、铅山、玉山、贵溪、铜鼓、宜丰、分宜、安远、龙南、全南、大余、崇义、信丰、寻乌。

（二十八）葫芦目 Cucurbitales Juss. ex Bercht. & J. Presl

84 马桑科 Coriariaceae DC.

马桑属 *Coriaria* L.

- 马桑 *Coriaria nepalensis* Wall.

分布：武宁、修水。

85 葫芦科 Cucurbitaceae Juss.

黄瓜属 *Cucumis* L.

- *甜瓜 *Cucumis melo* L.

分布：全省广泛栽培。

- *菜瓜 *Cucumis melo* subsp. *agrestis* (Naudin) Pangalo

分布：全省广泛栽培。

- *黄瓜 *Cucumis sativus* L.

分布：全省广泛栽培。

罗汉果属 *Siraitia* Merr.

- 罗汉果 *Siraitia grosvenorii* (Swingle) C. Jeffrey ex A. M. Lu & Zhi Y. Zhang

分布：资溪、宜丰、井冈山、安福、永新、寻乌、龙南、信丰、全南、大余。

盒子草属 *Actinostemma* Griff.

- 盒子草 *Actinostemma tenerum* Griff.

分布：九江、庐山、武宁、永修、修水、新建、南昌、德兴、铅山、贵溪、资溪、东乡、广昌、黎川、靖安、奉新、莲花、井冈山、安福、遂川、章贡、瑞金、石城、龙南、崇义、大余。

栝楼属 *Trichosanthes* L.

- 王瓜 *Trichosanthes cucumeroides* (Ser.) Maxim.

分布：九江、庐山、宜黄、广昌、靖安、宜丰、萍乡、莲花、井冈山、安福、南康、石城、安远、寻乌、兴国、龙南、崇义、全南、大余。

- 井冈栝楼 *Trichosanthes jinggangshanica* C. H. Yueh

分布：井冈山、遂川。
- 栝楼 *Trichosanthes kirilowii* Maxim.

分布：九江、庐山、瑞昌、武宁、修水、德兴、贵溪、资溪、靖安、萍乡、莲花、井冈山、安福、遂川、石城、寻乌、上犹、全南、大余。
- 长萼栝楼 *Trichosanthes laceribractea* Hayata [湖北栝楼 *Trichosanthes hupehensis* C. Y. Cheng et C. H. Yueh]

分布：贵溪、资溪、石城、大余。
- 趾叶栝楼 *Trichosanthes pedata* Merr. et Chun

分布：井冈山、寻乌、龙南、全南。
- 中华栝楼 *Trichosanthes rosthornii* Harms [双边栝楼 *Trichosanthes uniflora* Hao]

分布：新建、贵溪、资溪、靖安、井冈山、安福、遂川、石城、寻乌、龙南、全南。

冬瓜属 *Benincasa* Savi

- * 冬瓜 *Benincasa hispida* (Thunb.) Cogn.

分布：全省广泛栽培。

金瓜属 *Gymnopetalum* Arn.

- * 金瓜 *Gymnopetalum chinense* (Lour.) Merr.

分布：全省广泛栽培。

绞股蓝属 *Gynostemma* Bl.

- 光叶绞股蓝 *Gynostemma laxum* (Wall.) Cogn.

分布：九江、庐山、武宁、修水、宜春、宜丰、芦溪、井冈山、安福、石城。
- 绞股蓝 *Gynostemma pentaphyllum* (Thunb.) Makino

分布：九江、庐山、武宁、德兴、上饶、广丰、铅山、贵溪、资溪、宜黄、靖安、宜丰、万载、井冈山、吉安、安福、遂川、石城、寻乌、上犹。
- 喙果绞股蓝 *Gynostemma yixingense* (Z. P. Wang et Q. Z. Xie) C. Y. Wu et S. K. Chen

分布：庐山、彭泽、湖口。

雪胆属 *Hemsleya* Cogn. ex F. B. Forbes & Hemsl.

- 雪胆 *Hemsleya chinensis* Cogn. ex F. B. Forbes & Hemsl.

分布：庐山、铅山、靖安。
- 马铜铃 *Hemsleya graciliflora* (Harms) Cogn. [华中蛇莲 *Hemsleya szechuenensis* Kuang et A. M. Lu]

分布：九江、庐山、景德镇、铅山、靖安。
- 蛇莲 *Hemsleya sphaerocarpa* Kuang et A. M. Lu

分布：资溪。

评述：《江西种子植物名录》（刘仁林，2010）有记载，未见标本。
- 浙江雪胆 *Hemsleya zhejiangensis* C. Z. Zheng

分布：九江、庐山、资溪、井冈山、安福。

赤瓟属 *Thladiantha* Bunge

- 大苞赤瓟 *Thladiantha cordifolia* (Blume) Cogn.[球果赤瓟 *Thladiantha globicarpa* A. M. Lu & Zhi Y. Zhang]

分布：武宁、遂川、龙南、崇义。
- 齿叶赤瓟 *Thladiantha dentata* Cogn.

分布：九江、庐山。

评述：《江西种子植物名录》（刘仁林，2010）有记载，未见标本。
- 南赤瓟 *Thladiantha nudiflora* Hemsl. ex Forbes et Hemsl. [哈氏赤瓟 *Thladiantha harmsii* Cogniaux]

分布：九江、永修、资溪、井冈山、龙南、全南。
- 台湾赤瓟 *Thladiantha punctata* Hayata

分布：九江、庐山、修水、浮梁、资溪、铜鼓、安福、遂川、全南。

马𤙡儿属 Zehneria Endl.

- 钮子瓜 *Zehneria bodinieri* (H. Lév.) W. J. de Wilde & Duyfjes

分布：九江、德安、资溪、宜丰、安福、永丰、石城、定南、龙南。

- 马𤙡儿 *Zehneria japonica* (Thunberg) H. Y. Liu [*Zehneria indica* (Lour.) Keraudren]

分布：武宁、贵溪、资溪、靖安、芦溪、安福、石城、上犹。

- 台湾马𤙡儿 *Zehneria mucronata* (Blume) Miq.

分布：德安、崇义、龙南、全南。

苦瓜属 Momordica L.

- *苦瓜 *Momordica charantia* L.

分布：全省广泛栽培。

- 木鳖子 *Momordica cochinchinensis* (Lour.) Spreng.

分布：九江、庐山、武宁、永修、新建、资溪、靖安、宜丰、安福、石城。

- 凹萼木鳖 *Momordica subangulata* Blume

分布：安远。

评述：《江西种子植物名录》（刘仁林，2010）有记载，未见标本。

丝瓜属 Luffa Mill.

- *广东丝瓜 *Luffa acutangula* (L.) Roxb.

分布：全省广泛栽培。

- *丝瓜 *Luffa aegyptiaca* Mill.

分布：全省广泛栽培。

葫芦属 Lagenaria Ser.

- *葫芦 *Lagenaria siceraria* (Molina) Standl.

分布：全省广泛栽培。

茅瓜属 Solena Lour.

- 茅瓜 *Solena heterophylla* Lour.

分布：分宜、安远、寻乌、定南、崇义。

西瓜属 Citrullus Schrad.

- *西瓜 *Citrullus lanatus* (Thunb.) Matsum. et Nakai

分布：全省广泛栽培。

南瓜属 Cucurbita L.

- *笋瓜 *Cucurbita maxima* Duchesne ex Lam.

分布：全省广泛栽培。

- *南瓜 *Cucurbita moschata* (Duchesne ex Lam.) Duchesne ex Poir.

分布：全省广泛栽培。

佛手瓜属 Sechium P. Browne

- *佛手瓜 *Sechium edule* (Jacq.) Swartz

分布：全省广泛栽培。

86 秋海棠科 Begoniaceae C. Agardh

秋海棠属 Begonia L.

- 美丽秋海棠 *Begonia algaia* L. B. Smith et D. C. Wasshausen
分布：修水、资溪、井冈山、安福、永新、遂川、上犹。
- 周裂秋海棠 *Begonia circumlobata* Hance
分布：靖安、宜丰、石城、安远、会昌。
- * 四季海棠 *Begonia cucullata* var. *hookeri* (Sweet) L. B. Sm. & B. G. Schub.
分布：全省有栽培。
- 槭叶秋海棠 *Begonia digyna* Irmsch.
分布：铅山、玉山、贵溪、资溪、宜黄、石城。
- 紫背天葵 *Begonia fimbristipula* Hance
分布：资溪、井冈山、遂川、寻乌、龙南。
- * 秋海棠 *Begonia grandis* Dryand.
分布：全省有栽培。
- 中华秋海棠 *Begonia grandis* subsp. *sinensis* (A. DC.) Irmsch.
分布：九江、庐山、武宁、修水、玉山、贵溪、资溪、靖安、安福、石城。
- 粗喙秋海棠 *Begonia longifolia* Blume
分布：龙南。
- * 玻璃秋海棠 *Begonia margaritae* Fotsch
分布：庐山。
- * 铁甲秋海棠 *Begonia masoniana* Irmsch. ex Ziesenh.
分布：全省有栽培。
- 裂叶秋海棠 *Begonia palmata* D. Don
分布：九江、庐山、铅山、资溪、靖安、泰和、石城、安远、寻乌、龙南、崇义、全南、大余。
- 红孩儿 *Begonia palmata* var. *bowringiana* (Champion ex Bentham) Golding et Kareg.
分布：寻乌、上犹、龙南、崇义。
- 掌裂叶秋海棠 *Begonia pedatifida* H. Lév.
分布：贵溪、资溪、靖安、石城、会昌。

（二十九）卫矛目 Celastrales Link

87 卫矛科 Celastraceae R. Br.

雷公藤属 Tripterygium Hook. f.

- 雷公藤 *Tripterygium wilfordii* Hook. f.
分布：九江、庐山、武宁、修水、上饶、鄱阳、婺源、铅山、玉山、贵溪、资溪、黎川、铜鼓、靖安、宜丰、萍乡、莲花、井冈山、吉安、安福、永丰、泰和、遂川、安远、赣县、兴国、上犹、崇义、大余。

永瓣藤属 Monimopetalum Rehd.

- 永瓣藤 *Monimopetalum chinense* Rehder
分布：武宁、永修、景德镇、浮梁、德兴、上饶、玉山、广丰、贵溪、黎川、靖安、铜鼓。

南蛇藤属 Celastrus L.

- 过山枫 *Celastrus aculeatus* Merr.
分布：九江、庐山、武宁、修水、玉山、南丰、乐安、资溪、广昌、高安、靖安、奉新、井冈山、吉安、安福、万安、永丰、遂川、瑞金、南康、石城、安远、宁都、寻乌、上犹、崇义、大余、会昌。

- 苦皮藤 *Celastrus angulatus* Maxim.

分布：九江、庐山、瑞昌、修水、玉山、贵溪、资溪、靖安、井冈山。

- 刺苞南蛇藤 *Celastrus flagellaris* Rupr.

分布：九江、庐山、彭泽、铜鼓、靖安。

- 大芽南蛇藤 *Celastrus gemmatus* Loes.

分布：九江、庐山、瑞昌、武宁、彭泽、修水、德安、新建、上饶、铅山、玉山、贵溪、南丰、资溪、宜黄、广昌、黎川、靖安、宜丰、萍乡、井冈山、安福、遂川、瑞金、石城、安远、宁都、寻乌、上犹、会昌。

- 灰叶南蛇藤 *Celastrus glaucophyllus* Rehder & E. H. Wilson

分布：九江、瑞昌、武宁、永修、修水、玉山、贵溪、资溪、靖安、遂川、全南。

- 青江藤 *Celastrus hindsii* Benth.

分布：贵溪、资溪、广昌、靖安、石城、寻乌、大余。

- 薄叶南蛇藤 *Celastrus hypoleucoides* P. L. Chiu

分布：武宁、宜丰、奉新、井冈山、吉安、上犹。

- 粉背南蛇藤 *Celastrus hypoleucus* (Oliv.) Warb. ex Loes.

分布：武宁、玉山、资溪、靖安、宜丰、奉新、井冈山、石城、上犹、崇义。

- 独子藤 *Celastrus monospermus* Roxb.

分布：井冈山。

- 窄叶南蛇藤 *Celastrus oblanceifolius* C. H. Wang & P. C. Tsoong

分布：九江、武宁、修水、玉山、贵溪、南丰、乐安、资溪、广昌、高安、靖安、奉新、井冈山、吉安、安福、万安、永丰、遂川、瑞金、南康、石城、安远、宁都、寻乌、上犹、崇义、大余、会昌。

- 南蛇藤 *Celastrus orbiculatus* Thunb.

分布：九江、庐山、瑞昌、玉山、贵溪、资溪、靖安、石城、全南。

- 灯油藤 *Celastrus paniculatus* Willd.

分布：资溪、芦溪、井冈山、安福。

评述：《江西种子植物名录》（刘仁林，2010）有记载，未见标本。

- 东南南蛇藤 *Celastrus punctatus* Thunb.

分布：九江、庐山、吉安。

- 短梗南蛇藤 *Celastrus rosthornianus* Loes.

分布：九江、庐山、彭泽、资溪、铜鼓、井冈山、安远。

- 显柱南蛇藤 *Celastrus stylosus* Wall.

分布：九江、武宁、景德镇、广丰、铅山、玉山、资溪、宜黄、黎川、铜鼓、靖安、宜丰、萍乡、赣州、大余。

- 毛脉显柱南蛇藤 *Celastrus stylosus* var. *puberulus* (P. S. Hsu.) C. Y. Cheng & T. C. Kao

分布：九江、武宁、广丰、玉山、黎川、铜鼓、靖安、莲花、大余。

卫矛属 *Euonymus* L.

- 刺果卫矛 *Euonymus acanthocarpus* Franch.

分布：九江、武宁、铅山、玉山、贵溪、资溪、靖安、莲花、井冈山、瑞金、石城。

- 星刺卫矛 *Euonymus actinocarpus* Loes.

分布：资溪、于都。

评述：《江西种子植物名录》（刘仁林，2010）有记载，未见标本。

- 卫矛 *Euonymus alatus* (Thunb.) Sieb.

分布：九江、庐山、瑞昌、武宁、彭泽、永修、修水、德安、浮梁、新建、南昌、婺源、贵溪、南丰、资溪、铜鼓、靖安、宜丰、奉新、萍乡、井冈山、遂川、南康、石城、龙南、大余。

- 肉花卫矛 *Euonymus carnosus* Hemsl.

分布：九江、庐山、瑞昌、武宁、永修、修水、景德镇、浮梁、德兴、上饶、鄱阳、婺源、铅山、玉山、贵溪、南丰、资溪、宜黄、广昌、黎川、铜鼓、靖安、奉新、石城、安远。

- 百齿卫矛 *Euonymus centidens* H. Lév.[窄翅卫矛 *Euonymus streptopterus* Merr.]

分布：九江、庐山、武宁、永修、浮梁、德兴、婺源、玉山、贵溪、南丰、乐安、资溪、宜黄、广昌、黎川、铜鼓、靖安、宜丰、奉新、万载、萍乡、莲花、吉安、安福、永丰、永新、泰和、瑞金、南康、石城、安远、赣县、寻乌、兴国、上犹、于都、龙南、崇义、全南、大余、会昌。

- 陈谋卫矛 *Euonymus chenmoui* W. C. Cheng

分布：九江、庐山、修水、玉山、贵溪、资溪、黎川、奉新、安远。

- 角翅卫矛 *Euonymus cornutus* Hemsl.

分布：婺源、南丰、井冈山、永丰、兴国。

- 裂果卫矛 *Euonymus dielsianus* Loes. ex Diels

分布：九江、庐山、婺源、资溪、永丰、遂川、瑞金、石城、安远、兴国、上犹、龙南。

- 棘刺卫矛 *Euonymus echinatus* Wall.[无柄卫矛 *Euonymus subsessilis* Sprague]

分布：玉山、石城。

- 鸦椿卫矛 *Euonymus euscaphis* Hand.-Mazz.

分布：婺源、玉山、贵溪、南丰、资溪、铜鼓、宜丰、奉新、万载、萍乡、安福、石城、上犹、崇义。

- 扶芳藤 *Euonymus fortunei* (Turcz.) Hand.-Mazz. [常春卫矛 *Euonymus hederaceus* Champ. ex Benth.、青棉藤 *Euonymus fortunei* var. *acuminatus* F. H. Chen et M. C. Wang、胶东卫矛 *Euonymus kiautschovica* Loes.]

分布：九江、庐山、瑞昌、武宁、永修、修水、景德镇、乐平、南昌、德兴、婺源、玉山、贵溪、南丰、乐安、资溪、宜黄、黎川、樟树、高安、铜鼓、靖安、宜丰、奉新、井冈山、吉安、安福、遂川、瑞金、石城、赣县、寻乌、兴国、上犹、崇义、全南、大余。

- 大花卫矛 *Euonymus grandiflorus* Wall.

分布：庐山、武宁、修水、上饶、广丰、婺源、铅山、贵溪、资溪、铜鼓、芦溪、井冈山、宁都、石城。

- 西南卫矛 *Euonymus hamiltonianus* Wall. [毛脉西南卫矛 *Euonymus hamiltonianus* var. *lanceifolius* (Loes.) Blakeley]

分布：九江、庐山、武宁、修水、景德镇、南昌、玉山、资溪、黎川、铜鼓、井冈山、遂川。

- 冬青卫矛 *Euonymus japonicus* Thunb.

分布：九江、南昌、贵溪、南丰、吉安、永丰、遂川、大余。

- *'金边黄杨' *Euonymus japonicus* 'Aurea-marginatus'

分布：全省有栽培。

- * 银边黄杨 *Euonymus japonicus* var. *albo-marginatus* Hort.

分布：全省有栽培。

- 疏花卫矛 *Euonymus laxiflorus* Champ. ex Benth.

分布：资溪、宜黄、广昌、靖安、宜丰、吉安、永丰、永新、泰和、赣州、瑞金、石城、安远、赣县、寻乌、兴国、定南、上犹、龙南、崇义、信丰、全南、大余。

- 庐山卫矛 *Euonymus lushanensis* F. H. Chen & M. C. Wang [庐山刺果卫矛 *Euonymus acanthocarpus* var. *lushanensis* (Chen et Wang) C. Y. Cheng]

分布：九江、庐山、武宁、永修、修水、景德镇、铅山、黎川、靖安、萍乡、井冈山、遂川、石城。

- 白杜 *Euonymus maackii* Rupr

分布：九江、永修、浮梁、新建、南昌、婺源、鹰潭、贵溪、靖安、萍乡。

- 小果卫矛 *Euonymus microcarpus* (Oliv.) Sprague

分布：不详。

评述：《中国植物物种名录》（2020版）有记载，未见标本。

- 大果卫矛 *Euonymus myrianthus* Hemsl. [余坚卫矛 *Euonymus sargentianus* Loes. et Rehder]

分布：九江、庐山、武宁、永修、修水、上饶、广丰、铅山、玉山、贵溪、资溪、黎川、铜鼓、靖安、宜丰、万载、萍乡、莲花、井冈山、吉安、安福、泰和、遂川、石城、寻乌、兴国、上犹、龙南、崇义、全南、会昌。

- 中华卫矛 *Euonymus nitidus* Benth. [矩叶卫矛 *Euonymus oblongifolius* Loes. et Rehder]

分布：九江、武宁、永修、修水、景德镇、新建、德兴、上饶、广丰、婺源、铅山、玉山、贵溪、南丰、资溪、宜黄、广昌、黎川、靖安、宜丰、万载、井冈山、永丰、泰和、遂川、瑞金、石城、安远、赣县、宁都、寻乌、上犹、龙南、崇义、全南、大余、会昌。

- 垂丝卫矛 *Euonymus oxyphyllus* Miq.
分布：九江、庐山、上饶、玉山、宜春、井冈山、龙南。
- 疏刺卫矛 *Euonymus spraguei* Hayata
分布：黎川。
- 狭叶卫矛 *Euonymus tsoi* Merr.
分布：武宁、井冈山、永新、寻乌、上犹、崇义。
- 游藤卫矛 *Euonymus vagans* Wall. ex Roxb. [井冈山卫矛 *Euonymus jinggangshanensis* M. X. Nie]
分布：井冈山、遂川、寻乌。

梅花草属 Parnassia L.

- 白耳菜 *Parnassia foliosa* Hook. f. et Thoms.
分布：九江、庐山、武宁、修水、玉山、贵溪、铜鼓、靖安。
- 梅花草 *Parnassia palustris* L.
分布：德兴、井冈山、石城、上犹。
- 鸡肫梅花草 *Parnassia wightiana* Wall. ex Wight et Arn.
分布：铅山。

假卫矛属 Microtropis Wall. ex Meisn.

- 福建假卫矛 *Microtropis fokienensis* Dunn
分布：九江、庐山、武宁、铅山、玉山、贵溪、资溪、广昌、靖安、井冈山、遂川、石城、寻乌、龙南、崇义、全南。
- 密花假卫矛 *Microtropis gracilipes* Merr. & F. P. Metcalf
分布：寻乌、崇义。
- 斜脉假卫矛 *Microtropis obliquinervia* Merr. & F. L. Freeman
分布：芦溪、井冈山、安福。
- 网脉假卫矛 *Microtropis reticulata* Dunn.
分布：不详。
评述：《Flora of Hong Kong》（2 卷）有记载，未见标本。
- 灵香假卫矛 *Microtropis submembranacea* Merr. & F. L. Freeman
分布：寻乌、石城。
- 三花假卫矛 *Microtropis triflora* Merr. & F. L. Freeman
分布：贵溪、瑞金、龙南、全南。

（三十）酢浆草目 Oxalidales Bercht. & J. Presl

88 酢浆草科 Oxalidaceae R. Br.

酢浆草属 Oxalis L.

- 酢浆草 *Oxalis corniculata* L.
分布：九江、庐山、武宁、彭泽、修水、南昌、德兴、上饶、婺源、铅山、玉山、临川、贵溪、南丰、乐安、资溪、广昌、铜鼓、靖安、奉新、井冈山、吉安、永新、遂川、南康、石城、安远、寻乌、兴国、龙南、崇义、大余、会昌。
- 红花酢浆草 *Oxalis corymbosa* DC.
分布：全省有分布。
评述：归化或入侵。
- 山酢浆草 *Oxalis griffithii* Edgeworth et Hook. f.
分布：九江、庐山、武宁、婺源、铅山、玉山、贵溪、资溪、靖安、井冈山、遂川、崇义。
- 直酢浆草 *Oxalis stricta* L.

分布：九江、上饶、鹰潭、赣州。
- *'紫叶酢浆草'*Oxalis triangularis* 'Urpurea'

分布：全省有栽培。

⑧⑨ 杜英科 Elaeocarpaceae Juss.

猴欢喜属 Sloanea L.

- 仿栗 *Sloanea hemsleyana* (T. Ito) Rehder & E. H. Wilson

分布：全南。
- 薄果猴欢喜 *Sloanea leptocarpa* Diels

分布：井冈山、寻乌、龙南、信丰、全南。
- 猴欢喜 *Sloanea sinensis* (Hance) Hemsl. [香港猴欢喜 *Sloanea hongkongensis* Hemsl.]

分布：九江、庐山、德兴、广丰、铅山、玉山、贵溪、南丰、资溪、广昌、黎川、铜鼓、靖安、井冈山、安福、永丰、永新、泰和、遂川、瑞金、石城、安远、赣县、寻乌、兴国、上犹、龙南、崇义、全南、大余、会昌。

杜英属 Elaeocarpus L.

- 中华杜英 *Elaeocarpus chinensis* (Gardner & Champ.) Hook. f. ex Benth.

分布：九江、武宁、新建、德兴、广丰、婺源、南丰、资溪、广昌、铜鼓、靖安、宜丰、萍乡、吉安、永新、泰和、遂川、石城、安远、赣县、寻乌、上犹、龙南、崇义、全南、大余。
- 杜英 *Elaeocarpus decipiens* Hemsl.

分布：九江、庐山、武宁、乐平、铅山、玉山、贵溪、资溪、宜黄、广昌、黎川、靖安、宜丰、莲花、井冈山、吉安、泰和、遂川、赣州、瑞金、石城、安远、寻乌、兴国、龙南、信丰、全南、大余、会昌。
- 褐毛杜英 *Elaeocarpus duclouxii* Gagnep.

分布：武宁、修水、资溪、铜鼓、宜丰、莲花、井冈山、吉安、安福、永新、遂川、石城、安远、上犹、龙南、崇义、信丰、全南、大余。
- 秃瓣杜英 *Elaeocarpus glabripetalus* Merr.

分布：九江、庐山、武宁、修水、新建、铅山、贵溪、南丰、资溪、宜黄、广昌、黎川、崇仁、宜春、靖安、宜丰、万载、莲花、井冈山、永新、遂川、赣州、瑞金、南康、石城、安远、赣县、寻乌、兴国、定南、上犹、龙南、崇义、信丰、全南、大余、会昌。
- 日本杜英 *Elaeocarpus japonicus* Siebold & Zucc.

分布：九江、庐山、武宁、修水、德兴、上饶、婺源、铅山、贵溪、南丰、乐安、资溪、黎川、崇仁、铜鼓、宜丰、莲花、井冈山、吉安、安福、永新、泰和、遂川、瑞金、南康、石城、安远、寻乌、兴国、上犹、龙南、全南、大余。
- 山杜英 *Elaeocarpus sylvestris* (Lour.) Poir.

分布：九江、武宁、乐平、铅山、玉山、贵溪、资溪、宜黄、广昌、黎川、靖安、宜丰、莲花、芦溪、井冈山、吉安、安福、泰和、遂川、赣州、瑞金、石城、安远、寻乌、兴国、龙南、信丰、全南、大余、会昌。

（三十一）金虎尾目 Malpighiales Juss. ex Bercht. & J. Presl

⑨⓪ 古柯科 Erythroxylaceae Kunth

古柯属 Erythroxylum P. Browne

- 东方古柯 *Erythroxylum sinense* Y. C. Wu

分布：贵溪、南丰、资溪、黎川、井冈山、安福、永新、遂川、石城、安远、寻乌、上犹、崇义、全南、大余。

91 藤黄科 Clusiaceae Lindl.

藤黄属 Garcinia L.

- 木竹子 *Garcinia multiflora* Champ. ex Benth.

分布：抚州、芦溪、井冈山、吉安、永新、泰和、遂川、赣州、瑞金、安远、赣县、寻乌、上犹、龙南、崇义、全南、大余、会昌。

- 岭南山竹子 *Garcinia oblongifolia* Champ. ex Benth.

分布：资溪、井冈山、石城、安远、上犹、龙南、崇义、信丰、全南。

评述：《江西种子植物名录》（刘仁林，2010）有记载，未见标本。

92 金丝桃科 Hypericaceae Juss.

黄牛木属 Cratoxylum Blume

- 黄牛木 *Cratoxylum cochinchinense* (Lour.) Bl.

分布：龙南。

金丝桃属 Hypericum L.

- 黄海棠 *Hypericum ascyron* L.

分布：九江、庐山、彭泽、修水、新建、鄱阳、玉山、贵溪、资溪、铜鼓、靖安、莲花、井冈山、安福、永新、遂川、石城、兴国。

- 赶山鞭 *Hypericum attenuatum* Fisch. ex Choisy

分布：资溪、宜春、靖安、萍乡、遂川、石城、龙南、崇义。

- 挺茎遍地金 *Hypericum elodeoides* Choisy

分布：九江、庐山、玉山、资溪、莲花、瑞金、南康、石城、兴国、大余。

- 小连翘 *Hypericum erectum* Thunb. ex Murray

分布：九江、庐山、修水、资溪、靖安、万载、石城。

- 扬子小连翘 *Hypericum faberi* R. Keller

分布：武宁、宜春、靖安、遂川、上犹。

- 衡山金丝桃 *Hypericum hengshanense* W. T. Wang

分布：广昌、芦溪、永新。

- 地耳草 *Hypericum japonicum* Thunb.

分布：九江、庐山、武宁、修水、南昌、德兴、上饶、广丰、铅山、玉山、贵溪、南丰、资溪、宜黄、广昌、黎川、铜鼓、靖安、宜丰、萍乡、莲花、井冈山、吉安、安福、永新、遂川、瑞金、南康、石城、安远、寻乌、兴国、定南、上犹、龙南、崇义、全南、大余、会昌。

- 长柱金丝桃 *Hypericum longistylum* Oliv.

分布：资溪。

评述：《江西种子植物名录》（刘仁林，2010）有记载，未见标本。

- 金丝桃 *Hypericum monogynum* L.

分布：九江、庐山、彭泽、修水、安义、玉山、贵溪、南丰、广昌、铜鼓、靖安、赣州、赣县、兴国、会昌。

- 金丝梅 *Hypericum patulum* Thunb.

分布：九江、武宁、新建、铜鼓、宜丰。

- 贯叶连翘 *Hypericum perforatum* L.

分布：井冈山、崇义。

- 中国金丝桃 *Hypericum perforatum* subsp. *chinense* N. Robson

分布：不详。

评述：《中国植物物种名录》（2020版）有记载，未见标本。

- **短柄小连翘** *Hypericum petiolulatum* Hook. f. et Thomson ex Dyer

  分布：资溪。

  评述：《中国植物物种名录》（2020 版）有记载，未见标本。

- **云南小连翘** *Hypericum petiolulatum* subsp. *yunnanense* (Franch.) N. Robson

  分布：南昌。

- **元宝草** *Hypericum sampsonii* Hance

  分布：九江、庐山、瑞昌、修水、浮梁、新建、鄱阳、玉山、临川、贵溪、乐安、资溪、宜黄、黎川、铜鼓、靖安、萍乡、井冈山、吉安、永丰、永新、泰和、遂川、石城、安远、赣县、寻乌、上犹、崇义、全南、大余、会昌。

- **密腺小连翘** *Hypericum seniawinii* Maxim.

  分布：九江、庐山、武宁、上饶、铅山、玉山、贵溪、资溪、靖安、井冈山、遂川、石城、寻乌、龙南。

三腺金丝桃属 *Triadenum* Raf.

- **三腺金丝桃** *Triadenum breviflorum* (Wall. ex Dyer) Y. Kimura

  分布：九江、庐山、武宁、永修、修水、玉山、贵溪、资溪、兴国。

93 堇菜科 Violaceae Batsch

堇菜属 *Viola* L.

- **鸡腿堇菜** *Viola acuminata* Ledeb.

  分布：德兴、铅山、玉山、黎川、靖安、吉安。

- **如意草** *Viola arcuata* Blume

  分布：九江、庐山、武宁、永修、修水、新建、南昌、德兴、广丰、婺源、铅山、玉山、贵溪、南丰、资溪、广昌、黎川、铜鼓、靖安、宜丰、奉新、萍乡、莲花、井冈山、安福、遂川、瑞金、安远、寻乌、兴国、上犹、崇义、全南、大余、会昌。

- **华南堇菜** *Viola austrosinensis* Y. S. Chen & Q. E. Yang

  分布：寻乌、崇义。

- **枪叶堇菜** *Viola belophylla* H. Boissieu[维西堇菜 *Viola monbeigii* W. Becker]

  分布：婺源。

- **戟叶堇菜** *Viola betonicifolia* Sm.

  分布：九江、庐山、武宁、修水、新建、南昌、广丰、余干、玉山、贵溪、南丰、资溪、靖安、石城、安远、上犹、龙南、大余。

- **南山堇菜** *Viola chaerophylloides* (Regel) W. Becker

  分布：九江、庐山、武宁、修水、婺源、铅山、玉山、资溪、黎川、靖安、萍乡、安福、石城、上犹、崇义。

- **细裂堇菜** *Viola chaerophylloides* var. *sieboldiana* (Maxim.) Makino

  分布：不详。

  评述：《中国植物物种名录》（2020 版）有记载，未见标本。

- **张氏堇菜** *Viola changii* J. S. Zhou & F. W. Xing

  分布：寻乌、信丰。

- **球果堇菜** *Viola collina* Besser

  分布：九江、庐山、武宁、修水、井冈山、遂川、上犹、龙南、全南。

- **深圆齿堇菜** *Viola davidii* Franch.

  分布：铅山、玉山、资溪、井冈山、寻乌、龙南、崇义。

- **七星莲** *Viola diffusa* Ging.

  分布：九江、庐山、武宁、彭泽、修水、乐平、浮梁、新建、南昌、德兴、上饶、广丰、鄱阳、婺源、玉山、贵溪、南丰、资溪、宜黄、广昌、黎川、铜鼓、靖安、奉新、分宜、萍乡、井冈山、吉安、安福、遂川、瑞金、石城、安远、寻乌、兴国、上犹、龙南、崇义、全南、大余、会昌。

- 柔毛堇菜 *Viola fargesii* H. Boissieu

分布：九江、庐山、武宁、修水、婺源、玉山、贵溪、黎川、铜鼓、宜丰、萍乡、芦溪、井冈山、安福、遂川、石城。

- 长梗紫花堇菜 *Viola faurieana* W. Becker

分布：九江、庐山、婺源、铅山、井冈山。

- 紫花堇菜 *Viola grypoceras* A. Gray

分布：九江、庐山、武宁、彭泽、修水、乐平、新建、上饶、广丰、婺源、铅山、玉山、贵溪、资溪、广昌、黎川、铜鼓、靖安、分宜、井冈山、安福、石城、兴国、上犹、全南。

- 日本球果堇菜 *Viola hondoensis* W. Becker & H. Boissieu

分布：芦溪、安福、寻乌。

- 长萼堇菜 *Viola inconspicua* Blume [湖南堇菜 *Viola hunanensis* Hand.-Mazz.]

分布：九江、庐山、武宁、修水、浮梁、新建、上饶、广丰、婺源、铅山、玉山、贵溪、南丰、资溪、广昌、靖安、宜丰、奉新、萍乡、永新、遂川、南康、石城、寻乌、龙南、崇义、全南、大余。

- 犁头草 *Viola japonica* Langsd. ex DC.

分布：九江、武宁、彭泽、资溪、靖安。

- 井冈山堇菜 *Viola jinggangshanensis* Z. L. Ning & J. P. Liao

分布：井冈山。

- 福建堇菜 *Viola kosanensis* Hayata [江西堇菜 *Viola kiangsiensis* W. Becker]

分布：修水、景德镇、浮梁、资溪、宜黄、宜丰、芦溪、井冈山、遂川、石城、安远、寻乌、上犹、龙南。

- 广东堇菜 *Viola kwangtungensis* Melch.

分布：寻乌。

- 白花堇菜 *Viola lactiflora* Nakai

分布：九江、庐山、贵溪、资溪、石城。

- 亮毛堇菜 *Viola lucens* W. Becker

分布：修水、资溪、黎川、铜鼓、靖安、芦溪、遂川、上犹、大余。

- 犁头叶堇菜 *Viola magnifica* C. J. Wang et X. D. Wang

分布：九江、庐山、武宁、婺源、铅山、贵溪、靖安、井冈山、安福、石城、上犹、龙南、崇义、信丰、全南。

- 萱 *Viola moupinensis* Franch.

分布：九江、庐山、武宁、修水、铅山、资溪、黎川、安福、石城、上犹。

- 小尖堇菜 *Viola mucronulifera* Hand.-Mazz.

分布：芦溪。

- 南岭堇菜 *Viola nanlingensis* J. S. Zhou & F. W. Xing

分布：袁州、大余、崇义、寻乌、信丰。

- 白花地丁 *Viola patrinii* DC. ex Ging.

分布：九江、庐山。

- 紫花地丁 *Viola philippica* Cav. [光瓣堇菜 *Viola yedoensis* Makino]

分布：九江、庐山、武宁、新建、玉山、贵溪、资溪、靖安、分宜、石城。

- 匍匐堇菜 *Viola pilosa* Blume

分布：井冈山、石城。

- 辽宁堇菜 *Viola rossii* Hemsl.

分布：九江、庐山、武宁、玉山、靖安、石城。

- 深山堇菜 *Viola selkirkii* Pursh ex Goldie

分布：九江、庐山、修水、婺源、玉山、贵溪、资溪、铜鼓、靖安、宜丰。

- 庐山堇菜 *Viola stewardiana* W. Becker

分布：九江、庐山、武宁、德兴、上饶、广丰、铅山、玉山、贵溪、资溪、靖安、芦溪、井冈山、安福、遂川、石城、上犹、崇义。

- 圆叶堇菜 *Viola striatella* H. Boissieu

分布：不详。

评述：《中国植物物种名录》（2020版）有记载，未见标本。

- 光叶堇菜 *Viola sumatrana* Miquel

分布：九江、庐山、玉山、资溪、石城。

- 毛堇菜 *Viola thomsonii* Oudem.

分布：九江、庐山、玉山、资溪、井冈山。

评述：《江西种子植物名录》（刘仁林，2010）有记载，未见标本。

- 三角叶堇菜 *Viola triangulifolia* W. Becker

分布：九江、庐山、彭泽、永修、修水、浮梁、玉山、贵溪、南丰、黎川、铜鼓、靖安、奉新、遂川。

- 粗齿堇菜 *Viola urophylla* Franch.

分布：庐山、武宁、永修、都昌、靖安。

- 斑叶堇菜 *Viola variegata* Fisch ex Link

分布：九江、庐山、玉山、贵溪、资溪、靖安。

评述：《江西种子植物名录》（刘仁林，2010）有记载，未见标本。

- 紫背堇菜 *Viola violacea* Makino

分布：九江、庐山、上犹。

- 心叶堇菜 *Viola yunnanfuensis* W. Becker

分布：九江、庐山、贵溪、资溪、靖安、遂川、石城。

94 西番莲科 Passifloraceae Juss. ex Roussel

西番莲属 *Passiflora* L.

- 西番莲 *Passiflora caerulea* L.

分布：九江、赣州。

评述：归化或入侵。

- 广东西番莲 *Passiflora kwangtungensis* Merr.

分布：井冈山、石城、安远、上犹、龙南、信丰、全南。

95 杨柳科 Salicaceae Mirb.

山桂花属 *Bennettiodendron* Merr.

- 山桂花 *Bennettiodendron leprosipes* (Clos) Merr. [短柄山桂花 *Bennettiodendron brevipes* Merr.]

分布：龙南、全南。

柳属 *Salix* L.

- *垂柳 *Salix bubylonica* L.

分布：全省有栽培。

- 腺毛垂柳 *Salix babylonica* var. *glandulipilosa* P. Y. Mao & W. Z. Li

分布：上栗、芦溪。

- *百里柳 *Salix baileyi* C. K. Schneid.

分布：井冈山。

- *腺柳 *Salix chaenomeloides* Kimura

分布：玉山、石城。

- 银叶柳 *Salix chienii* W. C. Cheng

分布：庐山、铅山、玉山、鹰潭、资溪、靖安、井冈山、遂川、石城、寻乌、崇义。

- 鸡公柳 *Salix chikungensis* C. K. Schneid.

分布：九江、黎川。

- 长梗柳 *Salix dunnii* C. K. Schneid.

分布：武宁、景德镇、上饶、鹰潭、抚州、南丰、广昌、黎川、宜春、奉新、分宜、萍乡、吉安、遂川、赣州、安远、宁都、寻乌、上犹、龙南、崇义。

- 井冈柳 *Salix leveilleana* C. K. Schneid.

分布：井冈山、遂川。

- 旱柳 *Salix matsudana* Koidz.

分布：庐山、玉山、鹰潭、资溪、靖安。

- 粤柳 *Salix mesnyi* Hance

分布：九江、武宁、永修、修水、浮梁、南丰、资溪、黎川、石城、龙南、寻乌。

- 南川柳 *Salix rosthornii* Seemen

分布：九江、庐山、石城、安远、寻乌、龙南、崇义、信丰、全南。

- *硬叶柳 *Salix sclerophylla* Anderss.

分布：九江、庐山、铅山、玉山、贵溪、资溪、靖安、井冈山、遂川、石城、寻乌、崇义。

- *簸箕柳 *Salix suchowensis* W. C. Cheng ex G. Zhu

分布：井冈山、泰和。

- 紫柳 *Salix wilsonii* Seemen ex Diels

分布：九江、庐山、武宁、永修、乐平、浮梁、新建、南昌、婺源、临川、贵溪、南丰、宜黄、广昌、黎川、铜鼓、宜丰、奉新、分宜、萍乡、井冈山、安福、永新、泰和、遂川、瑞金、石城、安远、宁都、寻乌、兴国、上犹、全南、大余、会昌。

山桐子属 *Idesia* Maxim.

- 山桐子 *Idesia polycarpa* Maxim.

分布：九江、庐山、武宁、修水、乐平、浮梁、德兴、上饶、广丰、铅山、玉山、贵溪、资溪、黎川、铜鼓、靖安、宜丰、奉新、分宜、井冈山、安福、永新、遂川、赣州、石城、安远、寻乌、兴国、上犹、龙南、全南、大余。

- 福建山桐子 *Idesia polycarpa* var. *fujianensis* (G. S. Fan) S. S. Lai

分布：铅山。

- 毛叶山桐子 *Idesia polycarpa* var. *vestita* Diels[长果山桐子 *Idesia polycarpa* var. *longicarpa* S. S. Lai]

分布：九江、庐山、修水、上饶、广丰、资溪、铜鼓、宜丰、井冈山。

天料木属 *Homalium* Jacq.

- 红花天料木 *Homalium ceylanicum* (Gardn.) Benth.

分布：不详。

评述：《中国植物物种名录》（2020版）有记载，未见标本。

- 天料木 *Homalium cochinchinense* (Lour.) Druce

分布：资溪、泰和、南康、安远、龙南、信丰、全南、大余。

杨属 *Populus* L.

- *加杨 *Populus* × *canadensis* Moench

分布：全省有栽培。

- 响叶杨 *Populus adenopoda* Maxim.

分布：九江、武宁、新建、德兴、广丰、玉山、贵溪、资溪、广昌、铜鼓。

- 山杨 *Populus davidiana* Dode

分布：不详。

评述：《中国植物物种名录》（2020版）有记载，未见标本。

- *钻天杨 *Populus nigra* var. *italica* (Moench)Koehne

分布：全省有栽培。

- *小叶杨 *Populus simonii* Carrière

分布：九江、赣州。

柞木属 *Xylosma* G. Forst.

- **柞木** *Xylosma congesta* (Lour.) Merr.
分布：九江、庐山、修水、贵溪、资溪、石城。
- **南岭柞木** *Xylosma controversa* Clos
分布：资溪、井冈山、崇义。
- **毛叶南岭柞木** *Xylosma controversa* var. *pubescens* Q. E. Yang
分布：龙南、全南。

刺篱木属 *Flacourtia* Comm. ex L'Hér.

- **刺篱木** *Flacourtia indica* (Burm. f.) Merr.
分布：全南。

山拐枣属 *Poliothyrsis* Oliv.

- **山拐枣** *Poliothyrsis sinensis* Oliv. [南方山拐枣 *Poliothyrsis sinensis* var. *subglabra* S. S. Lai]
分布：九江、庐山、玉山、贵溪、资溪。

96 大戟科 Euphorbiaceae Juss.

油桐属 *Vernicia* Lour.

- **油桐** *Vernicia fordii* (Hemsl.) Airy Shaw
分布：九江、庐山、武宁、彭泽、修水、新建、婺源、铅山、临川、南丰、资溪、高安、铜鼓、靖安、奉新、萍乡、吉安、安福、南康、石城、安远、寻乌、兴国、上犹、龙南、崇义。
- **木油桐** *Vernicia montana* Lour.
分布：武宁、铅山、玉山、贵溪、南丰、靖安、宜丰、奉新、安福、泰和、遂川、瑞金、南康、石城、安远、寻乌、上犹、龙南、崇义、全南、会昌。

蓖麻属 *Ricinus* L.

- **蓖麻** *Ricinus communis* L.
分布：全省有分布。
评述：归化或入侵。

山麻秆属 *Alchornea* Sw.

- **山麻杆** *Alchornea davidii* Franch.
分布：九江、庐山、彭泽、玉山、资溪、靖安、吉安。
- **红背山麻杆** *Alchornea trewioides* (Benth.) Müll. Arg.
分布：赣南、玉山、资溪、靖安、吉安、永新、泰和、遂川、安远、寻乌、上犹、龙南、崇义、全南、大余、会昌。

地构叶属 *Speranskia* Baill.

- **广东地构叶** *Speranskia cantonensis* (Hance) Pax & K. Hoffm.
分布：修水、广昌、萍乡、永丰、吉安、崇义。
- **地构叶** *Speranskia tuberculata* (Bunge) Baill.
分布：修水、安远、上犹、龙南、崇义、全南、大余。

丹麻杆属 *Discocleidion* (Müll. Arg.) Pax & K. Hoffm.

- **丹麻杆** *Discocleidion ulmifolium* (Muller Argoviensis) Pax & K. Hoffmann

分布：铅山。

血桐属 *Macaranga* Thouars

- 中平树 *Macaranga denticulata* (Blume) Müll. Arg.

分布：资溪、龙南、全南。

海漆属 *Excoecaria* L.

- * 红背桂 *Excoecaria cochinchinensis* Lour.

分布：全省有栽培。

野桐属 *Mallotus* Lour.

- 白背叶 *Mallotus apelta* (Lour.) Müll. Arg.

分布：九江、庐山、瑞昌、武宁、永修、修水、乐平、浮梁、南昌、德兴、上饶、广丰、婺源、铅山、玉山、贵溪、南丰、资溪、宜黄、东乡、广昌、黎川、铜鼓、靖安、宜丰、分宜、萍乡、井冈山、吉安、安福、永新、泰和、遂川、瑞金、石城、安远、宁都、寻乌、兴国、上犹、龙南、崇义、全南、大余、会昌。

- 毛桐 *Mallotus barbatus* (Wall. ex Baill.) Müll. Arg.

分布：井冈山、宜丰、全南。

- 南平野桐 *Mallotus dunnii* F. P. Metcalf

分布：资溪。

评述：《江西种子植物名录》（刘仁林，2010）有记载，未见标本。

- 野梧桐 *Mallotus japonicus* (L. f.) Müll. Arg.

分布：资溪、芦溪、井冈山、石城、安远、龙南、崇义。

- 东南野桐 *Mallotus lianus* Croiz

分布：资溪、井冈山、全南。

- 小果野桐 *Mallotus microcarpus* Pax et Hoffm.

分布：永修、资溪、铜鼓、靖安、宜丰、芦溪、井冈山、安福、石城、全南、大余。

- 山地野桐 *Mallotus oreophilus* Müll. Arg.

分布：武宁、永修、宜黄、铜鼓、靖安、遂川、安远、兴国、全南、大余。

- 白楸 *Mallotus paniculatus* (Lam.) Müll. Arg.

分布：井冈山。

- 粗糠柴 *Mallotus philippensis* (Lamarck) Müll. Arg.

分布：九江、武宁、修水、景德镇、德兴、玉山、贵溪、资溪、宜黄、广昌、黎川、崇仁、宜春、铜鼓、宜丰、萍乡、井冈山、吉安、安福、永新、泰和、遂川、瑞金、南康、赣县、兴国、上犹、于都、龙南、崇义、全南、大余、会昌。

- 网脉粗糠柴 *Mallotus philippensis* var. *reticulatus* (Dunn) F. P. Metcalf [网脉野桐 *Mallotus reticulatus* Dunn]

分布：不详。

评述：《中国植物物种名录》（2020 版）有记载，未见标本。

- 石岩枫 *Mallotus repandus* (Willd.) Müll. Arg. [白叶子 *Mallotus illudens* Croizat]

分布：九江、庐山、武宁、永修、修水、浮梁、铅山、玉山、贵溪、南丰、资溪、宜黄、广昌、黎川、靖安、宜丰、萍乡、吉安、安福、永丰、永新、泰和、遂川、瑞金、石城、安远、寻乌、兴国、定南、上犹、龙南、崇义、全南、大余、会昌。

- 杠香藤 *Mallotus repandus* var. *chrysocarpus* (Pamp.) S. M. Hwang

分布：庐山、武宁、资溪。

- 卵叶石岩枫 *Mallotus repandus* var. *scabrifolius* (A. Juss.) Müll. Arg.

分布：全省有分布。

- 野桐 *Mallotus tenuifolius* Pax

分布：九江、庐山、武宁、永修、乐安、井冈山、上犹、大余。

- 乐昌野桐 *Mallotus tenuifolius* var. *castanopsis* (F. P. Metcalf) H. S. Kiu

分布：不详。

评述:《中国植物物种名录》(2020版)有记载,未见标本。

● **红叶野桐** *Mallotus tenuifolius* var. *paxii* (Pamp.) H. S. Kiu
分布:庐山、资溪、广昌、井冈山、遂川、安远。

● **黄背野桐** *Mallotus tenuifolius* var. *subjaponicus* Croizat
分布:不详。
评述:《中国植物物种名录》(2020版)有记载,未见标本。

木薯属 Manihot Mill.

● *** 木薯** *Manihot esculenta* Crantz
分布:赣南有栽培。

山靛属 Mercurialis L.

● **山靛** *Mercurialis leiocarpa* Siebold & Zucc.
分布:修水、德兴、婺源。

巴豆属 Croton L.

● **鸡骨香** *Croton crassifolius* Geiseler
分布:井冈山、崇义。

● **毛果巴豆** *Croton lachnocarpus* Benth.
分布:新建、资溪、宜丰、吉安、永新、泰和、石城、安远、赣县、寻乌、上犹、龙南、崇义、信丰、全南、大余、会昌。

● **巴豆** *Croton tiglium* L.
分布:南丰、宜丰、安福、永新、泰和、寻乌、上犹、信丰、全南、大余。

大戟属 Euphorbia L.

● **细齿大戟** *Euphorbia bifida* Hook. et Arn.
分布:万载、信丰。

● **猩猩草** *Euphorbia cyathophora* Murray
分布:德兴、婺源。
评述:归化或入侵。

● **乳浆大戟** *Euphorbia esula* L.
分布:九江、庐山、彭泽、永修、湖口、玉山、贵溪、资溪、靖安、石城、安远。

● **泽漆** *Euphorbia helioscopia* L.
分布:九江、永修、新建、玉山、贵溪、资溪、靖安、吉安、石城。

● **白苞猩猩草** *Euphorbia heterophylla* L.
分布:九江、吉安。
评述:归化或入侵。

● **飞扬草** *Euphorbia hirta* L.
分布:全省有分布。
评述:归化或入侵。

● **地锦草** *Euphorbia humifusa* Willd. ex Schltdl.
分布:九江、庐山、玉山、贵溪、资溪、靖安、石城。

● **湖北大戟** *Euphorbia hylonoma* Hand.-Mazz.
分布:南昌、南丰、资溪、靖安、安远、兴国。

● **通奶草** *Euphorbia hypericifolia* L.
分布:全省有分布。
评述:归化或入侵。

● **紫斑大戟** *Euphorbia hyssopifolia* L.
分布:寻乌。

评述：归化或入侵。
- 大狼毒 *Euphorbia jolkinii* Boiss.

分布：全南、大余。

评述：《江西种子植物名录》（刘仁林，2010）有记载，未见标本。
- * 甘遂 *Euphorbia kansui* T. N. Liou ex S. B. Ho

分布：九江、庐山。
- 续随子 *Euphorbia lathyris* L.

分布：资溪。
- 斑地锦 *Euphorbia maculata* L.

分布：全省有分布。

评述：归化或入侵。
- 银边翠 *Euphorbia marginata* Pursh

分布：玉山。

评述：归化或入侵。
- * 铁海棠 *Euphorbia milii* Des Moul.

分布：全省有栽培。
- 大戟 *Euphorbia pekinensis* Rupr.

分布：九江、庐山、彭泽、修水、新建、资溪、铜鼓、寻乌。
- 匍匐大戟 *Euphorbia prostrata* Aiton

分布：寻乌。

评述：归化或入侵。
- * 一品红 *Euphorbia pulcherrima* Willd. ex Klotzsch

分布：全省有栽培。
- 钩腺大戟 *Euphorbia sieboldiana* C. Morren & Decne.[铁凉伞 *Euphorbia hippocrepica* Hemsl.]

分布：九江、庐山、玉山、贵溪、资溪、靖安、石城。
- 千根草 *Euphorbia thymifolia* L.

分布：九江、庐山、武宁、修水、南昌、德兴、广丰、铅山、贵溪、资溪、永丰、南康、石城、安远、龙南、崇义、全南、大余。
- 绿玉树 *Euphorbia tirucalli* L.

分布：赣南有分布。

评述：归化或入侵。

铁苋菜属 *Acalypha* L.

- 铁苋菜 *Acalypha australis* L.

分布：九江、瑞昌、武宁、彭泽、永修、修水、南昌、进贤、德兴、上饶、广丰、铅山、玉山、贵溪、乐安、资溪、宜黄、广昌、黎川、铜鼓、分宜、萍乡、井冈山、安福、永新、遂川、南康、石城、安远、寻乌、兴国、上犹、龙南、崇义、全南、大余、会昌。
- 裂苞铁苋菜 *Acalypha supera* Forssk. [短序铁苋菜 *Acalypha brachystachya* Hornem.]

分布：九江、庐山、贵溪、资溪、靖安、井冈山、石城、大余。

地杨桃属 *Microstachys* A. Juss.

- 地杨桃 *Microstachys chamaelea* (L.) Müll.Arg.

分布：赣州。

评述：江西本土植物名录（2017）有记载，未见标本。

白木乌桕属 *Neoshirakia* Esser

- 斑子乌桕 *Neoshirakia atrobadiomaculata* (F. P. Metcalf) Esser & P. T. Li

分布：资溪、遂川、章贡、寻乌、上犹、崇义。
- 白木乌桕 *Neoshirakia japonica* (Siebold & Zucc.) Esser

分布：九江、庐山、武宁、婺源、铅山、玉山、贵溪、抚州、资溪、宜黄、广昌、宜春、靖安、宜丰、万载、芦溪、井冈山、安福、永新、遂川、南康、石城、寻乌。

乌桕属 *Triadica* Lour.

- 山乌桕 *Triadica cochinchinensis* Lour.

分布：全省山区有分布。

- *圆叶乌桕 *Triadica rotundifolia* (Hemsl.) Esser

分布：景德镇、龙南、崇义、全南、大余。

- 乌桕 *Triadica sebifera* (L.) Small

分布：全省有分布。

97 黏木科 Ixonanthaceae Planch. ex Miq.

黏木属 *Ixonanthes* Jack

- 黏木 *Ixonanthes reticulata* Jack

分布：寻乌。

评述：江西新记录科、属、种。

98 叶下珠科 Phyllanthaceae Martinov

叶下珠属 *Phyllanthus* L.

- 苦味叶下珠 *Phyllanthus amarus* Schumacher & Thonning

分布：赣州。

评述：归化或入侵。

- 浙江叶下珠 *Phyllanthus chekiangensis* Croizat & F. P. Metcalf

分布：铅山、临川、贵溪、资溪、靖安、龙南、全南。

- 余甘子 *Phyllanthus emblica* L.

分布：寻乌、龙南、全南。

- 落萼叶下珠 *Phyllanthus flexuosus* (Siebold & Zucc.) Müll. Arg.

分布：九江、庐山、乐平、南昌、铅山、玉山、临川、贵溪、南丰、资溪、黎川、丰城、靖安、奉新、萍乡、井冈山、安福、永新、安远、赣县、寻乌、上犹。

- 青灰叶下珠 *Phyllanthus glaucus* Wall. ex Müll. Arg.

分布：九江、庐山、瑞昌、武宁、彭泽、永修、浮梁、新建、南昌、鄱阳、婺源、玉山、贵溪、南丰、资溪、宜黄、黎川、靖安、宜丰、分宜、萍乡、井冈山、吉安、永新、泰和、遂川、石城、安远、兴国、上犹、龙南、崇义、全南、大余、会昌。

- 细枝叶下珠 *Phyllanthus leptoclados* Benth.

分布：铅山、赣州。

- 珠子草 *Phyllanthus niruri* L.

分布：赣州。

评述：归化或入侵。

- 小果叶下珠 *Phyllanthus reticulatus* Poir.[无毛小果叶下珠 *Phyllanthus reticulatus* var. *glaber* Muell. Arg.]

分布：浮梁、武宁、赣县、崇义、安福、永新、奉新、丰城、南丰、宜黄、婺源。

- 叶下珠 *Phyllanthus urinaria* L.

分布：九江、庐山、彭泽、修水、南昌、德兴、上饶、广丰、铅山、玉山、贵溪、资溪、广昌、铜鼓、靖安、萍乡、井冈山、永丰、遂川、南康、石城、安远、上犹、龙南、全南、大余。

- 蜜甘草 *Phyllanthus ussuriensis* Rupr. et Maxim.

分布：九江、庐山、玉山、贵溪、资溪、靖安、石城。

- **黄珠子草** *Phyllanthus virgatus* G. Forst.

分布：九江、修水、德兴、上饶、广丰、铅山、贵溪、资溪、宜黄、广昌、芦溪、井冈山、安福、永新、遂川、瑞金、南康、石城、安远、宁都、寻乌、兴国、上犹、龙南、崇义、全南、大余。

五月茶属 *Antidesma* L.

- **五月茶** *Antidesma bunius* (L.) Spreng

分布：资溪、井冈山。

- **日本五月茶** *Antidesma japonicum* Siebold & Zucc.[华中五月茶 *Antidesma delicatulum* Hutch.、细柄五月茶 *Antidesma filipes* Hand.-Mazz.、纤细五月茶 *Antidesma gracile* Hemsl.]

分布：武宁、修水、乐平、德兴、鄱阳、玉山、贵溪、乐安、资溪、宜黄、东乡、广昌、黎川、铜鼓、宜丰、莲花、井冈山、吉安、安福、永丰、永新、泰和、遂川、赣州、瑞金、南康、石城、安远、赣县、寻乌、兴国、上犹、龙南、崇义、全南、大余、会昌。

- **小叶五月茶** *Antidesma montanum* var. *microphyllum* Petra ex Hoffmam.[柳叶五月茶 *Antidesma pseudomicrophyllum* Croiz.]

分布：资溪、寻乌、龙南、全南。

银柴属 *Aporosa* Blume

- **银柴** *Aporosa dioica* (Roxburgh) Muller Argoviensis

分布：寻乌、龙南。

评述：仅见《江西木本及珍稀植物图志》有记载，未见标本。

- **云南银柴** *Aporosa yunnanensis* (Pax & K. Hoffm.) F. P. Metcalf

分布：不详。

评述：《中国植物物种名录》（2020版）有记载，未见标本。

秋枫属 *Bischofia* Bl.

- **秋枫** *Bischofia javanica* Blume

分布：九江、永修、南丰、资溪、靖安、遂川、上犹。

- **重阳木** *Bischofia polycarpa* (H. Lév.) Airy Shaw

分布：九江、庐山、玉山、贵溪、资溪、石城。

黑面神属 *Breynia* J. R. Forst. & G. Forst.

- **黑面神** *Breynia fruticosa* (L.) Hook. f.

分布：安远、寻乌、大余。

雀舌木属 *Leptopus* Decne.

- **雀儿舌头** *Leptopus chinensis* (Bunge) Pojark.

分布：龙南、崇义、全南。

评述：江西本土植物名录（2017）有记载，未见标本。

算盘子属 *Glochidion* J. R. Forst. & G. Forst.

- **革叶算盘子** *Glochidion daltonii* (Müll. Arg.) Kurz

分布：九江、资溪、靖安、井冈山。

- **毛果算盘子** *Glochidion eriocarpum* Champion ex Bentham

分布：寻乌、崇义。

- **算盘子** *Glochidion puberum* (L.) Hutch.

分布：九江、庐山、瑞昌、武宁、都昌、浮梁、新建、南昌、安义、德兴、上饶、广丰、铅山、玉山、贵溪、南丰、乐安、南城、资溪、宜黄、广昌、黎川、靖安、奉新、分宜、萍乡、莲花、井冈山、吉安、安福、永新、泰和、遂川、瑞金、南康、石城、安远、宁都、寻乌、兴国、龙南、崇义、全南、大余、会昌。

- **里白算盘子** *Glochidion triandrum* (Blanco) C. B. Rob.

分布：寻乌。
- 湖北算盘子 *Glochidion wilsonii* Hutch.
分布：九江、庐山、武宁、彭泽、修水、广丰、玉山、贵溪、资溪、靖安、安福、瑞金、石城、兴国。
- 白背算盘子 *Glochidion wrightii* Benth.
分布：铅山、赣州、寻乌。

白饭树属 *Flueggea* Willd.

- 一叶萩 *Flueggea suffruticosa* (Pall.) Baill.
分布：九江、瑞昌、武宁、浮梁、婺源、南丰、宜黄、奉新、井冈山、吉安、安福、遂川、上犹、龙南。

（三十二）牻牛儿苗目 Geraniales Juss. ex Bercht. & J. Presl

99 牻牛儿苗科 Geraniaceae Juss.

老鹳草属 *Geranium* L.

- 野老鹳草 *Geranium carolinianum* L.
分布：全省有分布。
评述：归化或入侵。
- 尼泊尔老鹳草 *Geranium nepalense* Sweet
分布：九江、庐山、修水、德兴、上饶、广丰、铅山、玉山、靖安、萍乡、井冈山、遂川、石城、崇义。
- 湖北老鹳草 *Geranium rosthornii* R. Knuth
分布：资溪。
评述：《江西种子植物名录》（刘仁林，2010）有记载，未见标本。
- 鼠掌老鹳草 *Geranium sibiricum* L.
分布：九江、庐山、南昌、奉新。
- 中日老鹳草 *Geranium thunbergii* Siebold ex Lindley & Paxton
分布：九江、庐山、井冈山。
- 老鹳草 *Geranium wilfordii* Maxim.[高山老鹳草 *Geranium wilfordii* var. *chinense* H. Hara]
分布：九江、庐山、永修、修水、广丰、玉山、贵溪、铜鼓、靖安、萍乡、莲花、安福、遂川。

牻牛儿苗属 *Erodium* L'Hér. ex Aiton

- 牻牛儿苗 *Erodium stephanianum* Willd.
分布：全省有分布。

天竺葵属 *Pelargonium* L'Hér. ex Aiton

- *天竺葵 *Pelargonium hortorum* L. H. Bailey
分布：全省有栽培。

（三十三）桃金娘目 Myrtales Juss. ex Bercht. & J. Presl

100 使君子科 Combretaceae R. Br.

风车子属 *Combretum* Loefl.

- 风车子 *Combretum alfredii* Hance
分布：资溪、石城、赣县、上犹、于都、龙南、崇义、信丰。

使君子属 Quisqualis L.

- **使君子** *Quisqualis indica* L.[毛使君子 *Quisqualis indica* var. *villosa* C. B. Clarke]
  分布：永丰、安远、寻乌、上犹、龙南、崇义、大余、会昌。

101 千屈菜科 Lythraceae J. St.-Hil.

紫薇属 Lagerstroemia L.

- **尾叶紫薇** *Lagerstroemia caudata* Chun & F. C. How ex S. K. Lee & L. F. Lau
  分布：九江、庐山、遂川、石城、于都。
- **光紫薇** *Lagerstroemia glabra* (Koehne) Koehne
  分布：九江、德兴、资溪。
- **紫薇** *Lagerstroemia indica* L.
  分布：九江、庐山、武宁、修水、都昌、南昌、德兴、广丰、玉山、临川、鹰潭、贵溪、资溪、东乡、广昌、黎川、靖安、安福、永丰、永新、遂川、石城、赣县、寻乌、兴国、上犹、龙南、全南、大余、会昌。
- **福建紫薇** *Lagerstroemia limii* Merr. [浙江紫薇 *Lagerstroemia chekiangensis* Cheng]
  分布：瑞金、石城。
- **南紫薇** *Lagerstroemia subcostata* Koehne
  分布：九江、庐山、武宁、安义、乐平、德兴、贵溪、资溪、崇仁、丰城、靖安、萍乡、井冈山、吉安、永丰、石城、宁都、全南。

菱属 Trapa L.

- **四角刻叶菱**（野菱）*Trapa incisa* Siebold et Zucc.
  分布：鄱阳湖、九江、庐山、瑞昌、德安、都昌、南昌、进贤、婺源、临川、贵溪、石城。
- **欧菱** *Trapa natans* L.[南昌格菱 *Trapa pseudoincisa* var. *nanchangensis* W. H. Wan、四角大柄菱 *Trapa macropoda* Miki、四角菱 *Trapa quadrispinosa* Roxb.、四瘤菱 *Trapa mammillifera* Miki、四角矮菱 *Trapa natans* var. *pumila* Nakano]
  分布：全省有分布。

千屈菜属 Lythrum L.

- **千屈菜** *Lythrum salicaria* L.
  分布：全省有分布。
  评述：归化或入侵。

节节菜属 Rotala L.

- **节节菜** *Rotala indica* (Willd.) Koehne
  分布：九江、庐山、修水、都昌、新建、南昌、德兴、广丰、婺源、玉山、鹰潭、余江、资溪、广昌、靖安、萍乡、井冈山、吉安、永丰、遂川、石城、上犹。
- **轮叶节节菜** *Rotala mexicana* Cham. ex Schltdl.
  分布：贵溪、井冈山。
  评述：归化或入侵。
- **圆叶节节菜** *Rotala rotundifolia* (Buch.-Ham. ex Roxb.) Koehne
  分布：九江、庐山、修水、余江、南丰、乐安、广昌、靖安、奉新、吉安、安福、永丰、泰和、石城、安远、寻乌、上犹。

水苋菜属 Ammannia L.

- **耳基水苋** *Ammannia auriculata* Willd.

分布：九江、庐山、瑞昌、贵溪、井冈山、石城、大余。
- 水苋菜 *Ammannia baccifera* L. [绿水苋 *Ammannia viridis* Willd. et Hornem.]
分布：九江、庐山、彭泽、修水、南昌、余江、资溪、靖安、永丰。
- 多花水苋 *Ammannia multiflora* Roxb.
分布：九江、庐山、武宁、彭泽、修水、资溪、靖安、石城。

萼距花属 *Cuphea* P. Browne

- *细叶萼距花 *Cuphea hyssopifolia* Kunth
分布：安远。

石榴属 *Punica* L.

- *石榴 *Punica granatum* L.
分布：全省广泛栽培。

102 柳叶菜科 Onagraceae Juss.

柳叶菜属 *Epilobium* L.

- 毛脉柳叶菜 *Epilobium amurense* Hausskn.
分布：九江、庐山、武宁、铅山、铜鼓。
- 光滑柳叶菜 *Epilobium amurense* subsp. *cephalostigma* (Hausskn.) C. J. Chen
分布：九江、庐山、铅山、宜春。
- 短叶柳叶菜 *Epilobium brevifolium* D. Don
分布：宜丰、遂川、石城。
- 腺茎柳叶菜 *Epilobium brevifolium* subsp. *trichoneurum* (Hausskn.) P. H. Raven
分布：九江、庐山、修水、玉山、安福、寻乌。
- 柳叶菜 *Epilobium hirsutum* L.
分布：九江、庐山、彭泽、宜春、靖安、井冈山、安远。
- 小花柳叶菜 *Epilobium parviflorum* Schreb.
分布：袁州、井冈山。
- 长籽柳叶菜 *Epilobium pyrricholophum* Franch. et Sav.
分布：九江、庐山、修水、上饶、铅山、玉山、贵溪、资溪、靖安、萍乡、莲花、井冈山、安福、永丰、遂川、石城、寻乌、兴国、上犹、龙南。

丁香蓼属 *Ludwigia* L.

- 水龙 *Ludwigia adscendens* (L.) Hara
分布：资溪、靖安、永新、赣州、安远。
- 假柳叶菜 *Ludwigia epilobioides* Maxim.
分布：九江、庐山、永修、修水、南昌、德兴、广丰、铅山、玉山、广昌、萍乡、莲花、吉安、遂川、石城、寻乌、上犹。
- 草龙 *Ludwigia hyssopifolia* (G. Don) exell.
分布：庐山。
评述：归化或入侵。
- 毛草龙 *Ludwigia octovalvis* (Jacq.) Raven
分布：南昌、资溪、石城、安远、寻乌、龙南、崇义。
- 卵叶丁香蓼 *Ludwigia ovalis* Miq.
分布：九江、庐山、余干、资溪、靖安、萍乡、井冈山、信丰。
- 黄花水龙 *Ludwigia peploides* subsp. *stipulacea* (Ohwi) P. H. Raven
分布：庐山、永新、赣州、安远。

- **细花丁香蓼** *Ludwigia perennis* L.

  分布：资溪、安远、寻乌、定南、龙南、崇义、全南、大余。

- **丁香蓼** *Ludwigia prostrata* Roxb.

  分布：九江、修水、德兴、上饶、广丰、铅山、玉山、贵溪、余江、广昌、靖安、井冈山、永丰、永新、遂川、石城、安远、寻乌、龙南、全南。

- **台湾水龙** *Ludwigia × taiwanensis* C. I. Peng

  分布：永修、永丰、上犹。

露珠草属 *Circaea* L.

- **高山露珠草** *Circaea alpina* L.

  分布：九江、庐山、铅山、贵溪。

- **高原露珠草** *Circaea alpina* subsp. *imaicola* (Asch. et Mahg.) Kitamura

  分布：庐山。

- **露珠草** *Circaea cordata* Royle

  分布：九江、庐山、修水、资溪、靖安、莲花、石城、上犹。

- **谷蓼** *Circaea erubescens* Franch. et Sav.

  分布：九江、庐山、武宁、修水、贵溪、资溪、铜鼓、靖安、安福、石城、上犹。

- **南方露珠草** *Circaea mollis* Siebold et Zucc.

  分布：九江、庐山、武宁、永修、修水、南昌、德兴、上饶、婺源、铅山、资溪、广昌、黎川、靖安、宜丰、分宜、井冈山、安福、永丰、遂川、瑞金、石城、寻乌、上犹、龙南、崇义、全南。

柳兰属 *Chamerion* (Raf.) Raf. ex Holub

- **柳兰** *Chamerion angustifolium* (L.) Holub

  分布：不详。

  评述：《中国植物物种名录》（2020 版）有记载，未见标本。

- * **毛脉柳兰** *Chamerion angustifolium* subsp. *circumvagum* (Mosquin) Hoch

  分布：庐山。

山桃草属 *Gaura* L.

- **山桃草** *Gaura lindheimeri* Engelm. et Gray

  分布：九江。

  评述：归化或入侵。

月见草属 *Oenothera* L.

- **黄花月见草** *Oenothera glazioviana* Michli

  分布：九江。

  评述：归化或入侵。

- **粉花月见草** *Oenothera rosea* L'Hér. ex Aiton.

  分布：九江。

  评述：归化或入侵。

- **待宵草** *Oenothera stricta* Ledeb. et Link

  分布：庐山、井冈山。

  评述：归化或入侵。

103 桃金娘科 Myrtaceae Juss.

岗松属 *Baeckea* L.

- **岗松** *Baeckea frutescens* L.

分布：宜黄、永丰、瑞金、石城、安远、寻乌、龙南、信丰、会昌。

蒲桃属 *Syzygium* Gaertn.

- 华南蒲桃 *Syzygium austrosinense* (Merr. et L. M. Perry) Chang et Miau

  分布：新建、广丰、资溪、安远、寻乌、龙南、崇义、信丰、全南、大余。

- 赤楠 *Syzygium buxifolium* Hook. et Arn.

  分布：九江、庐山、武宁、乐平、南昌、德兴、上饶、广丰、鄱阳、铅山、玉山、鹰潭、贵溪、余江、南丰、资溪、宜黄、东乡、广昌、黎川、崇仁、靖安、宜丰、奉新、分宜、萍乡、莲花、井冈山、吉安、安福、吉水、永丰、永新、泰和、遂川、瑞金、南康、石城、安远、赣县、宁都、寻乌、上犹、龙南、崇义、全南、大余、会昌。

- 轮叶赤楠 *Syzygium buxifolium* var. *verticillatum* C. Chen

  分布：贵溪、资溪、靖安、石城、寻乌、会昌。

- 轮叶蒲桃 *Syzygium grijsii* (Hance) Merr. et L. M. Perry

  分布：九江、武宁、永修、德兴、上饶、广丰、铅山、贵溪、南丰、资溪、黎川、靖安、宜丰、萍乡、石城、安远、赣县、寻乌、龙南、会昌。

- 红鳞蒲桃 *Syzygium hancei* Merr. & L. M. Perry

  分布：寻乌。

桃金娘属 *Rhodomyrtus* (DC.) Rchb.

- 桃金娘 *Rhodomyrtus tomentosa* (Aiton) Hassk.

  分布：永丰、章贡、瑞金、南康、石城、宁都、寻乌、定南、龙南、崇义、信丰、全南、大余。

桉属 *Eucalyptus* L'Hér.

- *广叶桉 *Eucalyptus amplifolia* Naudin

  分布：赣南有栽培。

- *布氏桉 *Eucalyptus blakelyi* Maiden

  分布：赣南有栽培。

- *葡萄桉 *Eucalyptus botryoides* Sm.

  分布：赣南有栽培。

- *赤桉 *Eucalyptus camaldulensis* Dehnh.

  分布：赣南有栽培。

- *柠檬桉 *Eucalyptus citriodora* Hook.

  分布：赣南有栽培。

- *窿缘桉 *Eucalyptus exserta* F. V. Muell.

  分布：赣南有栽培。

- *蓝桉 *Eucalyptus globulus* Labill.

  分布：赣南有栽培。

- *直杆蓝桉 *Eucalyptus globulus* subsp. *maidenii* (F. Mueller) Kirkpatrick

  分布：赣南有栽培。

- *纤脉桉 *Eucalyptus leptophleba* F. V. Muell.

  分布：赣南有栽培。

- *斑皮桉 *Eucalyptus maculata* Hook.

  分布：赣南有栽培。

- *圆锥花桉 *Eucalyptus paniculata* Smith

  分布：赣南有栽培。

- *多花桉 *Eucalyptus polyanthemos* Schauer

  分布：赣南有栽培。

- *斑叶桉 *Eucalyptus punctata* DC.

  分布：赣南有栽培。

- * 桉 *Eucalyptus robusta* Sm.

  分布：赣南有栽培。

- * 野桉 *Eucalyptus rudis* Endl.

  分布：赣南有栽培。

- * 柳叶桉 *Eucalyptus saligna* Sm.

  分布：九江、赣州。

- * 细叶桉 *Eucalyptus tereticornis* Sm.

  分布：赣南有栽培。

- * 毛叶桉 *Eucalyptus torelliana* F. V. Muell.

  分布：赣南有栽培。

101 野牡丹科 Melastomataceae Juss.

野海棠属 *Bredia* Bl.

- 张氏野海棠 *Bredia changii* W. Y. Zhao, X. H. Zhan & W. B. Liao

  分布：崇义、大余。
- 叶底红 *Bredia fordii* (Hance) Diels [瘤药野海棠 *Bredia tuberculata* (Guillaumin) Diels]

  分布：资溪、黎川、铜鼓、瑞金、石城、安远、寻乌、龙南、信丰、会昌。
- 长萼野海棠 *Bredia longiloba* (Hand.-Mazz.) Diels

  分布：修水、资溪、铜鼓、石城、安远、兴国、龙南。
- 小叶野海棠 *Bredia microphylla* H. L. Li

  分布：资溪、奉新、上犹。
- 过路惊 *Bredia quadrangularis* Cogn.[秀丽野海棠 *Bredia amoena* Diels]

  分布：德兴、上饶、广丰、铅山、玉山、贵溪、资溪、黎川、莲花、井冈山、遂川、石城、上犹。
- 鸭脚茶 *Bredia sinensis* (Diels) H. L. Li

  分布：上饶、铅山、贵溪、南丰、资溪、黎川、井冈山、石城、安远、寻乌、崇义、信丰。

金锦香属 *Osbeckia* L.

- 金锦香 *Osbeckia chinensis* L.

  分布：九江、庐山、武宁、修水、新建、南昌、德兴、上饶、广丰、玉山、鹰潭、贵溪、资溪、广昌、黎川、崇仁、丰城、靖安、万载、分宜、萍乡、井冈山、安福、永丰、泰和、遂川、瑞金、南康、石城、宁都、寻乌、兴国、上犹、崇义、全南、大余。
- 星毛金锦香 *Osbeckia stellata* Buch.-Ham. ex Kew Gawler[朝天罐 *Osbeckia opipara* C. Y. Wu & C. Chen]

  分布：铅山、贵溪、资溪、宜丰、井冈山、永丰、泰和、瑞金、寻乌、兴国、上犹、大余、会昌。

柏拉木属 *Blastus* Lour.

- 柏拉木 *Blastus cochinchinensis* Lour.

  分布：寻乌。
- 少花柏拉木 *Blastus pauciflorus* (Benth.) Guillaumin[腺毛金花树 *Blastus apricus* var. *longiflorus* (Hand.-Mazz.) C. Chen、留行草 *Blastus dunnianus* Lévl. var. *glandulo-setosus* C. Chen、长瓣金花树 *Blastus ernae* Hand.-Mazz.]

  分布：贵溪、资溪、靖安、莲花、井冈山、泰和、遂川、南康、石城、赣县、崇义、全南。

肥肉草属 *Fordiophyton* Stapf

- 异药花 *Fordiophyton faberi* Stapf

  分布：德兴、上饶、广丰、铅山、贵溪、黎川、宜春、宜丰、万载、萍乡、井冈山、安福、永丰、永新、遂川、石城、寻乌、兴国、上犹、龙南、大余。

野牡丹属 Melastoma L.

● **地菍** *Melastoma dodecandrum* Lour.
分布：九江、庐山、修水、乐平、上饶、铅山、临川、鹰潭、贵溪、资溪、宜黄、广昌、黎川、丰城、铜鼓、靖安、宜丰、万载、分宜、萍乡、莲花、井冈山、吉安、安福、吉水、永丰、永新、泰和、遂川、瑞金、南康、石城、安远、赣县、寻乌、兴国、上犹、龙南、崇义、全南、大余、会昌。

● **野牡丹** *Melastoma malabathricum* L. [展毛野牡丹 *Melastoma normale* D. Don]
分布：贵溪、资溪、石城、安远、寻乌、龙南、崇义。

棱果花属 Barthea Hook. f.

● **棱果花** *Barthea barthei* (Hance) Krass.
分布：崇义。

锦香草属 Phyllagathis Bl.

● **锦香草** *Phyllagathis cavaleriei* (H. Lév. & Vaniot) Guillaumin
分布：资溪、井冈山、安福、永新、泰和、遂川、瑞金、安远、上犹、龙南。

● **桂东锦香草** *Phyllagathis guidongensis* K. M. Liu & J. Tian
分布：崇义。

● **毛柄锦香草** *Phyllagathis oligotricha* Merrill
分布：宜丰、龙南、崇义、全南、大余。

肉穗草属 Sarcopyramis Wall.

● **肉穗草** *Sarcopyramis bodinieri* H. Lév. & Vaniot [东方肉穗草 *Sarcopyramis bodinieri* var. *delicata* (C. B. Robins.) C. Chen]
分布：九江、靖安。

● **楮头红** *Sarcopyramis napalensis* Wall.
分布：九江、庐山、武宁、修水、贵溪、资溪、靖安、万载、芦溪、井冈山、安福、石城。

蜂斗草属 Sonerila Roxb.

● **直立蜂斗草** *Sonerila erecta* Jack
分布：分宜、寻乌、上犹、龙南、大余。

● **溪边桑勒草** *Sonerila maculata* Roxburgh
分布：寻乌。

● **海棠叶蜂斗草** *Sonerila plagiocardia* Diels
分布：安远。
评述：《中国植物物种名录》（2020 版）有记载，未见标本。

（三十四）缨子木目 Crossosomatales Takht. ex Reveal

105 省沽油科 Staphyleaceae Martinov

山香圆属 Turpinia Vent.

● **锐尖山香圆** *Turpinia arguta* (Lindl.) Seem.
分布：武宁、修水、玉山、贵溪、南丰、乐安、资溪、黎川、崇仁、宜丰、奉新、万载、萍乡、莲花、井冈山、吉安、安福、永新、遂川、南康、石城、安远、赣县、寻乌、上犹、龙南、崇义、全南、大余、会昌。

● **绒毛锐尖山香圆** *Turpinia arguta* var. *pubescens* T. Z. Hsu
分布：贵溪、井冈山、信丰。

- 山香圆 *Turpinia montana* (Blume) Kurz
  分布：安远、信丰、全南、龙南。
  评述：未见标本。本种可能为药厂栽培，不存在野生分布。

野鸦椿属 *Euscaphis* Sieb. et Zucc.

- 野鸦椿 *Euscaphis japonica* (Thunb.) Dippel
  分布：九江、瑞昌、武宁、彭泽、永修、修水、德安、乐平、浮梁、新建、南昌、德兴、上饶、婺源、铅山、玉山、临川、贵溪、南丰、乐安、资溪、东乡、广昌、黎川、宜春、铜鼓、靖安、奉新、分宜、萍乡、莲花、井冈山、吉安、安福、吉水、遂川、赣州、瑞金、南康、安远、宁都、寻乌、兴国、定南、上犹、龙南、崇义、全南、大余。

省沽油属 *Staphylea* L.

- 省沽油 *Staphylea bumalda* DC.
  分布：九江、庐山、铜鼓。
- 膀胱果 *Staphylea holocarpa* Hemsl
  分布：庐山。

106 旌节花科 Stachyuraceae J. Agardh

旌节花属 *Stachyurus* Sieb. et Zucc.

- 中国旌节花 *Stachyurus chinensis* Franch.
  分布：九江、武宁、修水、浮梁、上饶、铅山、玉山、贵溪、资溪、宜黄、广昌、黎川、铜鼓、靖安、宜丰、莲花、井冈山、安福、遂川、安远、寻乌、上犹、崇义。
- 西域旌节花 *Stachyurus himalaicus* Hook. f. et Thoms.
  分布：九江、庐山、武宁、铅山、石城。
- 云南旌节花 *Stachyurus yunnanensis* Franch. [矩圆叶旌节花 *Stachyurus oblongifolius* Wang et Tang]
  分布：修水、宜丰、铜鼓。

（三十五）腺椒树目 Huerteales Doweld

107 瘿椒树科 Tapisciaceae Takht.

瘿椒树属 *Tapiscia* Oliv.

- 瘿椒树 *Tapiscia sinensis* Oliv.
  分布：庐山、武宁、景德镇、铅山、资溪、黎川、靖安、宜丰、井冈山、遂川、全南。
- 云南瘿椒树 *Tapiscia yunnanensis* W. C. Cheng et C. D. Chu
  分布：武宁、景德镇、铅山、资溪、黎川、靖安、宜丰、遂川、全南。

（三十六）无患子目 Sapindales Juss. ex Bercht. & J. Presl

108 漆树科 Anacardiaceae R. Br.

南酸枣属 *Choerospondias* B. L. Burtt & A. W. Hill

- 南酸枣 *Choerospondias axillaris* (Roxb.) B. L. Burtt & A. W. Hill
  分布：全省山区有分布。

漆树属 *Toxicodendron* (Tourn.) Mill.

- 刺果毒漆藤 *Toxicodendron radicans* subsp. *hispidum* (Engl.) Gillis

  分布：玉山。

- 野漆 *Toxicodendron succedaneum* (L.) O. Kuntze

  分布：九江、庐山、武宁、铅山、玉山、贵溪、资溪、黎川、靖安、宜丰、莲花、芦溪、井冈山、安福、永新、遂川、瑞金、石城、安远、赣县、兴国、上犹、崇义、大余、会昌。

- 江西野漆 *Toxicodendron succedaneum* var. *kiangsiense* C. Y. Wu

  分布：吉安、安远、兴国、崇义、会昌。

- 木蜡树 *Toxicodendron sylvestre* (Siebold et Zucc.) Kuntze

  分布：九江、庐山、瑞昌、武宁、永修、修水、乐平、浮梁、新建、南昌、德兴、婺源、铅山、玉山、贵溪、南丰、资溪、宜黄、东乡、广昌、黎川、丰城、靖安、宜丰、奉新、萍乡、莲花、井冈山、吉安、安福、泰和、遂川、瑞金、南康、石城、安远、赣县、寻乌、兴国、上犹、龙南、崇义、全南、大余、会昌。

- 毛漆树 *Toxicodendron trichocarpum* (Miq.) Kuntze

  分布：九江、庐山、修水、铅山、玉山、黎川、井冈山、安福、崇义。

- 漆 *Toxicodendron vernicifluum* (Stokes) F. A. Barkl.

  分布：九江、武宁、玉山、靖安、奉新、井冈山、安福。

- 小果绒毛漆 *Toxicodendron wallichii* var. *microcarpum* C. C. Huang ex T. L. Ming

  分布：庐山。

盐麸木属 *Rhus* Tourn. ex L.

- 盐麸木 *Rhus chinensis* Mill.

  分布：九江、庐山、武宁、修水、南昌、德兴、上饶、广丰、铅山、玉山、贵溪、南丰、资溪、宜黄、广昌、高安、铜鼓、萍乡、井冈山、安福、永新、遂川、瑞金、南康、石城、宁都、寻乌、兴国、上犹、全南、大余、会昌。

- 滨盐麸木 *Rhus chinensis* var. *roxburghii* (DC).Rehder

  分布：新建、铅山、萍乡、安福、安远、龙南。

- 白背麸杨 *Rhus hypoleuca* Champ. ex Benth.

  分布：德兴、上饶、铅山、玉山、贵溪、资溪、井冈山、上犹。

- 髯毛白背麸杨 *Rhus hypoleuca* var. *barbata* Z. X. Yu & Q. G. Zhang

  分布：德兴。

- 青麸杨 *Rhus potaninii* Maxim.

  分布：玉山、资溪、靖安、井冈山、上犹。

黄连木属 *Pistacia* L.

- 黄连木 *Pistacia chinensis* Bunge

  分布：九江、庐山、瑞昌、武宁、浮梁、南昌、德兴、上饶、婺源、玉山、临川、贵溪、南丰、资溪、广昌、黎川、靖安、莲花、安福、永丰、永新、泰和、瑞金、石城、赣县、寻乌、大余。

109 无患子科 Sapindaceae Juss.

栾属 *Koelreuteria* Laxm.

- 复羽叶栾树 *Koelreuteria bipinnata* Franch.

  分布：九江、修水、贵溪、资溪、广昌、铜鼓、靖安、宜丰、芦溪、井冈山、安福、上犹。

- 栾树 *Koelreuteria paniculata* Laxm.

  分布：修水、玉山、南丰。

七叶树属 Aesculus L.

- * 七叶树 *Aesculus chinensis* Bunge

  分布：芦溪、井冈山、安福、赣州。

- 天师栗 *Aesculus chinensis* var. *wilsonii* (Rehder) Turland & N. H. Xia

  分布：武宁、婺源、井冈山、安福、遂川。

无患子属 Sapindus L.

- 无患子 *Sapindus saponaria* L.

  分布：九江、庐山、贵溪、资溪、靖安、井冈山、石城、龙南。

槭属 Acer L.

- 锐角槭 *Acer acutum* Fang

  分布：九江、庐山、德兴、铅山、玉山、奉新。

- 阔叶槭 *Acer amplum* Rehder

  分布：九江、庐山、武宁、贵溪、资溪、广昌、黎川、靖安、宜丰、萍乡、井冈山、安福、石城、寻乌。

- 天台阔叶枫 *Acer amplum* subsp. *tientaiense* (C. K. Schneider) Y. S. Chen

  分布：九江、庐山、武宁、玉山、贵溪、资溪、广昌、黎川、靖安、芦溪、井冈山、安福、石城、崇义。

- 三角槭 *Acer buergerianum* Miq.

  分布：九江、庐山、武宁、浮梁、新建、南昌、德兴、婺源、玉山、贵溪、靖安、芦溪、井冈山、安福、石城、上犹、崇义。

- 九江三角枫 *Acer buergerianum* var. *jiujiangense* Z. X. Yu

  分布：九江、庐山、永修、都昌。

- 尖尾槭 *Acer caudatifolium* Hayata

  分布：龙南、全南。

  评述：江西本土植物名录（2017）有记载，未见标本。

- 蜡枝槭 *Acer ceriferum* Rehder[安徽槭 *Acer anhweiense* W. P. Fang & M. Y. Fang]

  分布：九江、靖安。

- 密叶槭 *Acer confertifolium* Merr. & F. P. Metcalf

  分布：不详。

  评述：《中国植物物种名录》（2020 版）有记载，未见标本。

- 紫果槭 *Acer cordatum* Pax [浙闽槭 *Acer subtrinervium* F. P. Metcalf]

  分布：武宁、修水、德兴、上饶、广丰、铅山、玉山、贵溪、南丰、资溪、黎川、宜春、铜鼓、靖安、宜丰、井冈山、安福、永新、遂川、瑞金、石城、安远、寻乌、上犹、龙南、崇义、信丰、全南、大余。

- 两型叶紫果枫 *Acer cordatum* var. *dimorphifolium* (F. P. Metc.) Y. S. Chen[江西槭 *Acer kiangsiense* W. P. Fang & M. Y. Fang]

  分布：九江、武宁、南丰、乐安、宜黄、安远、寻乌、定南。

- 革叶槭 *Acer coriaceifolium* H. Lév.

  分布：永新、龙南。

- 青榨槭 *Acer davidii* Franch.

  分布：九江、庐山、武宁、永修、修水、上饶、铅山、玉山、贵溪、南丰、东乡、广昌、黎川、靖安、宜丰、分宜、莲花、井冈山、安福、遂川、石城、安远、寻乌、兴国、崇义、全南、大余。

- 葛罗枫 *Acer davidii* subsp. *grosseri* (Pax) P. C. DeJong

  分布：九江、铜鼓、安远、寻乌、上犹。

- 重齿枫 *Acer duplicatoserratum* Hayata

  分布：奉新。

- 中华重齿枫 *Acer duplicatoserratum* var. *chinense* C. S. Chang[小鸡爪槭 *Acer palmatum* var. *thunbergii* Pax]

分布：九江、庐山、武宁、修水、南昌、袁州、铜鼓、靖安、宜丰、奉新、井冈山、安福、永新、遂川、安远、寻乌、定南。

● **秀丽槭** *Acer elegantulum* W. P. Fang & P. L. Chiu

分布：九江、庐山、玉山、贵溪、资溪、靖安、芦溪、井冈山、安福、石城、崇义、全南。

● **罗浮槭** *Acer fabri* Hance

分布：黎川、井冈山、永新、泰和、遂川、安远、寻乌、上犹、崇义、大余、会昌。

● **红果罗浮槭** *Acer fabri* var. *rubrocarpus* F. P. Metcalf

分布：资溪、芦溪、井冈山、石城、龙南、崇义、信丰、全南。

● **扇叶槭** *Acer flabellatum* Rehder[安福槭 *Acer shangszeense* var. *anfuense* Fang et Soong]

分布：武宁、修水、资溪、靖安、芦溪、安福、遂川、大余。

● **建始槭** *Acer henryi* Pax

分布：九江、武宁、修水、上饶、铅山、资溪、靖安、井冈山、赣州、上犹、龙南、崇义。

● **临安槭** *Acer linganense* W. P. Fang & P. L. Chiu

分布：九江、永修、修水、永新。

● **长柄槭** *Acer longipes* Franch. ex Rehder

分布：武宁、广昌、黎川、靖安、宜丰。

● **亮叶槭** *Acer lucidum* F. P. Metcalf

分布：铅山、贵溪、资溪。

● **南岭槭** *Acer metcalfii* Rehder

分布：资溪、瑞金、石城、安远、赣县、寻乌、上犹、龙南、崇义、信丰、全南。

● **毛果槭** *Acer nikoense* Maxim.

分布：九江、庐山、靖安。

● **飞蛾槭** *Acer oblongum* Wall. ex DC.

分布：贵溪、井冈山。

● **五裂槭** *Acer oliverianum* Pax

分布：九江、庐山、武宁、永修、修水、景德镇、铅山、玉山、贵溪、资溪、东乡、靖安、石城、全南。

● **鸡爪槭** *Acer palmatum* Thunb.

分布：九江、庐山、武宁、永修、南昌、贵溪、资溪、宜春、靖安、井冈山、全南。

● *'红枫' *Acer palmatum* 'Atropurpureum'

分布：全省有栽培。

● **稀花槭** *Acer pauciflorum* W. P. Fang

分布：铅山、玉山、资溪。

● **金沙槭**（川滇三角槭）*Acer paxii* Franch.

分布：分宜、安义。

评述：《江西植物名录》（杨祥学，1982）和江西本土植物名录（2017）有记载，标本凭证：林英 13968（江西安义太平公社坠石）

● **五角枫** *Acer pictum* subsp. *mono* (Maxim.) Ohashi[色木槭 *Acer mono* Maxim.]

分布：九江、庐山、武宁、永修、修水、资溪、靖安、芦溪、井冈山、安福、石城、上犹。

● **江南色木枫** *Acer pictum* subsp. *pubigerum* (W. P. Fang) Y. S. Chen[卷毛长柄槭 *Acer longipes* Franch. ex Rehd. var. *pubigerum* (Fang) Fang]

分布：赣东北。

● **毛脉槭** *Acer pubinerve* Rehder [婺源槭 *Acer wuyuanense* Fang et Wu]

分布：九江、武宁、婺源、铅山、贵溪、资溪、黎川、铜鼓、井冈山、吉安、安福、遂川、瑞金、上犹、全南。

● **中华槭** *Acer sinense* Pax [信宜槭 *Acer sunyiense* Fang]

分布：九江、庐山、武宁、玉山、贵溪、井冈山、安福、石城、宁都。

● **天目槭** *Acer sinopurpurascens* W. C. Cheng

分布：九江、庐山、德兴、玉山、铜鼓。

- **茶条枫** *Acer tataricum* subsp. *ginnala* (Maxim.) Wesmael [茶条槭 *Acer ginnala* Maxim.]

分布：九江、庐山、瑞昌、德安、袁州、井冈山、安福、永新、遂川、定南、上犹、龙南、信丰、全南。

- **苦条枫** *Acer tataricum* subsp. *theiferum* (W. P. Fang) Y. S. Chen & P. C. de Jong

分布：德兴、玉山、黎川、芦溪、安福。

- **岭南槭** *Acer tutcheri* Duthie

分布：修水、铅山、贵溪、莲花、井冈山、安福、永新、泰和、遂川、赣州、瑞金、崇义、大余。

- **三峡槭** *Acer wilsonii* Rehder [钝角三峡槭 *Acer wilsonii* var. *obtusum* Fang et Wu]

分布：武宁、修水、铅山、玉山、贵溪、资溪、宜黄、黎川、铜鼓、靖安、宜丰、奉新、井冈山、安福、遂川、瑞金、石城、龙南、崇义、大余。

车桑子属 *Dodonaea* Mill.

- **车桑子** *Dodonaea viscosa* Jacquem.

分布：铅山、上犹。

伞花木属 *Eurycorymbus* Hand.-Mazz.

- **伞花木** *Eurycorymbus cavaleriei* (H. Lév.) Rehder & Hand.-Mazz.

分布：九江、资溪、广昌、宜丰、龙南、崇义、信丰、全南、会昌、寻乌。

110 芸香科 Rutaceae Juss.

茵芋属 *Skimmia* Thunb.

- **茵芋** *Skimmia reevesiana* (Fortune) Fortune

分布：九江、庐山、武宁、上饶、婺源、铅山、玉山、资溪、靖安、芦溪、井冈山、安福、遂川、石城、上犹、龙南、崇义。

黄檗属 *Phellodendron* Rupr.

- **黄檗** *Phellodendron amurense* Rupr.

分布：瑞昌、铅山。

- **川黄檗** *Phellodendron chinense* C. K. Schneid.

分布：修水、德兴、玉山、袁州、高安、靖安、井冈山、安福、永新、遂川。

- **秃叶黄檗** *Phellodendron chinense* var. *glabriusculum* C. K. Schneid.

分布：玉山、资溪、井冈山、安福、遂川。

花椒属 *Zanthoxylum* L.

- **椿叶花椒** *Zanthoxylum ailanthoides* Siebold & Zucc.

分布：贵溪、资溪、石城、寻乌、龙南、大余。

- **竹叶花椒** *Zanthoxylum armatum* DC.

分布：九江、庐山、瑞昌、武宁、永修、乐平、浮梁、广丰、婺源、铅山、玉山、贵溪、南丰、乐安、资溪、宜黄、广昌、黎川、靖安、宜丰、奉新、萍乡、井冈山、吉安、安福、永新、泰和、遂川、石城、安远、寻乌、上犹、龙南、崇义、全南、大余。

- **岭南花椒** *Zanthoxylum austrosinense* C. C. Huang [华南狭叶花椒 *Zanthoxylum austrosinense* var. *stenophyllum* C. C. Huang]

分布：景德镇、贵溪、资溪、铜鼓、吉安、石城、安远、上犹、龙南、崇义、信丰、全南、会昌。

- **簕欓花椒** *Zanthoxylum avicennae* (Lam.) DC.

分布：资溪、靖安、分宜、井冈山、安福、石城、上犹。

- **花椒** *Zanthoxylum bungeanum* Maxim.

分布：全省有分布。

- 异叶花椒 *Zanthoxylum dimorphophyllum* Hemsl.

  分布：瑞昌、德安、余江、安远、寻乌、定南、崇义。
- 刺异叶花椒 *Zanthoxylum dimorphophyllum* var. *spinifolium* Rehder et E. H. Wilson

  分布：安远。
- 砚壳花椒 *Zanthoxylum dissitum* Hemsl.

  分布：资溪、上犹、龙南、崇义、信丰、全南。

  评述：《江西种子植物名录》（刘仁林，2010）有记载，未见标本。
- 小花花椒 *Zanthoxylum micranthum* Hemsl.

  分布：贵溪、萍乡、永新。
- 朵花椒 *Zanthoxylum molle* Rehder

  分布：武宁、修水、安义、德兴、上饶、玉山、贵溪、资溪、铜鼓、靖安、宜丰、井冈山。
- 大叶臭花椒 *Zanthoxylum myriacanthum* Dunn et Tutch.

  分布：铅山、广昌、黎川、靖安、万载、井冈山、龙南、崇义、全南、大余。
- 两面针 *Zanthoxylum nitidum* (Roxb.) DC.

  分布：铅山、资溪、芦溪、井冈山。
- 花椒簕 *Zanthoxylum scandens* Blume

  分布：九江、庐山、武宁、修水、德兴、广丰、铅山、玉山、贵溪、资溪、铜鼓、靖安、宜丰、萍乡、井冈山、安福、永新、遂川、南康、石城、寻乌、兴国、定南、上犹、龙南、崇义、全南、大余。
- 青花椒 *Zanthoxylum schinifolium* Siebold & Zucc.

  分布：九江、庐山、武宁、修水、都昌、铅山、玉山、资溪、高安、铜鼓、靖安、井冈山、吉安、安福、永新、遂川、寻乌、兴国、上犹、龙南。
- 野花椒 *Zanthoxylum simulans* Hance

  分布：九江、庐山、瑞昌、武宁、彭泽、永修、修水、浮梁、南昌、安义、临川、贵溪、南丰、资溪、宜黄、铜鼓、靖安、宜丰、奉新、井冈山、吉安、安福、永新、石城、兴国、上犹。
- 狭叶花椒 *Zanthoxylum stenophyllum* Hemsl.

  分布：九江、新建、资溪、泰和。
- 梗花椒 *Zanthoxylum stipitatum* C. C. Huang

  分布：修水、南丰、宜黄、铜鼓、宜丰、吉安、兴国。

吴茱萸属 *Tetradium* Sweet

- 华南吴萸 *Tetradium austrosinense* (Hand.-Mazz.) Hartley

  分布：资溪、井冈山、崇义。
- 臭檀吴萸 *Tetradium daniellii* (Benn.) Hemsl.

  分布：广昌、安福。
- 楝叶吴萸 *Tetradium glabrifolium* (Champion ex Bentham) T. G. Hartley

  分布：全省山区有分布。
- 波氏吴萸 *Tetradium rutaecarpa* var. *bodinieri* (Dode) C. C. Huang

  分布：九江、庐山、武宁、婺源、贵溪、高安、全南。
- 石虎 *Tetradium rutaecarpa* var. *officinalis* (Dode) Huang

  分布：全省山区有分布。
- 吴茱萸 *Tetradium ruticarpum* (A. Juss.) Hartley

  分布：九江、庐山、武宁、修水、景德镇、浮梁、南昌、上饶、鄱阳、铅山、玉山、贵溪、乐安、资溪、广昌、黎川、铜鼓、靖安、宜丰、奉新、分宜、井冈山、吉安、安福、永新、泰和、遂川、石城、安远、寻乌、兴国、上犹、龙南、崇义、全南、大余。

臭常山属 *Orixa* Thunb.

- 臭常山 *Orixa japonica* Thunb.

  分布：九江、庐山、玉山、靖安、石城、寻乌、崇义。

白鲜属 *Dictamnus* L.

- 白鲜 *Dictamnus dasycarpus* Turcz.

分布：修水。

评述：《中国植物物种名录》（2020 版）有记载，未见标本。

飞龙掌血属 *Toddalia* A. Juss.

- 飞龙掌血 *Toddalia asiatica* (L.) Lam.

分布：贵溪、资溪、靖安、永新、遂川、瑞金、安远、寻乌、上犹、于都、龙南、崇义、全南、大余、会昌。

蜜茱萸属 *Melicope* J. R. Forst. & G. Forst.

- 三桠苦 *Melicope pteleifolia* (Champion ex Bentham) T. G. Hartley

分布：铅山、贵溪、井冈山、赣州、寻乌、上犹、龙南、全南。

石椒草属 *Boenninghausenia* Reichb. ex Meisn.

- 臭节草 *Boenninghausenia albiflora* (Hook.) Rchb. ex Meisn.

分布：全省山区有分布。

柑橘属 *Citrus* L.

- * 酸橙 *Citrus* × *aurantium* L.

分布：赣南有栽培。

- * 香橙 *Citrus* × *junos* Siebold ex Tanaka

分布：赣南有栽培。

- * 柠檬 *Citrus* × *limon* (L.) Osbeck

分布：赣南有栽培。

- 金柑 *Citrus japonica* Thunb.[山橘 *Fortunella hindsii* (Champ. ex Benth.) Swingle、金橘 *Fortunella margarita* (Lour.) Swingle、金豆 *Fortunella venosa* (Champ. ex Benth.) Huang]

分布：资溪、宜黄、莲花、遂川、寻乌、信丰、上犹、崇义、龙南、全南、会昌、安远。

- * 柚 *Citrus maxima* (Burm.) Merr.

分布：全省广泛栽培。

- 柑橘 *Citrus reticulata* Blanco

分布：崇义有野生分布，全省有栽培。

- * 甜橙 *Citrus sinensis* (L.) Osbeck

分布：全省有栽培。

- 枳 *Citrus trifoliata* L.

分布：全省有分布。

黄皮属 *Clausena* Burm. f.

- 齿叶黄皮 *Clausena dunniana* H. Lév.

分布：寻乌、龙南。

- 假黄皮 *Clausena excavata* Burm.

分布：不详。

评述：《江西种子植物名录》（刘仁林，2010）有记载，未见标本。

111 苦木科 Simaroubaceae DC.

臭椿属 *Ailanthus* Desf.

- 臭椿 *Ailanthus altissima* (Mill.) Swingle

分布：九江、庐山、武宁、鄱阳、玉山、贵溪、南丰、资溪、广昌、黎川、靖安、宜丰、萍乡、吉安、安福、泰和、遂川、赣州、石城。
- 大果臭椿 *Ailanthus altissima* var. *sutchuenensis* (Dode) Rehder et E. H. Wilson
  分布：武宁、铅山、靖安。

鸦胆子属 *Brucea* J. F. Mill.

- 鸦胆子 *Brucea javanica* (L.) Merr.
  分布：九江、庐山、玉山、贵溪、资溪、铜鼓、靖安、芦溪、井冈山、安福、石城、上犹、龙南、崇义、信丰、全南。

苦木属 *Picrasma* Bl.

- 苦树 *Picrasma quassioides* (D. Don) Benn.
  分布：全省山区有分布。

112 楝科 Meliaceae Juss.

楝属 *Melia* L.

- 楝 *Melia azedarach* L.
  分布：全省有分布。

香椿属 *Toona* (Endl.) M. Roem.

- 红椿 *Toona ciliata* Roem. [毛红椿 *Toona ciliata* var. *pubescens* (Franch.) Hand.-Mazz.]
  分布：武宁、修水、庐山、广丰、铅山、资溪、宜黄、黎川、宜丰、靖安、铜鼓、井冈山、安福、石城、安远、上犹、龙南、崇义、大余、信丰。
- 香椿 *Toona sinensis* (Juss.) Roem.
  分布：全省有分布。

麻楝属 *Chukrasia* A. Juss.

- * 麻楝 *Chukrasia tabularis* A. Juss.
  分布：赣南有栽培。

（三十七）锦葵目 Malvales Juss. ex Bercht. & J. Presl

113 锦葵科 Malvaceae Juss.

木棉属 *Bombax* L.

- * 木棉 *Bombax ceiba* L.
  分布：赣南有栽培。

蜀葵属 *Alcea* L.

- * 蜀葵 *Alcea rosea* L.
  分布：全省有栽培。

苘麻属 *Abutilon* Mill.

- * 磨盘草 *Abutilon indicum* (L.) Sweet
  分布：南昌。
- * 金铃花 *Abutilon pictum* (Gillies ex Hooker) Walp.

分布：全省有栽培。
- 苘麻 *Abutilon theophrasti* Medik.

分布：九江、庐山、武宁、修水、奉新、莲花、永新、龙南。

评述：归化或入侵。

秋葵属 *Abelmoschus* Medik.

- * 咖啡黄葵 *Abelmoschus esculentus* (L.) Moench

分布：全省广泛栽培。

- * 黄蜀葵 *Abelmoschus manihot* (L.) Medik.

分布：全省有栽培。

- * 刚毛黄蜀葵 *Abelmoschus manihot* var. *pungens* (Roxb.) Hochr.

分布：全省有栽培。

- * 黄葵 *Abelmoschus moschatus* (L.) Medik.

分布：全省有栽培。

田麻属 *Corchoropsis* Sieb. et Zucc.

- 田麻 *Corchoropsis crenata* Siebold & Zucc. [毛果田麻 *Corchoropsis tomentosa* (Thunb.) Makino]

分布：九江、庐山、武宁、永修、修水、南昌、德兴、上饶、广丰、婺源、铅山、玉山、贵溪、资溪、广昌、宜春、铜鼓、靖安、宜丰、萍乡、莲花、井冈山、安福、遂川、石城、寻乌、兴国、上犹、龙南、崇义。

扁担杆属 *Grewia* L.

- 扁担杆 *Grewia biloba* G. Don [光叶扁担杆 *Grewia biloba* var. *glabrescens* (Bentham) Rehder]

分布：九江、庐山、瑞昌、武宁、彭泽、永修、修水、都昌、乐平、浮梁、新建、南昌、上饶、铅山、玉山、贵溪、乐安、资溪、宜黄、东乡、黎川、铜鼓、靖安、宜丰、奉新、分宜、萍乡、莲花、井冈山、吉安、安福、永丰、永新、泰和、遂川、南康、石城、安远、宁都、兴国、龙南、崇义、全南、大余、会昌。

- 小花扁担杆 *Grewia biloba* var. *parviflora* (Bunge) Hand.-Mazz.

分布：九江、庐山、武宁、彭泽、景德镇、乐平、德兴、铅山、玉山、临川、贵溪、铜鼓、分宜、萍乡、芦溪、井冈山、安福、瑞金、石城、寻乌、上犹、龙南。

- 黄麻叶扁担杆 *Grewia henryi* Burret

分布：广昌、安远、寻乌、信丰、会昌。

翅子树属 *Pterospermum* Schreb.

- 翻白叶树 *Pterospermum heterophyllum* Hance

分布：寻乌、信丰、大余。

黄麻属 *Corchorus* L.

- 甜麻 *Corchorus aestuans* L.

分布：九江、武宁、彭泽、修水、德兴、贵溪、铜鼓、万载、分宜、井冈山、安福、永丰、南康、石城、寻乌、龙南、全南。

- 黄麻 *Corchorus capsularis* L.

分布：贵溪、永丰、遂川、全南。

- 长蒴黄麻 *Corchorus olitorius* L.

分布：九江、赣州。

评述：归化或入侵。

梧桐属 *Firmiana* Marsili

- 梧桐 *Firmiana simplex* (L.) W. Wight

分布：九江、庐山、瑞昌、武宁、彭泽、新建、南昌、铅山、玉山、贵溪、资溪、广昌、黎川、靖安、宜丰、芦溪、井冈山、安福、遂川、赣州、石城、崇义、大余、会昌。

山芝麻属 *Helicteres* L.

- 山芝麻 *Helicteres angustifolia* L.
分布：资溪、黎川、井冈山、安福、永丰、赣州、瑞金、石城、赣县、寻乌、兴国、龙南、大余。
- 剑叶山芝麻 *Helicteres lanceolata* DC.
分布：景德镇、贵溪、抚州、新余、萍乡、赣州。

破布叶属 *Microcos* L.

- 破布叶 *Microcos paniculata* L.
分布：赣县、龙南。

马松子属 *Melochia* L.

- 马松子 *Melochia corchorifolia* L.
分布：九江、庐山、永修、修水、新建、德兴、玉山、贵溪、资溪、广昌、铜鼓、靖安、萍乡、井冈山、吉安、安福、永丰、遂川、南康、石城、安远、赣县、寻乌、上犹、龙南、崇义。

赛葵属 *Malvastrum* A. Gray

- 赛葵 *Malvastrum coromandelianum* (L.) Gurcke
分布：寻乌。
评述：归化或入侵。

锦葵属 *Malva* L.

- 锦葵 *Malva cathayensis* M. G. Gilbert, Y. Tang & Dorr
分布：九江、南昌。
评述：归化或入侵。
- *野葵 *Malva verticillata* L.
分布：浮梁、南昌、玉山、井冈山、兴国、崇义。
- 冬葵 *Malva verticillata* var. *crispa* L.
分布：全省有栽培。
- 中华野葵 *Malva verticillata* var. *rafiqii* Abedin
分布：贵溪。

木槿属 *Hibiscus* L.

- 光籽木槿 *Hibiscus leviseminus* M. G. Gilbert, Y. Tang et Dorr
分布：九江。
- 木芙蓉 *Hibiscus mutabilis* L.
分布：九江、瑞昌、武宁、新建、德兴、广丰、玉山、贵溪、资溪、宜黄、广昌、宜丰、井冈山、安福、遂川、赣州、石城、宁都、兴国、上犹、龙南、崇义、全南。
- 庐山芙蓉 *Hibiscus paramutabilis* L. H. Bailey.
分布：九江、庐山、修水、铜鼓、靖安、宜丰、永新。
- *朱槿 *Hibiscus rosa-sinensis* L.
分布：全省广泛栽培。
- 华木槿 *Hibiscus sinosyriacus* L. H. Bailey.
分布：九江、庐山、铜鼓、井冈山。
- *木槿 *Hibiscus syriacus* L.
分布：全省有栽培。
- *大花木槿 *Hibiscus syriacus* var. *grandiflorus* Hort. ex Rehder
分布：庐山。
- *雅致木槿 *Hibiscus syriacus* f. *elegantissimus* Gagnep.f.

分布：九江、莲花。
- **野西瓜苗** *Hibiscus trionum* L.

分布：九江、南昌。

评述：归化或入侵。

椴属 *Tilia* L.

- **短毛椴** *Tilia chingiana* Hu & W. C. Cheng [庐山椴 *Tilia breviradiata* (Rehd.) Hu et Cheng]

分布：九江、庐山、景德镇、婺源、铅山、玉山、贵溪、资溪、黎川、靖安、宜丰、安福、永新、石城、龙南。

- **白毛椴**（湘椴）*Tilia endochrysea* Hand.-Mazz. [鳞毛椴 *Tilia lepidota* Rehd.、两广椴 *Tilia croizatii* Chun et H. D. Wong]

分布：九江、庐山、武宁、修水、景德镇、浮梁、铅山、玉山、南丰、资溪、宜黄、黎川、铜鼓、靖安、宜丰、莲花、井冈山、安福、永新、泰和、遂川、瑞金、南康、石城、赣县、寻乌、兴国、上犹、龙南、全南、大余。

- **毛糯米椴** *Tilia henryana* Szyszyl.

分布：九江、庐山、广昌、黎川、宜丰、安远、寻乌、定南。

- **糯米椴** *Tilia henryana* var. *subglabra* V. Engl.

分布：九江、庐山、武宁、浮梁、广昌、铜鼓。

- **华东椴**（日本椴）*Tilia japonica* (Miq.) Simonk.

分布：九江、庐山、武宁、婺源、铜鼓、靖安。

- **膜叶椴** *Tilia membranacea* H. T. Chang

分布：九江、庐山、武宁、永修、铜鼓、宜丰、奉新。

- **南京椴** *Tilia miqueliana* Maxim.

分布：武宁、靖安。

- **粉椴**（鄂椴）*Tilia oliveri* Szyszyl.

分布：九江、庐山、武宁、永修、玉山、资溪、宜黄、铜鼓、宜丰、石城。

- **少脉椴** *Tilia paucicostata* Maxim.

分布：石城。

评述：《江西植物名录》（杨祥学，1982）有记载，标本凭证：石城调查队 762342。

- **椴树** *Tilia tuan* Szyszyl.[淡灰椴 *Tilia tristis* Chun ex H. T. Chang、矩圆叶椴 *Tilia oblongifolia* Rehd.、帽峰椴 *Tilia mofungensis* Chun & Wong]

分布：九江、庐山、武宁、修水、新建、铅山、玉山、贵溪、资溪、广昌、铜鼓、靖安、宜丰、萍乡、井冈山、石城、大余。

- **毛芽椴** *Tilia tuan* var. *chinensis* (Szyszyl.) Rehder et E. H. Wilson

分布：九江、武宁、修水、新建、德兴、广丰、铅山、玉山、贵溪、资溪、高安、铜鼓、靖安、宜丰、奉新、萍乡、吉安、安福、永新、遂川、宁都、瑞金、石城、安远、寻乌、上犹、龙南、崇义、全南、大余。

蛇婆子属 *Waltheria* L.

- **蛇婆子** *Waltheria indica* L.

分布：寻乌。

评述：归化或入侵。

梵天花属 *Urena* L.

- **地桃花** *Urena lobata* L.

分布：九江、武宁、修水、新建、德兴、广丰、铅山、玉山、贵溪、资溪、高安、铜鼓、靖安、宜丰、奉新、萍乡、吉安、安福、永新、遂川、赣州、瑞金、石城、安远、寻乌、上犹、龙南、崇义、全南、大余。

- **中华地桃花** *Urena lobata* var. *chinensis* (Osbeck) S. Y. Hu

分布：宁都、上犹、大余。

- **梵天花** *Urena procumbens* L.

分布：贵溪、资溪、广昌、黎川、万载、萍乡、井冈山、遂川、瑞金、石城、安远、寻乌、兴国、于都、龙南、崇义。

刺蒴麻属 Triumfetta L.

● 单毛刺蒴麻 Triumfetta annua L.
分布：武宁、永修、德兴、玉山、贵溪、资溪、广昌、铜鼓、靖安、奉新、井冈山、安福、遂川、石城、宁都、上犹、全南。

● 毛刺蒴麻 Triumfetta cana Blume
分布：玉山、贵溪、靖安、井冈山、安福、宁都、崇义。

● 长勾刺蒴麻 Triumfetta pilosa Roth
分布：宁都、龙南。

● 刺蒴麻 Triumfetta rhomboidea Jacquem.[Triumfetta bartramia L.]
分布：武宁、修水、资溪、安福、石城、寻乌、崇义。

午时花属 Pentapetes L.

● * 午时花 Pentapetes phoenicea L.
分布：庐山。

黄花棯属 Sida L.

● 桤叶黄花棯 Sida alnifolia L.
分布：永修、龙南、崇义、大余。

● 白背黄花棯 Sida rhombifolia L.
分布：贵溪、资溪、石城、上犹、龙南、崇义、全南、大余。

● 刺黄花棯 Sida spinosa L.
分布：南昌。
评述：归化或入侵。

梭罗树属 Reevesia Lindl.

● 长柄梭罗 Reevesia longipetiolata Merr. et Chun
分布：全南、龙南、宁都、会昌、安远、兴国。

● 梭罗树 Reevesia pubescens Mast.
分布：吉安、永丰、峡江、遂川、石城、安远、宁都、上犹、龙南、崇义、信丰、全南、大余。

● 密花梭罗 Reevesia pycnantha Ling
分布：贵溪、资溪、石城、寻乌、全南。

● 两广梭罗 Reevesia thyrsoidea Lindley
分布：分宜、萍乡、井冈山、安福、永新、遂川、赣州、宁都、龙南、全南。

棉属 Gossypium L.

● * 树棉 Gossypium arboreum L.
分布：赣北有栽培。

● * 草棉 Gossypium herbaceum L.
分布：赣北有栽培。

● * 陆地棉 Gossypium hirsutum L.
分布：赣北有栽培。

114 瑞香科 Thymelaeaceae Juss.

瑞香属 Daphne L.

● 长柱瑞香 Daphne championii Benth.

分布：资溪、广昌、上犹。
- 芫花 *Daphne genkwa* Siebold & Zucc.

分布：九江、庐山、瑞昌、修水、都昌、南昌、德兴、鄱阳、玉山、贵溪、余江、靖安、吉安、安福、遂川、石城、兴国、上犹。
- 毛瑞香 *Daphne kiusiana* var. *atrocaulis* (Rehder) F. Maek.

分布：九江、庐山、瑞昌、武宁、修水、新建、南昌、玉山、铜鼓、靖安、奉新、萍乡、莲花、吉安、安福、遂川、石城、上犹、大余。
- 瑞香 *Daphne odora* Thunb.

分布：九江、瑞昌、武宁、贵溪、资溪、兴国、全南。
- *'金边瑞香' *Daphne odora* 'Aureomariginat'

分布：全省有栽培。
- 白瑞香 *Daphne papyracea* Wall. ex Steud.

分布：资溪、莲花、井冈山、永丰、寻乌。

结香属 *Edgeworthia* Meisn.

- 结香 *Edgeworthia chrysantha* Lindl.

分布：九江、修水、玉山、贵溪、资溪、靖安、萍乡、井冈山、吉安、安福、遂川、寻乌。

荛花属 *Wikstroemia* Endl.

- * 荛花 *Wikstroemia canescens* Wall. ex Meisner

分布：九江、资溪、石城。
- 光叶荛花 *Wikstroemia glabra* W. C. Cheng

分布：贵溪、宜黄、铜鼓、宜丰、莲花、吉安、安福、永新、安远、兴国。
- 纤细荛花 *Wikstroemia gracilis* Hemsl.

分布：修水、资溪、靖安、寻乌。
- 了哥王 *Wikstroemia indica* (L.) C. A. Mey.

分布：彭泽、修水、南昌、玉山、鹰潭、贵溪、余江、南丰、东乡、广昌、井冈山、吉安、安福、永新、遂川、瑞金、南康、石城、安远、赣县、宁都、寻乌、兴国、上犹、龙南、崇义、大余、会昌。
- 小黄构 *Wikstroemia micrantha* Hemsl.

分布：石城。
- 北江荛花 *Wikstroemia monnula* Hance

分布：九江、庐山、德兴、婺源、玉山、贵溪、南丰、资溪、靖安、安福、泰和、遂川、石城、安远、赣县、寻乌、兴国、上犹、大余。
- 细轴荛花 *Wikstroemia nutans* Champ. ex Benth.

分布：资溪、井冈山、兴国、定南、上犹。
- 短细轴荛花 *Wikstroemia nutans* var. *brevior* Hand.-Mazz.

分布：井冈山、遂川、上犹、龙南。
- 多毛荛花 *Wikstroemia pilosa* Cheng [绢毛荛花 *Wikstroemia pilosa* var. *kulingensis* (Domke) S. C. Huang]

分布：九江、庐山、武宁、新建、靖安、分宜。
- 白花荛花 *Wikstroemia trichotoma* (Thunb.) Makino

分布：贵溪、分宜、井冈山、兴国、定南、上犹、会昌。

（三十八）十字花目 Brassicales Bromhead

115 叠珠树科 Akaniaceae Stapf

伯乐树属 *Bretschneidera* Hemsl.

- 伯乐树 *Bretschneidera sinensis* Hemsl.

分布：武宁、永修、修水、广丰、铅山、广信、贵溪、资溪、广昌、宜黄、金溪、黎川、宜丰、袁州、铜鼓、靖安、芦溪、井冈山、安福、永丰、永新、遂川、石城、安远、赣县、上犹、龙南、崇义、信丰、全南、大余、寻乌。

116 山柑科 Capparaceae Juss.

山柑属 Capparis Tourn. ex L.

- 独行千里 *Capparis acutifolia* Sweet
分布：玉山、贵溪、资溪、信丰、大余。

117 白花菜科 Cleomaceae Bercht. & J. Presl

黄花草属 Arivela Raf.

- 黄花草 *Arivela viscosa* (L.) Raf.
分布：九江、庐山、瑞昌、武宁、永修、修水、新建、德兴、玉山、贵溪、靖安、吉安、安福、永新、遂川、赣州、石城。
- 无毛黄花草 *Arivela viscosa* var. *deglabrata* (Backer) M. L. Zhang & G. C. Tucker
分布：资溪、黎川、定南、上犹、崇义、信丰、大余。

白花菜属 Gynandropsis DC.

- 羊角菜 *Gynandropsis gynandra* (L.) Briq.
分布：贵溪、资溪、靖安、万载、安福、石城。

118 十字花科 Brassicaceae Burnett

豆瓣菜属 Nasturtium R. Br.

- 豆瓣菜 *Nasturtium officinale* R. Br.
分布：南丰。
评述：归化或入侵。

阴山荠属 Yinshania Y. C. Ma & Y. Z. Zhao

- 紫堇叶阴山荠 *Yinshania fumarioides* (Dunn) Y. Z. Zhao
分布：庐山、黎川。
- 武功山阴山荠 *Yinshania hui* (O. E. Schulz) Y. Z. Zhao
分布：袁州、芦溪、安福。
- 湖南阴山荠 *Yinshania hunanensis* (Y. H. Zhang) Al-Shehbaz et al.
分布：九江、庐山、武宁、芦溪。
- 利川阴山荠 *Yinshania lichuanensis* (Y. H. Zhang) Al-Shehbaz et al.
分布：九江、庐山、武宁、黎川、宜丰、吉安。
- 河岸阴山荠 *Yinshania rivulorum* (Dunn) Al-Shehbaz, G. Yang, L. L. Lu & T. Y. Cheo
分布：资溪。
- 双牌阴山荠 *Yinshania rupicola* subsp. *shuangpaiensis* (Z. Y. Li) Al-Shehbaz et al.
分布：井冈山。
- 弯缺阴山荠 *Yinshania sinuata* (K. C. Kuan) Al-Shehbaz et al.
分布：武宁、婺源、吉安、泰和、遂川、寻乌。
- 寻乌阴山荠 *Yinshania sinuata* subsp. *qianwuensis* (Y. H. Zhang) Al-Shehbaz et al.

分布：寻乌、崇义、大余。

诸葛菜属 Orychophragmus Bunge

- 诸葛菜 *Orychophragmus violaceus* (L.) O. E. Schulz
分布：九江、庐山、玉山、贵溪、资溪、吉安。

山萮菜属 Eutrema R. Br.

- 山萮菜 *Eutrema yunnanense* Franch.
分布：武宁、南丰。

菥蓂属 Thlaspi L.

- 菥蓂 *Thlaspi arvense* L.
分布：九江、庐山、玉山、资溪。

糖芥属 Erysimum L.

- 小花糖芥 *Erysimum cheiranthoides* L.
分布：德兴。

蔊菜属 Rorippa Scop.

- 广州蔊菜 *Rorippa cantoniensis* (Lour.) Ohwi
分布：九江、庐山、南昌、玉山、贵溪、资溪、靖安、井冈山、遂川、石城、安远、上犹、崇义。
- 无瓣蔊菜 *Rorippa dubia* (Pers.) Hara
分布：九江、庐山、武宁、铅山、资溪、靖安、芦溪、井冈山、安福、瑞金、龙南。
- 风花菜（球果蔊菜）*Rorippa globosa* (Turcz.) Hayek
分布：九江、庐山、瑞昌、修水、湖口、玉山、靖安。
- 蔊菜 *Rorippa indica* (L.) Hiern
分布：九江、庐山、瑞昌、武宁、南昌、上饶、玉山、贵溪、南丰、资溪、广昌、铜鼓、靖安、宜丰、奉新、泰和、遂川、瑞金、南康、石城、赣县、寻乌、兴国、上犹、龙南、崇义、大余。

拟南芥属 Arabidopsis (DC.) Heynh.

- 鼠耳芥 *Arabidopsis thaliana* (L.) Heynh.
分布：九江、瑞昌、新建、南昌、婺源、南丰、井冈山。

萝卜属 Raphanus L.

- *萝卜 *Raphanus sativus* L.
分布：全省广泛栽培。
- *长羽裂萝卜 *Raphanus sativus* var. *longipinnatus* L. H. Bailey
分布：全省广泛栽培。

紫罗兰属 Matthiola R. Br.

- *紫罗兰 *Matthiola incana* (L.) R. Br.
分布：全省广泛栽培。

芸薹属 Brassica L.

- *油白菜 *Brassica chinensis* var. *oleifera* Makino et Nemoto
分布：全省广泛栽培。
- *芥菜 *Brassica juncea* (L.) Czern.
分布：全省广泛栽培。
- *雪里蕻 *Brassica juncea* var. *multicep* Tsen. et Lee

分布：全省广泛栽培。
● * 芥菜疙瘩 Brassica juncea var. napiformis (Pailleux et Bois) Kitamura
分布：全省广泛栽培。
● * 榨菜 Brassica juncea var. tumida Tsen & S. H. Lee
分布：全省广泛栽培。
● * 欧洲油菜 Brassica napus L.
分布：全省广泛栽培。
● * 蔓菁甘蓝 Brassica napus var. napobrassica (L.) Rchb.
分布：全省广泛栽培。
● * 野甘蓝 Brassica oleracea L.
分布：全省广泛栽培。
● * 羽衣甘蓝 Brassica oleracea var. acephala DC.
分布：全省广泛栽培。
● * 白花甘蓝 Brassica oleracea var. albiflora Kuntze
分布：全省广泛栽培。
● * 花椰菜 Brassica oleracea var. botrytis L.
分布：全省广泛栽培。
● * 擘蓝 Brassica oleracea var. gongylodes L.
分布：全省广泛栽培。
● * 芜青 Brassica rapa L.
分布：全省广泛栽培。
● * 青菜 Brassica rapa var. chinensis (L.) Kitam.
分布：全省广泛栽培。
● * 白菜 Brassica rapa var. glabra Regel
分布：全省广泛栽培。
● * 芸薹 Brassica rapa var. oleifera DC.
分布：全省广泛栽培。

碎米荠属 Cardamine L.

● 安徽碎米荠 Cardamine anhuiensis D. C. Zhang & J. Z. Shao [山地碎米荠 Cardamine montane Chun L. Li]
分布：不详。
评述：《中国植物物种名录》（2020 版）有记载，未见标本。
● 露珠碎米荠 Cardamine circaeoides Hook. f. et Thoms.
分布：九江、庐山、玉山、靖安。
评述：《江西种子植物名录》（刘仁林，2010）有记载，未见标本。
● 光头山碎米荠 Cardamine engleriana O. E. Schulz
分布：资溪。
● 弯曲碎米荠 Cardamine flexuosa With.
分布：全省有分布。
● 莓叶碎米荠 Cardamine fragariifolia O. E. Schulz[翅柄岩荠 Cochlearia alatipes Hand.-Mazz.]
分布：武宁、修水、婺源、遂川。
● 碎米荠 Cardamine hirsuta L.
分布：九江、庐山、武宁、彭泽、修水、新建、德兴、上饶、婺源、玉山、鹰潭、黎川、铜鼓、靖安、井冈山、遂川、石城、上犹。
● 弹裂碎米荠 Cardamine impatiens L.[毛果碎米荠 Cardamine impartiens var. dasycarpa (M. Bieb.) T. Y. Cheo et R. C. Fang]
分布：九江、庐山、武宁、婺源、资溪、黎川、靖安、奉新、分宜、石城。
● 白花碎米荠 Cardamine leucantha (Tausch) O. E. Schulz
分布：遂川。

- 水田碎米荠 *Cardamine lyrata* Bunge

  分布：都昌、南昌、安义、婺源、玉山、南丰、资溪、靖安、井冈山、石城。
- 大叶碎米荠 *Cardamine macrophylla* Willd. [华中碎米荠 *Cardamine urbaniana* O. E. Schulz]

  分布：九江、武宁。

独行菜属 *Lepidium* L.

- 楔叶独行菜 *Lepidium cuneiforme* C. Y. Wu

  分布：庐山。
- 臭独行菜 *Lepidium didymum* L. [臭荠 *Coronopus didymus* (L.) Sm.]

  分布：全省有分布。
- 柱毛独行菜 *Lepidium ruderale* L.

  分布：修水、玉山、靖安。

  评述：《江西种子植物名录》(刘仁林，2010) 有记载，未见标本。
- 北美独行菜 *Lepidium virginicum* L.

  分布：全省有分布。

  评述：归化或入侵。

菘蓝属 *Isatis* L.

- *欧洲菘蓝 *Isatis tinctoria* L.

  分布：全省有栽培。

葶苈属 *Draba* L.

- 葶苈 *Draba nemorosa* L.

  分布：九江、庐山、玉山、贵溪、资溪。

南芥属 *Arabis* L.

- 匍匐南芥 *Arabis agellosa* Miq.

  分布：九江、庐山、彭泽、玉山、贵溪。

荠属 *Capsella* Medik.

- 荠 *Capsella bursa-pastoris* (L.) Medik.

  分布：全省有分布。

  评述：归化或入侵。

播娘蒿属 *Descurainia* Webb & Berthel.

- 播娘蒿 *Descurainia sophia* (L.) Webb ex Prantl

  分布：九江、庐山、玉山、贵溪、资溪、靖安。

（三十九）檀香目 Santalales R. Br. ex Bercht. & J. Presl

119 蛇菰科 Balanophoraceae Rich.

蛇菰属 *Balanophora* J. R. Forst. & G. Forst.

- 短穗蛇菰 *Balanophora abbreviata* Blume

  分布：庐山、广丰、广昌。
- 蛇菰 *Balanophora fungosa* J. R. Forster & G. Forster

  分布：九江、庐山、贵溪、资溪、井冈山、石城。

  评述：《江西种子植物名录》(刘仁林，2010) 有记载，未见标本。

- **红冬蛇菰** *Balanophora harlandii* Hook. f.
分布：九江、井冈山、龙南。
- **筒鞘蛇菰** *Balanophora involucrata* Hook. f.
分布：靖安、井冈山、遂川、石城、龙南。
- **疏花蛇菰** *Balanophora laxiflora* Hemsl. [穗花蛇菰 *Balanophora spicata* Hayata]
分布：井冈山、全南。
- **多蕊蛇菰** *Balanophora polyandra* Griff.
分布：井冈山、龙南。
- **杯茎蛇菰** *Balanophora subcupularis* P. C. Tam
分布：广昌、井冈山、安远、龙南。
- **鸟黐蛇菰** *Balanophora tobiracola* Makino
分布：龙南。

120 檀香科 Santalaceae R. Br.

檀梨属 *Pyrularia* Michx.

- **檀梨** *Pyrularia edulis* (Wall.) A. DC.
分布：玉山、贵溪、资溪、井冈山、石城、安远、信丰、大余。

寄生藤属 *Dendrotrophe* Miq.

- **寄生藤** *Dendrotrophe varians* (Blume) Miq.
分布：资溪、靖安。
评述：江西本土植物名录（2017）有记载，未见标本。

栗寄生属 *Korthalsella* Tiegh.

- **栗寄生** *Korthalsella japonica* (Thunb.) Engl.
分布：铅山、贵溪、井冈山、安福、遂川、石城、安远、大余。

槲寄生属 *Viscum* L.

- **扁枝槲寄生** *Viscum articulatum* Burm. f.
分布：靖安、井冈山、遂川、石城、崇义。
- **槲寄生** *Viscum coloratum* (Kom.) Nakai
分布：九江、庐山、彭泽、永修、玉山、贵溪、资溪、广昌、靖安、永丰、泰和、石城、寻乌。
- **柿寄生** *Viscum diospyrosicola* Hayata
分布：资溪、井冈山、安福。
- **枫寄生** *Viscum liquidambaricola* Hayata
分布：九江、上饶、鹰潭。
评述：《中国植物物种名录》（2020 版）有记载，未见标本。
- **柄果槲寄生** *Viscum multinerve* (Hayata) Hayata
分布：寻乌。

百蕊草属 *Thesium* L.

- **百蕊草** *Thesium chinense* Turcz.
分布：九江、庐山、武宁、永修、玉山、贵溪、南丰、资溪、广昌、黎川、靖安、奉新、井冈山、安福、石城、兴国、上犹、龙南。
- **长叶百蕊草** *Thesium longifolium* Turcz.
分布：不详。
评述：《中国植物物种名录》（2020 版）有记载，未见标本。

121 青皮木科 Schoepfiaceae Bl.

青皮木属 Schoepfia Schreb.

- 华南青皮木 *Schoepfia chinensis* Gardn. et Champ.
分布：九江、庐山、武宁、修水、新建、玉山、贵溪、南丰、乐安、资溪、宜黄、黎川、铜鼓、靖安、宜丰、分宜、井冈山、吉安、安福、永新、泰和、石城、寻乌、兴国、上犹、龙南、崇义、全南。
- 青皮木 *Schoepfia jasminodora* Siebold & Zucc.
分布：武宁、修水、玉山、南丰、乐安、资溪、宜黄、黎川、铜鼓、靖安、宜丰、井冈山、吉安、安福、永新、泰和、寻乌、兴国、上犹、全南。

122 桑寄生科 Loranthaceae Juss.

桑寄生属 Loranthus Jacq.

- 椆树桑寄生（杂木寄生）*Loranthus delavayi* Tiegh.
分布：玉山、贵溪、资溪、广昌、靖安、井冈山、遂川、石城、安远、兴国、龙南。

钝果寄生属 Taxillus Tiegh.

- 广寄生 *Taxillus chinensis* (DC.) Danser [华桑寄生 *Loranthus chinensis* DC.]
分布：石城。
- 小叶钝果寄生 *Taxillus kaempferi* (DC.) Danser
分布：铅山。
- 锈毛钝果寄生 *Taxillus levinei* (Merr.) H. S. Kiu
分布：九江、庐山、南昌、玉山、贵溪、靖安、永丰。
- 木兰寄生 *Taxillus limprichtii* (Grüning) H. S. Kiu
分布：大余。
- 毛叶钝果寄生 *Taxillus nigrans* (Hance) Danser
分布：九江、新建、余江、南丰、广昌、高安、遂川、石城。
- 桑寄生 *Taxillus sutchuenensis* (Lecomte) Danser
分布：上饶、玉山、资溪、靖安、井冈山、安福、永新、瑞金、南康、石城、赣县、兴国、上犹、崇义、大余。

鞘花属 Macrosolen (Bl.) Reichb.

- 鞘花 *Macrosolen cochinchinensis* (Lour.) Tiegh.
分布：资溪。
评述：仅见照片。

梨果寄生属 Scurrula L.

- 红花寄生 *Scurrula parasitica* L.
分布：贵溪、石城、寻乌、信丰。

大苞寄生属 Tolypanthus (Bl.) Reichb.

- 大苞寄生 *Tolypanthus maclurei* (Merr.) Danser
分布：贵溪、资溪、井冈山、石城、安远。

（四十）石竹目 Caryophyllales Juss. ex Bercht. & J. Presl

123 蓼科 Polygonaceae Juss.

酸模属 *Rumex* L.

- 酸模 *Rumex acetosa* L.
  分布：九江、庐山、永修、德兴、婺源、玉山、贵溪、南丰、资溪、广昌、靖安、奉新、万载、吉安、安福、泰和、遂川、石城、兴国。
- 小酸模 *Rumex acetosella* L.
  分布：全省有分布。
  评述：归化或入侵。
- 网果酸模 *Rumex chalepensis* Mill.
  分布：修水。
- 皱叶酸模 *Rumex crispus* L.
  分布：全省有分布。
- 齿果酸模 *Rumex dentatus* L.
  分布：九江、庐山、武宁、婺源、玉山、贵溪、资溪、靖安、吉安、石城。
- 羊蹄 *Rumex japonicus* Houtt.
  分布：九江、庐山、新建、南昌、上饶、玉山、贵溪、资溪、靖安、井冈山、吉安、石城、安远、寻乌、上犹、大余。
- 刺酸模 *Rumex maritimus* L.
  分布：全省有分布。
- 尼泊尔酸模 *Rumex nepalensis* Spreng.
  分布：庐山、武宁。
- 钝叶酸模 *Rumex obtusifolius* L.
  分布：九江、庐山、资溪、广昌、井冈山。
- 中亚酸模 *Rumex popovii* Pachom.
  分布：九江、庐山、都昌。
  评述：疑似标本鉴定有误，该种仅产新疆。
- 长刺酸模 *Rumex trisetifer* Stokes
  分布：九江、庐山、湖口、玉山、贵溪、资溪、万载。

虎杖属 *Reynoutria* Houtt.

- 虎杖 *Reynoutria japonica* Houtt.
  分布：九江、庐山、武宁、修水、新建、南昌、德兴、上饶、鄱阳、铅山、临川、贵溪、南丰、资溪、宜黄、广昌、黎川、高安、铜鼓、靖安、分宜、莲花、井冈山、安福、永新、遂川、瑞金、石城、安远、宁都、寻乌、兴国、大余、会昌。

荞麦属 *Fagopyrum* Mill.

- 金荞麦 *Fagopyrum dibotrys* (D. Don) Hara
  分布：九江、庐山、瑞昌、武宁、永修、修水、德兴、上饶、玉山、贵溪、资溪、宜黄、广昌、黎川、崇仁、铜鼓、靖安、井冈山、安福、永新、遂川、石城、安远、宁都、上犹、全南、大余、龙南。
- 荞麦 *Fagopyrum esculentum* Moench
  分布：全省有栽培。
  评述：归化或入侵。
- * 苦荞麦 *Fagopyrum tataricum* (L.) Gaertn.
  分布：全省有分布。

金线草属 *Antenoron* Raf.

- 金线草 *Antenoron filiforme* (Thunb.) Roberty et Vautier

  分布：九江、庐山、武宁、修水、德兴、上饶、广丰、铅山、玉山、贵溪、资溪、广昌、黎川、高安、铜鼓、靖安、宜丰、分宜、萍乡、莲花、井冈山、安福、遂川、石城、寻乌、兴国、龙南、崇义、大余。

- 短毛金线草 *Antenoron filiforme* var. *neofiliforme* (Nakai) A. J. Li

  分布：九江、庐山、武宁、修水、乐平、新建、上饶、铅山、玉山、贵溪、南丰、资溪、宜黄、东乡、黎川、铜鼓、靖安、宜丰、莲花、井冈山、吉安、安福、永新、遂川、瑞金、南康、石城、安远、寻乌、上犹、龙南、全南、大余、会昌。

萹蓄属 *Polygonum* L.

- 两栖蓼 *Polygonum amphibium* L.

  分布：浮梁、贵溪、资溪、宜黄、靖安、南康、石城。

- 中华抱茎蓼 *Polygonum amplexicaule* var. *sinense* Forbes et Hemsl. ex Steward

  分布：不详。

  评述：江西新物种数据（杜诚，2018）有记载，未见标本。

- 萹蓄 *Polygonum aviculare* L.

  分布：九江、庐山、瑞昌、武宁、永修、修水、浮梁、新建、德兴、婺源、玉山、贵溪、南丰、资溪、广昌、铜鼓、靖安、吉安、安福、泰和、石城、安远、上犹、龙南、崇义。

- 毛蓼 *Polygonum barbatum* L.

  分布：九江、庐山、修水、玉山、资溪、靖安、萍乡、遂川、赣州、寻乌、全南。

- 双凸戟叶蓼 *Polygonum biconvexum* Hayata

  分布：不详。

  评述：《中国植物物种名录》（2020 版）有记载，未见标本。

- 拳参 *Polygonum bistorta* L.

  分布：资溪、龙南。

- 头花蓼 *Polygonum capitatum* Buch.-Ham. ex D. Don

  分布：九江、庐山、铅山、资溪、井冈山、遂川、上犹、会昌。

- 火炭母 *Polygonum chinense* L.

  分布：上饶、玉山、贵溪、广昌、黎川、靖安、莲花、井冈山、吉安、永新、遂川、南康、石城、寻乌、龙南、崇义、全南、大余、会昌。

- 窄叶火炭母 *Polygonum chinense* var. *paradoxum* (H. Lév.) A. J. Li

  分布：九江、修水、都昌、婺源、铜鼓、井冈山、遂川、兴国、上犹、龙南。

  评述：《中国植物物种名录》（2020 版）有记载，未见标本。

- 蓼子草 *Polygonum criopolitanum* Hance

  分布：九江、庐山、瑞昌、修水、新建、南昌、德兴、玉山、鹰潭、贵溪、资溪、广昌、靖安、萍乡、吉水、永新、石城。

- 大箭叶蓼 *Polygonum darrisii* H. Lév.

  分布：九江、庐山、瑞昌、资溪、黎川、铜鼓、井冈山、吉安、安福、遂川、石城、上犹。

- 二歧蓼 *Polygonum dichotomum* Blume

  分布：庐山、九江、修水、星子、德兴、广丰、铅山、贵溪、萍乡、遂川、黎川、资溪、广昌、寻乌。

- 稀花蓼 *Polygonum dissitiflorum* Hemsl.

  分布：九江、庐山、永修、修水、婺源、玉山、贵溪、资溪、靖安、分宜、石城。

- 光蓼 *Polygonum glabrum* Willd.

  分布：庐山、修水、广昌、井冈山、石城、崇义、大余。

- 长箭叶蓼 *Polygonum hastatosagittatum* Makino

  分布：九江、庐山、修水、上饶、鹰潭、余江、资溪、铜鼓、靖安、宜丰、分宜、莲花、井冈山、安福、遂川、赣州、石城、安远、寻乌、兴国、会昌。

- 水蓼 *Polygonum hydropiper* L.

分布：九江、庐山、瑞昌、永修、修水、浮梁、南昌、德兴、上饶、婺源、铅山、玉山、临川、贵溪、抚州、资溪、广昌、黎川、崇仁、靖安、奉新、井冈山、永丰、瑞金、南康、石城、安远、宁都、寻乌、兴国、上犹、崇义、大余。

- 蚕茧草 *Polygonum japonicum* Meisn.

分布：九江、庐山、武宁、永修、修水、南昌、贵溪、靖安、萍乡、井冈山、遂川。

- 显花蓼 *Polygonum japonicum* var. *conspicuum* Nakai

分布：九江、庐山、进贤、玉山、贵溪、资溪、井冈山。

- 愉悦蓼 *Polygonum jucundum* Meisn.

分布：九江、庐山、修水、都昌、婺源、玉山、贵溪、资溪、铜鼓、井冈山、遂川、石城、兴国、上犹、龙南。

- 柔茎蓼 *Polygonum kawagoeanum* Makino [小蓼 *Polygonum tenellum* var. *micranthum* (Meisn.) C. Y. Wu]

分布：九江、玉山、贵溪、资溪、安远、寻乌。

- 酸模叶蓼 *Polygonum lapathifolium* L.

分布：九江、庐山、彭泽、永修、修水、都昌、南昌、德兴、上饶、玉山、鹰潭、贵溪、资溪、铜鼓、靖安、井冈山、永丰、遂川、石城、兴国、上犹、龙南。

- 密毛酸模叶蓼 *Polygonum lapathifolium* var. *lanatum* (Roxb.)Stew

分布：庐山、瑞昌、永丰。

- 长鬃蓼 *Polygonum longisetum* Bruijn

分布：九江、庐山、武宁、永修、南昌、安义、德兴、上饶、广丰、铅山、玉山、贵溪、资溪、广昌、黎川、铜鼓、靖安、宜丰、奉新、萍乡、吉安、遂川、兴国、上犹、龙南、大余。

- 圆基长鬃蓼 *Polygonum longisetum* var. *rotundatum* A. J. Li

分布：九江、庐山、武宁、永修、修水。

- 长戟叶蓼 *Polygonum maackianum* Regel

分布：九江、庐山、永修。

- 小蓼花 *Polygonum muricatum* Meisn.

分布：九江、庐山、武宁、南昌、德兴、上饶、广丰、鄱阳、铅山、玉山、临川、贵溪、资溪、广昌、黎川、井冈山、遂川、瑞金、寻乌。

- 尼泊尔蓼 *Polygonum nepalense* Meisn.

分布：九江、庐山、瑞昌、武宁、彭泽、永修、修水、德兴、上饶、广丰、铅山、玉山、贵溪、南丰、资溪、黎川、靖安、奉新、万载、井冈山、安福、遂川、石城、兴国、上犹、龙南、崇义、大余。

- 红蓼 *Polygonum orientale* L.

分布：九江、庐山、武宁、修水、南昌、上饶、广丰、玉山、贵溪、资溪、广昌、安福、石城、寻乌、大余、会昌。

- 掌叶蓼 *Polygonum palmatum* Dunn

分布：资溪、宜丰、石城、安远、龙南、全南、大余。

- 湿地蓼 *Polygonum paralimicola* A. J. Li

分布：九江、庐山、资溪、靖安、大余。

- 杠板归 *Polygonum perfoliatum* L.

分布：九江、庐山、武宁、修水、浮梁、南昌、德兴、广丰、铅山、玉山、临川、鹰潭、贵溪、资溪、东乡、广昌、黎川、铜鼓、靖安、奉新、萍乡、井冈山、吉安、安福、遂川、瑞金、南康、石城、安远、宁都、寻乌、兴国、上犹、龙南、大余、会昌。

- 春蓼 *Polygonum persicaria* L.

分布：九江、庐山、南昌、德兴、广昌、铜鼓。

- 暗果春蓼 *Polygonum persicaria* var. *opacum* (Sam.)A. J. Li

分布：九江。

- 习见蓼 *Polygonum plebeium* R. Br.

分布：九江、庐山、永修、修水、南昌、德兴、玉山、贵溪、资溪、广昌、泰和、石城、安远、崇义。

- 丛枝蓼 *Polygonum posumbu* Buch.-Ham. ex D. Don

分布：九江、庐山、瑞昌、武宁、永修、修水、德兴、玉山、鹰潭、南丰、资溪、宜丰、分宜、萍乡、莲花、井冈山、安福、万安、遂川、瑞金、南康、安远、宁都、兴国、定南、龙南、全南、大余。

- 疏蓼 *Polygonum praetermissum* Hook. f.

分布：九江、余干、鹰潭、资溪。

- 伏毛蓼 *Polygonum pubescens* Blume

分布：九江、武宁、修水、德兴、上饶、广丰、婺源、玉山、贵溪、资溪、广昌、丰城、萍乡、井冈山、遂川、安远、寻乌、兴国、上犹、龙南、崇义。

- 羽叶蓼 *Polygonum runcinatum* Buch.-Ham. ex D. Don

分布：九江、庐山、资溪、芦溪。

- 赤胫散 *Polygonum runcinatum* var. *sinense* Hemsl.

分布：九江、庐山、资溪、萍乡。

- 箭头蓼 *Polygonum sagittatum* L.

分布：九江、庐山、修水、新建、德兴、上饶、广丰、铜鼓、井冈山、遂川、安远、龙南。

- 刺蓼 *Polygonum senticosum* (Meisn.) Franch. et Sav.

分布：九江、庐山、瑞昌、武宁、永修、新建、南昌、玉山、贵溪、资溪、靖安、宜丰、井冈山、泰和、南康、石城、大余。

- 糙毛蓼 *Polygonum strigosum* R. Br.

分布：庐山、资溪、龙南。

- 支柱蓼 *Polygonum suffultum* Maxim.

分布：九江、庐山、武宁、资溪、靖安、井冈山、安福、遂川。

- 毛叶支柱蓼 *Polygonum suffultum* var. *tomentosum* Bo Li & Shao F. Chen

分布：九江、庐山。

评述：《中国植物物种名录》（2020版）有记载，未见标本。

- 细叶蓼 *Polygonum taquetii* H. Lév.

分布：九江、庐山、武宁、德安、新建、南昌、鹰潭、资溪、黎川、崇仁、丰城、萍乡、吉水、永丰。

- 戟叶蓼 *Polygonum thunbergii* Siebold et Zucc.

分布：九江、庐山、武宁、修水、浮梁、新建、德兴、临川、贵溪、资溪、高安、靖安、宜丰、奉新、万载、井冈山、吉安、遂川、石城、龙南。

- 粘蓼 *Polygonum viscoferum* Makino

分布：九江、庐山、修水、铜鼓。

- 香蓼 *Polygonum viscosum* Buch.-Ham. ex D. Don

分布：九江、浔阳、南昌、进贤、德兴、铅山、玉山、贵溪、乐安、吉安、永丰、赣州、大余。

何首乌属 *Fallopia* Adans.

- 华蔓首乌 *Fallopia forbesii* (Hance) Yonekura et H. Ohashi

分布：不详。

评述：《中国植物物种名录》（2020版）有记载，未见标本。

- 何首乌 *Fallopia multiflora* (Thunb.) Haraldson

分布：九江、武宁、修水、新建、德兴、广丰、玉山、贵溪、资溪、广昌、黎川、靖安、萍乡、井冈山、安福、永新、遂川、石城、宁都、寻乌、兴国、大余。

蓼属 *Persicaria* (L.) Mill.

- 武功山蓼 *Persicaria wugongshanensis* Bo Li

分布：芦溪。

124 茅膏菜科 Droseraceae Salisb.

茅膏菜属 *Drosera* L.

- 锦地罗 *Drosera burmanni* Vahl

分布：庐山、资溪、井冈山、永丰、崇义。
- 茅膏菜 *Drosera peltata* Sm. ex Willd.[光萼茅膏菜 *Drosera peltata* var. *glabrata* Y. Z. Ruan]
分布：九江、庐山、新建、铅山、贵溪、南丰、乐安、资溪、崇仁、宜春、丰城、靖安、奉新、萍乡、芦溪、安福、遂川、石城、寻乌、兴国、上犹、大余。
- 圆叶茅膏菜 *Drosera rotundifolia* L.[叉梗茅膏菜 *Drosera rotundifolia* var. *furcata* Y. Z. Ruan]
分布：铅山、资溪。

125 石竹科 Caryophyllaceae Juss.

无心菜属 Arenaria L.

- 无心菜 *Arenaria serpyllifolia* L.
分布：九江、庐山、瑞昌、武宁、彭泽、南昌、婺源、玉山、贵溪、南丰、黎川、崇仁、奉新、遂川、石城、兴国、上犹。

卷耳属 Cerastium L.

- 卷耳 *Cerastium arvense* subsp. *strictum* Gaudin
分布：九江、资溪。
- 簇生泉卷耳 *Cerastium fontanum* subsp. *vulgare* (Hartm.) Greuter & Burdet
分布：九江、庐山、修水、南昌、婺源、玉山、贵溪、余江、资溪、广昌、靖安、莲花、遂川、石城。
- 球序卷耳 *Cerastium glomeratum* Thuill.
分布：全省有分布。
评述：归化或入侵。

蝇子草属 Silene L.

- 女娄菜 *Silene aprica* Turcz. ex Fisch. & C. A. Mey.
分布：九江、庐山、瑞昌、彭泽、修水、铅山、贵溪、资溪、靖安、萍乡、安福、上犹。
- 狗筋蔓 *Silene baccifera* (L.) Roth
分布：九江、庐山、资溪、靖安。
- 麦瓶草 *Silene conoidea* L.
分布：九江、庐山、资溪、靖安、南康。
- 坚硬女娄菜 *Silene firma* Siebold et Zucc.
分布：九江、修水、新建、广昌、黎川、遂川、大余。
- 鹤草 *Silene fortunei* Vis.
分布：九江、庐山、瑞昌、武宁、修水、都昌、新建、德兴、广丰、铅山、贵溪、资溪、宜黄、广昌、靖安、萍乡、安福、石城、宁都、兴国。
- 石生蝇子草 *Silene tatarinowii* Regel
分布：庐山。

荷莲豆草属 Drymaria Willd. ex Schult.

- 荷莲豆草 *Drymaria cordata* (L.) Willd. ex Schult.
分布：九江、寻乌、龙南。

剪秋罗属 Lychnis L.

- *剪春罗 *Lychnis coronata* Thunb.
分布：全省有栽培。
- *剪秋罗 *Lychnis fulgens* Fisch.
分布：全省有栽培。
- 剪红纱花 *Lychnis senno* Siebold et Zucc.

分布：九江、庐山、武宁、修水、广昌、铜鼓、靖安、宜丰、安福、石城。

石竹属 Dianthus L.

● * 须苞石竹 *Dianthus barbatus* L.

分布：九江。

● * 香石竹 *Dianthus caryophyllus* L.

分布：九江。

● * 石竹 *Dianthus chinensis* L.

分布：九江、庐山、南昌、铅山、玉山、贵溪、资溪。

● 长萼瞿麦 *Dianthus longicalyx* Miq.

分布：九江、武宁、玉山、资溪、南康、上犹。

● 瞿麦 *Dianthus superbus* L.

分布：九江、庐山、瑞昌、武宁、彭泽、都昌、乐平、新建、贵溪、铜鼓、靖安、南康、上犹。

繁缕属 Stellaria L.

● 雀舌草 *Stellaria alsine* Grimm

分布：九江、庐山、武宁、彭泽、永修、修水、南昌、广丰、玉山、贵溪、余江、南丰、资溪、黎川、崇仁、靖安、奉新、分宜、井冈山、吉安、安福、遂川、石城、寻乌、上犹。

● 中国繁缕 *Stellaria chinensis* Regel

分布：九江、庐山、武宁、永修、修水、新建、南丰、资溪、靖安、井冈山、安福、寻乌。

● 繁缕 *Stellaria media* (L.) Vill.

分布：九江、庐山、新建、南昌、广丰、婺源、铅山、玉山、贵溪、南丰、资溪、黎川、铜鼓、靖安、井冈山、吉安、遂川、石城、寻乌、上犹、崇义、大余。

● 皱叶繁缕 *Stellaria monosperma* var. *japonica* Maxim.

分布：芦溪、安福。

● 鸡肠繁缕 *Stellaria neglecta* Weihe ex Bluff et Fingerh.

分布：九江、庐山、新建、婺源、玉山、贵溪、资溪。

● 峨眉繁缕 *Stellaria omeiensis* C. Y. Wu et Y. W. Tsui ex P. Ke

分布：宜春。

● 无瓣繁缕 *Stellaria pallida* (Dumortier) Crepin

分布：庐山。

● 箐姑草 *Stellaria vestita* Kurz.

分布：井冈山、遂川。

● 巫山繁缕 *Stellaria wushanensis* F. N. Williams

分布：南昌、遂川。

种阜草属 Moehringia L.

● * 种阜草 *Moehringia lateriflora* (L.) Fenzl

分布：庐山。

● 三脉种阜草 *Moehringia trinervia* (L.) Clairv.

分布：不详。

评述：《中国植物物种名录》（2020 版）有记载，未见标本。

牛漆姑属 Spergularia (Pers.) J. & C. Presl

● 拟漆姑 *Spergularia marina* (L.) Griseb.

分布：庐山、上饶、玉山、鹰潭、铜鼓、宜丰。

孩儿参属 Pseudostellaria Pax

● 孩儿参 *Pseudostellaria heterophylla* (Miq.) Pax

分布：九江、庐山、新建、靖安。
- *细叶孩儿参 *Pseudostellaria sylvatica* (Maxim.) Pax

分布：庐山。

漆姑草属 *Sagina* L.

- 漆姑草 *Sagina japonica* (Sw.) Ohwi

分布：九江、庐山、彭泽、婺源、玉山、贵溪、南丰、资溪、宜春、铜鼓、靖安、奉新、萍乡、井冈山、吉安、安福、泰和、遂川、石城、寻乌、兴国。

- 根叶漆姑草 *Sagina maxima* A. Gray

分布：九江、庐山。

- 无毛漆姑草 *Sagina saginoides* (L.) H. Karst. [林奈漆姑草 *Sagina linnaei* C. Presl]

分布：南昌。

评述：《江西植物名录》（杨祥学，1982）有记载，标本凭证：杨祥学10333（新建）。

多荚草属 *Polycarpon* Loefl. ex L.

- 多荚草 *Polycarpon prostratum* (Forssk.) Asch. et Schweinf. ex Asch.

分布：寻乌。

白鼓钉属 *Polycarpaea* Lam.

- 白鼓钉 *Polycarpaea corymbosa* (L.) Lam.

分布：庐山、都昌、南昌。

鹅肠菜属 *Myosoton* Moench

- 鹅肠菜 *Myosoton aquaticum* (L.) Moench

分布：全省有分布。

评述：归化或入侵。

麦蓝菜属 *Vaccaria* Wolf

- 麦蓝菜 *Vaccaria hispanica* (Mill.) Rauschert

分布：九江。

评述：归化或入侵。

韦草属 *Corrigiola* L.

- 互叶指甲草 *Corrigiola littoralis* L.

分布：九江。

评述：归化或入侵，未见标本，仅见资料记载。

126 苋科 Amaranthaceae Juss.

菠菜属 *Spinacia* L.

- *菠菜 *Spinacia oleracea* L.

分布：全省广泛栽培。

莲子草属 *Alternanthera* Forssk.

- 锦绣苋 *Alternanthera bettzickiana* (Regel) G. Nicholson

分布：全省有分布。

评述：归化或入侵。

- 喜旱莲子草 *Alternanthera philoxeroides* (Mart.) Griseb.

分布：全省有分布。
评述：归化或入侵。
- **莲子草** *Alternanthera sessilis* (L.) R. Br. ex DC.
分布：九江、庐山、修水、新建、南昌、德兴、玉山、临川、贵溪、广昌、铜鼓、靖安、万载、井冈山、安福、永丰、遂川、南康、石城、安远、上犹、龙南、大余。

碱蓬属 *Suaeda* Forssk. ex J. F. Gmel.

- **南方碱蓬** *Suaeda australis* (R. Br.) Moq.
分布：玉山、资溪。
评述：《江西种子植物名录》（刘仁林，2010）有记载，未见标本。

127 苋科 Chenopodiaceae Juss.

地肤属 *Kochia* Roth

- **地肤** *Kochia scoparia* (L.) Schrad.
分布：九江、永修、玉山、贵溪、资溪、安福、遂川、石城。
- **扫帚菜** *Kochia scoparia* f. *trichophylla* (Hort.) Schinz. et Thell.
分布：九江、庐山、德兴、玉山。

血苋属 *Iresine* P. Browne

- * **血苋** *Iresine herbstii* Hook. f. ex Lindl.
分布：全省有栽培。

牛膝属 *Achyranthes* L.

- **土牛膝** *Achyranthes aspera* L.
分布：九江、庐山、彭泽、新建、铅山、玉山、贵溪、资溪、广昌、靖安、井冈山、石城。
- **牛膝** *Achyranthes bidentata* Blume
分布：九江、庐山、武宁、修水、南昌、德兴、上饶、广丰、铅山、玉山、贵溪、资溪、宜黄、广昌、黎川、崇仁、铜鼓、靖安、萍乡、莲花、井冈山、吉安、安福、永新、遂川、瑞金、石城、安远、宁都、寻乌、兴国、上犹、龙南、全南。
- **少毛牛膝** *Achyranthes bidentata* var. *japonica* Miq.
分布：九江、武宁、南昌、宜丰。
- **柳叶牛膝** *Achyranthes longifolia* (Makino) Makino
分布：九江、庐山、武宁、彭泽、修水、上饶、铅山、玉山、贵溪、资溪、广昌、丰城、靖安、井冈山、安福、遂川、石城、寻乌、上犹、龙南、大余、会昌。
- **红柳叶牛膝** *Achyranthes longifolia* f. *rubra* Ho
分布：九江、庐山、武宁、修水、都昌、玉山、贵溪、黎川、遂川、石城。

青葙属 *Celosia* L.

- **青葙** *Celosia argentea* L.
分布：全省有分布。
评述：归化或入侵。
- * **鸡冠花** *Celosia cristata* L.
分布：全省有栽培。

甜菜属 *Beta* L.

- * **厚皮菜** *Beta vulgaris* var. *cicla* L.
分布：全省广泛栽培。

藜属 *Chenopodium* L.

- 藜 *Chenopodium album* L.
分布：九江、武宁、彭泽、永修、修水、南昌、德兴、玉山、贵溪、资溪、广昌、黎川、靖安、井冈山、安福、永丰、遂川、石城、上犹、龙南、大余。
- 小藜 *Chenopodium ficifolium* Sm.
分布：赣北有分布。
评述：归化或入侵。
- 灰绿藜 *Chenopodium glaucum* L.
分布：玉山。
评述：归化或入侵。
- 细穗藜 *Chenopodium gracilispicum* H. W. Kung
分布：九江、庐山、玉山、资溪、靖安、井冈山。

杯苋属 *Cyathula* Bl.

- *川牛膝 *Cyathula officinalis* K. C. Kuan
分布：九江。

苋属 *Amaranthus* L.

- 北美苋 *Amaranthus blitoides* S. Watson
分布：资溪。
评述：归化或入侵。
- 凹头苋 *Amaranthus blitum* L.
分布：全省有分布。
评述：归化或入侵。
- 尾穗苋 *Amaranthus caudatus* L.
分布：全省有分布。
评述：归化或入侵。
- 老鸦谷 *Amaranthus cruentus* L. [繁穗苋 *Amaranthus paniculatus* L.]
分布：九江。
评述：归化或入侵。
- 绿穗苋 *Amaranthus hybridus* L.
分布：全省有分布。
评述：归化或入侵。
- 反枝苋 *Amaranthus retroflexus* L.
分布：全省有分布。
评述：归化或入侵。
- 刺苋 *Amaranthus spinosus* L.
分布：全省有分布。
评述：归化或入侵。
- 苋 *Amaranthus tricolor* L.
分布：全省有分布。
评述：归化或入侵。
- 皱果苋 *Amaranthus viridis* L.
分布：全省有分布。
评述：归化或入侵。

腺毛藜属 *Dysphania* R. Br.

- 土荆芥 *Dysphania ambrosioides* (L.) Mosyakin & Clemants

分布：全省有分布。
评述：归化或入侵。

千日红属 Gomphrena L.

- * 千日红 *Gomphrena globosa* L.
  分布：全省有栽培。

128 番杏科 Aizoaceae Martinov

假海马齿属 Trianthema L.

- 假海马齿 *Trianthema portulacastrum* L.
  分布：南昌。

129 商陆科 Phytolaccaceae R. Br.

商陆属 Phytolacca L.

- 商陆 *Phytolacca acinosa* Roxb.
  分布：九江、武宁、彭泽、浮梁、南昌、铅山、贵溪、乐安、资溪、宜黄、黎川、宜春、宜丰、莲花、井冈山、吉安、安远、寻乌、兴国、上犹、龙南、崇义、全南、大余。
- 垂序商陆 *Phytolacca americana* L.
  分布：全省有分布。
  评述：归化或入侵。
- 日本商陆 *Phytolacca japonica* Makino
  分布：铅山、龙南、崇义、大余。

130 紫茉莉科 Nyctaginaceae Juss.

紫茉莉属 Mirabilis L.

- 紫茉莉 *Mirabilis jalapa* L.
  分布：全省有分布。
  评述：归化或入侵。

黄细心属 Boerhavia L.

- 黄细心 *Boerhavia diffusa* L.
  分布：赣州。

叶子花属 Bougainvillea Comm. ex Juss.

- * 叶子花 *Bougainvillea spectabilis* Willd.
  分布：全省有栽培。

131 粟米草科 Molluginaceae Bartl.

粟米草属 Mollugo L.

- 粟米草 *Mollugo stricta* L.
  分布：九江、庐山、武宁、修水、德兴、广丰、铅山、玉山、临川、贵溪、广昌、铜鼓、靖安、萍乡、井冈山、永丰、遂川、章贡、瑞金、南康、石城、安远、兴国、上犹、龙南、崇义、全南。

132 落葵科 Basellaceae Raf.

落葵属 Basella L.

● *落葵 Basella alba L.
分布：全省有栽培。

133 土人参科 Talinaceae Doweld

土人参属 Talinum Adans.

● 土人参 Talinum paniculatum (Jacq.) Gaertn.
分布：全省有分布。
评述：归化或入侵。

134 马齿苋科 Portulacaceae Juss.

马齿苋属 Portulaca L.

● 马齿苋 Portulaca oleracea L.
分布：九江、武宁、德兴、广丰、铅山、玉山、贵溪、资溪、井冈山、安福、永丰、遂川、石城、上犹、崇义、大余。

135 仙人掌科 Cactaceae Juss.

仙人掌属 Opuntia Mill.

● *仙人掌 Opuntia dillenii (Ker Gawl.) Haw.
分布：全省有栽培。

仙人指属 Schlumbergera Lem.

● *蟹爪兰 Schlumbergera truncata (Haw.) Moran
分布：全省有栽培。

（四十一）山茱萸目 Cornales Link

136 蓝果树科 Nyssaceae Juss. ex Dumort.

喜树属 Camptotheca Decne.

● 喜树 Camptotheca acuminata Decne.
分布：九江、庐山、武宁、修水、新建、贵溪、资溪、广昌、高安、铜鼓、靖安、分宜、萍乡、井冈山、吉安、泰和、遂川、赣州、瑞金、石城、安远、宁都、寻乌、上犹、龙南、崇义、信丰、全南、大余、会昌。

● 洛氏喜树 Camptotheca lowreyana S. Y. Li
分布：贵溪、井冈山、会昌。

蓝果树属 *Nyssa* Gronov. ex L.

- **蓝果树** *Nyssa sinensis* Oliver
  分布：九江、庐山、武宁、永修、修水、铅山、玉山、贵溪、南丰、资溪、宜黄、广昌、黎川、铜鼓、靖安、宜丰、分宜、莲花、井冈山、吉安、安福、永新、遂川、南康、石城、安远、寻乌、兴国、上犹、龙南、崇义、信丰、全南、大余。

137 绣球花科 Hydrangeaceae Dumort.

蛛网萼属 *Platycrater* Sieb. et Zucc.

- **蛛网萼** *Platycrater arguta* Siebold et Zucc.
  分布：贵溪、广信、广丰、铅山、资溪。

山梅花属 *Philadelphus* L.

- **短序山梅花** *Philadelphus brachybotrys* (Koehne) Koehne
  分布：南昌、玉山、奉新、安福。
- **山梅花** *Philadelphus incanus* Koehne
  分布：铅山、玉山、靖安、安福。
- **短轴山梅花** *Philadelphus incanus* var. *baileyi* Rehder
  分布：庐山。
- **疏花山梅花** *Philadelphus laxiflorus* Rehder
  分布：玉山、靖安。
  评述：《江西种子植物名录》（刘仁林，2010）有记载，未见标本。
- **绢毛山梅花** *Philadelphus sericanthus* Koehne
  分布：九江、瑞昌、武宁、彭泽、修水、浮梁、南昌、婺源、铅山、玉山、东乡、铜鼓、宜丰、萍乡、安福。
- **牯岭山梅花** *Philadelphus sericanthus* var. *kulingensis* (Koehne) Hand.-Mazz.
  分布：九江、庐山、武宁、浮梁、南昌、铅山、铜鼓、靖安、宜丰、萍乡、井冈山、安福、安远、寻乌、定南。
- **浙江山梅花** *Philadelphus zhejiangensis* (Cheng) S. M. Hwang
  分布：庐山、靖安、宜丰。

冠盖藤属 *Pileostegia* Hook. f. & Thomson

- **星毛冠盖藤** *Pileostegia tomentella* Hand.-Mazz.
  分布：铅山、贵溪、宜黄、萍乡、吉安、泰和、遂川、赣州、石城、寻乌、龙南、崇义、全南、大余、会昌。
- **冠盖藤** *Pileostegia viburnoides* Hook. f. et Thomson
  分布：九江、武宁、修水、德兴、上饶、铅山、玉山、资溪、宜黄、黎川、丰城、靖安、宜丰、萍乡、莲花、井冈山、吉安、安福、永丰、遂川、南康、寻乌、龙南、崇义、全南。

绣球属 *Hydrangea* L.

- **冠盖绣球** *Hydrangea anomala* D. Don
  分布：九江、庐山、修水、玉山、贵溪、资溪、宜黄、萍乡、寻乌、上犹。
- **尾叶绣球** *Hydrangea caudatifolia* W. T. Wang et M. X. Nie
  分布：黎川。
- **中国绣球** *Hydrangea chinensis* Maxim. [江西绣球 *Hydrangea jiangxiensis* W. T. Wang et M. X. Nie、伞形绣球 *Hydrangea umbellata* Rehder]
  分布：九江、武宁、永修、修水、乐平、浮梁、新建、德兴、上饶、广丰、鄱阳、婺源、铅山、南丰、资溪、宜黄、宜春、铜鼓、靖安、宜丰、奉新、井冈山、吉安、安福、永新、泰和、遂川、石城、安远、赣县、兴国、上犹、大余、会昌。

- 福建绣球 *Hydrangea chungii* Rehder

分布：黎川、石城、寻乌。

- 细枝绣球 *Hydrangea gracilis* W. T. Wang et M. X. Nie

分布：遂川。

- 粤西绣球 *Hydrangea kwangsiensis* Hu[白皮绣球 *Hydrangea kwangsiensis* Hu var. *hedyotidea* (Chun) C. M. Hu]

分布：资溪、安远、上犹、龙南、崇义、大余。

- 广东绣球 *Hydrangea kwangtungensis* Merrill

分布：寻乌、全南。

- 狭叶绣球 *Hydrangea lingii* G. Hoo[紫叶绣球 *Hydrangea vinicolor* Chun、三柱常山 *Dichroa tristyla* W. T. Wang et M. X. Nie]

分布：铅山、黎川、寻乌、崇义、全南、大余。

- 莼兰绣球 *Hydrangea longipes* Franch.

分布：寻乌、上犹。

- * 绣球 *Hydrangea macrophylla* (Thunb.) Ser.

分布：全省有栽培。

- 圆锥绣球 *Hydrangea paniculata* Sieb.

分布：九江、庐山、武宁、修水、德安、新建、南昌、德兴、上饶、广丰、铅山、玉山、贵溪、资溪、宜黄、广昌、黎川、铜鼓、靖安、宜丰、奉新、万载、萍乡、莲花、井冈山、安福、永丰、永新、遂川、瑞金、南康、石城、安远、赣县、宁都、寻乌、兴国、上犹、龙南、崇义、全南、大余、会昌。

- 粗枝绣球 *Hydrangea robusta* Hook. f. et Thomson[乐思绣球 *Hydrangea rosthornii* Diels]

分布：玉山、井冈山。

- 柳叶绣球 *Hydrangea stenophylla* Merill et Chun

分布：南丰、资溪、宜春、井冈山、遂川、赣州、上犹、崇义、大余。

- 蜡莲绣球 *Hydrangea strigosa* Rehder

分布：九江、庐山、瑞昌、武宁、修水、新建、上饶、广丰、铅山、玉山、贵溪、资溪、宜黄、铜鼓、靖安、宜丰、奉新、萍乡、莲花、井冈山、安福、永新、遂川、南康、石城、上犹、崇义。

- 浙皖绣球 *Hydrangea zhewanensis* P. S. Hsu et X. P. Zhuang

分布：石城。

评述：《江西种子植物名录》（刘仁林，2010）有记载，未见标本。

常山属 *Dichroa* Lour.

- 常山 *Dichroa febrifuga* Lour.

分布：九江、庐山、武宁、乐平、新建、上饶、玉山、贵溪、南丰、乐安、资溪、广昌、黎川、崇仁、宜春、铜鼓、靖安、宜丰、萍乡、井冈山、吉安、安福、永丰、永新、遂川、南康、石城、安远、赣县、宁都、寻乌、兴国、上犹、龙南、崇义、全南、大余、会昌。

草绣球属 *Cardiandra* Sieb. et Zucc.

- 草绣球 *Cardiandra moellendorffii* (Hance) Migo

分布：九江、庐山、武宁、永修、修水、铅山、玉山、贵溪、宜黄、铜鼓、靖安、宜丰、安福、永丰、南康、石城、兴国。

溲疏属 *Deutzia* Thunb.

- 黄山溲疏 *Deutzia glauca* Kom.

分布：九江、庐山、修水、奉新。

- 宁波溲疏 *Deutzia ningpoensis* Rehder

分布：九江、庐山、瑞昌、武宁、彭泽、浮梁、上饶、铅山、玉山、贵溪、靖安、永丰。

- 溲疏 *Deutzia scabra* Thunb.

分布：九江、庐山、武宁、彭泽、修水、玉山、靖安、分宜。

● **长江溲疏** *Deutzia schneideriana* Rehder

分布：九江、庐山、瑞昌、武宁、永修、修水、上饶、玉山、铜鼓、靖安、宜丰、奉新。

● **四川溲疏** *Deutzia setchuenensis* Franch.

分布：上饶、婺源、铅山、黎川、袁州、铜鼓、宜丰、萍乡、井冈山、吉安、安福、永丰、寻乌、兴国、上犹、龙南、全南。

钻地风属 *Schizophragma* Sieb. et Zucc.

● **绣球钻地风** *Schizophragma hydrangeoides* Sieb. et Zucc

分布：庐山、遂川。

● **白背钻地风** *Schizophragma hypoglaucum* Rehder

分布：资溪。

评述：《江西种子植物名录》（刘仁林，2010）有记载，未见标本。

● **钻地风** *Schizophragma integrifolium* Oliv. [小齿钻地风 *Schizophragma integrifolium* var. *denticulatum* Rehder]

分布：九江、武宁、修水、上饶、铅山、余江、资溪、黎川、铜鼓、宜丰、奉新、井冈山、安福、永新、遂川、安远、寻乌、定南、龙南、全南。

● **粉绿钻地风** *Schizophragma integrifolium* var. *glaucescens* Rehder

分布：庐山、贵溪。

● **柔毛钻地风** *Schizophragma molle* (Rehder) Chun

分布：庐山、修水、井冈山。

138 山茱萸科 Cornaceae Bercht. & J. Presl

山茱萸属 *Cornus* L.

● **红瑞木** *Cornus alba* L.

分布：九江、庐山。

● **头状四照花** *Cornus capitata* Wall.

分布：九江、资溪、宜丰、井冈山、安福、遂川、石城、寻乌。

● **川鄂山茱萸** *Cornus chinensis* Wanger.

分布：贵溪。

● **灯台树** *Cornus controversa* Hemsl.

分布：九江、庐山、武宁、永修、修水、上饶、铅山、贵溪、资溪、宜黄、广昌、靖安、萍乡、芦溪、井冈山、安福、永丰、遂川、石城、寻乌、上犹、崇义。

● **尖叶四照花** *Cornus elliptica* (Pojarkova) Q. Y. Xiang & Boufford [武夷四照花 *Dendrobenthamia angustata* var. *wuyishanensis* (Fang et Hsieh) Fang et W. K. Hu]

分布：九江、上饶、广丰、婺源、铅山、玉山、贵溪、南丰、乐安、资溪、宜黄、广昌、黎川、靖安、分宜、萍乡、莲花、芦溪、井冈山、安福、永丰、永新、泰和、遂川、赣州、瑞金、南康、石城、安远、赣县、宁都、寻乌、兴国、上犹、龙南、崇义、全南、大余、会昌。

● **香港四照花** *Cornus hongkongensis* Hemsl.

分布：上饶、广丰、铅山、玉山、贵溪、资溪、广昌、宜丰、井冈山、安福、永丰、石城、宁都、上犹、龙南、崇义、大余。

● **秀丽四照花** *Cornus hongkongensis* subsp. *elegans* (W. P. Fang & Y. T. Hsieh) Q. Y. Xiang

分布：上饶、广丰、资溪、靖安。

● **褐毛四照花** *Cornus hongkongensis* subsp. *ferruginea* (Y. C. Wu) Q. Y. Xiang [江西褐毛四照花 *Dendrobenthamia ferruginea* var. *jiangxiensis* Fang et Hsieh]

分布：寻乌。

● **四照花** *Cornus kousa* subsp. *chinensis* (Osborn) Q. Y. Xiang

分布：九江、庐山、武宁、永修、修水、景德镇、浮梁、德兴、玉山、南丰、宜黄、靖安、宜丰、芦溪、井冈山、安福、永新、遂川、上犹、崇义、信丰。

- **梾木** *Cornus macrophylla* Wall.

分布：瑞昌、武宁、修水、上饶、宜春、铜鼓、靖安、宜丰、芦溪、井冈山、安福、石城、上犹、崇义。

- **山茱萸** *Cornus officinalis* Siebold et Zucc.

分布：资溪、靖安、安远。

- **小梾木** *Cornus quinquenervis* Franch.

分布：婺源、井冈山、大余。

- **毛梾** *Cornus walteri* Wangerin

分布：武宁、贵溪、资溪、芦溪、井冈山、安福、兴国、上犹。

- **光皮梾木** *Cornus wilsoniana* Wangerin

分布：武宁、乐平、贵溪、资溪、靖安、宜丰、万载、萍乡、芦溪、井冈山、永丰、兴国、上犹、于都、龙南、信丰、全南。

八角枫属 *Alangium* Lam.

- **八角枫** *Alangium chinense* (Lour.) Harms

分布：九江、庐山、瑞昌、武宁、彭泽、乐平、浮梁、新建、德兴、上饶、鄱阳、铅山、贵溪、南丰、乐安、南城、资溪、宜黄、黎川、崇仁、铜鼓、靖安、分宜、萍乡、莲花、芦溪、井冈山、吉安、安福、永新、泰和、遂川、赣州、南康、石城、安远、寻乌、兴国、上犹、崇义、大余。

- **伏毛八角枫** *Alangium chinense* subsp. *strigosum* W. P. Fang

分布：贵溪、宜丰、井冈山。

- **小花八角枫** *Alangium faberi* Oliv.

分布：大余。

- **小叶八角枫** *Alangium faberi* var. *perforatum* (H. Lév.) Rehder

分布：井冈山、定南、上犹、龙南、信丰、全南。

- **毛八角枫（疏叶八角枫、伞形八角枫）** *Alangium kurzii* Craib

分布：九江、庐山、修水、铅山、玉山、贵溪、资溪、铜鼓、靖安、宜丰、莲花、井冈山、安福、永新、遂川、定南、上犹、龙南、大余。

- **云山八角枫** *Alangium kurzii* var. *handelii* (Schnarf) W. P. Fang

分布：九江、庐山、瑞昌、武宁、永修、修水、景德镇、浮梁、鄱阳、铅山、资溪、黎川、靖安、井冈山、吉安、安福、永新、泰和、安远、寻乌、崇义、全南、大余。

- **三裂瓜木** *Alangium platanifolium* var. *trilobum* (Miq.) Ohwi

分布：全省有分布。

评述：原变种瓜木只在朝鲜和日本有分布。

- **日本八角枫** *Alangium premnifolium* Ohwi

分布：不详。

评述：《中国植物物种名录》（2020版）有记载，未见标本。

（四十二）杜鹃花目 Ericales Bercht. & J. Presl

139 凤仙花科 Balsaminaceae A. Rich.

凤仙花属 *Impatiens* L.

- **大叶凤仙花** *Impatiens apalophylla* Hook. f.

分布：龙南。

评述：《江西植物名录》（杨祥学，1982）有记载，标本凭证：75016（龙南九连山）。

- **凤仙花** *Impatiens balsamina* L.

分布：全省广泛栽培。

- **睫毛萼凤仙花** *Impatiens blepharosepala* Pritz. ex Diels

  分布：九江、新建、上饶、玉山、贵溪、资溪、靖安、宜丰、芦溪、井冈山、吉安、安福、泰和、南康、石城、龙南、崇义。

- **浙江凤仙花** *Impatiens chekiangensis* Y. L. Chen

  分布：武宁、修水。

- **华凤仙** *Impatiens chinensis* L.

  分布：上饶、玉山、贵溪、南丰、资溪、靖安、莲花、吉安、安福、永新、石城、安远、寻乌、龙南、崇义、全南、大余、会昌。

- **绿萼凤仙花** *Impatiens chlorosepala* Hand.-Mazz.

  分布：铅山、龙南、全南。

- **鸭跖草状凤仙花** *Impatiens commelinoides* Hand.-Mazz.

  分布：九江、庐山、武宁、新建、上饶、铅山、贵溪、资溪、广昌、黎川、靖安、宜丰、莲花、井冈山、永丰、遂川、石城、宁都、寻乌、兴国、上犹、崇义、信丰、会昌。

- **蓝花凤仙花** *Impatiens cyanantha* Hook. f.

  分布：靖安、芦溪。

- **牯岭凤仙花** *Impatiens davidii* Franch.

  分布：九江、庐山、武宁、修水、德安、新建、铅山、贵溪、资溪、黎川、靖安、奉新、芦溪、井冈山、安福、遂川、瑞金、石城、安远、上犹、龙南、崇义、大余。

- **齿萼凤仙花** *Impatiens dicentra* Franch. ex Hook. f.

  分布：修水、袁州。

- **封怀凤仙花** *Impatiens fenghwaiana* Y. L. Chen

  分布：九江、庐山、武宁、乐平、浮梁、南丰、铜鼓、宜丰。

- **湖南凤仙花** *Impatiens hunanensis* Y. L. Chen

  分布：资溪、龙南、全南。

  评述：本种模式标本采自江西九连山。

- **井冈山凤仙花** *Impatiens jinggangensis* Y. L. Chen

  分布：萍乡、井冈山。

- **九龙山凤仙花** *Impatiens jiulongshanica* Y. L. Xu et Y. L. Chen

  分布：修水、铅山。

- **细柄凤仙花** *Impatiens leptocaulon* Hook. f.

  分布：大余。

- **瑶山凤仙花** *Impatiens macrovexilla* var. *yaoshanensis* S. X. Yu et al.

  分布：遂川。

- **水金凤** *Impatiens noli-tangere* L.

  分布：九江、庐山、资溪、铜鼓、靖安、遂川、石城、赣县、全南。

- **丰满凤仙花** *Impatiens obesa* Hook. f.

  分布：资溪、全南。

- **阔萼凤仙花** *Impatiens platysepala* Y. L. Chen

  分布：修水、上饶、广丰、贵溪。

- **多脉凤仙花** *Impatiens polyneura* K. M. Liu

  分布：龙南。

- **翼萼凤仙花** *Impatiens pterosepala* Hook. f.

  分布：贵溪、石城、大余。

- **黄金凤** *Impatiens siculifer* Hook. f.

  分布：九江、庐山、修水、贵溪、资溪、靖安、奉新、莲花、井冈山、安福、遂川、南康、上犹、崇义、大余。

- **管茎凤仙花** *Impatiens tubulosa* Hemsl.

  分布：井冈山、安福、永丰、宁都、崇义。

- **白花凤仙花** *Impatiens wilsonii* Hook. f.

分布：铜鼓。
- **婺源凤仙花** *Impatiens wuyuanensis* Y. L. Chen
分布：婺源、芦溪、抚州、于都、靖安。

⑭ 五列木科 Pentaphylacaceae Engl.

柃属 *Eurya* Thunb.

- **尖叶毛柃** *Eurya acuminatissima* Merr. et Chun
分布：玉山、资溪、石城、上犹、大余。
- **尖萼毛柃** *Eurya acutisepala* Hu et L. K. Ling
分布：铅山、资溪、井冈山、遂川、崇义、全南、大余。
- **翅柃** *Eurya alata* Kobuski
分布：武宁、修水、铅山、玉山、贵溪、资溪、宜黄、铜鼓、靖安、奉新、萍乡、石城、寻乌。
- **短柱柃** *Eurya brevistyla* Kobuski
分布：九江、武宁、修水、玉山、贵溪、资溪、井冈山、石城、上犹、崇义、会昌。
- **米碎花** *Eurya chinensis* R. Br.
分布：修水、资溪、靖安、瑞金、石城、安远、寻乌、龙南、全南。
- **光枝米碎花** *Eurya chinensis* var. *glabra* Hu et L. K. Ling
分布：铅山、玉山、寻乌、全南。
- **二列叶柃** *Eurya distichophylla* Hemsl.
分布：资溪、井冈山、安远、寻乌、龙南、全南。
- **岗柃** *Eurya groffii* Merr.
分布：资溪、石城、上犹、龙南、崇义。
评述：仅见南昌大学标本馆3份标本，查证后，采集地点可能有误，误将广东当成江西。
- **微毛柃** *Eurya hebeclados* Ling
分布：九江、庐山、武宁、永修、修水、乐平、新建、南昌、鄱阳、婺源、铅山、玉山、临川、贵溪、资溪、宜黄、黎川、铜鼓、靖安、宜丰、奉新、萍乡、莲花、井冈山、吉安、安福、永新、泰和、遂川、瑞金、南康、石城、安远、赣县、寻乌、兴国、上犹、龙南、崇义、全南、大余、会昌。
- **凹脉柃** *Eurya impressinervis* Kobuski
分布：龙南、大余。
- **柃木** *Eurya japonica* Thunb.
分布：九江、武宁、修水、新建、德兴、资溪、广昌、铜鼓、靖安、宜丰、萍乡、井冈山、吉安、永丰、遂川、瑞金、石城、安远、赣县、寻乌、上犹、龙南、全南、会昌。
- **细枝柃** *Eurya loquaiana* Dunn
分布：九江、庐山、武宁、修水、南昌、德兴、上饶、广丰、玉山、贵溪、南丰、乐安、资溪、宜黄、黎川、铜鼓、靖安、宜丰、奉新、万载、萍乡、莲花、井冈山、吉安、安福、永新、遂川、瑞金、安远、赣县、宁都、寻乌、兴国、上犹、龙南、崇义、全南、大余、会昌。
- **金叶细枝柃** *Eurya loquaiana* var. *aureopunctula* Hung T. Chang
分布：修水、玉山、靖安。
- **黑柃** *Eurya macartneyi* Champion
分布：玉山、贵溪、资溪、瑞金、石城、安远、上犹、龙南、崇义、全南、大余。
- **丛化柃** *Eurya metcalfiana* Kobuski
分布：德兴、上饶、铅山、玉山、贵溪、资溪、石城、龙南。
- **格药柃** *Eurya muricata* Dunn [光枝湘黔柃 *Eurya huiana* f. *glaberrima* H. T. Chang]
分布：九江、武宁、彭泽、修水、德安、乐平、浮梁、南昌、德兴、上饶、广丰、婺源、玉山、贵溪、南丰、乐安、资溪、宜黄、东乡、广昌、黎川、铜鼓、宜丰、奉新、万载、分宜、萍乡、井冈山、吉安、永丰、永新、遂川、瑞金、石城、赣县、宁都、兴国、上犹、龙南、大余、会昌。
- **毛枝格药柃** *Eurya muricata* var. *huiana* (Kobuski) L. K. Ling

分布：新建、安福、泰和、安远、赣县。

- 细齿叶柃 *Eurya nitida* Korthals

分布：九江、武宁、修水、新建、德兴、玉山、贵溪、资溪、广昌、铜鼓、靖安、宜丰、萍乡、井冈山、吉安、永丰、遂川、瑞金、石城、安远、赣县、寻乌、上犹、龙南、全南、会昌。

- 矩圆叶柃 *Eurya oblonga* Yang

分布：资溪、龙南。

- 钝叶柃 *Eurya obtusifolia* H. T. Chang

分布：庐山、芦溪、吉安、龙南。

- 红褐柃 *Eurya rubiginosa* H. T. Chang

分布：玉山、瑞金、寻乌。

- 窄基红褐柃 *Eurya rubiginosa* var. *attenuata* H. T. Chang [硬叶柃 *Eurya nitida* var. *rigida* H. T. Chang]

分布：德兴、婺源、铅山、玉山、贵溪、抚州、资溪、黎川、井冈山、安福、遂川、瑞金、石城、安远、寻乌、上犹、龙南、全南。

- 岩柃 *Eurya saxicola* H. T. Chang [毛岩柃 *Eurya saxicola* f. *puberula* H. T. Chang]

分布：铅山、玉山、资溪。

- 半持柃 *Eurya semiserrulata* H. T. Chang

分布：庐山、修水、芦溪、安福。

- 四角柃 *Eurya tetragonoclada* Merr. et Chun

分布：武宁、修水、资溪、宜黄、铜鼓、靖安、奉新、龙南、全南。

- 毛果柃 *Eurya trichocarpa* Korthals

分布：资溪、井冈山、遂川、崇义、全南、大余、龙南。

- 单耳柃 *Eurya weissiae* Chun

分布：资溪、广昌、井冈山、永新、遂川、瑞金、石城、上犹、崇义、大余、会昌。

茶梨属 *Anneslea* Wall.

- 茶梨 *Anneslea fragrans* Wall.

分布：资溪、芦溪、井冈山、安福、石城、安远、寻乌、上犹、龙南、崇义、信丰。

红淡比属 *Cleyera* Thunb.

- 凹脉红淡比 *Cleyera incornuta* Y. C. Wu

分布：芦溪。

- 红淡比 *Cleyera japonica* Thunb.

分布：九江、庐山、武宁、永修、修水、德兴、上饶、广丰、婺源、铅山、玉山、贵溪、南丰、乐安、资溪、黎川、铜鼓、靖安、宜丰、奉新、莲花、井冈山、吉安、安福、遂川、石城、安远、赣县、宁都、寻乌、兴国、上犹、龙南、崇义、信丰、全南。

- 齿叶红淡比 *Cleyera lipingensis* (Hand.-Mazz.) T. L. Ming

分布：莲花、井冈山、安福、上犹、龙南。

- 厚叶红淡比 *Cleyera pachyphylla* Chun ex H. T. Chang [无腺红淡 *Cleyera pachyphylla* var. *epunctata* H. T. Chang]

分布：九江、庐山、德兴、上饶、铅山、玉山、贵溪、资溪、靖安、井冈山、安福、遂川、石城、上犹。

五列木属 *Pentaphylax* Gardner & Champ.

- 五列木 *Pentaphylax euryoides* Gardner et Champ.

分布：石城、安远、寻乌、崇义、会昌。

厚皮香属 *Ternstroemia* Mutis ex L. f.

- 厚皮香 *Ternstroemia gymnanthera* (Wight et Arn.) Bedd.

分布：九江、庐山、武宁、永修、修水、德兴、广丰、婺源、铅山、玉山、贵溪、资溪、宜黄、黎川、铜鼓、靖安、宜丰、奉新、萍乡、莲花、井冈山、吉安、安福、永丰、永新、泰和、遂川、石城、安远、赣县、寻乌、上犹、龙南、全南、大余。
- 厚叶厚皮香 *Ternstroemia kwangtungensis* Merr. [井冈山厚皮香 *Ternstroemia subrotundifolia* H. T. Chang]

 分布：铅山、贵溪、靖安、井冈山、遂川、石城、崇义、信丰。
- 尖萼厚皮香 *Ternstroemia luteoflora* L. K. Ling

 分布：资溪、井冈山、永新、泰和、遂川、宁都、安远、寻乌、上犹、龙南、崇义、全南、大余。
- 亮叶厚皮香 *Ternstroemia nitida* Merr.

 分布：修水、德兴、玉山、贵溪、南丰、资溪、广昌、黎川、宜丰、莲花、芦溪、井冈山、吉安、安福、永丰、泰和、遂川、安远、兴国、龙南、崇义、全南。

杨桐属 *Adinandra* Jack

- 川杨桐 *Adinandra bockiana* Pritz. ex Diels

 分布：武宁、修水、新建、德兴、铅山、玉山、资溪、宜黄、安福、瑞金、南康、兴国、大余。
- 尖叶川杨桐 *Adinandra bockiana* var. *acutifolia* (Hand.-Mazz.) Kobuski

 分布：修水、新建、上饶、铅山、资溪、靖安、井冈山、瑞金、石城、寻乌、龙南、崇义、大余、会昌。
- 两广杨桐 *Adinandra glischroloma* Hand.-Mazz.

 分布：资溪、遂川、石城、龙南。
- 大萼杨桐 *Adinandra glischroloma* var. *macrosepala* (F. P. Metcalf) Kobuski

 分布：上饶、铅山、资溪、上犹、全南。
- 杨桐 *Adinandra millettii* (Hook. et Arn.) Benth. et Hook. f. ex Hance

 分布：九江、庐山、武宁、永修、修水、乐平、浮梁、新建、德兴、婺源、铅山、玉山、临川、贵溪、南丰、乐安、资溪、宜黄、东乡、广昌、黎川、铜鼓、靖安、宜丰、奉新、分宜、萍乡、井冈山、吉安、安福、吉水、永丰、永新、泰和、遂川、瑞金、南康、石城、安远、宁都、寻乌、兴国、定南、上犹、龙南、崇义、全南、大余、会昌。
- 亮叶杨桐 *Adinandra nitida* Merr. ex H. L. Li

 分布：资溪、高安。

 评述：《中国植物物种名录》（2020版）有记载，未见标本。

山榄科 Sapotaceae Juss.

铁榄属 *Sinosideroxylon* (Engl.) Aubr.

- 革叶铁榄 *Sinosideroxylon wightianum* (Hook. & Arn.) Aubrév.

 分布：寻乌。

 评述：江西新记录科、属、种。

柿科 Ebenaceae Gürke

柿属 *Diospyros* L.

- 山柿 *Diospyros japonica* Siebold et Zucc.

 分布：九江、庐山、修水、上饶、铅山、贵溪、资溪、宜黄、广昌、靖安、宜丰、莲花、井冈山、吉安、安福、永新、泰和、遂川、瑞金、石城、宁都、崇义、全南。
- *柿 *Diospyros kaki* Thunb.

 分布：全省有分布。
- 野柿 *Diospyros kaki* var. *silvestris* Makino

 分布：九江、庐山、彭泽、新建、婺源、贵溪、南丰、资溪、黎川、铜鼓、靖安、莲花、芦溪、井冈山、安福、泰和、瑞金、安远、赣县、宁都、寻乌、定南、崇义、龙南、全南、会昌。

- **君迁子** *Diospyros lotus* L.

  分布：九江、庐山、南昌、贵溪、南丰、资溪、黎川、铜鼓、靖安、井冈山、永新、石城、宁都、寻乌、全南、大余。

- **罗浮柿** *Diospyros morrisiana* Hance

  分布：玉山、贵溪、资溪、靖安、井冈山、永新、泰和、石城、安远、寻乌、定南、崇义。

- **油柿** *Diospyros oleifera* Cheng

  分布：婺源、南丰、资溪、黎川、铜鼓、宜丰、芦溪、安福、泰和、石城、上犹、全南。

- **老鸦柿** *Diospyros rhombifolia* Hemsl.

  分布：九江、瑞昌、修水、德安、浮梁、广丰、婺源、玉山、靖安、芦溪、安福。

- **延平柿** *Diospyros tsangii* Merr.

  分布：九江、修水、铅山、资溪、黎川、铜鼓、宜丰、萍乡、莲花、安福、遂川、石城、兴国、上犹、崇义、大余。

- **湘桂柿** *Diospyros xiangguiensis* S. K. Lee

  分布：寻乌、大余。

  评述：本种近似乌材 *Diospyros eriantha* Champ. ex Benth.，但嫩枝、叶柄、花序、花和果柄等处被黄棕色绒毛而非粗伏毛，叶片通常椭圆形。本种在广东从化有分布，为广东和江西新记录。

113 报春花科 Primulaceae Batsch ex Borkh.

杜茎山属 Maesa Forssk.

- **杜茎山** *Maesa japonica* (Thunb.) Moritzi. ex Zoll.

  分布：九江、庐山、武宁、修水、浮梁、新建、南昌、上饶、鄱阳、婺源、玉山、贵溪、南丰、资溪、宜黄、广昌、靖安、奉新、分宜、萍乡、莲花、井冈山、吉安、安福、永新、泰和、遂川、赣州、瑞金、石城、安远、赣县、寻乌、兴国、上犹、龙南、全南、大余、会昌。

- **金珠柳** *Maesa montana* A. DC.

  分布：资溪、井冈山、上犹、龙南、崇义。

- **鲫鱼胆** *Maesa perlarius* (Lour.) Merr.

  分布：资溪、井冈山、安远、上犹、龙南、大余、会昌。

- **软弱杜茎山** *Maesa tenera* Mez

  分布：九江、庐山、武宁、浮梁、德兴、广丰、婺源、贵溪、南丰、资溪、靖安、井冈山、永新、遂川、瑞金、石城、安远、宁都、寻乌、龙南、崇义、全南、会昌。

假婆婆纳属 Stimpsonia Wright ex A. Gray

- **假婆婆纳** *Stimpsonia chamaedryoides* Wright ex A. Gray

  分布：九江、庐山、永修、都昌、浮梁、新建、婺源、贵溪、南丰、资溪、黎川、靖安、奉新、萍乡、井冈山、吉安、遂川、石城、安远、赣县、兴国。

水茴草属 Samolus L.

- **水茴草** *Samolus valerandi* L.

  分布：分宜。

铁仔属 Myrsine L.

- **广西铁仔** *Myrsine elliptica* E. Walker

  分布：玉山、芦溪、井冈山、寻乌。

- **打铁树** *Myrsine linearis* (Lour.) Poir.

  分布：上高。

- **密花树** *Myrsine seguinii* H. Lév. [*Rapanea neriifolia* (Siebold et Zucc.) Mez]

  分布：婺源、铅山、贵溪、资溪、靖安、宜丰、万载、芦溪、井冈山、安福、永新、泰和、遂川、石城、赣县、寻乌、上犹、大余。

- **针齿铁仔** *Myrsine semiserrata* Wall.

分布：资溪、遂川、安远、崇义。

- **光叶铁仔** *Myrsine stolonifera* (Koidz.) E. Walker

分布：广丰、婺源、铅山、贵溪、资溪、靖安、井冈山、遂川、石城、安远、寻乌、上犹、大余。

琉璃繁缕属 *Anagallis* L.

- **琉璃繁缕** *Anagallis arvensis* L.

分布：章贡、赣县、上犹。

- **蓝花琉璃繁缕** *Anagallis arvensis* f. *coerulea* (Schreb.) Baumg

分布：章贡。

点地梅属 *Androsace* L.

- **点地梅** *Androsace umbellata* (Lour.) Merr.

分布：九江、庐山、瑞昌、铅山、资溪、靖安、井冈山、石城。

紫金牛属 *Ardisia* Sw.

- **少年红** *Ardisia alyxiifolia* Tsiang ex C. Chen

分布：铅山、资溪、井冈山、吉安、遂川、安远、寻乌、上犹、龙南。

- **九管血** *Ardisia brevicaulis* Diels

分布：九江、武宁、修水、玉山、资溪、广昌、宜丰、分宜、安福、遂川、瑞金、寻乌、龙南、大余、会昌。

- **小紫金牛** *Ardisia chinensis* Benth.

分布：资溪、龙南。

- **朱砂根** *Ardisia crenata* Sims [红凉伞 *Ardisia crenata* var. *bicolor* (Walker) C. Y. Wu et C. Chen]

分布：九江、庐山、武宁、修水、乐平、浮梁、南昌、德兴、上饶、广丰、鄱阳、婺源、玉山、贵溪、资溪、宜黄、广昌、黎川、靖安、奉新、分宜、萍乡、芦溪、井冈山、吉安、安福、永新、遂川、瑞金、石城、安远、赣县、宁都、寻乌、兴国、上犹、龙南、崇义、大余、会昌。

- **百两金** *Ardisia crispa* (Thunb.) A. DC.

分布：九江、庐山、武宁、修水、南昌、资溪、广昌、黎川、铜鼓、靖安、宜丰、分宜、芦溪、井冈山、安福、遂川、寻乌、兴国、上犹、龙南、大余。

- **剑叶紫金牛** *Ardisia ensifolia* Walker

分布：寻乌。

- **月月红** *Ardisia faberi* Hemsl.

分布：宜丰、寻乌、会昌。

- **走马胎** *Ardisia gigantifolia* Stapf

分布：资溪、井冈山、安远、龙南、崇义。

- **大罗伞树** *Ardisia hanceana* Mez

分布：修水、婺源、玉山、资溪、黎川、莲花、井冈山、龙南、崇义。

- **紫金牛** *Ardisia japonica* (Thunb.) Blume

分布：九江、庐山、瑞昌、武宁、彭泽、永修、修水、浮梁、新建、南昌、德兴、上饶、广丰、鄱阳、婺源、铅山、玉山、贵溪、南丰、资溪、黎川、靖安、奉新、分宜、井冈山、吉安、安福、遂川、南康、石城、宁都、上犹、龙南、崇义、大余。

- **山血丹** *Ardisia lindleyana* D. Dietr. [沿海紫金牛 *Ardisia punctata* Elmer]

分布：武宁、德兴、广丰、玉山、贵溪、南丰、资溪、广昌、靖安、分宜、井冈山、吉安、永新、瑞金、石城、安远、赣县、寻乌、定南、上犹、龙南、崇义、大余、会昌。

- **虎舌红** *Ardisia mamillata* Hance

分布：铅山、资溪、芦溪、井冈山、安福、崇义、大余。

- **莲座紫金牛** *Ardisia primulifolia* Gardner & Champion

分布：资溪、井冈山、吉安、遂川、石城、赣县、寻乌、上犹、于都、龙南、崇义。
- 九节龙 *Ardisia pusilla* A. DC.

分布：资溪、铜鼓、宜丰、分宜、井冈山、安福、遂川、石城、安远、寻乌、上犹、龙南、崇义、信丰、大余、会昌。
- 罗伞树 *Ardisia quinquegona* Blume

分布：铅山、资溪、芦溪、井冈山、安福、寻乌、上犹、龙南、崇义、信丰。
- 细罗伞 *Ardisia sinoaustralis* C. Chen

分布：资溪、井冈山、龙南、崇义。
- 锦花紫金牛 *Ardisia violacea* (T. Suzuki) W. Z. Fang & K. Yao

分布：庐山。

报春花属 *Primula* L.

- 毛茛叶报春 *Primula cicutariifolia* Pax [堇叶报春 *Primula ranunculoides* C. M. Hu]

分布：武宁。
- 广东报春 *Primula kwangtungensis* W. W. Smith

分布：井冈山、上犹、崇义。

评述：《江西种子植物名录》（刘仁林，2010）有记载，未见标本。
- 安徽羽叶报春 *Primula merrilliana* Schltr.

分布：万载、分宜、宜春。
- 鄂报春 *Primula obconica* Hance

分布：资溪、萍乡、莲花。

珍珠菜属 *Lysimachia* L.

- 广西过路黄 *Lysimachia alfredii* Hance

分布：贵溪、南丰、乐安、宜黄、黎川、靖安、奉新、萍乡、泰和、遂川、赣州、瑞金、南康、石城、安远、寻乌、上犹、全南、大余、会昌。
- 狼尾花 *Lysimachia barystachys* Bunge

分布：瑞昌、德兴。
- 展枝过路黄 *Lysimachia brittenii* R. Knuth

分布：修水。

评述：江西新记录种。
- 泽珍珠菜 *Lysimachia candida* Lindl.

分布：九江、庐山、南昌、婺源、南丰、资溪、广昌、黎川、靖安。
- 细梗香草 *Lysimachia capillipes* Hemsl.

分布：乐安、资溪、宜黄、黎川、靖安、井冈山、石城、赣县、寻乌。
- 过路黄 *Lysimachia christiniae* Hance

分布：九江、庐山、武宁、彭泽、修水、玉山、贵溪、广昌、靖安、石城、信丰。
- 露珠珍珠菜 *Lysimachia circaeoides* Hemsl.

分布：武宁、资溪、井冈山。
- 矮桃 *Lysimachia clethroides* Duby

分布：九江、瑞昌、武宁、修水、新建、婺源、铅山、玉山、资溪、宜丰、分宜、莲花、井冈山、石城。
- 临时救 *Lysimachia congestiflora* Hemsl.

分布：九江、修水、新建、南昌、婺源、铅山、贵溪、资溪、宜黄、崇仁、铜鼓、靖安、宜丰、奉新、萍乡、莲花、井冈山、吉安、安福、永新、泰和、遂川、石城、上犹、龙南、崇义、大余、会昌。
- 延叶珍珠菜 *Lysimachia decurrens* G. Forst.

分布：资溪、芦溪、安福、安远、寻乌、上犹、崇义。
- 管茎过路黄 *Lysimachia fistulosa* Hand.-Mazz.

分布：上饶、上犹。

- 五岭管茎过路黄 *Lysimachia fistulosa* var. *wulingensis* F. H. Chen & C. M. Hu

分布：资溪、宜丰、芦溪、井冈山、安福、上犹。

- 大叶过路黄 *Lysimachia fordiana* Oliv.

分布：资溪、芦溪、井冈山、安福。

评述：江西本土植物名录（2017）有记载，未见标本。

- 星宿菜 *Lysimachia fortunei* Maxim.

分布：九江、瑞昌、武宁、修水、德兴、上饶、广丰、铅山、玉山、临川、鹰潭、贵溪、余江、南丰、资溪、宜黄、广昌、黎川、铜鼓、靖安、宜丰、分宜、萍乡、莲花、井冈山、吉安、安福、永丰、永新、遂川、赣州、瑞金、南康、石城、安远、赣县、寻乌、兴国、上犹、龙南、崇义、大余、会昌。

- 福建过路黄 *Lysimachia fukienensis* Hand.-Mazz. [闽赣过路黄 *Lysimachia rosthorniana* Hand.-Mazz.]

分布：德兴、上饶、贵溪、南丰、资溪、广昌、黎川、靖安、芦溪、井冈山、吉安、安福、泰和、瑞金、石城、兴国、上犹、大余。

- 缢瓣珍珠菜 *Lysimachia glanduliflora* Hanelt

分布：瑞昌、修水。

- 金爪儿 *Lysimachia grammica* Hance

分布：九江、庐山、瑞昌、鄱阳。

- 点腺过路黄 *Lysimachia hemsleyana* Maxim. ex Oliv.

分布：九江、庐山、武宁、永修、修水、铅山、黎川、铜鼓、靖安、石城、寻乌。

- 宜昌过路黄 *Lysimachia henryi* Hemsl.

分布：崇义、信丰。

- 黑腺珍珠菜 *Lysimachia heterogenea* Klatt

分布：九江、庐山、彭泽、永修、修水、新建、铅山、贵溪、乐安、资溪、宜黄、黎川、铜鼓、靖安、井冈山、吉安、瑞金、南康、石城、安远、寻乌、兴国、龙南、崇义、大余、会昌。

- 白花过路黄 *Lysimachia huitsunae* S. S. Chien

分布：德兴、井冈山。

- 小茄 *Lysimachia japonica* Thunb.

分布：铅山、上犹。

- 江西珍珠菜 *Lysimachia jiangxiensis* C. M. Hu

分布：玉山。

- 轮叶过路黄 *Lysimachia klattiana* Hance

分布：九江、庐山、瑞昌、彭泽、靖安、吉安。

- 广东临时救 *Lysimachia kwangtungensis* (Handel–Mazzetti) C. M. Hu

分布：寻乌。

- 长梗过路黄 *Lysimachia longipes* Hemsl.

分布：修水、资溪、铜鼓、井冈山。

- 山罗过路黄 *Lysimachia melampyroides* R. Knuth

分布：芦溪、井冈山、安福、永新。

- 南平过路黄 *Lysimachia nanpingensis* F. H. Chen & C. M. Hu

分布：石城。

评述：《江西种子植物名录》（刘仁林，2010）有记载，未见标本。

- 落地梅 *Lysimachia paridiformis* Franch.

分布：上栗、芦溪、井冈山、安福、永新、遂川。

- 小叶珍珠菜 *Lysimachia parvifolia* Franch.

分布：九江、庐山、修水、浮梁、新建、南昌、余江、资溪、靖安、井冈山。

- 巴东过路黄 *Lysimachia patungensis* Hand.-Mazz.

分布：九江、庐山、修水、铅山、资溪、铜鼓、靖安、宜丰、井冈山、安福、遂川、石城、兴国、龙南、崇义。

- 光叶巴东过路黄 *Lysimachia patungensis* f. *glabrifolia* C. M. Hu

分布：资溪。

评述：《中国植物物种名录》（2020 版）有记载，未见标本。
- **狭叶珍珠菜** *Lysimachia pentapetala* Bunge

  分布：九江、庐山、黎川、井冈山、永丰。
- **贯叶过路黄** *Lysimachia perfoliata* Hand.-Mazz.

  分布：武宁、修水、宜春、芦溪、安福。
- **叶头过路黄** *Lysimachia phyllocephala* Hand.-Mazz.

  分布：永修、南丰、乐安、吉安、永丰。
- **疏头过路黄** *Lysimachia pseudohenryi* Pamp.

  分布：南丰、资溪、靖安、井冈山、赣州。
- **疏节过路黄** *Lysimachia remota* Petitm.

  分布：德兴、铅山、资溪、靖安、井冈山。
- **庐山疏节过路黄** *Lysimachia remota* var. *lushanensis* F. H. Chen & C. M. Hu

  分布：九江、庐山、永修、瑞金。
- **紫脉过路黄** *Lysimachia rubinervis* F. H. Chen & C. M. Hu

  分布：九江、庐山、瑞昌、上饶、宜丰。

  评述：江西本土植物名录（2017）有记载，未见标本。
- **北延叶珍珠菜** *Lysimachia silvestrii* (Pamp.) Hand.-Mazz.

  分布：浮梁。
- **腺药珍珠菜** *Lysimachia stenosepala* Hcmsl.

  分布：九江、资溪、靖安。
- **大叶珍珠菜** *Lysimachia stigmatosa* F. H. Chen & C. M. Hu

  分布：浮梁。

酸藤子属 *Embelia* Burm. f.

- **酸藤子** *Embelia laeta* (L.) Mez

  分布：靖安、龙南、全南。
- **腺毛酸藤子** *Embelia laeta* subsp. *papilligera* (Nakai) Pipoly & C. Chen

  分布：不详。

  评述：《中国植物物种名录》（2020 版）有记载，未见标本。
- **当归藤** *Embelia parviflora* Wall. ex A. DC.

  分布：资溪、井冈山、安远、龙南、大余。
- **白花酸藤果** *Embelia ribes* Burm. f.

  分布：遂川、安远、龙南、崇义。
- **平叶酸藤子** *Embelia undulata* (Wall.) Mez [长叶酸藤子 *Embelia longifolia* (Benth.) Hemsl.]

  分布：安远、寻乌、龙南、崇义、全南、大余。
- **密齿酸藤子** *Embelia vestita* Roxb.

  分布：靖安、万载、芦溪、安福、永新、寻乌、上犹、信丰。

山茶科 Theaceae Mirb.

紫茎属 *Stewartia* L.

- **厚叶紫茎** *Stewartia crassifolia* (S. Z. Yan) J. Li & T. L. Ming

  分布：井冈山、大余、崇义、上犹。
- **天目紫茎** *Stewartia gemmata* Chien et Cheng

  分布：庐山、宜丰、靖安、芦溪、安福。
- **长柱紫茎** *Stewartia rostrata* Spongberg

  分布：九江、庐山、武宁、浮梁。
- **紫茎** *Stewartia sinensis* Rehder & E. H. Wilson

分布：九江、庐山、武宁、浮梁、铅山、玉山、南丰、资溪、宜丰、奉新、遂川。

- **广东柔毛紫茎** *Stewartia villosa* var. *kwangtungensis* (Chun) J. Li & T. L. Ming[贴毛折柄茶 *Hartia villosa* (Merr.) Merr. var. *kwangtungensis* (Chun) Hung T. Chang]

分布：不详。

评述：《中国植物物种名录》（2020版）有记载，未见标本。

核果茶属 *Pyrenaria* Bl.

- **粗毛核果茶** *Pyrenaria hirta* Keng[粗毛石笔木 *Tutcheria hirta* (Hand.-Mazz.) H. L. Li]

分布：九江、井冈山、吉安、安福、永新、遂川、龙南、信丰、全南、大余。

- **小果核果茶** *Pyrenaria microcarpa* Keng[小果石笔木 *Tutcheria microcarpa* Dunn]

分布：庐山、修水、德兴、广丰、铅山、乐安、资溪、广昌、黎川、宜丰、吉安、永丰、泰和、瑞金、石城、安远、寻乌、兴国、上犹、龙南、崇义、信丰、全南、会昌。

- **大果核果茶** *Pyrenaria spectabilis* (Champion) C. Y. Wu & S. X. Yang[短果石笔木 *Tutcheria brachycarpa* Hung T. Chang]

分布：广丰、井冈山、遂川、寻乌、崇义、会昌。

- **长柱核果茶** *Pyrenaria spectabilis* var. *greeniae* (Chun) S. X. Yang[长柄石笔木 *Tutcheria greeniae* Chun]

分布：修水、分宜、井冈山、安福、遂川、寻乌、上犹、崇义、大余。

木荷属 *Schima* Reinw. ex Bl.

- **银木荷** *Schima argentea* E. Pritz. [竹叶木荷 *Schima bambusifolia* Hu]

分布：九江、铅山、资溪、铜鼓、靖安、萍乡、莲花、井冈山、吉安、安福、石城、兴国、上犹、崇义、全南、大余。

- **短梗木荷** *Schima brevipedicellata* H. T. Chang

分布：寻乌、上犹。

- **疏齿木荷** *Schima remotiserrata* H. T. Chang

分布：铅山、资溪、上犹。

- **木荷** *Schima superba* Gardner et Champ.

分布：九江、庐山、乐平、新建、南昌、德兴、上饶、广丰、铅山、玉山、临川、贵溪、南丰、南城、资溪、宜黄、广昌、黎川、铜鼓、靖安、宜丰、奉新、万载、分宜、萍乡、井冈山、吉安、安福、永新、泰和、遂川、瑞金、南康、石城、安远、赣县、宁都、寻乌、兴国、定南、上犹、龙南、崇义、全南、大余、会昌。

山茶属 *Camellia* L.

- **大萼毛蕊茶** *Camellia assimiloides* Sealy[杯萼毛蕊茶 *Camellia cratera* H. T. Chang]

分布：瑞金。

- **短柱茶** *Camellia brevistyla* (Hayata) Cohen-Stuart [钝叶短柱茶 *Camellia obtusifolia* H. T. Chang]

分布：九江、庐山、武宁、新建、德兴、广丰、铅山、玉山、南丰、资溪、广昌、黎川、崇仁、靖安、宜丰、分宜、萍乡、安福、永新、石城、寻乌、兴国、龙南、全南。

- **细叶短柱油茶** *Camellia brevistyla* var. *microphylla* (Merrill) T. L. Ming [细叶短柱茶 *Camellia microphylla* (Merr.) Chien]

分布：修水、资溪、黎川、井冈山、吉安、石城。

- **长尾毛蕊茶** *Camellia caudata* Wall.

分布：广丰、资溪、高安、井冈山、石城、崇义。

- **浙江红山茶** *Camellia chekiangoleosa* Hu [厚叶红山茶 *Camellia crassissima* H. T. Chang et Shi、闪光红山茶 *Camellia lucidissima* H. T. Chang]

分布：玉山、贵溪、南丰、资溪、黎川、莲花、井冈山、永丰、永新、上犹、崇义。

- **心叶毛蕊茶** *Camellia cordifolia* (F. P. Metcalf) Nakai

分布：南丰、井冈山、永新、遂川、瑞金、石城、安远、寻乌、龙南、全南、大余。

- **贵州连蕊茶** *Camellia costei* H. Lév.

分布：资溪、宜黄、黎川、井冈山、石城、寻乌、兴国、全南。

● **红皮糙果茶** *Camellia crapnelliana* Tutcher [多苞糙果茶 *Camellia multibracteata* Chang et Mo ex Mo]

分布：分宜、广昌、瑞金、寻乌、会昌。

● **尖连蕊茶** *Camellia cuspidata* (Kochs) Wright ex Gard

分布：九江、瑞昌、武宁、永修、修水、景德镇、上饶、婺源、玉山、贵溪、高安、铜鼓、靖安、宜丰、奉新、萍乡、井冈山、吉安、安福、永新、遂川、瑞金、石城、安远、赣县、龙南、寻乌。

● **浙江尖连蕊茶** *Camellia cuspidata* var. *chekiangensis* Sealy

分布：黎川、井冈山、瑞金。

● **大花尖连蕊茶** *Camellia cuspidata* var. *grandiflora* Sealy

分布：武宁、永修、修水、吉安、安福、上犹。

● * **越南油茶** *Camellia drupifera* Lour.

分布：宜春、赣州。

● **尖萼红山茶** *Camellia edithae* Hance

分布：寻乌。

● **柃叶连蕊茶** *Camellia euryoides* Lindl. [细叶连蕊茶 *Camellia parvilimba* Merr. et Metc.]

分布：九江、庐山、武宁、修水、上饶、资溪、黎川、铜鼓、靖安、宜丰、分宜、萍乡、莲花、井冈山、安福、永新、遂川、安远、寻乌、兴国、上犹、龙南、崇义、全南、大余。

● **毛蕊柃叶连蕊茶** *Camellia euryoides* var. *nokoensis* (Hayata) Ming [细萼连蕊茶 *Camellia tsofui* Chien]

分布：袁州、萍乡、上栗、芦溪、安福、安远、寻乌、定南。

● **大花窄叶油茶** *Camellia fluviatilis* var. *megalantha* (H. T. Chang) Ming[狭叶油茶 *Camellia lanceoleosa* H. T. Chang & Chiu]

分布：南昌、宜丰。

● **毛柄连蕊茶** *Camellia fraterna* Hance

分布：九江、武宁、彭泽、永修、乐平、浮梁、新建、南昌、德兴、上饶、广丰、鄱阳、婺源、铅山、玉山、临川、贵溪、南丰、资溪、宜黄、东乡、广昌、黎川、萍乡、井冈山、吉安、安福、永丰、石城、龙南、全南。

● **糙果茶** *Camellia furfuracea* (Merr.) Cohen-Stuart

分布：瑞金、安远、寻乌。

● **硬叶糙果茶** *Camellia gaudichaudii* (Gagnep.) Sealy

分布：寻乌。

● **长瓣短柱茶** *Camellia grijsii* Hance

分布：庐山、黎川、芦溪、安福。

● * **冬红短柱茶** *Camellia hiemalis* Nakai

分布：九江、南昌。

● **山茶** *Camellia japonica* L.

分布：九江、玉山、贵溪、资溪、黎川、铜鼓、石城、寻乌、崇义、大余。

● **落瓣短柱茶** *Camellia kissi* Wall.

分布：资溪。

评述：《江西种子植物名录》(刘仁林，2010) 有记载，未见标本。

● **油茶** *Camellia oleifera* Abel

分布：九江、庐山、瑞昌、武宁、永修、修水、乐平、新建、安义、德兴、上饶、广丰、婺源、铅山、玉山、贵溪、南丰、乐安、资溪、宜黄、广昌、黎川、高安、铜鼓、靖安、宜丰、奉新、萍乡、莲花、井冈山、吉安、安福、峡江、遂川、赣州、瑞金、南康、石城、安远、赣县、宁都、寻乌、兴国、上犹、全南、大余、会昌。

● **柳叶毛蕊茶** *Camellia salicifolia* Champion ex Bentham

分布：瑞金、石城、安远、寻乌、龙南、全南、大余、会昌。

● * **茶梅** *Camellia sasanqua* Thunb.

分布：全省有栽培。

● **南山茶** *Camellia semiserrata* Chi[毛籽红山茶 *Camellia trichosperma* H. T. Chang]

分布：寻乌。

● 茶 *Camellia sinensis* (L.) O. Kuntze

分布：九江、庐山、武宁、彭泽、新建、南昌、上饶、铅山、玉山、贵溪、南丰、资溪、广昌、黎川、靖安、宜丰、奉新、萍乡、井冈山、安福、永丰、永新、南康、石城、安远、赣县、宁都、寻乌、兴国、龙南、崇义、全南、大余。

● 全缘红山茶 *Camellia subintegra* P. C. Huang ex Hung T. Chang

分布：袁州、萍乡、安福。

● 阿里山连蕊茶 *Camellia transarisanensis* (Hayata) Cohen-Stuart[岳麓连蕊茶 *Camellia handelii* Sealy]

分布：浮梁、分宜、井冈山、安福。

145 山矾科 Symplocaceae Desf.

山矾属 *Symplocos* Jacq.

● 腺柄山矾 *Symplocos adenopus* Hance

分布：上饶、铅山、资溪、黎川、井冈山、安福、遂川、上犹、信丰。

● 薄叶山矾 *Symplocos anomala* Brand

分布：九江、庐山、武宁、德兴、上饶、广丰、婺源、铅山、玉山、贵溪、余江、南丰、资溪、宜黄、广昌、黎川、宜春、靖安、井冈山、安福、永新、遂川、石城、安远、宁都、龙南、大余。

● 越南山矾 *Symplocos cochinchinensis* (Lour.) S. Moore

分布：资溪、广昌、井冈山、寻乌、龙南、崇义。

● 黄牛奶树 *Symplocos cochinchinensis* var. *laurina* (Retz.) Noot.

分布：贵溪、井冈山、石城。

● 微毛越南山矾 *Symplocos cochinchinensis* var. *puberula* Huang & Y. F. Wu in Y. F. Wu

分布：寻乌、信丰、龙南。

● 密花山矾 *Symplocos congesta* Benth.

分布：铅山、资溪、井冈山、泰和、寻乌、龙南、崇义、全南、大余。

● 火灰山矾 *Symplocos dung* Eberh. et Dub.

分布：寻乌、安远、龙南。

● 福建山矾 *Symplocos fukienensis* Y. Ling

分布：寻乌。

● 羊舌树 *Symplocos glauca* (Thunb.) Koidz.

分布：铅山、资溪、靖安、万载。

● 团花山矾 *Symplocos glomerata* King ex C. B. Clarke[宜章山矾 *Symplocos yizhangensis* Y. F. Wu]

分布：资溪、宜春、萍乡、井冈山、安福、遂川、寻乌、龙南。

● 毛山矾 *Symplocos groffii* Merr.

分布：资溪、井冈山、石城、龙南、大余。

● 海桐山矾 *Symplocos heishanensis* Hayata

分布：资溪、黎川、靖安、宜丰、井冈山、泰和、遂川、安远、龙南、崇义、全南、大余。

● 光叶山矾 *Symplocos lancifolia* Siebold et Zucc. [潮州山矾 *Symplocos mollifolia* Dunn、剑叶灰木 *Bobua pseudolancifolia* Hatus.]

分布：九江、武宁、永修、修水、德兴、铅山、玉山、资溪、黎川、铜鼓、靖安、万载、分宜、萍乡、莲花、芦溪、井冈山、吉安、安福、永新、泰和、遂川、石城、安远、宁都、寻乌、兴国、上犹、龙南、崇义、信丰、全南、大余、会昌。

● 狭叶黄牛奶树 *Symplocos laurina* var. *bodinieri* (Brand) Hand.-Mazz.

分布：崇义。

● 光亮山矾 *Symplocos lucida* (Thunberg) Siebold et Zucc. [厚皮灰木 *Symplocos crassifolia* Benth、棱角山矾 *Symplocos tetragona* Chen ex Y. F. Wu、茶条果 *Symplocos ernestii* Dunn、枝穗山矾 *Symplocos multipes* Brand、四川山矾 *Symplocos setchuensis* Brand、叶萼山矾 *Symplocos phyllocalyx* Clarke]

分布：九江、庐山、武宁、修水、新建、南昌、德兴、上饶、婺源、铅山、鹰潭、余江、黎川、崇仁、高安、铜鼓、靖安、宜丰、分宜、萍乡、井冈山、安福、泰和、遂川、瑞金、石城、安远、赣县、宁都、寻乌、大余。

- **白檀** *Symplocos paniculata* (Thunb.) Miq. [华山矾 *Symplocos chinensis* (Lour.) Druce]

  分布：九江、庐山、瑞昌、武宁、彭泽、永修、修水、浮梁、新建、南昌、德兴、上饶、鄱阳、婺源、铅山、玉山、临川、鹰潭、贵溪、余江、南丰、南城、资溪、宜黄、东乡、广昌、黎川、铜鼓、靖安、奉新、万载、分宜、萍乡、莲花、井冈山、吉安、安福、永新、泰和、遂川、赣州、瑞金、南康、石城、安远、赣县、寻乌、兴国、上犹、龙南、崇义、全南、大余、会昌。

- **吊钟山矾** *Symplocos pendula* Wight

  分布：武宁、修水、上饶、南丰、资溪、宜黄、东乡、广昌、黎川、崇仁、铜鼓、靖安、宜丰、万载、分宜、莲花、井冈山、吉安、安福、永丰、遂川、瑞金、石城、安远、赣县、宁都、兴国、龙南、全南、大余、会昌。

- **南岭山矾** *Symplocos pendula* var. *hirtistylis* (C. B. Clarke) Noot.

  分布：武宁、修水、上饶、南丰、资溪、宜黄、东乡、广昌、黎川、崇仁、铜鼓、靖安、宜丰、万载、分宜、莲花、芦溪、井冈山、吉安、安福、永丰、遂川、瑞金、石城、安远、赣县、宁都、兴国、龙南、全南、大余、会昌。

- **铁山矾** *Symplocos pseudobarberina* Gontsch.

  分布：资溪、井冈山、遂川、崇义。

- **多花山矾** *Symplocos ramosissima* Wall. ex G. Don

  分布：资溪、芦溪、井冈山、安福。

  评述：《江西种子植物名录》（刘仁林，2010）有记载，未见标本。

- **琉璃山矾** *Symplocos sawafutagi* Nagam

  分布：庐山、九江、南昌、萍乡、吉安、安福、上犹。

- **老鼠矢** *Symplocos stellaris* Brand

  分布：九江、庐山、武宁、修水、浮梁、南昌、德兴、广丰、鄱阳、婺源、玉山、鹰潭、贵溪、余江、南丰、乐安、资溪、广昌、黎川、崇仁、铜鼓、靖安、宜丰、奉新、芦溪、井冈山、吉安、安福、泰和、遂川、石城、安远、宁都、寻乌、兴国、上犹、龙南、全南、大余。

- **山矾** *Symplocos sumuntia* Buch.-Ham. ex D. Don [总状山矾 *Symplocos botryantha* Franch.、坛果山矾 *Symplocos urceolaris* Hance、美山矾 *Symplocos decora* Hance、银色山矾 *Symplocos subconnata* Hand.-Mazz.]

  分布：九江、庐山、武宁、永修、修水、浮梁、德兴、鄱阳、婺源、铅山、临川、鹰潭、贵溪、余江、南丰、资溪、宜黄、东乡、广昌、黎川、崇仁、丰城、铜鼓、靖安、宜丰、奉新、分宜、莲花、井冈山、吉安、安福、永新、遂川、石城、安远、赣县、兴国、上犹、大余、会昌。

- **绿枝山矾** *Symplocos viridissima* Brand [披针叶山矾 *Symplocos lancilimba* Merr.]

  分布：井冈山、寻乌、龙南。

- **微毛山矾** *Symplocos wikstroemiifolia* Hayata

  分布：德兴、铅山、贵溪、资溪、黎川、井冈山、石城、上犹、龙南。

146 安息香科 Styracaceae DC. & Spreng.

银钟花属 *Halesia* J. Ellis ex L.

- **银钟花** *Halesia macgregorii* Chun

  分布：铅山、贵溪、资溪、靖安、萍乡、莲花、芦溪、井冈山、安福、遂川、石城、寻乌、上犹、龙南、崇义、全南。

白辛树属 *Pterostyrax* Sieb. et Zucc.

- **小叶白辛树** *Pterostyrax corymbosus* Siebold et Zucc.

  分布：九江、庐山、永修、浮梁、新建、上饶、婺源、铅山、贵溪、资溪、广昌、靖安、萍乡、芦溪、井冈山、安福、遂川、石城、安远、寻乌、上犹、龙南、崇义、大余。
- 白辛树 *Pterostyrax psilophyllus* Diels ex Perkins

  分布：武宁、井冈山、遂川。

  评述：疑似标本鉴定有误，误将小叶白辛树鉴定为该种。

山茉莉属 *Huodendron* Rehd.

- 岭南山茉莉 *Huodendron biaristatum* var. *parviflorum* (Merr.) Rehder

  分布：资溪、遂川、安远、寻乌、龙南、崇义、信丰、全南、大余。

赤杨叶属 *Alniphyllum* Matsum.

- 赤杨叶 *Alniphyllum fortunei* (Hemsl.) Makino

  分布：九江、武宁、永修、修水、乐平、德兴、上饶、婺源、铅山、玉山、贵溪、南丰、资溪、宜黄、广昌、黎川、铜鼓、靖安、宜丰、萍乡、莲花、井冈山、吉安、安福、遂川、瑞金、南康、石城、安远、赣县、宁都、寻乌、定南、上犹、龙南、崇义、全南、大余、会昌。

秤锤树属 *Sinojackia* Hu

- 狭果秤锤树 *Sinojackia rehderiana* Hu

  分布：彭泽、永修、修水、南昌。

- 秤锤树 *Sinojackia xylocarpa* Hu

  分布：彭泽。

安息香属 *Styrax* L.

- 灰叶安息香 *Styrax calvescens* Perkins

  分布：九江、庐山、永修、浮梁、新建、铅山、南丰、靖安、吉安、瑞金、龙南、会昌。

- 赛山梅 *Styrax confusus* Hemsl. [毛野茉莉 *Styrax mollis* Dunn]

  分布：九江、庐山、瑞昌、武宁、永修、修水、南昌、德兴、婺源、铅山、贵溪、南丰、乐安、南城、资溪、宜黄、东乡、广昌、黎川、丰城、靖安、奉新、萍乡、莲花、吉安、永丰、永新、遂川、瑞金、南康、石城、安远、赣县、寻乌、兴国、定南、上犹、龙南、崇义、全南、大余、会昌。

- 垂珠花 *Styrax dasyanthus* Perkins

  分布：九江、庐山、彭泽、新建、婺源、贵溪、资溪、铜鼓、靖安、萍乡、井冈山、吉安、安福、泰和、遂川、石城、寻乌、兴国。

- 白花龙 *Styrax faberi* Perkins

  分布：九江、庐山、武宁、永修、修水、新建、鄱阳、贵溪、南丰、资溪、宜黄、广昌、樟树、靖安、奉新、萍乡、井冈山、吉安、安福、永新、泰和、遂川、瑞金、南康、石城、安远、赣县、寻乌、兴国、上犹、龙南、崇义、全南、大余、会昌。

- 台湾安息香 *Styrax formosanus* Matsum.

  分布：南丰、资溪、井冈山、石城、安远、会昌。

- 长柔毛安息香 *Styrax formosanus* var. *hirtus* S. M. Hwang

  分布：石城。

  评述：《江西种子植物名录》（刘仁林，2010）有记载，未见标本。

- 大花野茉莉 *Styrax grandiflorus* Griff.

  分布：景德镇、井冈山。

- 老鸹铃 *Styrax hemsleyanus* Diels

  分布：武宁、景德镇、婺源、黎川、宜丰、井冈山、石城。

- 野茉莉 *Styrax japonicus* Siebold et Zucc.

  分布：九江、庐山、武宁、铅山、贵溪、资溪、靖安、宜丰、井冈山、安福、泰和、遂川、赣州、石城、寻乌、上犹、大余。

- 毛萼野茉莉 *Styrax japonicus* var. *calycothrix* Gilg

  分布：寻乌。

评述：《江西植物名录》（杨祥学，1982）有记载。
- 玉铃花 *Styrax obassis* Siebold et Zucc.

分布：修水、资溪、丰城、铜鼓、芦溪、井冈山、安福。
- 芬芳安息香 *Styrax odoratissimus* Champion ex Bentham

分布：九江、庐山、贵溪、资溪、靖安、南康、石城、安远、上犹、崇义、会昌。
- 栓叶安息香 *Styrax suberifolius* Hook. et Arn.

分布：武宁、修水、新建、铅山、贵溪、南丰、资溪、广昌、黎川、铜鼓、靖安、宜丰、莲花、芦溪、井冈山、安福、泰和、遂川、石城、安远、宁都、寻乌、上犹、龙南、崇义、全南、大余。
- 越南安息香 *Styrax tonkinensis* (Pierre) Craib ex Hartwich

分布：资溪、铜鼓、峡江、寻乌、上犹、信丰、大余。
- 婺源安息香 *Styrax wuyuanensis* S. M. Hwang

分布：婺源。

陀螺果属 *Melliodendron* Hand.-Mazz.

- 陀螺果 *Melliodendron xylocarpum* Hand.-Mazz.

分布：铅山、资溪、铜鼓、宜丰、莲花、芦溪、井冈山、安福、永新、泰和、遂川、上犹、崇义、大余。

木瓜红属 *Rehderodendron* Hu

- 广东木瓜红 *Rehderodendron kwangtungense* Chun

分布：江西南部。

评述：《江西植物名录》（杨祥学，1982）有记载，标本凭证：江西林科所 1320

147 猕猴桃科 Actinidiaceae Gilg & Werderm.

猕猴桃属 *Actinidia* Lindl.

- 软枣猕猴桃 *Actinidia arguta* (Siebold et Zucc.) Planch. ex Miq.

分布：庐山、修水、彭泽、芦溪、贵溪、全南、上犹、石城、崇义、靖安、广信、铅山、婺源、井冈山、遂川、安福、资溪。
- 陕西猕猴桃 *Actinidia arguta* var. *giraldii* (Diels) Vorosch.

分布：不详。

评述：《中国植物物种名录》（2020 版）有记载，未见标本。
- 紫果猕猴桃 *Actinidia arguta* var. *purpurea* (Rehder) C. F. Liang ex Q. Q. Chang

分布：庐山、铅山。
- 硬齿猕猴桃 *Actinidia callosa* Lindl.

分布：九江、武宁、修水、德兴、上饶、广丰、婺源、玉山、贵溪、南丰、资溪、广昌、黎川、铜鼓、靖安、宜丰、奉新、万载、井冈山、吉安、安福、永新、遂川、瑞金、石城、安远、寻乌、上犹、龙南。
- 异色猕猴桃 *Actinidia callosa* var. *discolor* C. F. Liang

分布：九江、庐山、永修、修水、德兴、上饶、广丰、婺源、玉山、贵溪、南丰、资溪、广昌、黎川、铜鼓、靖安、宜丰、奉新、井冈山、安福、永新、泰和、遂川、瑞金、石城、安远、宁都、寻乌、上犹、龙南、崇义、大余、会昌。
- 京梨猕猴桃 *Actinidia callosa* var. *henryi* Maxim.

分布：九江、庐山、修水、上饶、铅山、玉山、贵溪、资溪、靖安、萍乡、井冈山、遂川、龙南、崇义。
- 中华猕猴桃 *Actinidia chinensis* Planch.

分布：九江、武宁、彭泽、永修、乐平、浮梁、新建、鄱阳、婺源、铅山、贵溪、南丰、宜黄、东乡、广昌、黎川、铜鼓、宜丰、萍乡、莲花、井冈山、吉安、安福、永新、遂川、石城、兴国。
- 井冈山猕猴桃 *Actinidia chinensis* var. *chinensis* f. *jinggangshanensis* C. F. Liang

被子植物 / 263

分布：武宁、资溪、宜丰、莲花、芦溪、井冈山、安福、永新、遂川。
- 美味猕猴桃 *Actinidia chinensis* var. *deliciosa* (A. Chev.) A Chev.

分布：铅山、奉新、井冈山。
- 金花猕猴桃 *Actinidia chrysantha* C. F. Liang

分布：崇义、遂川。
- 毛花猕猴桃 *Actinidia eriantha* Benth.

分布：九江、庐山、广丰、铅山、玉山、南丰、乐安、资溪、宜黄、黎川、靖安、萍乡、莲花、井冈山、吉安、安福、永新、泰和、遂川、瑞金、南康、石城、安远、赣县、宁都、寻乌、兴国、上犹、龙南、崇义、大余、会昌。
- 条叶猕猴桃 *Actinidia fortunatii* Finet et Gagnep.

分布：广丰、铅山、玉山、资溪、井冈山、安福。
- 黄毛猕猴桃 *Actinidia fulvicoma* Hance

分布：资溪、井冈山、遂川、南康、寻乌、兴国、上犹、龙南、崇义、全南、大余。
- 厚叶猕猴桃 *Actinidia fulvicoma* var. *pachyphylla* (Dunn) H. L. Li

分布：井冈山、遂川、大余。
- 长叶猕猴桃 *Actinidia hemsleyana* Dunn

分布：铅山、资溪、芦溪、井冈山、安福。
- 江西猕猴桃 *Actinidia jiangxiensis* C. F. Liang et X. Li

分布：铅山、黎川。
- 狗枣猕猴桃 *Actinidia kolomikta* (Maxim. et Rupr.) Maxim.

分布：石城。

评述：仅见一份标本，疑似鉴定有误。
- 小叶猕猴桃 *Actinidia lanceolata* Dunn

分布：九江、庐山、永修、修水、广丰、玉山、贵溪、资溪、宜黄、黎川、铜鼓、靖安、宜丰、奉新、莲花、吉安、石城、安远、上犹、全南。
- 阔叶猕猴桃 *Actinidia latifolia* (Gardn. et Champ.) Merr. [红果杨桃 *Actinidia championii* Benth.]

分布：九江、庐山、乐安、资溪、奉新、莲花、吉安、安福、永丰、永新、泰和、遂川、瑞金、石城、安远、赣县、寻乌、兴国、龙南、崇义、全南、大余。
- 大籽猕猴桃 *Actinidia macrosperma* C. F. Liang

分布：九江、庐山、靖安。
- 梅叶猕猴桃 *Actinidia macrosperma* var. *mumoides* C. F. Liang

分布：九江、庐山。
- 黑蕊猕猴桃 *Actinidia melanandra* Franch.

分布：修水、玉山、靖安、宜丰、井冈山。
- 美丽猕猴桃 *Actinidia melliana* Hand.-Mazz.

分布：资溪、龙南、全南。
- 葛枣猕猴桃 *Actinidia polygama* (Siebold et Zucc.) Maxim.

分布：靖安、萍乡。
- 红茎猕猴桃 *Actinidia rubricaulis* Dunn

分布：铅山、鹰潭、资溪、宜春、靖安、井冈山、安福、永新、上犹。
- 革叶猕猴桃 *Actinidia rubricaulis* var. *coriacea* (Finet et Gagnep.) C. F. Liang

分布：分宜、井冈山、石城。
- 清风藤猕猴桃 *Actinidia sabiifolia* Dunn

分布：九江、庐山、资溪、遂川、上犹。
- 安息香猕猴桃 *Actinidia styracifolia* C. F. Liang

分布：南丰。
- 毛蕊猕猴桃 *Actinidia trichogyna* Franch.

分布：修水、婺源。
- 对萼猕猴桃 *Actinidia valvata* Dunn

分布：九江、武宁、永修、修水、浮梁、婺源、玉山、资溪、黎川、崇仁、铜鼓、萍乡、井冈山、遂川、兴国、全南。
- 麻叶猕猴桃 *Actinidia valvata* var. *boehmeriifolia* Dunn

  分布：九江、庐山、修水、铜鼓、靖安。
- 浙江猕猴桃 *Actinidia zhejiangensis* C. F. Liang

  分布：德兴、玉山。

藤山柳属 *Clematoclethra* Maxim.

- 刚毛藤山柳 *Clematoclethra scandens* Maxim.

  分布：井冈山。

118 桤叶树科 Clethraceae Klotzsch

桤叶树属 *Clethra* Gronov. ex L.

- 髭脉桤叶树（华东山柳）*Clethra barbinervis* Siebold et Zucc.

  分布：九江、武宁、铜鼓、靖安、分宜、遂川、宁都、龙南。
- 云南桤叶树 *Clethra delavayi* Franch. [贵定桤叶树 *Clethra cavaleriei* Lévl.、南岭山柳 *Clethra esquirolii* H. Lév.、单穗桤叶树 *Clethra monostachya* Rehd. et Wils.]

  分布：九江、修水、德兴、上饶、铅山、玉山、贵溪、资溪、黎川、井冈山、永新、遂川、上犹、龙南。
- 华南桤叶树 *Clethra fabri* Hance [华南山柳 *Clethra faberi* Hance]

  分布：武宁、莲花、芦溪、遂川。
- 城口桤叶树（华中山柳）*Clethra fargesii* Franch.

  分布：九江、武宁、修水、铅山、铜鼓、靖安、奉新、安福、永丰、安远、寻乌、定南。
- 贵州桤叶树 *Clethra kaipoensis* H. Lév. [萍乡山柳 *Clethra brammeriana* Hand.-Mazz.]

  分布：萍乡、莲花、井冈山、安福、永新、泰和、遂川、瑞金、南康、石城、赣县、兴国、大余。
- 湖南桤叶树 *Clethra sleumeriana* Hao

  分布：分布：玉山。

119 杜鹃花科 Ericaceae Juss.

珍珠花属 *Lyonia* Nutt.

- 珍珠花 *Lyonia ovalifolia* (Wall.) Drude

  分布：武宁、修水、玉山、乐安、资溪、铜鼓、靖安、奉新、萍乡、芦溪、井冈山、安福、吉水、遂川、瑞金、南康、赣县、寻乌、上犹、龙南、崇义、全南。
- 小果珍珠花 *Lyonia ovalifolia* var. *elliptica* (Siebold et Zucc.) Hand.-Mazz.

  分布：九江、庐山、武宁、永修、修水、乐平、浮梁、上饶、婺源、铅山、玉山、贵溪、南丰、资溪、宜黄、广昌、黎川、铜鼓、靖安、宜丰、萍乡、莲花、井冈山、吉安、安福、永新、泰和、遂川、瑞金、南康、石城、安远、宁都、寻乌、兴国、定南、上犹、龙南、崇义、大余、会昌。
- 毛果珍珠花 *Lyonia ovalifolia* var. *hebecarpa* (Franch. ex Forb. & Hemsl.) Chun

  分布：庐山、武宁、铅山、资溪、黎川、靖安、莲花、芦溪、井冈山、遂川、石城、上犹、信丰。
- 狭叶珍珠花 *Lyonia ovalifolia* var. *lanceolata* (Wall.) Hand.-Mazz.

  分布：九江、庐山、铅山、南丰、资溪、芦溪、井冈山、安福、遂川。

越橘属 *Vaccinium* L.

- 南烛 *Vaccinium bracteatum* Thunb.

  分布：九江、庐山、瑞昌、武宁、彭泽、修水、南昌、德兴、上饶、广丰、铅山、玉山、临川、鹰潭、贵溪、资溪、宜黄、东乡、广昌、黎川、铜鼓、靖安、萍乡、莲花、井冈山、吉安、安福、吉水、永丰、永新、遂川、瑞金、石城、安远、宁都、寻乌、兴国、上犹、龙南、全南、大余、会昌。

- 小叶南烛 *Vaccinium bracteatum* var. *chinense* (Lodd.) Chun ex Sleumer

分布：龙南、全南。

- 淡红南烛 *Vaccinium bracteatum* var. *rubellum* Hsu, J. X. Qiu, S. F. Huang et Y. Zhang

分布：贵溪、宜春、萍乡、井冈山、瑞金、石城。

- 短尾越橘 *Vaccinium carlesii* Dunn

分布：九江、庐山、乐平、德兴、上饶、广丰、铅山、玉山、临川、贵溪、南丰、金溪、资溪、东乡、黎川、崇仁、靖安、莲花、井冈山、吉安、吉水、永新、遂川、瑞金、南康、石城、安远、宁都、寻乌、龙南、崇义、全南、大余、会昌。

- 广东乌饭 *Vaccinium guangdongense* W. P. Fang et Z. H. Pan

分布：石城。

评述：《江西种子植物名录》（刘仁林，2010）有记载，未见标本。

- 无梗越橘 *Vaccinium henryi* Hemsl.

分布：资溪、靖安、井冈山、遂川。

- 有梗越橘 *Vaccinium henryi* var. *chingii* (Sleumer) C. Y. Wu et R. C. Fang

分布：景德镇、芦溪、井冈山、安福、安远、寻乌、定南。

- 黄背越橘 *Vaccinium iteophyllum* Hance

分布：九江、庐山、新建、德兴、上饶、广丰、铅山、玉山、乐安、资溪、东乡、广昌、靖安、井冈山、吉安、永新、遂川、瑞金、上犹、龙南、崇义、大余、会昌。

- 日本扁枝越橘 *Vaccinium japonicum* Miq.

分布：不详。

评述：《中国植物物种名录》（2020 版）有记载，未见标本。

- 扁枝越橘 *Vaccinium japonicum* var. *sinicum* (Nakai) Rehder

分布：武宁、铅山、玉山、南丰、资溪、黎川、靖安、芦溪、井冈山、安福、遂川。

- 长尾乌饭 *Vaccinium longicaudatum* Chun ex Fang et Z. H. Pan

分布：玉山、资溪、广昌、井冈山、遂川、瑞金、寻乌、崇义。

- 江南越橘 *Vaccinium mandarinorum* Diels

分布：九江、庐山、武宁、永修、修水、乐平、浮梁、新建、德兴、上饶、婺源、铅山、玉山、临川、贵溪、余江、南丰、资溪、黎川、丰城、铜鼓、宜丰、萍乡、莲花、井冈山、吉安、安福、吉水、永丰、永新、泰和、遂川、瑞金、南康、石城、安远、寻乌、兴国、上犹、龙南、崇义、大余、会昌。

- 峦大越橘 *Vaccinium randaiense* Hayata

分布：铅山。

- 刺毛越橘 *Vaccinium trichocladum* Merr. & F. P. Metcalf

分布：铅山、玉山、贵溪、靖安、瑞金、石城、上犹、龙南、崇义、全南。

- 光序刺毛越橘 *Vaccinium trichocladum* var. *glabriracemosum* C. Y. Wu

分布：铅山、玉山、资溪、瑞金、寻乌、会昌。

杜鹃花属 *Rhododendron* L.

- 锦绣杜鹃 *Rhododendron* × *pulchrum* Sweet

分布：全省广泛栽培。

- 腺萼马银花 *Rhododendron bachii* H. Lév.

分布：九江、修水、临川、南丰、黎川、靖安、莲花、芦溪、井冈山、吉安、安福、永新、泰和、遂川、瑞金、石城、安远、寻乌、上犹、崇义。

- 多花杜鹃 *Rhododendron cavaleriei* H. Lév.

分布：遂川、会昌。

- 刺毛杜鹃 *Rhododendron championiae* Hook.

分布：新建、贵溪、资溪、靖安、遂川、石城、安远、上犹、龙南、崇义、全南、大余。

- 粗柱杜鹃 *Rhododendron crassistylum* M. Y. He

分布：井冈山、遂川。

- **喇叭杜鹃** *Rhododendron discolor* Franch.

分布：铅山、井冈山、遂川、上犹。

- **大云锦杜鹃** *Rhododendron faithiae* Chun

分布：芦溪、龙南。

- **丁香杜鹃** *Rhododendron farrerae* Sweet

分布：修水、上饶、铅山、南丰、萍乡、瑞金、安远、寻乌、龙南。

- **龙岩杜鹃** *Rhododendron florulentum* P. C. Tam

分布：瑞金、会昌。

- **云锦杜鹃** *Rhododendron fortunei* Lindl.

分布：九江、庐山、武宁、铅山、资溪、黎川、靖安、宜丰、萍乡、井冈山、安福、遂川、寻乌、龙南、全南。

- **贵定杜鹃** *Rhododendron fuchsiifolium* H. Lév.

分布：不详。

评述：《中国植物物种名录》（2020版）有记载，未见标本。

- **光枝杜鹃** *Rhododendron haofui* Chun & W. P. Fang

分布：修水、铅山、玉山、芦溪、井冈山、安福、遂川、上犹、全南。

- **弯蒴杜鹃** *Rhododendron henryi* Hance

分布：资溪、瑞金、安远、寻乌、会昌。

- **秃房杜鹃** *Rhododendron henryi* var. *dunnii* (Wils.) M. Y. He

分布：南丰、资溪、瑞金、安远、寻乌、会昌。

- **白马银花** *Rhododendron hongkongense* Hutch.

分布：瑞金、安远、寻乌、全南、龙南。

- **湖南杜鹃** *Rhododendron hunanense* Chun ex P. C. Tam

分布：铜鼓、崇义。

- **井冈山杜鹃** *Rhododendron jingangshanicum* P. C. Tam

分布：井冈山、遂川。

- **江西杜鹃** *Rhododendron kiangsiense* Fang

分布：萍乡、芦溪、井冈山、安福、上犹。

- **广东杜鹃** *Rhododendron kwangtungense* Merr. et Chun

分布：龙南。

评述：《江西植物名录》（杨祥学，1982）有记载，标本凭证：九连山保护区 781359。

- **鹿角杜鹃** *Rhododendron latoucheae* Franch.

分布：九江、武宁、永修、修水、新建、南昌、德兴、上饶、广丰、婺源、铅山、玉山、贵溪、南丰、宜黄、广昌、黎川、铜鼓、分宜、萍乡、莲花、井冈山、吉安、安福、永新、泰和、遂川、瑞金、南康、石城、安远、赣县、宁都、寻乌、兴国、上犹、龙南、崇义、全南、大余、会昌。

- **黄山杜鹃** *Rhododendron maculiferum* subsp. *anwheiense* (E. H. Wilson) D. F. Chamberlain

分布：婺源、玉山、芦溪、井冈山、安福。

- **岭南杜鹃** *Rhododendron mariae* Hance

分布：新建、资溪、安远、上犹、龙南、崇义。

- **满山红** *Rhododendron mariesii* Hemsl. et E. H. Wilson

分布：九江、庐山、武宁、彭泽、永修、修水、新建、德兴、上饶、广丰、铅山、贵溪、南丰、资溪、铜鼓、靖安、分宜、萍乡、井冈山、安福、永新、遂川、南康、石城、安远、赣县、寻乌、上犹、龙南、崇义、全南。

- **小果马银花** *Rhododendron microcarpum* R. L. Liu & L. M. Gao

分布：遂川、上犹。

- **亮毛杜鹃** *Rhododendron microphyton* Franch.

分布：井冈山。

评述：《江西植物名录》（杨祥学，1982）和《江西种子植物名录》（刘仁林，2010）有记载，未见标本。

● 头巾马银花 *Rhododendron mitriforme* Tam

分布：上犹。

● 羊踯躅 *Rhododendron molle* (Blum) G. Don

分布：九江、庐山、瑞昌、武宁、彭泽、修水、浮梁、新建、安义、临川、贵溪、资溪、铜鼓、靖安、宜丰、萍乡、井冈山、吉安、安福、永新、泰和、遂川、石城。

● 毛棉杜鹃花 *Rhododendron moulmainense* Hook. f.

分布：遂川、寻乌、上犹、全南、大余。

● 白花杜鹃 *Rhododendron mucronatum* (Blume) G. Don

分布：九江、南昌、井冈山。

● 南昆杜鹃 *Rhododendron naamkwanense* Merr.

分布：资溪、瑞金、安远、寻乌、崇义。

● 紫薇春 *Rhododendron naamkwanense* var. *cryptonerve* Tam

分布：寻乌。

● 马银花 *Rhododendron ovatum* (Lindl.) Planch. ex Maxim.

分布：九江、庐山、武宁、彭泽、永修、修水、德兴、上饶、广丰、婺源、铅山、玉山、贵溪、南丰、乐安、资溪、宜黄、广昌、黎川、铜鼓、靖安、宜丰、奉新、莲花、井冈山、吉安、安福、永新、遂川、瑞金、石城、安远、宁都、寻乌、兴国、上犹、龙南、全南、大余。

● 乳源杜鹃 *Rhododendron rhuyuenense* Chum ex Tam

分布：资溪、上犹、崇义。

● 毛果杜鹃 *Rhododendron seniavinii* Maxim.

分布：铅山、遂川、上犹。

● 猴头杜鹃 *Rhododendron simiarum* Hance

分布：九江、庐山、修水、浮梁、上饶、铅山、玉山、贵溪、南城、资溪、铜鼓、靖安、宜丰、莲花、芦溪、井冈山、安福、遂川、石城、安远、上犹、龙南、崇义、全南。

● 杜鹃 *Rhododendron simsii* Planch.

分布：九江、庐山、武宁、彭泽、永修、修水、浮梁、新建、南昌、安义、广丰、鄱阳、婺源、玉山、贵溪、南丰、南城、资溪、广昌、黎川、铜鼓、靖安、宜丰、奉新、分宜、萍乡、莲花、井冈山、吉安、安福、永丰、泰和、遂川、瑞金、南康、石城、安远、寻乌、兴国、定南、上犹、龙南、崇义、全南、大余、会昌。

● 长蕊杜鹃 *Rhododendron stamineum* Franch.

分布：资溪、奉新、莲花、芦溪、井冈山、安福、遂川、瑞金、上犹、崇义、全南、大余、会昌、于都。

● 伏毛杜鹃 *Rhododendron strigosum* R. L. Liu

分布：井冈山。

● 背绒杜鹃 *Rhododendron tsoi* var. *hypoblematosum* (Tam) X. F. Jin & B. Y. Ding [棒柱杜鹃 *Rhododendron crassimedium* Tam]

分布：井冈山、遂川。

● 凯里杜鹃 *Rhododendron westlandii* Hemsl.

分布：龙南、大余。

● 湘赣杜鹃 *Rhododendron xiangganense* X. F. Jin & B. Y. Ding

分布：上犹、大余。

● 小溪洞杜鹃 *Rhododendron xiaoxidongense* W. K. Hu

分布：井冈山。

水晶兰属 *Monotropa* L.

● 松下兰 *Monotropa hypopitys* L.

分布：铅山、资溪、井冈山、龙南。

● 水晶兰 *Monotropa uniflora* L.

分布：九江、庐山、新建、上饶、婺源、铅山、玉山、贵溪、黎川、芦溪、井冈山、安福、上犹、龙南、崇义。

假沙晶兰属 *Monotropastrum* Andres

- 球果假沙晶兰 *Monotropastrum humile* (D. Don) H. Hara

  分布：景德镇、铅山、吉安。

鹿蹄草属 *Pyrola* L.

- 鹿蹄草 *Pyrola calliantha* Andres

  分布：九江、庐山、铅山、靖安、井冈山、石城、崇义。

- 普通鹿蹄草 *Pyrola decorata* Andres

  分布：修水、贵溪、资溪、黎川、铜鼓、分宜、芦溪、井冈山、安福、石城。

- 长叶鹿蹄草 *Pyrola elegantula* Andres

  分布：庐山、浮梁、婺源、资溪、宜丰、莲花、井冈山、遂川。

- 圆叶鹿蹄草 *Pyrola rotundifolia* L.

  分布：武宁、袁州、宜丰、上栗、芦溪。

马醉木属 *Pieris* D. Don

- 美丽马醉木 *Pieris formosa* (Wall.) D. Don [美丽南烛 *Lyonia formosa* (Wall.) Hand.-Mazz.]

  分布：武宁、修水、贵溪、资溪、宜春、靖安、萍乡、井冈山、吉安、安福、永丰、遂川、石城。

- 马醉木 *Pieris japonica* (Thunb.) D. Don ex G. Don

  分布：九江、庐山、武宁、德兴、上饶、婺源、铅山、玉山、贵溪、南丰、资溪、广昌、黎川、宜春、靖安、芦溪、井冈山、安福、永丰、石城、宁都、上犹。

- 长萼马醉木 *Pieris swinhoei* Hemsl.

  分布：铅山、贵溪、南丰、黎川、瑞金、石城、会昌。

白珠属 *Gaultheria* Kalm ex L.

- 白珠树 *Gaultheria leucocarpa* var. *cumingiana* (Vidal) T. Z. Hsu

  分布：井冈山、崇义。

- 滇白珠 *Gaultheria leucocarpa* var. *yunnanensis* (Franch.) T. Z. Hsu & R. C. Fang

  分布：九江、庐山、资溪、莲花、芦溪、井冈山、吉安、安福、遂川、寻乌、龙南、崇义、全南。

吊钟花属 *Enkianthus* Lour.

- 灯笼树 *Enkianthus chinensis* Franch.

  分布：九江、庐山、武宁、修水、玉山、资溪、靖安、井冈山、安福、上犹、崇义。

- 毛叶吊钟花 *Enkianthus deflexus* (Griff.) C. K. Schneid.

  分布：定南、上犹、龙南、全南。

  评述：江西本土植物名录（2017）有记载，未见标本。

- 吊钟花 *Enkianthus quinqueflorus* Lour.

  分布：资溪、芦溪、井冈山、安福、遂川。

- 齿缘吊钟花 *Enkianthus serrulatus* (E. H. Wilson) C. K. Schneid.

  分布：九江、永修、修水、玉山、资溪、黎川、铜鼓、莲花、井冈山、安福、遂川、寻乌、上犹、大余。

150 茶茱萸科 Icacinaceae Miers

定心藤属 *Mappianthus* Hand.-Mazz.

- 定心藤 *Mappianthus iodoides* Hand.-Mazz.

  分布：寻乌、龙南、全南。

（四十三）丝缨花目 Garryales Mart.

151 杜仲科 Eucommiaceae Engl.

杜仲属 Eucommia Oliv.

- 杜仲 *Eucommia ulmoides* Oliv.
分布：九江、庐山、瑞昌、武宁、修水、新建、玉山、鹰潭、资溪、铜鼓、靖安、分宜、芦溪、井冈山、上犹、崇义。

152 丝缨花科 Garryaceae Lindl.

桃叶珊瑚属 Aucuba Thunb.

- 桃叶珊瑚 *Aucuba chinensis* Benth.
分布：铅山、资溪、黎川、井冈山。
- 纤尾桃叶珊瑚 *Aucuba filicauda* Chun et F. C. How
分布：黎川、芦溪。
评述：《中国植物物种名录》（2020版）有记载，未见标本。
- 少花桃叶珊瑚 *Aucuba filicauda* var. *pauciflora* W. P. Fang & T. P. Soong
分布：黎川、芦溪。
- 喜马拉雅珊瑚 *Aucuba himalaica* Hook. f. et Thoms
分布：庐山。
- 长叶珊瑚 *Aucuba himalaica* var. *dolichophylla* Fang et Soong
分布：庐山、上饶、分宜、靖安、寻乌。
- *青木 *Aucuba japonica* Thunb.
分布：全省有栽培。
- 倒心叶珊瑚 *Aucuba obcordata* (Rehder) Fu ex W. K. Hu & T. P. Soong
分布：武宁、修水、资溪、靖安、井冈山、寻乌。

（四十四）龙胆目 Gentianales Juss. ex Bercht. & J. Presl

153 茜草科 Rubiaceae Juss.

玉叶金花属 Mussaenda L.

- 玉叶金花 *Mussaenda pubescens* W. T. Aiton
分布：井冈山、吉安、安福、永新、泰和、遂川、瑞金、南康、安远、赣县、寻乌、兴国、定南、上犹、龙南、崇义、全南、大余、会昌。
- 大叶白纸扇 *Mussaenda shikokiana* Makino
分布：全省山区有分布。

巴戟天属 Morinda L.

- 金叶巴戟 *Morinda citrina* Y. Z. Ruan
分布：不详。
评述：《中国植物物种名录》（2020版）有记载，未见标本。
- 白蕊巴戟 *Morinda citrina* var. *chlorina* Y. Z. Ruan
分布：不详。
评述：《中国植物物种名录》（2020版）有记载，未见标本。

- **木姜叶巴戟** *Morinda litseifolia* Y. Z. Ruan

  分布：不详。

  评述：《中国植物物种名录》（2020版）有记载，未见标本。

- **巴戟天** *Morinda officinalis* F. C. How

  分布：铅山、石城、寻乌、会昌。

- **鸡眼藤** *Morinda parvifolia* Bartl. et DC.

  分布：九江、铅山、资溪、铜鼓、芦溪、井冈山、安福、永新、石城、寻乌、上犹、龙南、大余。

- **西南巴戟** *Morinda scabrifolia* Y. Z. Ruan

  分布：芦溪、遂川、上犹、龙南、崇义、大余。

- **印度羊角藤** *Morinda umbellata* L.

  分布：九江、武宁、修水、德兴、上饶、广丰、玉山、贵溪、乐安、资溪、东乡、黎川、崇仁、铜鼓、宜丰、奉新、万载、分宜、萍乡、莲花、井冈山、吉安、安福、永丰、永新、泰和、遂川、瑞金、南康、石城、安远、赣县、宁都、寻乌、兴国、定南、上犹、龙南、崇义、全南、大余、会昌。

- **羊角藤** *Morinda umbellata* subsp. *obovata* Y. Z. Ruan

  分布：九江、庐山、武宁、修水、广丰、铅山、玉山、贵溪、资溪、黎川、宜春、铜鼓、靖安、宜丰、万载、分宜、萍乡、莲花、芦溪、井冈山、安福、泰和、瑞金、石城、安远、赣县、宁都、寻乌、兴国、定南、上犹、于都、龙南、崇义、信丰、全南、大余、会昌。

盖裂果属 *Mitracarpus* Zucc.

- **盖裂果** *Mitracarpus hirtus* (L.) DC.

  分布：寻乌。

  评述：归化或入侵。

新耳草属 *Neanotis* W. H. Lewis

- **卷毛新耳草** *Neanotis boerhaavioides* (Hance) W. H. Lewis

  分布：修水、上饶、广昌、寻乌。

- **薄叶新耳草** *Neanotis hirsuta* (L. f.) W. H. Lewis

  分布：九江、庐山、修水、资溪、铜鼓、靖安、井冈山、安福、遂川、上犹、龙南。

- **臭味新耳草** *Neanotis ingrata* (Wall. ex Hook. f.) W. H. Lewis

  分布：修水、上饶、铅山、资溪、广昌、寻乌。

- **广东新耳草** *Neanotis kwangtungensis* (Merr. & F. P. Metcalf) W. H. Lewis

  分布：资溪、靖安、龙南。

钩藤属 *Uncaria* Schreb.

- **钩藤** *Uncaria rhynchophylla* (Miq.) Miq. ex Havil.

  分布：九江、庐山、武宁、修水、鄱阳、铅山、玉山、贵溪、乐安、资溪、东乡、黎川、铜鼓、靖安、宜丰、莲花、芦溪、井冈山、吉安、安福、永新、泰和、遂川、瑞金、南康、石城、安远、宁都、寻乌、兴国、上犹、龙南、崇义、全南、大余。

- **华钩藤** *Uncaria sinensis* (Oliv.) Havil.

  分布：分布：武宁、靖安、宜丰。

蔓虎刺属 *Mitchella* L.

- **蔓虎刺** *Mitchella undulata* Siebold et Zucc.

  分布：玉山、井冈山。

腺萼木属 *Mycetia* Reinw.

- **华腺萼木** *Mycetia sinensis* (Hemsl.) Craib

  分布：新建、资溪、安远、龙南、全南、会昌、寻乌。

鸡矢藤属 Paederia L.

- 耳叶鸡矢藤 *Paederia cavaleriei* H. Lév.
分布：新建、南康、龙南。
- 鸡矢藤 *Paederia foetida* L.［毛鸡屎藤 *Paederia scandens* var. *tomentosa* (Blume) Hand.-Mazz.］
分布：九江、庐山、瑞昌、修水、德兴、上饶、广丰、铅山、玉山、贵溪、资溪、宜黄、广昌、崇仁、高安、铜鼓、靖安、芦溪、井冈山、安福、遂川、瑞金、石城、寻乌、兴国、上犹、龙南、全南。
- 白毛鸡矢藤 *Paederia pertomentosa* Merr. ex H. L. Li
分布：新建、南丰、资溪、宜春、分宜、南康、定南、上犹、龙南、信丰、全南。
- 狭序鸡矢藤 *Paederia stenobotrya* Merr.
分布：资溪、石城、寻乌。

茜草属 Rubia L.

- 金剑草 *Rubia alata* Roxb.
分布：九江、修水、德兴、广丰、鄱阳、婺源、铅山、玉山、贵溪、资溪、宜丰、萍乡、遂川、石城、宁都、兴国、龙南、大余。
- 东南茜草 *Rubia argyi* (Lév. et Vant) Hara ex Lauener
分布：瑞昌、武宁、修水、上饶、广丰、铅山、贵溪、南丰、资溪、广昌、高安、铜鼓、靖安、莲花、井冈山、安福、永新、泰和、遂川、南康、安远、寻乌、兴国、全南、大余。
- 茜草 *Rubia cordifolia* L.
分布：全省有分布。
- 多花茜草 *Rubia wallichiana* Decne.
分布：广丰、芦溪、安福。

龙船花属 Ixora L.

- 白花龙船花 *Ixora henryi* H. Lév.
分布：龙南。
评述：《江西植物名录》（杨祥学，1982）有记载，标本凭证：九连山队 753126 2274。

蛇根草属 Ophiorrhiza L.

- 广州蛇根草 *Ophiorrhiza cantonensis* Hance
分布：九江、庐山、铅山、贵溪、资溪、宜春、铜鼓、靖安、分宜、芦溪、井冈山、安福、永新、遂川、石城、寻乌、上犹、龙南。
- 中华蛇根草 *Ophiorrhiza chinensis* H. S. Lo
分布：黎川、莲花、井冈山、安福、遂川、上犹、大余。
- 日本蛇根草 *Ophiorrhiza japonica* Blume
分布：九江、武宁、修水、新建、南昌、德兴、广丰、鄱阳、婺源、铅山、玉山、贵溪、南丰、乐安、资溪、宜黄、广昌、铜鼓、靖安、宜丰、分宜、萍乡、芦溪、井冈山、吉安、安福、泰和、遂川、寻乌、上犹、龙南、崇义。
- 东南蛇根草 *Ophiorrhiza mitchelloides* (Masam.) H. S. Lo
分布：资溪、靖安、井冈山。
- 短小蛇根草 *Ophiorrhiza pumila* Champ. ex Benth.
分布：资溪、井冈山、龙南。

薄柱草属 Nertera Banks & Sol. ex Gaertn.

- 薄柱草 *Nertera sinensis* Hemsl.
分布：九江、庐山、铅山、贵溪、资溪、铜鼓、靖安、芦溪、井冈山、安福、石城、上犹、龙南、崇义、大余。
- 黑果薄柱草 *Nertera nigricarpa* Hayata

分布：寻乌、大余。
评述：江西新记录。

栀子属 *Gardenia* J. Ellis

● **栀子** *Gardenia jasminoides* J. Ellis
分布：九江、瑞昌、武宁、彭泽、永修、修水、浮梁、南昌、德兴、广丰、鄱阳、铅山、玉山、临川、鹰潭、贵溪、南丰、资溪、宜黄、东乡、广昌、黎川、铜鼓、靖安、宜丰、奉新、萍乡、莲花、井冈山、吉安、安福、永新、泰和、遂川、赣州、瑞金、南康、石城、安远、赣县、寻乌、兴国、上犹、龙南、崇义、全南、大余、会昌。

● *'水栀子' *Gardenia jasminoides* 'Radicans'
分布：贵溪。

● **长果栀子** *Gardenia jasminoides* f. *longicarpa* Z. W. Xie & M. Okada
分布：靖安。

● **栀子花** *Gardenia jasminoides* var. *fortuniana* (Lindl.) H. Hara
分布：九江、铜鼓、宜丰。

双角草属 *Diodia* L.

● **山东丰花草** *Diodia teres* Walter
分布：濂溪。

风箱树属 *Cephalanthus* L.

● **风箱树** *Cephalanthus tetrandrus* (Roxb.) Ridsdale & Bakh. f.
分布：九江、庐山、乐平、临川、贵溪、资溪、靖安、井冈山、遂川、南康、石城、安远、定南、龙南、崇义、全南、大余、会昌。

乌口树属 *Tarenna* Gaertn.

● **尖萼乌口树** *Tarenna acutisepala* F. C. How ex W. C. Chen
分布：广丰、铅山、贵溪、资溪、黎川、铜鼓、靖安、芦溪、井冈山、安福、石城、上犹、龙南。

● **白皮乌口树** *Tarenna depauperata* Hutch.
分布：贵溪、宜丰、赣州。

● **白花苦灯笼** *Tarenna mollissima* (Hook. et Arn.) Rob.
分布：九江、武宁、修水、德兴、婺源、铅山、玉山、贵溪、资溪、东乡、广昌、黎川、崇仁、铜鼓、靖安、宜丰、奉新、萍乡、芦溪、井冈山、吉安、安福、永新、泰和、遂川、瑞金、南康、石城、安远、宁都、寻乌、兴国、上犹、龙南、崇义、全南、大余、会昌。

九节属 *Psychotria* L.

● **蔓九节** *Psychotria serpens* L.
分布：井冈山、大余。

● **假九节** *Psychotria tutcheri* Dunn
分布：寻乌、龙南。

虎刺属 *Damnacanthus* C. F. Gaertn.

● **短刺虎刺** *Damnacanthus giganteus* (Mak.) Nakai [长叶数珠树 *Damnacanthus macrophyllus* var. *giganteus* Koidz.]
分布：九江、庐山、武宁、浮梁、南昌、铅山、资溪、宜春、铜鼓、靖安、宜丰、万载、芦溪、井冈山、安福、遂川、上犹、龙南、大余。

● **虎刺** *Damnacanthus indicus* C. F. Gaertn.
分布：九江、庐山、瑞昌、武宁、新建、南昌、婺源、贵溪、资溪、高安、铜鼓、靖安、奉新、万载、新余、井冈山、安福、遂川、瑞金、石城、寻乌、龙南、大余。

- 柳叶虎刺 *Damnacanthus labordei* (H. Lév.) H. S. Lo

  分布：分宜、井冈山、遂川。

- 浙皖虎刺 *Damnacanthus macrophyllus* Sieb. ex Miq.

  分布：九江、武宁、井冈山。

狗骨柴属 *Diplospora* DC.

- 狗骨柴 *Diplospora dubia* (Lindl.) Masam.

  分布：九江、庐山、德兴、广丰、铅山、玉山、贵溪、南丰、乐安、资溪、东乡、广昌、黎川、崇仁、铜鼓、靖安、宜丰、万载、芦溪、井冈山、吉安、安福、永新、泰和、遂川、瑞金、石城、安远、赣县、寻乌、兴国、上犹、龙南、崇义、全南、大余、会昌。

- 毛狗骨柴 *Diplospora fruticosa* Hemsl.

  分布：铅山、莲花、井冈山、永新、遂川、石城、龙南、崇义、全南。

鸡仔木属 *Sinoadina* Ridsdale

- 鸡仔木 *Sinoadina racemosa* (Siebold et Zucc.) Ridsdale

  分布：九江、庐山、贵溪、靖安、宜丰、萍乡、井冈山、寻乌、龙南、全南。

纽扣草属 *Spermacoce* L.

- 阔叶丰花草 *Spermacoce alata* Aubl.

  分布：赣州。

  评述：归化或入侵。

- 丰花草 *Spermacoce pusilla* Wall.

  分布：武宁、龙南。

螺序草属 *Spiradiclis* Bl.

- 小叶螺序草 *Spiradiclis microphylla* H. S. Lo

  分布：贵溪、龙南。

假繁缕属 *Theligonum* L.

- 日本假繁缕 *Theligonum japonicum* Okubo et Makino

  分布：武宁、玉山、金溪。

  评述：江西本土植物名录（2017）有记载，未见标本。

多轮草属 *Lerchea* L.

- 多轮草 *Lerchea micrantha* (Drake) H. S. Lo

  分布：不详。

  评述：《中国植物物种名录》（2020版）有记载，未见标本。

水团花属 *Adina* Salisb.

- 水团花 *Adina pilulifera* (Lam.) Franch. ex Drake

  分布：九江、庐山、武宁、永修、修水、新建、德兴、广丰、婺源、铅山、玉山、鹰潭、贵溪、南丰、资溪、黎川、崇仁、铜鼓、靖安、宜丰、万载、萍乡、井冈山、吉安、安福、吉水、永丰、永新、泰和、遂川、瑞金、南康、石城、安远、赣县、宁都、寻乌、兴国、定南、上犹、龙南、崇义、全南、大余、会昌。

- 细叶水团花 *Adina rubella* Hance

  分布：九江、庐山、瑞昌、武宁、彭泽、都昌、景德镇、乐平、德兴、广丰、铅山、玉山、临川、鹰潭、贵溪、资溪、宜黄、东乡、黎川、铜鼓、靖安、宜丰、分宜、萍乡、莲花、井冈山、安福、永新、泰和、遂川、瑞金、石城、安远、上犹、龙南、崇义、全南、大余。

香果树属 *Emmenopterys* Oliv.

- **香果树** *Emmenopterys henryi* Oliv.

分布：九江、庐山、濂溪、武宁、永修、修水、婺源、乐平、德兴、广丰、铅山、玉山、贵溪、资溪、金溪、黎川、宜黄、广昌、铜鼓、靖安、宜丰、芦溪、井冈山、安福、永丰、遂川、石城、上犹、崇义、寻乌。

白马骨属 *Serissa* Comm. ex Juss.

- **六月雪** *Serissa japonica* (Thunb.) Thunb.

分布：九江、庐山、铅山、贵溪、资溪、铜鼓、靖安、芦溪、井冈山、安福、石城、寻乌、上犹、龙南、全南。

- **白马骨** *Serissa serissoides* (DC.) Druce

分布：九江、庐山、瑞昌、武宁、修水、新建、南昌、德兴、上饶、广丰、铅山、临川、鹰潭、贵溪、南丰、资溪、宜黄、黎川、铜鼓、靖安、宜丰、萍乡、莲花、芦溪、井冈山、吉安、安福、永新、泰和、遂川、赣州、瑞金、石城、安远、寻乌、兴国、上犹、龙南、崇义、全南、大余、会昌。

拉拉藤属 *Galium* L.

- **北方拉拉藤** *Galium boreale* L.

分布：九江、资溪。

- **四叶葎** *Galium bungei* Steud.

分布：九江、瑞昌、修水、浮梁、南昌、婺源、南丰、广昌、铜鼓、萍乡、吉安、安福、遂川、寻乌、兴国。

- **狭叶四叶葎** *Galium bungei* var. *angustifolium* (Loesen.) Cufod.

分布：资溪、广昌。

- **硬毛四叶葎** *Galium bungei* var. *hispidum* (Kitag.) Cufod.

分布：庐山。

- **阔叶四叶葎** *Galium bungei* var. *trachyspermum* (A. Gray) Cufod.

分布：资溪、广昌。

- **线梗拉拉藤** *Galium comari* H. Lév. et Vaniot

分布：德兴、铅山、贵溪、井冈山。

- **大叶猪殃殃** *Galium dahuricum* Turcz. ex Ledeb.

分布：不详。

评述：《中国植物物种名录》（2020版）有记载，未见标本。

- **密花拉拉藤** *Galium dahuricum* var. *densiflorum* (Cufod.) Ehrend.

分布：庐山、瑞昌。

评述：《中国植物物种名录》（2020版）有记载，未见标本。

- **六叶葎** *Galium hoffmeisteri* (Klotzsch) Ehrend. & Schönb.–Tem. ex R. R. Mill

分布：九江、庐山、资溪、靖安、芦溪、石城。

- **猪殃殃** *Galium spurium* L.

分布：全省有分布。

- **麦仁珠** *Galium tricornutum* Dandy

分布：九江、庐山。

- **小叶猪殃殃** *Galium trifidum* L.

分布：九江、庐山、贵溪、南丰、资溪、黎川、靖安、奉新、井冈山、吉安、安福、上犹、大余。

- **蓬子菜** *Galium verum* L.

分布：铅山、芦溪、井冈山、安福。

评述：《中国植物物种名录》（2020版）有记载，未见标本。

粗叶木属 *Lasianthus* Jack

- **粗叶木** *Lasianthus chinensis* (Champ.) Benth.

分布：铅山、贵溪、资溪、铜鼓、靖安、莲花、芦溪、井冈山、安福、永新、遂川、石城、上犹、龙南、信丰。

- 焕镛粗叶木 *Lasianthus chunii* H. S. Lo

  分布：安远、寻乌。

- 罗浮粗叶木 *Lasianthus fordii* Hance

  分布：瑞金、安远、寻乌、崇义、全南。

- 西南粗叶木 *Lasianthus henryi* Hutch.

  分布：井冈山、寻乌、龙南、大余。

- 日本粗叶木 *Lasianthus japonicus* Miq. [榄绿粗叶木 *Lasianthus hartii* var. *lancilimbus* (Merr.) Q. Q. Zhang、污毛粗叶木 *Lasianthus hartii* Franch.]

  分布：九江、修水、景德镇、湾里、新建、安义、铅山、玉山、抚州、南丰、广昌、黎川、崇仁、宜春、分宜、萍乡、井冈山、吉安、安福、永丰、泰和、遂川、南康、宁都、寻乌、上犹、龙南、全南、大余、会昌。

- 云广粗叶木 *Lasianthus japonicus* subsp. *longicaudus* (Hook. f.) C. Y. Wu et H. Zhu

  分布：黎川、靖安、莲花、井冈山、寻乌。

- 美脉粗叶木 *Lasianthus lancifolius* Hook. f.

  分布：修水、资溪、全南。

黄棉木属 Metadina Bakh. f.

- 黄棉木 *Metadina trichotoma* (Zoll. et Moritzi) Bakh. f.

  分布：九江、永修、修水、宜丰、崇义、寻乌、龙南。

耳草属 Hedyotis L.

- 耳草 *Hedyotis auricularia* L.

  分布：安福。

- 双花耳草 *Hedyotis biflora* (L.) Lam.

  分布：上饶、玉山。

  评述：江西本土植物名录（2017）有记载，未见标本。

- 剑叶耳草 *Hedyotis caudatifolia* Merr. & F. P. Metcalf

  分布：铅山、贵溪、资溪、铜鼓、井冈山、吉安、石城、龙南。

- 金毛耳草 *Hedyotis chrysotricha* (Palib.) Merr.

  分布：九江、庐山、瑞昌、彭泽、南昌、德兴、上饶、广丰、铅山、玉山、临川、鹰潭、贵溪、南丰、乐安、资溪、宜黄、广昌、黎川、铜鼓、宜丰、奉新、万载、萍乡、莲花、井冈山、吉安、安福、永新、泰和、遂川、南康、石城、安远、寻乌、兴国、上犹、龙南、崇义、全南、大余、会昌。

- 伞房花耳草 *Hedyotis corymbosa* (L.) Lam.

  分布：九江、庐山、铅山、资溪、铜鼓、靖安、井冈山、兴国、龙南。

- 圆茎耳草 *Hedyotis corymbosa* var. *tereticaulis* W. C. Ko

  分布：修水、景德镇、安义、铅山、抚州、宜春、新余、萍乡、吉安。

  评述：江西本土植物名录（2017）有记载，未见标本。

- 白花蛇舌草 *Hedyotis diffusa* Willd.

  分布：九江、庐山、南昌、德兴、上饶、广丰、铅山、临川、贵溪、资溪、广昌、黎川、靖安、宜丰、萍乡、井冈山、安福、遂川、赣州、石城、安远、寻乌、上犹、龙南、崇义、大余。

- 牛白藤 *Hedyotis hedyotidea* (DC.) Merr.

  分布：龙南。

- 丹草 *Hedyotis herbacea* L.

  分布：九江、南昌、德兴、上饶、广丰、铅山、临川、贵溪、广昌、黎川、宜丰、萍乡、井冈山、安福、永丰、遂川、赣州、安远、寻乌、上犹、龙南、崇义、大余。

- 蕴璋耳草 *Hedyotis koana* R. J. Wang

  分布：不详。

评述：《中国植物物种名录》（2020 版）有记载，未见标本。

- 疏花耳草 *Hedyotis matthewii* Dunn

分布：永丰、龙南。

- 粗毛耳草 *Hedyotis mellii* Tutcher

分布：九江、新建、铅山、临川、资溪、宜黄、铜鼓、靖安、萍乡、莲花、井冈山、吉安、安福、吉水、永新、泰和、遂川、瑞金、石城、安远、赣县、兴国、上犹、龙南、崇义、全南、大余、会昌。

- 纤花耳草 *Hedyotis tenelliflora* Blume

分布：永修、修水、铅山、资溪、铜鼓、靖安、宜丰、万载、井冈山、安福、遂川、南康、石城、安远、寻乌、龙南、崇义、大余、会昌。

- 长节耳草 *Hedyotis uncinella* Hook. et Arn.

分布：南昌、资溪、瑞金。

- 粗叶耳草 *Hedyotis verticillata* (L.) Lam.

分布：寻乌。

团花属 *Neolamarckia* Bosser

- 团花 *Neolamarckia cadamba* (Roxb.) Bosser [大叶黄梁木 *Anthocephalus chinensis* (Lam.) A. Rich. et Walp.]

分布：宜丰、龙南。

流苏子属 *Coptosapelta* Korth.

- 流苏子 *Coptosapelta diffusa* (Champ. ex Benth.) Steenis

分布：九江、庐山、武宁、修水、乐平、新建、南昌、德兴、上饶、广丰、婺源、铅山、临川、贵溪、资溪、宜黄、东乡、广昌、黎川、崇仁、高安、铜鼓、靖安、宜丰、萍乡、莲花、井冈山、吉安、安福、永丰、永新、泰和、遂川、瑞金、南康、石城、安远、赣县、宁都、寻乌、兴国、上犹、龙南、崇义、大余、会昌。

茜树属 *Aidia* Lour.

- 香楠 *Aidia canthioides* (Champ. ex Benth.) Masam.

分布：上饶、铅山、贵溪、资溪、铜鼓、井冈山、石城、龙南。

- 茜树 *Aidia cochinchinensis* Lour.

分布：九江、武宁、修水、安义、广丰、婺源、玉山、贵溪、南丰、乐安、资溪、广昌、黎川、铜鼓、靖安、宜丰、萍乡、莲花、井冈山、吉安、安福、永丰、永新、泰和、遂川、瑞金、石城、安远、宁都、寻乌、兴国、定南、上犹、龙南、崇义、信丰、全南、大余、会昌。

- 亨氏香楠 *Aidia henryi* (E. Pritz.) T. Yamaz.

分布：九江、庐山、武宁、修水、安义、广丰、婺源、铅山、玉山、南丰、乐安、资溪、广昌、黎川、铜鼓、靖安、宜丰、万载、萍乡、莲花、井冈山、吉安、安福、永丰、永新、泰和、遂川、瑞金、石城、安远、宁都、寻乌、兴国、定南、上犹、龙南、崇义、信丰、全南、大余、会昌。

- 柳叶香楠 *Aidia salicifolia* (H. L. Li) T. Yamaz.

分布：靖安、崇义、寻乌、大余。

评述：江西新分布。

山石榴属 *Catunaregam* Wolf

- 山石榴 *Catunaregam spinosa* (Thunb.) Tirveng.

评述：寻乌、安远。

154 龙胆科 Gentianaceae Juss.

藻百年属 *Exacum* L.

- 藻百年 *Exacum tetragonum* Roxb.

分布：全南、会昌。

龙胆属 *Gentiana* (Tourn.) L.

- 五岭龙胆 *Gentiana davidii* Franch.

分布：上饶、铅山、玉山、贵溪、黎川、靖安、井冈山、安福、遂川、石城、寻乌、上犹。

- 黄山龙胆 *Gentiana delicata* Hance

分布：德兴、玉山。

- 广西龙胆 *Gentiana kwangsiensis* T. N. Ho

分布：上犹、崇义。

- 华南龙胆 *Gentiana loureiroi* (G. Don) Griseb.

分布：南昌、铅山、余江、资溪、奉新、萍乡、井冈山、遂川、石城、寻乌、龙南、大余。

- 条叶龙胆 *Gentiana manshurica* Kitag.

分布：九江、庐山、瑞昌、武宁、永修、贵溪、资溪、宜黄、宜丰、井冈山、宁都、上犹、龙南、全南、会昌。

- 流苏龙胆 *Gentiana panthaica* Prain et Burkill

分布：玉山、上犹。

- 深红龙胆 *Gentiana rubicunda* Franch.

分布：武宁、井冈山。

- 龙胆 *Gentiana scabra* Bunge

分布：九江、资溪、广昌、井冈山、寻乌、会昌。

- 鳞叶龙胆 *Gentiana squarrosa* Ledeb.

分布：九江、庐山、南丰、靖安、萍乡、永丰、石城。

- 丛生龙胆 *Gentiana thunbergii* (G. Don) Griseb.

分布：九江、上饶、广丰、婺源、横峰、资溪、黎川、分宜、井冈山、永丰、遂川。

评述：《中国植物物种名录》（2020 版）有记载，未见标本。

- 三花龙胆 *Gentiana triflora* Pall.

分布：九江、庐山、永修、龙南。

- 灰绿龙胆 *Gentiana yokusai* Burkill

分布：九江、庐山、修水、婺源、萍乡、遂川。

- 笔龙胆 *Gentiana zollingeri* Fawc.

分布：资溪、宜丰、井冈山。

评述：《中国植物物种名录》（2020 版）有记载，未见标本。

百金花属 *Centaurium* Hill

- 美丽百金花 *Centaurium pulchellum* (Swartz) Druce

分布：不详。

评述：《中国植物物种名录》（2020 版）有记载，未见标本。

- 百金花 *Centaurium pulchellum* var. *altaicum* (Griseb.) Kitag. & H. Hara

分布：景德镇、南昌、抚州、宜春、新余、萍乡、吉安。

评述：《中国植物物种名录》（2020 版）有记载，未见标本。

双蝴蝶属 *Tripterospermum* Bl.

- 双蝴蝶 *Tripterospermum chinense* (Migo) Harry Sm.

分布：九江、庐山、武宁、永修、德兴、上饶、广丰、铅山、贵溪、资溪、黎川、靖安、萍乡、井冈山、遂川、石城、宁都、兴国。

- 细茎双蝴蝶 *Tripterospermum filicaule* (Hemsl.) Harry Sm.

分布：永修、广丰、铅山、资溪、黎川、万载、芦溪。

- 香港双蝴蝶 *Tripterospermum nienkui* (C. Marquand) C. J. Wu

分布：婺源、新建、宜丰、安福、遂川、永丰、寻乌、全南。

獐牙菜属 *Swertia* L.

- 狭叶獐牙菜 *Swertia angustifolia* Buch.-Ham. ex D. Don

分布：铜鼓、遂川、寻乌。

- 美丽獐牙菜 *Swertia angustifolia* var. *pulchella* (D. Don) Burkill

分布：铅山、资溪、广昌、铜鼓、芦溪、井冈山、安福、石城。

- 獐牙菜 *Swertia bimaculata* (Siebold et Zucc.) Hook. f. et Thoms. ex C. B. Clark

分布：九江、庐山、修水、上饶、广丰、铅山、贵溪、资溪、黎川、铜鼓、靖安、井冈山、安福、遂川。

- 北方獐牙菜 *Swertia diluta* (Turcz.) Benth. et Hook. f.

分布：九江、武宁、广丰、玉山、井冈山、石城。

- 浙江獐牙菜 *Swertia hickinii* Burkill

分布：九江、庐山、武宁、新建、广丰、玉山、石城。

- 紫红獐牙菜 *Swertia punicea* Hemsl.

分布：井冈山。

评述：《江西植物名录》（杨祥学，1982）和江西本土植物名录（2017）有记载，标本凭证：王名金3959。

匙叶草属 *Latouchea* Franch.

- 匙叶草 *Latouchea fokienensis* Franch.

分布：铅山。

155 马钱科 Loganiaceae R. Br. ex Mart.

尖帽草属 *Mitrasacme* Labill.

- 尖帽草 *Mitrasacme indica* Wight

分布：南昌。

- 水田白 *Mitrasacme pygmaea* R. Br.

分布：九江、婺源、临川、铜鼓、宜丰、泰和。

蓬莱葛属 *Gardneria* Wall.

- 狭叶蓬莱葛 *Gardneria angustifolia* Wall.

分布：庐山、铅山。

评述：江西本土植物名录（2017）有记载，未见标本。

- 柳叶蓬莱葛 *Gardneria lanceolata* Rehder & E. H. Wilson

分布：新建、铅山、黎川、铜鼓、寻乌。

- 蓬莱葛 *Gardneria multiflora* Makino

分布：九江、庐山、武宁、彭泽、修水、铅山、玉山、贵溪、资溪、黎川、丰城、靖安、井冈山、永丰、泰和、遂川、南康、石城、安远、兴国、龙南、会昌。

156 钩吻科 Gelsemiaceae L. Struwe & V. A. Albert

钩吻属 *Gelsemium* Juss.

- 钩吻 *Gelsemium elegans* (Gardner & Champ.) Benth.

分布：寻乌、定南、信丰、大余。

157 夹竹桃科 Apocynaceae Juss.

匙羹藤属 Gymnema R. Br.

- 匙羹藤 *Gymnema sylvestre* (Retz.) Schult.
分布：铅山。

羊角拗属 Strophanthus DC.

- 羊角拗 *Strophanthus divaricatus* (Lour.) Hook. et Arn.
分布：寻乌。

水壶藤属 Urceola Roxb.

- 毛杜仲藤 *Urceola huaitingii* (Chun & Tsiang) D. J. Middleton
分布：井冈山、上犹、崇义、大余。
- 杜仲藤 *Urceola micrantha* (Wall. ex G. Don) D. J. Middleton
分布：井冈山、吉安。
- 酸叶胶藤 *Urceola rosea* (Hooker & Arnott) D. J. Middleton
分布：铅山、石城、寻乌、会昌。

娃儿藤属 Tylophora Wolf

- 七层楼 *Tylophora floribunda* Miq.
分布：九江、庐山、武宁、德兴、铅山、贵溪、资溪、广昌、芦溪、井冈山、安福、永丰、永新、遂川、瑞金、南康、石城、寻乌、崇义、大余、会昌。
- 娃儿藤 *Tylophora ovata* (Lindl.) Hook. ex Steud.
分布：九江、瑞昌、修水、萍乡、吉安、永新、泰和。
- 贵州娃儿藤 *Tylophora silvestris* Tsiang
分布：九江、庐山、资溪、靖安。

络石属 Trachelospermum Lem.

- 亚洲络石 *Trachelospermum asiaticum* (Siebold et Zucc.) Nakai [细梗络石 *Trachelospermum gracilipes* Hook.f.]
分布：庐山、南丰、资溪、黎川、奉新、井冈山、永新、寻乌、兴国、上犹、崇义。
- 紫花络石 *Trachelospermum axillare* Hook. f.
分布：九江、庐山、武宁、修水、浮梁、鄱阳、铅山、玉山、贵溪、南丰、资溪、广昌、黎川、铜鼓、靖安、萍乡、井冈山、安福、永丰、泰和、遂川、石城、寻乌、兴国、定南、上犹、崇义、大余。
- 贵州络石 *Trachelospermum bodinieri* (H. Lév.) Woodson
分布：九江、庐山、修水、玉山、资溪、靖安、兴国、上犹。
- 短柱络石 *Trachelospermum brevistylum* Hand.-Mazz.
分布：玉山、资溪、宜丰、遂川。
- 锈毛络石 *Trachelospermum dunnii* (H. Lév.) H. Lév.
分布：寻乌。
- 络石 *Trachelospermum jasminoides* (Lindl.) Lem.
分布：九江、庐山、武宁、彭泽、修水、浮梁、新建、南昌、广丰、婺源、铅山、玉山、贵溪、南丰、资溪、宜黄、广昌、黎川、铜鼓、靖安、奉新、萍乡、井冈山、吉安、安福、永丰、永新、泰和、遂川、瑞金、南康、石城、寻乌、兴国、上犹、龙南、崇义、全南、大余。

萝藦属 Metaplexis R. Br.

- 华萝藦 *Metaplexis hemsleyana* Oliv.
分布：九江、石城、安远、龙南。
- 萝藦 *Metaplexis japonica* (Thunb.) Makino

分布：九江、庐山、新建、铅山、临川、贵溪、资溪、铜鼓、奉新、井冈山、石城。

弓果藤属 Toxocarpus Wight & Arn.

- 毛弓果藤 *Toxocarpus villosus* (Blume) Decne.

分布：大余。

评述：江西新记录。

帘子藤属 Pottsia Hook. & Arn.

- 大花帘子藤 *Pottsia grandiflora* Markgr.

分布：资溪、永丰、永新、泰和、石城、定南、崇义、全南、寻乌、大余。

- 帘子藤 *Pottsia laxiflora* (Blume) Kuntze

分布：资溪、万载、井冈山、寻乌、龙南。

牛奶菜属 Marsdenia R. Br.

- 牛奶菜 *Marsdenia sinensis* Hemsl.

分布：九江、庐山、修水、资溪、靖安、萍乡、芦溪、井冈山、安福、永丰、永新、遂川、石城、龙南。

杠柳属 Periploca L.

- 杠柳 *Periploca sepium* Bunge

分布：婺源、铅山、靖安、井冈山。

山橙属 Melodinus J. R. Forst. & G. Forst.

- 尖山橙 *Melodinus fusiformis* Champ. ex Benth.

分布：寻乌。

- 山橙 *Melodinus suaveolens* (Hance) Champ. ex Benth.

分布：寻乌。

毛药藤属 Sindechites Oliv.

- 毛药藤 *Sindechites henryi* Oliv.

分布：九江、庐山、修水、贵溪、资溪、宜丰、安福、宁都。

夜来香属 Telosma Coville

- *夜来香 *Telosma cordata* (Burm. f.) Merr.

分布：全省有栽培。

鹅绒藤属 Cynanchum L.

- 合掌消 *Cynanchum amplexicaule* (Siebold et Zucc.) Hemsl. [紫花合掌消 *Cynanchum amplexicaule* var. *castaneum* Makino]

分布：九江、武宁、修水、南昌、贵溪、资溪、宜春、丰城、奉新、萍乡、莲花、井冈山、安福、永丰、永新、石城、龙南。

- 白薇 *Cynanchum atratum* Bunge

分布：资溪、上犹。

- 牛皮消 *Cynanchum auriculatum* Royle ex Wight

分布：九江、庐山、武宁、修水、上饶、广丰、贵溪、资溪、广昌、丰城、铜鼓、靖安、井冈山、安福、永丰、遂川、瑞金、石城、赣县、宁都、寻乌、兴国、崇义、大余。

- 华鹅绒藤 *Cynanchum auriculatum* var. *sinense* T. Yamazaki

分布：不详。

评述：《中国植物物种名录》（2020版）有记载，未见标本。

- 折冠牛皮消 *Cynanchum boudieri* H. Lév. & Vaniot

分布：全省山区有分布。

- 白首乌 *Cynanchum bungei* Decne.

分布：贵溪。

评述：《江西植物名录》（杨祥学，1982）有记载。

- 蔓剪草 *Cynanchum chekiangense* M. Cheng

分布：九江、庐山、弋阳。

- 山白前 *Cynanchum fordii* Hemsl.

分布：南昌、铜鼓、莲花、井冈山、石城。

- 白前 *Cynanchum glaucescens* (Decne.) Hand.-Mazz.

分布：九江、庐山、永修、都昌、南昌、吉安、吉水、石城。

- 竹灵消 *Cynanchum inamoenum* (Maxim.) Loes.

分布：上犹。

- 毛白前 *Cynanchum mooreanum* Hemsl.

分布：九江、庐山、南昌、贵溪、乐安、资溪、萍乡、井冈山、吉安、永新、石城。

- 朱砂藤 *Cynanchum officinale* (Hemsl.) Tsiang et H. D. Zhang

分布：武宁、修水、资溪、遂川、井冈山、石城、安远、龙南。

- 徐长卿 *Cynanchum paniculatum* (Bunge) Kitag.

分布：九江、庐山、武宁、都昌、贵溪、资溪、铜鼓、靖安、井冈山、永丰、石城、龙南、全南、大余。

- 柳叶白前 *Cynanchum stauntonii* (Decne.) Schltr. ex H. Lév.

分布：九江、庐山、瑞昌、武宁、永修、修水、浮梁、新建、南昌、临川、贵溪、南丰、资溪、宜黄、广昌、黎川、铜鼓、靖安、奉新、井冈山、吉安、安福、永丰、永新、泰和、遂川、石城、安远、寻乌、兴国、上犹、崇义、全南、会昌。

- 变色白前 *Cynanchum versicolor* Bunge

分布：井冈山。

评述：《江西植物名录》（杨祥学，1982）和江西本土植物名录（2017）有记载，未见标本。

- 隔山消 *Cynanchum wilfordii* (Maxim.) Hook. f.

分布：九江。

长春花属 *Catharanthus* G. Don

- 长春花 *Catharanthus roseus* (L.) G. Don

分布：全省有栽培。

评述：归化或入侵。

秦岭藤属 *Biondia* Schltr.

- 青龙藤 *Biondia henryi* (Warb. ex Schltr. et Diels) Tsiang et P. T. Li

分布：庐山。

链珠藤属 *Alyxia* Banks ex R. Br.

- 筋藤 *Alyxia levinei* Merr.

分布：靖安、永新、遂川、上犹。

- 海南链珠藤 *Alyxia odorata* Wall. ex G. Don [串珠子 *Alyxia vulgaris* Tsiang]

分布：宜丰、莲花、井冈山、安福、永新、泰和、遂川、上犹、崇义、大余。

- 链珠藤 *Alyxia sinensis* Champ. ex Benth.

分布：德兴、广丰、贵溪、资溪、广昌、靖安、芦溪、井冈山、安福、赣州、石城、安远、寻乌、上犹、崇义、全南、会昌。

鳝藤属 *Anodendron* A. DC.

- 鳝藤 *Anodendron affine* (Hook. et Arn.) Druce

分布：资溪、宜丰、龙南。

马利筋属 Asclepias L.

- 马利筋 *Asclepias curassavica* L.
分布：吉安。
评述：归化或入侵。

黑鳗藤属 Jasminanthes Bl.

- 黑鳗藤 *Jasminanthes mucronata* (Blanco) W. D. Stevens & P. T. Li
分布：井冈山、上犹、全南。

夹竹桃属 Nerium L.

- * 夹竹桃 *Nerium oleander* L.
分布：全省有栽培。

石萝藦属 Pentasachme Wall. ex Wight

- 石萝藦 *Pentasachme caudatum* Wall. ex Wight
分布：婺源、宜黄、遂川。

（四十五）紫草目 Boraginales Juss. ex Bercht. & J. Presl

158 紫草科 Boraginaceae Juss.

厚壳树属 Ehretia L.

- 厚壳树 *Ehretia acuminata* (DC.) R. Br.
分布：九江、庐山、武宁、景德镇、新建、南昌、铅山、资溪、东乡、黎川、铜鼓、靖安、宜丰、万载、井冈山、泰和、遂川、赣州、石城、赣县、上犹、龙南、崇义、信丰、大余、会昌。
- 粗糠树 *Ehretia dicksonii* Hance
分布：九江、庐山、资溪、铜鼓、靖安、萍乡、永新。
- 长花厚壳树 *Ehretia longiflora* Champ. ex Benth.
分布：铅山、黎川、安远、寻乌、上犹、于都、龙南、崇义、全南、大余、会昌。

琉璃草属 Cynoglossum L.

- 倒提壶 *Cynoglossum amabile* Stapf et Drummond
分布：九江、靖安、石城、于都。
- 琉璃草 *Cynoglossum furcatum* Wall.
分布：武宁、修水、铅山、玉山、贵溪、资溪、铜鼓、靖安、井冈山、安福、上犹、崇义。
- 小花琉璃草 *Cynoglossum lanceolatum* Forsk.
分布：贵溪、资溪、靖安、井冈山、石城、龙南。

皿果草属 Omphalotrigonotis W. T. Wang

- 皿果草 *Omphalotrigonotis cupulifera* (Johnst.) W. T. Wang
分布：铅山、资溪、靖安、奉新、萍乡、芦溪、井冈山、安福、石城。

盾果草属 Thyrocarpus Hance

- 弯齿盾果草 *Thyrocarpus glochidiatus* Maxim.
分布：武宁、铅山、贵溪、资溪、靖安、芦溪、井冈山、吉安、安福。
- 盾果草 *Thyrocarpus sampsonii* Hance

分布：九江、庐山、瑞昌、武宁、永修、浮梁、婺源、贵溪、南丰、资溪、靖安、萍乡、井冈山、吉安、遂川、石城、崇义。

车前紫草属 Sinojohnstonia Hu

- 浙赣车前紫草 Sinojohnstonia chekiangensis (Migo) W. T. Wang

  分布：九江、庐山、德兴、广丰、铅山、黎川、井冈山。

- 如槐车前紫草 Sinojohnstonia ruhuaii W. B. Liao & Lei Wang

  分布：玉山。

斑种草属 Bothriospermum Bunge

- 多苞斑种草 Bothriospermum secundum Maxim.

  分布：资溪、井冈山。

- 柔弱斑种草 Bothriospermum zeylanicum (J. Jacq.) Druce

  分布：九江、庐山、武宁、永修、玉山、贵溪、余江、南丰、资溪、黎川、靖安、奉新、石城、安远、上犹。

附地菜属 Trigonotis Steven

- 南川附地菜 Trigonotis laxa I. M. Johnst.

  分布：萍乡、上犹。

- 硬毛附地菜 Trigonotis laxa var. hirsuta W. T. Wang et C. J. Wang

  分布：井冈山、上犹。

- 附地菜 Trigonotis peduncularis (Trevis.) Benth. ex Baker et S. Moore

  分布：九江、庐山、武宁、彭泽、新建、南昌、婺源、贵溪、南丰、资溪、广昌、黎川、靖安、宜丰、奉新、萍乡、吉安、遂川、石城、寻乌、兴国、上犹。

紫草属 Lithospermum L.

- 田紫草 Lithospermum arvense L.

  分布：九江、德兴、上饶、婺源。

  评述：江西本土植物名录（2017）有记载，未见标本。

- 紫草 Lithospermum erythrorhizon Siebold et Zucc.

  分布：九江、浮梁、贵溪、资溪。

- 梓木草 Lithospermum zollingeri A. DC.

  分布：九江、庐山、瑞昌、彭泽、靖安。

聚合草属 Symphytum L.

- *聚合草 Symphytum officinale L.

  分布：九江、南昌。

（四十六）茄目 Solanales Juss. ex Bercht. & J. Presl

159 旋花科 Convolvulaceae Juss.

土丁桂属 Evolvulus L.

- 土丁桂 Evolvulus alsinoides (L.) L.

  分布：九江、庐山、瑞昌、武宁、新建、南昌、临川、贵溪、资溪、黎川、靖安、井冈山、吉安、安福、永新、遂川、赣州、南康、石城、安远、赣县、宁都、兴国、龙南、全南、大余、会昌。

- 银丝草 Evolvulus alsinoides var. decumbens (R. Br.) Ooststr.

  分布：黎川、石城、兴国、龙南、大余。

马蹄金属 Dichondra J. R. Forst. & G. Forst.

- 马蹄金 *Dichondra micrantha* Urb.
分布：九江、庐山、修水、贵溪、资溪、广昌、靖安、井冈山、吉安、石城、大余。

虎掌藤属 Ipomoea L.

- 月光花 *Ipomoea alba* L.
分布：南昌、赣州。
评述：归化或入侵。
- * 蕹菜 *Ipomoea aquatica* Forssk.
分布：全省广泛栽培。
- * 番薯 *Ipomoea batatas* (L.) Lam.
分布：全省广泛栽培。
- 毛牵牛 *Ipomoea biflora* (L.) Pers.[心萼薯 *Aniseia biflora* (L.) Choisy]
分布：修水、德安、资溪、广昌、井冈山、安福、遂川、寻乌、上犹、龙南。
- 齿萼薯 *Ipomoea fimbriosepala* Choisy
分布：濂溪。
- 牵牛 *Ipomoea nil* (L.) Roth
分布：全省有分布。
评述：归化或入侵。
- 圆叶牵牛 *Ipomoea purpurea* (Linn.) Roth
分布：全省有分布。
评述：归化或入侵。

打碗花属 Calystegia R. Br.

- 打碗花 *Calystegia hederacea* Wall.
分布：九江、庐山、瑞昌、南昌、贵溪、资溪、靖安、井冈山、石城。
- 藤长苗 *Calystegia pellita* (Ledeb.) G. Don
分布：九江、庐山。
评述：江西本土植物名录（2017）有记载，未见标本。
- 旋花 *Calystegia sepium* (L.) R. Br.
分布：九江、武宁、浮梁、上饶、鹰潭、广昌、黎川、铜鼓、靖安、宜丰、奉新、分宜、萍乡、莲花、井冈山、吉安、安福、永新、赣州、石城、兴国、崇义。
- 鼓子花 *Calystegia silvatica* subsp. *orientalis* Brummitt
分布：九江、庐山、武宁、修水、浮梁、黎川、铜鼓、靖安、宜丰、奉新、分宜、萍乡、莲花、井冈山、吉安、安福、永新、石城、兴国、崇义、大余。

旋花属 Convolvulus L.

- 田旋花 *Convolvulus arvensis* L.
分布：九江、庐山。

菟丝子属 Cuscuta L.

- 南方菟丝子 *Cuscuta australis* R. Br.
分布：九江、庐山、修水、宜黄、铜鼓、靖安、井冈山、安福、寻乌、会昌。
- 菟丝子 *Cuscuta chinensis* Lam.
分布：九江、庐山、贵溪、靖安、安福、石城。
- 金灯藤 *Cuscuta japonica* Choisy
分布：九江、庐山、武宁、修水、新建、德兴、上饶、广丰、玉山、贵溪、资溪、广昌、黎川、铜鼓、靖安、宜丰、萍乡、井冈山、安福、遂川、瑞金、南康、石城、兴国、龙南、全南、大余。

鳞蕊藤属 Lepistemon Bl.

- 裂叶鳞蕊藤 *Lepistemon lobatum* Pilg.
分布：资溪、靖安、井冈山。

鱼黄草属 Merremia Dennst. ex Endl.

- 篱栏网 *Merremia hederacea* (Burm. f.) Hallier f.
分布：新建、吉安。
- 北鱼黄草 *Merremia sibirica* (L.) Hallier f.
分布：上高、安福、安远、龙南、会昌。
- 山猪菜 *Merremia umbellata* subsp. *orientalis* (Hallier f.) Ooststr.
分布：资溪、靖安。
评述：《江西种子植物名录》（刘仁林，2010）有记载，未见标本。

飞蛾藤属 Dinetus Buch.-Ham. ex D. Don

- 飞蛾藤 *Dinetus racemosus* (Roxb.) Buch.-Ham. ex Sweet
分布：九江、庐山、武宁、修水、玉山、资溪、宜春、靖安、宜丰、芦溪、井冈山、安福、遂川、寻乌、上犹、龙南。
- 毛果飞蛾藤 *Dinetus truncatus* (Kurz) Staples
分布：广昌。
评述：《中国植物物种名录》（2020版）有记载，未见标本。

茑萝属 Quamoclit Mill.

- * 茑萝松 *Quamoclit pennata* (Desr.) Bojer
分布：全省有栽培。

160 茄科 Solanaceae Juss.

假酸浆属 Nicandra Adans.

- 假酸浆 *Nicandra physalodes* (L.) Gaertn.
分布：九江、黎川。
评述：归化或入侵。

辣椒属 Capsicum L.

- * 辣椒 *Capsicum annuum* L.
分布：全省广泛栽培。
- * 朝天椒 *Capsicum annuum* var. *conoides* (Mill.) Irish
分布：全省广泛栽培。

枸杞属 Lycium L.

- 枸杞 *Lycium chinense* Mill.
分布：九江、庐山、瑞昌、武宁、永修、修水、南昌、贵溪、资溪、宜黄、广昌、黎川、靖安、宜丰、奉新、萍乡、井冈山、安福、永丰、遂川、石城、宁都、寻乌、兴国、上犹、龙南、大余。

红丝线属 Lycianthes (Dunal) Hassl.

- 红丝线 *Lycianthes biflora* (Lour.) Bitter
分布：上饶、铅山、贵溪、抚州、吉安、赣州、龙南、崇义、大余。
- 单花红丝线 *Lycianthes lysimachioides* (Wall.) Bitter

分布：九江、瑞昌、修水、上饶、铅山、宜丰、莲花、井冈山。
- 中华红丝线 *Lycianthes lysimachioides* var. *sinensis* Bitter
分布：九江、庐山、永修、修水、上饶、井冈山、安福。

曼陀罗属 *Datura* L.

- 洋金花 *Datura metel* L.
分布：九江。
评述：归化或入侵。
- 曼陀罗 *Datura stramonium* L.
分布：全省有栽培。
评述：归化或入侵。

龙珠属 *Tubocapsicum* (Wettst.) Makino

- 龙珠 *Tubocapsicum anomalum* (Franch. et Sav.) Makino
分布：九江、庐山、德兴、贵溪、资溪、靖安、井冈山、安福、石城、全南。

茄属 *Solanum* L.

- 喀西茄 *Solanum aculeatissimum* Jacquem.
分布：全省有分布。
评述：归化或入侵。
- 少花龙葵 *Solanum americanum* Mill.
分布：九江、永修、修水、南昌、广丰、资溪、广昌、黎川、奉新、莲花、井冈山、安福、永新、遂川、石城、寻乌、崇义、大余。
- 牛茄子 *Solanum capsicoides* All.
分布：全省有分布。
评述：归化或入侵。
- 野海茄 *Solanum japonense* Nakai
分布：九江、庐山、铅山、玉山、靖安。
- 白英 *Solanum lyratum* Thunb.
分布：九江、庐山、武宁、修水、乐平、南昌、德兴、广丰、鄱阳、铅山、玉山、贵溪、资溪、黎川、铜鼓、靖安、萍乡、莲花、井冈山、安福、永丰、永新、遂川、南康、石城、安远、宁都、兴国、上犹、龙南、崇义、全南、会昌。
- *茄 *Solanum melongena* L.
分布：全省广泛栽培。
- 龙葵 *Solanum nigrum* L.
分布：九江、彭泽、修水、南昌、上饶、广丰、铅山、玉山、贵溪、南丰、资溪、宜黄、广昌、黎川、靖安、萍乡、莲花、井冈山、吉安、安福、永新、瑞金、石城、兴国、上犹、大余、会昌。
- 海桐叶白英 *Solanum pittosporifolium* Hemsl.
分布：九江、庐山、武宁、上饶、铅山、贵溪、资溪、宜春、宜丰、井冈山、安福。
- 珊瑚樱 *Solanum pseudocapsicum* L.
分布：全省有分布。
评述：归化或入侵。
- 木龙葵 *Solanum scabrum* Mill.
分布：芦溪、井冈山、安福、泰和。
- *阳芋（马铃薯）*Solanum tuberosum* L.
分布：全省有栽培。
- 刺天茄 *Solanum violaceum* Ortega
分布：资溪。
- 黄果茄 *Solanum virginianum* L.

分布：九江、修水、资溪、宜黄、奉新、安福、永新、瑞金、宁都、寻乌、兴国、定南、龙南、大余、会昌。

散血丹属 Physaliastrum Makino

- 广西地海椒 *Physaliastrum chamaesarachoides* (Makino) Makino
分布：德兴、资溪。
- 江南散血丹 *Physaliastrum heterophyllum* (Hemsl.) Migo
分布：九江、庐山、永修、靖安、井冈山、安福。

酸浆属 Physalis L.

- 酸浆 *Physalis alkekengi* L.
分布：九江、庐山、贵溪、资溪、高安、靖安、井冈山、永丰、石城、龙南。
- 挂金灯 *Physalis alkekengi* var. *franchetii* (Mast.) Makino
分布：武宁、贵溪、资溪、黎川、宜丰、井冈山、泰和、石城、大余。
- 苦蘵 *Physalis angulata* L.[毛苦蘵 *Physalis angulata* var. *villosa* Bonati]
分布：全省有分布。
评述：归化或入侵。
- 小酸浆 *Physalis minima* L.
分布：全省有分布。
评述：归化或入侵。
- 毛酸浆 *Physalis philadelphica* Lam.
分布：全省有分布。
评述：归化或入侵。

颠茄属 Atropa L.

- 颠茄 *Atropa belladonna* L.
分布：赣南有分布。
评述：归化或入侵。

夜香树属 Cestrum L.

- * 夜香树 *Cestrum nocturnum* L.
分布：全省有栽培。

烟草属 Nicotiana L.

- * 光烟草 *Nicotiana glauca* Graham
分布：全省有栽培。
- * 烟草 *Nicotiana tabacum* L.
分布：全省有栽培。

矮牵牛属 Petunia Juss.

- * 碧冬茄（矮牵牛）*Petunia* × *atkinsiana* (Sweet) D. Don ex W. H. Baxter
分布：全省有栽培。

楔瓣花科 Sphenocleaceae T. Baskerv.

楔瓣花属 Sphenoclea Gaertn.

- 尖瓣花 *Sphenoclea zeylanica* Gaertn.
分布：南昌、永丰。

（四十七）唇形目 Lamiales Bromhead

162. 木犀科 Oleaceae Hoffmanns. & Link

流苏树属 Chionanthus L.

- **海南流苏树** *Chionanthus hainanensis* (Merrill & Chun) B. M. Miao [海南李榄 *Linociera hainanensis* Merr. et Chun]

  分布：寻乌、信丰、安远。

  评述：江西新记录。

- **枝花流苏树** *Chionanthus ramiflorus* Roxburgh

  分布：袁州。

- **流苏树** *Chionanthus retusus* Lindl. et Paxton

  分布：九江、庐山、彭泽、永修、都昌、新建、南昌、德兴、婺源、临川、贵溪、资溪、靖安、遂川、兴国。

木犀属 Osmanthus Lour.

- **红柄木犀** *Osmanthus armatus* Diels

  分布：修水、靖安。

- **狭叶木犀** *Osmanthus attenuatus* P. S. Green

  分布：资溪、井冈山。

  评述：《中国植物物种名录》（2020版）有记载，未见标本。

- **宁波木犀** *Osmanthus cooperi* Hemsl.

  分布：修水、德兴、广丰、贵溪、南丰、资溪、黎川、井冈山、上犹、崇义。

- **双瓣木犀** *Osmanthus didymopetalus* P. S. Green

  分布：广昌。

- **木犀** *Osmanthus fragrans* (Thunb.) Lour.

  分布：九江、庐山、武宁、修水、新建、南昌、德兴、上饶、广丰、婺源、玉山、资溪、广昌、黎川、铜鼓、宜丰、分宜、井冈山、吉安、安福、永丰、泰和、遂川、赣州、安远、寻乌、兴国、龙南、崇义、全南、大余。

- **细脉木犀** *Osmanthus gracilinervis* L. C. Chia ex R. L. Lu

  分布：修水、南丰、资溪。

- **蒙自桂花** *Osmanthus henryi* P. S. Green

  分布：贵溪、资溪、井冈山、石城、上犹、崇义。

- **厚边木犀** *Osmanthus marginatus* (Champ. ex Benth.) Hemsl. [华木犀 *Osmanthus sinensis* (Hand.-Mazz.) Hand.-Mazz.]

  分布：庐山、武宁、修水、铅山、贵溪、资溪、广昌、黎川、铜鼓、靖安、奉新、井冈山、安福、遂川、石城、安远、寻乌、信丰、大余、会昌。

- **长叶木犀** *Osmanthus marginatus* var. *longissimus* (H. T. Chang) R. L. Lu

  分布：武宁、铅山、铜鼓、宜丰、芦溪、井冈山、安福、遂川。

- **牛矢果** *Osmanthus matsumuranus* Hayata

  分布：武宁、修水、德兴、上饶、婺源、铅山、玉山、贵溪、资溪、广昌、井冈山、瑞金、石城、上犹、龙南。

- **小叶月桂** *Osmanthus minor* P. S. Green

  分布：黎川、安远、龙南、全南、会昌。

- **网脉木犀** *Osmanthus reticulatus* P. S. Green

  分布：铅山、资溪。

- **短丝木犀** *Osmanthus serrulatus* Rehder

  分布：武宁、德兴、婺源、铅山、玉山。

评述：江西本土植物名录（2017）有记载，未见标本。
- 毛木犀 *Osmanthus venosus* Pamp.

分布：铅山。

评述：江西本土植物名录（2017）有记载，未见标本。

雪柳属 *Fontanesia* Labill.

- 雪柳 *Fontanesia phillyreoides* subsp. *fortunei* (Carrière) Yalt.

分布：九江、庐山、婺源、井冈山。

连翘属 *Forsythia* Vahl

- *连翘 *Forsythia suspensa* (Thunb.) Vahl

分布：九江。

- 金钟花 *Forsythia viridissima* Lindl.

分布：九江、庐山、瑞昌、修水、婺源、铅山、资溪、铜鼓、靖安、奉新、芦溪、井冈山、安福、遂川、赣州、石城、上犹、崇义。

梣属 *Fraxinus* L.

- 白蜡树 *Fraxinus chinensis* Roxb.[尖叶白蜡 *Fraxinus szaboana* Lingelsh.、*Fraxinus chinensis* var. *acuminata* Lingelsh.]

分布：九江、庐山、新建、铅山、资溪、靖安、萍乡、芦溪、井冈山、安福、遂川、赣州、定南、龙南、崇义、全南。

- 光蜡树 *Fraxinus griffithii* C. B. Clarke

分布：玉山、宜丰、龙南、全南。

- 苦枥木 *Fraxinus insularis* Hemsl. [*Fraxinus retusa* Champion ex Bentham、*Fraxinus retusa* var. *henryana* Oliv.]

分布：九江、庐山、永修、德兴、婺源、铅山、玉山、贵溪、南丰、资溪、广昌、黎川、铜鼓、宜丰、萍乡、芦溪、井冈山、吉安、安福、泰和、石城、安远、寻乌、兴国、上犹、龙南、崇义、全南。

- 尖萼梣 *Fraxinus odontocalyx* Hand.-Mazz. ex E. Peter

分布：铅山、石城。

评述：《江西种子植物名录》（刘仁林，2010）有记载，未见标本。

- 庐山梣 *Fraxinus sieboldiana* Blume

分布：九江、庐山、武宁、资溪、靖安。

素馨属 *Jasminum* L.

- 探春花 *Jasminum floridum* Bunge

分布：九江、婺源。

- 清香藤 *Jasminum lanceolaria* Roxb. [毛清香藤 *Jasminum lanceolarium* var. *puberulum* Hemsl.]

分布：瑞昌、武宁、修水、德兴、上饶、广丰、婺源、铅山、贵溪、南丰、资溪、宜黄、广昌、黎川、靖安、宜丰、奉新、万载、分宜、萍乡、莲花、芦溪、井冈山、吉安、安福、永新、遂川、南康、石城、安远、宁都、寻乌、兴国、上犹、龙南、崇义、人余、会昌。

- *野迎春 *Jasminum mesnyi* Hance

分布：全省有栽培。

- *迎春花 *Jasminum nudiflorum* Lindl.

分布：全省有栽培。

- 亮叶素馨 *Jasminum seguinii* H. Lév.

分布：会昌。

- 华素馨 *Jasminum sinense* Hemsl.

分布：九江、庐山、武宁、永修、修水、景德镇、上饶、鹰潭、抚州、广昌、黎川、宜春、分宜、萍乡、井冈山、吉安、安福、遂川、赣州、上犹、大余。

- 川素馨 *Jasminum urophyllum* Hemsl.

分布：铜鼓。

丁香属 Syringa L.

- 毛丁香 Syringa tomentella Bureau et Franchet

分布：庐山。

评述：野外调查发现有无花无果植株，疑似是本种，需进一步确认。

木樨榄属 Olea L.

- 异株木樨榄 Olea dioica Roxb.

分布：崇义、大余。

- *木樨榄 Olea europaea L.

分布：赣南有栽培。

女贞属 Ligustrum L.

- 长叶女贞 Ligustrum compactum (Wall. ex G. Don) Hook. f. et Thoms. ex Brandis

分布：铅山、资溪、芦溪、井冈山、安福。

- 扩展女贞 Ligustrum expansum Rehder [粗壮女贞 Ligustrum robustum subsp. chinense P. S. Green]

分布：九江、新建、鄱阳、铅山、资溪、广昌、铜鼓、宜丰、奉新、井冈山、遂川、寻乌、崇义。

评述：《中国植物物种名录》（2020版）有记载，未见标本。

- *日本女贞 Ligustrum japonicum Thunb.

分布：全省有栽培。

- 蜡子树 Ligustrum leucanthum (S. Moore) P. S. Green

分布：九江、庐山、武宁、修水、铅山、资溪、东乡、丰城、铜鼓、靖安、井冈山、安福、遂川、龙南。

- 华女贞 Ligustrum lianum P. S. Hsu

分布：九江、庐山、武宁、修水、德兴、铅山、贵溪、资溪、奉新、井冈山、遂川、石城、上犹、崇义。

- 长筒女贞 Ligustrum longitubum (P. S. Hsu) P. S. Hsu

分布：九江、庐山、铅山、玉山、石城。

- 女贞 Ligustrum lucidum W. T. Aiton [宽叶长叶女贞 Ligustrum compactum var. latifolium W. C. Cheng]

分布：九江、武宁、修水、乐平、新建、南昌、德兴、上饶、婺源、铅山、贵溪、南丰、资溪、广昌、崇仁、铜鼓、靖安、宜丰、奉新、分宜、萍乡、井冈山、吉安、安福、永新、遂川、赣州、瑞金、南康、石城、安远、寻乌、兴国、龙南、崇义、全南、大余、会昌。

- 水蜡 Ligustrum obtusifolium Siebold et Zucc.

分布：九江、瑞昌、修水、玉山、宜黄、铜鼓、靖安、遂川。

- 辽东水蜡树 Ligustrum obtusifolium subsp. suave (Kitag.) Kitag.

分布：安义、南丰、宜春、新余、井冈山。

评述：江西本土植物名录（2017）有记载，未见标本。

- 阿里山女贞（总梗女贞）Ligustrum pricei Hayata

分布：武宁、修水、资溪、靖安。

- 小叶女贞 Ligustrum quihoui Carrière

分布：九江、庐山、武宁、彭泽、德安、都昌、南昌、铅山、玉山、贵溪、资溪、广昌、芦溪、井冈山、安福、石城、龙南。

- 小蜡 Ligustrum sinense Lour. [华南小蜡 Ligustrum calleryanum Decne.、亮叶小蜡树 Ligustrum sinense var. nitidum Rehder]

分布：九江、庐山、瑞昌、武宁、彭泽、永修、修水、浮梁、新建、南昌、德兴、上饶、婺源、玉山、贵溪、南丰、资溪、宜黄、东乡、黎川、铜鼓、靖安、宜丰、奉新、万载、分宜、萍乡、莲花、井冈山、吉安、安福、永新、泰和、遂川、赣州、瑞金、南康、石城、安远、寻乌、兴国、上犹、龙南、崇义、全南、大余。

- 光萼小蜡 *Ligustrum sinense* var. *myrianthum* (Diels) Hofk. [毛蜡树 *Ligustrum groffiae* Merr.]
分布：九江、武宁、修水、上饶、南丰、资溪、宜黄、广昌、黎川、铜鼓、奉新、井冈山、安福、永新、遂川、石城、安远、寻乌、兴国、上犹、于都、全南、大余、会昌。

163 苦苣苔科 Gesneriaceae Rich. & Juss.

粗筒苣苔属 Briggsia Craib

- 浙皖粗筒苣苔 *Briggsia chienii* Chun
分布：上饶、玉山、黎川。
- 川鄂粗筒苣苔 *Briggsia rosthornii* (Diels) Burtt
分布：武宁、修水。
评述：江西本土植物名录（2017）有记载，未见标本。

旋蒴苣苔属 Boea Comm. ex Lam.

- 大花旋蒴苣苔 *Boea clarkeana* Hemsl.
分布：资溪、宜丰、井冈山。
- 旋蒴苣苔 *Boea hygrometrica* (Bunge) R. Br.
分布：九江、庐山、武宁、贵溪、南丰、资溪、广昌、黎川、崇仁、靖安、井冈山、石城、兴国。

小花苣苔属 Chiritopsis W. T. Wang

- 休宁小花苣苔 *Chiritopsis xiuningensis* X. L. Liu & X. H. Guo
分布：不详。

长蒴苣苔属 Didymocarpus Wall.

- 东南长蒴苣苔 *Didymocarpus hancei* Hemsl.
分布：乐平、婺源、南丰、资溪、黎川、萍乡、井冈山。
- 闽赣长蒴苣苔 *Didymocarpus heucherifolius* Hand.-Mazz.
分布：九江、庐山、武宁、鄱阳、婺源、铅山、贵溪、资溪、靖安、井冈山、崇义、会昌。

苦苣苔属 Conandron Sieb. et Zucc.

- 苦苣苔 *Conandron ramondioides* Siebold et Zucc.
分布：玉山、婺源、资溪、靖安、井冈山。

唇柱苣苔属 Chirita Buch.-Ham.ex D. Don

- 光萼唇柱苣苔 *Chirita anachoreta* Hance
分布：井冈山、龙南。

全唇苣苔属 Deinocheilos W. T. Wang

- 江西全唇苣苔 *Deinocheilos jiangxiense* W. T. Wang
分布：九江、湖口、广丰、余干、寻乌。

后蕊苣苔属 Opithandra Burtt

- 龙南后蕊苣苔 *Opithandra burttii* W. T. Wang
分布：龙南。

吊石苣苔属 Lysionotus D. Don

- 吊石苣苔 *Lysionotus pauciflorus* Maxim.
分布：九江、庐山、武宁、修水、新建、上饶、铅山、玉山、贵溪、资溪、铜鼓、靖安、宜丰、万载、萍乡、芦溪、井冈山、安福、南康、石城、寻乌、信丰。

马铃苣苔属 *Oreocharis* Benth.

- 窄叶马铃苣苔 *Oreocharis argyreia* var. *angustifolia* K. Y. Pan

  分布：井冈山、信丰。

- 长瓣马铃苣苔 *Oreocharis auricula* (S. Moore) C. B. Clarke

  分布：九江、庐山、武宁、上饶、铅山、贵溪、资溪、宜春、靖安、宜丰、萍乡、井冈山、吉安、永新、遂川、石城、上犹、崇义、大余。

- 大叶石上莲 *Oreocharis benthamii* C. B. Clarke

  分布：宜丰、石城。

- 浙皖佛肚苣苔 *Oreocharis chienii* (Chun) Mich. Möller & A. Weber

  分布：不详。

  评述：《中国植物物种名录》（2020 版）有记载，未见标本。

- 弯管马铃苣苔 *Oreocharis curvituba* J. J. Wei & W. B. Xu

  分布：崇义。

- 大齿马铃苣苔 *Oreocharis magnidens* Chun ex K. Y. Pan

  分布：崇义。

- 大花石上莲 *Oreocharis maximowiczii* C. B. Clarke

  分布：贵溪、南丰、黎川、井冈山、瑞金、石城、兴国。

- 筒花马铃苣苔 *Oreocharis tubiflora* K. Y. Pan

  分布：资溪、靖安。

  评述：《江西种子植物名录》（刘仁林，2010）有记载，未见标本。

- 湘桂马铃苣苔 *Oreocharis xiangguiensis* W. T. Wang et K. Y. Pan

  分布：上犹。

石山苣苔属 *Petrocodon* Hance

- 江西石山苣苔 *Petrocodon jiangxiensis* F. Wen, L. F. Fu & L. Y. Su

  分布：乐平。

台闽苣苔属 *Titanotrichum* Soler.

- 台闽苣苔 *Titanotrichum oldhamii* (Hemsl.) Soler.

  分布：铅山、资溪。

  评述：《江西种子植物名录》（刘仁林，2010）有记载，未见标本。

半蒴苣苔属 *Hemiboea* C. B. Clarke

- 贵州半蒴苣苔 *Hemiboea cavaleriei* H. Lév.

  分布：莲花、井冈山、安福、永新、遂川、龙南、全南、大余。

- 纤细半蒴苣苔 *Hemiboea gracilis* Franch.

  分布：宜丰、萍乡、井冈山、安福、泰和。

- 腺毛半蒴苣苔 *Hemiboea strigosa* Chun ex W. T. Wang

  分布：贵溪、永新。

- 短茎半蒴苣苔 *Hemiboea subacaulis* Hand.-Mazz.

  分布：芦溪、井冈山、安福、遂川。

- 江西半蒴苣苔 *Hemiboea subacaulis* var. *jiangxiensis* Z. Y. Li

  分布：井冈山、遂川、南康、上犹。

- 降龙草 *Hemiboea subcapitata* C. B. Clarke

  分布：庐山、武宁、修水、德兴、上饶、广丰、铅山、玉山、贵溪、资溪、宜黄、靖安、宜丰、井冈山、安福、永新、泰和、遂川、龙南。

报春苣苔属 *Primulina* Hance

- 丹霞小花苣苔 *Primulina danxiaensis* (W. B. Liao, S. S. Lin & R. J. Shen) W. B. Liao & K. F. Chung

  分布：宁都。

- 短序报春苣苔 *Primulina depressa* (Hook. f.) Mich. Möller & A. Weber

  分布：南丰。

- 东莞报春苣苔 *Primulina dongguanica* F. Wen, Y. G. Wei & R. Q. Luo

  分布：龙南。

  评述：江西新物种数据（杜诚 2018）有记载，未见标本。

- 蚂蟥七 *Primulina fimbrisepala* (Hand.-Mazz.) Yin Z. Wang

  分布：九江、庐山、资溪、靖安、井冈山、龙南。

- 粗筒小花苣苔 *Primulina inflata* Li. H. Yang & M. Z. Xu

  分布：兴国。

- 大齿报春苣苔 *Primulina juliae* (Hance) Mich. Möller & A. Weber

  分布：不详。

  评述：《中国植物物种名录》（2020 版）有记载，未见标本。

- 乐平报春苣苔 *Primulina lepingensis* Z. L. Ning & M. Kang

  分布：乐平。

- 羽裂报春苣苔 *Primulina pinnatifida* (Hand.-Mazz.) Yin Z. Wang

  分布：永修、资溪、靖安。

  评述：《中国植物物种名录》（2020 版）有记载，未见标本。

- 遂川报春苣苔 *Primulina suichuanensis* X. L. Yu & J. J. Zhou

  分布：遂川。

- 温氏报春苣苔 *Primulina wenii* Jian Li & L. J. Yan

  分布：龙南。

- 新宁报春苣苔 *Primulina xinningensis* (W. T. Wang) Mich. Möller & A. Weber

  分布：婺源。

线柱苣苔属 *Rhynchotechum* Blume

- 异色线柱苣苔 *Rhynchotechum discolor* (Maxim.) Burtt.

  分布：寻乌。

  评述：江西新记录。

164 车前科 Plantaginaceae Juss.

草灵仙属 *Veronicastrum* Heist. ex Fabr.

- 爬岩红 *Veronicastrum axillare* (Siebold & Zucc.) T. Yamaz.

  分布：九江、庐山、德兴、资溪、宜黄、靖安、芦溪、井冈山、安福、瑞金、石城、寻乌、兴国、上犹、全南、大余。

- 四方麻 *Veronicastrum caulopterum* (Hance) T. Yamaz.

  分布：资溪、萍乡、井冈山、遂川。

- 粗壮腹水草 *Veronicastrum robustum* (Diels) D. Y. Hong

  分布：德兴、玉山、贵溪、资溪。

- 细穗腹水草 *Veronicastrum stenostachyum* (Hemsl.) T. Yamaz.

  分布：瑞昌、广丰、铅山、贵溪、南丰、资溪、莲花、永新、遂川、上犹。

- 腹水草 *Veronicastrum stenostachyum* subsp. *plukenetii* (T. Yamaz.) D. Y. Hong

  分布：武宁、修水、上饶、铅山、贵溪、南丰、资溪、铜鼓、萍乡、莲花、井冈山、吉安、安福、永新、遂川、石城、宁都、兴国、上犹。

- **毛叶腹水草** *Veronicastrum villosulum* (Miq.) T. Yamaz.

  分布：九江、庐山、鄱阳、资溪、靖安。

- **铁钓竿** *Veronicastrum villosulum* var. *glabrum* T. L. Chin & D. Y. Hong

  分布：武宁、德兴、石城。

- **刚毛毛叶腹水草** *Veronicastrum villosulum* var. *hirsutum* T. L. Chin et D. Y. Hong

  分布：广丰、铅山、贵溪、资溪、铜鼓、井冈山、石城、上犹。

- **两头连** *Veronicastrum villosulum* var. *parviflorum* T. L. Chin et D. Y. Hong

  分布：修水。

兔尾苗属 Pseudolysimachion (W. D. J. Koch) Opiz

- **细叶穗花** *Pseudolysimachion linariifolium* (Pall. ex Link) T. Yamaz.

  分布：乐平、贵溪、萍乡。

- **水蔓菁** *Pseudolysimachion linariifolium* subsp. *dilatatum* (Nakai & Kitag.) D. Y. Hong

  分布：九江、庐山、武宁、修水、都昌、新建、铅山、泰和、石城、兴国。

幌菊属 Ellisiophyllum Maxim.

- **幌菊** *Ellisiophyllum pinnatum* (Wall. ex Benth.) Makino

  分布：遂川。

野甘草属 Scoparia L.

- **野甘草** *Scoparia dulcis* L.

  分布：赣州。

  评述：归化或入侵。

车前属 Plantago L.

- **车前** *Plantago asiatica* L.

  分布：九江、庐山、武宁、彭泽、永修、德兴、上饶、铅山、玉山、贵溪、南丰、资溪、广昌、黎川、靖安、奉新、分宜、萍乡、井冈山、吉安、安福、遂川、石城、安远、宁都、寻乌、兴国、上犹、全南。

- **疏花车前** *Plantago asiatica* subsp. *erosa* (Wall.) Z. Y. Li

  分布：分宜。

- **平车前** *Plantago depressa* Willd.

  分布：九江、庐山、武宁、靖安。

- **长叶车前** *Plantago lanceolata* L.

  分布：九江。

  评述：归化或入侵。

- **大车前** *Plantago major* L.

  分布：九江、庐山、武宁、彭泽、德兴、铅山、玉山、贵溪、乐安、资溪、靖安、芦溪、井冈山、安福、宁都、寻乌、全南、大余。

- **北美车前** *Plantago virginica* L.

  分布：全省有分布。

  评述：归化或入侵。

茶菱属 Trapella Oliv.

- **茶菱** *Trapella sinensis* Oliv.

  分布：九江、庐山、德安、景德镇、铜鼓、靖安、井冈山、安福、泰和、石城。

婆婆纳属 Veronica L.

- **北水苦荬** *Veronica anagallis-aquatica* L.

  分布：武宁、贵溪、资溪、永丰。

- 直立婆婆纳 *Veronica arvensis* L.

分布：全省有分布。

评述：归化或入侵。

- 常春藤婆婆纳 *Veronica hederaefolia* L.

分布：九江。

评述：归化或入侵。

- 华中婆婆纳 *Veronica henryi* T. Yamaz.

分布：萍乡、芦溪、井冈山、安福、遂川。

- 多枝婆婆纳 *Veronica javanica* Blume

分布：奉新、安福、上犹。

- 蚊母草 *Veronica peregrina* L.

分布：全省有分布。

评述：归化或入侵。

- 阿拉伯婆婆纳 *Veronica persica* Poir.

分布：全省有分布。

评述：归化或入侵。

- 婆婆纳 *Veronica polita* Fries

分布：全省有分布。

评述：归化或入侵。

- 小婆婆纳 *Veronica serpyllifolia* L.

分布：九江、庐山。

评述：《江西种子植物名录》（刘仁林，2010）有记载，未见标本。

- 水苦荬 *Veronica undulata* Wall. ex Jack

分布：九江、庐山、瑞昌、资溪、靖安、井冈山、吉安、遂川、崇义。

- 云南婆婆纳 *Veronica yunnanensis* D. Y. Hong

分布：庐山。

评述：江西本土植物名录（2017）有记载，未见标本。

鞭打绣球属 *Hemiphragma* Wall.

- 鞭打绣球 *Hemiphragma heterophyllum* Wall.

分布：铅山。

水马齿属 *Callitriche* L.

- 日本水马齿 *Callitriche japonica* Engelm. ex Hegelm.

分布：吉安。

- 线叶水马齿 *Callitriche hermaphroditica* L.

分布：鄱阳湖、泰和。

- 沼生水马齿 *Callitriche palustris* L. [水马齿 *Callitriche stagnalis* Scop.]

分布：鄱阳湖、九江、庐山、修水、南昌、进贤、婺源、永丰。

- 东北水马齿 *Callitriche palustris* var. *elegans* (V. V. Petrovsky) Y. L. Chang

分布：萍乡。

- 广东水马齿 *Callitriche palustris* var. *oryzetorum* (Petrov) Lansdown

分布：遂川。

评述：江西本土植物名录（2017）有记载，未见标本。

石龙尾属 *Limnophila* R. Br.

- 紫苏草 *Limnophila aromatica* (Lam.) Merr.

分布：资溪、井冈山、泰和。

- 抱茎石龙尾 *Limnophila connata* (Buch.-Ham. ex D. Don) Hand.-Mazz.

分布：芦溪、井冈山、安福、泰和。
- **异叶石龙尾** *Limnophila heterophylla* (Roxb.) Benth.
分布：九江、永修、德安、都昌、德兴、石城。
- **石龙尾** *Limnophila sessiliflora* (Vahl) Blume
分布：九江、庐山、南昌、进贤、德兴、玉山、贵溪、资溪、广昌、靖安、萍乡、泰和、石城。

泽番椒属 *Deinostema* T. Yamaz.

- **泽番椒** *Deinostema violacea* (Maximowicz) T. Yamazaki
分布：南昌。

虻眼属 *Dopatrium* Buch.-Ham. ex Benth.

- **虻眼** *Dopatrium junceum* (Roxb.) Buch.-Ham. ex Benth.
分布：东湖、南丰。

毛麝香属 *Adenosma* R. Br.

- **毛麝香** *Adenosma glutinosum* (L.) Druce
分布：九江、庐山、寻乌、龙南、全南。

水八角属 *Gratiola* L.

- **白花水八角** *Gratiola japonica* Miq.
分布：九江、庐山、南昌、吉安。
- **黄花水八角** *Gratiola griffithii* Hook. f.
分布：分宜、泰和、章贡。

蔓柳穿鱼属 *Cymbalaria* Hill

- **蔓柳穿鱼** *Cymbalaria muralis* P. Gaertn., B. Mey. et Scherb.
分布：庐山。
评述：归化或入侵。

毛地黄属 *Digitalis* L.

- **毛地黄** *Digitalis purpurea* L.
分布：庐山。
评述：归化或入侵。

165 玄参科 Scrophulariaceae Juss.

水茫草属 *Limosella* L.

- **水茫草** *Limosella aquatica* L
分布：庐山。

醉鱼草属 *Buddleja* L.

- **白背枫** *Buddleja asiatica* Lour.
分布：上饶、铅山、贵溪、赣州、寻乌、于都、龙南、大余。
- **大叶醉鱼草** *Buddleja davidii* Franch.
分布：九江、庐山、新建、吉安、遂川。
- **醉鱼草** *Buddleja lindleyana* Fortune
分布：九江、庐山、瑞昌、武宁、彭泽、修水、乐平、新建、德兴、上饶、广丰、鄱阳、婺源、铅山、玉山、贵溪、南丰、资溪、宜黄、广昌、黎川、铜鼓、靖安、宜丰、奉新、分宜、萍乡、莲花、芦溪、井冈山、吉安、安福、永丰、永新、遂川、瑞金、南康、石城、安远、赣县、宁都、寻乌、兴国、上犹、龙南、崇义、大余、会昌。

● 喉药醉鱼草 *Buddleja paniculata* Wall.
分布：资溪、井冈山。
评述：《中国植物物种名录》（2020 版）有记载，未见标本。

毛蕊花属 *Verbascum* L.

● * 毛蕊花 *Verbascum thapsus* L.
分布：九江、庐山。

玄参属 *Scrophularia* L.

● 玄参 *Scrophularia ningpoensis* Hemsl.
分布：九江、庐山、武宁、彭泽、永修、修水、新建、铅山、贵溪、资溪、宜黄、铜鼓、靖安、宜丰、萍乡、莲花、井冈山、吉安、安福、泰和、遂川、瑞金、石城、寻乌、上犹、龙南。

166 母草科 Linderniaceae Borsch, K. Müll. & Eb. Fisch.

蝴蝶草属 *Torenia* L.

● 长叶蝴蝶草 *Torenia asiatica* L.
分布：九江、庐山、修水、德兴、广丰、铅山、玉山、贵溪、资溪、黎川、靖安、萍乡、莲花、井冈山、安福、永新、泰和、瑞金、南康、石城、安远、兴国、龙南、崇义、全南、大余、会昌。

● 紫斑蝴蝶草 *Torenia fordii* Hook. f.
分布：德兴、铅山、芦溪、井冈山、安福、上犹、全南。

● 蓝猪耳 *Torenia fournieri* Linden ex E. Fourn.
分布：全省有栽培。
评述：归化或入侵。

● 紫萼蝴蝶草 *Torenia violacea* (Azaola ex Blanco) Pennell
分布：九江、庐山、武宁、修水、德兴、上饶、广丰、玉山、资溪、靖安、井冈山、遂川、石城、上犹、龙南、全南、大余。

陌上菜属 *Lindernia* All.

● 长蒴母草 *Lindernia anagallis* (Burm. f.) Pennell
分布：九江、庐山、德兴、资溪、黎川、靖安、萍乡、井冈山、泰和、遂川、赣州、石城、安远、上犹、龙南、崇义、大余。

● 泥花草 *Lindernia antipoda* (L.) Alston
分布：九江、庐山、修水、南昌、德兴、上饶、广丰、铅山、贵溪、资溪、广昌、靖安、宜丰、萍乡、井冈山、吉安、泰和、赣州、上犹、龙南。

● 刺齿泥花草 *Lindernia ciliata* (Colsm.) Pennell
分布：永丰、龙南、会昌。

● 母草 *Lindernia crustacea* (L.) F. Muell
分布：九江、庐山、武宁、修水、德兴、广丰、铅山、贵溪、资溪、宜黄、广昌、靖安、萍乡、井冈山、吉安、安福、泰和、遂川、石城、宁都、上犹、龙南。

● 江西母草 *Lindernia kiangsiensis* P. C. Tsoong
分布：安源、安远、会昌。

● 狭叶母草 *Lindernia micrantha* D. Don
分布：九江、庐山、修水、德兴、铅山、鹰潭、贵溪、资溪、广昌、靖安、宜丰、萍乡、井冈山、安福、永新、泰和、遂川、石城、全南、大余。

● 红骨母草 *Lindernia mollis* (Benth.) Wettst.

分布：资溪、井冈山、全南。
- 宽叶母草 *Lindernia nummulariifolia* (D. Don) Wettst.

分布：修水、井冈山、永新、遂川、上犹。
- 陌上菜 *Lindernia procumbens* (Krock.) Borbás

分布：九江、庐山、贵溪、资溪、靖安、石城、寻乌、龙南、崇义、大余。
- 细茎母草 *Lindernia pusilla* (Willd.) Bold.

分布：上犹、崇义。
- 旱田草 *Lindernia ruellioides* (Colsm.) Pennell

分布：资溪、靖安、井冈山、上犹、全南。
- 刺毛母草 *Lindernia setulosa* (Maxim.) Tuyama ex H. Hara

分布：修水、德兴、贵溪、南丰、资溪、靖安、莲花、井冈山、石城、安远、上犹、龙南、崇义、全南、大余。
- 黏毛母草 *Lindernia viscosa* (Hornem.) Bold.

分布：修水、龙南、会昌。

167 芝麻科 Pedaliaceae R. Br.

芝麻属 *Sesamum* L.

- *芝麻 *Sesamum indicum* L.

分布：全省有栽培。

168 爵床科 Acanthaceae Juss.

爵床属 *Justicia* L.

- 华南爵床 *Justicia austrosinensis* H. S. Lo et D. Fang [华南野靛棵 *Mananthes austrosinensis* (H. S. Lo & D. Fang) C. Y. Wu & C. C. Hu]

分布：全南。
- 圆苞杜根藤 *Justicia championii* T. Anderson

分布：安远。
- 爵床 *Justicia procumbens* L.

分布：九江、庐山、武宁、彭泽、修水、新建、德兴、上饶、广丰、婺源、铅山、玉山、鹰潭、贵溪、资溪、宜黄、广昌、铜鼓、靖安、分宜、萍乡、井冈山、安福、遂川、石城、寻乌、龙南、大余。
- 杜根藤 *Justicia quadrifaria* (Nees) T. Anderson

分布：九江、庐山、婺源、贵溪、资溪、宜黄、黎川、崇仁、靖安、莲花、井冈山、永新、石城。

马蓝属 *Strobilanthes* Bl.

- 海南马蓝 *Strobilanthes anamitica* Kuntze

分布：庐山。
- 山一笼鸡 *Strobilanthes aprica* (Hance) T. Anderson

分布：资溪、井冈山、龙南。
- 翅柄马蓝 *Strobilanthes atropurpurea* Nees [三花马蓝 *Strobilanthes wallichii* Nees]

分布：武宁、广昌、井冈山、安福、崇义。
- 华南马蓝 *Strobilanthes austrosinensis* Y. F. Deng & J. R. I. Wood

分布：九江、萍乡、石城、兴国、上犹。
- 板蓝 *Strobilanthes cusia* (Nees) Kuntze

分布：资溪、崇义、大余。
- 曲枝马蓝 *Strobilanthes dalzielii* (W. W. Smith) Benoist

分布：龙南、全南。
- **球花马蓝** *Strobilanthes dimorphotricha* Hance

分布：武宁、靖安、宜丰、万载。
- **南一笼鸡** *Strobilanthes henryi* Hemsl.

分布：寻乌、龙南、全南。

评述：江西本土植物名录（2017）有记载，未见标本。
- **薄叶马蓝** *Strobilanthes labordei* H. Lév.

分布：铅山、萍乡、井冈山、安福。
- **少花马蓝** *Strobilanthes oliganthus* Miq.

分布：九江、庐山、德兴、玉山、贵溪、资溪、广昌、靖安、分宜、井冈山、瑞金、石城、兴国、大余。
- **圆苞马蓝** *Strobilanthes penstemonoides* (Nees) T. Anderson

分布：不详。

评述：江西新物种数据（杜诚，2018）有记载，未见标本。
- **圆苞金足草** *Strobilanthes pentastemonoides* (Nees) T. Anders.

分布：不详。

评述：江西新物种数据（杜诚，2018）有记载，未见标本。
- **四子马蓝** *Strobilanthes tetrasperma* (Champ. ex Benth.) Druce

分布：武宁、铅山、宜丰、萍乡、芦溪、井冈山、安福、上犹、龙南、全南。

芦莉草属 *Ruellia* L.

- **飞来蓝** *Ruellia venusta* Hance[拟地皮消 *Leptosiphonium venustus* (Hance) E. Hossain]

分布：九江、庐山、修水、资溪、黎川、靖安、宜丰、分宜、芦溪、安福、瑞金、石城、龙南。

狗肝菜属 *Dicliptera* Juss.

- **狗肝菜** *Dicliptera chinensis* (L.) Juss.

分布：九江、贵溪、资溪、靖安、井冈山、石城。

十万错属 *Asystasia* Bl.

- **白接骨** *Asystasia neesiana* (Wall.) Nees

分布：九江、庐山、永修、修水、上饶、铅山、贵溪、资溪、宜春、铜鼓、靖安、宜丰、万载、分宜、萍乡、井冈山、安福、永新、遂川、石城、寻乌、上犹。

钟花草属 *Codonacanthus* Nees

- **钟花草** *Codonacanthus pauciflorus* (Nees) Nees

分布：寻乌。

水蓑衣属 *Hygrophila* R. Br.

- **小狮子草** *Hygrophila polysperma* (Roxb.) T. Anderson

分布：章贡。
- **水蓑衣** *Hygrophila ringens* (L.) R. Brown ex Spreng.

分布：彭泽、湖口、都昌、景德镇、南昌、鄱阳、铅山、余干、玉山、万年、鹰潭、抚州、新余、萍乡、吉安、赣州。

穿心莲属 *Andrographis* Wall. ex Nees

- **穿心莲** *Andrographis paniculata* (Burm. f.) Nees

分布：上犹。

评述：归化或入侵。

叉序草属 *Isoglossa* Oerst.

● 叉序草 *Isoglossa collina* (T. Anderson) B. Hansen
分布：崇义、大余。

孩儿草属 *Rungia* Nees

● 中华孩儿草 *Rungia chinensis* Benth.
分布：修水、玉山、资溪、黎川、靖安、井冈山、石城、宁都、兴国、大余。
● 密花孩儿草 *Rungia densiflora* H. S. Lo
分布：新建、资溪、靖安。

观音草属 *Peristrophe* Nees

● 观音草 *Peristrophe bivalvis* (L.) Merr.
分布：九江、庐山、广昌、井冈山、遂川。
● 九头狮子草 *Peristrophe japonica* (Thunb.) Bremek.
分布：九江、庐山、瑞昌、修水、铅山、贵溪、资溪、宜黄、广昌、铜鼓、靖安、宜丰、井冈山、遂川、瑞金、石城、兴国、上犹、龙南、大余。

叉花草属 *Diflugossa* Rremek.

● 疏花叉花草 *Diflugossa divaricata* (Nees) Bremek.[疏花马蓝 *Strobilanthes divaricata* (Nees) T. Anders.]
分布：寻乌、龙南、全南。

169 紫葳科 Bignoniaceae Juss.

凌霄属 *Campsis* Lour.

● * 凌霄 *Campsis grandiflora* (Thunb.) Schum.
分布：全省有栽培。

梓属 *Catalpa* Scop.

● * 楸 *Catalpa bungei* C. A. Mey
分布：全省有栽培。
● * 梓 *Catalpa ovata* G. Don
分布：全省有栽培。

170 狸藻科 Lentibulariaceae Rich.

狸藻属 *Utricularia* L.

● 黄花狸藻 *Utricularia aurea* Lour.
分布：九江、庐山、修水、德安、新建、临川、资溪、高安、靖安、萍乡、安福、赣州、南康、石城、崇义、信丰。
● 南方狸藻 *Utricularia australis* R. Br.
分布：九江、瑞昌、都昌、进贤、贵溪、资溪、靖安、井冈山、上犹、崇义。
● 挖耳草 *Utricularia bifida* L.
分布：九江、庐山、广丰、铅山、临川、贵溪、资溪、靖安、萍乡、井冈山、安福、永丰、遂川、石城、寻乌、兴国、上犹、崇义。
● 短梗挖耳草 *Utricularia caerulea* L.
分布：铅山、资溪、永丰。

- 少花狸藻 *Utricularia gibba* L.
分布：铅山、资溪。
评述：江西本土植物名录（2017）有记载，未见标本。
- 斜果挖耳草 *Utricularia minutissima* Vahl
分布：九江、庐山、崇义。
- 圆叶挖耳草 *Utricularia striatula* Sm.
分布：资溪、上犹。
- 狸藻 *Utricularia vulgaris* L.
分布：南康。
- 钩突耳草 *Utricularia warburgii* K. I. Goebel
分布：井冈山。

171 马鞭草科 Verbenaceae J. St.-Hil.

马鞭草属 *Verbena* L.

- 马鞭草 *Verbena officinalis* L.
分布：九江、庐山、武宁、彭泽、修水、浮梁、南昌、德兴、上饶、广丰、铅山、玉山、贵溪、南丰、资溪、宜黄、东乡、黎川、铜鼓、靖安、奉新、萍乡、莲花、井冈山、吉安、安福、永新、泰和、遂川、南康、石城、赣县、寻乌、兴国、上犹、龙南、崇义、大余、会昌。

过江藤属 *Phyla* Lour.

- 过江藤 *Phyla nodiflora* (L.) E. L. Greene
分布：安远、寻乌、定南。

马缨丹属 *Lantana* L.

- 马缨丹 *Lantana camara* L.
分布：全省有分布。
评述：归化或入侵。
- 蔓马缨丹 *Lantana montevidensis* Briq.
分布：全省有栽培。
评述：归化或入侵。

假连翘属 *Duranta* L.

- 假连翘 *Duranta erecta* L.
分布：赣南有栽培。
评述：归化或入侵。

172 唇形科 Lamiaceae Martinov

藿香属 *Agastache* J. Clayton ex Gronov.

- 藿香 *Agastache rugosa* (Fisch. et C. A. Mey.) Kuntze
分布：九江、德兴、上饶、铅山、贵溪、资溪、黎川、靖安、井冈山、安福、遂川、石城、安远、寻乌、兴国、龙南、大余。

筋骨草属 *Ajuga* L.

- 筋骨草 *Ajuga ciliata* Bunge
分布：九江、上饶、余江、广昌、上犹、崇义、大余。

- 金疮小草 *Ajuga decumbens* Thunb.

  分布：九江、修水、新建、贵溪、广昌、铜鼓、萍乡、莲花、井冈山、吉安、遂川、安远、寻乌、兴国、上犹、龙南、崇义、大余。

- 网果筋骨草 *Ajuga dictyocarpa* Hayata

  分布：修水。

- 紫背金盘 *Ajuga nipponensis* Makino

  分布：九江、庐山、婺源、贵溪、南丰、资溪、黎川、铜鼓、靖安、井冈山、遂川、石城、安远。

广防风属 *Anisomeles* R. Br.

- 广防风 *Anisomeles indica* (L.) Kuntze

  分布：资溪、宜黄、靖安、宜丰、万载、井冈山、安福、永丰、遂川、南康、石城、安远、上犹、龙南、崇义、大余。

夏至草属 *Lagopsis* (Bunge ex Benth.) Bunge

- 夏至草 *Lagopsis supina* (Stephan ex Willd.) Ikonn.-Gal. ex Knorring

  分布：九江、瑞昌、分宜、萍乡。

毛药花属 *Bostrychanthera* Benth.

- 毛药花 *Bostrychanthera deflexa* Benth.

  分布：修水、上饶、铅山、贵溪、靖安、井冈山、遂川、寻乌、崇义。

紫珠属 *Callicarpa* L.

- 木紫珠 *Callicarpa arborea* Roxb.

  分布：安远、寻乌。

  评述：江西本土植物名录（2017）有记载，未见标本。

- 紫珠 *Callicarpa bodinieri* H. Lév.

  分布：九江、武宁、修水、景德镇、乐平、上饶、鄱阳、铅山、玉山、南丰、南城、资溪、宜黄、东乡、广昌、黎川、铜鼓、宜丰、分宜、萍乡、莲花、井冈山、吉安、安福、永新、泰和、遂川、赣州、南康、石城、安远、宁都、兴国、上犹、崇义。

- 短柄紫珠 *Callicarpa brevipes* (Benth.) Hance

  分布：全南、龙南、寻乌。

- 华紫珠 *Callicarpa cathayana* H. T. Chang

  分布：九江、庐山、瑞昌、武宁、修水、安义、德兴、上饶、广丰、铅山、贵溪、抚州、资溪、宜黄、广昌、黎川、宜春、铜鼓、靖安、吉安、安福、永新、遂川、南康、安远、赣县、寻乌、龙南、崇义、全南、大余、会昌。

- 丘陵紫珠 *Callicarpa collina* Diels

  分布：资溪、宜丰、井冈山、龙南。

- 多齿紫珠 *Callicarpa dentosa* (H. T. Chang) W. Z. Fang

  分布：龙南、全南。

  评述：江西本土植物名录（2017）有记载，未见标本。

- 白棠子树 *Callicarpa dichotoma* (Lour.) K. Koch

  分布：九江、庐山、武宁、永修、修水、乐平、新建、德兴、上饶、广丰、铅山、玉山、贵溪、资溪、宜黄、广昌、黎川、高安、靖安、分宜、萍乡、井冈山、吉安、安福、永丰、遂川、瑞金、南康、石城、安远、宁都、兴国、定南、龙南、崇义、大余、会昌。

- 杜虹花 *Callicarpa formosana* Rolfe

  分布：九江、庐山、高安、靖安、萍乡、大余、上犹、崇义、安远、龙南、全南、会昌、寻乌、瑞金。

- 老鸦糊 *Callicarpa giraldii* Hesse ex Rehder

  分布：九江、修水、景德镇、浮梁、新建、南昌、上饶、鄱阳、玉山、鹰潭、贵溪、抚州、南城、宜春、铜鼓、靖安、宜丰、新余、萍乡、吉安、赣州。

● 毛叶老鸦糊 *Callicarpa giraldii* var. *subcanescens* Rehder [中华老鸦糊 *Callicarpa bodinieri* var. *lyi* (H. Lév.) Rehder]

分布：九江、庐山、永修、修水、上饶、铅山、宜黄、东乡、黎川、铜鼓、奉新、萍乡、莲花、井冈山、吉安、安福、石城、赣县、兴国。

● 全缘叶紫珠 *Callicarpa integerrima* Champ.

分布：武宁、修水、景德镇、铅山、玉山、贵溪、资溪、广昌、黎川、靖安、宜丰、安福、赣州、安远、寻乌、定南、龙南、崇义、会昌。

● 藤紫珠 *Callicarpa integerrima* var. *chinensis* (C. P'ei) S. L. Chen

分布：修水、资溪、靖安、万载、井冈山、永丰。

● 日本紫珠 *Callicarpa japonica* Thunb.

分布：九江、修水、景德镇、浮梁、安义、上饶、婺源、玉山、鹰潭、抚州、广昌、宜春、铜鼓、靖安、新余、萍乡、吉安、遂川、赣州、龙南。

● 枇杷叶紫珠 *Callicarpa kochiana* Makino [野枇杷 *Callicarpa loureiri* Hook. et Arn. ex Merr.]

分布：九江、武宁、修水、景德镇、上饶、鹰潭、抚州、宜春、铜鼓、靖安、新余、井冈山、吉安、永新、泰和、遂川、赣州、赣县、寻乌、兴国、上犹、龙南、崇义、全南、大余。

● 广东紫珠 *Callicarpa kwangtungensis* Chun

分布：九江、庐山、武宁、永修、修水、新建、贵溪、资溪、宜黄、广昌、黎川、宜春、铜鼓、靖安、宜丰、万载、萍乡、莲花、芦溪、井冈山、吉安、安福、永新、遂川、瑞金、南康、石城、安远、赣县、宁都、兴国、崇义、大余、会昌。

● 光叶紫珠 *Callicarpa lingii* Merr.

分布：修水、黎川、万载、井冈山、寻乌、上犹。

● 尖萼紫珠 *Callicarpa loboapiculata* F. P. Metcalf

分布：遂川、大余。

● 长叶紫珠 *Callicarpa longifolia* Lam.

分布：九江、井冈山。

● 长柄紫珠 *Callicarpa longipes* Dunn [密溪紫珠 *Callicarpa longipes* var. *mixiensis* (Z. X. Yu) S. L. Chen]

分布：修水、资溪、井冈山、瑞金、石城、寻乌、龙南、崇义、全南、大余、会昌。

● 白毛长叶紫珠 *Callicarpa longifolia* var. *floccosa* Schauer

分布：不详。

评述：《江西植物名录》（杨祥学，1982）和中国植物物种名录（2020版）有记载。

● 尖尾枫 *Callicarpa longissima* (Hemsl.) Merr.

分布：靖安、赣州、寻乌。

● 秃尖尾枫 *Callicarpa longissima* f. *subglabra* C. P'ei

分布：不详。

评述：《中国植物志》有记载，未见标本。

● 窄叶紫珠 *Callicarpa membranacea* H. T. Chang

分布：九江、庐山、武宁、浮梁、德兴、上饶、铅山、玉山、资溪、宜春、铜鼓、井冈山、大余。

● 裸花紫珠 *Callicarpa nudiflora* Hook. et Arn.

分布：寻乌、崇义、信丰。

● 少花紫珠 *Callicarpa pauciflora* Chun ex H. T. Chang

分布：铅山、上犹。

● 杜虹紫珠 *Callicarpa pedunculata* R. Br.

分布：贵溪、乐安、资溪、石城、安远、寻乌、上犹、龙南、崇义、全南、大余、会昌。

● 钩毛紫珠 *Callicarpa peichieniana* Chun et S. L. Chen[中南豆腐木 *Premna peii* Chun ex H. T. Chang]

分布：铜鼓、宜丰、万载、分宜、崇义、大余。

● 红紫珠 *Callicarpa rubella* Lindl.

分布：九江、庐山、武宁、彭泽、修水、乐平、德兴、广丰、铅山、玉山、贵溪、南丰、资溪、宜黄、广昌、黎川、铜鼓、靖安、宜丰、萍乡、莲花、井冈山、吉安、安福、永新、遂川、瑞金、南康、石城、安远、赣县、寻乌、上犹、龙南、大余、会昌。

- **秃红紫珠** *Callicarpa rubella* var. *subglabra* (P'ei) H. T. Chang

  分布：武宁、修水、铅山、玉山、芦溪、井冈山、安福、上犹。
- **钝齿红紫珠** *Callicarpa rubella* f. *crenata* C. P'ei

  分布：井冈山、资溪、寻乌。
- **狭叶红紫珠** *Callicarpa rubella* f. *angustata* C. P'ei

  分布：上犹、崇义、大余、寻乌。

斜萼草属 *Loxocalyx* Hemsl.

- **五脉斜萼草** *Loxocalyx quinquenervius* Hand.-Mazz.

  分布：铅山。

  评述：江西本土植物名录（2017）有记载，未见标本。
- **斜萼草** *Loxocalyx urticifolius* Hemsl.

  分布：铅山。

  评述：江西本土植物名录（2017）有记载，未见标本。

四轮香属 *Hanceola* Kudô

- **出蕊四轮香** *Hanceola exserta* Y. Z. Sun

  分布：上饶、资溪、黎川、井冈山、永新。

野芝麻属 *Lamium* L.

- **短柄野芝麻** *Lamium album* L

  分布：庐山、婺源。
- **宝盖草** *Lamium amplexicaule* L.

  分布：九江、庐山、彭泽、贵溪、资溪、靖安、井冈山、吉安、石城。
- **野芝麻** *Lamium barbatum* Siebold et Zucc.

  分布：九江、庐山、新建、贵溪、资溪、黎川、靖安、分宜、石城。

香茶菜属 *Isodon* (Benth.) Kudo

- **香茶菜** *Isodon amethystoides* (Benth.) H. Hara

  分布：九江、庐山、铅山、贵溪、井冈山、石城。
- **细锥香茶菜** *Isodon coetsa* (Buchanan–Hamilton ex D. Don) Kudo

  分布：上栗、芦溪、井冈山。

  评述：江西本土植物名录（2017）有记载，未见标本。
- **毛萼香茶菜** *Isodon eriocalyx* (Dunn) Kudo

  分布：资溪、靖安。

  评述：《江西种子植物名录》（刘仁林，2010）有记载，未见标本。
- **内折香茶菜** *Isodon inflexus* (Thunb.) Kudo

  分布：九江、庐山、武宁、彭泽、修水、德安、南昌、宜春、铜鼓、宜丰、安福、安远、寻乌。
- **宽叶香茶菜** *Isodon latifolius* (C. Y. Wu & H. W. Li) H. Hara

  分布：庐山。

  评述：江西本土植物名录（2017）有记载，未见标本。
- **长管香茶菜** *Isodon longitubus* (Miq.) Kudo

  分布：九江、庐山、资溪、井冈山。
- **线纹香茶菜** *Isodon lophanthoides* (Buch.-Ham. ex D. Don) H. Hara

  分布：九江、庐山、广丰、资溪、井冈山、上犹。
- **细花线纹香茶菜** *Isodon lophanthoides* var. *graciliflorus* (Benth.) H. Hara

  分布：庐山、景德镇、铅山、抚州、分宜、萍乡、吉安、上犹、龙南。

  评述：《中国植物物种名录》（2020 版）有记载，未见标本。
- **大萼香茶菜** *Isodon macrocalyx* (Dunn) Kudo

分布：九江、庐山、武宁、余江、资溪、广昌、萍乡、井冈山、石城、全南。
- 显脉香茶菜 *Isodon nervosus* (Hemsl.) Kudo

分布：庐山、新建、德兴、广丰、铅山、贵溪、芦溪、遂川、会昌。
- 碎米桠 *Isodon rubescens* (Hemsl.) H. Hara

分布：九江、庐山、上饶、余江、安福。
- 溪黄草 *Isodon serra* (Maxim.) Kudo

分布：九江、庐山、德安、资溪、靖安、井冈山、寻乌。

香简草属 *Keiskea* Miq.

- 南方香简草 *Keiskea australis* C. Y. Wu et H. W. Li

分布：玉山。
- 香薷状香简草 *Keiskea elsholtzioides* Merr.

分布：九江、庐山、武宁、德兴、贵溪、资溪、铜鼓、靖安、萍乡、井冈山、安福。

假糙苏属 *Paraphlomis* Prain

- 白毛假糙苏 *Paraphlomis albida* Hand.-Mazz.

分布：资溪、靖安、井冈山、永新。
- 短齿白毛假糙苏 *Paraphlomis albida* var. *brevidens* Hand.-Mazz.

分布：景德镇、德兴、铅山、贵溪、资溪、宜黄、黎川、瑞金、安远。
- 白花假糙苏 *Paraphlomis albiflora* (Hemsl.) Hand.-Mazz.

分布：景德镇、安义、铅山、抚州、宜春、分宜、吉安。
- 曲茎假糙苏 *Paraphlomis foliata* (Dunn) C. Y. Wu et H. W. Li

分布：靖安、石城、全南。
- 纤细假糙苏 *Paraphlomis gracilis* Kudo

分布：崇义。
- 假糙苏 *Paraphlomis javanica* (Blume) Prain

分布：资溪、井冈山、永新、寻乌、上犹、龙南、崇义、信丰、会昌。
- 狭叶假糙苏 *Paraphlomis javanica* var. *angustifolia* (C. Y. Wu) C. Y. Wu & H. W. Li

分布：靖安、安远、会昌。
- 小叶假糙苏 *Paraphlomis javanica* var. *coronata* (Vaniot) C. Y. Wu & H. W. Li

分布：上饶、铅山、资溪、龙南。
- 长叶假糙苏 *Paraphlomis lanceolata* Hand.-Mazz.

分布：贵溪、芦溪、井冈山、赣州。
- 云和假糙苏 *Paraphlomis lancidentata* Sun

分布：武宁、铅山、玉山、靖安、宜丰、芦溪。
- 折齿假糙苏 *Paraphlomis reflexa* C. Y. Wu et H. W. Li

分布：修水。
- 小刺毛假糙苏 *Paraphlomis setulosa* C. Y. Wu et H. W. Li

分布：黎川、永新。

筒冠花属 *Siphocranion* Kudô

- 光柄筒冠花 *Siphocranion nudipes* (Hemsl.) Kudo

分布：靖安、芦溪、井冈山、吉安、安福。

水苏属 *Stachys* L.

- 蜗儿菜 *Stachys arrecta* L. H. Bailey

分布：九江、庐山、浮梁、铅山、资溪、井冈山。
- 田野水苏 *Stachys arvensis* L.

分布：南昌、靖安。

评述：归化或入侵。
- 毛水苏 *Stachys baicalensis* Fisch. ex Benth.

分布：武宁、彭泽。
- 华水苏 *Stachys chinensis* Bunge ex Benth.

分布：婺源、铅山、井冈山。
- 地蚕 *Stachys geobombycis* C. Y. Wu

分布：九江、庐山、资溪、铜鼓、井冈山、泰和、全南。
- 水苏 *Stachys japonica* Miq.

分布：九江、庐山、武宁、贵溪、南丰、资溪、广昌、铜鼓、靖安、石城。
- 西南水苏 *Stachys kouyangensis* (Vaniot) Dunn

分布：玉山。

评述：江西本土植物名录（2017）有记载，未见标本。
- 针筒菜 *Stachys oblongifolia* Benth.

分布：九江、浮梁、上饶、鹰潭、宜丰、分宜、萍乡、莲花、永新、赣州、龙南。
- 甘露子 *Stachys sieboldii* Miq.

分布：九江、庐山、资溪、靖安、井冈山、石城。

四棱草属 *Schnabelia* Hand.-Mazz.

- 四棱草 *Schnabelia oligophylla* Hand.-Mazz.

分布：武宁、鄱阳、资溪、铜鼓、靖安、萍乡、莲花、井冈山、吉安、泰和、安远、兴国。
- 三花四棱草 *Schnabelia terniflora* (Maxim.) P. D. Cantino

分布：不详。

评述：《中国植物物种名录》（2020版）有记载，未见标本。

香科科属 *Teucrium* L.

- 二齿香科科 *Teucrium bidentatum* Hemsl.

分布：武宁、资溪、宜春、靖安、宜丰、万载、萍乡、井冈山、安福。
- 穗花香科科 *Teucrium japonicum* Willd.

分布：九江、武宁、遂川。
- 庐山香科科 *Teucrium pernyi* Franch.

分布：九江、庐山、修水、浮梁、南昌、广丰、婺源、铅山、贵溪、资溪、广昌、铜鼓、靖安、安福、石城、上犹。
- 长毛香科科 *Teucrium pilosum* (Pamp.) C. Y. Wu et S. Chow

分布：资溪、靖安、井冈山。
- 铁轴草 *Teucrium quadrifarium* Buch.-Ham. ex D. Don

分布：资溪、莲花、井冈山、永新、遂川、上犹、龙南、全南。
- 血见愁 *Teucrium viscidum* Blume

分布：九江、武宁、修水、德兴、上饶、玉山、靖安、万载、莲花、井冈山、遂川、瑞金、石城、大余、寻乌、信丰、大余、崇义。
- 微毛血见愁 *Teucrium viscidum* var. *nepetoides* (H. Lév.) C. Y. Wu & S. Chow

分布：九江、庐山、宜黄、铜鼓、全南。

牡荆属 *Vitex* L.

- 灰毛牡荆 *Vitex canescens* Kurz

分布：资溪、萍乡、全南。
- 黄荆 *Vitex negundo* L.

分布：全省山区有分布。
- 牡荆 *Vitex negundo* var. *cannabifolia* (Siebold et Zucc.) Hand.-Mazz.

分布：九江、庐山、武宁、永修、修水、乐平、新建、南昌、德兴、上饶、玉山、贵溪、资溪、宜黄、黎川、铜鼓、靖安、分宜、井冈山、安福、遂川、瑞金、石城、安远、赣县、寻乌、兴国、上犹、龙南、全南、大余、会昌。

● 荆条 *Vitex negundo* var. *heterophylla* (Franch.) Rehder

分布：贵溪、赣州。

● 山牡荆 *Vitex quinata* (Lour.) Will.

分布：九江、庐山、景德镇、铅山、贵溪、抚州、宜春、铜鼓、宜丰、分宜、萍乡、吉安、赣州、全南、寻乌。

● 单叶蔓荆 *Vitex rotundifolia* L. f.

分布：九江、庐山、都昌。

● 广东牡荆 *Vitex sampsonii* Hance

分布：南昌、贵溪、铜鼓、宜丰、赣州。

夏枯草属 *Prunella* L.

● 山菠菜 *Prunella asiatica* Nakai

分布：九江、彭泽、浮梁、南昌、资溪、黎川、靖安、萍乡、井冈山、安福、永新。

● 夏枯草 *Prunella vulgaris* L.

分布：九江、庐山、永修、修水、浮梁、铅山、贵溪、南丰、资溪、广昌、黎川、铜鼓、靖安、宜丰、奉新、萍乡、莲花、井冈山、吉安、永新、泰和、遂川、石城、寻乌、兴国、定南、上犹、龙南、崇义、全南、大余。

铃子香属 *Chelonopsis* Miq.

● 浙江铃子香 *Chelonopsis chekiangensis* C. Y. Wu

分布：庐山、武宁、铅山、靖安、遂川、寻乌。

大青属 *Clerodendrum* L.

● 臭牡丹 *Clerodendrum bungei* Steud.

分布：全省山区有分布。

● 灰毛大青 *Clerodendrum canescens* Wall. ex Walp.

分布：九江、庐山、修水、贵溪、资溪、井冈山、吉安、遂川、石城、龙南、大余、寻乌、于都。

● 重瓣臭茉莉 *Clerodendrum chinense* (Osbeck) Mabb.

分布：浮梁、上饶、广丰、贵溪、黎川、铜鼓、靖安、莲花、井冈山、吉安、永新、遂川、赣州、石城、兴国、龙南、崇义、大余、会昌。

● 大青 *Clerodendrum cyrtophyllum* Turcz.

分布：九江、庐山、瑞昌、武宁、乐平、新建、南昌、德兴、鄱阳、铅山、玉山、贵溪、资溪、宜黄、东乡、广昌、黎川、铜鼓、靖安、宜丰、分宜、莲花、井冈山、吉安、安福、永新、遂川、瑞金、南康、石城、安远、赣县、兴国、上犹、于都、龙南、崇义、全南、大余、会昌。

● 白花灯笼 *Clerodendrum fortunatum* L.

分布：广昌、安远、寻乌、定南、龙南、信丰、全南。

● 南垂茉莉 *Clerodendrum henryi* C. P'ei

分布：不详。

评述：《中国植物物种名录》（2020版）有记载，未见标本。

● 赪桐 *Clerodendrum japonicum* (Thunb.) Sweet

分布：资溪、铜鼓、井冈山、永新、瑞金、石城、上犹、大余、会昌。

● 浙江大青 *Clerodendrum kaichianum* P. S. Hsu

分布：上饶、铅山、贵溪、资溪、黎川、井冈山。

● 江西大青 *Clerodendrum kiangsiense* Merr. ex H. L. Li

分布：资溪、黎川、井冈山、龙南。

● 广东大青 *Clerodendrum kwangtungense* Hand.-Mazz.

分布：景德镇、黎川、铜鼓、井冈山、上犹、龙南、信丰、全南、大余。

- 尖齿臭茉莉 *Clerodendrum lindleyi* Decne. ex Planch.

分布：九江、贵溪、资溪、靖安、莲花、泰和、遂川、石城、寻乌、大余。

- 海通 *Clerodendrum mandarinorum* Diels

分布：九江、庐山、武宁、修水、贵溪、资溪、靖安、宜丰、萍乡、莲花、井冈山、安福、永新、遂川、石城、大余。

- 海州常山 *Clerodendrum trichotomum* Thunb.

分布：九江、武宁、修水、景德镇、上饶、鹰潭、贵溪、抚州、宜春、铜鼓、靖安、分宜、吉安、安福、遂川、赣州、龙南。

风轮菜属 *Clinopodium* L.

- 风轮菜 *Clinopodium chinense* (Benth.) Kuntze

分布：九江、庐山、武宁、彭泽、修水、德兴、上饶、玉山、贵溪、资溪、广昌、黎川、靖安、万载、分宜、萍乡、莲花、井冈山、永新、遂川、石城、上犹、大余。

- 邻近风轮菜 *Clinopodium confine* (Hance) Kuntze

分布：九江、贵溪、南丰、资溪、靖安、萍乡、井冈山、吉安、安福、泰和、遂川、石城、安远、上犹、龙南、崇义。

- 细风轮菜 *Clinopodium gracile* (Benth.) Matsum.

分布：九江、庐山、彭泽、修水、浮梁、南昌、婺源、贵溪、南丰、资溪、铜鼓、靖安、萍乡、井冈山、吉安、安福、遂川、石城、安远、寻乌、兴国。

- 寸金草 *Clinopodium megalanthum* (Diels) C. Y. Wu & S. J. Hsuan ex H. W. Li

分布：井冈山。

评述：《江西植物名录》（杨祥学，1982）和江西本土植物名录（2017）有记载，未见标本。

- 灯笼草 *Clinopodium polycephalum* (Vaniot) C. Y. Wu & S. J. Hsuan ex P. S. Hsu

分布：资溪、寻乌、龙南。

- 匍匐风轮菜 *Clinopodium repens* (Buch.-Ham. ex D. Don) Wall ex Benth

分布：九江、庐山、南昌、贵溪、资溪、黎川、靖安、萍乡、井冈山、石城、上犹、崇义。

- 麻叶风轮菜 *Clinopodium urticifolium* (Hance) C. Y. Wu et Hsuan ex H. W. Li

分布：九江、武宁、修水、靖安。

鞘蕊花属 *Coleus* Lour.

- *小五彩苏 *Coleus scutellarioides* var. *crispipilus* (Merr.) H. Keng

分布：全省有栽培。

绵穗苏属 *Comanthosphace* S. Moore

- 天人草 *Comanthosphace japonica* (Miq.) S. Moore

分布：九江、庐山、新建、资溪。

- 绵穗苏 *Comanthosphace ningpoensis* (Hemsl.) Hand.-Mazz.

分布：九江、庐山、上饶、余江、铜鼓、井冈山。

- 绒毛绵穗苏 *Comanthosphace ningpoensis* var. *stellipiloides* C. Y. Wu

分布：九江、庐山。

黄芩属 *Scutellaria* L.

- 大花腋花黄芩 *Scutellaria axilliflora* var. *medullifera* (Y. Z. Sun ex C. H. Hu) C. Y. Wu et H. W. Li

分布：铅山、安福、会昌。

- *黄芩 *Scutellaria baicalensis* Georgi

分布：九江。

- 半枝莲 *Scutellaria barbata* D. Don

分布：九江、庐山、南昌、贵溪、南丰、资溪、靖安、萍乡、井冈山、吉安、泰和、遂川、石城、兴国、上犹、崇义、大余。

- 浙江黄芩 *Scutellaria chekiangensis* C. Y. Wu

分布：铅山、玉山、资溪。

- 异色黄芩 *Scutellaria discolor* Wall. ex Benth.

分布：井冈山。

评述：江西本土植物名录（2017）有记载，未见标本。

- 蓝花黄芩 *Scutellaria formosana* N. E. Br.

分布：靖安、安远、寻乌、崇义。

- 岩藿香 *Scutellaria franchetiana* H. Lév.

分布：铅山、井冈山。

- 湖南黄芩 *Scutellaria hunanensis* C. Y. Wu

分布：分宜。

- 裂叶黄芩 *Scutellaria incisa* Sun ex C. H. Hu

分布：九江、庐山、井冈山。

- 韩信草 *Scutellaria indica* L.

分布：九江、庐山、彭泽、修水、新建、资溪、靖安、宜丰、萍乡、井冈山、吉安、遂川、安远、寻乌、龙南。

- 长毛韩信草 *Scutellaria indica* var. *elliptica* Sun ex C. H. Hu

分布：贵溪、定南。

- 缩茎韩信草 *Scutellaria indica* var. *subcaulis* (Y. Z. Sun ex C. H. Hu) C. Y. Wu et C. Chen

分布：九江、萍乡、永新、石城。

- 永泰黄芩 *Scutellaria inghokensis* F. P. Metcalf

分布：铅山。

评述：江西本土植物名录（2017）有记载，未见标本。

- 黑心黄芩 *Scutellaria nigrocardia* C. Y. Wu et H. W. Li

分布：赣州。

评述：江西本土植物名录（2017）有记载，未见标本。

- 少脉黄芩 *Scutellaria oligophlebia* Merr. et Chun

分布：崇义。

- 京黄芩 *Scutellaria pekinensis* Maxim.

分布：修水、靖安。

- 紫茎京黄芩 *Scutellaria pekinensis* var. *purpureicaulis* (Migo) C. Y. Wu & H. W. Li

分布：九江、庐山、浮梁、南丰、萍乡。

- 短促京黄芩 *Scutellaria pekinensis* var. *transitra* (Makino) H. Hara ex H. W. Li

分布：武宁、龙南。

- 喜荫黄芩 *Scutellaria sciaphila* S. Moore

分布：九江、庐山。

- 两广黄芩 *Scutellaria subintegra* C. Y. Wu et H. W. Li

分布：寻乌、信丰。

- 偏花黄芩 *Scutellaria tayloriana* Dunn

分布：安远、兴国。

- 柔弱黄芩 *Scutellaria tenera* C. Y. Wu et H. W. Li

分布：资溪、井冈山、石城。

- 假活血草 *Scutellaria tuberifera* C. Y. Wu et C. Chen

分布：石城、安远、寻乌、定南、上犹、龙南、全南、会昌。

评述：仅有一份标本，疑为标本鉴定有误。

- 英德黄芩 *Scutellaria yingtakensis* Sun ex C. H. Hu

分布：寻乌。

水蜡烛属 *Dysophylla* Bl. ex El-Gazzar et Watson

- 齿叶水蜡烛 *Dysophylla sampsonii* Hance

分布：资溪、萍乡、井冈山、信丰。
- **水虎尾** *Dysophylla stellata* (Lour.) Benth.

分布：武宁、修水、德兴、南丰、资溪、靖安、万载、萍乡、井冈山、安福、遂川。
- **水蜡烛** *Dysophylla yatabeana* Makino

分布：铅山、鹰潭、萍乡、赣州。

莸属 *Caryopteris* Bunge

- **莸** *Caryopteris divaricata* Maxim.

分布：九江、彭泽、修水、浮梁、广丰、鄱阳。

评述：江西本土植物名录（2017）有记载，未见标本。
- **兰香草** *Caryopteris incana* (Thunb. ex Houtt.) Miq.

分布：九江、庐山、瑞昌、新建、上饶、广丰、铅山、广昌、铜鼓、萍乡、吉安、安福、宁都、兴国、龙南、全南、大余。
- **狭叶兰香草** *Caryopteris incana* var. *angustifolia* S. L. Chen et R. L. Guo

分布：九江、景德镇、南昌、上饶、鹰潭、抚州、靖安、新余、萍乡、吉安、赣州。
- **三花莸** *Caryopteris terniflora* Maxim.

分布：武宁、安远、寻乌、定南。

评述：江西本土植物名录（2017）有记载，未见标本。

鼠尾草属 *Salvia* L.

- **铁线鼠尾草** *Salvia adiantifolia* E. Peter

分布：贵溪、石城。
- **翅柄鼠尾草** *Salvia alatipetiolata* Sun

分布：玉山。

评述：江西本土植物名录（2017）有记载，未见标本。
- **南丹参** *Salvia bowleyana* Dunn

分布：九江、庐山、贵溪、资溪、靖安、萍乡、井冈山、遂川、石城、龙南。
- **近二回羽裂南丹参** *Salvia bowleyana* var. *subbipinnata* C. Y. Wu

分布：不详。

评述：《中国植物物种名录》（2020版）有记载，未见标本。
- **贵州鼠尾草** *Salvia cavaleriei* H. Lév.

分布：资溪、靖安、奉新、井冈山。
- **血盆草** *Salvia cavaleriei* var. *simplicifolia* E. Peter

分布：资溪、丰城、奉新。
- **黄山鼠尾草** *Salvia chienii* E. Peter

分布：南丰、奉新、崇义。
- **婺源黄山鼠尾草** *Salvia chienii* var. *wuyuania* Sun

分布：婺源。
- **华鼠尾草** *Salvia chinensis* Benth.

分布：九江、庐山、彭泽、浮梁、婺源、南丰、资溪、黎川、铜鼓、靖安、萍乡、井冈山、吉安、安福、石城。
- **崇安鼠尾草** *Salvia chunganensis* C. Y. Wu et Y. C. Huang

分布：铅山。

评述：江西本土植物名录（2017）有记载，未见标本。
- **蕨叶鼠尾草** *Salvia filicifolia* Merr.

分布：寻乌。
- **鼠尾草** *Salvia japonica* Thunb.

分布：九江、庐山、修水、上饶、贵溪、资溪、黎川、靖安、萍乡、井冈山、安福、永新、遂川、瑞金、石城、龙南、会昌。

- 关公须 *Salvia kiangsiensis* C. Y. Wu
分布：抚州、南丰、宜黄、安福、泰和。
- 丹参 *Salvia miltiorrhiza* Bunge
分布：九江、庐山、彭泽、浮梁、贵溪、南丰、资溪、靖安、萍乡、遂川、兴国、上犹。
- 琴柱草 *Salvia nipponica* Miq.
分布：寻乌。
- 荔枝草 *Salvia plebeia* R. Br.
分布：九江、庐山、浮梁、贵溪、资溪、广昌、黎川、靖安、宜丰、奉新、萍乡、井冈山、遂川、石城、寻乌、上犹。
- 长冠鼠尾草 *Salvia plectranthoides* Griff.
分布：井冈山、遂川、上犹、大余。
- 红根草 *Salvia prionitis* Hance
分布：九江、庐山、贵溪、资溪、靖安、井冈山、吉安、遂川。
- 地埂鼠尾草 *Salvia scapiformis* Hance
分布：资溪、靖安、井冈山、石城、安远、兴国、上犹。
- 钟萼地埂鼠尾草 *Salvia scapiformis* var. *carphocalyx* E. Peter
分布：黎川、安远、大余。
- 佛光草（蔓茎鼠尾草）*Salvia substolonifera* E. Peter
分布：九江、庐山、吉安、遂川。

荆芥属 *Nepeta* L.

- 荆芥 *Nepeta cataria* L.
分布：九江、井冈山、吉安、永新。
- 浙荆芥 *Nepeta everardi* S. Moore
分布：九江、修水。
- * 裂叶荆芥 *Nepeta tenuifolia* Benth.
分布：龙南。

豆腐柴属 *Premna* L.

- 黄药豆腐柴 *Premna cavaleriei* H. Lév.
分布：资溪、井冈山、永新、泰和、寻乌。
- 臭黄荆 *Premna ligustroides* Hemsl.
分布：都昌、贵溪、靖安。
- 豆腐柴 *Premna microphylla* Turcz.
分布：九江、庐山、武宁、永修、修水、乐平、浮梁、新建、南昌、铅山、贵溪、南丰、资溪、宜黄、东乡、广昌、黎川、铜鼓、靖安、奉新、萍乡、莲花、井冈山、吉安、泰和、遂川、瑞金、南康、石城、赣县、寻乌、兴国、上犹、龙南、崇义、全南、大余、会昌。

刺蕊草属 *Pogostemon* Desf.

- 水珍珠菜 *Pogostemon auricularius* (L.) Hassk.
分布：资溪、寻乌、龙南。
- * 广藿香 *Pogostemon cablin* (Blanco) Benth.
分布：南昌、吉安。
- 北刺蕊草 *Pogostemon septentrionalis* C. Y. Wu et Y. C. Huang
分布：龙南、会昌。

橙花糙苏属 *Phlomis* L.

- 南方糙苏 *Phlomis umbrosa* var. *australis* Hemsl.
分布：武宁。

香薷属 *Elsholtzia* Willd.

- 紫花香薷 *Elsholtzia argyi* H. Lév.

分布：九江、彭泽、广丰、资溪、芦溪、井冈山、安福、遂川、龙南。

- 香薷 *Elsholtzia ciliata* (Thunb.) Hyland.

分布：九江、庐山、武宁、广丰、玉山、贵溪、资溪、铜鼓、靖安、萍乡、井冈山、石城。

- 湖南香薷 *Elsholtzia hunanensis* Hand.-Mazz.

分布：井冈山。

评述：《中国植物物种名录》（2020 版）有记载，未见标本。

- 水香薷 *Elsholtzia kachinensis* Prain

分布：萍乡、龙南。

- 海州香薷 *Elsholtzia splendens* Nakai ex F. Maek.

分布：九江、庐山、玉山、贵溪、资溪、靖安、萍乡、石城。

- 穗状香薷 *Elsholtzia stachyodes* (Link) C. Y. Wu

分布：修水、井冈山。

紫苏属 *Perilla* L.

- 紫苏 *Perilla frutescens* (L.) Britton

分布：全省有分布。

- 野生紫苏 *Perilla frutescens* var. *purpurascens* (Hayata) H. W. Li

分布：九江、庐山、南昌、贵溪、资溪、广昌、萍乡、井冈山、石城、宁都。

罗勒属 *Ocimum* L.

- * 罗勒 *Ocimum basilicum* L.

分布：全省广泛栽培。

评述：归化或入侵。

- 疏柔毛罗勒 *Ocimum basilicum* var. *pilosum* (Willd.) Benth.

分布：庐山、井冈山。

活血丹属 *Glechoma* L.

- 活血丹 *Glechoma longituba* (Nakai) Kupr.

分布：九江、庐山、武宁、修水、婺源、贵溪、资溪、广昌、铜鼓、靖安、分宜、萍乡、井冈山、吉安、永新、遂川、石城、寻乌。

石荠苎属 *Mosla* (Benth.) Buch.-Ham. ex Maxim.

- 小花荠苎 *Mosla cavaleriei* H. Lév.

分布：九江、庐山、德兴、贵溪、资溪、靖安、井冈山、遂川。

- 石香薷 *Mosla chinensis* Maxim.

分布：九江、修水、景德镇、安义、上饶、鹰潭、贵溪、抚州、广昌、宜春、靖安、分宜、萍乡、井冈山、吉安、遂川、赣州、寻乌、龙南、全南。

- 江西石荠苎 *Mosla chinensis* var. *kiangsiensis* G. P. Zhu & J. L. Shi

分布：不详。

评述：《中国植物物种名录》（2020 版）有记载，未见标本。

- 小鱼仙草 *Mosla dianthera* (Buch.-Ham. ex Roxb.) Maxim.

分布：九江、庐山、武宁、彭泽、修水、德兴、广丰、玉山、贵溪、资溪、铜鼓、靖安、万载、萍乡、井冈山、龙南、崇义、大余。

- 荠苎 *Mosla grosseserrata* Maxim.

分布：贵溪、石城、寻乌、大余。

- 杭州石荠苎 *Mosla hangchowensis* Matsuda

分布：广昌。

● 长苞荠苎 *Mosla longibracteata* (C. Y. Wu et Hsuan) C. Y. Wu et H. W. Li

分布：武宁、资溪、井冈山。

● 长穗荠苎 *Mosla longispica* (C. Y. Wu) C. Y. Wu et H. W. Li

分布：鹰潭。

● 石荠苎 *Mosla scabra* (Thunb.) C. Y. Wu et H. W. Li

分布：九江、庐山、南昌、上饶、玉山、贵溪、资溪、靖安、萍乡、莲花、井冈山、吉安、安福、永新、遂川、石城、安远、大余。

● 苏州荠苎 *Mosla soochowensis* Matsuda

分布：九江、庐山、广丰。

薄荷属 *Mentha* L.

● 薄荷 *Mentha canadensis* L.

分布：九江、庐山、武宁、修水、玉山、贵溪、资溪、宜春、靖安、莲花、井冈山、安福、遂川、石城、安远、兴国、上犹、龙南、崇义、大余。

● * 留兰香 *Mentha spicata* L.

分布：全省广泛栽培。

益母草属 *Leonurus* L.

● 白花益母草 *Leonurus artemisia* var. *albiflorus* (Migo) S. Y. Hu

分布：武宁、铅山、贵溪、资溪、靖安。

● 益母草 *Leonurus japonicus* Houtt.

分布：九江、庐山、修水、安义、德兴、上饶、铅山、玉山、南丰、资溪、广昌、黎川、奉新、分宜、芦溪、井冈山、安福、遂川、石城、安远、寻乌、上犹、崇义、大余。

● 细叶益母草 *Leonurus sibiricus* L.

分布：九江、庐山、武宁、修水、铅山、遂川、铜鼓、黎川、南丰、资溪、大余、上犹、全南、兴国、寻乌、瑞金。

锥花属 *Gomphostemma* Wall. ex Benth.

● 中华锥花 *Gomphostemma chinense* Oliv.

分布：庐山、广丰、铅山、贵溪、井冈山、赣州、上犹、大余、寻乌、信丰。

地笋属 *Lycopus* L.

● 小叶地笋 *Lycopus cavaleriei* H. Lév.

分布：武宁、修水、资溪、井冈山。

● 地笋 *Lycopus lucidus* Turcz. ex Benth.

分布：九江、武宁、铅山、遂川。

● 硬毛地笋 *Lycopus lucidus* var. *hirtus* Regel

分布：九江、庐山、修水、新建、南昌、铅山、贵溪、资溪、靖安、石城、龙南。

牛至属 *Origanum* L.

● 牛至 *Origanum vulgare* L.

分布：九江、庐山、瑞昌、新建、上饶、广丰、铅山、贵溪、资溪、广昌、靖安、莲花、井冈山、吉安、安福、永新、石城、兴国、会昌。

石梓属 *Gmelina* L.

● 石梓 *Gmelina chinensis* Benth.

分布：铅山。

评述：江西本土植物名录（2017）有记载，未见标本。

- 苦梓 *Gmelina hainanensis* Oliv.

  分布：寻乌。

蜜蜂花属 *Melissa* L.

- 蜜蜂花 *Melissa axillaris* (Benth.) Bakh. f.

  分布：井冈山、赣州。

凉粉草属 *Mesona* Bl.

- 凉粉草 *Mesona chinensis* Benth.

  分布：武宁、广丰、铅山、资溪、井冈山。

钩萼草属 *Notochaete* Benth.

- 钩萼草 *Notochaete hamosa* Benth.

  分布：德兴、井冈山。

冠唇花属 *Microtoena* Prain

- 麻叶冠唇花 *Microtoena urticifolia* Hemsl.

  分布：分宜。

龙头草属 *Meehania* Britton

- 华西龙头草 *Meehania fargesii* (H. Lév.) C. Y. Wu

  分布：庐山、武宁、南昌、资溪、黎川。
- 梗花华西龙头草 *Meehania fargesii* var. *pedunculata* (Hemsl.) C. Y. Wu

  分布：庐山。
- 走茎华西龙头草 *Meehania fargesii* var. *radicans* (Vaniot) C. Y. Wu

  分布：九江、庐山、新建、婺源、遂川。
- 龙头草 *Meehania henryi* (Hemsl.) Sun ex C. Y. Wu

  分布：武宁。
- 高野山龙头草 *Meehania montis-koyae* Ohwi

  分布：铅山。
- 浙闽龙头草 *Meehania zheminensis* A. Takano, Pan Li & G.–H. Xia

  分布：德兴、寻乌。

药水苏属 *Betonica* L.

- 药水苏 *Betonica officinalis* L.

  分布：九江、庐山。

小野芝麻属 *Matsumurella* Makino

- 小野芝麻 *Galeobdolon chinense* (Benth.) C. Y. Wu

  分布：九江、庐山、武宁、彭泽、景德镇、新建、安义、上饶、婺源、鹰潭、抚州、南丰、宜春、分宜、吉安、赣州。
- 粗壮小野芝麻 *Galeobdolon chinense* var. *robustum* C. Y. Wu

  分布：会昌。
- 近无毛小野芝麻 *Galeobdolon chinense* var. *subglabrum* C. Y. Wu

  分布：九江、景德镇、安义、上饶、鹰潭、抚州、宜春、分宜、吉安、赣州。

  评述：江西本土植物名录（2017）有记载，未见标本。
- 块根小野芝麻 *Galeobdolon tuberiferum* (Makino) C. Y. Wu

  分布：九江、新建、资溪、丰城。

美国薄荷属 *Monarda* L.

- * 美国薄荷 *Monarda didyma* L.
分布：全省有栽培。
- * 拟美国薄荷 *Monarda fistulosa* L.
分布：九江、庐山、修水。

叉枝荠属 *Tripora* P. D. Cantino

- 叉枝荠 *Tripora divaricata* (Maxim.) P. D. Cantino
分布：资溪。

173 通泉草科 Mazaceae Reveal

通泉草属 *Mazus* Lour.

- 早落通泉草 *Mazus caducifer* Hance
分布：九江、庐山、永修、浮梁、新建、婺源、贵溪、黎川、宜春、永新。
- 纤细通泉草 *Mazus gracilis* Hemsl.
分布：九江、庐山、南昌、资溪、靖安、奉新、萍乡。
- 匍茎通泉草 *Mazus miquelii* Makino
分布：九江、庐山、瑞昌、武宁、修水、新建、南昌、广丰、婺源、铅山、玉山、南丰、资溪、靖安、奉新、萍乡、莲花、井冈山、泰和、遂川、石城、安远、寻乌、兴国、上犹、崇义。
- 通泉草 *Mazus pumilus* (Burm. f.) Steenis
分布：九江、庐山、永修、浮梁、新建、婺源、贵溪、南丰、资溪、黎川、靖安、奉新、井冈山、石城、寻乌、上犹、崇义。
- 林地通泉草 *Mazus saltuarius* Hand.-Mazz.
分布：九江、庐山、资溪、靖安、分宜、萍乡、石城。
- 毛果通泉草 *Mazus spicatus* Vaniot
分布：武宁、广丰、遂川。
- 弹刀子菜 *Mazus stachydifolius* (Turcz.) Maxim.
分布：九江、庐山、永修、修水、乐平、贵溪、资溪、铜鼓、吉安、遂川、石城、兴国。

174 透骨草科 Phrymaceae Schauer

狗面花属 *Mimulus* L.

- 沟酸浆 *Mimulus tenellus* Bunge
分布：婺源、宜春、袁州、遂川、章贡。
- 尼泊尔沟酸浆 *Mimulus tenellus* var. *nepalensis* (Benth.) P. C. Tsoong
分布：宜春、袁州。

透骨草属 *Phryma* L.

- 透骨草 *Phryma leptostachya* subsp. *asiatica* (Hara) Kitamura
分布：九江、庐山、德兴、铅山、玉山、贵溪、资溪、铜鼓、井冈山、瑞金。

175 泡桐科 Paulowniaceae Paulowniaceae Nakai

泡桐属 *Paulownia* Sieb. et Zucc.

- 白花泡桐 *Paulownia fortunei* (Seem.) Hemsl.

分布：九江、庐山、新建、南昌、德兴、上饶、贵溪、靖安、宜丰、井冈山、吉安、安福、遂川、赣州、石城、龙南。
- 台湾泡桐 *Paulownia kawakamii* T. Ito [粘毛泡桐 *Paulownia viscosa* Hand.-Mazz.]

  分布：九江、庐山、武宁、修水、广丰、婺源、铅山、玉山、贵溪、资溪、靖安、萍乡、井冈山、遂川、石城、上犹、大余、寻乌。
- 南方泡桐 *Paulownia taiwaniana* T. W. Hu & H. J. Chang

  分布：遂川、赣州。
- 毛泡桐 *Paulownia tomentosa* (Thunb.) Steud.

  分布：玉山、贵溪、吉安、遂川。

176 列当科 Orobanchaceae Vent.

地黄属 *Rehmannia* Libosch. ex Fisch. & C. A. Mey.

- 天目地黄 *Rehmannia chingii* H. L. Li

  分布：武宁、修水。

黑草属 *Buchnera* L.

- 黑草 *Buchnera cruciata* Buch.-Ham. ex D. Don

  分布：修水、新建、资溪、萍乡、井冈山、安福、大余。

野菰属 *Aeginetia* L.

- 野菰 *Aeginetia indica* L.

  分布：九江、庐山、瑞昌、修水、新建、德兴、上饶、铅山、资溪、铜鼓、靖安、宜丰、萍乡、井冈山、安福、永丰、遂川、瑞金、石城、寻乌、兴国、上犹、大余。
- 中国野菰 *Aeginetia sinensis* Beck

  分布：九江、庐山、铅山、贵溪、资溪、靖安、芦溪、井冈山、安福、石城、龙南。

来江藤属 *Brandisia* Hook. f. & Thomson

- 来江藤 *Brandisia hancei* Hook. f.

  分布：上栗、芦溪。

  评述：《江西植物名录》（杨祥学，1982）和江西本土植物名录（2017）有记载，未见标本。

松蒿属 *Phtheirospermum* Bunge ex Fisch. & C. A. Mey.

- 松蒿 *Phtheirospermum japonicum* (Thunb.) Kanitz

  分布：九江、庐山、瑞昌、武宁、修水、南昌、广丰、资溪、靖安、宜丰、萍乡、井冈山、安福、遂川、石城、寻乌。

马先蒿属 *Pedicularis* L.

- 亨氏马先蒿 *Pedicularis henryi* Maxim.

  分布：九江、武宁、修水、铅山、资溪、宜丰、井冈山、遂川、兴国、上犹、龙南、全南。
- 江西马先蒿 *Pedicularis kiangsiensis* P. C. Tsoong & S. H. Cheng

  分布：九江、资溪、靖安、芦溪、井冈山、安福、遂川、石城。

阴行草属 *Siphonostegia* Benth.

- 阴行草 *Siphonostegia chinensis* Benth.

  分布：九江、庐山、武宁、修水、德兴、资溪、靖安、井冈山、安福、永新、石城、兴国、上犹、会昌。
- 腺毛阴行草 *Siphonostegia laeta* S. Moore

分布：九江、庐山、武宁、修水、新建、德兴、上饶、铅山、玉山、贵溪、资溪、宜黄、铜鼓、靖安、宜丰、萍乡、莲花、井冈山、吉安、安福、永新、遂川、赣州、瑞金、南康、石城、寻乌、上犹、崇义、大余、会昌。

短冠草属 Sopubia Buch.-Ham. ex D. Don

- 短冠草 *Sopubia trifida* Buch.-Ham. ex D. Don

分布：铅山、芦溪、井冈山、安福、遂川。

山罗花属 Melampyrum L.

- 圆苞山罗花 *Melampyrum laxum* Miq.

分布：玉山、井冈山。

- 山罗花 *Melampyrum roseum* Maxim.

分布：九江、武宁、修水、景德镇、新建、德兴、上饶、鹰潭、抚州、宜黄、黎川、宜春、铜鼓、靖安、分宜、萍乡、莲花、井冈山、安福、永丰、永新、遂川、赣州、寻乌、上犹、龙南。

鹿茸草属 Monochasma Maxim.

- 沙氏鹿茸草 *Monochasma savatieri* Franch. ex Maxim.

分布：九江、庐山、瑞昌、永修、南昌、婺源、贵溪、南丰、资溪、黎川、丰城、靖安、奉新、分宜、萍乡、莲花、吉安、安福、永新、石城、安远、兴国、上犹。

- 鹿茸草 *Monochasma sheareri* (S. Moore) Maxim. ex Franch. et Sav.

分布：九江、庐山、浮梁、婺源、资溪、丰城、井冈山、泰和。

假野菰属 Christisonia Gardner

- 假野菰 *Christisonia hookeri* C. B. Clarke

分布：乐安。

独脚金属 Striga Lour.

- 独脚金 *Striga asiatica* (L.) Kuntze

分布：九江、资溪、井冈山、上犹、龙南。

胡麻草属 Centranthera R. Br.

- 胡麻草 *Centranthera cochinchinensis* (Lour.) Merr.

分布：九江、庐山、修水、德兴、铅山、资溪、广昌、黎川、靖安、萍乡、井冈山、安福、泰和、石城、龙南。

- 中南胡麻草 *Centranthera cochinchinensis* var. *lutea* (Hara) H. Hara

分布：九江、上饶、鹰潭、资溪、广昌、黎川、宜丰、赣州。

评述：《中国植物物种名录》（2020版）有记载，未见标本。

（四十八）冬青目 Aquifoliales Senft

177 青荚叶科 Helwingiaceae Decne.

青荚叶属 Helwingia Willd.

- 青荚叶 *Helwingia japonica* (Thunb. ex Murray) F. Dietr.

分布：九江、庐山、瑞昌、武宁、永修、修水、贵溪、黎川、铜鼓、靖安、奉新、万载、赣县、上犹。

- 台湾青荚叶 *Helwingia japonica* var. *zhejiangensis* (W. P. Fang & T. P. Soong) M. B. Deng & Yo. Zhang [浙江青荚叶 *Helwingia zhejiangensis* Fang et Soong]

分布：九江、靖安、奉新、万载、赣县、寻乌。

冬青科 Aquifoliaceae Bercht. & J. Presl

冬青属 *Ilex* L.

- 满树星 *Ilex aculeolata* Nakai

分布：九江、庐山、武宁、永修、修水、乐平、浮梁、新建、南昌、安义、德兴、上饶、铅山、临川、贵溪、南丰、乐安、资溪、宜黄、广昌、黎川、铜鼓、靖安、宜丰、奉新、分宜、萍乡、莲花、井冈山、吉安、安福、吉水、永新、泰和、遂川、瑞金、南康、石城、安远、赣县、宁都、寻乌、兴国、定南、上犹、龙南、崇义、全南、大余、会昌。

- 秤星树 *Ilex asprella* (Hook. et Arn.) Champ. ex Benth.

分布：全省山区有分布。

- 刺叶冬青 *Ilex bioritsensis* Hayata

分布：袁州、靖安、奉新。

评述：本种属于武功山冬青的错误鉴定，江西不产。

- 短梗冬青 *Ilex buergeri* Miq.

分布：九江、武宁、永修、修水、南昌、广丰、婺源、贵溪、资溪、广昌、铜鼓、靖安、宜丰、吉安、安福、永新、泰和。

- 黄杨冬青 *Ilex buxoides* S. Y. Hu

分布：大余、寻乌。

- 华中枸骨 *Ilex centrochinensis* S. Y. Hu

分布：九江、庐山、武宁、玉山、资溪、靖安、上栗。

评述：本种属于武功山冬青的错误鉴定。

- 凹叶冬青 *Ilex championii* Loes.

分布：贵溪、资溪、井冈山、安福、遂川、石城、安远、崇义、信丰、全南。

- 沙坝冬青 *Ilex chapaensis* Merr.

分布：信丰、大余。

- 冬青 *Ilex chinensis* Sims

分布：九江、瑞昌、武宁、永修、修水、都昌、乐平、浮梁、新建、南昌、德兴、上饶、广丰、婺源、铅山、玉山、临川、贵溪、南丰、资溪、宜黄、东乡、广昌、黎川、崇仁、铜鼓、靖安、奉新、萍乡、莲花、井冈山、吉安、安福、永丰、永新、泰和、遂川、赣州、瑞金、南康、石城、安远、赣县、寻乌、兴国、上犹、龙南、崇义、全南、大余、会昌。

- 苗山冬青 *Ilex chingiana* Hu et Tang

分布：宜黄、龙南、全南。

评述：江西本土植物名录（2017）有记载，未见标本。

- 密花冬青 *Ilex confertiflora* Merr.

分布：九江、庐山、资溪、崇义。

评述：江西本土植物名录（2017）有记载，未见标本。

- 枸骨 *Ilex cornuta* Lindl. et Paxton

分布：九江、庐山、瑞昌、永修、修水、德安、南昌、玉山、临川、贵溪、资溪、东乡、靖安、分宜、萍乡、莲花、井冈山、吉安、安福、永新、遂川、石城。

- 齿叶冬青 *Ilex crenata* Thunb.

分布：九江、铅山、玉山、资溪、广昌、铜鼓、宜丰、分宜、遂川、兴国、上犹、龙南、全南。

- *'龟甲冬青' *Ilex crenata* 'Convexa' Makino. [*Ilex crenata* var. *convexa* Makino]

分布：全省有栽培。

- 黄毛冬青 *Ilex dasyphylla* Merr.

分布：贵溪、资溪、广昌、黎川、井冈山、吉安、安远、赣县、上犹、龙南、崇义、全南、大余、寻乌。

- 显脉冬青 *Ilex editicostata* Hu et Tang

分布：玉山、资溪、黎川、井冈山、安福、遂川、安远、寻乌、龙南。

- **厚叶冬青** *Ilex elmerrilliana* S. Y. Hu

  分布：武宁、修水、上饶、广丰、婺源、玉山、贵溪、南丰、资溪、宜黄、黎川、铜鼓、靖安、莲花、永丰、永新、泰和、赣州、石城、安远、赣县、宁都、兴国、上犹、龙南、崇义、信丰、全南。

- **硬叶冬青** *Ilex ficifolia* C. J. Tseng ex S. K. Chen et Y. X. Feng

  分布：九江、庐山、武宁、永修、修水、资溪、宜丰、万载、井冈山、吉安、永新、遂川、安远、上犹、龙南、崇义。

- **榕叶冬青** *Ilex ficoidea* Hemsl.

  分布：修水、德兴、上饶、铅山、玉山、资溪、靖安、宜丰、井冈山、安福、永丰、永新、遂川、寻乌、兴国、上犹、全南、大余。

- **福建冬青** *Ilex fukienensis* S. Y. Hu

  分布：资溪、石城。

  评述：《江西种子植物名录》（刘仁林，2010）有记载，未见标本。

- **伞花冬青** *Ilex godajam* (Colebr. ex Wall.) Wall.

  分布：资溪、井冈山、龙南。

  评述：《江西种子植物名录》（刘仁林，2010）有记载，未见标本。

- **海南冬青** *Ilex hainanensis* Merr.

  分布：龙南、全南。

  评述：江西本土植物名录（2017）有记载，未见标本。

- **青茶香** *Ilex hanceana* Maxim.

  分布：寻乌。

- **硬毛冬青** *Ilex hirsuta* C. J. Tseng ex S. K. Chen et Y. X. Feng

  分布：芦溪、井冈山、遂川。

- **光叶细刺枸骨** *Ilex hylonoma* var. *glabra* S. Y. Hu

  分布：广丰。

- **全缘冬青** *Ilex integra* Thunb.

  分布：铅山、遂川、石城。

  评述：本种是典型的沿海分布植物，江西不可能有，疑似标本鉴定有误。

- **中型冬青** *Ilex intermedia* Loes. ex Diels

  分布：九江、修水、靖安。

- **皱柄冬青** *Ilex kengii* S. Y. Hu

  分布：资溪、瑞金、安远、寻乌、崇义。

- **江西满树星** *Ilex kiangsiensis* (S. Y. Hu) C. J. Tseng et B. W. Liu

  分布：九江、庐山、永修、会昌。

- **广东冬青** *Ilex kwangtungensis* Merr.

  分布：资溪、广昌、崇仁、井冈山、永新、遂川、石城、安远、寻乌、上犹、龙南、崇义、信丰、全南、大余。

- **剑叶冬青** *Ilex lancilimba* Merr.

  分布：崇义。

- **大叶冬青** *Ilex latifolia* Thunb.

  分布：九江、庐山、上饶、广丰、婺源、玉山、贵溪、南丰、资溪、宜黄、靖安、井冈山、安福、寻乌、上犹、崇义。

- **汝昌冬青** *Ilex linii* C. J. Tseng

  分布：铅山、玉山、资溪、黎川、瑞金、安远、全南。

- **木姜冬青** *Ilex litseifolia* Hu & T. Tang

  分布：铅山、资溪、黎川、井冈山、寻乌。

- **矮冬青** *Ilex lohfauensis* Merr.

  分布：修水、德安、资溪、广昌、黎川、铜鼓、靖安、宜丰、井冈山、安福、永新、遂川、石城、安远、宁都、寻乌、兴国、龙南、信丰、大余、会昌。

- **大果冬青** *Ilex macrocarpa* Oliv.

分布：九江、庐山、瑞昌、婺源、资溪、遂川、石城、大余、会昌。

● 长梗冬青 *Ilex macrocarpa* var. *longipedunculata* S. Y. Hu

分布：瑞昌、资溪。

● 大柄冬青 *Ilex macropoda* Miq.

分布：九江、庐山、婺源、玉山、资溪、靖安、井冈山、安福、石城、寻乌。

● 谷木叶冬青 *Ilex memecylifolia* Champ. ex Benth.

分布：铅山、安远、寻乌、定南。

● 小果冬青 *Ilex micrococca* Maxim.

分布：九江、庐山、武宁、修水、浮梁、铅山、玉山、贵溪、资溪、广昌、铜鼓、靖安、宜丰、萍乡、井冈山、安福、遂川、石城、安远、宁都、寻乌、龙南、崇义、大余。

● 亮叶冬青 *Ilex nitidissima* C. J. Tseng

分布：广丰。

● 疏齿冬青 *Ilex oligodonta* Merr. et Chun

分布：资溪。

评述：《江西种子植物名录》（刘仁林，2010）有记载，未见标本。

● 具柄冬青 *Ilex pedunculosa* Miq.

分布：九江、庐山、武宁、修水、贵溪、资溪、靖安、井冈山、安福、石城、龙南。

● 猫儿刺 *Ilex pernyi* Franch.

分布：九江、庐山、武宁、玉山、资溪、铜鼓、芦溪、安福。

● 毛冬青 *Ilex pubescens* Hook. et Arn.

分布：全省山区有分布。

● 铁冬青 *Ilex rotunda* Thunb.

分布：九江、庐山、武宁、永修、修水、乐平、浮梁、新建、南昌、德兴、上饶、广丰、玉山、贵溪、南丰、资溪、宜黄、东乡、广昌、铜鼓、靖安、宜丰、奉新、萍乡、莲花、井冈山、吉安、遂川、瑞金、南康、石城、安远、赣县、宁都、寻乌、兴国、上犹、龙南、崇义、信丰、全南、大余、会昌。

● 三清山冬青 *Ilex sanqingshanensis* W. B. Liao, Q. Fan et S. Shi

分布：玉山。

● 落霜红 *Ilex serrata* Thunb.

分布：九江、庐山、武宁、永修、修水、铅山、南丰、井冈山。

● 书坤冬青 *Ilex shukunii* Yi Yang & H. Peng

分布：修水、景德镇、浮梁、德兴、婺源、铅山、玉山、抚州、资溪、崇仁、宜春、铜鼓、宜丰、奉新、分宜、萍乡、井冈山、吉安、遂川、赣州、石城、寻乌、龙南、全南。

评述：台湾冬青 *Ilex formosana* Maxim. 经过修订只产台湾，大陆产的是书坤冬青。

● 华南冬青 *Ilex sterrophylla* Merr. et Chun

分布：寻乌、龙南、大余。

● 香冬青 *Ilex suaveolens* (H. Lév.) Loes.

分布：九江、武宁、修水、上饶、广丰、铅山、玉山、贵溪、资溪、黎川、宜春、靖安、宜丰、奉新、莲花、井冈山、安福、遂川、石城、上犹。

● 拟榕叶冬青 *Ilex subficoidea* S. Y. Hu

分布：玉山、贵溪、资溪、石城。

● 蒲桃叶冬青 *Ilex syzygiophylla* C. J. Tseng ex S. K. Chen et Y. X. Feng

分布：遂川。

● 四川冬青 *Ilex szechwanensis* Loes.

分布：九江、庐山、武宁、永修、修水、景德镇、上饶、玉山、资溪、铜鼓、靖安、宜丰、奉新、万载、芦溪、井冈山、安福、石城、兴国、上犹、龙南、大余。

评述：江西只产绿冬青，不产四川冬青，疑似标本鉴定有误。

● 三花冬青 *Ilex triflora* Blume

分布：九江、武宁、永修、修水、南昌、广丰、婺源、南丰、乐安、资溪、广昌、黎川、铜鼓、靖安、宜丰、奉新、井冈山、吉安、安福、永新、泰和、遂川、瑞金、石城、安远、宁都、寻乌、兴国、定南、上犹、龙南、崇义、信丰、全南、大余、会昌。

- **钝头冬青** *Ilex triflora* var. *kanehirae* (Yamam.) S. Y. Hu

  分布：九江、永修、贵溪、黎川、铜鼓、瑞金、石城、宁都、寻乌、会昌。

- **紫果冬青** *Ilex tsoi* Merr. & Chun

  分布：庐山、景德镇、浮梁、德兴、上饶、婺源、广昌、黎川、铜鼓、宜丰、分宜、井冈山、安福、永新、遂川、石城、安远、赣县、龙南、全南。

- **罗浮冬青** *Ilex tutcheri* Merr.

  分布：资溪、安远、寻乌、龙南、全南。

- **秀丽冬青** *Ilex venusta* H. Peng & W. B. Liao

  分布：上犹、崇义。

- **湿生冬青** *Ilex verisimilis* Chun ex C. J. Tseng ex S. K. Chen et Y. X. Feng

  分布：龙南、上犹。

- **绿冬青** *Ilex viridis* Champ. ex Benth.

  分布：德兴、广丰、铅山、玉山、赣州、石城、安远、赣县、寻乌、龙南、全南。

- **温州冬青** *Ilex wenchowensis* S. Y. Hu

  分布：都昌、玉山、黎川。

- **尾叶冬青** *Ilex wilsonii* Loes.

  分布：九江、武宁、修水、铅山、玉山、南丰、宜黄、黎川、宜春、铜鼓、靖安、井冈山、安福、遂川、安远、寻乌、大余。

- **武功山冬青** *Ilex wugongshanensis* C. J. Tseng

  分布：武宁、永修、修水、都昌、奉新、芦溪、安福。

（四十九）菊目 Asterales Link

179 桔梗科 Campanulaceae Juss.

轮钟草属 Cyclocodon Griff. ex Hook. f. & Thompson

- **轮钟花** *Cyclocodon lancifolius* (Roxb.) Kurz

  分布：广昌、黎川、遂川、石城、龙南、崇义、全南、大余。

沙参属 Adenophora Fisch.

- **秦岭沙参** *Adenophora petiolata* Pax et Hoffm.

  分布：九江、瑞昌、武宁、彭泽、修水、广丰、萍乡、井冈山、安福、遂川、上犹、崇义。

- **华东杏叶沙参** *Adenophora petiolata* subsp. *huadungensis* (D. Y. Hong) D. Y. Hong & S. Ge

  分布：九江、庐山、武宁、上饶、广丰、贵溪、资溪、广昌、靖安、石城。

- **杏叶沙参** *Adenophora petiolata* subsp. *hunanensis* (Nannf.) D. Y. Hong et S. Ge [三叶沙参 *Adenophora hunanensis* Nannf.]

  分布：九江、庐山、瑞昌、武宁、彭泽、修水、广丰、资溪、广昌、靖安、宜丰、萍乡、井冈山、安福、遂川、石城、上犹、崇义。

- **薄叶荠苨** *Adenophora remotiflora* (Siebold et Zucc.) Miq.

  分布：庐山、武宁。

- **多毛沙参** *Adenophora rupincola* Hemsl.

  分布：九江、铅山。

- **中华沙参** *Adenophora sinensis* A. DC.

  分布：九江、德兴、广丰、铅山、玉山、资溪、靖安、宜丰、萍乡、芦溪、井冈山、安福、遂川。

- **沙参** *Adenophora stricta* Miq.

  分布：九江、彭泽、永修、乐平、德兴、上饶、广丰、玉山、资溪、铜鼓、安福、遂川。

- **轮叶沙参** *Adenophora tetraphylla* (Thunb.) Fisch.

分布：九江、庐山、修水、铅山、贵溪、资溪、靖安、莲花、井冈山、安福、泰和、南康、石城、兴国。
- **荠苨** *Adenophora trachelioides* Maxim.
分布：九江、庐山、瑞昌、武宁。

金钱豹属 *Campanumoea* Bl.

- **金钱豹** *Campanumoea javanica* Blume
分布：武宁、修水、德兴、贵溪、资溪、广昌、铜鼓、宜丰、万载、芦溪、井冈山、安福、遂川、石城、全南、大余、龙南、寻乌。
- **小花金钱豹** *Campanumoea javanica* subsp. *japonica* (Maxim.) D. Y. Hong
分布：修水、德兴、广昌、铜鼓、靖安、石城、龙南、崇义。

党参属 *Codonopsis* Wall.

- **羊乳** *Codonopsis lanceolata* (Siebold et Zucc.) Trautv.
分布：九江、庐山、武宁、永修、修水、浮梁、婺源、铅山、玉山、贵溪、资溪、广昌、铜鼓、靖安、萍乡、井冈山、吉安、安福、永新、遂川、瑞金、石城、寻乌、兴国、上犹、龙南、全南。

半边莲属 *Lobelia* L.

- **半边莲** *Lobelia chinensis* Lour.
分布：九江、武宁、永修、浮梁、南昌、铅山、临川、南丰、资溪、广昌、黎川、奉新、萍乡、井冈山、遂川、南康、石城、寻乌、兴国、上犹、龙南、崇义、大余。
- **江南山梗菜** *Lobelia davidii* Franch.
分布：九江、庐山、武宁、永修、修水、新建、上饶、广丰、贵溪、资溪、广昌、铜鼓、靖安、宜丰、井冈山、安福、泰和、遂川、石城、安远、宁都、兴国、上犹、崇义、全南。
- **线萼山梗菜** *Lobelia melliana* E. Wimm.
分布：新建、铅山、资溪、靖安、井冈山、遂川、寻乌、兴国、上犹、全南。
- **铜锤玉带草** *Lobelia nummularia* Lam.
分布：资溪、靖安、宜丰、万载、莲花、井冈山、安福、永新、遂川、安远、赣县、寻乌、上犹、龙南、崇义、大余、会昌。
- **山梗菜** *Lobelia sessilifolia* Lamb.
分布：资溪、靖安、井冈山、石城。
- **大叶半边莲**（美国山梗菜）*Lobelia siphilitica* L.
分布：九江。
评述：栽培逃逸为野生。
- **卵叶半边莲** *Lobelia zeylanica* L.
分布：井冈山、寻乌、信丰。

桔梗属 *Platycodon* A. DC.

- **桔梗** *Platycodon grandiflorus* (Jacq.) A. DC.
分布：九江、庐山、瑞昌、武宁、修水、乐平、新建、安义、铅山、资溪、靖安、宜丰、井冈山、石城、龙南。

蓝花参属 *Wahlenbergia* Schrad. ex Roth

- **蓝花参** *Wahlenbergia marginata* (Thunb.) A. DC.
分布：九江、庐山、武宁、永修、修水、湖口、浮梁、南昌、婺源、临川、贵溪、南丰、乐安、资溪、广昌、黎川、铜鼓、靖安、奉新、萍乡、井冈山、吉安、安福、泰和、遂川、石城、寻乌、兴国、上犹、崇义、大余、会昌。

袋果草属 *Peracarpa* Hook. f. & Thomson

- **袋果草** *Peracarpa carnosa* (Wall.) Hook. f. et Thoms.

分布：庐山、井冈山。

异檐花属 Triodanis Raf.

● 异檐花 Triodanis perfoliata subsp. biflora (Ruiz & Pavon) Lammers [卵叶异檐花 Triodanis biflora (Ruiz et Pav.) Greene]
分布：南昌。
评述：归化或入侵。

180 睡菜科 Menyanthaceae Dumort.

荇菜属 Nymphoides Ség.

● * 小荇菜 Nymphoides coreana (H. Lév.) Hara
分布：赣南有栽培。
● 水皮莲 Nymphoides cristata (Roxb.) Kuntze
分布：南昌、鄱阳湖、婺源、泰和、新干、赣县。
● 金银莲花 Nymphoides indica (L.) Kuntze
分布：永修、都昌、南昌、进贤、余干、临川、靖安、永丰、安远。
● 荇菜 Nymphoides peltata (S. G. Gmel.) Kuntze
分布：九江、浮梁、南昌、铜鼓、奉新、吉安、安福、兴国。

181 菊科 Asteraceae Bercht. & J. Presl

泥胡菜属 Hemisteptia (Bunge) Fisch. & C. A. Mey.

● 泥胡菜 Hemisteptia lyrata (Bunge) Bunge
分布：全省山区有分布。

山柳菊属 Hieracium L.

● 山柳菊 Hieracium umbellatum L.
分布：庐山、修水、安福、石城。

一点红属 Emilia (Cass.) Cass.

● 小一点红 Emilia prenanthoidea DC.
分布：南丰、资溪、广昌、靖安、宜丰、遂川、寻乌、上犹、崇义。
● 一点红 Emilia sonchifolia (L.) DC.
分布：九江、庐山、广丰、贵溪、资溪、广昌、铜鼓、靖安、萍乡、遂川、石城、全南。

田基黄属 Grangea Adans.

● 田基黄 Grangea maderaspatana (L.) Poir.
分布：湖口。

山芫荽属 Cotula L.

● 芫荽菊 Cotula anthemoides L.
分布：湖口、资溪。

野茼蒿属 Crassocephalum Moench

● 野茼蒿 Crassocephalum crepidioides (Benth.) S. Moore
分布：全省有分布。

评述：归化或入侵。

牛膝菊属 *Galinsoga* Ruiz & Pav.

- 牛膝菊 *Galinsoga parviflora* Cav.

分布：全省有分布。

评述：归化或入侵。

- 粗毛牛膝菊 *Galinsoga quadriradiata* Ruiz et Pav.

分布：庐山。

评述：归化或入侵。

飞蓬属 *Erigeron* L.

- 一年蓬 *Erigeron annuus* (L.) Pers.

分布：全省有分布。

评述：归化或入侵。

- 香丝草 *Erigeron bonariensis* L.

分布：全省有分布。

评述：归化或入侵。

- 小蓬草 *Erigeron canadensis* L.

分布：全省有分布。

评述：归化或入侵。

- 糙伏毛飞蓬 *Erigeron strigosus* Muhl. ex Willd.

分布：九江。

评述：归化或入侵。

- 苏门白酒草 *Erigeron sumatrensis* Retz.

分布：全省有分布。

评述：归化或入侵。

泽兰属 *Eupatorium* L.

- 多须公 *Eupatorium chinense* L.

分布：九江、瑞昌、武宁、修水、新建、南昌、德兴、上饶、广丰、铅山、玉山、贵溪、南丰、广昌、黎川、铜鼓、奉新、莲花、井冈山、吉安、泰和、遂川、石城、寻乌、兴国、上犹、龙南、崇义。

- 佩兰 *Eupatorium fortunei* Turcz.

分布：资溪、靖安、石城、崇义。

- 异叶泽兰 *Eupatorium heterophyllum* DC.

分布：井冈山。

- 白头婆 *Eupatorium japonicum* Thunb.

分布：九江、瑞昌、武宁、修水、新建、南昌、德兴、上饶、广丰、铅山、玉山、贵溪、南丰、资溪、广昌、黎川、铜鼓、靖安、奉新、莲花、井冈山、吉安、泰和、遂川、石城、寻乌、兴国、上犹、龙南、崇义。

- 林泽兰 *Eupatorium lindleyanum* DC.

分布：九江、庐山、瑞昌、武宁、修水、德兴、上饶、广丰、玉山、资溪、广昌、黎川、靖安、萍乡、井冈山、安福、泰和、遂川、瑞金、石城、寻乌、兴国、上犹。

- 马鞭草叶泽兰 *Eupatorium verbenifolium* Michx.

分布：九江。

评述：栽培逃逸为野生。

大吴风草属 *Farfugium* Lindl.

- *大吴风草 *Farfugium japonicum* (L. f.) Kitam.

分布：九江、南昌。

火石花属 *Gerbera* L.

- *非洲菊 *Gerbera jamesonii* Bolus
分布：全省有栽培。

假还阳参属 *Crepidiastrum* Nakai

- 黄瓜假还阳参 *Crepidiastrum denticulatum* (Houtt.) Pak & Kawano
分布：宜春、分宜、安福。
- 长叶假还阳参 *Crepidiastrum denticulatum* subsp. *longiflorum* (Stebbins) N. Kilian
分布：不详。
评述：《中国植物物种名录》（2020 版）有记载，未见标本。
- 尖裂假还阳参 *Crepidiastrum sonchifolium* (Bunge) Pak & Kawano
分布：武宁。

鼠麴草属 *Gnaphalium* L.

- 细叶鼠麴草 *Gnaphalium japonicum* Thunb.
分布：九江、武宁、修水、南丰、资溪、奉新、石城、寻乌、上犹、大余。
- 多茎鼠麴草 *Gnaphalium polycaulon* Pers.
分布：九江、庐山、婺源、贵溪、南丰、资溪、靖安、分宜、萍乡、吉安、遂川、石城、安远、寻乌、上犹。

菊三七属 *Gynura* Cass.

- *红凤菜 *Gynura bicolor* (Roxb. ex Willd.) DC.
分布：九江。
- 菊三七 *Gynura japonica* (Thunb.) Juel.
分布：修水、德兴、资溪、兴国。

蓝刺头属 *Echinops* L.

- 华东蓝刺头 *Echinops grijsii* Hance
分布：婺源。

茼蒿属 *Glebionis* Cass.

- 南茼蒿 *Glebionis segetum* (L.) Fourr.
分布：九江、分宜。
评述：归化或入侵。

球菊属 *Epaltes* Cass.

- 鹅不食草 *Epaltes australis* Less.
分布：资溪、靖安。

蓟属 *Cirsium* Mill.

- 丝路蓟 *Cirsium arvense* (L.) Scop.
分布：九江、武宁。
- 刺儿菜 *Cirsium arvense* var. *integrifolium* C. Wimm. et Grabowski
分布：九江、庐山、武宁、永修、湖口、新建、资溪、靖安、龙南。
- 绿蓟 *Cirsium chinense* Gardner et Champ.
分布：玉山、萍乡。
- 蓟 *Cirsium japonicum* Fisch. ex DC.
分布：武宁、永修、浮梁、南昌、德兴、广丰、铅山、南丰、靖安、奉新、井冈山、安福、泰和、遂川、石城、宁都、兴国、定南、上犹、龙南。

- 线叶蓟 *Cirsium lineare* (Thunb.)Sch.–Bip.

分布：九江、庐山、修水、新建、上饶、玉山、贵溪、资溪、靖安、奉新、井冈山、遂川、石城、兴国、龙南。
- 野蓟 *Cirsium maackii* Maxim.

分布：九江、铅山、井冈山、遂川。
- 总序蓟 *Cirsium racemiforme* Y. Ling et C. Shih

分布：乐平、铅山、黎川。
- 牛口刺 *Cirsium shansiense* Petr.

分布：玉山、萍乡。
- 杭蓟 *Cirsium tianmushanicum* C. Shih

分布：庐山。

菊芹属 *Erechtites* Raf.

- 梁子菜 *Erechtites hieraciifolius* (L.) Raf. ex DC.

分布：全省有分布。

评述：归化或入侵。

地胆草属 *Elephantopus* L.

- 地胆草 *Elephantopus scaber* L.

分布：贵溪、广昌、靖安、石城、安远、寻乌、兴国、上犹、崇义、全南、大余、会昌。
- 白花地胆草 *Elephantopus tomentosus* L.

分布：九江、寻乌、会昌。

评述：归化或入侵。

菊苣属 *Cichorium* L.

- 菊苣 *Cichorium intybus* L.

分布：九江、井冈山、遂川。

评述：归化或入侵。

紫菀属 *Aster* L.

- 三脉紫菀 *Aster ageratoides* Turcz.

分布：九江、庐山、武宁、修水、广丰、铅山、玉山、贵溪、资溪、广昌、靖安、万载、芦溪、井冈山、安福、遂川、石城、宁都、兴国、上犹、龙南、崇义、全南。
- 异叶三脉紫菀 *Aster ageratoides* var. *heterophyllus* Maxim.

分布：铅山、资溪。
- 毛枝三脉紫菀 *Aster ageratoides* var. *lasiocladus* (Hayata) Hand.-Mazz.

分布：九江、武宁、德兴、上饶、黎川、宜春、铜鼓、井冈山、遂川、兴国、龙南。
- 宽伞三脉紫菀 *Aster ageratoides* var. *laticorymbus* (Vaniot) Hand.-Mazz.

分布：九江、庐山、上饶、广丰、铅山、资溪、萍乡、芦溪、井冈山、安福、上犹、龙南、崇义。
- 微糙三脉紫菀 *Aster ageratoides* var. *scaberulus* (Miq.) Ling.

分布：九江、庐山、武宁、井冈山、宁都、崇义。
- 白舌紫菀 *Aster baccharoides* (Benth.) Steetz.

分布：贵溪、资溪、广昌、黎川、萍乡、井冈山、石城、兴国。
- 狗娃花 *Aster hispidus* Thunb.

分布：九江、庐山、武宁、修水、德安、玉山、铜鼓、井冈山、石城。
- 马兰 *Aster indicus* L.

分布：九江、庐山、武宁、修水、南昌、德兴、上饶、广丰、铅山、玉山、贵溪、资溪、广昌、黎川、宜春、铜鼓、靖安、宜丰、万载、萍乡、莲花、井冈山、安福、永丰、泰和、遂川、瑞金、石城、宁都、寻乌、兴国、龙南、崇义、全南、大余、会昌。

- 丘陵马兰 *Aster indicus* var. *collinus* (Hance) Soejima & Igari

分布：不详。

评述：《中国植物物种名录》（2020 版）有记载，未见标本。

- 狭苞马兰 *Aster indicus* var. *stenolepis* (Hand.-Mazz.) Soejima & Igari

分布：九江、庐山、瑞昌、德安、都昌、铅山、井冈山、石城、龙南。

- 短冠东风菜 *Aster marchandii* H. Lévl.

分布：武宁、铅山、资溪、靖安、井冈山、遂川。

- 琴叶紫菀 *Aster panduratus* Nees ex Walp.

分布：九江、庐山、修水、铅山、贵溪、资溪、宜春、靖安、萍乡、芦溪、井冈山、安福、石城、兴国、上犹、龙南、崇义。

- 全叶马兰 *Aster pekinensis* (Hance) Kitag.

分布：九江、彭泽、上饶、鹰潭、资溪、分宜、永新、赣州。

- 短舌紫菀 *Aster sampsonii* (Hance) Hemsl.

分布：修水、宜春、宜丰、遂川。

- 东风菜 *Aster scaber* Thunb.

分布：全省有分布。

- 三清山紫菀 *Aster shanqingshanica* J. W. Xiao & W. P. Li

分布：玉山。

- 毡毛马兰 *Aster shimadae* (Kitamura) Nemoto

分布：九江、庐山、武宁、彭泽、铅山、贵溪、资溪、黎川、铜鼓、靖安、莲花、井冈山、安福、遂川、石城、上犹、龙南、崇义。

- 岳麓紫菀 *Aster sinianus* Hand.-Mazz.

分布：九江、修水、崇义。

- 紫菀 *Aster tataricus* L. f.

分布：九江、修水、贵溪、资溪、石城。

- 陀螺紫菀 *Aster turbinatus* S. Moore

分布：九江、庐山、修水、上饶、广丰、贵溪、资溪、广昌、靖安。

- 仙白草 *Aster turbinatus* var. *chekiangensis* C. Ling ex Ling

分布：九江、庐山。

- 秋分草 *Aster verticillatus* (Reinwardt) Brouillet

分布：武宁、浮梁、德兴、铅山、贵溪、资溪、黎川、铜鼓、靖安、芦溪、安福、遂川。

鱼眼草属 *Dichrocephala* L'Hér. ex DC.

- 小鱼眼草 *Dichrocephala benthamii* C. B. Clarke

分布：资溪、井冈山、石城。

评述：《江西种子植物名录》（刘仁林，2010）有记载，未见标本。

- 鱼眼草 *Dichrocephala integrifolia* (L. f.) Kuntze

分布：贵溪、南丰、资溪、广昌、黎川、靖安、莲花、井冈山、安福、遂川、赣州、安远、寻乌、上犹、龙南、崇义、大余。

鳢肠属 *Eclipta* L.

- 鳢肠 *Eclipta prostrata* (L.) L.

分布：全省有分布。

评述：归化或入侵。

蟹甲草属 *Parasenecio* W. W. Sm. & J. Small

- 兔儿风蟹甲草 *Parasenecio ainsliiflorus* (Franch.) Y. L. Chen

分布：九江、庐山。

- 无毛蟹甲草 *Parasenecio albus* Y. S. Chen

分布：不详。

评述：《中国植物物种名录》（2020 版）有记载，未见标本。

- 黄山蟹甲草 *Parasenecio hwangshanicus* (Ling) C. I. Peng et S. W. Chung

分布：上饶、资溪、靖安、萍乡、井冈山、龙南。

- 天目山蟹甲草 *Parasenecio matsudae* (Kitamura) Y. L. Chen

分布：庐山。

- 矢镞叶蟹甲草 *Parasenecio rubescens* (S. Moore) Y. L. Chen

分布：九江、庐山、景德镇、资溪、黎川、靖安、井冈山、寻乌、兴国、上犹、崇义。

伪泥胡菜属 *Serratula* L.

- 伪泥胡菜 *Serratula coronata* L.

分布：九江、庐山、石城。

假福王草属 *Paraprenanthes* C. C. Chang ex C. Shih

- 林生假福王草 *Paraprenanthes diversifolia* (Vaniot) N. Kilian

分布：武宁、修水、铅山、资溪、黎川、芦溪、井冈山、安福。

- 雷山假福王草 *Paraprenanthes heptantha* C. Shih et D. J. Liu

分布：修水、安远。

- 三裂假福王草 *Paraprenanthes multiformis* C. Shih

分布：庐山。

- 假福王草 *Paraprenanthes sororia* (Miq.) C. Shih

分布：九江、庐山、铅山、资溪、宜黄、黎川、靖安、井冈山、上犹、龙南。

紫菊属 *Notoseris* C. Shih

- 光苞紫菊 *Notoseris macilenta* (Vaniot & H. Lév.) N. Kilian[紫菊 *Notoseris psilolepis* Shih]

分布：芦溪。

银胶菊属 *Parthenium* L.

- 银胶菊 *Parthenium hysterophorus* L.

分布：寻乌。

评述：归化或入侵。

苦荬菜属 *Ixeris* (Cass.) Cass.

- 中华苦荬菜 *Ixeris chinensis* (Thunb.) Nakai

分布：九江、武宁、新建、南昌、崇仁、铜鼓、靖安、萍乡、安远、崇义。

- 多色苦荬 *Ixeris chinensis* subsp. *versicolor* (Fisch. ex Link) Kitam.

分布：九江、武宁、新建、南昌、崇仁、铜鼓、靖安、萍乡、遂川、安远、崇义。

- 剪刀股 *Ixeris japonica* (Burm. f.) Nakai

分布：九江、庐山、铅山、资溪、铜鼓、靖安、芦溪、井冈山、安福、石城、上犹、龙南、崇义。

- 苦荬菜 *Ixeris polycephala* Cass.

分布：九江、武宁、南昌、婺源、南丰、铜鼓、奉新、萍乡、遂川、上犹。

- 沙苦荬菜 *Ixeris repens* (L.) A. Gray

分布：庐山。

评述：归化或入侵。

- 圆叶苦荬菜 *Ixeris stolonifera* A. Gray

分布：九江。

帚菊属 *Pertya* Sch.Bip.

- 心叶帚菊 *Pertya cordifolia* Mattf.

分布：永修、上饶、铅山、贵溪、资溪、铜鼓、靖安、井冈山、石城、全南、寻乌。
- 聚头帚菊 *Pertya desmocephala* Diels

分布：永修、上饶、铅山、资溪、铜鼓、靖安、石城、寻乌、全南。
- 腺叶帚菊 *Pertya pubescens* Ling

分布：新建、景德镇、丰城、寻乌。
- 长花帚菊 *Pertya scandens* (Thunb. ex Thunb.) Sch.Bip.

分布：广丰、资溪、靖安、寻乌。

蜂斗菜属 *Petasites* Mill.

- 蜂斗菜 *Petasites japonicus* (Siebold et Zucc.) Maxim.

分布：九江、庐山、贵溪、资溪、靖安、吉安、石城。

毛连菜属 *Picris* L.

- 毛连菜 *Picris hieracioides* L.

分布：九江、庐山。
- 日本毛连菜 *Picris japonica* Thunb.

分布：资溪、靖安。

评述：《江西种子植物名录》（刘仁林，2010）有记载，未见标本。

兔耳一枝箭属 *Piloselloides* (Lessing) C. Jeffrey ex Cufodontis

- 兔耳一枝箭 *Piloselloides hirsuta* (Forsskal) C. Jeffrey ex Cufodontis

分布：南丰、宜丰、奉新、井冈山、吉安、寻乌、龙南、全南。

碱菀属 *Tripolium* Nees

- 碱菀 *Tripolium pannonicum* (Jacquin) Dobroczajeva

分布：九江、庐山、鄱阳。

莴苣属 *Lactuca* L.

- 台湾翅果菊 *Lactuca formosana* Maxim.

分布：九江、庐山、武宁、永修、浮梁、南昌、南丰、资溪、黎川、崇仁、靖安、奉新、永丰、遂川、安远。
- 翅果菊 *Lactuca indica* L.

分布：九江、庐山、修水、德兴、上饶、玉山、贵溪、资溪、萍乡、遂川、安远、宁都、定南。
- 毛脉翅果菊 *Lactuca raddeana* Maxim.

分布：南丰、资溪、安福、遂川、安远、寻乌、定南、大余。
- * 莴笋 *Lactuca sativa* var. *angustata* Irish ex Bremer

分布：全省广泛栽培。
- * 生菜 *Lactuca sativa* var. *ramosa* Hort.

分布：全省广泛栽培。
- 野莴苣 *Lactuca serriola* L.

分布：九江、庐山、资溪、章贡。
- 山莴苣 *Lactuca sibirica* (L.) Benth. ex Maxim.

分布：九江、上饶、鹰潭、赣州。

山牛蒡属 *Synurus* Iljin

- 山牛蒡 *Synurus deltoides* (Aiton) Nakai

分布：九江、庐山、武宁、修水、新建、安福、石城。

合耳菊属 *Synotis* (C. B. Clarke) C. Jeffrey & Y. L. Chen

- 褐柄合耳菊 *Synotis fulvipes* (Ling) C. Jeffrey et Y. L. Chen

分布：芦溪、安福。
评述：《中国植物物种名录》（2020版）有记载，未见标本。

兔儿伞属 *Syneilesis* Maxim.

- 兔儿伞 *Syneilesis aconitifolia* (Bunge) Maxim.
分布：武宁、婺源、玉山、资溪、靖安、遂川、南康、龙南。

火绒草属 *Leontopodium* R. Br. ex Cass.

- 火绒草 *Leontopodium leontopodioides* (Willd.) Beauverd
分布：井冈山、赣州。

滨菊属 *Leucanthemum* Mill.

- 滨菊 *Leucanthemum vulgare* Lam.
分布：庐山。
评述：归化或入侵。

蒲公英属 *Taraxacum* F. H. Wigg.

- 印度蒲公英 *Taraxacum indicum* Hand.-Mazz.
分布：庐山。
评述：归化或入侵。
- 蒲公英 *Taraxacum mongolicum* Hand.-Mazz.
分布：九江、庐山、贵溪、靖安、石城。

狗舌草属 *Tephroseris* (Reichenb.) Reichenb.

- 狗舌草 *Tephroseris kirilowii* (Turcz. ex DC.) Holub
分布：资溪、永新。

黏冠草属 *Myriactis* Less.

- 圆舌粘冠草 *Myriactis nepalensis* Less.
分布：井冈山、遂川。

漏芦属 *Rhaponticum* Vaill.

- 华漏芦 *Rhaponticum chinense* (S. Moore) L. Martins & Hidalgo
分布：九江、庐山、武宁、修水、铅山、宜黄、靖安、遂川、瑞金、赣县、寻乌、兴国、龙南。

橐吾属 *Ligularia* Cass.

- 齿叶橐吾 *Ligularia dentata* (A. Gray) Hara
分布：武宁。
- 蹄叶橐吾 *Ligularia fischeri* (Ledeb.) Turcz.
分布：庐山、武宁、修水、靖安、上犹。
- 鹿蹄橐吾 *Ligularia hodgsonii* Hook.
分布：庐山。
- 狭苞橐吾 *Ligularia intermedia* Nakai
分布：九江、资溪、黎川、宜春、遂川、大余。
- 大头橐吾 *Ligularia japonica* (Thunb.) Less.
分布：浮梁、新建、婺源、靖安、奉新、吉安、安福、遂川、兴国、上犹、大余。
- 糙叶大头橐吾 *Ligularia japonica* var. *scaberrima* (Hayata) Hayata
分布：铅山、贵溪、抚州、宜春、分宜、吉安、赣州。
- 窄头橐吾 *Ligularia stenocephala* (Maxim.) Matsum. et Koidz.

分布：九江、庐山、黎川、宜春、遂川。
- **离舌橐吾** *Ligularia veitchiana* (Hemsl.) Greenm.
分布：庐山、宜春、安福。

金腰箭属 *Synedrella* Gaertn.

- **金腰箭** *Synedrella nodiflora* (L.) Gaertn.
分布：铅山、井冈山、寻乌、龙南。
评述：归化或入侵。

稻槎菜属 *Lapsanastrum* Pak & K. Bremer

- **稻槎菜** *Lapsanastrum apogonoides* (Maxim.) Pak & K. Bremer
分布：九江、庐山、贵溪、南丰、资溪、广昌、靖安、井冈山、永丰、石城。

黄鹌菜属 *Youngia* Cass.

- **红果黄鹌菜** *Youngia erythrocarpa* (Vaniot) Babcock et Stebbins
分布：资溪、靖安、寻乌。
- **长裂黄鹌菜** *Youngia henryi* (Diels) Babcock et Stebbins
分布：庐山。
- **异叶黄鹌菜** *Youngia heterophylla* (Hemsl.) Babc. et Stebbins
分布：庐山、南丰、遂川、上犹、龙南。
- **黄鹌菜** *Youngia japonica* (L.) DC.
分布：九江、庐山、彭泽、浮梁、南昌、婺源、玉山、贵溪、南丰、广昌、靖安、奉新、萍乡、井冈山、遂川、石城、寻乌、兴国、上犹。
- **卵裂黄鹌菜** *Youngia japonica* subsp. *elstonii* (Hochr.) Babc. et Stebbins
分布：南丰、奉新、上犹。
- **长花黄鹌菜** *Youngia japonica* subsp. *longiflora* Babc. et Stebbins
分布：九江、庐山、彭泽、永修、浮梁、新建、南昌、婺源、玉山、南丰、广昌、靖安、宜丰、奉新、万载、萍乡、井冈山、遂川、瑞金、寻乌、兴国、上犹。
- **羽裂黄鹌菜** *Youngia paleacea* (Diels) Babcock et Stebbins
分布：庐山。

苍耳属 *Xanthium* L.

- **苍耳** *Xanthium strumarium* L.
分布：全省有分布。

六棱菊属 *Laggera* Sch.Bip. ex Benth. & Hook. f.

- **六棱菊** *Laggera alata* (D. Don) Sch.–Bip. ex Oliv.
分布：九江、庐山、修水、新建、资溪、广昌、黎川、铜鼓、靖安、宜丰。

款冬属 *Tussilago* L.

- **款冬** *Tussilago farfara* L.
分布：九江。

女菀属 *Turczaninovia* Candolle

- **女菀** *Turczaninovia fastigiata* (Fisch.) DC.
分布：九江、庐山、靖安。

旋覆花属 *Inula* L.

- **欧亚旋覆花** *Inula britannica* Linnaeus

分布：庐山、萍乡。

- **旋覆花** *Inula japonica* Thunb.

分布：九江、庐山、武宁、修水、德兴、贵溪、资溪、石城、宁都。

- **线叶旋覆花** *Inula linariifolia* Turcz.

分布：九江、庐山、贵溪。

大丁草属 *Leibnitzia* Cass.

- **大丁草** *Leibnitzia anandria* (L.) Turcz.

分布：新建、资溪、萍乡、井冈山、遂川。

铁鸠菊属 *Vernonia* Schreb.

- **糙叶斑鸠菊** *Vernonia aspera* (Roxb.) Buch.-Ham.

分布：资溪、井冈山。

评述：《江西种子植物名录》（刘仁林，2010）有记载，未见标本。

- **夜香牛** *Vernonia cinerea* (L.) Less.

分布：九江、庐山、修水、新建、德兴、广丰、玉山、资溪、黎川、铜鼓、靖安、宜丰、萍乡、永新、泰和、遂川、南康、石城、安远、宁都、寻乌、兴国、定南、上犹、龙南、崇义、大余。

- **毒根斑鸠菊** *Vernonia cumingiana* Benth.

分布：寻乌。

评述：江西新记录。

- **柳叶斑鸠菊** *Vernonia saligna* (Wall.) DC.

分布：修水。

- **茄叶斑鸠菊** *Vernonia solanifolia* Benth.

分布：资溪、井冈山。

评述：《江西种子植物名录》（刘仁林，2010）有记载，未见标本。

菊属 *Chrysanthemum* L.

- * **菊花** *Chrysanthemum* × *morifolium* Ramat.

分布：全省广泛栽培。

- **野菊** *Chrysanthemum indicum* L.

分布：九江、庐山、武宁、修水、德安、都昌、南昌、广丰、玉山、贵溪、资溪、广昌、黎川、宜春、靖安、萍乡、井冈山、安福、遂川、石城、寻乌、龙南、崇义。

- **甘菊** *Chrysanthemum lavandulifolium* (Fisch. ex Trautv.) Makino

分布：九江、庐山。

飞廉属 *Carduus* L.

- **节毛飞廉** *Carduus acanthoides* L.

分布：九江、湖口、南昌、铅山、贵溪、井冈山。

- **丝毛飞廉** *Carduus crispus* L.

分布：九江、庐山、南昌、铅山、贵溪、资溪、靖安、芦溪、井冈山、安福、石城、上犹、龙南、崇义。

- **飞廉** *Carduus nutans* L.

分布：九江、庐山。

天名精属 *Carpesium* L.

- **天名精** *Carpesium abrotanoides* L.

分布：九江、庐山、彭泽、修水、南昌、上饶、铅山、玉山、贵溪、资溪、铜鼓、靖安、芦溪、井冈山、安福、遂川、石城、上犹、龙南、崇义。

- **烟管头草** *Carpesium cernuum* L.

分布：九江、庐山、武宁、上饶、铅山、玉山、贵溪、资溪、广昌、靖安、芦溪、井冈山、安福、瑞金、石城、寻乌、上犹、龙南、崇义、会昌。

- **金挖耳** *Carpesium divaricatum* Siebold et Zucc.

分布：九江、庐山、瑞昌、武宁、修水、上饶、铅山、玉山、贵溪、资溪、宜黄、铜鼓、靖安、萍乡、莲花、芦溪、井冈山、安福、石城、寻乌、上犹、龙南、崇义。

- **小花金挖耳** *Carpesium minus* Hemsl.

分布：井冈山。

石胡荽属 *Centipeda* Lour.

- **石胡荽** *Centipeda minima* (L.) A. Braun et Asch.

分布：九江、庐山、修水、南昌、德兴、上饶、广丰、铅山、贵溪、南丰、资溪、宜黄、广昌、靖安、芦溪、井冈山、安福、遂川、石城、安远、上犹、龙南、崇义。

蒲儿根属 *Sinosenecio* B. Nord.

- **匐枝蒲儿根** *Sinosenecio globiger* (C. C. Chang) B. Nord.

分布：铅山、安福、遂川。

- **江西蒲儿根** *Sinosenecio jiangxiensis* Ying Liu & Q. E. Yang

分布：上犹。

- **九华蒲儿根** *Sinosenecio jiuhuashanicus* C. Jeffrey et Y. L. Chen

分布：九江、庐山、修水、南丰、芦溪、井冈山、安福、上犹。

- **白背蒲儿根** *Sinosenecio latouchei* (J. F. Jeffrey) B. Nord.

分布：修水、南丰、广昌、安福、宁都。

- **蒲儿根** *Sinosenecio oldhamianus* (Maxim.) B. Nord.

分布：九江、武宁、浮梁、婺源、南丰、黎川、宜丰、奉新、分宜、吉安、永新、崇义、大余。

- **武夷蒲儿根** *Sinosenecio wuyiensis* Y. L. Chen

分布：铅山。

一枝黄花属 *Solidago* L.

- **高大一枝黄花** *Solidago altissima* L.

分布：九江。

评述：归化或入侵。

- **加拿大一枝黄花** *Solidago canadensis* L.

分布：全省有分布。

评述：归化或入侵。

- **一枝黄花** *Solidago decurrens* Lour.

分布：九江、庐山、修水、南昌、德兴、上饶、广丰、玉山、贵溪、资溪、黎川、靖安、井冈山、石城、兴国、龙南。

- **狭叶一枝黄花** *Solidago graminifolia* (L.) Salisb.

分布：庐山。

评述：归化或入侵。

- *****多皱一枝黄花** *Solidago rugosa* Mill.

分布：庐山。

- **毛果一枝黄花** *Solidago virgaurea* L

分布：庐山。

裸柱菊属 *Soliva* Ruiz & Pav.

- **裸柱菊** *Soliva anthemifolia* (Juss.) R. Br.

分布：全省有分布。

评述：归化或入侵。

苦苣菜属 Sonchus L.

- 花叶滇苦菜 Sonchus asper (L.) Hill.
分布：全省有分布。
评述：归化或入侵。
- 长裂苦苣菜 Sonchus brachyotus DC.
分布：庐山、上饶、萍乡。
- 苦苣菜 Sonchus oleraceus L.
分布：全省有分布。
评述：归化或入侵。
- 全叶苦苣菜 Sonchus transcaspicus Nevski
分布：庐山、贵溪、赣州。
评述：江西本土植物名录（2017）有记载，未见标本。
- 苣荬菜 Sonchus wightianus DC.
分布：贵溪、资溪、宜春、宜丰、萍乡、石城。

蟛蜞菊属 Sphagneticola O. Hoffm.

- 蟛蜞菊 Sphagneticola calendulacea (L.) Pruski
分布：全省有分布。
评述：归化或入侵。

翠菊属 Callistephus Cass.

- *翠菊 Callistephus chinensis (L.) Nees
分布：全省有栽培。

苍术属 Atractylodes DC.

- 苍术 Atractylodes lancea (Thunb.) DC.
分布：九江、庐山、铅山、贵溪、资溪、芦溪、井冈山、安福、上犹、龙南、崇义。
- 白术 Atractylodes macrocephala Koidz.
分布：宜春、铜鼓、安福、遂川。

鬼针草属 Bidens L.

- 婆婆针 Bidens bipinnata L.
分布：全省有分布。
评述：归化或入侵。
- 金盏银盘 Bidens biternata (Lour.) Merr. et Sherff
分布：九江、庐山、武宁、贵溪、资溪、黎川、靖安、石城。
- 大狼杷草 Bidens frondosa L.
分布：全省有分布。
评述：归化或入侵。
- 鬼针草 Bidens pilosa L.
分布：全省有分布。
评述：归化或入侵。
- 狼杷草 Bidens tripartita L.
分布：九江、瑞昌、修水、德兴、上饶、贵溪、资溪、宜丰、萍乡、井冈山、安福、永新、遂川、赣州、石城、兴国、上犹、崇义。

百能葳属 Blainvillea Cass.

- 百能葳 Blainvillea acmella (L.) Phillipson

分布：龙南。
评述：归化或入侵。

艾纳香属 *Blumea* DC.

- 馥芳艾纳香 *Blumea aromatica* DC.

分布：广丰、玉山、资溪、黎川、靖安、井冈山、瑞金。

- 柔毛艾纳香 *Blumea axillaris* (Lam.) DC.

分布：玉山、资溪、黎川、石城。

- 七里明 *Blumea clarkei* Hook. f.

分布：资溪、宜黄、黎川、靖安、萍乡、莲花、瑞金、安远、寻乌、龙南、会昌。

- 台北艾纳香 *Blumea formosana* Kitam.

分布：九江、庐山、武宁、德兴、玉山、广昌、黎川、靖安、石城、上犹。

- 毛毡草 *Blumea hieraciifolia* (D. Don) DC.

分布：武宁、修水、铅山、资溪、宜黄、黎川、高安、靖安、莲花、井冈山、遂川、赣州、瑞金、安远、寻乌、龙南、大余、会昌。

- 见霜黄 *Blumea lacera* (Burm. f.) DC.

分布：龙南、全南。

- 裂苞艾纳香 *Blumea martiniana* Vaniot

分布：铅山、资溪。

评述：《江西种子植物名录》（刘仁林，2010）有记载，未见标本。

- 东风草 *Blumea megacephala* (Randeria) C. C. Chang & Y. Q. Tseng

分布：铅山、资溪、井冈山、上犹、龙南、崇义。

- 长圆叶艾纳香 *Blumea oblongifolia* Kitam.

分布：玉山、资溪、龙南。

- 拟毛毡草 *Blumea sericans* (Kurz) Hook. f.

分布：铅山、资溪、宜黄、靖安、萍乡、莲花、井冈山、遂川、瑞金、安远、寻乌、龙南、大余、会昌。

- 无梗艾纳香 *Blumea sessiliflora* Decne.

分布：龙南。

千里光属 *Senecio* L.

- 闽千里光 *Senecio fukienensis* Y. Ling ex C. Jeffrey et Y. L. Chen

分布：寻乌、崇义。

- 林荫千里光 *Senecio nemorensis* L.

分布：九江、武宁、修水、上饶、铅山、贵溪、资溪、宜春、靖安、井冈山、石城。

- 千里光 *Senecio scandens* Buch.-Ham. ex D. Don

分布：九江、庐山、武宁、修水、德兴、广丰、铅山、玉山、贵溪、资溪、铜鼓、靖安、奉新、萍乡、井冈山、吉安、遂川、石城、安远、上犹、龙南、崇义、全南、大余。

- 缺裂千里光 *Senecio scandens* var. *incisus* Franch.

分布：瑞昌、上饶、井冈山、遂川、大余。

- 闽粤千里光 *Senecio stauntonii* DC.

分布：铅山、玉山、资溪、泰和、石城、上犹、龙南、大余、崇义。

牛蒡属 *Arctium* L.

- 牛蒡 *Arctium lappa* L.

分布：武宁、资溪、宜春、铜鼓、宜丰、莲花、井冈山、遂川、兴国。

香青属 *Anaphalis* DC.

- 黄腺香青 *Anaphalis aureopunctata* Lingelsheim & Borza

分布：铅山、资溪、宜春、芦溪、井冈山、安福、永新、遂川、兴国、上犹、龙南。

- 车前叶黄腺香青 *Anaphalis aureopunctata* var. *plantaginifolia* F. H. Chen

分布：庐山、修水。

- 珠光香青 *Anaphalis margaritacea* (L.) Benth. et Hook. f.

分布：玉山、资溪、井冈山、遂川。

- 黄褐珠光香青 *Anaphalis margaritacea* var. *cinnamomea* (DC.) Herder ex Masim.

分布：井冈山、安福、遂川。

- 香青 *Anaphalis sinica* Hance

分布：九江、庐山、武宁、永修、修水、新建、德兴、铅山、玉山、贵溪、资溪、宜春、高安、靖安、井冈山、安福、遂川、石城、上犹。

- 翅茎香青 *Anaphalis sinica* f. *pterocaula* (Franch. et Sav.) Ling

分布：武宁、贵溪、资溪。

山黄菊属 *Anisopappus* Hook. & Arn.

- 山黄菊 *Anisopappus chinensis* (L.) Hook. et Arn.

分布：铅山、资溪、芦溪、井冈山、安福、安远、上犹、龙南、全南。

兔儿风属 *Ainsliaea* DC.

- 狭叶兔儿风 *Ainsliaea angustifolia* Hook. f. et Thomas. ex C. B. Clarke

分布：资溪、崇义。

- 蓝兔儿风 *Ainsliaea caesia* Hand.-Mazz.

分布：芦溪。

- 卡氏兔儿风 *Ainsliaea cavaleriei* H. Lév.

分布：不详。

评述：《中国植物物种名录》（2020 版）有记载，未见标本。

- 杏香兔儿风 *Ainsliaea fragrans* Champ.

分布：九江、庐山、永修、修水、德兴、广丰、铅山、玉山、贵溪、资溪、宜黄、广昌、铜鼓、靖安、宜丰、萍乡、莲花、芦溪、井冈山、安福、遂川、瑞金、南康、石城、安远、宁都、寻乌、上犹、龙南、崇义、大余、会昌。

- 光叶兔儿风 *Ainsliaea glabra* Hemsl.

分布：不详。

评述：《中国植物物种名录》（2020 版）有记载，未见标本。

- 四川兔儿风 *Ainsliaea glabra* var. *sutchuenensis* (Franch.) S. E. Freire[车前兔儿风 *Ainsliaea plantaginifolia* Mattf.]

分布：资溪、上犹。

- 纤枝兔儿风 *Ainsliaea gracilis* Franch.

分布：武宁、铜鼓、奉新、井冈山、安福、崇义。

- 粗齿兔儿风 *Ainsliaea grossedentata* Franch.

分布：修水、宜春、安福、遂川。

- 长穗兔儿风 *Ainsliaea henryi* Diels

分布：铅山、资溪、靖安、芦溪、井冈山、安福、遂川、上犹、龙南。

- 灯台兔儿风 *Ainsliaea kawakamii* Hayata

分布：九江、庐山、武宁、修水、彭泽、上饶、广丰、贵溪、安福、宜春、靖安、铜鼓、黎川、资溪、广昌、大余、上犹、崇义、安远、龙南、全南、寻乌、石城。

- 宽叶兔儿风 *Ainsliaea latifolia* (D. Don) Sch.-Bip.

分布：铅山。

评述：江西本土植物名录（2017）有记载，未见标本。

- 宽穗兔儿风 *Ainsliaea latifolia* var. *platyphylla* (Franch.) C. Y. Wu

分布：铅山、资溪、芦溪、井冈山、安福、上犹、龙南。

评述：《江西种子植物名录》（刘仁林，2010）有记载，未见标本。

- 阿里山兔儿风 *Ainsliaea macroclinidioides* Hayata

分布：九江、武宁、彭泽、修水、上饶、广丰、玉山、贵溪、资溪、广昌、黎川、铜鼓、靖安、安福、石城、安远、寻乌、上犹、龙南、全南、大余。

- 直脉兔儿风 *Ainsliaea nervosa* Franch.

分布：永新。

评述：江西本土植物名录（2017）有记载，未见标本。

- 三脉兔儿风 *Ainsliaea trinervis* Y. C. Tseng

分布：井冈山、寻乌。

- 华南兔儿风 *Ainsliaea walkeri* Hook. f.

分布：崇义。

- 婺源兔儿风 *Ainsliaea wuyuanensis* Z. H. Chen, Y. L. Xu & X. F. Jin

分布：婺源。

- 云南兔儿风 *Ainsliaea yunnanensis* Franch.

分布：资溪。

评述：江西本土植物名录（2017）有记载，未见标本。

蒿属 *Artemisia* L.

- 黄花蒿 *Artemisia annua* L.

分布：九江、德兴、宜黄、黎川、萍乡、井冈山、安福、遂川、上犹、龙南、崇义、大余。

- 奇蒿 *Artemisia anomala* S. Moore

分布：九江、庐山、瑞昌、武宁、彭泽、修水、新建、德兴、上饶、铅山、玉山、贵溪、资溪、宜黄、黎川、铜鼓、靖安、萍乡、莲花、芦溪、井冈山、安福、永新、遂川、瑞金、南康、石城、安远、赣县、宁都、寻乌、上犹、龙南、崇义、会昌。

- 密毛奇蒿 *Artemisia anomala* var. *tomentella* Hand.-Mazz.

分布：武宁、修水、遂川。

- 艾 *Artemisia argyi* H. Lév. & Vaniot

分布：九江、庐山、铅山、贵溪、资溪、靖安、芦溪、井冈山、安福、遂川、石城、上犹、龙南。

- 朝鲜艾 *Artemisia argyi* var. *gracilis* Pamp.

分布：九江、上饶、鹰潭。

评述：江西本土植物名录（2017）有记载，未见标本。

- 暗绿蒿 *Artemisia atrovirens* Hand.-Mazz.

分布：贵溪、遂川。

- 茵陈蒿 *Artemisia capillaris* Thunb.

分布：九江、庐山、武宁、彭泽、修水、都昌、广丰、铅山、贵溪、南丰、资溪、广昌、靖安、芦溪、井冈山、安福、瑞金、石城、寻乌、上犹、龙南、崇义、全南。

- 青蒿 *Artemisia caruifolia* Buch.-Ham. ex Roxb.

分布：九江、庐山、瑞昌、武宁、彭泽、修水、婺源、贵溪、资溪、永新。

- 大头青蒿 *Artemisia caruifolia* var. *schochii* (Mattf.) Pamp.

分布：德兴、玉山、贵溪。

评述：《中国植物物种名录》（2020版）有记载，未见标本。

- 南毛蒿 *Artemisia chingii* Pamp.

分布：黎川、萍乡、遂川。

- 南牡蒿 *Artemisia eriopoda* Bunge

分布：修水。

评述：江西本土植物名录（2017）有记载，未见标本。

- 湘赣艾 *Artemisia gilvescens* Miq.

分布：九江、庐山、瑞昌、武宁、宜春。

- 灰莲蒿 *Artemisia gmelinii* var. *incana* (Bess.) H. C. Fu

分布：铜鼓。

- 五月艾 *Artemisia indica* Willd.

分布：九江、武宁、南昌、宜丰、永丰、遂川。

- 牡蒿 *Artemisia japonica* Thunb.

分布：九江、庐山、瑞昌、修水、德兴、上饶、广丰、铅山、玉山、贵溪、资溪、广昌、铜鼓、靖安、萍乡、井冈山、安福、遂川、瑞金、南康、石城、寻乌、兴国、上犹、龙南、大余。

- 白苞蒿 *Artemisia lactiflora* Wall. ex DC.

分布：九江、庐山、武宁、彭泽、新建、德兴、铅山、贵溪、资溪、广昌、黎川、铜鼓、靖安、芦溪、井冈山、安福、遂川、石城、兴国、上犹、龙南、崇义、全南、大余。

- 矮蒿 *Artemisia lancea* Vaniot

分布：九江、庐山、德兴、铅山、玉山、贵溪、资溪、石城、宁都、寻乌。

- 野艾蒿 *Artemisia lavandulifolia* DC.

分布：九江、庐山、武宁、永修、修水、德兴、铅山、资溪、靖安、芦溪、井冈山、安福、遂川、石城、上犹、龙南、崇义。

- 蒙古蒿 *Artemisia mongolica* (Fisch. ex Besser) Nakai

分布：九江、石城。

- 山地蒿 *Artemisia montana* (Nakai) Pamp.

分布：武宁、萍乡、永丰。

- 魁蒿 *Artemisia princeps* Pamp.

分布：九江、武宁、南昌、铅山、资溪、靖安、芦溪、井冈山、安福、永丰、上犹、龙南、崇义。

- 红足蒿 *Artemisia rubripes* Nakai

分布：九江、修水、遂川。

- 猪毛蒿 *Artemisia scoparia* Waldst. et Kit.

分布：九江、武宁、彭泽、修水、都昌、广丰、贵溪、南丰、广昌、井冈山、瑞金、寻乌、龙南、全南。

- 蒌蒿 *Artemisia selengensis* Turcz. ex Besser

分布：九江、庐山、资溪、靖安。

- 大籽蒿 *Artemisia sieversiana* Ehrhart ex Willd.

分布：九江、庐山。

评述：江西本土植物名录（2017）有记载，未见标本。

- 中南蒿 *Artemisia simulans* Pamp.

分布：上饶、石城。

- 白莲蒿 *Artemisia stechmanniana* Bess.

分布：九江、庐山。

- 宽叶山蒿 *Artemisia stolonifera* (Maxim) Komar

分布：庐山、修水。

- 阴地蒿 *Artemisia sylvatica* Maxim.

分布：九江、庐山、铅山、资溪、靖安、芦溪、井冈山、安福、上犹、龙南、崇义。

- 黄毛蒿 *Artemisia velutina* Pamp.

分布：九江、庐山、贵溪、资溪、靖安、石城。

评述：《中国植物物种名录》（2020 版）有记载，未见标本。

- 南艾蒿 *Artemisia verlotorum* Lamotte

分布：武宁、永修、修水、德兴、上饶、玉山、贵溪、萍乡、遂川。

- 毛莲蒿 *Artemisia vestita* Wall. ex Bess

分布：庐山。

藿香蓟属 *Ageratum* L.

- 藿香蓟 *Ageratum conyzoides* L.

分布：全省有分布。

评述：归化或入侵。

合冠鼠麴草属 Gamochaeta Wedd.

- 匙叶合冠鼠麴草 Gamochaeta pensylvanica (Willd.) Cabrera

分布：九江、武宁、宜丰、奉新、遂川、崇义。

和尚菜属 Adenocaulon Hook.

- 和尚菜 Adenocaulon himalaicum Edgew.

分布：九江、武宁、靖安。

下田菊属 Adenostemma J. R. Forst. & G. Forst.

- 下田菊 Adenostemma lavenia (L.) Kuntze

分布：九江、庐山、武宁、永修、修水、新建、德兴、上饶、广丰、铅山、玉山、贵溪、资溪、广昌、黎川、靖安、萍乡、芦溪、井冈山、安福、永新、泰和、遂川、石城、宁都、寻乌、兴国、上犹、龙南、崇义。

- 小花下田菊 Adenostemma lavenia var. parviflorum (Blume) Hochr.

分布：分宜、信丰。

风毛菊属 Saussurea DC.

- 卢山风毛菊 Saussurea bullockii Dunn

分布：九江、庐山、新建、上饶、铅山、广昌、黎川、靖安、遂川。

- 心叶风毛菊 Saussurea cordifolia Hemsl.[锈毛风毛菊 Saussurea dutaillyana Franch.]

分布：九江、庐山、上饶、铅山、宜春、井冈山、安福、石城、上犹。

- 黄山风毛菊 Saussurea hwangshanensis Ling

分布：庐山、玉山。

评述：江西本土植物名录（2017）有记载，未见标本。

- 风毛菊 Saussurea japonica (Thunb.) DC.

分布：九江、庐山、武宁、修水、资溪、铜鼓、靖安、萍乡、井冈山、安福、石城。

- 小花风毛菊 Saussurea parviflora (Poir.) DC.

分布：铅山。

虾须草属 Sheareria S. Moore

- 虾须草 Sheareria nana S. Moore

分布：九江、庐山。

豨莶属 Sigesbeckia L.

- 毛梗豨莶 Sigesbeckia glabrescens (Makino) Makino

分布：九江、庐山、武宁、永修、广丰、玉山、资溪、广昌、黎川、宜春、靖安、井冈山、安福、遂川、南康、石城、大余、会昌。

- 豨莶 Sigesbeckia orientalis L.

分布：全省有分布。

- 腺梗豨莶 Sigesbeckia pubescens (Makino) Makino

分布：全省有分布。

- 无腺豨莶（无腺腺梗豨莶）Sigesbeckia pubescens f. eglandulosa Ling & X. L. Hwang

分布：全省有分布。

豚草属 Ambrosia L.

- 豚草 Ambrosia artemisiifolia L.

分布：全省有分布。

评述：归化或入侵。
- **三裂叶豚草** *Ambrosia trifida* L.

分布：全省有分布。
评述：归化或入侵。

金鸡菊属 *Coreopsis* L.

- **金鸡菊** *Coreopsis basalis* (A. Dietr.) S. F. Blake

分布：全省有栽培。
评述：归化或入侵。

- **大花金鸡菊** *Coreopsis grandiflora* Hogg ex Sweet

分布：全省有栽培。
评述：归化或入侵。

- **剑叶金鸡菊** *Coreopsis lanceolata* L.

分布：全省有栽培。
评述：归化或入侵。

羊耳菊属 *Duhaldea* DC.

- **羊耳菊** *Duhaldea cappa* (Buch.-Ham. ex D. Don) Pruski & Anderb.

分布：修水、南昌、德兴、贵溪、资溪、广昌、黎川、宜丰、萍乡、莲花、安福、永丰、南康、石城、安远、宁都、寻乌、定南、上犹、龙南、崇义、信丰、全南、大余。

白酒草属 *Eschenbachia* Moench

- **白酒草** *Eschenbachia japonica* (Thunb.) J. Kost.

分布：全省有分布。

堆心菊属 *Helenium* L.

- **堆心菊** *Helenium autumnale* L.

分布：全省有栽培。
评述：归化或入侵。

- * **紫心菊** *Helenium nudiflorum* Nutt.

分布：全省有栽培。

向日葵属 *Helianthus* L.

- * **向日葵** *Helianthus annuus* L.

分布：全省广泛栽培。

- **菊芋** *Helianthus tuberosus* L.

分布：全省广泛栽培。
评述：归化或入侵。

须弥菊属 *Himalaiella* Raab – Straube

- **三角叶须弥菊** *Himalaiella deltoidea* (DC.) Raab–Straube

分布：庐山、永修、修水、浮梁、铅山、玉山、贵溪、宜春、宜丰、芦溪、井冈山、安福、永丰、遂川、寻乌。

小苦荬属 *Ixeridium* (A. Gray) Tzvelev

- **狭叶小苦荬** *Ixeridium beauverdianum* (H. Lév.) Spring.

分布：不详。
评述：《中国植物物种名录》（2020版）有记载，未见标本。

- **小苦荬** *Ixeridium dentatum* (Thunb.) Tzvelev

分布：铜鼓、靖安、寻乌、上犹。
- 细叶小苦荬 *Ixeridium gracile* (DC.) Shih

分布：广丰、贵溪、井冈山、安福、遂川、上犹。
- 褐冠小苦荬 *Ixeridium laevigatum* (Bl.) Shih

分布：遂川、上犹、寻乌。

麻花头属 *Klasea* Cass.

- 麻花头 *Klasea centauroides* (L.) Cass.

分布：崇义。

拟鼠麹草属 *Pseudognaphalium* Kirpicznikov

- 宽叶拟鼠麹草 *Pseudognaphalium adnatum* (Candolle) Y. S. Chen

分布：宜春、芦溪、安福、永新。
- 拟鼠麹草 *Pseudognaphalium affine* (D. Don) Anderberg

分布：全省有分布。
- 秋拟鼠麹草 *Pseudognaphalium hypoleucum* (Candolle) Hilliard & B. L. Burtt

分布：九江、武宁、彭泽、修水、德兴、玉山、吉安、遂川、安远、宁都、崇义。

联毛紫菀属 *Symphyotrichum* Nees

- 倒折联毛紫菀 *Symphyotrichum retroflexum* (Lindl. ex DC.) G. L. Nesom

分布：不详。

评述：《中国植物物种名录》（2020版）有记载，未见标本。
- 钻叶紫菀 *Symphyotrichum subulatum* (Michx.) G. L. Nesom

分布：靖安、安福、宁都、信丰、会昌。

万寿菊属 *Tagetes* L.

- 万寿菊 *Tagetes erecta* L.

分布：全省广泛栽培。

评述：归化或入侵。

孪花菊属 *Wollastonia* DC. ex Decne.

- 孪花菊 *Wollastonia biflora* (L.) DC.

分布：不详。

评述：归化或入侵，《中国植物物种名录》（2020版）有记载，未见标本。
- 山蟛蜞菊 *Wollastonia montana* (Blume) DC.

分布：宜丰、寻乌、上犹。

百日菊属 *Zinnia* L.

- 多花百日菊 *Zinnia peruviana* (L.) L.

分布：全省有栽培。

评述：归化或入侵。

（五十）川续断目 Dipsacales Juss. ex Bercht. & J. Presl

182 五福花科 Adoxaceae E. Mey.

接骨木属 *Sambucus* L.

- 接骨草 *Sambucus javanica* Reinw. ex Blume

分布：九江、庐山、婺源、铅山、贵溪、资溪、靖安、芦溪、井冈山、安福、石城、上犹、龙南、崇义。

- **接骨木 *Sambucus williamsii* Hance**

分布：九江、庐山、铅山、贵溪、资溪、黎川、靖安、芦溪、井冈山、安福、遂川、上犹、龙南、崇义。

荚蒾属 *Viburnum* L.

- **桦叶荚蒾 *Viburnum betulifolium* Batalin**

分布：九江、庐山、永修、靖安。

- **短序荚蒾 *Viburnum brachybotryum* Hemsl.**

分布：庐山、宜丰。

- **短筒荚蒾 *Viburnum brevitubum* (P. S. Hsu) P. S. Hsu**

分布：芦溪、安福。

- **金腺荚蒾 *Viburnum chunii* P. S. Hsu**

分布：资溪、井冈山、遂川、寻乌、龙南。

- **樟叶荚蒾 *Viburnum cinnamomifolium* Rehder**

分布：资溪、井冈山、龙南。

评述：《江西种子植物名录》（刘仁林，2010）有记载，未见标本。

- **伞房荚蒾 *Viburnum corymbiflorum* P. S. Hsu et S. C. Hsu**

分布：九江、上饶、资溪、宜黄、铜鼓、宜丰、莲花、遂川、安远、大余。

- **水红木 *Viburnum cylindricum* Buch.-Ham. ex D. Don**

分布：资溪、万载、芦溪、井冈山、安福。

- **粤赣荚蒾 *Viburnum dalzielii* W. W. Sm.**

分布：景德镇、资溪、铜鼓、井冈山、龙南。

- **荚蒾 *Viburnum dilatatum* Thunb. [短柄荚蒾 *Viburnum brevipes* Rehder]**

分布：九江、庐山、瑞昌、武宁、彭泽、修水、浮梁、广丰、铅山、玉山、贵溪、宜黄、广昌、黎川、宜春、铜鼓、靖安、宜丰、萍乡、莲花、芦溪、井冈山、安福、永新、遂川、瑞金、石城、安远、赣县、寻乌、兴国、上犹、龙南、崇义、全南、大余、会昌。

- **宜昌荚蒾 *Viburnum erosum* Thunb.**

分布：九江、庐山、武宁、永修、修水、景德镇、上饶、铅山、贵溪、南丰、资溪、东乡、黎川、铜鼓、靖安、宜丰、萍乡、莲花、井冈山、吉安、安福、永新、遂川、瑞金、南康、石城、安远、赣县、宁都、寻乌、兴国、上犹、龙南、崇义、大余、会昌。

- **臭荚蒾 *Viburnum foetidum* Wall.**

分布：修水、上饶。

- **直角荚蒾 *Viburnum foetidum* var. *rectangulatum* (Graebn.) Rehder**

分布：九江、庐山、武宁、修水、上饶、铅山、贵溪、资溪、铜鼓、靖安、宜丰、奉新、万载、芦溪、井冈山、安福、安远、上犹、龙南、崇义。

- **南方荚蒾 *Viburnum fordiae* Hance**

分布：九江、庐山、南昌、上饶、广丰、铅山、贵溪、南丰、资溪、宜黄、广昌、铜鼓、宜丰、奉新、万载、萍乡、莲花、芦溪、井冈山、吉安、安福、永新、泰和、遂川、瑞金、南康、石城、安远、赣县、宁都、寻乌、兴国、上犹、于都、龙南、崇义、全南、大余。

- **台中荚蒾 *Viburnum formosanum* Hayata**

分布：井冈山。

- **光萼荚蒾 *Viburnum formosanum* subsp. *leiogynum* P. S. Hsu**

分布：上饶、铜鼓、井冈山、赣州、赣县。

- **毛枝台中荚蒾 *Viburnum formosanum* var. *pubigerum* (P. S. Hsu) P. S. Hsu**

分布：修水、铜鼓、靖安、宜丰、萍乡、莲花、吉安、安福、永新、泰和、遂川、石城、安远、寻乌、兴国、上犹、于都、龙南、崇义、大余、会昌。

- **聚花荚蒾 *Viburnum glomeratum* Maxim.**

分布：资溪、井冈山、龙南。

● 壮大荚蒾 *Viburnum glomeratum* subsp. *magnificum* (P. S. Hsu) P. S. Hsu

分布：庐山。

● 蝶花荚蒾 *Viburnum hanceanum* Maxim.

分布：瑞昌、南昌、铅山、东乡、黎川、靖安、芦溪、井冈山、安福、瑞金、石城、安远、寻乌、定南、上犹、龙南、崇义、全南、大余。

● 衡山荚蒾 *Viburnum hengshanicum* Tsiang ex P. S. Hsu

分布：九江、庐山、武宁。

● 巴东荚蒾 *Viburnum henryi* Hemsl.

分布：芦溪、井冈山、安福、上犹、大余。

● 披针叶荚蒾 *Viburnum lancifolium* P. S. Hsu

分布：广丰、贵溪、南丰、资溪、东乡、黎川、吉安、遂川、石城、安远、宁都、兴国。

● 吕宋荚蒾 *Viburnum luzonicum* Rolfe

分布：德兴、南丰、资溪、宜丰、萍乡、井冈山、安福、赣州、瑞金、石城、安远、寻乌、龙南、全南、大余、会昌。

● 绣球荚蒾 *Viburnum macrocephalum* Fort.

分布：武宁、彭泽、修水、南昌、宜丰、萍乡、莲花、赣州。

● * 琼花 *Viburnum macrocephalum* f. *keteleeri* (Carrière) Rehder

分布：庐山、武宁、修水、莲花、井冈山。

● 黑果荚蒾 *Viburnum melanocarpum* P. S. Hsu

分布：九江、庐山、武宁、安福、兴国。

● 珊瑚树 *Viburnum odoratissimum* Ker Gawl.

分布：九江、武宁、南昌、德兴、芦溪、井冈山、安福、寻乌、龙南、全南。

● 少花荚蒾 *Viburnum oliganthum* Batalin

分布：南昌。

● 欧洲荚蒾 *Viburnum opulus* L.

分布：靖安。

● 鸡树条 *Viburnum opulus* subsp. *calvescens* (Rehder) Sugimoto [天目琼花 *Viburnum sargentii* f. *calvescens* (Rehder) Rehder]

分布：九江。

● 粉团 *Viburnum plicatum* Thunb.

分布：九江、婺源。

● 蝴蝶戏珠花 *Viburnum plicatum* f. *tomentosum* (Miq.) Rehder

分布：九江、庐山、武宁、彭泽、永修、修水、浮梁、婺源、铅山、贵溪、南丰、黎川、铜鼓、靖安、奉新、萍乡、莲花、井冈山、吉安、安福、永新、泰和、遂川、寻乌、兴国、上犹、崇义、全南、大余。

● 球核荚蒾 *Viburnum propinquum* Hemsl.

分布：武宁、修水、婺源、资溪、铜鼓、靖安、萍乡、安远、龙南。

● 皱叶荚蒾 *Viburnum rhytidophyllum* Hemsl.

分布：庐山、芦溪。

● 陕西荚蒾 *Viburnum schensianum* Maxim

分布：武宁、庐山。

● 常绿荚蒾 *Viburnum sempervirens* K. Koch

分布：九江、庐山、铅山、玉山、贵溪、资溪、黎川、奉新、芦溪、井冈山、安福、石城、安远、赣县、寻乌、定南、上犹、龙南、全南、大余、会昌。

● 具毛常绿荚蒾 *Viburnum sempervirens* var. *trichophorum* Hand.-Mazz.

分布：九江、庐山、铅山、玉山、资溪、黎川、井冈山、石城。

● 茶荚蒾 *Viburnum setigerum* Hance [短尾饭汤子 *Viburnum setigerum* var. *sulcatum* Hsu]

分布：九江、庐山、武宁、彭泽、永修、修水、乐平、浮梁、新建、南昌、德兴、婺源、铅山、玉山、贵溪、南丰、资溪、宜黄、广昌、黎川、丰城、铜鼓、靖安、宜丰、奉新、万载、分宜、萍乡、井冈山、吉安、安福、永新、泰和、遂川、瑞金、石城、安远、赣县、宁都、兴国、上犹。

- 合轴荚蒾 *Viburnum sympodiale* Graebn.

分布：九江、庐山、武宁、彭泽、铅山、贵溪、南丰、铜鼓、靖安、萍乡、芦溪、井冈山、安福、遂川、石城、上犹、龙南、全南。

- 壶花荚蒾 *Viburnum urceolatum* Siebold et Zucc.

分布：铅山、黎川、宜春、井冈山、吉安、安福、遂川。

- 浙皖荚蒾 *Viburnum wrightii* Miq.

分布：德兴、靖安、萍乡。

183 忍冬科 Caprifoliaceae Juss.

六道木属 *Zabelia* (Rehd.) Makino

- 南方六道木 *Zabelia dielsii* (Graebn.) Makino

分布：九江、庐山、铅山、贵溪、资溪、铜鼓、靖安、芦溪、井冈山、安福、石城、上犹、龙南、崇义。

忍冬属 *Lonicera* L.

- 淡红忍冬 *Lonicera acuminata* Wall. [巴东忍冬 *Lonicera henryi* Hemsl.、贵州忍冬 *Lonicera pampaninii* Lévl.]

分布：铅山、靖安、宜丰、萍乡、安福。

- 金花忍冬 *Lonicera chrysantha* Turcz.

分布：九江、庐山、彭泽。

- 华南忍冬 *Lonicera confusa* (Sweet) DC.

分布：资溪、会昌。

- 锈毛忍冬 *Lonicera ferruginea* Rehder [湖广忍冬 *Lonicera nubium* (Hand.-Mazz.) Hand.-Mazz.]

分布：资溪、黎川、石城。

- 郁香忍冬 *Lonicera fragrantissima* Lindl. et Paxton

分布：九江、庐山、新建、吉安。

- 苦糖果 *Lonicera fragrantissima* var. *lancifolia* (Rehder) Q. E. Yang

分布：武宁、修水、上栗。

- 菰腺忍冬 *Lonicera hypoglauca* Miq.

分布：九江、庐山、武宁、永修、修水、德兴、上饶、广丰、铅山、贵溪、资溪、宜黄、广昌、崇仁、铜鼓、靖安、宜丰、奉新、万载、萍乡、莲花、芦溪、井冈山、吉安、安福、永新、泰和、遂川、瑞金、南康、石城、安远、赣县、宁都、寻乌、上犹、龙南、崇义、全南、大余、会昌。

- 忍冬 *Lonicera japonica* Thunb.

分布：九江、庐山、武宁、浮梁、南昌、德兴、上饶、广丰、鄱阳、婺源、玉山、贵溪、南丰、资溪、宜黄、广昌、黎川、丰城、靖安、萍乡、莲花、井冈山、安福、永新、遂川、瑞金、石城、安远、寻乌、兴国、上犹、大余、会昌。

- 金银忍冬 *Lonicera maackii* (Rupr.) Maxim.

分布：九江、瑞昌、彭泽、井冈山。

- 大花忍冬 *Lonicera macrantha* (D. Don) Spreng.

分布：武宁、贵溪、资溪、井冈山。

- 下江忍冬 *Lonicera modesta* Rehder

分布：九江、庐山、永修、修水、铅山、贵溪、宜黄。

- 无毛忍冬 *Lonicera omissa* P. L. Chiu, Z. H. Chen et Y. L. Xu

分布：铅山、井冈山。

- 皱叶忍冬 *Lonicera reticulata* Raf.

分布：九江、武宁、资溪、井冈山、永新、瑞金、石城、安远、赣县、寻乌、上犹、龙南、全南、大余、会昌。

- **细毡毛忍冬** *Lonicera similis* Hemsl.

  分布：资溪、莲花、芦溪、安福。
- **唐古特忍冬** *Lonicera tangutica* Maxim.

  分布：萍乡。
- **华西忍冬** *Lonicera webbiana* Wall. ex DC.

  分布：鹰潭、赣州。

锦带花属 *Weigela* Thunb.

- **海仙花** *Weigela coraeensis* Thunb.

  分布：九江、庐山、井冈山。
- **锦带花** *Weigela florida* (Bunge) A. DC.

  分布：南昌、铅山、资溪、靖安、芦溪、井冈山、安福、上犹、龙南。
- **半边月** *Weigela japonica* var. *sinica* (Rehder) Bailey

  分布：九江、庐山、武宁、永修、修水、浮梁、南昌、德兴、上饶、婺源、铅山、贵溪、资溪、黎川、铜鼓、靖安、宜丰、萍乡、芦溪、井冈山、安福、上犹、龙南、崇义。

缬草属 *Valeriana* L.

- **长序缬草** *Valeriana hardwickii* Wall.

  分布：铅山、贵溪、资溪、靖安、宜丰、芦溪、井冈山、安福、上犹、龙南、崇义。
- **缬草** *Valeriana officinalis* L.

  分布：九江、庐山、铅山、贵溪、资溪、铜鼓、靖安、宜丰、芦溪、井冈山、安福、上犹、龙南、崇义。

川续断属 *Dipsacus* L.

- **川续断** *Dipsacus asper* Wall. ex Candolle

  分布：九江、庐山、铅山、贵溪、芦溪、井冈山、安福、遂川、上犹、龙南、崇义。
- **日本续断** *Dipsacus japonicus* Miq.

  分布：九江、庐山、武宁、贵溪、靖安、崇义。

败酱属 *Patrinia* Juss.

- **墓头回** *Patrinia heterophylla* Bunge

  分布：九江、庐山、瑞昌、武宁、修水、铅山、资溪、铜鼓、靖安、萍乡。
- **少蕊败酱** *Patrinia monandra* C. B. Clarke

  分布：九江、庐山、修水、上饶、铅山、玉山、贵溪、资溪、铜鼓、靖安、芦溪、井冈山、安福、上犹、龙南、崇义。
- **败酱**（黄花败酱）*Patrinia scabiosifolia* Fisch. ex Trevir.

  分布：全省有分布。
- **攀倒甑**（白花败酱）*Patrinia villosa* (Thunb.) Juss.

  分布：九江、庐山、瑞昌、武宁、彭泽、修水、新建、德兴、上饶、广丰、铅山、玉山、贵溪、资溪、广昌、黎川、铜鼓、靖安、宜丰、萍乡、芦溪、井冈山、安福、永新、泰和、遂川、南康、石城、宁都、兴国、上犹、龙南、崇义、全南、大余。

糯米条属 *Abelia* R. Br.

- **糯米条** *Abelia chinensis* R. Br.

  分布：九江、庐山、瑞昌、武宁、彭泽、修水、都昌、乐平、新建、南昌、广丰、铅山、贵溪、资溪、广昌、黎川、铜鼓、靖安、宜丰、分宜、萍乡、芦溪、井冈山、吉安、安福、瑞金、南康、石城、安远、寻乌、兴国、上犹、龙南、崇义、大余、会昌。
- **二翅六道木** *Abelia macrotera* (Graebn. et Buchw.) Rehder

  分布：铅山、信丰。
- **蓪梗花** *Abelia uniflora* R. Br.

分布：铅山、资溪、黎川、信丰。

（五十一）伞形目 Apiales Nakai

184 海桐科 Pittosporaceae R. Br.

海桐属 Pittosporum Banks ex Gaertn.

- 短萼海桐 *Pittosporum brevicalyx* (Oliv.) Gagnep.

分布：庐山、修水、资溪。

- 褐毛海桐 *Pittosporum fulvipilosum* H. T. Chang et S. Z. Yan

分布：赣州。

评述：仅有一份标本，疑为标本鉴定有误。

- 光叶海桐 *Pittosporum glabratum* Lindl.

分布：九江、德兴、宜黄、铜鼓、萍乡、井冈山、安福、赣县、兴国。

- 狭叶海桐 *Pittosporum glabratum* var. *neriifolium* Rehder & E. H. Wilson

分布：武宁、玉山、贵溪、资溪、靖安、萍乡、井冈山、安福。

- 海金子 *Pittosporum illicioides* Makino

分布：九江、庐山、瑞昌、武宁、彭泽、永修、修水、浮梁、上饶、广丰、鄱阳、婺源、铅山、玉山、贵溪、南丰、资溪、宜黄、广昌、黎川、丰城、铜鼓、靖安、宜丰、万载、萍乡、井冈山、吉安、安福、永新、泰和、遂川、瑞金、石城、安远、寻乌、兴国、上犹、崇义、全南、大余。

- 小果海桐 *Pittosporum parvicapsulare* H. T. Chang et S. Z. Yan

分布：玉山、芦溪、安福。

- 少花海桐 *Pittosporum pauciflorum* Hook. et Arn.

分布：九江、资溪、安远、寻乌、会昌。

- 柄果海桐 *Pittosporum podocarpum* Gagnep.

分布：上高、安福。

- 尖萼海桐 *Pittosporum subulisepalum* Hu et F. T. Wang

分布：靖安。

- *海桐 *Pittosporum tobira* (Thunb.) W. T. Aiton

分布：全省有栽培。

- 棱果海桐 *Pittosporum trigonocarpum* H. Lév.

分布：玉山、安远、上犹、龙南、崇义、信丰、全南、大余、会昌。

- 崖花子（菱叶海桐）*Pittosporum truncatum* E. Pritz.

分布：庐山、彭泽、崇义、上犹、寻乌。

185 五加科 Araliaceae Juss.

幌伞枫属 Heteropanax Seem.

- 短梗幌伞枫 *Heteropanax brevipedicellatus* H. L. Li

分布：新建、资溪、安远、寻乌、龙南、崇义、信丰、全南。

- *幌伞枫 *Heteropanax fragrans* (D. Don) Seem.

分布：赣南有栽培。

大参属 Macropanax Miq.

- 短梗大参 *Macropanax rosthornii* (Harms) C. Y. Wu ex G. HooHarms) C. Y. Wu ex Hoo

分布：九江、庐山、武宁、贵溪、资溪、黎川、铜鼓、靖安、宜丰、井冈山、安福、遂川、安远、寻乌、兴国、上犹、崇义、会昌。

楤木属 Aralia L.

- 野楤头 *Aralia armata* (Wall.) Seem.

分布：芦溪。

评述：《中国植物志》有记载，未见标本。

- 黄毛楤木 *Aralia chinensis* L.

分布：九江、武宁、修水、新建、铅山、贵溪、资溪、东乡、黎川、靖安、莲花、安福、遂川、瑞金、石城、寻乌、兴国、会昌。

- 白背叶楤木 *Aralia chinensis* var. *nuda* Nakai

分布：铅山、贵溪、资溪、宜黄、东乡、铜鼓、井冈山、安福、瑞金、兴国、崇义、大余、会昌。

- 食用土当归 *Aralia cordata* Thunb.

分布：武宁、铅山、靖安、井冈山、遂川、上犹。

- 头序楤木 *Aralia dasyphylla* Miq.

分布：九江、庐山、武宁、修水、新建、上饶、鄱阳、婺源、铅山、玉山、资溪、东乡、广昌、黎川、靖安、萍乡、莲花、井冈山、安福、遂川、瑞金、石城、宁都、寻乌、兴国、龙南、全南、大余、会昌。

- 棘茎楤木 *Aralia echinocaulis* Hand.-Mazz.

分布：九江、庐山、修水、铅山、贵溪、资溪、黎川、靖安、宜丰、井冈山、安福、石城、赣县。

- 楤木 *Aralia elata* (Miq.) Seem.

分布：九江、庐山、铅山、贵溪、资溪、宜黄、东乡、铜鼓、靖安、井冈山、安福、瑞金、石城、兴国、崇义、大余、会昌。

- 糙叶楤木 *Aralia scaberula* G. Hoo

分布：铅山。

- 长刺楤木 *Aralia spinifolia* Merr.

分布：资溪、寻乌、兴国、龙南、全南、大余。

- 波缘楤木 *Aralia undulata* Hand.-Mazz.

分布：武宁、资溪、井冈山、崇义、大余。

人参属 Panax L.

- 竹节参 *Panax japonicus* (T. Nees) C. A. Meyer

分布：九江、庐山、武宁、资溪、靖安、芦溪、井冈山、遂川、上犹。

- 疙瘩七 *Panax japonicus* var. *bipinnatifidus* (Seemann) C. Y. Wu & K. M. Feng

分布：庐山、铅山、井冈山。

评述：《中国植物物种名录》（2020版）有记载，未见标本。

- *三七 *Panax notoginseng* (Burk.) F. H. Chen ex C. Chow & W. G. Huang

分布：全省有栽培。

- *西洋参 *Panax quinquefolius* L.

分布：庐山、东乡。

- 越南参 *Panax vietnamensis* I Ia & Grushv.

分布：遂川。

刺楸属 Kalopanax Miq.

- 刺楸 *Kalopanax septemlobus* (Thunb.) Koidz.

分布：九江、庐山、武宁、新建、南丰、资溪、靖安、宜丰、萍乡、井冈山、安福、遂川。

五加属 Eleutherococcus Maxim.

- 糙叶五加 *Eleutherococcus henryi* Oliv.

分布：武宁、上饶、安福。

- 藤五加 *Eleutherococcus leucorrhizus* Oliv.

分布：庐山、修水、上饶、靖安、井冈山、吉安、安福。

- 糙叶藤五加 *Eleutherococcus leucorrhizus* var. *fulvescens* (Harms & Rehder) Nakai

  分布：靖安、井冈山、安福。
- 狭叶藤五加 *Eleutherococcus leucorrhizus* var. *scaberulus* (Harms & Rehder) Nakai[刚毛五加 *Acanthopanax simonii* Simon–Louis ex C. K. Schneid.]

  分布：九江、庐山、上饶、黎川、铜鼓、靖安、井冈山、安福。
- 细柱五加 *Eleutherococcus nodiflorus* (Dunn) S. Y. Hu[五加 *Acanthopanax gracilistylus* W. W. Smith、糙毛五加 *Acanthopanax gracilistylus* var. *nodiflorus* (Dunn) Li]

  分布：九江、庐山、武宁、彭泽、永修、修水、浮梁、南昌、婺源、铅山、南丰、黎川、丰城、靖安、奉新、莲花、井冈山、吉安、安福、永新、遂川、瑞金、寻乌、兴国、大余。
- 匍匐五加 *Eleutherococcus scandens* (G. Hoo) H. Ohashi

  分布：武宁、井冈山。
- 刚毛白簕 *Eleutherococcus setosus* (H. L. Li) Y. R. Ling

  分布：资溪、寻乌、龙南。
- 白簕 *Eleutherococcus trifoliatus* (L.) S. Y. Hu

  分布：九江、庐山、德兴、玉山、贵溪、南丰、资溪、广昌、黎川、宜春、铜鼓、靖安、萍乡、莲花、井冈山、安福、遂川、瑞金、石城、赣县、宁都、寻乌、兴国、上犹、龙南、全南、大余、会昌。

天胡荽属 *Hydrocotyle* L.

- 中华天胡荽 *Hydrocotyle hookeri* subsp. *chinensis* (Dunn ex R. H. Shan & S. L. Liou) M. F. Watson & M. L. Sheh

  分布：南丰、井冈山。
- 红马蹄草 *Hydrocotyle nepalensis* Hook.

  分布：九江、庐山、武宁、修水、德兴、玉山、贵溪、资溪、铜鼓、靖安、宜丰、万载、莲花、井冈山、吉安、安福、永新、遂川、瑞金、南康、石城、安远、赣县、宁都、寻乌、上犹、龙南、崇义、全南、大余、会昌。
- 长梗天胡荽 *Hydrocotyle ramiflora* Maxim.

  分布：不详。

  评述：江西新物种数据（杜诚，2018）有记载，未见标本。
- 天胡荽 *Hydrocotyle sibthorpioides* Lam.

  分布：九江、庐山、修水、南昌、德兴、铅山、贵溪、余江、资溪、广昌、靖安、奉新、分宜、安福、遂川、石城、安远、寻乌、崇义、大余。
- 破铜钱 *Hydrocotyle sibthorpioides* var. *batrachium* (Hance) Hand.-Mazz. ex R. H. Shan

  分布：九江、庐山、永修、修水、南昌、铅山、贵溪、资溪、靖安、奉新、石城、大余。
- 南美天胡荽（香菇草、铜钱草）*Hydrocotyle verticillata* Thunb.

  分布：全省有分布。

  评述：归化或入侵。
- 肾叶天胡荽 *Hydrocotyle wilfordii* Maxim.

  分布：资溪、靖安、安福、石城。

常春藤属 *Hedera* L.

- 常春藤 *Hedera nepalensis* var. *sinensis* (Tobler) Rehder

  分布：九江、庐山、武宁、修水、南昌、德兴、上饶、婺源、铅山、玉山、贵溪、资溪、广昌、黎川、宜春、靖安、分宜、萍乡、井冈山、安福、遂川、石城、安远、宁都、寻乌、大余、会昌。

通脱木属 *Tetrapanax* (K. Koch) K. Koch

- 通脱木 *Tetrapanax papyrifer* (Hook.) K. Koch

  分布：武宁、修水、资溪、靖安、井冈山、吉安、吉水、安福、遂川、宁都、大余。

萸叶五加属 *Gamblea* C. B. Clarke

- 萸叶五加 *Gamblea ciliata* C. B. Clarke

分布：九江、修水、南丰、靖安、井冈山、安福、永新、遂川、兴国。
- 吴茱萸五加 *Gamblea ciliata* var. *evodiifolia* (Franch.) C. B. Shang, Lowry & Frodin

分布：九江、庐山、武宁、贵溪、资溪、靖安、奉新、井冈山、遂川、兴国。

南鹅掌柴属 *Schefflera* J. R. Forst. & G. Forst.

- 中华鹅掌柴 *Schefflera chinensis* (Dunn) H. L. Li

分布：井冈山。

- 穗序鹅掌柴 *Schefflera delavayi* (Franch.) Harms

分布：武宁、资溪、广昌、黎川、井冈山、安福、永新、遂川、瑞金、石城、安远、寻乌、上犹、龙南、崇义、全南、大余。

- 鹅掌柴 *Schefflera heptaphylla* (L.) Frodin

分布：铅山、贵溪、宜黄、上栗、芦溪、井冈山、安福、永新、遂川、赣州。

- 星毛鸭脚木 *Schefflera minutistellata* Merr. ex H. L. Li

分布：铅山、贵溪、资溪、宜黄、上栗、芦溪、井冈山、安福、万安、永新、泰和、遂川、赣州、上犹、龙南。

八角金盘属 *Fatsia* Decne. & Planch.

- *八角金盘 *Fatsia japonica* (Thunb.) Decne. et Planch.

分布：全省广泛栽培。

羽叶参属 *Pentapanax* Seem.

- 锈毛五叶参 *Pentapanax henryi* Harms[黄山锈毛五叶参 *Pentapanax henryi* Harms var. *wangshanensis* Cheng]

分布：景德镇、上饶。

评述：《中国植物物种名录》（2020版）有记载，未见标本。

树参属 *Dendropanax* Decne. & Planch.

- 大果树参 *Dendropanax chevalieri* (R. Vig.) Merr.

分布：武宁、修水、广昌、黎川、铜鼓、靖安、宜丰、奉新、分宜、赣县、崇义、全南。

- 挤果树参 *Dendropanax confertus* H. L. Li

分布：资溪、萍乡、芦溪、井冈山、安福、遂川、石城、大余。

- 树参 *Dendropanax dentiger* (Harms) Merr.

分布：九江、武宁、修水、浮梁、德兴、上饶、广丰、婺源、铅山、玉山、贵溪、南丰、资溪、宜黄、广昌、黎川、铜鼓、靖安、宜丰、奉新、万载、分宜、萍乡、莲花、井冈山、吉安、安福、永新、遂川、瑞金、石城、安远、赣县、寻乌、兴国、上犹、龙南、全南、会昌。

- 广西树参 *Dendropanax kwangsiensis* H. L. Li

分布：井冈山。

- 变叶树参 *Dendropanax proteus* (Champ.) Benth.[短柱树参 *Dendropanax brevistylus* Ling]

分布：贵溪、资溪、萍乡、芦溪、井冈山、安福、遂川、南康、石城、安远、寻乌、龙南、崇义、大余、会昌。

梁王茶属 *Metapanax* J. Wen & Frodin

- 异叶梁王茶 *Metapanax davidii* (Franch.) J. Wen & Frodin

分布：铅山、资溪、芦溪、井冈山、安福、永丰、崇义。

- 梁王茶 *Metapanax delavayi* (Franch.) J. Wen & Frodin[掌叶梁王茶 *Nothopanax delavayi* (Franch.) Harms]

分布：石城。

评述：《江西种子植物名录》（刘仁林，2010）有记载，未见标本。

186 伞形科 Apiaceae Lindl.

鸭儿芹属 Cryptotaenia DC.

- 鸭儿芹 *Cryptotaenia japonica* Hassk.

  分布：九江、庐山、瑞昌、武宁、修水、新建、鄱阳、铅山、贵溪、南丰、资溪、宜黄、黎川、宜春、高安、靖安、萍乡、莲花、井冈山、吉安、安福、永丰、永新、瑞金、石城、寻乌、兴国、上犹、龙南、崇义、全南、大余。

- 深裂鸭儿芹 *Cryptotaenia japonica* f. *dissecta* (Y. Yabe) Hara

  分布：九江、庐山、资溪、芦溪、井冈山、安福、上犹、龙南、全南。

细叶旱芹属 Cyclospermum Lag.

- 细叶旱芹 *Cyclospermum leptophyllum* (Pers.) Sprague ex Britton et P. Wilson

  分布：井冈山、定南。

  评述：归化或入侵。

当归属 Angelica L.

- 重齿当归 *Angelica biserrata* (Shan et C. Q. Yuan) C. Q. Yuan et Shan

  分布：九江、武宁、资溪、靖安、安福、遂川、寻乌。

- 白芷 *Angelica dahurica* (Fisch. ex Hoffmann) Benth. et Hook. f. ex Franch. et Sav.

  分布：安福。

- * 杭白芷 *Angelica dahurica* var. *dahurica* 'Hangbaizhi' Yuan et Shan

  分布：全省有栽培。

- 紫花前胡 *Angelica decursiva* (Miq.) Franch. & Sav.

  分布：九江、庐山、瑞昌、武宁、修水、德安、浮梁、新建、鄱阳、贵溪、广昌、靖安、分宜、芦溪、井冈山、安福、永新、遂川、瑞金、石城、寻乌、兴国、龙南。

- 福参 *Angelica morii* Hayata

  分布：德兴。

- 拐芹 *Angelica polymorpha* Maxim.

  分布：九江、庐山、资溪。

- * 当归 *Angelica sinensis* (Oliv.) Diels

  分布：铅山、井冈山。

窃衣属 Torilis Adans.

- 小窃衣 *Torilis japonica* (Houtt.) DC.

  分布：九江、庐山、武宁、修水、新建、南昌、德兴、上饶、鄱阳、婺源、铅山、贵溪、南丰、资溪、黎川、崇仁、铜鼓、靖安、奉新、萍乡、莲花、井冈山、吉安、永新、石城、安远、寻乌、兴国、上犹、崇义、全南、大余、会昌。

- 窃衣 *Torilis scabra* (Thunb.) DC.

  分布：九江、庐山、浮梁、南昌、婺源、贵溪、余江、南丰、资溪、铜鼓、靖安、奉新、分宜、萍乡、吉安、遂川、兴国、会昌。

东俄芹属 Tongoloa H. Wolff

- 牯岭东俄芹 *Tongoloa stewardii* H. Wolff

  分布：九江、庐山、广昌、黎川、铜鼓。

蛇床属 Cnidium Cusson

- 蛇床 *Cnidium monnieri* (L.) Cusson

  分布：九江、上饶、鹰潭、资溪、宜丰、分宜、萍乡、井冈山、赣州。

水芹属 Oenanthe L.

- **短辐水芹** *Oenanthe benghalensis* (Roxb.) Kurz

  分布：九江、新建、广昌、黎川、奉新、芦溪、井冈山、安福、石城、安远、上犹、龙南、崇义、信丰、全南。

- **水芹** *Oenanthe javanica* (Blume) DC.

  分布：九江、庐山、修水、浮梁、南昌、上饶、婺源、贵溪、余江、南丰、资溪、宜黄、广昌、黎川、铜鼓、靖安、奉新、莲花、井冈山、安福、泰和、遂川、石城、安远、寻乌、兴国、上犹、崇义、大余。

- **卵叶水芹** *Oenanthe javanica* subsp. *rosthornii* (Diels) F. T. Pu

  分布：资溪、芦溪、井冈山、安福、遂川。

- **线叶水芹** *Oenanthe linearis* Wall. ex DC.

  分布：九江、武宁、铅山、资溪、宜黄、宜春、靖安、宜丰、莲花、井冈山、遂川、瑞金、寻乌、龙南、全南、大余、会昌。

- **多裂叶水芹** *Oenanthe thomsonii* C. B. Clarke

  分布：井冈山、永丰。

- **窄叶水芹** *Oenanthe thomsonii* subsp. *stenophylla* (H. Boissieu) F. T. Pu

  分布：九江、庐山、武宁、彭泽、靖安、遂川、上犹。

茴芹属 Pimpinella L.

- **异叶茴芹** *Pimpinella diversifolia* DC.

  分布：九江、庐山、武宁、修水、广丰、贵溪、资溪、铜鼓、靖安、分宜、井冈山、安福、寻乌、兴国、上犹、龙南、崇义。

- **城口茴芹** *Pimpinella fargesii* H. Boissieu

  分布：不详。

  评述：《中国植物物种名录》（2020版）有记载，未见标本。

囊瓣芹属 Pternopetalum Franch.

- **囊瓣芹** *Pternopetalum davidii* Franch.

  分布：资溪。

  评述：《江西种子植物名录》（刘仁林，2010）有记载，未见标本。

- **异叶囊瓣芹** *Pternopetalum heterophyllum* Hand.-Mazz.

  分布：铅山。

- **东亚囊瓣芹** *Pternopetalum tanakae* (Franch. et Sav.) Hand.-Mazz.

  分布：井冈山。

- **假苞囊瓣芹** *Pternopetalum tanakae* var. *fulcratum* Y. H. Zhang

  分布：不详。

  评述：《中国植物物种名录》（2020版）有记载，未见标本。

- **膜蕨囊瓣芹** *Pternopetalum trichomanifolium* (Franch.) Hand.-Mazz.

  分布：铅山、资溪、遂川。

- **五匹青** *Pternopetalum vulgare* (Dunn) Hand.-Mazz.

  分布：宜丰、井冈山、泰和、上犹。

前胡属 Peucedanum L.

- **台湾前胡** *Peucedanum formosanum* Hayata

  分布：安福、上犹。

- **鄂西前胡** *Peucedanum henryi* H. Wolff

  分布：芦溪。

- **南岭前胡** *Peucedanum longshengense* Shan et M. L. Sheh

  分布：安福、遂川、寻乌。

- **华中前胡** *Peucedanum medicum* Dunn

  分布：九江、庐山、铅山、芦溪、井冈山、安福。

- **前胡** *Peucedanum praeruptorum* Dunn

  分布：九江、庐山、彭泽、修水、浮梁、上饶、鄱阳、铅山、玉山、贵溪、资溪、铜鼓、靖安、井冈山、安福、遂川、石城、寻乌。

- **石防风** *Peucedanum terebinthaceum* (Fisch. ex Treviranus) Ledeb.

  分布：井冈山、寻乌。

  评述：《江西植物名录》（杨祥学，1982）和江西本土植物名录（2017）有记载，标本凭证：江西师院生物系 1047（寻乌项山）。

变豆菜属 *Sanicula* L.

- **变豆菜** *Sanicula chinensis* Bunge

  分布：九江、庐山、武宁、德兴、上饶、广丰、婺源、贵溪、资溪、宜黄、铜鼓、靖安、井冈山、吉安、安福、石城、上犹、大余。

- **薄片变豆菜** *Sanicula lamelligera* Hance

  分布：九江、庐山、浮梁、德兴、婺源、贵溪、乐安、资溪、黎川、靖安、奉新、分宜、石城、赣县、全南。

- **直刺变豆菜** *Sanicula orthacantha* S. Moore

  分布：九江、庐山、武宁、永修、修水、浮梁、德兴、婺源、铅山、南丰、宜黄、黎川、宜丰、奉新、萍乡、井冈山、安福、遂川、安远、赣县、寻乌、全南。

泽芹属 *Sium* L.

- **泽芹** *Sium suave* Walt.

  分布：新建。

山芹属 *Ostericum* Hoffm.

- **隔山香** *Ostericum citriodorum* (Hance) C. C. Yuan & R. H. Shan

  分布：九江、庐山、新建、鹰潭、资溪、高安、靖安、芦溪、井冈山、吉安、安福、石城、寻乌、兴国、龙南、崇义、大余、会昌。

- **大齿山芹** *Ostericum grosseserratum* (Maxim.) Kitag.

  分布：修水、资溪、广昌、安福、遂川。

- **山芹** *Ostericum sieboldii* (Miq.) Nakai [山芹当归 *Angelica miqueliana* Maxim.]

  分布：九江、武宁、铅山、宜黄、宜春、宜丰、莲花、井冈山、泰和、遂川、瑞金、寻乌、龙南、全南、大余、会昌。

白苞芹属 *Nothosmyrnium* Miq.

- **白苞芹** *Nothosmyrnium japonicum* Miq.

  分布：九江、修水、上饶、铅山、贵溪、资溪、广昌、袁州、铜鼓、靖安、宜丰、奉新、分宜、萍乡、井冈山、安福、遂川、赣州、寻乌。

- **川白苞芹** *Nothosmyrnium japonicum* var. *sutchuenense* H. Boissieu

  分布：庐山。

藁本属 *Ligusticum* L.

- **尖叶藁本** *Ligusticum acuminatum* Franch.

  分布：九江、庐山。

- **藁本** *Ligusticum sinense* Oliv.

  分布：九江、庐山、武宁、贵溪、资溪、铜鼓、靖安、宜丰、分宜、井冈山、安福、遂川、石城。

- *** '川芎' *Ligusticum sinense* 'Chuanxiong'

  分布：庐山、靖安。

- *'抚芎' *Ligusticum sinense* 'Fuxiong' S. M. Fang & H. D. Zhang
分布：赣北有栽培。

茴香属 *Foeniculum* Mill.

- *茴香 *Foeniculum vulgare* Mill.
分布：全省有栽培。

马蹄芹属 *Dickinsia* Franch.

- 马蹄芹 *Dickinsia hydrocotyloides* Franch.
分布：资溪、井冈山。
评述：《江西种子植物名录》（刘仁林，2010）有记载，未见标本。

山芎属 *Conioselinum* Fisch. ex Hoffm.

- 山芎 *Conioselinum chinense* (L.) Britton, Sterns & Poggenb.
分布：庐山。

胡萝卜属 *Daucus* L.

- 野胡萝卜 *Daucus carota* L.
分布：全省有分布。
评述：归化或入侵。
- *胡萝卜 *Daucus carota* var. *sativa* Hoffm.
分布：全省有栽培。

独活属 *Heracleum* L.

- 独活 *Heracleum hemsleyanum* Diels
分布：九江、庐山、武宁、修水。
- 短毛独活 *Heracleum moellendorffii* Hance
分布：九江、武宁、上饶、贵溪、资溪、靖安、莲花、赣州。
- 椴叶独活 *Heracleum tiliifolium* H. Wolff
分布：九江、庐山、武宁、铅山、铜鼓。

芫荽属 *Coriandrum* L.

- *芫荽 *Coriandrum sativum* L.
分布：全省有栽培。

明党参属 *Changium* H. Wolff

- 明党参 *Changium smyrnioides* H. Wolff
分布：庐山、瑞昌。

莳萝属 *Anethum* L.

- *莳萝 *Anethum graveolens* L.
分布：全省有栽培。

柴胡属 *Bupleurum* L.

- 北柴胡 *Bupleurum chinense* DC.
分布：九江、铅山、南丰、靖安、宜丰。
- 小柴胡 *Bupleurum hamiltonii* N. P. Balakr.
分布：泰和、井冈山。
- 大叶柴胡 *Bupleurum longiradiatum* Turcz.

分布：九江、庐山、铅山、玉山、铜鼓、芦溪、井冈山、安福。

● **南方大叶柴胡** *Bupleurum longiradiatum* var. *longiradiatum* f. *australe* R. H. Shan & Yin Li

分布：九江、庐山、修水、铅山、玉山、铜鼓、宜丰、芦溪、井冈山、安福。

● **竹叶柴胡** *Bupleurum marginatum* Wall. ex DC.

分布：九江、庐山、武宁、资溪、铜鼓、井冈山、兴国。

● **红柴胡** *Bupleurum scorzonerifolium* Willd.

分布：武宁、婺源、景德镇。

香根芹属 *Osmorhiza* Raf.

● **香根芹** *Osmorhiza aristata* (Thunb.) Makino et Yabe

分布：九江、庐山、安福。

芹属 *Apium* L.

● *****旱芹** *Apium graveolens* L.

分布：全省有栽培。

积雪草属 *Centella* L.

● **积雪草** *Centella asiatica* (L.) Urban

分布：九江、庐山、武宁、修水、新建、德兴、上饶、贵溪、余江、南丰、资溪、广昌、黎川、靖安、奉新、分宜、萍乡、井冈山、遂川、南康、石城、寻乌、崇义、全南、大余、会昌。

峨参属 *Anthriscus* (Pers.) Hoffm.

● **峨参** *Anthriscus sylvestris* (L.) Hoffm.

分布：九江、庐山、浮梁、婺源、资溪、樟树、宜丰、分宜。

参考文献

曹利民, 刘仁林, 2008. 江西杜鹃属一新变种 [J]. 广西植物, 28(5): 574–575.

陈超, 彭华胜, 曾慧婷, 等, 2020. 江西省 2 种植物新记录 [J/OL]. 中国中药杂志: 1–4[2021-06-16]. https://doi.org/10.19540/j.cnki.cjcmm.1220.101.

陈春发, 唐忠炳, 李中阳, 2020. 江西省种子植物新记录（三）[J]. 赣南师范大学学报, 41(3): 75–77.

陈慧, 李晓辉, 朱恒, 等, 2016. 江西省 7 种新记录植物 [J]. 南方林业科学, 44(3): 56–57.

陈林, 潘婷婷, 吕笑冬, 等, 2020. 江西省种子植物分布新资料 [J/OL]. 南京林业大学学报（自然科学版）:1–8[2021-06-16]. http://kns.cnki.net/kcms/detail/32.1161.S.1021.1114.007.html.

陈少风, 谢庆红, 程景福, 1997. 江西蕨类植物新记录 [J]. 植物研究, 17(1): 56–57.

陈之端, 路安民, 刘冰, 等, 2020. 中国维管植物生命之树 [M]. 北京: 科学出版社.

邓绍勇, 钱萍, 黄萌, 等, 2011. 江西兰科一新记录种——线柱兰 [J]. 江西科学, 29(4): 491–492.

邓绍勇, 原静, 2012. 江西马钱科一新记录种——尖帽草 [J]. 江西科学, 30(5): 601–602.

董安强, 李琳, 邢福武, 2008. 江西省兰科植物的 3 个新记录种 [J]. 江西农业大学学报, 30(5): 949–950.

杜小浪, 曹岚, 慕泽泾, 2017. 江西省中药资源普查植物新记录 [J]. 中国现代中药, 19(1): 40–43+59.

凡强, 赵万义, 施诗, 等, 2014. 江西省种子植物区系新资料 [J]. 亚热带植物科学, 43(1): 29–32.

冯璐, 王浩威, 肖敏, 等, 2018. 江西省齐云山地区种子植物新资料 [J]. 亚热带植物科学, 47(1): 72–76.

高丽琴, 钱萍, 熊宇, 等, 2014. 江西马兜铃科一新纪录种——北马兜铃 [J]. 江西科学, 32(3): 336–337.

郭龙清, 程明, 孙桷芳, 等, 2019. 江西壳斗科一新记录种——尖叶栎 [J]. 南方林业科学, 47(1): 40–41.

郭龙清, 许宽宽, 卢建, 等, 2017. 江西苦苣苔科一新记录种——大齿马铃苣苔 [J]. 南方林业科学, 45(1):41–42.

贺华山, 李丽娟, 刘良源, 2012. 江西凤仙花科新记录——白花凤仙花 [J]. 江西科学, 30(5): 599–600.

黄佳璇, 张信坚, 赵万义, 等, 2019. 江西省维管植物分布新纪录 [J]. 亚热带植物科学, 48(3): 299–302.

季春峰, 2012. 江西木犀科植物新记录 [J]. 南京林业大学学报（自然科学版）, 36(6): 157–158.

季春峰, 2012. 江西蔷薇科植物新记录 [J]. 江西农业大学学报, 34(2): 419–420.

季春峰, 2015. 江西忍冬科植物新纪录 [J]. 南方林业科学, 43(3): 28–29.

季春峰, 钱萍, 杨清培, 等, 2016. 江西种子植物新记录 [J]. 云南农业大学学报（自然科学）, 31(2):356–357.

季春峰, 裘利洪, 杨清培, 等, 2009. 江西悬钩子属植物新记录 [J]. 江西科学, 27(4): 623–624.

季春峰, 孙培军, 钱萍, 等, 2019. 江西绣球花属一新纪录种——福建绣球 [J]. 江西科学, 37(5): 746–747.

《江西植物志》编辑委员会, 1993. 江西植物志（第一卷）[M]. 南昌: 江西科学技术出版社: 1–541.

《江西植物志》编辑委员会, 2004. 江西植物志（第二卷）[M]. 北京: 中国科学技术出版社: 1–1112.

《江西植物志》编辑委员会, 2014. 江西植物志（第三卷·上册）[M]. 南昌: 江西科学技术出版社: 1–410.

《江西植物志》编辑委员会, 2014. 江西植物志（第三卷·下册）[M]. 南昌: 江西科学技术出版社: 1–503.

金孝锋, 2006. 杜鹃花属映山红亚属 *Rhododendron* subgen. Tsutsusi 的分类研究 [D]. 浙江大学.

李斌, 林洪, 邓绍勇, 等, 2020. 1999—2019 年江西高等植物新种及新记录统计分析 [J]. 南方林业科学, 48(3): 53–57+78.

李波, 2008. 江西省蓼科植物系统学研究 [D]. 南昌大学.

李波, 陈少风, 张文根, 2008. 江西蓼属一新变种及其表皮形态特征 [J]. 武汉植物学研究, 26(1):38–40.

李春鲁, 董闻达, 1986. 江西省母草属（*Lindernia* All.）植物及其新分布 [J]. 江西农业大学学报, 8(3): 60–65.

李莉, 江军, 李石华, 等, 2018. 江西"新纪录"桫椤的发现及调查分析 [J]. 江西科学, 36(5): 824–829.

梁同军, 彭焱松, 张丽, 等, 2020. 江西省蕨类植物新记录 [J]. 江西科学, 38(6): 851–852+860.

梁同军, 徐楚津, 詹选怀, 等, 2020. 江西省 2 种唇形科植物新记录 [J]. 江西科学, 38(1): 87–89.

廖海红, 李龙, 魏英, 等, 2020. 江西省苦苣苔科一新记录种——温氏报春苣苔 [J]. 南方林业科学, 48(03):45–46+71.

林祁, 赵燃, 班勤, 2002. 中国高等植物省级分布新记录（二）[J]. 广西植物, 22(1):4–6+3.

刘环, 王程旺, 肖汉文, 等, 2020. 江西兰科植物新资料 [J]. 南昌大学学报（理科版）, 44(2): 167–171.

刘剑锋, 戴利燕, 刘仁林, 2018. 江西木本植物新纪录 [J]. 赣南师范大学学报, 39(6): 86–87.

刘剑锋, 唐忠炳, 曾春辉, 等, 2019. 江西南部木本植物新记录 [J]. 南方林业科学, 47(1): 37–39.

刘菊莲, 徐跃良, 陈锋, 等, 2020. 中国东南部忍冬属一新种 [J]. 杭州师范大学学报（自然科学版）, 19(3): 253–257.

刘仁林, 2013. 井冈山国家级自然保护区种子植物名录 [M]. 北京：中国科学技术出版社.

刘仁林, 杨文侠, 李坊贞, 等, 2014. 南岭北坡 - 赣南地区种子植物多样性编目和野生果树资源 [M]. 北京：中国科学技术出版社.

刘仁林, 易川泉, 2017. 江西湿地植物图鉴 [M]. 南昌：江西高校出版社.

刘仁林, 张志翔, 廖为明, 2010. 江西种子植物名录 [M]. 北京：中国林业出版社: 1–365.

刘仁林, 朱恒, 2015. 江西木本及珍稀植物图志 [M]. 北京：中国林业出版社.

刘勇, 彭玉娇, 张琪, 等, 2016. 江西省 6 种野生植物分布新记录 [J]. 植物资源与环境学报, 25(2): 119–120.

马金双, 李惠茹, 2018. 中国外来入侵植物名录 [M]. 北京：高等教育出版社.

彭焱松, 詹选怀, 周赛霞, 等, 2018. 江西省种子植物 3 种新记录 [J]. 亚热带植物科学, 47(3): 266–268.

钱萍, 邓绍勇, 黄萌, 等, 2011. 江西桔梗科一新记录种——卵叶异檐花 [J]. 江西科学, 29(3): 328+342.

钱萍, 黄萌, 高丽琴, 等, 2012. 江西木本植物新记载 [J]. 江西科学, 30(2): 138–139.

钱萍, 娄维, 鲁赛阳, 等, 2018. 江西八角属植物一新记录种 [J]. 江西科学, 36(3): 448–449.

钱萍, 尹凯, 倪国平, 等, 2010. 江西樱属一新纪录种 [J]. 江西科学, 28(3): 325+397.

邱相东, 谢宜飞, 2020. 江西省爵床科植物新记录 [J]. 江西科学, 38(5): 643–644.

唐光大, 曾思金, 李文斌, 等, 2012. 江西省植物分布新科——霉草科 Triuridaceae[J]. 华南农业大学学报, 33(3): 427–428.

唐忠炳, 2019. 寻乌县种子植物区系及野生果树资源研究 [D]. 赣南师范大学.

唐忠炳, 李中阳, 彭鸿民, 等, 2017. 江西乌毛蕨科一新记录属 [J]. 赣南师范大学学报, 38(3): 90–91.

田径, 2018. 诸广山脉地区种子植物区系研究 [D]. 湖南师范大学.

王伯民, 唐忠炳, 李萍, 等, 2019. 江西省种子植物新记录（一）[J]. 江西科学, 37(5): 748–749.

王程旺, 梁跃龙, 张忠, 等, 2018. 江西省兰科植物新记录 [J]. 森林与环境学报, 38(3): 367–371.

魏作影, 顾钰峰, 夏增强, 等, 2020. 江西省石松类和蕨类植物分布新记录 6 种 [J]. 植物资源与环境学报, 29(5): 78–80.

向晓媚, 肖佳伟, 张代贵, 等, 2018. 江西省武功山地区种子植物新资料 [J]. 生物资源, 40(5): 450–455.

肖佳伟, 孙林, 谢丹, 等, 2017. 江西省种子植物分布新记录 [J]. 云南农业大学学报（自然科学）, 32(1):170–173.

肖智勇, 杨清培, 周新华, 2016. 江西小檗属和繁缕属新分布记录种 [J]. 南方林业科学, 44(5): 1–3.

谢宜飞, 江军, 叶韶华, 2014. 江西全南种子植物名录 [M]. 北京：中国林业出版社.

熊钢, 2014. 江西菊科蓟属新记录种——杭蓟 [J]. 种子, 33(12): 61–62.

熊宇,钱萍,黄萌,等,2012.江西百合科一新记录种——二叶郁金香[J].江西科学,30(3):317–318.

徐国良,2014.江西省及九连山地区维管植物新记录[J].亚热带植物科学,43(2):127–132.

徐国良,蔡伟龙,2020.江西省2种蕨类植物新记录[J].亚热带植物科学,49(2):142–144.

徐国良,蔡伟龙,2020.九连山保护区10种蕨类植物新记录[J].生物灾害科学,43(2):178–181.

徐国良,赖辉莲,2015.江西省2种兰科植物分布新记录[J].亚热带植物科学,44(3):253–254.

徐国良,李子林,2020.江西九连山自然保护区9种蕨类植物新记录[J].贵州林业科技,48(1):20–23.

徐国良,李子林,2020.九连山自然保护区10种维管植物新记录[J].生物灾害科学,43(3):298–302.

徐国良,曾晓辉,2020.江西省2种植物新记录[J].南方林业科学,48(2):69–71.

徐国良,曾晓辉,蔡伟龙,等,2019.江西省及九连山地区蕨类植物分布新记录[J].山东林业科技,49(5):39–41.

徐国良,曾晓辉,蔡伟龙,等,2019.江西省及九连山地区蕨类植物新记录[J].生物灾害科学,42(1):78–82.

徐声修,1996.江西新分布的蕨类植物[J].江西科学,14(4):252–253.

徐瑛,赖伟旺,吴章华,等,2020.江西省堇菜属植物新记录[J].南方林业科学,48(4):40–41.

徐跃良,陈锋,洪元华,等,2020.江西东北部兔儿风属一新种(菊科)[J].广西植物,40(1):95–98.

严靖,王樟华,闫小玲,等,2017.江西省8种外来植物分布新记录[J].植物资源与环境学报,26(3):118–120.

严岳鸿,苑虎,何祖霞,等,2011.江西蕨类植物新记录[J].广西植物,31(1):5–8.

杨柏云,孔令杰,李波,等,2011.江西虾脊兰属一新变型——异钩距虾脊兰[J].热带亚热带植物学报,19(4):317–319.

杨光耀,1999.江西部分竹类植物研究[J].江西农业大学学报,21(4):581–585.

叶康,熊钢,2020.江西省被子植物3种新记录[J].亚热带植物科学,49(3):205–207.

俞志雄,1999.江西壳斗科植物新记录种[J].江西农业大学学报,21(3):389–390.

臧敏,李永飞,邱筱兰,等,2010.江西三清山兰科植物区系分析[J].亚热带植物科学,39(1):57–62+70.

曾宪锋,邱贺媛,方妙纯,马金双,2013.江西省外来入侵植物新记录[J].江西农业大学学报,35(5):1005–1007.

张树仁,2005.中国珍珠茅属(莎草科)植物省级分布新记录[J].西北植物学报,25(8):1655–1656.

张信坚,冯璐,宋含章,等,2018.江西省种子植物分布新资料[J].亚热带植物科学,47(4):370–376.

张忠,赵万义,凡强,等,2017.江西省种子植物一新记录科(无叶莲科)及其生物地理学意义[J].亚热带植物科学,46(2):181–184.

赵万义,2017.罗霄山脉种子植物区系地理学研究[D].中山大学.

赵万义,刘忠成,张忠,等,2016.罗霄山脉东坡——江西省种子植物新记录[J].亚热带植物科学,45(4):365–368.

郑圣寿,王垂祥,黄燕双,等,2019.江西省维管植物新记录[J].南方林业科学,47(6):46–48.

中国植物物种名录(2020版),中国科学院植物研究所,2020.中国科学院植物科学数据中心,doi:10.12282/plantdata.0021

Bo Xu, Xin-Fen Gao, Li-Bing Zhang, 2013. *Lespedeza jiangxiensis*, sp. *nov*. (Fabaceae) from China Based on Molecular and Morphological Data[J]. Systematic Botany, 38(1): 118–126.

Fan, Qiang, Jiang, et al., 2017. A new species of Ilex (Aquifoliaceae) from Jiangxi Province, China, based on morphological and molecular data[J]. Phytotaxa, 298(2): 147–157.

Fan, Qiang, Liao, et al., 2017. *Bredia changii*, a new species of Melastomataceae from Jiangxi, China[J]. Phytotaxa,

307(1): 36–42.

Ji-Wei Xiao, Qing-Ya Zhao, Xie D, et al., 2021. *Aster shanqingshanica* (Asteraceae, Astereae), a new species from Jiangxi, China[J]. Nordic Journal of Botany, 39(4): 1–9.

Jing, Qiu, Yang, et al., 2019. *Sorbuslushanensis*, a new species of Rosaceae from China. [J]. Phytokeys, 119: 97–105.

Lan-Ying Su, Bo Pan, Xin Hong, Zhi-Guo Zhao, Long-Fei Fu, Fang Wen, 2019.Stephen Maciejewski. *Petrocodon jiangxiensis* (Gesneriaceae), a New Species from Jiangxi, China[J]. Annales Botanici Fennici, 56(4–6): 277.

Lei W, L Wenbo, 2014. *Sinojohnstonia ruhuaii* (Boraginaceae), a New Species from Jiangxi, China[J]. Novon: A Journal for Botanical Nomenclature, 23(2): 250–255.

Li Bo, 2014. *Persicaria wugongshanensis* (Polygonaceae: Persicarieae), an odoriferous and distylous new species from Jiangxi, eastern China[J]. Phytotaxa, 156(3): 133.

Liu, Ke-Ming, Pen, et al., 2016. *Phyllagathis guidongensis* (Melastomataceae), a new species from Hunan, China[J]. Phytotaxa, 263(1): 58.

Liu R L, Tang Z B, Gao L M, 2018. A new species of *Rhododendron* (Ericaceae) from Jiangxi of China based on morphological and molecular evidences[J]. Phytotaxa, 356(4): 267–275.

Liu Renlin, Zhang Zhixiang, 2019. A New Species of *Manglietia* (Magnoliaceae) from Jiangxi, China[J]. Feddes Repertorium, 130(3): 289–293.

Liu Ying, Yang Qin-Er, 2012. *Sinosenecio jiangxiensis* (Asteraceae), a new species from Jiangxi, China[J]. Botanical Studies, 53(3): 401–414.

Liu Z C, Feng L, Wang L, et al., 2018. *Chamaelirium viridiflorum* (Melanthiaceae), a new species from Jiangxi, China[J]. Phytotaxa, 357(2): 126–132.

Ning Z L, Wang J, Tao J J, et al., 2014. *Primulina lepingensis* (Gesneriaceae), a new species from Jiangxi, China[C]// Annales Botanici Fennici. Finnish Zoological and Botanical Publishing Board, 51(5): 322–326.

Ning Z L, Zeng Z X, Chen L, et al., 2012. *Viola Jinggangshanensis* (Violaceae), a new species from Jiangxi, China[J]. Annales Botanici Fennici, 49(5–6): 383–386.

Shi S, Chen S F, Zhong F H, et al., 2015. *Ilex sanqingshanensis* sp. nov. (Aquifoliaceae) from Jiangxi Province, China[J]. Nordic Journal of Botany, 33(6): 662–667.

Xiao Zhiyong, Li Xiaochun, et al., 2021. *Vicia mingyueshanensis* (Fabeae, Papilionoideae, Fabaceae), a new species from western Jiangxi, China [J]. PhytoKeys, 187:71–76.

Xue B, Wang G T, Zhou X X, et al., 2021. *Artabotrys pachypetalus* (Annonaceae), a new species from China[J]. PhytoKeys, 178(2): 71–80.

Zhang W G, Ji X N, Liu Y G, et al., 2017. *Gelidocalamus xunwuensis* (Poaceae, Bambusoideae), a new species from southeastern Jiangxi, China[J]. PhytoKeys, 85: 59–67.

Zhou D S, Zhou J J, Li M, et al., 2016. *Primulina suichuanensis* sp. nov. (Gesneriaceae) from Danxia landform in Jiangxi, China[J]. Nordic Journal of Botany, 34(2): 148–151.

中文名称索引

A

阿福花科 77
阿拉伯黄背草 117
阿拉伯婆婆纳 296
阿里山连蕊茶 260
阿里山女贞 291
阿里山兔儿风 338
阿穆尔莎草 85
阿齐薹草 86
矮扁鞘飘拂草 93
矮扁莎 90
矮慈姑 56
矮冬青 320
矮蒿 339
矮雷竹 98
矮冷水花 179
矮毛蕨 19
矮牵牛 288
矮牵牛属 288
矮生薹草 89
矮水竹叶 81
矮松 33
矮桃 255
矮小柳叶箬 94
矮小囊颖草 104
矮小山麦冬 79
矮小天仙果 176
艾 338
艾麻 179
艾麻属 179
艾纳香属 336
安福槭 218
安徽槭 217
安徽碎米荠 230
安徽铁线莲 126
安徽小檗 122
安徽羽叶报春 255
安蕨属 16
安息香科 261
安息香猕猴桃 264
安息香属 262
桉 213
桉属 212
暗果春蓼 236
暗褐飘拂草 93
暗鳞鳞毛蕨 23
暗绿蒿 338
暗色菝葜 63
凹萼木鳖 191

凹脉红淡比 251
凹脉柃 250
凹头苋 242
凹叶冬青 319
凹叶厚朴 45
凹叶景天 136
凹叶玉兰 44
澳古茨藻 57

B

八宝 137
八宝属 137
八角枫 248
八角枫属 248
八角金盘 350
八角金盘属 350
八角莲 122
八角属 41
八月瓜属 120
巴东过路黄 256
巴东胡颓子 171
巴东荚蒾 344
巴东栎 186
巴东木莲 45
巴东忍冬 345
巴豆 204
巴豆属 204
巴戟天 271
巴戟天属 270
巴郎耳蕨 25
巴山榧树 37
巴山松 33
巴氏铁线莲 127
芭蕉 82
芭蕉科 82
芭蕉属 82
菝葜 62
菝葜科 62
菝葜属 62
白苞蒿 339
白苞芹 353
白苞芹属 353
白苞猩猩草 204
白背枫 297
白背麸杨 216
白背黄花稔 226
白背牛尾菜 63
白背爬藤榕 177
白背蒲儿根 334
白背算盘子 208

白背羊蹄甲 142
白背叶 203
白背叶楤木 348
白背圆叶菝葜 63
白背钻地风 247
白哺鸡竹 108
白菜 230
白车轴草 155
白点兰属 68
白蝶兰属 73
白顶早熟禾 100
白豆杉 37
白豆杉属 37
白杜 194
白垩铁线蕨 09
白耳菜 195
白饭树属 208
白粉藤 140
白粉藤属 140
白鼓钉 240
白鼓钉属 240
白桂木 176
白花败酱 346
白花菜科 228
白花菜属 228
白花草木犀 149
白花地胆草 327
白花地丁 199
白花灯笼 308
白花杜鹃 268
白花凤仙花 249
白花甘蓝 230
白花过路黄 256
白花假糙苏 306
白花堇菜 199
白花苦灯笼 273
白花柳叶箬 94
白花龙 262
白花龙船花 272
白花泡桐 316
白花荛花 227
白花蛇舌草 276
白花水八角 297
白花酸藤果 257
白花碎米荠 230
白花悬钩子 164
白花益母草 314
白花油麻藤 154
白喙刺子莞 93
白及 73

白及属 73
白接骨 300
白酒草 341
白酒草属 341
白鹃梅 168
白鹃梅属 168
白柯 183
白蜡树 290
白兰 43
白簕 349
白肋翻唇兰 70
白肋菱兰 70
白栎 186
白莲蒿 339
白蔹 140
白鳞莎草 86
白马骨 275
白马骨属 275
白马银花 267
白毛椴 225
白毛鸡矢藤 272
白毛假糙苏 306
白毛乌蔹莓 141
白毛长叶紫珠 304
白茅 106
白茅属 106
白面苎麻 180
白木通 120
白木乌桕 205
白木乌桕属 205
白楠 50
白皮唐竹 97
白皮乌口树 273
白皮绣球 246
白前 282
白楸 203
白屈菜 119
白屈菜属 119
白蕊巴戟 270
白瑞香 227
白舌紫菀 327
白首乌 282
白术 335
白丝草属 61
白穗花 79
白穗花属 79
白檀 261
白棠子树 303
白头婆 325
白薇 281

白鲜 221
白鲜属 221
白辛树 262
白辛树属 261
白羊草 117
白药谷精草 84
白叶瓜馥木 46
白叶莓 163
白叶子 203
白英 287
白芷 351
白珠属 269
白珠树 269
百部 60
百部科 60
百部属 60
百齿卫矛 193
百合 64
百合科 64
百合目 61
百合属 64
百金花 278
百金花属 278
百里柳 200
百两金 254
百脉根 150
百脉根属 150
百能葳 335
百能葳属 335
百球薹草 92
百日菊属 342
百蕊草 232
百蕊草属 232
百山祖短肠蕨 17
百山祖双盖蕨 17
百山祖玉山竹 113
百穗薹草 92
百越凤尾蕨 11
柏科 34
柏拉木 213
柏拉木属 213
柏木 34
柏木属 34
败酱 346
败酱属 346
稗 104
稗荩 96
稗荩属 96
稗属 104

斑唇卷瓣兰 66	薄叶山矾 260	荸荠 91	滨禾蕨属 29	糙叶榕木 348
斑地锦 205	薄叶鼠李 173	荸荠属 91	滨菊 331	糙叶大头橐吾 331
斑点果薹草 88	薄叶双盖蕨 18	秕壳草 114	滨菊属 331	糙叶花葶薹草 89
斑苦竹 110	薄叶碎米蕨 09	笔管草 04	滨盐麸木 216	糙叶树 175
斑龙芋属 55	薄叶新耳草 271	笔管榕 177	冰川茶藨子 134	糙叶树属 175
斑茅 111	薄叶蕈树 131	笔龙胆 278	柄果海桐 347	糙叶薹草 89
斑皮桉 212	薄叶羊蹄甲 142	笔罗子 129	柄果槲寄生 232	糙叶藤五加 349
斑箨酸竹 96	薄叶阴地蕨 04	笔直石松 02	柄果毛茛 124	糙叶五加 348
斑叶桉 212	薄柱草 272	笔直石松属 02	柄果薹草 89	槽舌兰属 70
斑叶杜鹃兰 72	薄柱草属 272	闭鞘姜 83	柄叶羊耳蒜 66	草茨藻 56
斑叶堇菜 200	宝盖草 305	闭鞘姜属 83	波罗蜜属 176	草茨藻 56
斑叶兰 72	宝华玉兰 45	蓖麻 202	波密斑叶兰 71	草地早熟禾 100
斑叶兰属 71	宝兴茶藨子 134	蓖麻属 202	波氏吴萸 220	草胡椒属 42
斑叶野木瓜 120	宝兴马兜铃 42	碧冬茄 288	波斯铁木属 133	草灵仙属 294
斑种草属 284	宝兴淫羊藿 122	薜荔 176	波叶红果树 158	草龙 210
斑子乌桕 205	报春花科 253	篦齿眼子菜 58	波缘榉木 348	草莓 168
板凳果 131	报春花属 255	篦齿眼子菜属 58	波缘冷水花 179	草莓属 168
板凳果属 131	报春苣苔属 294	篦子三尖杉 37	玻璃秋海棠 192	草棉 226
板蓝 299	抱茎石龙尾 296	臂形草属 99	菠菜 240	草木犀 149
半边莲 323	抱石莲 27	边果鳞毛蕨 24	菠菜属 240	草木犀属 149
半边莲属 323	豹皮樟 51	边荚鱼藤 147	播娘蒿 231	草沙蚕属 114
半边旗 11	杯萼毛蕊茶 258	边生短肠蕨 17	播娘蒿属 231	草珊瑚 53
半边铁角蕨 14	杯盖阴石蕨 26	边生双盖蕨 17	伯乐树 227	草珊瑚属 53
半边月 346	杯茎蛇菰 232	边缘鳞盖蕨 12	伯乐树属 227	草芍药 131
半枫荷 132	杯苋属 242	萹蓄 235	博落回 118	草绣球 246
半枫荷属 132	北插天天麻 72	萹蓄属 235	博落回属 118	草绣球属 246
半岛鳞毛蕨 24	北柴胡 354	蝙蝠葛 121	簸箕柳 201	侧柏 35
半蒴苣苔属 293	北刺蕊草 312	蝙蝠葛属 121	擘蓝 230	侧柏属 35
半夏 55	北方拉拉藤 275	鞭打绣球 296	补骨脂 155	侧序长柄山蚂蝗 155
半夏属 55	北方獐牙菜 279	鞭打绣球属 296	补骨脂属 155	梣属 290
半枝莲 309	北黄花菜 77	鞭叶耳蕨 25	布朗卷柏 03	叉唇角盘兰 70
膀胱果 215	北江荛花 227	鞭叶铁线蕨 09	布氏桉 212	叉梗茅膏菜 238
膀胱蕨 15	北江十大功劳 123	扁柏属 35		叉花草属 301
膀胱蕨属 15	北京铁角蕨 14	扁柄菝葜 63	**C**	叉蕨科 26
棒距虾脊兰 67	北京隐子草 95	扁担杆 223	菜豆 151	叉蕨属 26
棒头草 113	北马兜铃 42	扁担杆属 223	菜豆属 151	叉蕊薯蓣 59
棒头草属 113	北美车前 295	扁担藤 140	菜瓜 189	叉序草 301
棒柱杜鹃 268	北美独行菜 231	扁豆 154	菜蕨 17	叉序草属 301
包果柯 183	北美鹅掌楸 45	扁豆属 154	参薯 59	叉枝莪 316
苞舌兰 65	北美二针松 33	扁鞘飘拂草 93	蚕豆 151	叉枝莪属 316
苞舌兰属 65	北美红杉 34	扁莎属 90	蚕茧草 236	叉柱兰属 71
苞子草 117	北美红杉属 34	扁穗牛鞭草 107	苍白秤钩风 121	插田泡 163
枹栎 187	北美木兰属 45	扁穗莎草 85	苍背木莲 45	茶 260
薄唇蕨属 28	北美乔柏 37	扁枝槲寄生 232	苍耳 332	茶藨子科 134
薄盖短肠蕨 18	北美苋 242	扁枝石松 02	苍耳属 332	茶藨子属 134
薄盖双盖蕨 18	北美香柏 37	扁枝越橘 266	苍术 335	茶竿竹 115
薄果猴欢喜 196	北美圆柏 36	变豆菜 353	苍术属 335	茶荚蒾 344
薄荷 314	北水苦荬 295	变豆菜属 353	苍叶红豆 151	茶梨 251
薄荷属 314	北水毛花 92	变色白前 282	糙柄菝葜 63	茶梨属 251
薄片变豆菜 353	北延叶珍珠菜 257	变叶葡萄 139	糙伏毛飞蓬 325	茶菱 295
薄叶茅膏 322	北鱼黄草 286	变叶榕 177	糙果茶 259	茶菱属 295
薄叶景天 136	北越紫堇 119	变叶树参 350	糙花青篱竹 116	茶梅 259
薄叶卷柏 03	北枳椇 173	变异鳞毛蕨 24	糙花少穗竹 116	茶条枫 219
薄叶柯 184	贝母兰属 72	杓兰属 71	糙毛假地豆 144	茶条果 260
薄叶马蓝 300	贝母属 64	蕙草 91	糙毛蓼 237	茶条槭 219
薄叶南蛇藤 193	背绒杜鹃 268	蕙草属 91	糙毛五加 349	茶茱萸科 269
薄叶润楠 52	本田鸭嘴草 95	表面星蕨 27	糙囊薹草 89	檫木 50
	本州景天 136	滨海薹草 87	糙叶斑鸠菊 333	檫木属 50

中文名称索引 / 361

柴胡属 354	齿瓣延胡索 119	臭独行菜 231	椿叶花椒 219	葱属 77
豺皮樟 51	齿唇兰属 67	臭根子草 117	莼菜 40	葱叶兰 75
潺槁木姜子 51	齿萼凤仙花 249	臭黄荆 312	莼菜科 40	葱叶兰属 75
昌化鹅耳枥 188	齿萼薯 285	臭荠 231	莼菜属 40	楤木 348
菖蒲 53	齿果草 157	臭荚蒾 343	莼兰绣球 246	楤木属 348
菖蒲科 53	齿果草属 157	臭节草 221	唇形科 302	丛化柃 250
菖蒲目 53	齿果膜叶铁角蕨 14	臭牡丹 308	唇形目 289	丛茎耳稃草 103
菖蒲属 53	齿果酸模 234	臭檀吴萸 220	唇柱苣苔属 292	丛生龙胆 278
肠蕨科 13	齿头鳞毛蕨 24	臭味新耳草 271	茺藻属 56	丛生羊耳蒜 65
肠蕨属 13	齿牙毛蕨 19	臭樱属 161	慈姑属 56	丛枝蓼 236
常春藤 349	齿叶赤飑 190	出蕊四轮香 305	刺柏 35	粗糙凤尾蕨 10
常春藤婆婆纳 296	齿叶冬青 319	楮 178	刺柏属 35	粗糙金鱼藻 118
常春藤属 349	齿叶红淡比 251	川白苞芹 353	刺苞南蛇藤 193	粗齿大茨藻 56
常春卫矛 194	齿叶黄皮 221	川滇三角槭 218	刺齿半边旗 10	粗齿广东蛇葡萄 140
常春油麻藤 154	齿叶石灰花楸 158	川滇绣线菊 159	刺齿贯众 22	粗齿堇菜 200
常绿荚蒾 344	齿叶水蜡烛 310	川钓樟 47	刺齿泥花草 298	粗齿冷水花 179
常绿悬钩子 164	齿叶桃叶石楠 160	川东薹草 87	刺儿菜 326	粗齿黔蕨 22
常山 246	齿叶囊吾 331	川鄂粗筒苣苔 292	刺果毒漆藤 216	粗齿桫椤 08
常山属 246	齿叶锈毛石斑木 162	川鄂山茱萸 247	刺果毛茛 124	粗齿铁线莲 127
朝天罐 213	齿缘吊钟花 269	川鄂小檗 123	刺果卫矛 193	粗齿兔儿风 337
朝天椒 286	齿爪齿唇兰 68	川桂 49	刺槐 156	粗齿紫萁 05
朝天委陵菜 161	赤桉 212	川黄檗 219	刺槐属 156	粗榧 38
朝鲜艾 338	赤飑属 190	川莓 165	刺黄花稔 226	粗梗稠李 168
朝鲜木姜子 51	赤车 182	川牛膝 242	刺苦草 57	粗梗水蕨 09
朝阳隐子草 95	赤车属 181	川黔肠蕨 13	刺篱木 202	粗喙秋海棠 192
潮州山矾 260	赤豆 152	川素馨 290	刺篱木属 202	粗糠柴 203
车前 295	赤胫散 237	'川芎' 353	刺蓼 237	粗糠树 283
车前蕨属 09	赤麻 181	川续断 346	刺芒野古草 106	粗毛耳草 277
车前科 294	赤楠 212	川续断目 342	刺毛杜鹃 266	粗毛核果茶 258
车前属 295	赤皮青冈 185	川续断属 346	刺毛母草 299	粗毛鳞盖蕨 12
车前兔儿风 337	赤山蚂蝗 145	川杨桐 252	刺毛悬钩子 164	粗毛牛膝菊 325
车前叶黄腺香青 337	赤小豆 152	川榛 188	刺毛越橘 266	粗毛石笔木 258
车前紫草属 284	赤杨叶 262	川竹 110	刺葡萄 138	粗毛鸭嘴草 96
车桑子 219	赤杨叶属 262	穿孔薹草 87	刺楸 348	粗筒苣苔属 292
车桑子属 219	赤竹 98	穿龙薯蓣 60	刺楸属 348	粗筒小花苣苔 294
车轴草属 155	赤竹属 98	穿心莲 300	刺蕊草属 312	粗叶耳草 277
扯根菜 137	翅柄假脉蕨 05	穿心莲属 300	刺鼠李 173	粗叶木 275
扯根菜科 137	翅柄马蓝 299	穿叶眼子菜 58	刺蒴麻 226	粗叶木属 275
扯根菜属 137	翅柄鼠尾草 311	串果藤 120	刺蒴麻属 226	粗叶榕 176
沉水樟 48	翅柄岩荠 230	串果藤属 120	刺酸模 234	粗叶悬钩子 162
陈谋卫矛 194	翅果菊 330	串枝莲 136	刺藤子 172	粗枝绣球 246
陈氏薹草 87	翅荚香槐 148	串珠石斛 70	刺天茄 287	粗柱杜鹃 266
赪桐 308	翅茎灯心草 85	串珠子 282	刺田菁 153	粗壮腹水草 294
撑篙竹 105	翅茎香青 337	垂柳 200	刺头复叶耳蕨 21	粗壮女贞 291
城门茴芹 352	翅柃 250	垂盆草 136	刺苋 242	粗壮小野芝麻 315
城口卷瓣兰 66	翅星蕨 29	垂丝石楠 160	刺叶冬青 319	簇花茶藨子 134
城口桤叶树 265	翅子树属 223	垂丝卫矛 195	刺叶高山栎 187	簇花清风藤 129
程氏毛蕨 19	崇安鼠尾草 311	垂丝紫荆 143	刺叶桂樱 167	簇生泉卷耳 238
橙花糙苏属 312	崇澍蕨 15	垂穗石松 02	刺叶假金发草 115	簇叶新木姜子 49
橙黄玉凤花 73	崇澍蕨属 15	垂穗石松属 02	刺异叶花椒 220	翠柏 36
橙桑属 177	椆树桑寄生 233	垂序商陆 243	刺榆 174	翠柏属 36
秤锤树 262	稠李属 168	垂序珍珠茅 92	刺榆属 174	翠菊 335
秤锤树属 262	臭草 110	垂枝泡花树 128	刺子莞 93	翠菊属 335
秤钩风 121	臭草属 110	垂珠花 262	刺子莞属 92	翠绿针毛蕨 19
秤钩风属 121	臭常山 220	春花胡枝子 149	葱 77	翠雀属 128
秤星树 319	臭常山属 220	春兰 69	葱草 84	翠云草 04
池杉 36	臭椿 221	春蓼 236	葱莲 78	翠竹 110
齿瓣石豆兰 66	臭椿属 221	春榆 174	葱莲属 78	寸金草 309

D

达呼里胡枝子 149
打破碗花花 124
打铁树 253
打碗花 285
打碗花属 285
大八角 41
大白茅 106
大百部 61
大百合 65
大百合属 65
大苞赤飑 190
大苞寄生 233
大苞寄生属 233
大苞景天 136
大苞石豆兰 66
大苞水竹叶 81
大苞鸭跖草 82
大别山五针松 33
大柄冬青 321
大参属 347
大车前 295
大齿报春苣苔 294
大齿马铃苣苔 293
大齿山芹 353
大茨藻 56
大丁草 333
大丁草属 333
大豆 148
大豆属 148
大萼毛蕊茶 258
大萼香茶菜 305
大萼杨桐 252
大盖铁角蕨 13
大根兰 69
大狗尾草 99
大果臭椿 222
大果冬青 320
大果核果茶 258
大果花楸 158
大果榉 174
大果落新妇 135
大果马蹄荷 132
大果木姜子 51
大果木莲 45
大果山胡椒 47
大果树参 350
大果卫矛 194
大果俞藤 140
大果榆 174
大红泡 163
大花菝葜 63
大花斑叶兰 71
大花臭草 110
大花对叶兰 74
大花黄杨 130
大花尖连蕊茶 259

大花金鸡菊 341
大花帘子藤 281
大花木槿 224
大花枇杷 168
大花忍冬 345
大花石上莲 293
大花卫矛 194
大花无柱兰 71
大花细辛 43
大花旋蒴苣苔 292
大花野茉莉 262
大花腋花黄芩 309
大花窄叶油茶 259
大画眉草 101
大黄花虾脊兰 67
大戟 205
大戟科 202
大戟属 204
大箭叶蓼 235
大节竹属 102
大金刚藤 146
大久保对囊蕨 17
大距花黍 106
大狼毒 205
大狼杷草 335
大理薹草 89
大罗伞树 254
大落新妇 135
大麻 175
大麻科 175
大麻属 175
大芒萁 06
大明竹 110
大牛鞭草 107
大披针薹草 88
大片复叶耳蕨 22
大藻 55
大藻属 55
大青 308
大青属 308
大箬竹 115
大穗鹅耳枥 188
大穗早熟禾 100
大头青蒿 338
大头橐吾 331
大托叶猪屎豆 146
大瓦韦 27
大乌泡 164
大吴风草 325
大吴风草属 325
大蝎子草 179
大型短肠蕨 18
大型双盖蕨 18
大序隔距兰 66
大序野古草 105
大血藤 120
大血藤属 120
大芽南蛇藤 193

大野芋 55
大叶白纸扇 270
大叶半边莲 323
大叶柴胡 354
大叶臭花椒 220
大叶钓樟 48
大叶冬青 320
大叶凤仙花 248
大叶勾儿茶 172
大叶贯众 23
大叶桂樱 168
大叶过路黄 256
大叶胡枝子 149
大叶华北绣线菊 159
大叶黄梁木 277
大叶黄杨 130
大叶火焰草 136
大叶假冷蕨 16
大叶金牛 157
大叶金腰 135
大叶榉树 174
大叶柯 183
大叶苦柯 183
大叶冷水花 179
大叶马兜铃 42
大叶马蹄香 43
大叶木莲 45
大叶拿身草 144
大叶千斤拔 148
大叶青冈 186
大叶山扁豆 155
大叶蛇葡萄 140
大叶石斑木 162
大叶石上莲 293
大叶双盖蕨 18
大叶碎米荠 231
大叶唐松草 125
大叶蚊母树 132
大叶仙茅 75
大叶新木姜子 50
大叶野豌豆 152
大叶野樱 168
大叶早樱 170
大叶珍珠菜 257
大叶直芒草 94
大叶猪殃殃 275
大叶醉鱼草 297
大油芒 100
大油芒属 100
大屿八角 41
大羽鳞毛蕨 25
大云锦杜鹃 267
大猪屎豆 146
大柱霉草 60
大籽蒿 339
大籽猕猴桃 264
带唇兰 67
带唇兰属 67

带叶兰 68
带叶兰属 68
待宵草 211
袋果草 323
袋果草属 323
丹参 312
丹草 276
丹麻杆 202
丹麻杆属 202
丹霞兰属 75
丹霞小花苣苔 294
单瓣李叶绣线菊 159
单瓣缫丝花 166
单苞鸢尾 76
单边膜叶铁角蕨 15
单唇无叶兰 71
单耳柃 251
单花红丝线 286
单花金腰 135
单毛刺蒴麻 226
单穗桤叶树 265
单穗升麻 124
单穗水蜈蚣 92
单葶草石斛 71
单性薹草 90
单叶对囊蕨 17
单叶厚唇兰 70
单叶蔓荆 308
单叶双盖蕨 17
单叶铁线莲 127
淡红南烛，266
淡红忍冬 345
淡灰槭 225
淡绿短肠蕨 18
淡绿双盖蕨 18
淡竹 108
淡竹叶 114
淡竹叶属 114
弹刀子菜 316
弹裂碎米荠 230
当归 351
当归属 351
当归藤 257
党参属 323
刀豆 145
刀豆属 145
倒挂铁角蕨 14
倒果木半夏 171
倒鳞耳蕨 25
倒卵叶木莲 45
倒卵叶青冈 186
倒卵叶石楠 160
倒卵叶野木瓜 120
倒提壶 283
倒心叶珊瑚 270
倒折联毛紫菀 342
稻 113
稻槎菜 332

稻槎菜属 332
稻属 112
稻田藨芥 91
德化鳞毛蕨 23
地蚕 307
地胆草 327
地胆草属 327
地耳草 197
地肤 241
地肤属 241
地埂鼠尾草 312
地构叶 202
地构叶属 202
地黄属 317
地锦 141
地锦草 204
地锦苗 119
地锦属 141
地菍 214
地笋 314
地笋属 314
地桃花 225
地杨梅 85
地杨梅属 85
地杨桃 205
地杨桃属 205
地榆 157
地榆属 157
灯笼草 309
灯笼树 269
灯台莲 54
灯台树 247
灯台兔儿风 337
灯心草 85
灯心草科 85
灯心草属 85
灯油藤 193
滴水珠 55
荻 107
棣棠花 169
棣棠花属 169
滇白珠 269
颠茄 288
颠茄属 288
点地梅 254
点地梅属 254
点囊薹草 89
点腺过路黄 256
垫状卷柏 03
吊皮锥 185
吊石苣苔 292
吊石苣苔属 292
吊钟花 269
吊钟花属 269
吊钟山矾 261
叠珠树科 227
碟斗青冈 185
蝶花荚蒾 344

中文名称索引 / 363

丁癸草 153	冬青卫矛 194	短柄山桂花 200	短序山梅花 245	盾叶唐松草 125
丁癸草属 153	冬青叶桂樱 167	短柄小连翘 198	短序铁苋菜 205	多苞斑种草 284
丁香杜鹃 267	冻绿 174	短柄野芝麻 305	短叶赤车 181	多苞糙果茶 259
丁香蓼 211	兜被兰属 74	短柄紫珠 303	短叶胡枝子 149	多齿紫珠 303
丁香蓼属 210	斗竹 116	短齿白毛假糙苏 306	短叶江西小檗 123	多秆画眉草 101
丁香属 291	豆瓣菜 228	短刺虎刺 273	短叶茳芏 86	多花桉 212
顶果膜蕨 06	豆瓣菜属 228	短刺米槠 184	短叶决明 155	多花百日菊 342
顶花板凳果 131	豆茶决明 153	短促京黄芩 310	短叶柳叶菜 210	多花地杨梅 85
顶芽狗脊 16	豆腐柴 312	短萼海桐 347	短叶罗汉松 34	多花杜鹃 266
鼎湖钓樟 47	豆腐柴属 312	短萼黄连 126	短叶黍 112	多花勾儿茶 172
定心藤 269	豆科 141	短辐水芹 352	短叶水蜈蚣 92	多花黑麦草 117
定心藤属 269	豆梨 167	短梗菝葜 63	短叶中华石楠 160	多花胡枝子 149
东北南星 54	豆目 141	短梗稠李 168	短颖草属 97	多花黄精 78
东北蛇葡萄 139	豆薯 156	短梗大参 347	短颖马唐 103	多花剪股颖 97
东北水马齿 296	豆薯属 156	短梗冬青 319	短枝竹 117	多花兰 69
东俄芹属 351	毒根斑鸠菊 333	短梗胡枝子 149	短轴山梅花 245	多花木蓝 145
东方茨藻 56	独花兰 65	短梗幌伞枫 347	短柱八角 41	多花泡花树 128
东方狗脊 15	独花兰属 65	短梗棘豆 151	短柱茶 258	多花茜草 272
东方古柯 196	独活 354	短梗木荷 258	短柱柃 250	多花山矾 261
东方狐尾藻 137	独活属 354	短梗南蛇藤 193	短柱络石 280	多花水苋 210
东方荚果蕨 15	独角莲 55	短梗挖耳草 301	短柱树参 350	多花紫藤 152
东方荚果蕨属 15	独脚金 318	短梗尾叶樱桃 170	短柱铁线莲 126	多荚草 240
东方肉穗草 214	独脚金属 318	短梗新木姜子 49	断线蕨 28	多荚草属 240
东方野扇花 131	独蒜兰 74	短梗重楼 61	椴属 225	多节细柄草 100
东方泽泻 56	独蒜兰属 74	短冠草 318	椴树 225	多茎鼠麴草 326
东风菜 328	独行菜属 231	短冠草属 318	椴叶独活 354	多茎委陵菜 161
东风草 336	独行千里 228	短冠东风菜 328	堆心菊 341	多孔茨藻 56
东莞报春苣苔 294	独子藤 193	短果石笔木 258	堆心菊属 341	多裂黄檀 147
东京鳞毛蕨 24	杜根藤 299	短尖毛蕨 19	对萼猕猴桃 264	多裂叶水芹 352
东京樱花 170	杜衡 43	短尖千金子 111	对结刺 172	多鳞粉背蕨 09
东南景天 136	杜虹花 303	短尖薹草 87	对马耳蕨 26	多轮草 274
东南南蛇藤 193	杜虹紫珠 304	短豇豆 152	对囊蕨属 17	多轮草属 274
东南爬山虎 140	杜茎山 253	短茎半菊苣苔 293	对叶景天 136	多脉鹅耳枥 188
东南飘拂草 93	杜茎山属 253	短茎萼脊兰 68	对叶楼梯草 180	多脉凤仙花 249
东南葡萄 138	杜鹃 268	短距槽舌兰 70	钝齿红紫珠 305	多脉青冈 186
东南茜草 272	杜鹃花科 265	短毛独活 354	钝齿尖叶桂樱 168	多脉榆 174
东南蛇根草 272	杜鹃花目 248	短毛椴 225	钝齿铁角蕨 14	多毛板凳果 131
东南铁角蕨 14	杜鹃花属 266	短毛金线草 235	钝齿铁线莲 126	多毛荛花 227
东南悬钩子 165	杜鹃兰 72	短毛楼梯草 180	钝萼铁线莲 127	多毛沙参 322
东南野桐 203	杜鹃兰属 72	短毛铁线莲 127	钝果寄生属 233	多毛知风草 101
东南长蒴苣苔 292	杜梨 167	短蕊槐 153	钝角金星蕨 20	多蕊蛇菰 232
东亚魔芋 54	杜若 81	短蕊景天 137	钝角三峡槭 219	多色苦荬 329
东亚囊瓣芹 352	杜若属 81	短蕊石蒜 77	钝头冬青 322	多穗金粟兰 53
东亚舌唇兰 74	杜松 35	短舌紫菀 328	钝头瓶尔小草 05	多穗柯 184
东亚唐棣 169	杜英 196	短丝木犀 289	钝叶短柱茶 258	多腺悬钩子 164
东亚唐松草 125	杜英科 196	短穗蛇菰 231	钝叶假蚊母树 133	多须公 325
东亚羽节蕨 13	杜英属 196	短穗竹 97	钝叶柃 251	多序楼梯草 180
东洋对囊蕨 17	杜仲 270	短筒荚蒾 343	钝叶楼梯草 180	多叶斑叶兰 72
东瀛珊碱草 100	杜仲科 270	短尾鹅耳枥 188	钝叶蔷薇 167	多叶舌唇兰 74
冬凤兰 69	杜仲属 270	短尾饭汤子 344	钝叶水丝梨 133	多叶浙江木蓝 146
冬瓜 190	杜仲藤 280	短尾柯 183	钝叶酸模 234	多裔草 107
冬瓜属 190	短苞薹草 88	短尾铁线莲 126	钝羽对囊蕨 17	多裔草属 107
冬红短柱茶 259	短苞薹草 89	短尾越橘 266	钝羽假蹄盖蕨 17	多羽复叶耳蕨 21
冬葵 224	短柄滨禾蕨 29	短细轴荛花 227	盾果草 283	多羽节肢蕨 27
冬青 319	短柄草 97	短小蛇根草 272	盾果草属 283	多羽蹄盖蕨 16
冬青科 319	短柄草属 97	短序报春苣苔 294	盾蕨属 29	多枝扁莎 90
冬青目 318	短柄粉条儿菜 58	短序荚蒾 343	盾叶莓 164	多枝乱子草 116
冬青属 319	短柄荚蒾 343	短序润楠 52	盾叶薯蓣 60	多枝霉草 60

多枝婆婆纳 296	二翅六道木 346	肺筋草属 58	'凤尾柏' 35	'抚芎' 354
多枝雾水葛 181	二花珍珠茅 92	费菜 137	凤尾蕨科 08	附地菜 284
多皱一枝黄花 334	二回边缘鳞盖蕨 12	费菜属 137	凤尾蕨属 10	附地菜属 284
朵花椒 220	二列叶柃 250	芬芳安息香 263	凤尾竹 105	阜平黄堇 119
	二歧蓼 235	'粉柏' 35	凤仙花 248	复序飘拂草 93
E	二乔玉兰 45	粉背菝葜 63	凤仙花科 248	复叶耳蕨属 21
莪术 83	二球悬铃木 129	粉背蕨 09	凤仙花属 248	复羽叶栾树 216
峨参 355	二色五味子 41	粉背蕨属 09	凤丫蕨 10	傅氏凤尾蕨 10
峨参属 355	二尾兰 68	粉背南蛇藤 193	凤眼蓝 82	腹水草 294
峨眉春蕙 69	二尾兰属 68	粉背薯蓣 59	凤眼莲属 82	馥芳艾纳香 336
峨眉繁缕 239	二形鳞薹草 87	粉被薹草 89	凤竹 116	
峨眉凤了蕨 09	二型肋毛蕨 22	粉椴 225	弗吉尼亚须芒草 96	**G**
峨眉凤丫蕨 09	二型柳叶箬 94	粉防己 121	伏地卷柏 03	盖裂果 271
峨眉茯蕨 19	二型叶对囊蕨 17	粉葛 151	伏毛八角枫 248	盖裂果属 271
峨眉含笑 44	二型叶假蹄盖蕨 17	粉花绣线菊 159	伏毛杜鹃 268	甘菊 333
峨眉鸡血藤 144	二叶兜被兰 74	粉花月见草 211	伏毛蓼 237	甘露子 307
峨眉鼠刺 134	二叶郁金香 64	粉绿竹 109	伏生紫堇 119	甘遂 205
峨眉蹄盖蕨 16		粉绿钻地风 247	伏石蕨 27	甘蔗 111
鹅不食草 326	**F**	粉酸竹 96	伏石蕨属 27	甘蔗属 111
鹅肠菜 240	发秆薹草 87	粉条儿菜 58	扶芳藤 194	柑橘 221
鹅肠菜属 240	法氏早熟禾 100	粉团 344	佛肚竹 105	柑橘属 221
鹅耳枥 188	番荔枝科 46	粉团蔷薇 166	佛光草 312	赶山鞭 197
鹅耳枥属 188	番薯 285	粉叶轮环藤 121	佛甲草 136	橄榄竹 102
鹅观草 100	番杏科 243	粉叶爬山虎 140	佛手瓜 191	干旱毛蕨 18
鹅毛玉凤花 72	翻白草 161	粉叶蛇葡萄 140	佛手瓜属 191	赣皖乌头 125
鹅毛竹 98	翻白叶树 223	粉叶新木姜子 49	拂子茅 98	刚毛白筋 349
鹅毛竹属 98	翻唇兰属 70	粉叶羊蹄甲 142	拂子茅属 98	刚毛黄蜀葵 223
鹅绒藤属 281	繁缕 239	粪箕笃 121	荸荠 99	刚毛毛叶腹水草 295
鹅掌草 124	繁缕属 239	丰城鸡血藤 144	浮萍 54	刚毛藤山柳 265
鹅掌柴 350	繁穗苋 242	丰花草 274	浮萍属 54	刚毛五加 349
鹅掌楸 45	反瓣虾脊兰 67	丰满凤仙花 249	浮叶眼子菜 58	刚松 33
鹅掌楸属 45	反枝苋 242	风车子 208	福参 351	刚莠竹 113
饿蚂蝗 145	饭包草 81	风车子属 208	福建柏 36	刚竹 109
鄂报春 255	饭甑青冈 185	风花菜 229	福建柏属 36	刚竹属 107
鄂椴 225	梵天花 225	风兰 75	福建茶秆竹 115	岗柃 250
鄂西南星 54	梵天花属 225	风兰属 75	福建冬青 320	岗松 211
鄂西前胡 352	方竹 97	风龙 122	福建观音座莲 05	岗松属 211
鄂西清风藤 129	芳香石豆兰 66	风龙属 122	福建过路黄 256	港柯 183
鄂西玉山竹 114	防己科 121	风轮菜 309	福建含笑 44	港油麻藤 154
鄂羊蹄甲 142	仿栗 196	风轮菜属 309	福建假稠李 161	杠板归 236
萼脊兰属 68	飞蛾槭 218	风毛菊 340	福建假瘤蕨 30	杠柳 281
萼距花属 210	飞蛾藤 286	风毛菊属 340	福建假卫矛 195	杠柳属 281
恩氏假瘤蕨 30	飞蛾藤属 286	风藤 42	福建堇菜 199	杠香藤 203
儿茶属 156	飞来蓝 300	风箱树 273	福建狸尾豆 153	高斑叶兰 72
耳草 276	飞廉 333	风箱树属 273	福建毛蕨 19	高丛珍珠梅 160
耳草属 276	飞廉属 333	枫寄生 232	福建青冈 185	高大一枝黄花 334
耳稃草属 103	飞龙掌血 221	枫香树 132	福建山矾 260	高秆莎草 86
耳基卷柏 03	飞龙掌血属 221	枫香树属 131	福建山桐子 201	高秆珍珠茅 92
耳基水苋 209	飞蓬属 325	枫杨 187	福建薹草 87	高寒水韭 03
耳蕨属 25	飞扬草 204	枫杨属 187	福建细辛 43	高节竹 109
耳形瘤足蕨 07	非洲菊 326	封怀凤仙花 249	福建绣球 246	高良姜 83
耳叶鸡矢藤 272	菲白竹 110	蜂斗菜 330	福建羊耳蒜 65	高粱 114
耳叶马兜铃 43	肥荚红豆 151	蜂斗菜属 330	福建紫薇 209	高粱泡 164
耳羽短肠蕨 18	肥肉草属 213	蜂斗草属 214	福氏马尾杉 02	高粱属 114
耳羽双盖蕨 18	肥皂荚 145	蜂窠马兜铃 42	福氏肿足蕨 21	高毛鳞省藤 80
耳羽岩蕨 15	肥皂荚属 145	凤凰润楠 52	福州薯蓣 59	高山柏 35
耳状紫柄蕨 21	榎属 37	凤了蕨 10	福州苎麻 180	高山谷精草 84
二齿香科科 307	榎树 37	凤了蕨属 09		高山蛤兰 75

中文名称索引 / 365

高山老鹳草 208	钩柱毛茛 125	观光鳞毛蕨 24	光烟草 288	广东石斛 71
高山露珠草 211	钩状石斛 70	观光木 44	光叶巴东过路黄 256	广东水马齿 296
高山毛兰 75	钩锥 185	观音草 301	光叶扁担杆 223	广东丝瓜 191
高乌头 125	狗肝菜 300	观音草属 301	光叶粉花绣线菊 159	广东乌饭 266
高野山龙头草 315	狗肝菜属 300	观音竹 105	光叶海桐 347	广东西番莲 200
高原露珠草 211	狗骨柴 274	观音座莲属 05	光叶红豆 151	广东新耳草 271
藁本 353	狗骨柴属 274	冠唇花属 315	光叶绞股蓝 190	广东绣球 246
藁本属 353	狗脊 15	冠盖藤 245	光叶金星蕨 20	广东异型兰 67
疙瘩七 348	狗脊属 15	冠盖藤属 245	光叶堇菜 200	广东紫珠 304
鸽仔豆 147	狗筋蔓 238	冠盖绣球 245	光叶鳞盖蕨 12	广防风 303
革叶茶藨子 134	狗面花属 316	冠果草 56	光叶马鞍树 150	广防风属 303
革叶耳蕨 25	狗舌草 331	冠毛榕 176	光叶毛果枳椇 173	广藿香 312
革叶猕猴桃 264	狗舌草属 331	管苞瓶蕨 06	光叶泡花树 128	广寄生 233
革叶槭 217	狗娃花 327	管萼山豆根 148	光叶荛花 227	广西赤竹 98
革叶清风藤 129	狗尾草 99	管花马兜铃 43	光叶山矾 260	广西地海椒 288
革叶算盘子 207	狗尾草属 99	管茎凤仙花 249	光叶山黄麻 175	广西过路黄 255
革叶铁榄 252	狗牙根 95	管茎过路黄 255	光叶蛇葡萄 139	广西龙胆 278
格药柃 250	狗牙根属 95	贯叶过路黄 257	光叶石楠 160	广西树参 350
葛 151	狗枣猕猴桃 264	贯叶连翘 197	光叶水青冈 182	广西铁仔 253
葛藟葡萄 138	枸骨 319	贯众 23	光叶铁仔 254	广西新木姜子 49
葛罗枫 217	枸杞 286	贯众属 22	光叶兔儿风 337	广西紫荆 143
葛麻姆 151	枸杞属 286	光瓣堇菜 199	光叶碗蕨 11	广序臭草 110
葛属 151	构棘 177	光苞紫菊 329	光叶细刺枸骨 320	广叶桉 212
葛枣猕猴桃 264	构属 177	光柄筒冠花 306	光叶眼子菜 58	广州蔊菜 229
隔距兰属 66	构树 178	光萼斑叶兰 72	光叶淫羊藿 122	广州蛇根草 272
隔山香 353	菰 113	光萼唇柱苣苔 292	光叶紫玉盘 46	'龟甲冬青' 319
隔山消 282	菰属 113	光萼荚蒾 343	光叶紫珠 304	'龟甲竹' 108
根花薹草 89	菰腺忍冬 345	光萼林檎 167	光枝杜鹃 267	鬼白属 122
根茎水竹叶 81	古柯科 196	光萼茅膏菜 238	光枝勾儿茶 173	鬼蜡烛 109
根叶漆姑草 240	古柯属 196	光萼石楠 161	光枝米碎花 250	鬼针草 335
耿氏假硬草 118	谷精草 84	光萼小蜡 292	光枝楠 50	鬼针草属 335
耿氏硬草 118	谷精草科 84	光稃野燕麦 105	光枝湘黔柃 250	贵定杜鹃 267
梗花华西龙头草 315	谷精草属 84	光竿青皮竹 105	光籽木槿 224	贵定桤叶树 265
梗花椒 220	谷蓼 211	光高粱 115	光紫薇 209	贵州半蒴苣苔 293
梗花雀梅藤 172	谷木叶冬青 321	光果金樱子 166	广布铁角蕨 13	贵州连蕊茶 258
弓果黍 102	骨牌蕨 27	光果悬钩子 163	广布野豌豆 151	贵州络石 280
弓果黍属 102	骨碎补科 26	光滑高粱泡 164	广布芋兰 69	贵州萍蓬草 40
弓果藤属 281	骨碎补铁角蕨 14	光滑柳叶菜 210	广东报春 255	贵州桤叶树 265
龚氏金茅 106	牯岭东俄芹 351	光滑水筛 57	广东齿唇兰 67	贵州忍冬 345
勾儿茶 173	牯岭凤仙花 249	光滑悬钩子 165	广东大青 308	贵州石栎 183
勾儿茶属 172	牯岭勾儿茶 173	光荚含羞草 154	广东地构叶 202	贵州石楠 160
沟稃草 111	牯岭藜芦 62	光脚短肠蕨 17	广东冬青 320	贵州鼠尾草 311
沟稃草属 111	牯岭山梅花 245	光脚金星蕨 20	广东杜鹃 267	贵州娃儿藤 280
沟酸浆 316	牯岭山楂 159	光脚栗金星蕨 20	广东胡枝子 149	桂东锦香草 214
钩齿鼠李 173	牯岭蛇葡萄 140	光脚双盖蕨 17	广东堇菜 199	桂南木莲 45
钩刺雀梅藤 172	牯岭悬钩子 164	光蜡树 290	广东里白 06	桂皮紫萁 05
钩萼草 315	牯岭野豌豆 152	光里白 06	广东临时救 256	桂皮紫萁属 05
钩萼草属 315	鼓岭渐尖毛蕨 18	光亮山矾 260	广东牡荆 308	桂樱属 167
钩距虾脊兰 67	鼓子花 285	光亮悬钩子 164	广东木瓜红 263	桂竹 109
钩毛蕨属 18	瓜馥木 46	光蓼 235	广东盆距兰 68	过江藤 302
钩毛紫珠 304	瓜馥木属 46	光皮梾木 248	广东蔷薇 166	过江藤属 302
钩藤 271	瓜叶乌头 125	光石韦 29	广东琼楠 48	过路黄 255
钩藤属 271	瓜子金 157	光蹄盖蕨 16	广东柔毛紫茎 258	过路惊 213
钩突耳草 302	栝楼 190	光头稗 104	广东润楠 52	过山枫 192
钩吻 279	栝楼属 189	光头山碎米荠 230	广东山胡椒 47	过山蕨 14
钩吻科 279	挂金灯 288	光箨篌竹 108	广东山龙眼 130	
钩吻属 279	拐芹 351	光箨苦竹 110	广东蛇葡萄 139	**H**
钩腺大戟 205	关公须 312	光序刺毛越橘 266	广东石豆兰 66	哈氏赤飑 190

蛤兰属 75	豪猪刺 123	黑鳞剑蕨 28	红盖鳞毛蕨 23	厚唇兰属 70
还亮草 128	禾本科 94	黑鳞远轴鳞毛蕨 24	红根草 312	厚斗柯 183
孩儿参 239	禾本目 84	黑鳞珍珠茅 92	红骨母草 298	厚果崖豆藤 154
孩儿参属 239	禾秆蹄盖蕨 16	黑柃 250	红果黄鹌菜 332	厚壳桂 49
孩儿草属 301	禾叶景天 136	黑麦草 117	红果黄肉楠 48	厚壳桂属 49
海岸松 33	禾叶山麦冬 79	黑麦草属 117	红果罗浮槭 218	厚壳树 283
海岛苎麻 180	合耳菊属 330	黑鳗藤 283	红果山胡椒 47	厚壳树属 283
海金沙 06	合冠鼠麴草属 340	黑鳗藤属 283	红果树 158	厚皮菜 241
海金沙科 06	合欢 150	黑面神 207	红果树属 158	厚皮灰木 260
海金沙属 06	合欢属 150	黑面神属 207	红果杨桃 264	厚皮毛竹 108
海金子 347	合鳞薹草 90	黑蕊猕猴桃 264	红果榆 175	厚皮香 251
海绵基荸荠 91	合萌 148	黑三棱 84	红孩儿 192	厚皮香八角 41
海南冬青 320	合萌属 148	黑三棱属 84	红褐柃 251	厚皮香属 251
海南李榄 289	合囊蕨科 05	黑莎草 86	红后竹 109	厚皮锥 184
海南链珠藤 282	合掌消 281	黑莎草属 86	红花鸡距草 119	厚朴 45
海南流苏树 289	合轴荚蒾 345	黑松 33	红花寄生 233	厚朴属 45
海南马蓝 299	何首乌 237	黑穗画眉草 101	红花檵木 133	厚叶冬青 320
海南马唐 103	何首乌属 237	黑腺珍珠菜 256	红花木莲 45	厚叶红淡比 251
海漆属 203	和尚菜 340	黑心黄芩 310	红花天料木 201	厚叶红山茶 258
海棠叶蜂斗草 214	和尚菜属 340	黑叶角蕨 17	红花酢浆草 195	厚叶厚皮香 252
海通 309	河岸阴山荠， 228	黑叶木蓝 145	红茴香 41	厚叶肋毛蕨 22
海桐 347	河八王 111	黑叶锥 185	红茎猕猴桃 264	厚叶猕猴桃 264
海桐科 347	河北木蓝 145	黑藻 57	红凉伞 254	厚叶石斑木 162
海桐山矾 260	荷包山桂花 156	黑藻属 57	红蓼 236	厚叶鼠刺 134
海桐属 347	荷花玉兰 45	黑轴凤了蕨 10	红裂稃草 98	厚叶双盖蕨 17
海桐叶白英 287	荷莲豆草 238	黑轴凤丫蕨 10	红鳞扁莎 90	厚叶铁角蕨 13
海仙花 346	荷莲豆草属 238	黑籽重楼 61	红鳞蒲桃 212	厚叶铁线莲 126
海芋 54	荷青花 118	黑紫藜芦 62	红柳叶牛膝 241	厚叶悬钩子 163
海芋属 54	荷青花属 118	黑足鳞毛蕨 23	红马蹄草 349	厚叶紫茎 257
海州常山 309	核果茶属 258	亨氏花楸 158	红脉钓樟 48	忽地笑 77
海州香薷 313	盒子草 189	亨氏马先蒿 317	红毛七 123	狐尾藻 137
含笑花 44	盒子草属 189	亨氏薹草 88	红毛七属 123	狐尾藻属 137
含笑属 43	褐苞薯蓣 60	亨氏香楠 277	红楠 52	胡椒科 42
含羞草 154	褐柄合耳菊 330	横果薹草 90	红皮糙果茶 259	胡椒目 41
含羞草属 154	褐柄剑蕨 28	横纹薹草 89	红皮木姜子 51	胡椒属 42
韩氏悬钩子 163	褐冠小苦荬 342	衡山荚蒾 344	红瑞木 247	胡萝卜 354
韩信草 310	褐果薹草 87	衡山金丝桃 197	红色新月蕨 20	胡萝卜属 354
寒兰 69	褐毛杜英 196	红背桂 203	红丝线 286	胡麻草 318
寒莓 162	褐毛海桐 347	红背山麻杆 202	红丝线属 286	胡麻草属 318
寒竹 97	褐毛石楠 160	红边竹 109	红尾翎 103	胡桃 187
寒竹属 97	褐毛四照花 247	红柄白鹃梅 168	红腺悬钩子 165	胡桃科 187
蔊菜 229	褐叶青冈 186	红柄木犀 289	红叶葡萄 138	胡桃楸 187
蔊菜属 229	褐叶线蕨 28	红哺鸡竹 108	红叶野桐 204	胡桃属 187
汉城细辛 43	鹤草 238	红柴胡 355	红锥 184	胡颓子 171
汉防己 122	鹤顶兰属 73	红柴枝 128	红紫珠 304	胡颓子科 171
旱稗 104	黑边铁角蕨 14	红车轴草 155	红足蒿 339	胡颓子属 171
旱蕨 09	黑草 317	红椿 222	洪雅耳蕨 25	胡枝子 149
旱柳 201	黑草属 317	红淡比 251	喉药醉鱼草 298	胡枝子属 149
旱芹 355	黑弹树 175	红淡比属 251	猴耳环属 141	壶花荚蒾 345
旱雀麦 99	黑顶卷柏 03	红冬蛇菰 232	猴欢喜 196	葫芦 191
旱田草 299	黑果菝葜 63	红豆杉 37	猴欢喜属 196	葫芦茶 143
杭白芷 351	黑果薄柱草 272	红豆杉科 37	猴头杜鹃 268	葫芦茶属 143
杭蓟 327	黑果荚蒾 344	红豆杉属 37	猴樟 48	葫芦科 189
杭州石荠苎 313	黑荆 142	红豆属 151	箬竹 108	葫芦目 189
杭州榆 174	黑壳楠 47	红豆树 151	后蕊苣苔属 292	葫芦属 191
杭子梢 144	黑老虎 40	红毒茴 41	厚瓣鹰爪花 46	湖北百合 64
杭子梢属 144	黑狸尾豆 153	'红枫' 218	厚边木犀 289	湖北大戟 204
蒿属 338	黑鳞耳蕨 25	红凤菜 326	厚齿石楠 160	湖北鹅耳枥 188

中文名称索引 / 367

湖北栝楼 190	花点草 181	华南复叶耳蕨 22	华西俞藤 140	黄豆杉 37
湖北海棠 167	花点草属 181	华南谷精草 84	华髯茅 103	黄独 59
湖北花楸 158	花椒 219	华南桂 48	华夏慈姑 56	'黄竿京竹' 107
湖北华箬竹 98	花椒簕 220	华南桂樱 167	华腺萼木 271	黄古竹 107
湖北黄精 79	花椒属 219	华南胡椒 42	华中对囊蕨 17	黄瓜 189
湖北老鹳草 208	花桐木 151	华南画眉草 101	华中蛾眉蕨 17	黄瓜假还阳参 326
湖北木姜子 51	花毛竹 108	华南桦 189	华中凤尾蕨 11	黄瓜属 189
湖北葡萄 139	花魔芋 54	华南金粟兰 53	华中茯蕨 19	黄果厚壳桂 49
湖北三毛草 114	花木蓝 145	华南堇菜 198	华中枸骨 319	黄果茄 287
湖北山楂 159	花南星 54	华南爵床 299	华中介蕨 17	黄海棠 197
湖北算盘子 208	花旗松 32	华南鳞盖蕨 12	华中冷水花 178	黄褐珠光香青 337
湖北野青茅 102	花楸属 158	华南鳞毛蕨 24	华中瘤足蕨 07	黄花白及 73
湖北紫荆 143	花莛薹草 89	华南龙胆 278	华中婆婆纳 296	黄花败酱 346
湖瓜草 91	花莛乌头 125	华南落新妇 135	华中前胡 353	黄花菜 77
湖瓜草属 90	花箨唐竹 102	华南马鞍树 150	华中山柳 265	黄花草 228
湖广忍冬 345	花椰菜 230	华南马蓝 299	华中山楂 159	黄花草属 228
湖南杜鹃 267	花叶地锦 141	华南马尾杉 02	华中蛇莲 190	黄花倒水莲 156
湖南凤仙花 249	花叶滇苦菜 335	华南毛蕨 19	华中碎米荠 231	黄花蒿 338
湖南黄芩 310	花叶鸡桑 178	华南木姜子 51	华中蹄盖蕨 16	黄花鹤顶兰 73
湖南堇菜 199	花叶冷水花 179	华南蒲桃 212	华中铁角蕨 14	黄花狸藻 301
湖南桤叶树 265	花叶山姜 83	华南桤叶树 265	华中铁线莲 127	黄花茅 96
湖南石楠 185	花竹 104	华南青冈 185	华中乌蔹莓 141	黄花茅属 96
湖南香薷 313	华北薄鳞蕨 09	华南青皮木 233	华中五味子 41	黄花美人蕉 82
湖南悬钩子 163	华北粉背蕨 09	华南忍冬 345	华中五月茶 207	黄花稔属 226
湖南阴山荠 228	华北剪股颖 96	华南山柳 265	华中稀子蕨 12	黄花水八角 297
湖南玉山竹 114	华北绣线菊 159	华南舌蕨 25	华中楠子 166	黄花水龙 210
湖南蜘蛛抱蛋 78	华刺子莞 92	华南实蕨 22	华中樱桃 170	黄花线柱兰 68
槲寄生 232	华东安蕨 16	华南苏铁 32	华重楼 61	黄花小二仙草 138
槲寄生属 232	华东菝葜 63	华南蓧蕨 26	华紫珠 303	黄花羊耳蒜 65
槲蕨 27	华东薷草 91	华南铁角蕨 13	滑皮柯 184	黄花油点草 64
槲蕨属 27	华东椴 225	华南兔儿风 338	滑叶山姜 83	黄花月见草 211
槲栎 186	华东复叶耳蕨 22	华南吴萸 220	化香树 187	黄灰毛豆 142
槲树 186	华东黄杉 32	华南五针松 33	化香树属 187	黄金凤 249
蝴蝶草属 298	华东蓝刺头 326	华南狭叶花椒 219	画眉草 101	黄金间碧竹 105
蝴蝶花 76	华东瘤足蕨 07	华南小蜡、亮叶小蜡	画眉草属 101	黄金茅属 106
蝴蝶戏珠花 344	华东膜蕨 05	树 291	桦木科 188	黄堇 119
虎刺 273	华东木蓝 145	华南悬钩子 163	桦木属 189	黄荆 307
虎刺属 273	华东葡萄 139	华南野靛棵 299	桦叶荚蒾 343	黄精属 78
虎耳草 135	华东山柳 265	华南远志 156	桦叶葡萄 138	黄精叶钩吻 60
虎耳草科 135	华东唐松草 125	华南云实 143	怀集柯 183	黄葵 223
虎耳草目 131	华东小檗 123	华南皂荚 147	槐 142	黄蜡果 119
虎耳草属 135	华东杏叶沙参 322	华南锥 184	槐属 142	黄兰 66
虎克鳞盖蕨 12	华东阴地蕨 04	华南紫萁 05	槐叶决明 153	黄兰含笑 43
虎皮楠 134	华鹅绒藤 281	华女贞 291	槐叶蘋科 07	黄兰属 66
虎皮楠科 134	华凤仙 249	华千金榆 188	槐叶蘋 07	黄连 126
虎皮楠属 134	华钩藤 271	华润楠 52	槐叶蘋属 07	黄连木 216
虎舌红 254	华湖瓜草 90	华箬竹 98	萱 199	黄连木属 216
虎舌兰 70	华空木 159	华桑 178	焕镛粗叶木 276	黄连属 126
虎舌兰属 70	华漏芦 331	华桑寄生 233	黄鹌菜 332	黄鳞二叶飘拂草 93
虎尾草 97	华萝藦 280	华山矾 261	黄鹌菜属 332	黄龙尾 161
虎尾草属 97	华蔓茶藨子 134	华山姜 83	黄背野桐 204	黄麻 223
虎尾铁角蕨 13	华蔓首乌 237	华山松 33	黄背越橘 266	黄麻属 223
虎掌 55	华木槿 224	华鼠尾草 311	黄檗 219	黄麻叶扁担杆 223
虎掌藤属 285	华木莲 45	华水苏 307	黄檗属 219	黄脉莓 166
虎杖 234	华木犀 289	华素馨 290	黄槽竹 107	黄毛楤木 348
虎杖属 234	华南赤车 181	华西复叶耳蕨 22	黄草毛 95	黄毛冬青 319
互叶指甲草 240	华南冬青 321	华西龙头草 315	黄刺玫 167	黄毛蒿 339
花哺鸡竹 108	华南凤尾蕨 10	华西忍冬 346	黄丹木姜子 51	黄毛猕猴桃 264

黄茅 106	黄樟 49	藿香蓟 339	寄生藤 232	假升麻属 170
黄茅属 106	黄枝润楠 52	藿香蓟属 339	寄生藤属 232	假鼠妇草 106
黄棉木 276	黄轴凤了蕨 10	藿香属 302	蓟 326	假酸浆 286
黄棉木属 276	黄轴凤丫蕨 10	**J**	蓟属 326	假酸浆属 286
黄牛木 197	黄珠子草 207		鲫鱼草 101	假蹄盖蕨 17
黄牛木属 197	幌菊 295	芨芨草属 94	鲫鱼胆 253	假卫矛属 195
黄牛奶树 260	幌菊属 295	鸡柏紫藤 171	檵木 133	假蚊母属 133
黄泡 164	幌伞枫 347	鸡肠繁缕 239	檵木属 133	假斜方复叶耳蕨 22
黄皮花毛竹 108	幌伞枫属 347	鸡公柳 200	加拿大一枝黄花 334	假野菰 318
黄皮绿筋刚竹 109	灰白蜡瓣花 133	鸡骨香 204	加拿大早熟禾 100	假野菰属 318
黄皮绿筋竹 109	灰白毛莓 165	鸡冠花 241	加杨 201	假异鳞毛蕨 23
黄皮属 221	灰背清风藤 129	鸡冠眼子菜 57	夹竹桃 283	假硬草属 118
黄芪属 142	灰背铁线蕨 09	鸡桑 178	夹竹桃科 280	尖瓣花 288
黄杞 187	灰化薹草 87	鸡矢藤 272	夹竹桃属 283	尖苞谷精草 84
黄芩 309	灰柯 183	鸡矢藤属 272	荚蒾 343	尖齿臭茉莉 309
黄芩属 309	灰莲蒿 338	鸡树条 344	荚蒾属 343	尖萼梣 290
黄绒润楠 52	灰鳞假瘤蕨 30	鸡头薯 148	假苞囊瓣芹 352	尖萼刀豆 145
黄肉楠属 48	灰绿耳蕨 26	鸡头薯属 148	假鞭叶铁线蕨 09	尖萼海桐 347
黄山杜鹃 267	灰绿藜 242	鸡腿堇菜 198	假糙苏 306	尖萼红山茶 259
黄山风毛菊 340	灰绿龙胆 278	鸡血藤 143	假糙苏属 306	尖萼厚皮香 252
黄山花楸 158	灰毛大青 308	鸡眼草 142	假粗毛鳞盖蕨 12	尖萼毛柃 250
黄山栎 187	灰毛豆属 142	鸡眼草属 142	假大羽铁角蕨 14	尖萼乌口树 273
黄山鳞毛蕨 25	灰毛含笑 44	鸡眼藤 271	假稻 114	尖萼紫珠 304
黄山龙胆 278	灰毛鸡血藤 143	鸡仔木 274	假稻属 114	尖连蕊茶 259
黄山木兰 44	灰毛牡荆 307	鸡仔木属 274	假地豆 144	尖裂假还阳参 326
黄山舌唇兰 74	灰毛泡 164	鸡爪槭 218	假地枫皮 41	尖脉木姜子 50
黄山鼠尾草 311	灰帽薹草 88	鸡肫梅花草 195	假地蓝 146	尖帽草 279
黄山松 33	灰叶安息香 262	鸡足葡萄 139	假灯心草 85	尖帽草属 279
黄山溲疏 246	灰叶稠李 168	积雪草 355	假对马耳蕨 25	尖山橙 281
黄山乌头 125	灰叶南蛇藤 193	积雪草属 355	假耳羽短肠蕨 18	尖头青竹 107
黄山蟹甲草 329	'灰叶杉木' 36	笋石菖 85	假耳羽双盖蕨 18	尖头蹄盖蕨 16
黄山锈毛五叶参 350	灰竹 108	姬蕨 12	假繁缕属 274	尖尾枫 304
黄山玉兰 44	苘苘蒜 124	姬蕨属 12	假福工草 329	尖尾槭 217
黄山紫堇 119	茴芹属 352	基脉润楠 52	假福王草属 329	尖尾芋 54
黄山紫荆 143	茴香 354	及己 53	假还阳参属 326	尖叶菝葜 62
黄杉属 32	茴香属 354	吉祥草 80	假海马齿 243	尖叶白蜡 290
黄石斛 70	喙果鸡血藤 144	吉祥草属 80	假海马齿属 243	尖叶川杨桐 252
黄蜀葵 223	喙果绞股蓝 190	棘刺卫矛 194	假黑鳞耳蕨 25	尖叶藁本 353
黄水枝 135	喙叶假瘤蕨 30	棘豆属 151	假黄皮 221	尖叶桂樱 168
黄水枝属 135	蕙兰 69	棘茎楤木 348	假活血草 310	尖叶黄杨 130
黄睡莲 40	簪竹 115	蒺藜 141	假俭草 117	尖叶假蚊母树 133
黄松盆距兰 69	混淆鳞毛蕨 23	蒺藜科 141	假江南短肠蕨 18	尖叶栎 187
黄檀 146	活血丹 313	蒺藜目 141	假江南双盖蕨 18	尖叶毛柃 250
黄檀属 146	活血丹属 313	蒺藜属 141	假金发草属 115	尖叶清风藤 129
黄瓦韦 27	火葱 77	戟菜 41	假九节 273	尖叶水丝梨 133
黄细心 243	火灰山矾 260	戟菜属 41	假蒟 42	尖叶四照花 247
黄细心属 243	火棘 162	虮子草 111	假连翘 302	尖叶唐松草 125
黄腺香青 336	火棘属 162	挤果树参 350	假连翘属 302	尖叶乌蔹莓 141
黄心夜合 44	火炬松 33	戟叶耳蕨 26	假柳叶菜 210	尖叶眼子菜 58
黄眼草科 84	火绒草 331	戟叶堇菜 198	假楼梯草 178	尖叶长柄山蚂蝗 156
黄眼草属 84	火绒草属 331	戟叶蓼 237	假楼梯草属 178	坚被灯心草 85
黄杨 130	火石花属 326	戟叶圣蕨 19	假绿叶胡枝子 149	坚硬女娄菜 238
黄杨冬青 319	火炭母 235	戟叶悬钩子 163	假脉蕨属 05	间型沿阶草 79
黄杨科 130	火筒竹 98	纪氏勾儿茶 172	假毛蕨属 21	菅 117
黄杨目 130	火焰草 136	茅 231	假婆婆纳 253	菅属 117
黄杨属 130	霍山石斛 70	茅苍 323	假婆婆纳属 253	剪春罗 238
黄药豆腐柴 312	霍州油菜 155	茅属 231	假沙晶兰属 269	剪刀股 329
'黄叶扁柏' 35	藿香 302	茅芒 313	假升麻 170	剪股颖 96

中文名称索引 / 369

剪股颖属 96	江西黄杨 130	节肢蕨属 26	金沙槭 218	锦香草 214
剪红纱花 238	江西鸡血藤 144	结缕草 113	金丝草 111	锦香草属 214
剪秋罗 238	江西堇菜 199	结缕草属 113	金丝梅 197	锦绣杜鹃 266
剪秋罗属 238	江西柳叶箬 94	结香 227	金丝桃 197	锦绣苋 240
碱蓬属 241	江西马先蒿 317	结香属 227	金丝桃科 197	近二回羽裂南丹参 311
碱菀 330	江西满树星 320	结状飘拂草 93	金丝桃属 197	近实心茶竿竹 115
碱菀属 330	江西猕猴桃 264	睫背薹草 88	金松 38	近无毛小野芝麻 315
见霜黄 336	江西母草 298	睫毛萼凤仙花 249	金松科 38	荩草 98
见血青 65	江西蒲儿根 334	截果柯 184	金松属 38	荩草属 98
建兰 69	江西槭 217	截鳞薹草 90	金粟兰 53	京鹤鳞毛蕨 24
建润楠 52	江西全唇苣苔 292	截叶铁扫帚 149	金粟兰科 53	京黄芩 310
建始槭 218	江西石荠苎 313	芥菜 229	金粟兰目 53	京梨猕猴桃 263
剑蕨属 28	江西石山苣苔 293	芥菜疙瘩 230	金粟兰属 53	荆芥 312
剑叶冬青 320	江西小檗 123	'金边黄杨' 194	金挖耳 334	荆芥属 312
剑叶耳草 276	江西绣球 245	'金边瑞香' 227	金线草 235	荆三棱 90
剑叶凤尾蕨 10	江西绣线菊 158	金疮小草 303	金线草属 235	荆条 308
剑叶灰木 260	江西悬钩子 163	金灯藤 285	金线吊乌龟 121	旌节花科 215
剑叶金鸡菊 341	江西羊奶子 171	金豆 221	金线兰 73	旌节花属 215
剑叶卷柏 04	江西野漆 216	金耳环 43	金线重楼 61	井冈栝楼 189
剑叶山芝麻 224	江西珍珠菜 256	金发草 112	金腺荚蒾 343	井冈寒竹 117
剑叶铁角蕨 13	江浙山胡椒 47	金发草属 111	'金镶玉竹' 107	井冈柳 201
剑叶紫金牛 254	茳芏 86	金粉蕨属 10	金星蕨 20	井冈葡萄 138
涧边草 135	姜 83	金佛铁线莲 127	金星蕨科 18	井冈山杜鹃 267
涧边草属 135	姜花 82	金柑 221	金星蕨属 20	井冈山凤了蕨 10
渐尖二型花 117	姜花属 82	金刚大属 60	金腰箭 332	井冈山凤仙花 249
渐尖粉花绣线菊 159	姜黄属 83	金瓜 190	金腰箭属 332	井冈山凤丫蕨 10
渐尖毛蕨 18	姜科 82	金瓜属 190	金腰属 135	井冈山厚皮香 252
渐尖穗莎草 91	姜目 82	金合欢 142	金叶巴戟 270	井冈山堇菜 199
渐尖叶鹿藿 154	姜属 83	金合欢属 142	金叶含笑 44	井冈山猕猴桃 263
箭杆风 83	豇豆 152	金虎尾目 196	金叶细枝柃 250	井冈山木莲 45
箭杆柯 183	豇豆属 152	金花猕猴桃 264	金银莲花 324	井冈山卫矛 195
箭头蓼 237	浆果薹草 86	金花忍冬 345	金银忍冬 345	井冈山绣线梅 157
江华大节竹 102	降龙草 293	金鸡脚假瘤蕨 30	金樱子 166	景烈假毛蕨 21
江口盆距兰 69	交让木 134	金鸡菊 341	金鱼藻 118	景天科 135
江南荸荠 91	胶东卫矛 194	金鸡菊属 341	金鱼藻科 118	景天属 136
江南地不容 121	蕉芋 82	金剑草 272	金鱼藻目 118	靖安艾麻 179
江南短肠蕨 18	角翅卫矛 194	金锦香 213	金鱼藻属 118	镜子薹草 89
江南谷精草 84	角果藻 58	金锦香属 213	金盏银盘 335	九管血 254
江南花楸 158	角果藻属 58	金橘 221	金爪儿 256	九华蒲儿根 334
江南卷柏 03	角花胡颓子 171	金兰 67	金钟花 290	九江三角枫 217
江南桤木 189	角花乌蔹莓 141	金铃花 222	金珠柳 253	九节龙 255
江南散血丹 288	角蕨 17	金缕梅 133	金竹 109	九节属 273
江南色木枫 218	角蕨属 17	金缕梅科 132	筋骨草 302	九龙对囊蕨 17
江南山梗菜 323	角盘兰 70	金缕梅属 133	筋骨草属 302	九龙蛾眉蕨 17
江南双盖蕨 18	角盘兰属 70	金毛耳草 276	筋藤 282	九龙盘 78
江南铁角蕨 13	角竹 108	金毛狗 08	堇菜科 198	九龙山凤仙花 249
江南星蕨 29	绞股蓝 190	金毛狗科 08	堇菜属 198	九龙盘 78
江南油杉 34	绞股蓝属 190	金毛狗属 08	堇叶报春 255	九头狮子草 301
江南越橘 266	藠头 77	金毛柯 183	锦带花 346	韭 77
江苏铁角蕨 14	接骨草 342	金茅 107	锦带花属 346	韭莲 78
江西矮百合 62	接骨木 343	金钱豹 323	锦地罗 237	救荒野豌豆 152
江西半蒴苣苔 293	接骨木属 342	金钱豹属 323	锦花紫金牛 255	桔梗 323
江西大青 308	节根黄精 78	金钱蒲 53	锦鸡儿 144	桔梗科 322
江西杜鹃 267	节节菜 209	金钱松 32	锦鸡儿属 144	桔梗属 323
江西凤尾蕨 11	节节菜属 209	金钱松属 32	锦葵 224	菊花. 333
江西褐毛四照花 247	节节草 04	金荞麦 234	锦葵科 222	菊苣 327
江西胡枝子 149	节毛飞廉 333	金色狗尾草 99	锦葵目 222	菊苣属 327
江西虎皮楠 134	节肢蕨 26	金色飘拂草 93	锦葵属 224	

菊科 324
菊目 322
菊芹属 327
菊三七 326
菊三七属 326
菊属 333
菊芋 341
橘草 95
矩叶勾儿茶 172
矩叶卫矛 194
矩圆线蕨 28
矩圆叶椴 225
矩圆叶旌节花 215
矩圆叶柃 251
蒟蒻薯属 60
榉属 174
榉树 174
巨县苦竹 110
巨序剪股颖 97
苣荬菜 335
具柄冬青 321
具柄重楼 61
具刚毛荸荠 91
具芒碎米莎草 86
具毛常绿荚蒾 344
距花黍 106
距花黍属 106
锯蕨 29
锯蕨属 29
聚合草 284
聚合草属 284
聚花草 81
聚花草属 81
聚花荚蒾 343
聚头帚菊 330
卷柏 03
卷柏科 03
卷柏属 03
卷丹 64
卷耳 238
卷耳属 238
卷毛柯 183
卷毛新耳草 271
卷毛长柄械 218
卷柱头薹草 87
绢毛稠李 168
绢毛荛花 227
绢毛山梅花 245
决明 153
决明属 153
蕨 12
蕨萁 04
蕨属 12
蕨叶人字果 124
蕨叶鼠尾草 311
蕨状薹草 87
爵床 299
爵床科 299

爵床属 299
君迁子 253
君子峰鸢尾 76

K

咖啡黄葵 223
喀西茄 287
卡氏兔儿风 337
开唇兰属 73
开口箭 80
开口箭属 80
凯里杜鹃 268
看麦娘 96
看麦娘属 96
糠稷 112
栲 184
珂南树 128
柯 183
柯孟披碱草 100
柯属 182
壳菜果 132
壳菜果属 132
壳斗科 182
壳斗目 182
刻叶紫堇 119
空心泡 165
'孔雀柏' 35
孔颖草 117
孔颖草属 117
苦参 153
苦参属 153
苦草 57
苦草属 57
苦瓜 191
苦瓜属 191
苦苣菜 335
苦苣菜属 335
苦苣苔 292
苦苣苔科 292
苦苣苔属 292
苦郎藤 140
苦枥木 290
苦荬菜 329
苦荬菜属 329
苦木科 221
苦木属 222
苦皮藤 193
苦荞麦 234
苦树 222
苦糖果 345
苦条枫 219
苦味叶下珠 206
苦藏 288
苦槠 185
苦竹 110
苦竹属 110
苦梓 315
块根小野芝麻 315

宽瓣绣球绣线菊 158
宽瓣重楼 61
宽翅水玉簪 59
宽底假瘤蕨 30
宽距兰 68
宽距兰属 68
宽鳞耳蕨 25
宽卵叶长柄山蚂蝗 156
宽伞三脉紫菀 327
宽穗扁莎 90
宽穗兔儿风 337
宽序鸡血藤 144
宽叶粗榧 37
宽叶胡枝子 149
宽叶金粟兰 53
宽叶金鱼藻 118
宽叶韭 77
宽叶母草 299
宽叶拟鼠麹草 342
宽叶山蒿 339
宽叶薹草 89
宽叶兔儿风 337
宽叶香茶菜 305
宽叶荨麻 181
宽叶隐子草 95
宽叶长叶女贞 291
宽叶重楼 61
宽羽鳞毛蕨 24
宽羽毛蕨 19
宽羽线蕨 28
款冬 332
款冬属 332
魁蒿 339
扩展女贞 291
阔瓣含笑 43
阔萼凤仙花 249
阔裂叶羊蹄甲 142
阔鳞耳蕨 26
阔鳞鳞毛蕨 23
阔鳞轴鳞蕨 24
阔片短肠蕨 18
阔片双盖蕨 18
阔蕊兰 73
阔蕊兰属 73
阔叶丰花草 274
阔叶猕猴桃 264
阔叶械 217
阔叶清风藤 129
阔叶箬竹 115
阔叶山麦冬 79
阔叶十大功劳 123
阔叶四叶葎 275
阔叶瓦韦 28
阔羽贯众 23

L

拉拉藤属 275

喇叭杜鹃 267
蜡瓣花 133
蜡瓣花属 133
蜡莲绣球 246
蜡梅 46
蜡梅科 46
蜡梅属 46
蜡枝械 217
蜡子树 291
辣椒 286
辣椒属 286
辣汁树 49
来江藤 317
来江藤属 317
梾木 248
兰科 65
兰属 69
兰香草 311
蓝桉 212
蓝刺头属 326
蓝耳草 81
蓝耳草属 81
蓝果蛇葡萄 139
蓝果树 245
蓝果树科 244
蓝果树属 245
蓝花参 323
蓝花参属 323
蓝花凤仙花 249
蓝花黄芩 310
蓝花琉璃繁缕 254
蓝兔儿风 337
蓝沼草属 110
蓝猪耳 298
榄绿粗叶木 276
榄叶柯 183
狼杷草 335
狼尾草 113
狼尾草属 113
狼尾花 255
榔榆 174
老鸦铃 262
老鹳草 208
老鹳草属 208
老虎刺 143
老虎刺属 143
老鼠矢 261
老鸦瓣 64
老鸦瓣属 64
老鸦谷 242
老鸦糊 303
老鸦柿 253
乐昌含笑 44
乐昌野桐 203
乐东拟单性木兰 45
乐平报春苣苔 294
乐思绣球 246
簕欓花椒 219

簕竹属 104
了哥王 227
雷公鹅耳枥 188
雷公青冈 185
雷公藤 192
雷公藤属 192
雷山假福王草 329
'雷竹' 109
肋毛蕨属 22
类芦 116
类芦属 116
棱果海桐 347
棱果花 214
棱果花属 214
棱角山矾 260
冷饭藤 40
冷饭藤属 40
冷蕨科 13
冷杉 32
冷杉属 32
冷水花 179
冷水花假楼梯草 178
冷水花属 178
狸尾豆 153
狸尾豆属 153
狸藻 302
狸藻科 301
狸藻属 301
离舌橐吾 332
梨果寄生属 233
梨属 167
梨叶悬钩子 164
犁头草 199
犁头尖 55
犁头尖属 55
犁头叶堇菜 199
黎川悬钩子 164
篱栏网 286
篱竹 115
藜 242
藜芦 61
藜芦科 61
藜芦属 61
藜属 242
蠡豆 154
蠡萌锥 184
李 159
李氏禾 114
李属 159
李叶绣线菊 159
里白 06
里白科 06
里白属 06
里白算盘子 207
鳢肠 328
鳢肠属 328
利川慈姑 56
利川阴山荠 228

中文名称索引 / 371

荔枝草 312	两色鳞毛蕨 24	临时救 255	琉璃繁缕 254	龙芽草 161
栎属 186	两头连 295	淋漓锥 185	琉璃繁缕属 254	龙芽草属 161
栎叶柯 184	两型豆 148	鳞柄短肠蕨 18	琉璃山矾 261	龙岩杜鹃 267
栗 182	两型豆属 148	鳞柄双盖蕨 18	瘤唇卷瓣兰 66	龙眼润楠 52
栗柄凤尾蕨 11	两型叶紫果枫 217	鳞盖蕨属 12	瘤药野海棠 213	'龙爪槐' 142
栗柄金粉蕨 10	两粤黄檀 146	鳞果星蕨 27	瘤足蕨 07	龙爪茅 102
栗寄生 232	亮鳞肋毛蕨 22	鳞果星蕨属 27	瘤足蕨科 07	龙爪茅属 102
栗寄生属 232	亮毛杜鹃 267	鳞毛椴 225	瘤足蕨属 07	龙珠 287
栗蕨 12	亮毛堇菜 199	鳞毛蕨科 21	柳兰 211	龙珠属 287
栗属 182	亮毛蕨 13	鳞毛蕨 23	柳兰属 211	隆脉冷水花 179
连翘 290	亮毛蕨属 13	鳞毛蚊母树 132	柳杉 36	窿缘桉 212
连翘属 290	亮叶冬青 321	鳞毛肿足蕨 21	柳杉属 36	蒌蒿 339
连香树 133	亮叶耳蕨 25	鳞蕊藤属 286	柳杉叶马尾杉 02	楼梯草 180
连香树科 133	亮叶含笑 44	鳞始蕨科 08	柳属 200	楼梯草属 180
连香树属 133	亮叶猴耳环 141	鳞始蕨属 08	柳叶桉 213	漏芦属 331
帘子藤 281	亮叶厚皮香 252	鳞叶龙胆 278	柳叶白前 282	卢山风毛菊 340
帘子藤属 281	亮叶桦 189	鳞轴小膜盖蕨 26	柳叶斑鸠菊 333	芦莉草属 300
莲 129	亮叶鸡血藤 144	鳞籽莎 91	柳叶菜 210	芦苇 109
莲科 129	亮叶鳞始蕨 08	鳞籽莎属 91	柳叶菜科 210	芦苇属 109
莲属 129	亮叶槭 218	蔺藨草属 94	柳叶菜属 210	芦竹 101
莲子草 241	亮叶雀梅藤 172	橉木 168	柳叶虎刺 274	芦竹属 101
莲子草属 240	亮叶鼠李 173	灵香假卫矛 195	柳叶剑蕨 28	庐山藨草 92
莲座黍属 117	亮叶素馨 290	柃木 250	柳叶蜡梅 47	庐山楤 290
莲座叶斑叶兰 71	亮叶蚊母树 132	柃属 250	柳叶毛蕊茶 259	庐山茶竿竹 115
莲座紫金牛 254	亮叶杨桐 252	柃叶连蕊茶 259	柳叶牛膝 241	庐山刺果卫矛 194
联毛紫菀属 342	亮叶重楼 61	铃子香属 308	柳叶蓬莱葛 279	庐山椴 225
镰苞鹅耳枥 188	晾衫竹 97	凌霄 301	柳叶润楠 52	庐山芙蓉 224
镰翅羊耳蒜 65	辽东水蜡树 291	凌霄属 301	柳叶箬 94	庐山花楸 158
镰尖蕈树 131	辽宁堇菜 199	菱果柯 184	柳叶箬属 94	庐山假毛蕨 21
镰片假毛蕨 21	蓼科 234	菱兰属 70	柳叶石斑木 162	庐山堇菜 199
镰形觿茅 103	蓼属 237	菱属 209	柳叶薯蓣 59	庐山景天 136
镰叶冷水花 179	蓼子草 235	菱叶菝葜 63	柳叶五月茶 207	庐山楼梯草 180
镰羽贯众 25	列当科 317	菱叶海桐 347	柳叶香楠 277	庐山泡花树 128
镰羽瘤足蕨 07	裂瓣玉凤花 73	菱叶鹿藿 154	柳叶绣球 246	庐山葡萄 138
链荚豆 141	裂苞艾纳香 336	菱叶葡萄 138	六道木属 345	庐山石楠 161
链荚豆属 141	裂苞铁苋菜 205	菱叶绣线菊 159	六角莲 122	庐山石韦 30
链珠藤 282	裂稃草 98	岭南杜鹃 267	六棱菊 332	庐山疏节过路黄 257
链珠藤属 282	裂稃草属 98	岭南凤尾蕨 11	六棱菊属 332	庐山鼠李 174
楝 222	裂果薯 60	岭南花椒 219	六叶律 275	庐山瓦韦 27
楝科 222	裂果卫矛 194	岭南槭 219	六月雪 275	庐山卫矛 194
楝属 222	裂禾蕨 30	岭南青冈 185	'龙柏' 35	庐山香科科 307
楝叶吴萸 220	裂禾蕨属 30	岭南山茉莉 262	龙船花属 272	庐山小檗 123
凉粉草 315	裂叶黄芩 310	岭南山竹子 197	龙胆 278	庐山野古草 106
凉粉草属 315	裂叶荆芥 312	领春木 118	龙胆科 277	庐山玉山竹 114
梁王茶 350	裂叶鳞蕊藤 286	领春木科 118	龙胆目 270	陆地棉 226
梁王茶属 350	裂叶秋海棠 192	领春木属 118	龙胆属 278	鹿藿 155
梁子菜 327	裂叶铁线莲 127	刘氏薹草 88	龙葵 287	鹿藿属 154
粱 99	裂叶荨麻 181	留兰香 314	龙南后蕊苣苔 292	鹿角杜鹃 267
两广椴 225	裂颖茅 86	留行草 213	龙泉景天 136	鹿角锥 185
两广凤尾蕨 11	裂颖茅属 86	流苏贝母兰 72	龙泉鳞毛蕨 24	鹿茸草 318
两广黄芩 310	邻近风轮菜 309	流苏龙胆 278	龙泉葡萄 139	鹿茸草属 318
两广球穗飘拂草 94	林地通泉草 316	流苏树 289	龙舌草 57	鹿蹄草 269
两广梭罗 226	林奈漆姑草 240	流苏树属 289	龙师草 91	鹿蹄草属 269
两广杨桐 252	林生假福王草 329	流苏蜘蛛抱蛋 78	龙头草 315	鹿蹄橐吾 331
两广樱桃 168	林下凸轴蕨 20	流苏子 277	龙头草属 315	鹿药 79
两面针 220	林荫千里光 336	流苏子属 277	龙头节肢蕨 27	路边青 168
两栖蓼 235	林泽兰 325	琉璃草 283	龙头兰 73	路边青属 168
两歧飘拂草 93	临安槭 218	琉璃草属 283	龙须藤 142	蕗蕨 05

露兜树目 60
露珠草 211
露珠草属 211
露珠碎米荠 230
露珠珍珠菜 255
峦大越橘 266
李花菊 342
李花菊属 342
栾属 216
栾树 216
卵瓣还亮草 128
卵果蕨属 20
卵果薹草 88
卵花甜茅 106
卵裂黄鹌菜 332
卵鳞耳蕨 25
卵叶半边莲 323
卵叶豹皮樟 51
卵叶丁香蓼 210
卵叶盾蕨 29
卵叶桂 49
卵叶石岩枫 203
卵叶水芹 352
卵叶异檐花 324
卵叶银莲花 123
卵叶玉盘柯 184
卵状鞭叶耳蕨 25
卵状鞭叶蕨 25
乱草 101
乱子草 116
乱子草属 116
轮环藤 121
轮环藤属 121
轮叶八宝 137
轮叶赤楠 212
轮叶过路黄 256
轮叶节节菜 209
轮叶木姜子 52
轮叶蒲桃 212
轮叶沙参 322
轮钟草属 322
轮钟花 322
罗浮粗叶木 276
罗浮冬青 322
罗浮买麻藤 32
罗浮槭 218
罗浮柿 253
罗浮锥 184
罗汉柏 36
罗汉柏属 36
罗汉果 189
罗汉果属 189
罗汉松 34
罗汉松科 34
罗汉松属 34
罗河石斛 71
罗勒 313
罗勒属 313

罗伞树 255
罗氏轮叶黑藻 57
罗霄虎耳草 135
萝卜 229
萝卜属 229
萝藦 280
萝藦属 280
椤木石楠 160
螺序草属 274
裸果鳞毛蕨 23
裸花水竹叶 81
裸花紫珠 304
裸叶鳞毛蕨 23
裸柱菊 334
裸柱菊属 334
洛氏喜树 244
络石 280
络石属 280
落瓣短柱茶 259
落地梅 256
落萼叶下珠 206
落花生 155
落花生属 155
落葵 244
落葵科 244
落葵属 244
落霜红 321
落新妇 135
落新妇属 135
落叶木莲 45
落叶石楠属 170
落叶松属 32
落羽杉 36
落羽杉属 36
吕宋荚蒾 344
绿冬青 322
绿豆 152
绿萼凤仙花 249
绿狐尾藻 137
绿花斑叶兰 72
绿花鸡血藤 143
绿花油点草 64
绿蓟 326
'绿皮黄筋竹' 109
绿水苋 210
绿穗苋 242
绿叶地锦 141
绿叶对囊蕨 17
绿叶甘檀 47
绿叶胡枝子 149
绿叶介蕨 17
绿叶五味子 41
绿叶线蕨 28
绿玉树 205
绿枝山矾 261
绿竹 105
葎草 175
葎草属 175

葎叶蛇葡萄 140

M

麻花头 342
麻花头属 342
麻梨 167
麻栎 186
麻楝 222
麻楝属 222
麻叶风轮菜 309
麻叶冠唇花 315
麻叶猕猴桃 265
麻叶绣线菊 158
麻竹 103
麻子壳柯 184
马鞍树 150
马鞍树属 150
马鞭草 302
马鞭草科 302
马鞭草属 302
马鞭草叶泽兰 325
马𬇞儿 191
马𬇞儿属 191
马肠薯蓣 60
马齿毛兰 75
马齿苹兰 75
马齿苋 244
马齿苋科 244
马齿苋属 244
马兜铃 42
马兜铃科 42
马兜铃属 42
马甲菝葜 63
马甲子 172
马甲子属 172
马兰 327
马蓝属 299
马利筋 283
马利筋属 283
马蔺 76
马铃苣苔属 293
马铃薯 287
马钱科 279
马桑 189
马桑科 189
马桑属 189
马氏鳞毛蕨 24
马松子 224
马松子属 224
马唐 103
马唐属 102
马蹄荷属 132
马蹄金 285
马蹄金属 285
马蹄芹 354
马蹄芹属 354
马蹄香 42
马蹄香 42

马铜铃 190
马尾杉属 02
马尾松 33
马先蒿属 317
马银花 268
马缨丹 302
马缨丹属 302
马醉木 269
马醉木属 269
蚂蟥七 294
买麻藤科 32
买麻藤属 32
麦吊云杉 34
麦冬 79
麦蓝菜 240
麦蓝菜属 240
麦李 170
麦瓶草 238
麦仁珠 275
满江红 07
满江红属 07
满山红 267
满树星 319
曼青冈 186
曼陀罗 287
曼陀罗属 287
蔓赤车 182
蔓出卷柏 03
蔓胡颓子 171
蔓虎刺 271
蔓虎刺属 271
蔓剪草 282
蔓茎葫芦茶 143
蔓茎鼠尾草 312
蔓菁甘蓝 230
蔓九节 273
蔓柳穿鱼 297
蔓柳穿鱼属 297
蔓马缨丹 302
蔓生莠竹 113
蔓乌头 125
漫竹 109
芒 107
芒刺耳蕨 25
芒萁 06
芒萁属 06
芒属 107
牻牛儿苗 208
牻牛儿苗科 208
牻牛儿苗目 208
牻牛儿苗属 208
猫儿刺 321
猫儿屎 120
猫儿屎属 120
猫乳 172
猫乳属 172
猫尾草 153
猫爪草 125

毛八角枫 248
毛八角莲 122
毛白前 282
毛豹皮樟 51
毛背桂樱 167
毛臂形草 99
毛柄短肠蕨 17
毛柄锦香草 214
毛柄连蕊茶 259
毛柄双盖蕨 17
毛草龙 210
毛唇独蒜兰 74
毛刺蒴麻 226
毛地黄 297
毛地黄属 297
毛丁香 291
毛冬青 321
毛豆梨 167
毛杜仲藤 280
毛萼红果树 158
毛萼鸡血藤 144
毛萼莓 163
毛萼山珊瑚 72
毛萼铁线莲 127
毛萼香茶菜 305
毛萼野茉莉 262
毛凤尾竹 105
毛竿玉山竹 114
毛秆野古草 106
毛茛 124
毛茛科 123
毛茛目 118
毛茛属 124
毛茛叶报春 255
毛茛泽泻属 55
毛梗豨莶 340
毛弓果藤 281
毛狗骨柴 274
毛谷精草 84
毛桂 48
毛果巴豆 204
毛果杜鹃 268
毛果飞蛾藤 286
毛果金星蕨 20
毛果枔 251
毛果槭 218
毛果青冈 186
毛果算盘子 207
毛果碎米荠 230
毛果田麻 223
毛果铁线莲 127
毛果通泉草 316
毛果一枝黄花 334
毛果珍珠花 265
毛果珍珠茅 92
毛果枳椇 173
毛黑壳楠 47
毛红椿 222

毛花茶秆竹 115	毛酸浆 288	毛轴莎草 86	虻眼属 297	闽赣过路黄 256
毛花点草 181	毛穗藜芦 61	毛轴食用双盖蕨 18	蒙古蒿 339	闽赣葡萄 138
毛花猕猴桃 264	毛桃木莲 45	毛轴双盖蕨 18	蒙桑 178	闽赣长蒴苣苔 292
毛花楸 158	毛藤日本薯蓣 59	毛轴碎米蕨 09	蒙自桂花 289	闽槐 153
毛花酸竹 96	毛葶玉凤花 72	毛轴铁角蕨 13	猕猴桃科 263	闽楠 50
毛花绣线菊 158	毛桐 203	毛轴线盖蕨 18	猕猴桃属 263	闽千里光 336
毛环竹 108	毛序花楸 158	毛竹 108	米口袋 148	闽台毛蕨 19
毛鸡屎藤 272	毛序尖叶桂樱 168	毛柱铁线莲 127	米口袋属 148	闽皖八角 41
毛节野古草 105	毛鸭嘴草 95	毛柱郁李 170	米老排 132	闽油麻藤 154
毛金竹 108	毛芽椴 225	毛锥 184	米筛竹 105	闽粤千里光 336
毛堇菜 200	毛岩柃 251	毛籽红山茶 259	米碎花 250	闽粤石楠 160
毛茎梅 169	毛药花 303	茅膏菜 238	米心水青冈 182	闽粤蚊母树 132
毛蒟 42	毛药花属 303	茅膏菜科 237	米槠 184	闽浙马尾杉 02
毛蕨 19	毛药藤 281	茅膏菜属 237	密苞山姜 83	闽浙圣蕨 19
毛蕨属 18	毛药藤属 281	茅瓜 191	密齿酸藤子 257	闽浙铁角蕨 14
毛壳花哺鸡竹 108	毛野茉莉 262	茅瓜属 191	密花荸荠 91	明党参 354
毛苦蘵 288	毛叶桉 213	茅栗 182	密花冬青 319	明党参属 354
毛蜡树 292	毛叶边缘鳞盖蕨 12	茅叶荩草 98	密花拂子茅 98	明月山野豌豆 152
毛梾 248	毛叶插田泡 163	茅莓 164	密花孩儿草 301	膜稃草属 106
毛连菜 330	毛叶吊钟花 269	帽峰椴 225	密花鸡血藤 143	膜蕨科 05
毛连菜属 330	毛叶对囊蕨 17	莓叶碎米荠 230	密花假卫矛 195	膜蕨囊瓣芹 352
毛莲蒿 339	毛叶钝果寄生 233	莓叶委陵菜 161	密花拉拉藤 275	膜蕨属 05
毛蓼 235	毛叶腹水草 295	梅 169	密花山矾 260	膜叶椴 225
毛鳞省藤 80	毛叶角蕨 17	梅花草 195	密花舌唇兰 74	膜叶铁角蕨属 14
毛蕗蕨 06	毛叶老鸦糊 304	梅花草属 195	密花石斛 70	磨盘草 222
毛马唐 102	毛叶藜芦 61	梅叶猕猴桃 264	密花树 253	魔芋 54
毛脉翅果菊 330	毛叶轮环藤 121	霉草科 60	密花梭罗 226	魔芋属 54
毛脉柳兰 211	毛叶木瓜 169	霉草属 60	密毛奇蒿 338	陌上菜 299
毛脉柳叶菜 210	毛叶木姜子 51	美观复叶耳蕨 22	密毛酸模叶蓼 236	陌上菜属 298
毛脉葡萄 139	毛叶南岭柞木 202	美冠兰属 71	密球苎麻 180	墨兰 69
毛脉槭 218	毛叶雀梅藤 172	美国薄荷 316	密穗砖子苗 85	墨西哥落羽杉 36
毛脉西南卫矛 194	毛叶山木香 166	美国薄荷属 316	密溪紫珠 304	母草 298
毛脉显柱南蛇藤 193	毛叶山桐子 201	美国扁柏 35	密腺小连翘 198	母草科 298
毛棉杜鹃花 268	毛叶山樱花 170	美国尖叶扁柏 35	密叶槭 217	牡丹 131
毛木半夏 171	毛叶石楠 160	美国蜡梅 46	密叶十大功劳 123	牡蒿 339
毛木犀 290	毛叶鼠李 173	美国山梗菜 323	密羽贯众 22	牡荆 307
毛糯米椴 225	毛叶悬钩子 164	美国山核桃 188	密子豆 153	牡荆属 307
毛泡桐 317	毛叶崖爬藤 140	美花石斛 70	密子豆属 153	牡竹属 103
毛葡萄 138	毛叶芋兰 69	美丽百金花 278	蜜蜂花 315	木半夏 171
毛漆树 216	毛叶支柱蓼 237	美丽复叶耳蕨 21	蜜蜂花属 315	木鳖子 191
毛牵牛 285	毛樱桃 170	美丽胡枝子 150	蜜甘草 206	木豆 143
毛鞘箬竹 115	毛颖草 96	美丽马醉木 269	蜜腺白叶莓 163	木豆属 143
毛清香藤 290	毛颖草属 96	美丽猕猴桃 264	蜜茱萸属 221	木防己 122
毛蕊花 298	毛鱼藤 156	美丽南烛 269	绵草藓 60	木防己属 121
毛蕊花属 298	毛榆 174	美丽葡萄 138	绵毛金腰 135	木芙蓉 224
毛蕊柃叶连蕊茶 259	毛芋头薯蓣 59	美丽秋海棠 192	绵穗苏 309	木瓜 169
毛蕊猕猴桃 264	毛缘宽叶薹草 89	美丽新木姜子 50	绵穗苏属 309	木瓜海棠属 169
毛蕊铁线莲 127	毛毡草 336	美丽獐牙菜 279	绵枣儿 80	木瓜红属 263
毛瑞香 227	毛柘藤 177	美脉粗叶木 276	绵枣儿属 80	木荷 258
毛山矾 260	毛枝格药柃 250	美脉花楸 158	棉豆 151	木荷属 258
毛山鸡椒 51	毛枝卷柏 04	美毛含笑 44	棉属 226	木荚红豆 151
毛山荆子 167	毛枝蕨 22	美人蕉科 82	面竿竹 115	木姜冬青 320
毛山鼠李 174	毛枝三脉紫菀 327	美人蕉属 82	苗山冬青 319	木姜润楠 52
毛麝香 297	毛枝蛇葡萄 140	美山矾 261	苗竹仔 98	木姜叶巴戟 271
毛麝香属 297	毛枝台中荚蒾 343	美山矾 261	皿果草 283	木姜叶柯 183
毛使君子 209	毛轴菜蕨 18	美味猕猴桃 264	皿果草属 283	木姜叶青冈 186
毛鼠尾粟 117	毛轴假蹄盖蕨 17	美叶柯 183		木姜子 51
毛水苏 307	毛轴蕨 12	虻眼 297	闽东悬钩子 163	木姜子属 50

木槿 224	南方舌唇兰 74	坭竹 104	牛矢果 289	蚂蚱菊 335
木槿属 224	南方菟丝子 285	泥胡菜 324	牛藤果 120	蚂蚱菊属 335
木蜡树 216	南方香简草 306	泥胡菜属 324	牛尾菜 63	披碱草属 100
木兰寄生 233	南瓜 191	泥花草 298	牛膝 241	披散木贼 04
木兰科 43	南瓜属 191	泥柯 183	牛膝菊 325	披针骨牌蕨 27
木兰目 43	南国蘋 07	拟单性木兰属 45	牛膝菊属 325	披针贯众 22
木兰藤目 40	南国田字草 07	拟地皮消 300	牛膝属 241	披针新月蕨 20
木蓝 146	南海瓶蕨 06	拟二叶飘拂草 93	牛枝子 150	披针叶胡颓子 171
木蓝属 145	南胡枝子 150	拟覆盆子 163	牛至 314	披针叶荚蒾 344
木莲 45	南芥属 231	拟高粱 115	牛至属 314	披针叶山矾 261
木莲属 45	南京椴 225	拟金茅 103	扭鞘香茅 95	披针叶榛 188
木龙葵 287	南昆杜鹃 268	拟金茅属 103	扭瓦韦 27	霹雳薹草 88
木莓 165	南岭黄檀 146	拟麦氏草 110	纽扣草属 274	枇杷 169
木棉 222	南岭堇菜 199	拟毛毡草 336	纽子瓜 191	枇杷属 168
木棉属 222	南岭椴 218	拟美国薄荷 316	暖木 129	枇杷叶紫珠 304
木薯 204	南岭前胡 352	拟木香 166	糯米椴 225	偏花黄芩 310
木薯属 204	南岭山矾 261	拟南芥属 229	糯米条 346	飘拂草属 93
木通 120	南岭山柳 265	拟漆姑 239	糯米条属 346	品藻 54
木通科 119	南岭舌唇兰 74	拟榕叶冬青 321	糯米团 182	平车前 295
木通属 120	南岭土圞儿 144	拟鼠麹草 342	糯米团属 182	平滑菝葜 62
木犀 289	南岭小檗 123	拟鼠麹草属 342	女娄菜 238	平肋书带蕨 10
木犀科 289	南岭柞木 202	拟鱼藤属 156	女菀 332	平行鳞毛蕨 23
木犀属 289	南毛蒿 338	黏冠草属 331	女菀属 332	平叶酸藤子 257
木榄 291	南美天胡荽 349	黏毛母草 299	女萎 126	平颖柳叶箬 94
木榄属 291	南牡蒿 338	黏木 206	女贞 291	平羽凤尾蕨 11
木香花 166	南苜蓿 150	黏木科 206	女贞属 291	平枝栒子 166
木油桐 202	南平过路黄 256	黏木属 206		苹果属 167
木鱼坪淫羊藿 122	南平野桐 203	念珠冷水花 179	**O**	苹兰属 75
木贼科 04	南山茶 259	鸟巢兰属 74	欧菱 209	瓶尔小草 05
木贼属 04	南山堇菜 198	鸟蔹莓 232	欧亚旋覆花 332	瓶尔小草科 04
木竹子 197	南蛇藤 193	茑萝属 286	欧洲慈姑 56	瓶尔小草属 04
木紫珠 303	南蛇藤属 192	茑萝松 286	欧洲凤尾蕨 10	瓶蕨 06
苜蓿属 150	南酸枣 215	宁波木蓝 145	欧洲蕨 344	瓶蕨属 06
墓头回 346	南酸枣属 215	宁波木犀 289	欧洲菘蓝 231	萍蓬草 40
	南天竹 122	宁波溲疏 246	欧洲油菜 230	萍蓬草属 40
N	南天竹属 122	宁冈青冈 186	欧洲云杉 34	萍乡山柳 265
纳槁润楠 52	南蒿 326	柠檬 221		蘋 07
南艾蒿 339	南五味子 40	柠檬桉 212	**P**	蘋科 07
南碧耳蕨 25	南亚新木姜子 50	牛蒡 336	爬藤榕 177	蘋属 07
南昌格菱 209	南洋杉 34	牛蒡属 336	爬岩红 294	坡生蹄盖蕨 16
南赤飑 190	南洋杉科 34	牛鼻栓 132	排钱树 150	坡油甘 142
南川附地菜 284	南洋杉属 34	牛鼻栓属 132	排钱树属 150	坡油甘属 142
南川柯 184	南一笼鸡 300	牛鞭草 107	攀倒甑 346	婆婆纳 296
南川柳 201	南烛 265	牛鞭草属 107	攀枝莓 163	婆婆纳属 295
南垂茉莉 308	南紫薇 209	牛轭草 81	刨花润楠 52	婆婆针 335
南丹参 311	楠属 50	牛耳枫 134	泡花树 128	破布叶 224
南荻 107	囊瓣芹 352	牛筋草 101	泡花树属 128	破布叶属 224
南鹅掌柴属 350	囊瓣芹属 352	牛口刺 327	泡鳞鳞毛蕨 24	破铜钱 349
南方糙苏 312	囊颖草 104	牛毛毡 91	泡鳞轴鳞蕨 24	匍匐大戟 205
南方大叶柴胡 355	囊颖草属 104	牛姆瓜 120	泡桐科 316	匍匐风轮菜 309
南方红豆杉 37	铙平悬钩子 165	牛奶菜 281	泡桐属 316	匍匐堇菜 199
南方荚蒾 343	内折香茶菜 305	牛奶菜属 281	佩兰 325	匍匐柳叶箬 94
南方碱蓬 241	尼泊尔沟酸浆 316	牛奶子 171	盆距兰属 68	匍匐南芥 231
南方狸藻 301	尼泊尔谷精草 84	牛皮消 281	棚竹 102	匍匐五加 349
南方六道木 345	尼泊尔老鹳草 208	牛漆姑属 239	蓬莱葛 279	匍茎榕 176
南方露珠草 211	尼泊尔蓼 236	牛茄子 287	蓬莱葛属 279	匍茎通泉草 316
南方泡桐 317	尼泊尔鼠李 174	牛虱草 101	蓬藟 163	匍枝蒲儿根 334
南方山拐枣 202	尼泊尔酸模 234		蓬子菜 275	葡蟠 177

葡萄 139
葡萄桉 212
葡萄科 138
葡萄目 138
葡萄属 138
蒲儿根 334
蒲儿根属 334
蒲公英 331
蒲公英属 331
蒲葵 80
蒲葵属 80
蒲桃属 212
蒲桃叶冬青 321
蒲桃叶悬钩子 164
朴属 175
朴树 175
普通凤了蕨 09
普通凤丫蕨 09
普通假毛蕨 21
普通鹿蹄草 269
普通早熟禾 100
普通针毛蕨 19
铺地柏 35
铺地黍 112

Q

七瓣含笑 44
七层楼 280
七里明 336
七星莲 198
七叶树 217
七叶树属 217
七姊妹 166
桤木 188
桤木属 188
桤叶黄花棯 226
桤叶树科 265
桤叶树属 265
漆 216
漆姑草 240
漆姑草属 240
漆树科 215
漆树属 216
漆叶泡花树 128
祁阳细辛 43
奇蒿 338
奇羽鳞毛蕨 24
歧序楼梯草 180
畦畔莎草 86
槭属 217
槭叶秋海棠 192
洽草 111
洽草属 111
千根草 205
千斤拔 148
千斤拔属 148
千金藤 121
千金藤属 121

千金榆 188
千金子 111
千金子属 111
千里光 336
千里光属 336
千屈菜 209
千屈菜科 209
千屈菜属 209
千日红 243
千日红属 243
'千头柏' 35
'千头柳杉' 36
牵牛 285
铅笔柏 36
铅山悬钩子 165
签草 87
前胡 353
前胡属 352
钱氏鳞始蕨 08
潜茎景天 136
浅裂锈毛莓 165
芡实 40
芡属 40
茜草 272
茜草科 270
茜草属 272
茜树 277
茜树属 277
枪叶堇菜 198
墙草 179
墙草属 179
蔷薇科 157
蔷薇目 157
蔷薇属 166
荞麦 234
荞麦属 234
荞麦叶大百合 65
鞘柄菝葜 63
鞘花 233
鞘花属 233
鞘蕊花属 309
茄 287
茄科 286
茄目 284
茄属 287
茄叶斑鸠菊 333
窃衣 351
窃衣属 351
亲族薹草 87
芹属 355
秦岭沙参 322
秦岭藤属 282
秦氏金星蕨 20
琴叶榕 176
琴叶紫菀 328
琴柱草 312
青菜 230
青茶香 320

青麸杨 216
青冈 185
青冈属 185
青蒿 338
青花椒 220
青灰叶下珠 206
青荚叶 318
青荚叶科 318
青荚叶属 318
青江藤 193
青龙藤 282
青绿薹草 87
青棉藤 194
青木 270
青牛胆 121
青牛胆属 121
青皮木 233
青皮木科 233
青皮木属 233
青皮象耳豆 155
青皮竹 105
青杆 34
青钱柳 188
青钱柳属 188
青檀 175
青檀属 175
青香茅 95
青葙 241
青葙属 241
青叶苎麻 181
青榨槭 217
清风藤 129
清风藤科 128
清风藤猕猴桃 264
清风藤属 129
清香木姜子 51
清香藤 290
苘麻 223
苘麻属 222
箐姑草 239
穹隆薹草 87
琼花 344
琼楠属 48
丘陵马兰 328
丘陵紫珠 303
秋分草 328
秋枫 207
秋枫属 207
秋海棠 192
秋海棠科 192
秋海棠属 192
秋画眉草 101
秋葵属 223
秋牡丹 124
秋拟鼠麴草 342
秋飘拂草 93
秋葡萄 139
秋水仙科 62

楸 301
楸叶莓 165
求米草 112
求米草属 112
球果赤飕 190
球果薄荷 229
球果假沙晶兰 269
球果堇菜 198
球核荚蒾 344
球花马蓝 300
球菊属 326
球穗扁莎 90
球穗薰草 92
球穗草 104
球穗草属 104
球穗千斤拔 148
球穗薹草 86
球序卷耳 238
球药隔重楼 61
球柱草 90
球柱草属 90
球子蕨科 15
曲边线蕨 28
曲柄铁线莲 127
曲尊悬钩子 165
曲江远志 157
曲茎假糙苏 306
曲毛赤车 182
曲枝马蓝 299
瞿麦 239
全唇苣苔属 292
全唇兰 69
全唇兰属 69
全唇盂兰 70
全叶苦苣菜 335
全叶马兰 328
全叶延胡索 119
全缘灯台莲 54
全缘冬青 320
全缘凤尾蕨 11
全缘贯众 23
全缘桂樱 167
全缘红山茶 260
全缘火棘 162
全缘叶紫珠 304
拳参 235
犬问荆 04
缺萼枫香树 131
缺裂千里光 336
雀稗 112
雀稗属 112
雀儿舌头 207
雀麦 99
雀麦属 99
雀梅藤 172
雀梅藤属 172
雀舌草 239
雀舌黄杨 130

雀舌木属 207

R

髯毛白背麸杨 216
蘘荷 83
荛花 227
荛花属 227
饶平石楠 160
人参属 348
人面竹 107
人字果属 124
忍冬 345
忍冬科 345
忍冬属 345
荏弱柳叶箬 94
任豆 152
任豆属 152
日本安蕨 16
日本八角枫 248
日本扁柏 35
日本扁枝越橘 266
日本粗叶木 276
日本杜英 196
日本短颖草 97
日本椴 225
日本对叶兰 74
日本榧树 37
日本复叶耳蕨 22
日本花柏 35
日本假繁缕 274
日本金腰 135
日本景天 136
日本看麦娘 96
日本冷杉 32
日本栗 182
日本鳞始蕨 08
日本柳杉 36
日本柳叶箬 94
日本龙芽草 161
日本乱子草 116
日本落叶松 32
日本麦氏草 110
日本毛连菜 330
日本南五味子 40
日本女贞 291
日本求米草 112
日本球果堇菜 199
日本全唇兰 69
日本商陆 243
日本蛇根草 272
日本薯蓣 59
日本水龙骨 29
日本水马齿 296
日本薹草 88
日本蹄盖蕨 16
日本晚樱 170
日本五月茶 207
日本五针松 33

日本纤毛草 100	软刺蹄盖蕨 16	三芒耳秆草 103	莎草属 85	山柳菊 324
日本香柏 37	软荚红豆 151	三毛草 114	莎禾 95	山柳菊属 324
日本香鳞始蕨 08	软弱杜茎山 253	三毛草属 114	莎禾属 95	山龙眼科 130
日本小檗 123	软条七蔷薇 166	三明苦竹 110	莎状砖子苗 86	山龙眼目 128
日本辛夷 44	软枣猕猴桃 263	三品一枝花 59	山白前 282	山龙眼属 130
日本续断 346	锐齿槲栎 186	三七 348	山草薢 60	山罗过路黄 256
日本莠竹 113	锐齿楼梯草 180	三清山冬青 321	山扁豆 155	山罗花 318
日本重楼 61	锐尖山香圆 214	三清山紫菀 328	山扁豆属 155	山罗花属 318
日本紫珠 304	锐角槭 217	三球悬铃木 130	山菠菜 308	山绿柴 173
茸球蔍草 92	锐颖葛氏草 103	三穗薹草 90	山茶 259	山麻杆 202
'绒柏' 35	瑞木 133	三峡槭 219	山茶科 257	山麻杆属 202
绒马唐 103	瑞氏楔颖草 96	三腺金丝桃 198	山茶属 258	山蚂蝗属 144
绒毛草 106	瑞香 227	三腺金丝桃属 198	山橙 281	山麦冬 79
绒毛草属 106	瑞香科 226	三相蕨 22	山橙属 281	山麦冬属 79
绒毛胡枝子 150	瑞香属 226	三小叶毛茛 124	山地蒿 339	山毛榉叶葡萄 138
绒毛绵穗苏 309	润楠 52	三桠苦 221	山地碎米荠 230	山莓 163
绒毛飘拂草 93	润楠属 52	三桠乌药 47	山地野桐 203	山梅花 245
绒毛锐尖山香圆 214	箬叶竹 115	二叶朝天委陵菜 162	山靛 204	山梅花属 245
绒毛润楠 52	箬竹 115	三叶地锦 141	山靛属 204	山茉莉属 262
绒毛山胡椒 47	箬竹属 115	三叶海棠 167	山东丰花草 273	山牡荆 308
绒毛石楠 160		三叶木通 120	山豆根 148	山木通 126
绒叶斑叶兰 72	**S**	三叶沙参 322	山豆根属 148	山楠 50
蓉城竹 108	赛葵 224	三叶委陵菜 161	山杜英 196	山牛蒡 330
榕属 176	赛葵属 224	三叶崖爬藤 140	山矾 261	山牛蒡属 330
榕树 176	赛山梅 262	三枝九叶草 122	山矾科 260	山蟛蜞菊 342
榕叶冬青 320	三白草 41	三柱常山 246	山矾属 260	山葡萄 138
柔茎蓼 236	三白草科 41	伞房花耳草 276	山柑科 228	山芹 353
柔毛艾纳香 336	三白草属 41	伞房荚蒾 343	山柑属 228	山芹当归 353
柔毛拔葜 62	三齿钝叶楼梯草 180	伞花冬青 320	山梗菜 323	山芹属 353
柔毛糙叶树 176	三翅铁角蕨 14	伞花木 219	山拐枣 202	山珊瑚 72
柔毛大叶蛇葡萄 140	三点金 145	伞花木属 219	山拐枣属 202	山珊瑚属 72
柔毛堇菜 199	三果石栎 183	伞花石豆兰 66	山桂花 200	山樸叶泡花树 129
柔毛路边青 168	三花冬青 321	伞花鼠李 174	山桂花属 200	山石榴 277
柔毛泡花树 128	三花假卫矛 195	伞形八角枫 248	山核桃 188	山石榴属 277
柔毛山黑豆 147	三花龙胆 278	伞形科 351	山核桃属 188	山柿 252
柔毛委陵菜 161	三花马蓝 299	伞形目 347	山黑豆 147	山鼠李 174
柔毛淫羊藿 122	三花四棱草 307	伞形飘拂草 94	山黑豆属 147	山薯 59
柔毛钻地风 247	三花悬钩子 165	伞形绣球 245	山胡椒 47	山桃 169
柔弱斑种草 284	三花菝 311	散斑竹根七 78	山胡椒属 47	山桃草 211
柔弱黄芩 310	三尖杉 37	散生梅子 166	山槐 151	山桃草属 211
柔枝莠竹 113	三尖杉属 37	散血丹属 288	山黄菊 337	山桐子 201
肉根毛茛 124	三角槭 217	桑 178	山黄菊属 337	山桐子属 201
肉桂 48	三角形冷水花 179	桑寄生 233	山黄麻 175	山文竹 79
肉果兰属 69	三角叶堇菜 200	桑寄生科 233	山黄麻属 175	山莴苣 330
肉花卫矛 193	三角叶须弥菊 341	桑寄生属 233	山鸡椒 51	山乌桕 206
肉色土圞儿 144	三棱草属 90	桑科 176	山菅 77	山香圆 215
肉穗草 214	三棱水葱 91	桑属 178	山菅兰属 77	山香圆属 214
肉穗草属 214	三裂瓜木 248	桑叶葡萄 138	山姜 83	山苎 354
肉质伏石蕨 27	三裂假福王草 329	缫丝花 166	山姜属 83	山苎属 354
如槐车前紫草 284	三裂蛇葡萄 139	扫帚菜 241	山橿 47	山血丹 254
如意草 198	三裂叶豚草 341	色木槭 218	山橘 221	山芫荽属 324
汝昌冬青 320	三裂叶野葛 151	沙坝冬青 319	山蒟 42	山杨 201
乳豆 148	三轮草 86	沙参 322	山蜡梅 46	山一笼鸡 299
乳豆属 148	三脉菝葜 63	沙参属 322	山兰 75	山樱花 170
乳浆大戟 204	三脉兔儿风 338	沙苦荬菜 329	山兰属 75	山油麻 175
乳突薹草 88	三脉种阜草 239	沙梨 167	山榄科 252	山萮菜 229
乳源杜鹃 268	三脉紫菀 327	沙氏鹿茸草 318	山类芦 116	山萮菜属 229
乳源木莲 45	三芒草属 95	莎草科 85	山冷水花 179	山皂荚 147

中文名称索引 / 377

山楂属 159	蛇床 351	十字薹草 87	实心竹 108	疏网凤了蕨 10
山芝麻 224	蛇床属 351	石斑木 162	食用双盖蕨 17	疏网凤丫蕨 10
山芝麻属 224	蛇根草属 272	石斑木属 162	食用土当归 348	疏叶八角枫 248
山茱萸 248	蛇菰 231	石蝉草 42	莳萝 354	疏叶卷柏 03
山茱萸科 247	蛇菰科 231	石豆兰属 66	莳萝属 354	疏叶崖豆 154
山茱萸目 244	蛇菰属 231	石防风 353	矢竹 115	疏羽凸轴蕨 20
山茱萸属 247	蛇果黄堇 119	石胡荽 334	矢竹属 115	黍属 112
山猪菜 286	蛇含委陵菜 161	石胡荽属 334	矢镞叶蟹甲草 329	蜀葵 222
山酢浆草 195	蛇莲 190	石斛 71	使君子 209	蜀葵属 222
杉木 36	蛇莓 169	石斛属 70	使君子科 208	鼠刺 134
杉木属 36	蛇莓属 169	石虎 220	使君子属 209	鼠刺科 134
珊瑚朴 175	蛇莓委陵菜 161	石灰花楸 158	始兴石斛 71	鼠刺属 134
珊瑚树 344	蛇婆子 225	石茅芋 314	似柔果薹草 89	鼠刺叶柯 183
珊瑚樱 287	蛇婆子属 225	石茅芋属 313	似舌叶薹草 89	鼠耳芥 229
穇 100	蛇葡萄 139	石椒草属 221	柿 252	鼠妇草 101
穇属 100	蛇葡萄属 139	石蕨 29	柿寄生 232	鼠李科 171
闪光红山茶 258	蛇足石杉 02	石莲 137	柿科 252	鼠李属 173
陕西粉背蕨 09	射干 76	石莲属 137	柿属 252	鼠茅 114
陕西荚蒾 344	射干属 76	石榴 210	匙羹藤 280	鼠茅属 114
陕西猕猴桃 263	深红龙胆 278	石榴属 210	匙羹藤属 280	鼠麹草属 326
扇脉杓兰 71	深裂迷人鳞毛蕨 23	石龙芮 124	匙叶草 279	鼠尾草 311
扇叶槭 218	深裂锈毛莓 165	石龙尾 297	匙叶草属 279	鼠尾草属 311
扇叶铁线蕨 09	深裂鸭儿芹 351	石龙尾属 296	匙叶合冠鼠麹 340	鼠尾囊颖草 104
鳝藤 282	深裂沼兰 75	石萝藦 283	匙叶剑蕨 28	鼠尾粟 117
鳝藤属 282	深裂竹根七 78	石萝藦属 283	首冠藤 142	鼠尾粟属 117
商陆 243	深绿卷柏 03	石绿竹 107	绶草 65	鼠掌老鹳草 208
商陆科 243	深山含笑 44	石芒草 106	绶草属 65	薯莨 59
商陆属 243	深山堇菜 199	石木姜子 51	瘦脊伪针茅 111	薯蓣 60
芍药 131	深山唐松草 126	石南藤 42	瘦叶蹄盖蕨 16	薯蓣科 59
芍药科 131	深圆齿堇菜 198	石楠 160	书带蕨 10	薯蓣目 58
芍药属 131	深紫木蓝 145	石楠属 160	书带蕨属 10	薯蓣属 59
少花柏拉木 213	神农氏虎耳草 135	石榕树 176	书带薹草 89	树参 350
少花桂 49	沈氏十大功劳 123	石山苣苔属 293	书坤冬青 321	树参属 350
少花海桐 347	肾耳唐竹 97	石杉属 02	菽麻 146	树棉 226
少花荚蒾 344	肾蕨 26	石生楼梯草 180	舒城刚竹 109	竖立鹅观草 100
少花狸藻 302	肾蕨科 26	石生蝇子草 238	疏齿冬青 321	栓翅地锦 141
少花龙葵 287	肾蕨属 26	石松 02	疏齿木荷 258	栓皮栎 187
少花马蓝 300	肾叶天胡荽 349	石松科 02	疏刺卫矛 195	栓皮木姜子 51
少花米口袋 148	升麻 124	石松属 02	疏果薹草 88	栓叶安息香 263
少花桃叶珊瑚 270	升麻属 124	石蒜 77	疏花叉花草 301	双瓣木犀 289
少花万寿竹 62	升马唐 102	石蒜科 77	疏花车前 295	双边栝楼 190
少花鸭舌草 82	生菜 330	石蒜属 77	疏花耳草 277	双稃草 111
少花紫珠 304	省沽油 215	石韦 29	疏花佛甲草 137	双盖蕨属 17
少脉椴 225	省沽油科 214	石韦属 29	疏花马蓝 301	双蝴蝶 278
少脉黄芩 310	省沽油属 215	石仙桃 73	疏花雀麦 99	双蝴蝶属 278
少毛牛膝 241	省藤属 80	石仙桃属 73	疏花雀梅藤 172	双花耳草 276
少年红 254	圣蕨 19	石香薷 313	疏花山梅花 245	双花木 132
少蕊败酱 346	湿地蓼 236	石岩枫 203	疏花蛇菰 232	双花木属 132
少穗飘拂草 93	湿地松 33	石竹 239	疏花卫矛 194	双角草属 273
少穗竹 116	湿生冬青 322	石竹科 238	疏花无叶莲 58	双牌阴山荠 228
少穗竹属 116	湿生冷水花 178	石竹目 234	疏花长柄山蚂蝗 156	双穗飘拂草 94
少叶黄杞 187	湿生蹄盖蕨 16	石竹属 239	疏节过路黄 257	双穗雀稗 112
舌唇兰 74	十大功劳 123	石梓 314	疏蓼 237	双凸戟叶蓼 235
舌唇兰属 74	十大功劳属 123	石梓属 314	疏毛绣线菊 159	双药画眉草 101
舌蕨 25	十万错属 300	时珍淫羊藿 122	疏柔毛罗勒 313	双叶细辛 43
舌蕨属 25	十字花科 228	实肚竹 108	疏穗画眉草 101	双叶细辛 43
舌叶薹草 88	十字花目 227	实蕨属 22	疏穗野青茅 102	水八角属 297
佘山羊奶子 171	十字兰 73	实心苦竹 111	疏头过路黄 257	水鳖 56
				水鳖科 56

水鳖属 56	水团花 274	四棱草属 307	碎米荠 230	檀梨 232
水车前属 57	水团花属 274	四棱飘拂草 94	碎米荠属 230	檀梨属 232
水葱 91	水薤 57	四瘤菱 209	碎米蕨属 09	檀香科 232
水葱属 91	水薤科 57	四轮香属 305	碎米莎草 86	檀香目 231
水禾 107	水薤属 57	四脉金茅 107	碎米桠 306	探春花 290
水禾属 107	水蜈蚣 92	四芒景天 137	穗花杉 38	唐棣 169
水红木 343	水蜈蚣属 92	四生臂形草 99	穗花杉属 38	唐古特忍冬 346
水壶藤属 280	水仙 78	四叶葎 275	穗花蛇菰 232	唐松草属 125
水虎尾 311	水仙属 78	四照花 247	穗花香科科 307	唐竹 97
水苘草 253	水苋菜 210	四子马蓝 300	穗序鹅掌柴 350	唐竹属 97
水苘草属 253	水苋菜属 209	四籽野豌豆 152	穗序木蓝 145	棠叶悬钩子 164
水金凤 249	水香薷 313	松蒿 317	穗状狐尾藻 137	糖芥属 229
水晶兰 268	水榆花楸 158	松蒿属 317	穗状香薷 313	桃 169
水晶兰属 268	水玉簪 59	松科 32	缝瓣珍珠菜 256	桃金娘 212
水韭科 03	水玉簪科 59	松属 33	笋瓜 191	桃金娘科 211
水韭属 03	水玉簪属 59	松下兰 268	桫椤 08	桃金娘目 208
水蕨 09	水蔗草 102	松叶蕨 04	桫椤科 08	桃金娘属 212
水蕨属 09	水蔗草属 102	松叶蕨科 04	桫椤鳞毛蕨 23	桃属 169
水苦荬 296	水珍珠菜 312	松叶蕨属 04	桫椤属 08	桃叶珊瑚 270
水蜡 291	'水栀子' 273	松叶薹草 89	梭罗树 226	桃叶珊瑚属 270
水蜡烛 311	水竹 108	菘蓝属 231	梭罗树属 226	桃叶石楠 160
水蜡烛属 310	水竹叶 81	宋氏绶草 65	缩茎韩信草 310	套鞘薹草 88
水蓼 235	水竹叶属 81	送春 69		藤儿茶 156
水龙 210	水烛 84	溲疏 246	**T**	藤构 177
水龙骨科 26	睡菜科 324	溲疏属 246	'塔柏' 35	藤黄科 197
水龙骨属 29	睡莲 40	苏门白酒草 325	胎生蹄盖蕨 16	藤黄属 197
水马齿 296	睡莲科 40	苏木蓝 145	胎生铁角蕨 13	藤黄檀 146
水马齿属 296	睡莲目 40	苏铁 32	台北艾纳香 336	藤金合欢 156
水蔓菁 295	睡莲属 40	苏铁蕨 15	台闽苣苔 293	藤山柳属 265
水芒草 297	硕苞蔷薇 166	苏铁蕨属 15	台闽苣苔属 293	藤石松 02
水芒草属 297	丝带蕨 28	苏铁科 32	台湾安息香 262	藤石松属 02
水毛茛 124	丝瓜 191	苏铁属 32	台湾赤飙 190	藤五加 348
水毛茛属 124	丝瓜属 191	苏州荠苎 314	台湾翅果菊 330	藤长苗 285
水毛花 91	丝路蓟 326	素馨属 290	台湾独蒜兰 74	藤竹草 112
水皮莲 324	丝毛飞廉 333	宿根画眉草 101	台湾桂竹 108	藤紫珠 304
水芹 352	丝穗金粟兰 53	宿蹄盖蕨 16	台湾剪股颖 97	梯牧草属 109
水芹属 352	丝叶球柱草 90	粟草 116	台湾林檎 167	蹄盖蕨科 16
水青冈 182	丝缨花科 270	粟草属 116	台湾马胶儿 191	蹄盖蕨属 16
水青冈属 182	丝缨花目 270	粟蕨属 12	台湾毛蕨 19	蹄叶橐吾 331
水莎草 86	篊笋竹属 98	粟米草 243	台湾泡桐 317	天胡荽 349
水筛 57	四倍体铁角蕨 14	粟米草科 243	台湾枇杷 169	天胡荽属 349
水筛属 57	四川冬青 321	粟米草属 243	台湾前胡 352	天葵 126
水杉 36	四川金粟兰 53	酸橙 221	台湾青荚叶 318	天葵属 126
水杉属 36	四川轮环藤 121	酸浆 288	台湾榕 176	天蓝苜蓿 150
水蛇麻 177	四川山矾 260	酸浆属 288	台湾杉 37	天料木 201
水蛇麻属 177	四川石杉 02	酸模 234	台湾杉属 37	天料木属 201
水虱草 93	四川溲疏 247	酸模芒 99	台湾十大功劳 123	天麻 72
水丝梨 133	四川兔儿风 337	酸模芒属 99	台湾水龙 211	天麻属 72
水丝梨属 133	四方麻 294	酸模属 234	台湾吻兰 66	天门冬 79
水松 36	四回毛枝蕨 22	酸模叶蓼 236	台湾相思 142	天门冬科 78
水松属 36	四季海棠 192	酸藤子 257	台湾阴地蕨 04	天门冬目 65
水苏 307	四季竹 116	酸藤子属 257	台湾锥 185	天门冬属 79
水苏属 306	四角矮菱 209	酸叶胶藤 280	台蔗茅 111	天名精 333
水蓑衣 300	四角大柄菱 209	酸竹属 96	台中荚蒾 343	天名精属 333
水蓑衣属 300	四角刻叶菱 209	蒜 77	薹草属 86	天目贝母 64
水田白 279	四角柃 251	算盘子 207	太平鳞毛蕨 24	天目地黄 317
水田稗 104	四角菱 209	算盘子属 207	太平莓 164	天目木姜子 51
水田碎米荠 231	四棱草 307	遂川报春苣苔 294	坛果山矾 261	天目木兰 44

天目朴树 175	铁鸠菊属 333	秃尖尾枫 304	瓦韦属 27	尾瓣舌唇兰 74
天目槭 218	铁榄属 252	秃净木姜子 51	歪头菜 152	尾花细辛 43
天目琼花 344	铁凉伞 205	秃蜡瓣花 133	弯齿盾果草 283	尾尖爬藤榕 177
天目山蟹甲草 329	铁马鞭 150	秃杉 37	弯管马铃苣苔 293	尾穗苋 242
天目玉兰 44	铁皮石斛 71	秃叶黄檗 219	弯果茨藻 56	尾叶冬青 322
天目紫茎 257	铁山矾 261	突脉青冈 185	弯喙薹草 88	尾叶复叶耳蕨 22
天南星 54	铁杉 33	突托蜡梅 46	弯曲碎米荠 230	尾叶那藤 120
天南星科 54	铁杉属 33	土丁桂 284	弯缺阴山荠 228	尾叶雀梅藤 172
天南星属 54	铁苋菜 205	土丁桂属 284	弯蒴杜鹃 267	尾叶稀子蕨（ 12
天女花 46	铁苋菜属 205	土茯苓 63	豌豆 149	尾叶绣球 245
天女花属 46	铁线蕨 08	土荆芥 242	豌豆属 149	尾叶悬钩子 162
天女木兰 46	铁线蕨属 08	土圞儿 144	晚红瓦松 136	尾叶樱桃 170
天人草 309	铁线莲 126	土圞儿属 144	晚松 33	尾叶紫薇 209
天师栗 217	铁线莲属 126	土牛膝 241	皖南鳞盖蕨 12	委陵菜 161
天台阔叶枫 217	铁线鼠尾草 311	土人参 244	碗蕨 11	委陵菜属 161
天台小檗 123	铁仔属 253	土人参科 244	碗蕨科 11	卫矛 193
天竺桂 48	铁轴草 307	土人参属 244	碗蕨属 11	卫矛科 192
天竺葵 208	庭菖蒲 76	土田七 83	万年青 80	卫矛目 192
天竺葵属 208	庭菖蒲属 76	土田七属 83	万年青属 80	卫矛属 193
田基黄 324	庭藤 145	土佐景天 137	万寿菊 342	猬草 105
田基黄属 324	莛苈 231	兔儿风属 337	万寿菊属 342	猬草属 105
田葱 154	莛苈属 231	兔儿风蟹甲草 328	万寿竹 62	温氏报春苣苔 294
田葱属 153	挺茎遍地金 197	兔儿伞 331	万寿竹属 62	温郁金 83
田麻 223	通城虎 42	兔儿伞属 331	王瓜 189	温州冬青 322
田麻属 223	通奶草 204	兔耳兰 69	网果筋骨草 303	梣 170
田旋花 285	通泉草 316	兔耳一枝箭 330	网果酸模 234	梣属 170
田野毛茛 124	通泉草科 316	兔耳一枝箭属 330	网络鸡血藤 144	文殊兰 78
田野水苏 306	通泉草属 316	兔尾苗属 295	网脉粗糠柴 203	文殊兰属 78
田紫草 284	通脱木 349	菟丝子 285	网脉假卫矛 195	蚊母草 296
甜菜属 241	通脱木属 349	菟丝子属 285	网脉木犀 289	蚊母树 132
甜橙 221	莲梗花 346	团花 277	网脉葡萄 139	蚊母树属 132
甜根子草 111	同形鳞毛蕨 24	团花山矾 260	网脉琼楠 48	吻兰 66
甜瓜 189	茼蒿属 326	团花属 277	网脉山龙眼 130	吻兰属 66
甜麻 223	铜锤玉带草 323	团扇蕨 05	网脉野桐 203	问荆 04
甜茅 106	铜钱草 349	团叶鳞始蕨 08	网叶山胡椒 47	蕹菜 285
甜茅属 106	铜钱树 172	豚草 340	莴草 95	莴苣属 330
甜笋竹 108	铜色叶胡颓子 171	豚草属 340	莴草属 95	莴笋 330
甜槠 184	筒冠花属 306	臀果木 162	望春玉兰 44	蜗儿菜 306
条裂叉蕨 26	筒花马铃苣苔 293	臀果木属 162	望江南 153	乌哺鸡竹 109
条裂三叉蕨 26	筒距舌唇兰 74	托柄菝葜 62	威灵仙 126	乌冈栎 187
条穗薹草 88	筒鞘蛇菰 232	托盘青冈 186	微糙三脉紫菀 327	乌桕 206
条纹凤尾蕨 10	筒轴茅 116	托叶楼梯草 180	微齿眼子菜 58	乌桕属 206
条叶百合 64	筒轴茅属 116	托竹 115	微红新月蕨 20	乌蕨 08
条叶龙胆 278	头花蓼 235	脱毛大叶勾儿茶 173	微毛金星蕨 20	乌蕨属 08
条叶猕猴桃 264	头花水玉簪 59	脱毛石楠 160	微毛柃 250	乌口树属 273
蕨蕨科 26	头巾马银花 268	陀螺果 263	微毛山矾 261	乌蔹莓 141
蕨蕨属 26	头蕊兰属 67	陀螺果属 263	微毛凸轴蕨 20	乌蔹莓属 141
贴毛折柄茶 258	头序楤木 348	陀螺紫菀 328	微毛血见愁 307	乌毛蕨 15
铁包金 173	头状四照花 247	橐吾属 331	微毛樱桃 170	乌毛蕨科 15
铁钓竿 295	透骨草 316	椭圆叶齿果草 157	微毛越南山矾 260	乌毛蕨属 15
铁冬青 321	透骨草科 316		微柱麻 181	乌苏里狐尾藻 137
铁箍散 41	透骨草属 316	**W**	微柱麻属 181	乌苏里瓦韦 28
铁海棠 205	透茎冷水花 179	挖耳草 301	韦草属 240	乌头 125
铁甲秋海棠 192	透明鳞薹草 91	娃儿藤 280	维西堇菜 198	乌头属 125
铁坚油杉 33	凸轴蕨属 20	娃儿藤属 280	伪泥胡菜 329	乌头叶蛇葡萄 139
铁角蕨 14	秃瓣杜英 196	瓦松 135	伪泥胡菜属 329	乌药 47
铁角蕨科 13	秃房杜鹃 267	瓦松属 135	伪针茅属 111	污毛粗叶木 276
铁角蕨属 13	秃红紫珠 305	瓦韦 28	苇状羊茅 103	巫山繁缕 239

屋久假瘤蕨 30	芜萍 55	武夷四照花 247	溪黄草 306	细叶萼距花 210
无瓣繁缕 239	芜青 230	武夷唐松草 126	豨莶 340	细叶孩儿参 240
无瓣蔊菜 229	吴兴铁线莲 127	武夷小檗 123	豨莶属 340	细叶旱芹 351
无苞香蒲 84	吴茱萸 220	武夷悬钩子 163	膝曲莠竹 113	细叶旱芹属 351
无柄鳞毛蕨 24	吴茱萸属 220	舞草 155	蠾茅 103	细叶结缕草 113
无柄卫矛 194	吴茱萸五加 350	舞草属 155	习见蓼 236	细叶韭 77
无刺空心泡 165	梧桐 223	舞鹤草属 79	喜旱莲子草 240	细叶卷柏 03
无刺野古草 106	梧桐属 223	舞花姜 83	喜马拉雅珊瑚 270	细叶连蕊茶 259
无刺枣 172	蜈蚣草 117	舞花姜属 82	喜树 244	细叶蓼 237
无盖鳞毛蕨 24	蜈蚣草属 117	婺源安息香 263	喜树属 244	细叶鳞毛蕨 25
无根萍属 55	蜈蚣凤尾蕨 11	婺源凤仙花 250	喜荫黄芩 310	细叶满江红 07
无根藤 48	五刺金鱼藻 118	婺源黄山鼠尾草 311	细柄半枫荷 132	细叶青冈 185
无根藤属 48	五福花科 342	婺源槭 218	细柄草 99	细叶日本薯蓣 59
无梗艾纳香 336	五加 349	婺源兔儿风 338	细柄草属 99	细叶石斑木 162
无梗越橘 266	五加科 347	雾水葛 181	细柄凤仙花 249	细叶石仙桃 73
无花果 176	五加属 348	雾水葛属 181	细柄毛蕨 18	细叶鼠麴草 326
无患子 217	五角枫 218		细柄山蚂蝗 156	细叶水团花 274
无患子科 216	五节芒 107	**X**	细柄黍 112	细叶穗花 295
无患子目 215	五棱秆飘拂草 93	西北栒子 166	细柄薯蓣 60	细叶小苦荬 342
无患子属 217	五列木 251	西伯利亚剪股颖 97	细柄五月茶 207	细叶益母草 314
无喙囊薹草 87	五列木科 250	西伯利亚远志 157	细柄蕈树 131	细圆齿火棘 162
无茎盆距兰 69	五列木属 251	西藏假脉蕨 05	细齿稠李 168	细圆藤 121
无距虾脊兰 67	五裂槭 218	西藏瓶蕨 05	细齿大戟 204	细圆藤属 121
无鳞毛枝蕨 22	五岭管茎过路黄 256	西川朴 175	细齿南星 54	细毡毛忍冬 346
无芒稗 104	五岭龙胆 278	西番莲 200	细齿水蛇麻 177	细长柄山蚂蝗 156
无芒耳稃草 103	五岭细辛 43	西番莲科 200	细齿蕈树 131	细枝茶藨子 134
无毛翠竹 110	五脉斜萼草 305	西番莲属 200	细齿叶柃 251	细枝柃 250
无毛粉花绣线菊 159	五匹青 352	西瓜 191	细灯心草 85	细枝绣球 246
无毛粉条儿菜 58	五味子 41	西瓜属 191	细萼连蕊茶 259	细枝绣线菊 159
无毛光果悬钩子 163	五味子科 40	西来稗 104	细风轮菜 309	细枝叶下珠 206
无毛华中蹄盖蕨 16	五味子属 41	西南巴戟 271	细梗胡枝子 150	细轴荛花 227
无毛画眉草 101	五叶白叶莓 163	西南菝葜 64	细梗络石 280	细柱五加 349
无毛黄花草 228	五叶薯蓣 60	西南粗叶木 276	细椆香草 255	细锥香茶菜 305
无毛金腰 135	五叶铁线莲 127	西南凤尾蕨 11	细梗紫麻 178	虾脊兰 67
无毛毛叶石楠 161	五月艾 339	西南假毛蕨 21	细莞 94	虾脊兰属 67
无毛漆姑草 240	五月茶 207	西南毛茛 124	细莞属 94	虾须草 340
无毛忍冬， 345	五月茶属 207	西南飘拂草 94	细花丁香蓼 211	虾须草属 340
无毛小果叶下珠 206	五月瓜藤 120	西南水苏 307	细花泡花树 128	狭苞马兰 328
无毛蟹甲草 328	五指挪藤 120	西南唐松草 125	细花虾脊兰 67	狭苞橐吾 331
无毛崖爬藤 140	午时花 226	西南铁角蕨 13	细花线纹香茶菜 305	狭翅铁角蕨 14
无尾水筛 57	午时花属 226	西南卫矛 194	细茎母草 299	狭顶鳞毛蕨 24
无腺白叶莓 163	武当菝葜 63	西洋参 348	细茎石斛 71	狭果秤锤树 262
无腺红淡 251	武当木兰 45	西域旌节花 215	细茎双蝴蝶 278	狭基钩毛蕨 18
无腺灰白毛莓 165	武当玉兰 45	蒚蓂 229	细茎铁角蕨 14	狭脚金星蕨 20
无腺槲木 168	武功山冬青 322	蒚蓂属 229	细裂堇菜 198	狭盔高乌头 125
无腺豨莶 340	武功山短枝竹 117	稀花蓼 235	细罗伞 255	狭菱裂乌头 125
无腺腺梗豨莶 340	武功山蓼 237	稀花槭 218	细脉木犀 289	狭穗阔蕊兰 73
无心菜 238	武功山异黄精 80	稀鳞瓦韦 28	细毛碗蕨 11	狭穗薹草 88
无心菜属 238	武功山阴山荞 228	稀脉浮萍 54	细毛鸭嘴草 96	狭序鸡矢藤 272
无叶兰 71	武汉葡萄 139	稀羽鳞毛蕨 24	细弱耳稃草 103	狭序泡花树 128
无叶兰属 71	武陵松 33	稀子蕨 12	细穗腹水草 294	狭叶海桐 347
无叶莲科 58	武宁假毛蕨 21	稀子蕨属 12	细穗藜 242	狭叶红紫珠 305
无叶莲目 58	武夷蒲儿根 334	溪边凤尾蕨 11	细小景天 136	狭叶虎皮楠 134
无叶莲属 58	武夷山茶竿竹 115	溪边蕨属 19	细辛属 43	狭叶花椒 220
无叶美冠兰 71	武夷山空心泡 165	溪边桑勒草 214	细叶桉 213	狭叶黄牛奶树 260
无疣菝葜 63	武夷山苦竹 111	溪边蹄盖蕨 16	细叶刺子莞 92	狭叶黄杨 130
无柱兰 71	武夷山石楠 160	溪边野古草 105	细叶短柱茶 258	狭叶假糙苏 306
无柱兰属 71	武夷山薹草 90	溪洞碗蕨 11	细叶短柱油茶 258	狭叶金粟兰 53

中文名称索引 / 381

狭叶兰香草 311	纤细假糙苏 306	腺毛酸藤子 257	香石竹 239	小早稗 104
狭叶楼梯草 180	纤细轮环藤 121	腺毛阴行草 317	香丝草 325	小号覆盆子 162
狭叶米口袋 148	纤细荛花 227	腺药珍珠菜 257	香杨梅属 187	小黑桫椤 08
狭叶母草 298	纤细薯蓣 59	腺叶桂樱 167	香叶树 47	小花八角枫 248
狭叶木犀 289	纤细通泉草 316	腺叶帚菊 330	香叶子 47	小花扁担杆 223
狭叶南星 54	纤细五月茶 207	相近石韦 29	湘椴 225	小花风毛菊 340
狭叶蓬莱葛 279	纤枝兔儿风 337	相似石韦 30	湘赣艾 338	小花花椒 220
狭叶瓶尔小草 05	显齿蛇葡萄 140	相思树属 142	湘赣杜鹃 268	小花黄堇 119
狭叶葡萄 139	显花蓼 236	香茶菜 305	湘桂马铃苣苔 293	小花荠苎 313
狭叶求米草 112	显脉冬青 319	香茶菜属 305	湘桂柿 253	小花剪股颖 97
狭叶山胡椒 47	显脉香茶菜 306	香橙 221	湘南星 54	小花金钱豹 323
狭叶水竹叶 81	显脉新木姜子 50	香椿 222	湘楠 50	小花金挖耳 334
狭叶四叶葎 275	显脉星蕨 29	香椿属 222	箱根野茅 102	小花苣苔属 292
狭叶藤五加 349	显脉野木瓜 120	香冬青 321	响铃豆 146	小花阔蕊兰 73
狭叶兔儿风 337	显柱南蛇藤 193	香粉叶 47	响叶杨 201	小花琉璃草 283
狭叶卫矛 195	显子草 110	香附子 86	向日葵 341	小花柳叶菜 210
狭叶香港远志 157	显子草属 110	香港瓜馥木 46	向日葵属 341	小花龙芽草 161
狭叶小苦荬 341	藓叶卷瓣兰 66	香港猴欢喜 196	象鼻藤 147	小花人字果 124
狭叶绣球 246	藓状景天 136	香港黄檀 147	象草 113	小花水毛茛 124
狭叶沿阶草 80	苋 242	香港金线兰 73	象耳豆 155	小花糖芥 229
狭叶一枝黄花 334	苋科 240	香港绶草 65	象耳豆属 155	小花下田菊 340
狭叶油茶 259	苋科 241	香港双蝴蝶 278	小八角莲 122	小花鸢尾 76
狭叶鸢尾兰 68	苋属 242	香港水玉簪 59	小白及 73	小花鸢尾兰 68
狭叶獐牙菜 279	'线柏' 35	香港四照花 247	小斑叶兰 72	小花远志 157
狭叶珍珠菜 257	线瓣玉凤花 72	香港新木姜子 49	小扁豆 157	小画眉草 101
狭叶珍珠花 265	线萼山梗菜 323	香港鹰爪花 46	小檗科 122	小槐花 156
狭叶重楼 61	线梗拉拉藤 275	香港远志 157	小檗属 122	小槐花属 156
下江忍冬 345	线蕨 28	香根芹 355	小柴胡 354	小黄构 227
下江委陵菜 161	线纹香茶菜 305	香根芹属 355	小巢菜 152	小鸡藤 147
下田菊 340	线形草沙蚕 114	香菇草 349	小齿钻地风 247	小鸡爪槭 217
下田菊属 340	线叶蓟 327	香桂 49	小赤麻 181	小戟叶耳蕨 25
夏枯草 308	线叶十字兰 73	香果树 275	小茨藻 56	小尖堇菜 199
夏枯草属 308	线叶水马齿 296	香果树属 275	小慈姑 56	小金梅草 76
夏蜡梅属 46	线叶水芹 352	香花鸡血藤 143	小刺毛假糙苏 306	小金梅草属 76
夏飘拂草 93	线叶旋覆花 333	香花枇杷 169	小灯心草 85	小糠草 97
夏天无 119	线叶猪屎豆 146	香花羊耳蒜 66	小二仙草 138	小苦荬 341
夏至草 303	线羽凤尾蕨 10	香桦 189	小二仙草科 137	小苦荬属 341
夏至草属 303	线柱苣苔属 294	香槐 148	小二仙草属 138	小蜡 291
仙白草 328	线柱兰 68	香槐属 148	小构树 178	小梾木 248
仙茅 76	线柱兰属 68	香简草属 306	小谷精草 84	小藜 242
仙茅科 75	陷脉石楠 160	香科科属 307	小果菝葜 62	小连翘 197
仙茅属 75	陷脉悬钩子 163	香蓼 237	小果博落回 118	小蓼 236
仙人掌 244	腺柄山矾 260	香鳞始蕨 08	小果冬青 321	小蓼花 236
仙人掌科 244	腺萼马银花 266	香鳞始蕨属 08	小果海桐 347	小米空木属 159
仙人掌属 244	腺萼木属 271	香茅属 95	小果核果茶 258	小膜盖蕨属 26
仙人指属 244	腺梗豨莶 340	香莓 165	小果马银花 267	小木通 126
仙台薹草 89	腺果悬钩子 163	香面叶 53	小果葡萄 138	小茴香 150
仙霞铁线蕨 09	腺花茅莓 164	香面叶属 53	小果朴 175	小蓬草 325
仙杖花属 62	腺椒树目 215	香楠 277	小果蔷薇 166	小婆婆纳 296
纤秆珍珠茅 92	腺茎柳叶菜 210	香皮树 128	小果绒毛漆 216	小茄 256
纤花耳草 277	腺蜡瓣花 133	香蒲 84	小果润楠 52	小窃衣 351
纤脉桉 212	腺柳 200	香蒲科 84	小果山龙眼 130	小琴丝竹 105
纤毛鹅观草 100	腺毛半蒴苣苔 293	香蒲属 84	小果十大功劳 123	小球穗扁莎 90
纤毛披碱草 100	腺毛垂柳 200	香青 337	小果石笔木 258	小山飘风 136
纤维马唐 102	腺毛金花树 213	香青属 336	小果卫矛 194	小杉兰 02
纤尾桃叶珊瑚 270	腺毛藜属 242	香薷 313	小果野桐 203	小舌唇兰 74
纤细半蒴苣苔 293	腺毛莓 162	香薷属 313	小果叶下珠 206	小升麻 124
纤细茨藻 56	腺毛泡花树 128	香薷状香简草 306	小果珍珠花 265	小狮子草 300

小酸浆 288	肖蒟蒻 64	荇菜 324	穴子蕨 12	雅致木槿 224
小酸模 234	肖鸢尾 76	荇菜属 324	雪胆 190	雅致针毛蕨 19
小蓑衣藤 127	肖鸢尾属 76	休宁小花苣苔 292	雪胆属 190	亚澳薹草 87
小五彩苏 309	楔瓣花科 288	修蕨属 30	雪里蕻 229	亚粗毛鳞盖蕨 12
小溪洞杜鹃 268	楔瓣花属 288	修株肿足蕨 21	雪柳 290	亚洲苦草 57
小小斑叶兰 72	楔叶豆梨 167	秀丽冬青 322	雪柳属 290	亚洲络石 280
小型珍珠茅 92	楔叶独行菜 231	秀丽槭 218	雪落寨樱花 159	烟包树属 187
小荇菜 324	楔叶榕 177	秀丽四照花 247	雪松 33	烟草 288
小眼子菜 58	楔颖草属 96	秀丽野海棠 213	雪松属 33	烟草属 288
小野芝麻 315	蝎子草属 179	秀丽锥 185	血红肉果兰 69	烟斗柯 183
小野芝麻属 315	斜萼草 305	秀柱花 132	血见愁 307	烟管头草 333
小叶八角枫 248	斜萼草属 305	秀柱花属 132	血盆草 311	烟台飘拂草 94
小叶蒟蒻 63	斜方复叶耳蕨 21	绣球 246	血水草 118	延胡索 119
小叶白点兰 68	斜果挖耳草 302	绣球花科 245	血水草属 118	延龄草 62
小叶白辛树 261	斜脉假卫矛 195	绣球荚蒾 344	血桐属 203	延龄草属 62
小叶半枫荷 132	斜须裂稃草 98	绣球属 245	血苋 241	延平柿 253
小叶地笋 314	斜羽凤尾蕨 11	绣球藤 127	血苋属 241	延叶珍珠菜 255
小叶短肠蕨 18	缬草 346	绣球绣线菊 158	寻骨风 42	延羽卵果蕨 20
小叶钝果寄生 233	缬草属 346	绣球钻地风 247	寻乌短枝竹 118	芫花 227
小叶茯蕨 19	薤白 77	绣线菊属 158	寻乌鳞毛蕨 25	芫荽 354
小叶海金沙 07	蟹甲草属 328	绣线梅属 157	寻乌阴山荠 228	芫荽菊 324
小叶黄杨 130	蟹爪兰 244	锈毛刺葡萄 138	荨麻 181	芫荽属 354
小叶假糙苏 306	心萼薯 285	锈毛钝果寄生 233	荨麻科 178	岩藿香 310
小叶金缕梅 133	心叶带唇兰 67	锈毛风毛菊 340	荨麻属 181	岩蕨科 15
小叶冷水花 179	心叶风毛菊 340	锈毛槐 153	椇子属 166	岩蕨属 15
小叶栎 186	心叶稷 112	锈毛鸡血藤 144	薹树 131	岩柃 251
小叶螺序草 274	心叶堇菜 200	锈毛络石 280	薹树科 131	岩穴蕨 12
小叶马蹄香 43	心叶毛蕊茶 258	锈毛莓 165	薹树属 131	沿海紫金牛 254
小叶买麻藤 32	心叶瓶尔小草 04	锈毛忍冬 345		沿阶草 79
小叶毛葡萄 138	心叶帚菊 329	锈毛石斑木 162	**Y**	沿阶草属 79
小叶猕猴桃 264	心脏叶瓶尔小草 04	锈毛铁线莲 127	丫蕊花 61	盐麸木 216
小叶南烛 266	新耳草属 271	锈毛五叶参 350	丫蕊花属 61	盐麸木属 216
小叶女贞 291	新木姜子 49	锈毛鱼藤 147	丫蕊薹草 90	兖州卷柏 03
小叶葡萄 139	新木姜子属 49	锈叶新木姜子 49	鸦椿卫矛 194	菴耳柯 183
小叶朴 175	新宁报春苣苔 294	须苞石竹 239	鸦胆子 222	眼子菜 57
小叶青冈 186	新宁新木姜子 50	须芒草属 96	鸦胆子属 222	眼子菜科 57
小叶三点金 144	新月蕨属 20	须弥菊属 341	鸭儿芹 351	眼子菜属 57
小叶石楠 160	信宜槭 218	徐长卿 282	鸭儿芹属 351	偃卧耳稃草 103
小叶双盖蕨 18	星刺卫矛 193	序叶苎麻 180	鸭公树 49	砚壳花椒 220
小叶蚊母树 132	星花灯心草 85	续随子 205	鸭脚茶 213	雁茅属 103
小叶五月茶 207	星蕨属 29	萱草 77	鸭茅 100	燕麦属 105
小叶杨 201	星毛稠李 168	萱草属 77	鸭茅属 100	秧青 146
小叶野海棠 213	星毛冠盖藤 245	玄参 298	鸭嘴草 112	扬子黄肉楠 51
小叶鸢尾兰 68	星毛金锦香 213	玄参科 297	鸭舌草 82	扬子毛茛 125
小叶月桂 289	星毛蕨 18	玄参属 298	鸭跖草 82	扬子铁线莲 127
小叶云实 143	星毛蕨属 18	悬钩子蔷薇 167	鸭跖草科 81	扬子小连翘 197
小叶珍珠菜 256	星毛鸭脚木 350	悬钩子属 162	鸭跖草目 81	羊齿天门冬 79
小叶猪殃殃 275	星毛羊奶子 171	悬铃木科 129	鸭跖草属 81	羊耳菊 341
小一点红 324	星毛紫柄蕨 21	悬铃木属 129	鸭跖草状凤仙花 249	羊耳菊属 341
小颖羊茅 103	星宿菜 256	悬铃叶苎麻 181	鸭嘴草 96	羊耳蒜 65
小鱼仙草 313	猩猩草 204	旋覆花 333	鸭嘴草属 95	羊耳蒜属 65
小鱼眼草 328	兴安胡枝子 149	旋覆花属 332	芽竹 109	羊瓜藤 120
小沼兰 75	兴山榆 174	旋花 285	崖柏属 37	羊角拗 280
小沼兰属 75	杏 169	旋花科 284	崖豆藤属 154	羊角拗属 280
小柱悬钩子 163	杏属 169	旋花属 285	崖花子 347	羊角菜 228
小紫金牛 254	杏香兔儿风 337	旋鳞莎草 86	崖爬藤 140	羊角藤 271
孝顺竹 105	杏叶柯 182	旋蒴苣苔 292	崖爬藤属 140	羊茅 103
肖蒟蒻 64	杏叶沙参 322	旋蒴苣苔属 292	雅榕 176	羊茅属 103

中文名称索引 / 383

羊尿泡 164	野牡丹科 213	一品红 205	翼萼凤仙花 249	印度羊角藤 271
羊乳 323	野牡丹属 214	一球悬铃木 130	翼梗五味子 41	英德黄芩 310
羊舌树 260	野木瓜 120	一叶萩 208	翼果薹草 88	罂粟科 118
羊蹄 234	野木瓜属 119	一枝黄花 334	翼核果 171	缨子木目 214
羊蹄甲属 142	野枇杷 304	一枝黄花属 334	翼核果属 171	樱属 170
羊踯躅 268	野漆 216	宜昌过路黄 256	蘮草 110	樱桃 170
阳荷 83	野蔷薇 166	宜昌杭子梢 144	蘮草属 110	鹰爪枫 120
阳芋 287	野青茅 102	宜昌胡颓子 171	阴地蒿 339	鹰爪花 46
杨柳科 200	野青茅属 102	宜昌黄杨 130	阴地蕨 04	鹰爪花属 46
杨梅 187	野青树 146	宜昌荚蒾 343	阴地蕨属 04	蘡薁 138
杨梅科 187	野山楂 159	宜昌木姜子 51	阴地唐松草 126	迎春花 290
杨梅叶蚊母树 132	野扇花 131	宜昌木蓝 145	阴山胡枝子 149	迎春樱桃 159
杨氏丹霞兰 75	野扇花属 131	宜昌飘拂草 93	阴山荠属 228	萤蔺 91
杨属 201	野生稻 112	宜昌润楠 52	阴生沿阶草 80	蝇子草属 238
杨桐 252	野生紫苏 313	宜章山矾 260	阴湿膜叶铁角蕨 15	瘿椒树 215
杨桐属 252	野柿 252	异被赤车 182	阴石蕨 26	瘿椒树科 215
洋葱 77	野黍 104	异被地杨梅 85	阴石蕨属 26	瘿椒树属 215
洋狗尾草 97	野黍属 104	异大黄花虾脊兰 67	阴香 48	硬齿猕猴桃 263
洋狗尾草属 97	野茼蒿 324	异钩距虾脊兰 67	阴行草 317	硬稃稗 104
洋金花 287	野茼蒿属 324	异果黄堇 119	阴行草属 317	硬秆子草 99
洋野黍 112	野桐 203	异果鸡血藤 143	茵陈蒿 338	硬果薹草 89
瑶山凤仙花 249	野桐属 203	异黄精属 80	茵芋 219	硬壳桂 49
药百合 64	野豌豆属 151	异鳞鳞毛蕨 23	茵芋属 219	硬壳柯 183
药水苏 315	野莴苣 330	异鳞薹草 88	荫地冷水花 179	硬毛地笋 314
药水苏属 315	野梧桐 203	异鳞轴鳞蕨 23	银边翠 205	硬毛冬青 320
野艾蒿 339	野西瓜苗 225	异蕊草 79	银边黄杨 194	硬毛附地菜 284
野桉 213	野线麻 180	异蕊草属 79	银柴 207	硬毛马甲子 172
野百合 146	野鸦椿 215	异色黄芩 310	银柴属 207	硬毛山黑豆 147
野百合 64	野鸦椿属 215	异色猕猴桃 263	银带虾脊兰 67	硬毛四叶葎 275
野扁豆 147	野燕麦 105	异色泡花树 128	银粉背蕨 09	硬雀麦 99
野扁豆属 147	野迎春 290	异色五味子 41	银果牛奶子 171	硬头黄竹 105
野慈姑 56	野芋 55	异色线柱苣苔 294	银桦 130	硬叶糙果茶 259
野楤头 348	野鸢尾 76	异穗卷柏 03	银桦属 130	硬叶冬青 320
野大豆 148	野芝麻 305	异形南五味子 40	银胶菊 329	硬叶柃 251
野灯心草 85	野芝麻属 305	异型兰属 67	银胶菊属 329	硬叶柳 201
野甘草 295	野雉尾金粉蕨 10	异型莎草 86	银兰 67	硬质早熟禾 100
野甘草属 295	业平竹属 97	异檐花 324	银莲花属 123	永瓣藤 192
野甘蓝 230	叶底红 213	异檐花属 324	银缕梅 133	永瓣藤属 192
野菰 317	叶萼山矾 260	异药花 213	银木荷 258	永泰黄芩 310
野菰属 317	叶花景天 136	异叶地锦 141	银色山矾 261	永修柳叶箬 94
野古草属 105	叶头过路黄 257	异叶花椒 220	银丝草 284	幽狗尾草 99
野海茄 287	叶下珠 206	异叶黄鹌菜 332	银线草 53	油白菜 229
野海棠属 213	叶下珠科 206	异叶茴芹 352	银杏 32	油茶 259
野含笑 44	叶下珠属 206	异叶梁王茶 350	银杏科 32	油点草 64
野胡萝卜 354	叶子花 243	异叶马兜铃 42	银杏属 32	油点草属 64
野花椒 220	叶子花属 243	异叶囊瓣芹 352	银叶菝葜 62	油苦竹 110
野黄桂 48	夜花藤 122	异叶榕 176	银叶桂 48	油麻藤属 154
野蓟 327	夜花藤属 122	异叶三脉紫菀 327	银叶柳 200	油芒 100
野豇豆 152	夜来香 281	异叶山蚂蝗 144	银钟花 261	油杉 34
野蕉 82	夜来香属 281	异叶蛇葡萄 139	银钟花属 261	油杉属 33
野菊 333	夜香牛 333	异叶石龙尾 297	淫羊藿 122	油柿 253
野决明属 155	夜香树 288	异叶泽兰 325	淫羊藿属 122	油松 33
野葵 224	夜香树属 288	异株木樨榄 291	隐脉滨禾蕨 29	油桐 202
野老鹳草 208	腋毛泡花树 128	益母草 314	隐子草属 95	油桐属 202
野菱 209	一把伞南星 54	益母草属 314	印度草木犀 149	疣草 81
野魔芋 54	一点红 324	薏米 95	印度蒲公英 331	疣果冷水花 179
野茉莉 262	一点红属 324	薏苡 95	印度榕 176	疣果飘拂草 93
野牡丹 214	一年蓬 325	薏苡属 95	印度崖豆 154	莜 311

莸属 311	玉兰属 44	缘毛齿果草 157	蕴璋耳草 276	樟 48
游藤卫矛 195	玉铃花 263	缘毛薹草 87	**Z**	樟科 47
友水龙骨 29	玉山针蔺 94	远东拂子茅 98		樟目 46
有边瓦韦 27	玉山竹 114	远叶瓦韦 28	杂木寄生 233	樟属 48
有柄马尾杉 03	玉山竹属 113	远志 157	早落通泉草 316	樟叶荚蒾 343
有柄石韦 30	玉蜀黍 113	远志科 156	早熟禾 100	樟叶木防己 121
有柄凸轴蕨 20	玉蜀黍属 113	远志属 156	早熟禾属 100	樟叶泡花树 129
有翅星蕨 29	玉叶金花 270	远轴鳞毛蕨 23	早园竹 109	长瓣短柱茶 259
有梗越橘 266	玉叶金花属 270	月光花 285	早竹 109	长瓣金花树 213
有芒鸭嘴草 95	玉簪 79	月季花 166	枣 172	长瓣马铃苣苔 293
有尾水筛 57	玉簪属 79	月见草属 211	枣属 172	长苞谷精草 84
有腺泡花树 128	玉竹 78	月月红 254	藻百年 277	长苞荸荠 314
莠狗尾草 99	芋 55	岳麓连蕊茶 260	藻百年属 277	长苞铁杉 33
莠竹 113	芋兰属 69	岳麓紫菀 328	皂荚 147	长苞香蒲 84
莠竹属 113	芋属 55	越橘属 265	皂荚属 147	长苞羊耳蒜 65
柚 221	郁金香 64	越橘叶黄杨 130	泽番椒 297	长柄车前蕨 09
余甘子 206	郁金香属 64	越南安息香 263	泽番椒属 297	长柄假脉蕨 05
余坚卫矛 194	郁李 170	越南参 348	泽兰属 325	长柄冷水花 178
盂兰属 70	郁香忍冬 345	越南槐 153	泽漆 204	长柄蕗蕨 06
鱼黄草属 286	鸢尾 76	越南山矾 260	泽芹 353	长柄爬藤榕 177
鱼鳞蕨 24	鸢尾科 76	越南藤儿茶 156	泽芹属 353	长柄槭 218
鱼鳞鳞毛蕨 24	鸢尾兰属 68	越南油茶 259	泽泻 56	长柄山蚂蝗 156
鱼藤 147	鸢尾属 76	粤北鹅耳枥 188	泽泻科 55	长柄山蚂蝗属 155
鱼藤属 147	元宝草 198	粤北柯 183	泽泻目 54	长柄石笔木 258
鱼眼草 328	圆柏 35	粤赣荚蒾 343	泽泻属 56	长柄石杉 02
鱼眼草属 328	圆瓣冷水花 178	粤里白 06	泽泻虾脊兰 67	长柄鼠李 174
禹毛茛 124	圆苞杜根藤 299	粤柳 201	泽珍珠菜 255	长柄双花木 133
俞藤 140	圆苞金足草 300	粤瓦韦 28	贼小豆 152	长柄梭罗 226
俞藤属 140	圆苞马蓝 300	粤西绣球 246	柞木 202	长柄野扁豆 147
莵叶五加 349	圆苞山罗花 318	粤紫萁 05	柞木属 202	长柄紫珠 304
莵叶五加属 349	圆盖阴石蕨 26	云广粗叶木 276	榨菜 230	长春花 282
愉悦蓼 236	圆果木姜子 51	云和假糙苏 306	窄翅卫矛 193	长春花属 282
榆科 174	圆果雀稗 112	云和新木姜子 49	窄基红褐柃 251	长唇羊耳蒜 66
榆属 174	圆基长鬃蓼 236	云锦杜鹃 267	窄穗莎草 86	长刺楤木 348
榆树 174	圆茎耳草 276	云南叉柱兰 71	窄头橐吾 331	长刺酸模 234
榆叶梅 169	'圆球柳杉' 36	云南大百合 65	窄叶火炭母 235	长萼栝楼 190
羽萼悬钩子 164	圆舌粘冠草 331	云南勾儿茶 173	窄叶马铃苣苔 293	长萼鸡眼草 142
羽节蕨属 13	圆筒穗水蜈蚣 92	云南旌节花 215	窄叶南蛇藤 193	长萼堇菜 199
羽裂报春苣苔 294	圆头凤尾蕨 11	云南鳞始蕨 08	窄叶水芹 352	长萼马醉木 269
羽裂黄鹌菜 332	'圆头柳杉' 36	云南婆婆纳 296	窄叶蕈树 131	长萼瞿麦 239
羽裂圣蕨 19	圆叶豺皮樟 51	云南桤叶树 265	窄叶鸭舌草 82	长萼野海棠 213
羽裂星蕨 29	圆叶节节菜 209	云南兔儿风 338	窄叶野豌豆 152	长萼猪屎豆 146
羽裂叶对囊蕨 17	圆叶堇菜 200	云南小连翘 198	窄叶泽泻 56	长根金星蕨 20
羽脉新木姜子 50	圆叶景天 136	云南野豇豆 152	窄叶紫珠 304	长梗冬青 321
羽毛地杨梅 85	圆叶苦荬菜 329	云南银柴 207	毡毛稠李 168	长梗过路黄 256
羽叶参属 350	圆叶鹿蹄草 269	云南樱椒树 215	毡毛马兰 328	长梗黄精 78
羽叶金合欢 142	圆叶茅膏菜 238	云南樟 48	毡毛泡花树 129	长梗藜芦 61
羽叶蓼 237	圆叶牵牛 285	'云片柏' 35	粘蓼 237	长梗柳 201
羽叶蛇葡萄 139	圆叶石豆兰 66	云山八角枫 248	粘毛泡桐 317	长梗楼梯草 180
羽叶长柄山蚂蝗 156	圆叶鼠李 173	云山青冈 186	展毛乌头 125	长梗薹草 88
羽衣甘蓝 230	圆叶挖耳草 302	云杉 34	展毛野牡丹 214	长梗天胡荽 349
雨久花 82	圆叶乌桕 206	云杉属 34	展穗膜稃草 106	长梗紫花堇菜 199
雨久花科 82	圆叶野扁豆 147	云实 143	展枝过路黄 255	长勾刺蒴麻 226
雨久花属 82	圆锥花桉 212	云实属 143	展枝胡枝子 150	长冠鼠尾草 312
雨蕨 27	圆锥柯 183	云台南星 54	张氏堇菜 198	长管香茶菜 305
雨蕨属 27	圆锥铁线莲 127	芸薹 230	张氏野海棠 213	长果山桐子 201
玉凤花属 72	圆锥绣球 246	芸薹属 229	獐牙菜 279	长果栀子 273
玉兰 44	缘脉菝葜 63	芸香科 219	獐牙菜属 279	长花厚壳树 283

中文名称索引 / 385

长花黄鹌菜 332	长叶冻绿 173	浙江尖连蕊茶 259	直角荚蒾 343	中华蛇根草 272
长花马唐 102	长叶榧树 37	浙江金线兰 73	直立百部 60	中华石楠 160
长花枝杜若 81	长叶冠毛榕 176	浙江铃子香 308	直立蜂斗草 214	中华双盖蕨 17
长花帚菊 330	长叶胡颓子 171	浙江柳叶箬 94	直立婆婆纳 296	中华水韭 03
长画眉草 101	长叶蝴蝶草 298	浙江马鞍树 150	直鳞肋毛蕨 22	中华水龙骨 29
长喙毛茛泽泻 55	长叶假糙苏 306	浙江猕猴桃 265	直脉兔儿风 338	中华薹草 87
长戟叶蓼 236	长叶假还阳参 326	浙江木蓝 145	直球穗扁莎 90	中华天胡荽 349
长尖莎草 85	长叶鹿蹄草 269	浙江楠 50	直生刀豆 145	中华卫矛 194
长箭叶蓼 235	长叶美国蜡梅 46	浙江青荚叶 318	直叶金发石杉 02	中华绣线菊 158
长江溲疏 247	长叶猕猴桃 264	浙江润楠 52	直酢浆草 195	中华绣线梅 157
长江蹄盖蕨 16	长叶木犀 289	浙江山梅花 245	止血马唐 102	中华野葵 224
长豇豆 152	长叶女贞 291	浙江山木通 126	枳 221	中华重齿枫 217
长节耳草 277	长叶雀稗 112	浙江新木姜子 49	枳椇 173	中华锥花 314
长距虾脊兰 67	长叶山兰 75	浙江雪胆 190	枳椇属 173	中间茯蕨 19
长裂黄鹌菜 332	长叶珊瑚 270	浙江叶下珠 206	趾叶栝楼 190	中南豆腐木 304
长裂苦苣菜 335	长叶数珠树 273	浙江獐牙菜 279	中国白丝草 61	中南蒿 339
长脉清风藤 129	长叶松 33	浙江紫薇 209	中国繁缕 239	中南胡麻草 318
长芒稗 104	长叶酸藤子 257	浙荆芥 312	中国金丝桃 197	中南悬钩子 163
长芒棒头草 113	长叶蹄盖蕨 16	浙闽龙头草 315	中国旌节花 215	中南鱼藤 147
长芒草沙蚕 114	长叶铁角蕨 14	浙闽槭 217	中国石蒜 77	中平树 203
长芒薹草 88	长叶锈毛莓 165	浙闽新木姜子 49	中国绣球 245	中日金星蕨 20
长毛韩信草 310	长叶紫珠 304	浙闽樱桃 170	中国野菰 317	中日老鹳草 208
长毛蕗蕨 06	长羽裂萝卜 229	浙南菝葜 62	中国油点草 64	中型冬青 320
长毛细辛 43	长圆叶艾纳香 336	浙皖粗筒苣苔 292	中国猪屎豆 146	中亚苋草 98
长毛香科科 307	长枝竹 104	浙皖佛肚苣苔 293	中华艾麻 179	中亚酸模 234
长毛籽远志 157	长轴白点兰 68	浙皖虎刺 274	中华抱茎蓼 235	钟萼地埂鼠尾草 312
长囊薹草 88	长柱核果茶 258	浙皖荚蒾 345	中华笔草 115	钟花草 300
长脐红豆 151	长柱金丝桃 197	浙皖绣球 246	中华草沙蚕 114	钟花草属 300
长柔毛安息香 262	长柱瑞香 226	鹧鸪草 104	中华叉柱兰 71	钟花樱桃 170
长柔毛野豌豆 152	长柱头薹草 90	鹧鸪草属 104	中华大节竹 102	肿节少穗竹 116
长蕊杜鹃 268	长柱紫茎 257	针齿铁仔 254	中华淡竹叶 114	肿节竹 116
长蕊万寿竹 62	长籽柳叶菜 210	针刺悬钩子 165	中华地桃花 225	肿胀果薹草 89
长舌酸竹 96	长鬘蓼 236	针毛蕨 19	中华杜英 196	肿足蕨 21
长舌野青茅 102	长总梗木蓝 146	针毛蕨属 19	中华短肠蕨 17	肿足蕨科 21
长蒴黄麻 223	掌裂叶秋海棠 192	针筒菜 307	中华鹅掌柴 350	肿足蕨属 21
长蒴苣苔属 292	掌叶覆盆子 162	珍珠菜属 255	中华凤尾蕨 11	种阜草 239
长蒴母草 298	掌叶梁王茶 350	珍珠花 265	中华复叶耳蕨 22	种阜草属 239
长穗荠苎 314	掌叶蓼 236	珍珠花属 265	中华栝楼 190	仲氏薹草 87
长穗桑 178	杖藤 80	珍珠莲 177	中华孩儿草 301	重瓣臭茉莉 308
长穗兔儿风 337	爪哇鳞始蕨 08	珍珠茅属 92	中华红丝线 287	重瓣金樱子 166
长筒女贞 291	爪哇唐松草 125	珍珠梅属 160	中华胡枝子 149	重瓣空心泡 165
长托菝葜 63	爪哇五味子 41	榛 188	中华剑蕨 28	重瓣铁线莲 126
长尾复叶耳蕨 22	沼金花科 58	榛属 188	中华结缕草 113	重齿当归 351
长尾毛蕊茶 258	沼兰属 75	支柱蓼 237	中华金星蕨 20	重齿枫 217
长尾毛柱樱桃 170	沼生水马齿 296	芝麻 299	中华金腰 135	重唇石斛 70
长尾铁线蕨 09	折齿假糙苏 306	芝麻科 299	中华苦荬菜 329	重楼属 61
长尾乌饭 266	折冠牛皮消 282	芝麻属 299	中华老鸦糊 304	重阳木 207
长腺灰白毛莓 165	折枝菝葜 63	枝花流苏树 289	中华里白 06	舟山新木姜子 50
长须阔蕊兰 73	褶皮黧豆 154	枝穗山矾 260	中华鳞毛蕨 23	周裂秋海棠 192
长序虎皮楠 134	柘 177	知风草 101	中华鹿藿 154	周毛悬钩子 162
长序莓 162	浙贝母 64	知风飘拂草 93	中华落叶石楠 170	轴果蕨 13
长序润楠 52	浙赣车前紫草 284	栀子 273	中华猕猴桃 263	轴果蕨科 13
长序缬草 346	浙赣舞花姜 82	栀子花 273	中华萍蓬草 40	轴果蕨属 13
长序榆 174	浙杭卷瓣兰 66	栀子属 273	中华槭 218	轴鳞鳞毛蕨 24
长叶百蕊草 232	浙江大青 308	蜘蛛抱蛋 78	中华清风藤 129	帚菊属 329
长叶柄野扇花 131	浙江凤仙花 249	蜘蛛抱蛋属 78	中华秋海棠 192	皱叶线蕨 28
长叶车前 295	浙江红山茶 258	直刺变豆菜 353	中华三叶委陵菜 161	皱边石杉 02
长叶地榆 157	浙江黄芩 310	直杆蓝桉 212	中华沙参 322	皱柄冬青 320

皱果蛇莓 169	竹柏属 34	紫背天葵 192	紫柳 201	紫珠 303
皱果薹草 87	竹根七 78	紫柄蕨 21	紫罗兰 229	紫珠属 303
皱果苋 242	竹根七属 78	紫柄蕨属 21	紫罗兰属 229	紫竹 108
皱苦竹 110	竹节参 348	紫柄蹄盖蕨 16	紫麻 178	棕红悬钩子 165
皱皮木瓜 169	竹灵消 282	紫草 284	紫麻属 178	棕鳞铁角蕨 14
皱叶繁缕 239	竹叶草 112	紫草科 283	紫马唐 103	棕榈 80
皱叶狗尾草 99	竹叶柴胡 355	紫草目 283	紫脉过路黄 257	棕榈科 80
皱叶黄杨 130	竹叶胡椒 42	紫草属 284	紫脉花鹿藿 154	棕榈目 80
皱叶荚蒾 344	竹叶花椒 219	紫弹树 175	紫茉莉 243	棕榈属 80
皱叶雀梅藤 172	竹叶吉祥草 81	紫萼 79	紫茉莉科 243	棕脉花楸 158
皱叶忍冬 345	竹叶吉祥草属 81	紫萼蝴蝶草 298	紫茉莉属 243	棕茅 106
皱叶鼠李 174	竹叶兰 73	紫果冬青 322	紫苜蓿 150	棕叶狗尾草 99
皱叶酸模 234	竹叶兰属 73	紫果蔺 91	紫楠 50	棕轴凤了蕨 10
骤尖楼梯草 180	竹叶茅 113	紫果猕猴桃 263	紫萍 55	棕轴凤丫蕨 10
朱顶红 78	竹叶木荷 258	紫果槭 217	紫萍属 55	棕竹 80
朱顶红属 78	竹叶青冈 186	紫红獐牙菜 279	紫萁 05	棕竹属 80
朱槿 224	竹叶榕 177	紫花八宝 137	紫萁科 05	总梗女贞 291
朱兰 75	竹叶眼子菜 58	紫花地丁 199	紫萁属 05	总序蓟 327
朱兰属 75	竹蔗 111	紫花含笑 44	紫苏 313	总状山矾 261
朱砂根 254	苎麻 181	紫花合掌消 281	紫苏草 296	粽巴箬竹 115
朱砂藤 282	苎麻属 180	紫花堇菜 199	紫苏属 313	粽叶芦 116
珠光香青 337	柱果铁线莲 128	紫花络石 280	紫穗槐 155	粽叶芦属 116
珠果黄堇 119	柱毛独行菜 231	紫花落新妇 135	紫穗槐属 155	走茎华西龙头草 315
珠芽艾麻 179	砖子苗 86	紫花美冠兰 71	紫藤 152	走马胎 254
珠芽狗脊 15	壮大荚蒾 344	紫花前胡 351	紫藤属 152	菹草 57
珠芽画眉草 101	锥 184	紫花香薷 313	紫菀 328	钻地风 247
珠芽景天 136	锥花属 314	紫花羊耳蒜 65	紫菀属 327	钻地风属 247
珠子草 206	锥栗 182	紫花野百合 146	紫葳科 301	钻天杨 201
诸葛菜 229	锥属 184	紫金牛 254	紫薇 209	钻叶紫菀 342
诸葛菜属 229	资源冷杉 32	紫金牛属 254	紫薇春 268	醉香含笑 44
猪毛草 91	髭脉桤叶树 265	紫堇 119	紫薇属 209	醉鱼草 297
猪毛蒿 339	梓 301	紫堇属 119	紫心菊 341	醉鱼草属 297
猪屎豆 146	梓木草 284	紫堇叫阴山荠 228	紫羊茅 103	酢浆草 195
猪屎豆属 146	梓属 301	紫茎 257	紫叶绣球 246	酢浆草科 195
猪殃殃 275	紫斑大戟 204	紫茎京黄芩 310	'紫叶酢浆草' 196	酢浆草目 195
蛛丝毛蓝耳草 81	紫斑蝴蝶草 298	紫茎属 257	紫玉兰 44	酢浆草属 195
蛛网萼 245	紫苞鸢尾 76	紫荆 143	紫玉盘属 46	
蛛网萼属 245	紫背金盘 303	紫荆属 143	紫玉簪 79	
楮头红 214	紫背堇菜 200	紫菊 329	紫芋 55	
竹柏 34	紫背冷水花 179	紫菊属 329	紫云英 142	

中文名称索引 / 387

拉丁学名索引

A

Abelia 346
Abelia chinensis 346
Abelia macrotera 346
Abelia uniflora 346
Abelmoschus 223
Abelmoschus esculentus 223
Abelmoschus manihot 223
Abelmoschus manihot var. *pungens* 223
Abelmoschus moschatus 223
Abies 32
Abies beshanzuensis var. *ziyuanensis* 32
Abies fabri 32
Abies firma 32
Abutilon 222
Abutilon indicum 222
Abutilon pictum 222
Abutilon theophrasti 223
Acacia 142
Acacia confusa 142
Acacia farnesiana 142
Acacia mearnsii 142
Acacia pennata 142
Acacia sinuata 156
Acalypha 205
Acalypha australis 205
Acalypha brachystachya 205
Acalypha supera 205
Acanthaceae 299
Acanthopanax gracilistylus 349
Acanthopanax gracilistylus var. *nodiflorus* 349
Acanthopanax simonii 349
Acer 217
Acer acutum 217
Acer amplum 217
Acer amplum subsp. *tientaiense* 217
Acer anhweiense 217
Acer buergerianum 217
Acer buergerianum var. *jiujiangense* 217
Acer caudatifolium 217
Acer ceriferum 217
Acer confertifolium 217
Acer cordatum 217
Acer cordatum var. *dimorphifolium* 217
Acer coriaceifolium 217
Acer davidii 217
Acer davidii subsp. *grosseri* 217
Acer duplicatoserratum 217
Acer duplicatoserratum var. *chinense* 217
Acer elegantulum 218
Acer flabellatum 218
Acer fabri 218

Acer fabri var. *rubrocarpus* 218
Acer ginnala 219
Acer henryi 218
Acer kiangsiense 217
Acer linganense 218
Acer longipes 218
Acer longipes var. *pubigerum* 218
Acer lucidum 218
Acer metcalfii 218
Acer mono 218
Acer nikoense 218
Acer oblongum 218
Acer olivierianum 218
Acer palmatum 218
Acer palmatum 'Atropurpureum' 218
Acer palmatum var. *thunbergii* 217
Acer pauciflorum 218
Acer paxii 218
Acer pictum subsp. *mono* 218
Acer pictum subsp. *pubigerum* 218
Acer pubinerve 218
Acer shangszeense var. *anfuense* 218
Acer sinense 218
Acer sinopurpurascens 218
Acer subtrinervium 217
Acer sunyiense 218
Acer tataricum subsp. *ginnala* 219
Acer tataricum subsp. *theiferum* 219
Acer tutcheri 219
Acer wilsonii 219
Acer wilsonii var. *obtusum* 219
Acer wuyuanense 218
Achnatherum 94
Achnatherum coreanum 94
Achyranthes 241
Achyranthes aspera 241
Achyranthes bidentata 241
Achyranthes bidentata var. *japonica* 241
Achyranthes longifolia 241
Achyranthes longifolia f. *rubra* 241
Acidosasa 96
Acidosasa chienouensis 96
Acidosasa nanunica 96
Acidosasa notata 96
Acidosasa purpurea 96
Aconitum carmichaelii 125
Aconitum carmichaelii var. *angustius* 125
Aconitum carmichaelii var. *hwangshanicum* 125
Aconitum carmichaelii var. *truppelianum* 125
Aconitum finetianum 125
Aconitum hemsleyanum 125
Aconitum scaposum 125
Aconitum sinomontanum 125

Aconitum sinomontanum var. *angustius* 125
Aconitum 125
Aconitum volubile 125
Acoraceae 53
Acorales 53
Acorus 53
Acorus calamus 53
Acorus gramineus 53
Actinidia 263
Actinidia arguta 263
Actinidia arguta var. *giraldii* 263
Actinidia arguta var. *purpurea* 263
Actinidia callosa 263
Actinidia callosa var. *discolor* 263
Actinidia callosa var. *henryi* 263
Actinidia championii 264
Actinidia chinensis 263
Actinidia chinensis var. *chinensis* f. *jinggangshanensis* 263
Actinidia chinensis var. *deliciosa* 264
Actinidia chrysantha 264
Actinidia eriantha 264
Actinidia fortunatii 264
Actinidia fulvicoma 264
Actinidia fulvicoma var. *pachyphylla* 264
Actinidia hemsleyana 264
Actinidia jiangxiensis 264
Actinidia kolomikta 264
Actinidia lanceolata 264
Actinidia latifolia 264
Actinidia macrosperma 264
Actinidia macrosperma var. *mumoides* 264
Actinidia melanandra 264
Actinidia melliana 264
Actinidia polygama 264
Actinidia rubricaulis 264
Actinidia rubricaulis var. *coriacea* 264
Actinidia sabiifolia 264
Actinidia styracifolia 264
Actinidia trichogyna 264
Actinidia valvata 264
Actinidia valvata var. *boehmeriifolia* 265
Actinidia zhejiangensis 265
Actinidiaceae 263
Actinodaphne 48
Actinodaphne cupularis 48
Actinodaphne lancifolia var. *sinensis* 51
Actinostemma 189
Actinostemma tenerum 189
Acystopteris 13
Acystopteris japonica 13
Adenocaulon 340
Adenocaulon himalaicum 340
Adenophora 322

Adenophora hunanensis 322
Adenophora petiolata 322
Adenophora petiolata subsp. huadungensis 322
Adenophora petiolata subsp. hunanensis 322
Adenophora remotiflora 322
Adenophora rupincola 322
Adenophora sinensis 322
Adenophora stricta 322
Adenophora tetraphylla 322
Adenophora trachelioides 323
Adenosma glutinosum 297
Adenosma 297
Adenostemma 340
Adenostemma lavenia 340
Adenostemma lavenia var. parviflorum 340
Adiantum 08
Adiantum capillus-veneris 08
Adiantum caudatum 09
Adiantum diaphanum 09
Adiantum flabellulatum 09
Adiantum gravesii 09
Adiantum juxtapositum 09
Adiantum malesianum 09
Adiantum myriosorum 09
Adina 274
Adina pilulifera 274
Adina rubella 274
Adinandra 252
Adinandra bockiana 252
Adinandra bockiana var. acutifolia 252
Adinandra glischroloma 252
Adinandra glischroloma var. macrosepala 252
Adinandra millettii 252
Adinandra nitida 252
Adoxaceae 342
Aeginetia 317
Aeginetia indica 317
Aeginetia sinensis 317
Aeschynomene 148
Aeschynomene indica 148
Aesculus 217
Aesculus chinensis 217
Aesculus chinensis var. wilsonii 217
Agastache 302
Agastache rugosa 302
Ageratum 339
Ageratum conyzoides 339
Agrimonia 161
Agrimonia nipponica 161
Agrimonia nipponica var. occidentalis 161
Agrimonia pilosa 161
Agrimonia pilosa var. nepalensis 161
Agrostis 96
Agrostis alba 97
Agrostis clavata 96
Agrostis gigantea 97
Agrostis matsumurae 96
Agrostis micrantha 97
Agrostis myriantha 97
Agrostis sozanensis 97

Agrostis stolonifera 97
Aidia 277
Aidia canthioides 277
Aidia cochinchinensis 277
Aidia henryi 277
Aidia salicifolia 277
Ailanthus 221
Ailanthus altissima 221
Ailanthus altissima var. sutchuenensis 222
Ainsliaea 337
Ainsliaea angustifolia 337
Ainsliaea caesia 337
Ainsliaea cavaleriei 337
Ainsliaea fragrans 337
Ainsliaea glabra 337
Ainsliaea glabra var. sutchuenensis 337
Ainsliaea gracilis 337
Ainsliaea grossedentata 337
Ainsliaea henryi 337
Ainsliaea kawakamii 337
Ainsliaea latifolia 337
Ainsliaea latifolia var. platyphylla 337
Ainsliaea macroclinidioides 338
Ainsliaea nervosa 338
Ainsliaea plantaginifolia 337
Ainsliaea trinervis 338
Ainsliaea walkeri 338
Ainsliaea wuyuanensis 338
Ainsliaea yunnanensis 338
Aizoaceae 243
Ajuga 302
Ajuga ciliata 302
Ajuga decumbens 303
Ajuga dictyocarpa 303
Ajuga nipponensis 303
Akaniaceae 227
Akebia 120
Akebia quinata 120
Akebia trifoliata 120
Akebia trifoliata subsp. australis 120
Alangium 248
Alangium chinense 248
Alangium chinense subsp. strigosum 248
Alangium faberi 248
Alangium faberi var. perforatum 248
Alangium kurzii 248
Alangium kurzii var. handelii 248
Alangium premnifolium 248
Alangium platanifolium var. trilobum 248
Albizia 150
Albizia julibrissin 150
Albizia kalkora 151
Alcea 222
Alcea rosea 222
Alchornea 202
Alchornea davidii 202
Alchornea trewioides 202
Aletris 58
Aletris glabra 58
Aletris scopulorum 58
Aletris spicata 58
Aleuritopteris 09

Aleuritopteris anceps 09
Aleuritopteris argentea 09
Aleuritopteris argentea var. obscura 09
Aleuritopteris kuhnii 09
Alisma 56
Alisma canaliculatum 56
Alisma orientale 56
Alisma plantago-aquatica 56
Alismataceae 55
Alismatales 54
Allantodia crinipes 17
Allantodia doederleinii 17
Allium 77
Allium cepa 77
Allium cepa var. aggregatum 77
Allium chinense 77
Allium fistulosum 77
Allium hookeri 77
Allium macrostemon 77
Allium sativum 77
Allium tenuissimum 77
Allium tuberosum 77
Alloteropsis 96
Alloteropsis semialata 96
Alniphyllum 262
Alniphyllum fortunei 262
Alnus 188
Alnus cremastogyne 188
Alnus trabeculosa 189
Alocasia 54
Alocasia cucullata 54
Alocasia odora 54
Alopecurus 96
Alopecurus aequalis 96
Alopecurus japonicus 96
Alpinia 83
Alpinia japonica 83
Alpinia jianganfeng 83
Alpinia oblongifolia 83
Alpinia officinarum 83
Alpinia pumila 83
Alpinia stachyodes 83
Alpinia tonkinensis 83
Alsophila 08
Alsophila denticulata 08
Alsophila metteniana 08
Alsophila spinulosa 08
Alternanthera 240
Alternanthera bettzickiana 240
Alternanthera philoxeroides 240
Alternanthera sessilis 241
Altingia 131
Altingia angustifolia 131
Altingia chinensis 131
Altingia gracilipes 131
Altingia gracilipes var. serrulata 131
Altingia siamensis 131
Altingia tenuifolia 131
Altingiaceae 131
Alysicarpus 141
Alysicarpus vaginalis 141
Alyxia 282

Alyxia levinei 282
Alyxia odorata 282
Alyxia sinensis 282
Alyxia vulgaris 282
Amana 64
Amana edulis 64
Amaranthaceae 240
Amaranthus 242
Amaranthus blitoides 242
Amaranthus blitum 242
Amaranthus caudatus 242
Amaranthus cruentus 242
Amaranthus hybridus 242
Amaranthus paniculatus 242
Amaranthus retroflexus 242
Amaranthus spinosus 242
Amaranthus tricolor 242
Amaranthus viridis 242
Amaryllidaceae 77
Ambrosia 340
Ambrosia artemisiifolia 340
Ambrosia trifida 341
Amelanchier 169
Amelanchier asiatica 169
Amentotaxus 38
Amentotaxus argotaenia 38
Amitostigma 71
Amitostigma gracile 71
Amitostigma pinguicula 71
Ammannia 209
Ammannia auriculata 209
Ammannia baccifera 210
Ammannia multiflora 210
Ammannia viridis 210
Amorpha 155
Amorpha fruticosa 155
Amorphophallus 54
Amorphophallus kiusianus 54
Amorphophallus konjac 54
Amorphophallus rivieri 54
Amorphophallus variabilis 54
Ampelopsis aconitifolia 139
Ampelopsis bodinieri 139
Ampelopsis cantoniensis 139
Ampelopsis cantoniensis var. *grossedentata* 140
Ampelopsis chaffanjonii 139
Ampelopsis delavayana 139
Ampelopsis glandulosa 139
Ampelopsis glandulosa var. *brevipedunculata* 139
Ampelopsis glandulosa var. *hancei* 139
Ampelopsis glandulosa var. *heterophylla* 139
Ampelopsis glandulosa var. *kulingensis* 140
Ampelopsis grossedentata 140
Ampelopsis humulifolia 140
Ampelopsis hypoglauca 140
Ampelopsis japonica 140
Ampelopsis megalophylla 140
Ampelopsis megalophylla var. *jiangxiensis* 140
Ampelopsis 139
Ampelopsis rubifolia 140
Ampelopteris 18
Ampelopteris prolifera 18
Amphicarpaea 148
Amphicarpaea edgeworthii 148
Amygdalus 169
Amygdalus davidiana 169
Amygdalus persica 169
Amygdalus triloba 169
Anacardiaceae 215
Anagallis 254
Anagallis arvensis 254
Anagallis arvensis f. *coerulea* 254
Anaphalis 336
Anaphalis aureopunctata 336
Anaphalis aureopunctata var. *plantaginifolia* 337
Anaphalis margaritacea 337
Anaphalis margaritacea var. *cinnamomea* 337
Anaphalis sinica 337
Anaphalis sinica f. *pterocaula* 337
Andrographis 300
Andrographis paniculata 300
Andropogon 96
Andropogon virginicus 96
Androsace 254
Androsace umbellata 254
Anemone 123
Anemone begoniifolia 123
Anemone flaccida 124
Anemone hupehensis 124
Anemone hupehensis var. *japonica* 124
Anethum 354
Anethum graveolens 354
Angelica 351
Angelica biserrata 351
Angelica dahurica 351
Angelica dahurica var. *dahurica* 'Hangbaizhi' 351
Angelica decursiva 351
Angelica miqueliana 353
Angelica morii 351
Angelica polymorpha 351
Angelica sinensis 351
Angiopteris 05
Angiopteris fokiensis 05
Aniseia biflora 285
Aniselytron 111
Aniselytron treutleri 111
Anisocampium 16
Anisocampium niponicum 16
Anisocampium sheareri 16
Anisomele 303
Anisomeles indica 303
Anisopappus 337
Anisopappus chinensis 337
Anneslea 251
Anneslea fragrans 251
Annonaceae 46
Anodendron 282
Anodendron affine 282
Anoectochilus 73
Anoectochilus roxburghii 73
Anoectochilus yungianus 73
Anoectochilus zhejiangensis 73
Antenoron 235
Antenoron filiforme 235
Antenoron filiforme var. *neofiliforme* 235
Anthocephalus chinensis 277
Anthoxanthum 96
Anthoxanthum odoratum 96
Anthriscus 355
Anthriscus sylvestris 355
Antidesma 207
Antidesma bunius 207
Antidesma delicatulum 207
Antidesma filipes 207
Antidesma gracile 207
Antidesma japonicum 207
Antidesma montanum var. *microphyllum* 207
Antidesma pseudomicrophyllum 207
Antrophyum 09
Antrophyum obovatum 09
Aphananthe 175
Aphananthe aspera 175
Aphananthe aspera var. *pubescens* 176
Aphyllorchis 71
Aphyllorchis montana 71
Aphyllorchis simplex 71
Apiaceae 351
Apiales 347
Apios 144
Apios carnea 144
Apios chendezhaoana 144
Apios fortunei 144
Apium 355
Apium graveolens 355
Apluda 102
Apluda mutica 102
Apocopis 96
Apocopis wrightii 96
Apocynaceae 280
Aponogeton 57
Aponogeton lakhonensis 57
Aponogetonaceae 57
Aporosa 207
Aporosa dioica 207
Aporosa yunnanensis 207
Aquifoliaceae 319
Aquifoliales 318
Arabidopsis 229
Arabidopsis thaliana 229
Arabis 231
Arabis flagellosa 231
Araceae 54
Arachis 155
Arachis hypogaea 155
Arachniodes 21
Arachniodes amabilis 21
Arachniodes amoena 21
Arachniodes aristata 21

Arachniodes blinii 22
Arachniodes caudata 22
Arachniodes cavaleriei 22
Arachniodes chinensis 22
Arachniodes festina 22
Arachniodes hekiana 22
Arachniodes miqueliana 22
Arachniodes nipponica 22
Arachniodes quadripinnata 22
Arachniodes simplicior 22
Arachniodes simulans 22
Arachniodes sinomiqueliana 22
Arachniodes speciosa 22
Arachniodes tripinnata 22
Araiostegia 26
Araiostegia perdurans 26
Aralia 348
Aralia armata 348
Aralia chinensis var. *nuda* 348
Aralia chinensis 348
Aralia cordata 348
Aralia dasyphylla 348
Aralia echinocaulis 348
Aralia elata 348
Aralia scaberula 348
Aralia spinifolia 348
Aralia undulata 348
Araliaceae 347
Araucaria 34
Araucaria cunninghamii 34
Araucariaceae 34
Archidendron 141
Archidendron lucidum 141
Arctium 336
Arctium lappa 336
Ardisia 254
Ardisia alyxiifolia 254
Ardisia brevicaulis 254
Ardisia chinensis 254
Ardisia crenata 254
Ardisia crenata var. *bicolor* 254
Ardisia crispa 254
Ardisia ensifolia 254
Ardisia faberi 254
Ardisia gigantifolia 254
Ardisia hanceana 254
Ardisia japonica 254
Ardisia lindleyana 254
Ardisia mamillata 254
Ardisia primulifolia 254
Ardisia punctata 254
Ardisia pusilla 255
Ardisia quinquegona 255
Ardisia sinoaustralis 255
Ardisia violacea 255
Arecaceae 80
Arecales 80
Arenaria 238
Arenaria serpyllifolia 238
Arisaema 54
Arisaema amurense 54
Arisaema angustatum 54

Arisaema bockii 54
Arisaema erubescens 54
Arisaema heterophyllum 54
Arisaema hunanense 54
Arisaema lobatum 54
Arisaema peninsulae 54
Arisaema sikokianum 54
Arisaema silvestrii 54
Aristida 95
Aristida cumingiana 95
Aristolochia 42
Aristolochia contorta 42
Aristolochia debilis 42
Aristolochia fordiana 42
Aristolochia foveolata 42
Aristolochia heterophylla 42
Aristolochia kaempferi 42
Aristolochia mollissima 42
Aristolochia moupinensis 42
Aristolochia tagala 43
Aristolochia tubiflora 43
Aristolochiaceae 42
Arivela 228
Arivela viscosa 228
Arivela viscosa var. *deglabrata* 228
Armeniaca 169
Armeniaca mume 169
Armeniaca mume var. *pubicaulina* 169
Armeniaca vulgaris 169
Artabotrys 46
Artabotrys hexapetalus 46
Artabotrys hongkongensis 46
Artabotrys pachypetalus 46
Artemisia 338
Artemisia annua 338
Artemisia anomala 338
Artemisia anomala var. *tomentella* 338
Artemisia argyi 338
Artemisia argyi var. *gracilis* 338
Artemisia atrovirens 338
Artemisia capillaris 338
Artemisia caruifolia 338
Artemisia caruifolia var. *schochii* 338
Artemisia chingii 338
Artemisia eriopoda 338
Artemisia gilvescens 338
Artemisia gmelinii var. *incana* 338
Artemisia indica 339
Artemisia japonica 339
Artemisia lactiflora 339
Artemisia lancea 339
Artemisia lavandulifolia 339
Artemisia mongolica 339
Artemisia montana 339
Artemisia princeps 339
Artemisia rubripes 339
Artemisia scoparia 339
Artemisia selengensis 339
Artemisia sieversiana 339
Artemisia simulans 339
Artemisia stechmanniana 339
Artemisia stolonifera 339

Artemisia sylvatica 339
Artemisia velutina 339
Artemisia verlotorum 339
Artemisia vestita 339
Arthraxon 98
Arthraxon hispidus 98
Arthraxon hispidus var. *centrasiaticus* 98
Arthraxon prionodes 98
Arthromeris 26
Arthromeris lehmannii 26
Arthromeris lungtauensis 27
Arthromeris mairei 27
Artocarpus 176
Artocarpus hypargyreus 176
Aruncus 170
Aruncus sylvester 170
Arundina 73
Arundina graminifolia 73
Arundinaria hindsii 115
Arundinaria hsienc-huensis var. *subglabrata* 110
Arundinaria oedogonata 116
Arundinaria pygmaea var. *disticha* 110
Arundinaria scabriflora 116
Arundinella 105
Arundinella barbinodis 105
Arundinella cochinchinensis 105
Arundinella fluviatilis 105
Arundinella hirta 106
Arundinella hirta var. *hondana* 106
Arundinella nepalensis 106
Arundinella setosa 106
Arundinella setosa var. *esetosa* 106
Arundo 101
Arundo donax 101
Asarum 43
Asarum caudigerum 43
Asarum caulescens 43
Asarum forbesii 43
Asarum fukienense 43
Asarum ichangense 43
Asarum insigne 43
Asarum macranthum 43
Asarum magnificum 43
Asarum maximum 43
Asarum pulchellum 43
Asarum sieboldii 43
Asarum wulingense 43
Asclepias 283
Asclepias curassavica 283
Asparagaceae 78
Asparagales 65
Asparagus 79
Asparagus acicularis 79
Asparagus cochinchinensis 79
Asparagus filicinus 79
Asphodelaceae 77
Aspidistra 78
Aspidistra elatior 78
Aspidistra fimbriata 78
Aspidistra lurida 78
Aspidistra triloba 78

Aspleniaceae 13
Asplenium 13
Asplenium aethiopicum 13
Asplenium anogrammoides 13
Asplenium austrochinense 13
Asplenium bullatum 13
Asplenium crinicaule 13
Asplenium ensiforme 13
Asplenium griffithianum 13
Asplenium holosorum 13
Asplenium incisum 13
Asplenium indicum 13
Asplenium kiangsuense 14
Asplenium normale 14
Asplenium oldhami 14
Asplenium pekinense 14
Asplenium prolongatum 14
Asplenium pseudolaserpitiifolium 14
Asplenium quadrivalens 14
Asplenium ritoense 14
Asplenium ruprechtii 14
Asplenium sarelii 14
Asplenium speluncae 14
Asplenium tenuicaule 14
Asplenium tenuicaule var. *subvarians* 14
Asplenium trichomanes 14
Asplenium tripteropus 14
Asplenium unilaterale 14
Asplenium wilfordii 14
Asplenium wrightii 14
Asplenium yoshinagae 14
Aster 327
Aster ageratoides 327
Aster ageratoides var. *heterophyllus* 327
Aster ageratoides var. *lasiocladus* 327
Aster ageratoides var. *laticorymbus* 327
Aster ageratoides var. *scaberulus* 327
Aster baccharoides 327
Aster hispidus 327
Aster indicus 327
Aster indicus var. *collinus* 328
Aster indicus var. *stenolepis* 328
Aster marchandii 328
Aster panduratus 328
Aster pekinensis 328
Aster sampsonii 328
Aster scaber 328
Aster shanqingshanica 328
Aster shimadae 328
Aster sinianus 328
Aster tataricus 328
Aster turbinatus 328
Aster turbinatus var. *chekiangensis* 328
Aster verticillatus 328
Asteraceae 324
Asterales 322
Astilbe 135
Astilbe austrosinensis 135
Astilbe chinensis 135
Astilbe davidii 135
Astilbe grandis 135
Astilbe macrocarpa 135

Astragalus 142
Astragalus sinicus 142
Asystasia 300
Asystasia neesiana 300
Athyriaceae 16
Athyrium 16
Athyrium anisopterum 16
Athyrium atkinsonii 16
Athyrium clivicola 16
Athyrium deltoidofrons 16
Athyrium deltoidofrons var. *gracillimum* 16
Athyrium devolii 16
Athyrium elongatum 16
Athyrium iseanum 16
Athyrium kenzo-satakei 16
Athyrium multipinnum 16
Athyrium omeiense 16
Athyrium otophorum 16
Athyrium strigillosum 16
Athyrium vidalii 16
Athyrium viviparum 16
Athyrium wardii 16
Athyrium wardii var. *glabratum* 16
Athyrium yokoscense 16
Atractylodes 335
Atractylodes lancea 335
Atractylodes macrocephala 335
Atropa 288
Atropa belladonna 288
Aucuba 270
Aucuba chinensis 270
Aucuba filicauda 270
Aucuba filicauda var. *pauciflora* 270
Aucuba himalaica 270
Aucuba himalaica var. *dolichophylla* 270
Aucuba japonica 270
Aucuba obcordata 270
Austrobaileyales 40
Avena 105
Avena fatua 105
Avena fatua var. *glabrata* 105
Azolla 07
Azolla filiculoides 07
Azolla pinnata subsp. *asiatica* 07

B

Baeckea 211
Baeckea frutescens 211
Balanophora 231
Balanophora abbreviata 231
Balanophora fungosa 231
Balanophora harlandii 232
Balanophora involucrata 232
Balanophora laxiflora 232
Balanophora polyandra 232
Balanophora spicata 232
Balanophora subcupularis 232
Balanophora tobiracola 232
Balanophoraceae 231
Balsaminaceae 248
Bambusa 104
Bambusa albolineata 104

Bambusa dolichoclada 104
Bambusa gibba 104
Bambusa multiplex 105
Bambusa multiplex f. *fernleaf* 105
Bambusa multiplex var. *incana* 105
Bambusa multiplex var. *multiplex* 'Alphonse-Karr' 105
Bambusa multiplex var. *riviereorum* 105
Bambusa oldhamii 105
Bambusa pachinensis 105
Bambusa pervariabilis 105
Bambusa rigida 105
Bambusa textilis 105
Bambusa textilis var. *glabra* 105
Bambusa ventricosa 105
Bambusa vulgaris f. *vittata* 105
Barnardia 80
Barnardia japonica 80
Barthea 214
Barthea barthei 214
Basella 244
Basella alba 244
Basellaceae 244
Batrachium 124
Batrachium bungei 124
Batrachium bungei var. *micranthum* 124
Bauhinia 142
Bauhinia apertilobata 142
Bauhinia championii 142
Bauhinia corymbosa 142
Bauhinia glauca 142
Bauhinia glauca subsp. *hupehana* 142
Bauhinia glauca subsp. *tenuiflora* 142
Bauhinia paraglauca 142
Beckmannia 95
Beckmannia syzigachne 95
Begonia 192
Begonia algaia 192
Begonia circumlobata 192
Begonia cucullata var. *hookeri* 192
Begonia digyna 192
Begonia fimbristipula 192
Begonia grandis 192
Begonia grandis subsp. *sinensis* 192
Begonia longifolia 192
Begonia margaritae 192
Begonia masoniana 192
Begonia palmata 192
Begonia palmata var. *bowringiana* 192
Begonia pedatifida 192
Begoniaceae 192
Beilschmiedia 48
Beilschmiedia fordii 48
Beilschmiedia tsangii 48
Belamcanda 76
Belamcanda chinensis 76
Benincasa 190
Benincasa hispida 190
Bennettiodendron 200
Bennettiodendron brevipes 200
Bennettiodendron leprosipes 200
Berberidaceae 122

Berberis 122
Berberis anhweiensis 122
Berberis chingii 123
Berberis henryana 123
Berberis impedita 123
Berberis jiangxiensis 123
Berberis jiangxiensis var. *pulchella* 123
Berberis julianae 123
Berberis lempergiana 123
Berberis thunbergii 123
Berberis virgetorum 123
Berberis wuyiensis 123
Berchemia 172
Berchemia floribunda 172
Berchemia floribunda var. *oblongifolia* 172
Berchemia giraldiana 172
Berchemia huana 172
Berchemia huana var. *glabrescens* 173
Berchemia kulingensis 173
Berchemia lineata 173
Berchemia polyphylla var. *leioclada* 173
Berchemia sinica 173
Berchemia yunnanensis 173
Beta 241
Beta vulgaris var. *cicla* 241
Betonica 315
Betonica officinalis 315
Betula 189
Betula austrosinensis 189
Betula insignis 189
Betula luminifera 189
Betulaceae 188
Bidens 335
Bidens bipinnata 335
Bidens biternata 335
Bidens frondosa 335
Bidens pilosa 335
Bidens tripartita 335
Bignoniaceae 301
Biondia 282
Biondia henryi 282
Bischofia 207
Bischofia javanica 207
Bischofia polycarpa 207
Blainvillea 335
Blainvillea acmella 335
Blastus 213
Blastus apricus var. *longiflorus* 213
Blastus cochinchinensis 213
Blastus dunnianus var. *glandulo-setosus* 213
Blastus ernae 213
Blastus pauciflorus 213
Blechnaceae 15
Blechnum 15
Blechnum orientale 15
Bletilla 73
Bletilla formosana 73
Bletilla ochracea 73
Bletilla striata 73
Blumea 336
Blumea aromatica 336
Blumea axillaris 336

Blumea clarkei 336
Blumea formosana 336
Blumea hieraciifolia 336
Blumea lacera 336
Blumea martiniana 336
Blumea megacephala 336
Blumea oblongifolia 336
Blumea sericans 336
Blumea sessiliflora 336
Blyxa 57
Blyxa aubertii 57
Blyxa echinosperma 57
Blyxa japonica 57
Blyxa leiosperma 57
Bobua pseudolancifolia 260
Boea 292
Boea clarkeana 292
Boea hygrometrica 292
Boehmeria 180
Boehmeria clidemioides 180
Boehmeria clidemioides var. *diffusa* 180
Boehmeria densiglomerata 180
Boehmeria formosana 180
Boehmeria formosana var. *stricta* 180
Boehmeria japonica 180
Boehmeria nivea 181
Boehmeria nivea var. *tenacissima* 181
Boehmeria silvestrii 181
Boehmeria spicata 181
Boehmeria tricuspis 181
Boenninghausenia 221
Boenninghausenia albiflora 221
Boerhavia 243
Boerhavia diffusa 243
Bolbitis 22
Bolbitis subcordata 22
Bolboschoenus 90
Bolboschoenus yagara 90
Bombax 222
Bombax ceiba 222
Boraginaceae 283
Boraginales 283
Bostrychanthera 303
Bostrychanthera deflexa 303
Bothriochloa 117
Bothriochloa bladhii 117
Bothriochloa ischaemum 117
Bothriochloa pertusa 117
Bothriospermum 284
Bothriospermum secundum 284
Bothriospermum zeylanicum 284
Botrychium 04
Botrychium daucifolium 04
Botrychium formosanum 04
Botrychium japonicum 04
Botrychium ternatum 04
Botrychium virginianum 04
Bougainvillea 243
Bougainvillea spectabilis 243
Brachiaria 99
Brachiaria subquadripara 99
Brachiaria villosa 99

Brachyelytrum 97
Brachyelytrum japonicum 97
Brachypodium 97
Brachypodium sylvaticum 97
Brainea 15
Brainea insignis 15
Brandisia 317
Brandisia hancei 317
Brasenia 40
Brasenia schreberi 40
Brassica 229
Brassica chinensis var. *oleifera* 229
Brassica juncea 229
Brassica juncea var. *multicep* 229
Brassica juncea var. *napiformis* 230
Brassica juncea var. *tumida* 230
Brassica napus 230
Brassica napus var. *napobrassica* 230
Brassica oleracea 230
Brassica oleracea var. *acephala* 230
Brassica oleracea var. *albiflora* 230
Brassica oleracea var. *botrytis* 230
Brassica oleracea var. *gongylodes* 230
Brassica rapa 230
Brassica rapa var. *chinensis* 230
Brassica rapa var. *glabra* 230
Brassica rapa var. *oleifera* 230
Brassicaceae 228
Brassicales 227
Bredia 213
Bredia amoena 213
Bredia changii 213
Bredia fordii 213
Bredia longiloba 213
Bredia microphylla 213
Bredia quadrangularis 213
Bredia sinensis 213
Bredia tuberculata 213
Bretschneidera 227
Bretschneidera sinensis 227
Breynia 207
Breynia fruticosa 207
Briggsia 292
Briggsia chienii 292
Briggsia rosthornii 292
Bromus 99
Bromus japonicus 99
Bromus remotiflorus 99
Bromus rigidus 99
Bromus tectorum 99
Broussonetia 177
Broussonetia kaempferi 177
Broussonetia kaempferi var. *australis* 177
Broussonetia kazinoki 178
Broussonetia papyrifera 178
Brucea 222
Brucea javanica 222
Buchnera 317
Buchnera cruciata 317
Buddleja 297
Buddleja asiatica 297
Buddleja davidii 297

Buddleja lindleyana 297
Buddleja paniculata 298
Bulbophyllum 66
Bulbophyllum ambrosia 66
Bulbophyllum chondriophorum 66
Bulbophyllum cylindraceum 66
Bulbophyllum drymoglossum 66
Bulbophyllum japonicum 66
Bulbophyllum kwangtungense 66
Bulbophyllum levinei 66
Bulbophyllum pecten-veneris 66
Bulbophyllum quadrangulum 66
Bulbophyllum retusiusculum 66
Bulbophyllum shweliense 66
Bulbostylis 90
Bulbostylis barbata 90
Bulbostylis densa 90
Bupleurum 354
Bupleurum chinense 354
Bupleurum hamiltonii 354
Bupleurum longiradiatum 354
Bupleurum longiradiatum var. *longiradiatum* f. *australe* 355
Bupleurum marginatum 355
Bupleurum scorzonerifolium 355
Burmannia 59
Burmannia championii 59
Burmannia chinensis 59
Burmannia coelestis 59
Burmannia disticha 59
Burmannia nepalensis 59
Burmanniaceae 59
Buxaceae 130
Buxales 130
Buxus 130
Buxus bodinieri 130
Buxus henryi 130
Buxus ichangensis 130
Buxus megistophylla 130
Buxus microphylla var. *kiangsiensis* 130
Buxus rugulosa 130
Buxus sinica 130
Buxus sinica var. *aemulans* 130
Buxus sinica var. *parvifolia* 130
Buxus sinica var. *vacciniifolia* 130
Buxus stenophylla 130

C

Cabombaceae 40
Cactaceae 244
Caesalpinia 143
Caesalpinia crista 143
Caesalpinia decapetala 143
Caesalpinia millettii 143
Cajanus 143
Cajanus cajan 143
Calamagrostis 98
Calamagrostis epigeios 98
Calamagrostis epigeios var. *densiflora* 98
Calamagrostis extremiorientalis 98
Calamus 80
Calamus hoplites 80

Calamus rhabdocladus 80
Calamus thysanolepis 80
Calanthe 67
Calanthe alismatifolia 67
Calanthe argenteostriata 67
Calanthe clavata 67
Calanthe discolor 67
Calanthe graciliflora 67
Calanthe graciliflora f. *jiangxiensis* 67
Calanthe mannii 67
Calanthe reflexa 67
Calanthe sieboldii 67
Calanthe sieboldopsis 67
Calanthe sylvatica 67
Calanthe tsoongiana 67
Callerya 143
Callerya championii 143
Callerya cinerea 143
Callerya congestiflora 143
Callerya dielsiana 143
Callerya dielsiana var. *heterocarpa* 143
Callerya eurybotrya 144
Callerya kiangsiensis 144
Callerya nitida 144
Callerya nitida var. *hirsutissima* 144
Callerya nitida var. *minor* 144
Callerya reticulata 144
Callerya sericosema 144
Callerya tsui 144
Callicarpa 303
Callicarpa arborea 303
Callicarpa bodinieri var. *lyi* 304
Callicarpa bodinieri 303
Callicarpa brevipes 303
Callicarpa cathayana 303
Callicarpa collina 303
Callicarpa dentosa 303
Callicarpa dichotoma 303
Callicarpa formosana 303
Callicarpa giraldii 303
Callicarpa giraldii var. *subcanescens* 304
Callicarpa integerrima 304
Callicarpa integerrima var. *chinensis* 304
Callicarpa japonica 304
Callicarpa kochiana 304
Callicarpa kwangtungensis 304
Callicarpa lingii 304
Callicarpa loboapiculata 304
Callicarpa longifolia 304
Callicarpa longifolia var. *floccosa* 304
Callicarpa longipes 304
Callicarpa longipes var. *mixiensis* 304
Callicarpa longissima 304
Callicarpa longissima f. *subglabra* 304
Callicarpa loureiri 304
Callicarpa membranacea 304
Callicarpa nudiflora 304
Callicarpa pauciflora 304
Callicarpa pedunculata 304
Callicarpa peichieniana 304
Callicarpa rubella 304
Callicarpa rubella f. *angustata* 305

Callicarpa rubella f. *crenata* 305
Callicarpa rubella var. *subglabra* 305
Callipteris esculenta 17
Callistephus 335
Callistephus chinensis 335
Callitriche 296
Callitriche hermaphroditica 296
Callitriche japonica 296
Callitriche palustris 296
Callitriche palustris var. *elegans* 296
Callitriche palustris var. *oryzetorum* 296
Callitriche stagnalis 296
Calocedrus 36
Calocedrus macrolepis 36
Calycanthaceae 46
Calycanthus 46
Calycanthus floridus 46
Calycanthus floridus var. *oblongifolius* 46
Calystegia 285
Calystegia hederacea 285
Calystegia pellita 285
Calystegia sepium 285
Calystegia silvatica subsp. *orientalis* 285
Camellia 258
Camellia assimiloides 258
Camellia brevistyla 258
Camellia brevistyla var. *microphylla* 258
Camellia caudata 258
Camellia chekiangoleosa 258
Camellia cordifolia 258
Camellia costei 258
Camellia crapnelliana 259
Camellia crassissima 258
Camellia cratera 258
Camellia cuspidata 259
Camellia cuspidata var. *chekiangensis* 259
Camellia cuspidata var. *grandiflora* 259
Camellia drupifera 259
Camellia edithae 259
Camellia euryoides 259
Camellia euryoides var. *nokoensis* 259
Camellia fluviatilis var. *megalantha* 259
Camellia fraterna 259
Camellia furfuracea 259
Camellia gaudichaudii 259
Camellia grijsii 259
Camellia handelii 260
Camellia hiemalis 259
Camellia japonica 259
Camellia kissi 259
Camellia lanceoleosa 259
Camellia lucidissima 258
Camellia microphylla 258
Camellia multibracteata 259
Camellia obtusifolia 258
Camellia oleifera 259
Camellia parvilimba 259
Camellia salicifolia 259
Camellia sasanqua 259
Camellia semiserrata 259
Camellia sinensis 260
Camellia subintegra 260

Camellia transarisanensis 260
Camellia trichosperma 259
Camellia tsofui 259
Campanulaceae 322
Campanumoea 323
Campanumoea javanica 323
Campanumoea javanica subsp. *japonica* 323
Campsis 301
Campsis grandiflora 301
Camptotheca 244
Camptotheca acuminata 244
Camptotheca lowreyana 244
Campylandra 80
Campylandra chinensis 80
Campylotropis 144
Campylotropis ichangensis 144
Campylotropis macrocarpa 144
Canavalia 145
Canavalia ensiformis 145
Canavalia gladiata 145
Canavalia gladiolata 145
Canna 82
Canna indica 'Edulis' 82
Canna indica var. *flava* 82
Cannabaceae 175
Cannabis 175
Cannabis sativa 175
Cannaceae 82
Capillipedium 99
Capillipedium assimile 99
Capillipedium parviflorum 99
Capillipedium spicigerum 100
Capparaceae 228
Capparis 228
Capparis acutifolia 228
Caprifoliaceae 345
Capsella 231
Capsella bursa-pastoris 231
Capsicum 286
Capsicum annuum 286
Capsicum annuum var. *conoides* 286
Caragana 144
Caragana sinica 144
Cardamine 230
Cardamine anhuiensis 230
Cardamine circaeoides 230
Cardamine engleriana 230
Cardamine flexuosa 230
Cardamine fragariifolia 230
Cardamine hirsuta 230
Cardamine impatiens 230
Cardamine impartiens var. *dasycarpa* 230
Cardamine leucantha 230
Cardamine lyrata 231
Cardamine macrophylla 231
Cardamine montane 230
Cardamine urbaniana 231
Cardiandra 246
Cardiandra moellendorffii 246
Cardiocrinum 65
Cardiocrinum cathayanum 65
Cardiocrinum giganteum 65

Cardiocrinum giganteum var. *yunnanense* 65
Carduus 333
Carduus acanthoides 333
Carduus crispus 333
Carduus nutans 333
Carex 86
Carex amgunensis 86
Carex argyi 86
Carex baccans 86
Carex bodinieri 87
Carex bostrychostigma 87
Carex breviculmis 87
Carex brevicuspis 87
Carex brownii 87
Carex brunnea 87
Carex capillacea 87
Carex cheniana 87
Carex chinensis 87
Carex chungii 87
Carex cinerascens 87
Carex craspedotricha 87
Carex cruciata 87
Carex davidii 87
Carex dimorpholepis 87
Carex dispalata 87
Carex doniana 87
Carex fargesii 87
Carex filicina 87
Carex fokienensis 87
Carex foraminata 87
Carex gentilis 87
Carex gibba 87
Carex glossostigma 88
Carex gmelinii 88
Carex harlandii 88
Carex hebecarpa 88
Carex henryi 88
Carex heterolepis 88
Carex hypoblephara 88
Carex ischnostachya 88
Carex japonica 88
Carex lanceolata 88
Carex laticeps 88
Carex ligulata 88
Carex liouana 88
Carex maackii 88
Carex maculata 88
Carex maubertiana 88
Carex maximowiczii 88
Carex mitrata 88
Carex nemostachys 88
Carex neurocarpa 88
Carex paxii 88
Carex perakensis 88
Carex phacota 89
Carex pruinosa 89
Carex pseudoligulata 89
Carex pumila 89
Carex radiciflora 89
Carex rara 89
Carex rochebrunii 89
Carex rubrobrunnea 89

Carex rubrobrunnea var. *brevibracteata* 89
Carex rubrobrunnea var. *taliensis* 89
Carex rugata 89
Carex scabrifolia 89
Carex scabrisacca 89
Carex scaposa 89
Carex scaposa var. *hirsuta* 89
Carex sclerocarpa 89
Carex sendaica 89
Carex siderosticta 89
Carex siderosticta var. *pilosa* 89
Carex stipitinux 89
Carex submollicula 89
Carex subtumida 89
Carex teinogyna 90
Carex transversa 90
Carex tristachya 90
Carex tristachya var. *pocilliformis* 90
Carex truncatigluma 90
Carex unisexualis 90
Carex wuyishanensis 90
Carex ypsilandrifolia 90
Carpesium 333
Carpesium abrotanoides 333
Carpesium cernuum 333
Carpesium divaricatum 334
Carpesium minus 334
Carpinus 188
Carpinus chuniana 188
Carpinus cordata 188
Carpinus cordata var. *chinensis* 188
Carpinus falcatibracteata 188
Carpinus fargesii 188
Carpinus hupeana 188
Carpinus londoniana 188
Carpinus polyneura 188
Carpinus tschonoskii 188
Carpinus turczaninowii 188
Carpinus viminea 188
Carya 188
Carya cathayensis 188
Carya illinoinensis 188
Caryophyllaceae 238
Caryophyllales 234
Caryopteris 311
Caryopteris divaricata 311
Caryopteris incana 311
Caryopteris incana var. *angustifolia* 311
Caryopteris terniflora 311
Cassia leschenaultiana 155
Cassytha 48
Cassytha filiformis 48
Castanea 182
Castanea crenata 182
Castanea henryi 182
Castanea mollissima 182
Castanea seguinii 182
Castanopsis 184
Castanopsis carlesii 184
Castanopsis carlesii var. *spinulosa* 184
Castanopsis chinensis 184
Castanopsis chunii 184

Castanopsis concinna 184
Castanopsis eyrei 184
Castanopsis faberi 184
Castanopsis fargesii 184
Castanopsis fissa 184
Castanopsis fordii 184
Castanopsis formosana 185
Castanopsis hystrix 184
Castanopsis jucunda 185
Castanopsis kawakamii 185
Castanopsis lamontii 185
Castanopsis nigrescens 185
Castanopsis sclerophylla 185
Castanopsis tibetana 185
Castanopsis uraiana 185
Catalpa 301
Catalpa bungei 301
Catalpa ovata 301
Catharanthus 282
Catharanthus roseus 282
Catunaregam 277
Catunaregam spinosa 277
Caulophyllum 123
Caulophyllum robustum 123
Cayratia 141
Cayratia albifolia 141
Cayratia corniculata 141
Cayratia japonica var. *pseudotrifolia* 141
Cayratia japonica 141
Cayratia oligocarpa 141
Cedrus 33
Cedrus deodara 33
Celastraceae 192
Celastrales 192
Celastrus 192
Celastrus aculeatus 192
Celastrus angulatus 193
Celastrus flagellaris 193
Celastrus gemmatus 193
Celastrus glaucophyllus 193
Celastrus hindsii 193
Celastrus hypoleucoides 193
Celastrus hypoleucus 193
Celastrus monospermus 193
Celastrus oblanceifolius 193
Celastrus orbiculatus 193
Celastrus paniculatus 193
Celastrus punctatus 193
Celastrus rosthornianus 193
Celastrus stylosus 193
Celastrus stylosus var. *puberulus* 193
Celosia 241
Celosia argentea 241
Celosia cristata 241
Celtis 175
Celtis biondii 175
Celtis bungeana 175
Celtis cerasifera 175
Celtis chekiangensis 175
Celtis julianae 175
Celtis nervosa 175
Celtis sinensis 175

Celtis vandervoetiana 175
Centaurium 278
Centaurium pulchellum 278
Centaurium pulchellum var. *altaicum* 278
Centella 355
Centella asiatica 355
Centipeda 334
Centipeda minima 334
Centotheca 99
Centotheca lappacea 99
Centranthera 318
Centranthera cochinchinensis 318
Centranthera cochinchinensis var. *lutea* 318
Cephalanthera 67
Cephalanthera erecta 67
Cephalanthera falcata 67
Cephaltheropsis 66
Cephaltheropsis obcordata 66
Cephalanthus 273
Cephalanthus tetrandrus 273
Cephalotaxus 37
Cephalotaxus fortunei 37
Cephalotaxus latifolia 37
Cephalotaxus oliveri 37
Cephalotaxus sinensis 38
Cerastium 238
Cerastium arvense subsp. *strictum* 238
Cerastium fontanum subsp. *vulgare* 238
Cerastium glomeratum 238
Cerasus 170
Cerasus × *subhirtella* 170
Cerasus × *yedoensis* 170
Cerasus campanulata 170
Cerasus clarofolia 170
Cerasus conradinae 170
Cerasus dielsiana 170
Cerasus dielsiana var. *abbreviata* 170
Cerasus glandulosa 170
Cerasus japonica 170
Cerasus macrophylla 168
Cerasus pogonostyla 170
Cerasus pogonostyla var. *obovata* 170
Cerasus pseudocerasus 170
Cerasus schneideriana 170
Cerasus serrulata 170
Cerasus serrulata var. *lannesiana* 170
Cerasus serrulata var. *pubescens* 170
Cerasus tomentosa 170
Ceratophyllaceae 118
Ceratophyllales 118
Ceratophyllum 118
Ceratophyllum demersum 118
Ceratophyllum inflatum 118
Ceratophyllum muricatum subsp. *kossinskyi* 118
Ceratophyllum platyacanthum subsp. *oryzetorum* 118
Ceratopteris 09
Ceratopteris pteridoides 09
Ceratopteris thalictroides 09
Cercidiphyllaceae 133
Cercidiphyllum 133

Cercidiphyllum japonicum 133
Cercis 143
Cercis chinensis 143
Cercis chingii 143
Cercis chuniana 143
Cercis glabra 143
Cercis racemosa 143
Cestrum 288
Cestrum nocturnum 288
Chaenomeles 169
Chaenomeles cathayensis 169
Chaenomeles sinensis 169
Chaenomeles speciosa 169
Chamabainia 181
Chamabainia cuspidata 181
Chamaecrista 155
Chamaecrista leschenaultiana 155
Chamaecrista mimosoides 155
Chamaecyparis 35
Chamaecyparis lawsoniana 35
Chamaecyparis obtusa 35
Chamaecyparis obtusa 'Breviramea' 35
Chamaecyparis obtusa 'Creppsii' 35
Chamaecyparis obtusa 'Filicoides' 35
Chamaecyparis obtusa 'Tetragona' 35
Chamaecyparis pisifera 35
Chamaecyparis pisifera 'Filifera' 35
Chamaecyparis pisifera 'Squarrosa' 35
Chamaecyparis thyoides 35
Chamaelirium 62
Chamaelirium viridiflorum 62
Chamerion 211
Chamerion angustifolium 211
Chamerion angustifolium subsp. *circumvagum* 211
Changium 354
Changium smyrnioides 354
Changnienia 65
Changnienia amoena 65
Cheilanthes 09
Cheilanthes chusana 09
Cheilanthes nitidula 09
Cheilanthes tenuifolia 09
Cheilocostus 83
Cheilocostus speciosus 83
Cheirostylis 71
Cheirostylis chinensis 71
Cheirostylis yunnanensis 71
Chelidonium 119
Chelidonium majus 119
Chelonopsis 308
Chelonopsis chekiangensis 308
Chenopodiaceae 241
Chenopodium 242
Chenopodium album 242
Chenopodium ficifolium 242
Chenopodium glaucum 242
Chenopodium gracilispicum 242
Chieniopteris 15
Chieniopteris harlandii 15
Chiloschista 67
Chiloschista guangdongensis 67

Chimonanthus 46
Chimonanthus grammatus 46
Chimonanthus nitens 46
Chimonanthus praecox 46
Chimonanthus salicifolius 47
Chimonobambusa 97
Chimonobambusa marmorea 97
Chimonobambusa quadrangularis 97
Chionanthus 289
Chionanthus ramiflorus 289
Chionanthus retusus 289
Chionanthus hainanensis 289
Chionographis 61
Chionographis chinensis 61
Chirita 292
Chirita anachoreta 292
Chiritopsis 292
Chiritopsis xiuningensis 292
Chloranthaceae 53
Chloranthales 53
Chloranthus 53
Chloranthus angustifolius 53
Chloranthus fortunei 53
Chloranthus henryi 53
Chloranthus japonicus 53
Chloranthus multistachys 53
Chloranthus serratus 53
Chloranthus sessilifolius 53
Chloranthus sessilifolius var. *austrosinensis* 53
Chloranthus spicatus 53
Chloris 97
Chloris virgata 97
Choerospondias 215
Choerospondias axillaris 215
Christisonia 318
Christisonia hookeri 318
Chrysanthemum 333
Chrysanthemum indicum 333
Chrysanthemum lavandulifolium 333
Chrysanthemum × *morifolium* 333
Chrysosplenium 135
Chrysosplenium glaberrimum 135
Chrysosplenium japonicum 135
Chrysosplenium lanuginosum 135
Chrysosplenium macrophyllum 135
Chrysosplenium sinicum 135
Chrysosplenium uniflorum 135
Chukrasia tabularis 222
Chukrasia 222
Cibotiaceae 08
Cibotium 08
Cibotium barometz 08
Cichorium 327
Cichorium intybus 327
Cimicifuga 124
Cimicifuga foetida 124
Cimicifuga japonica 124
Cimicifuga simplex 124
Cinnamomum 48
Cinnamomum appelianum 48
Cinnamomum austrosinense 48
Cinnamomum bodinieri 48
Cinnamomum burmannii 48
Cinnamomum camphora 48
Cinnamomum cassia 48
Cinnamomum glanduliferum 48
Cinnamomum japonicum 48
Cinnamomum jensenianum 48
Cinnamomum mairei 48
Cinnamomum micranthum 48
Cinnamomum parthenoxylon 49
Cinnamomum pauciflorum 49
Cinnamomum rigidissimum 49
Cinnamomum subavenium 49
Cinnamomum tsangii 49
Cinnamomum wilsonii 49
Circaea 211
Circaea alpina 211
Circaea alpina subsp. *imaicola* 211
Circaea cordata 211
Circaea erubescens 211
Circaea mollis 211
Cirsium 326
Cirsium arvense 326
Cirsium arvense var. *integrifolium* 326
Cirsium chinense 326
Cirsium japonicum 326
Cirsium lineare 327
Cirsium maackii 327
Cirsium racemiforme 327
Cirsium shansiense 327
Cirsium tianmushanicum 327
Cissus 140
Cissus assamica 140
Cissus repens 140
Citrullus 191
Citrullus lanatus 191
Citrus 221
Citrus × *aurantium* 221
Citrus × *junos* 221
Citrus × *limon* 221
Citrus japonica 221
Citrus maxima 221
Citrus reticulata 221
Citrus sinensis 221
Citrus trifoliata 221
Cladrastis 148
Cladrastis platycarpa 148
Cladrastis wilsonii 148
Clausena 221
Clausena dunniana 221
Clausena excavata 221
Cleisostoma 66
Cleisostoma paniculatum 66
Cleistogenes 95
Cleistogenes hackelii 95
Cleistogenes hackelii var. *nakaii* 95
Cleistogenes hancei 95
Clematis 126
Clematis apiifolia 126
Clematis apiifolia var. *argentilucida* 126
Clematis armandii 126
Clematis brevicaudata 126
Clematis cadmia 126
Clematis chekiangensis 126
Clematis chinensis 126
Clematis chinensis var. *anhweiensis* 126
Clematis crassifolia 126
Clematis florida 126
Clematis florida var. *plena* 126
Clematis finetiana 126
Clematis gouriana 127
Clematis grandidentata 127
Clematis gratopsis 127
Clematis hancockiana 127
Clematis henryi 127
Clematis huchouensis 127
Clematis lasiandra 127
Clematis leschenaultiana 127
Clematis meyeniana 127
Clematis montana 127
Clematis parviloba 127
Clematis parviloba var. *bartlettii* 127
Clematis peterae 127
Clematis peterae var. *trichocarpa* 127
Clematis pseudootophora 127
Clematis puberula 127
Clematis puberula var. *ganpiniana* 127
Clematis quinquefoliolata 127
Clematis repens 127
Clematis terniflora 127
Clematis uncinata 128
Clematoclethra 265
Clematoclethra scandens 265
Cleomaceae 228
Clerodendrum 308
Clerodendrum bungei 308
Clerodendrum canescens 308
Clerodendrum chinense 308
Clerodendrum cyrtophyllum 308
Clerodendrum fortunatum 308
Clerodendrum henryi 308
Clerodendrum japonicum 308
Clerodendrum kaichianum 308
Clerodendrum kiangsiense 308
Clerodendrum kwangtungense 308
Clerodendrum lindleyi 309
Clerodendrum mandarinorum 309
Clerodendrum trichotomum 309
Clethra 265
Clethra barbinervis 265
Clethra brammeriana 265
Clethra cavaleriei 265
Clethra delavayi 265
Clethra esquirolii 265
Clethra faberi 265
Clethra fabri 265
Clethra fargesii 265
Clethra kaipoensis 265
Clethra monostachya 265
Clethra sleumeriana 265
Clethraceae 265
Cleyera 251
Cleyera incornuta 251
Cleyera japonica 251

Cleyera lipingensis 251
Cleyera pachyphylla 251
Cleyera pachyphylla var. *epunctata* 251
Clinopodium 309
Clinopodium chinense 309
Clinopodium confine 309
Clinopodium gracile 309
Clinopodium megalanthum 309
Clinopodium polycephalum 309
Clinopodium repens 309
Clinopodium urticifolium 309
Clusiaceae 197
Cnidium 351
Cnidium monnieri 351
Cocculus 121
Cocculus laurifolius 121
Cocculus orbiculatus 122
Cochlearia alatipes 230
Codonacanthus 300
Codonacanthus pauciflorus 300
Codonopsis 323
Codonopsis lanceolata 323
Codoriocalyx 155
Codoriocalyx motorius 155
Coelogyne 72
Coelogyne fimbriata 72
Coix 95
Coix lacryma-jobi 95
Coix lacryma-jobi var. *ma-yuen* 95
Colchicaceae 62
Coleanthus 95
Coleanthus subtilis 95
Coleus 309
Coleus scutellarioides var. *crispipilus* 309
Collabium 66
Collabium chinense 66
Collabium formosanum 66
Colocasia 55
Colocasia antiquorum 55
Colocasia esculenta 55
Colocasia esculenta 'Tonoimo' 55
Colocasia gigantea 55
Comanthosphace 309
Comanthosphace japonica 309
Comanthosphace ningpoensis 309
Comanthosphace ningpoensis var. *stellipiloides* 309
Combretaceae 208
Combretum 208
Combretum alfredii 208
Commelina 81
Commelina benghalensis 81
Commelina communis 82
Commelina paludosa 82
Commelinaceae 81
Commelinales 81
Conandron 292
Conandron ramondioides 292
Conchidium 75
Conchidium japonicum 75
Coniogramme 09
Coniogramme emeiensis 09

Coniogramme intermedia 09
Coniogramme japonica 10
Coniogramme jinggangshanensis 10
Coniogramme robusta 10
Coniogramme robusta var. *rependula* 10
Coniogramme robusta var. *splendens* 10
Coniogramme wilsonii 10
Conioselinum 354
Conioselinum chinense 354
Convolvulaceae 284
Convolvulus 285
Convolvulus arvensis 285
Coptis 126
Coptis chinensis 126
Coptis chinensis var. *brevisepala* 126
Coptosapelta 277
Coptosapelta diffusa 277
Corchoropsis 223
Corchoropsis crenata 223
Corchoropsis tomentosa 223
Corchorus 223
Corchorus aestuans 223
Corchorus capsularis 223
Corchorus olitorius 223
Coreopsis 341
Coreopsis basalis 341
Coreopsis grandiflora 341
Coreopsis lanceolata 341
Coriandrum 354
Coriandrum sativum 354
Coriaria 189
Coriaria nepalensis 189
Coriariaceae 189
Cornaceae 247
Cornales 244
Cornopteris 17
Cornopteris decurrentialata f. *pillosella* 17
Cornopteris decurrentialata 17
Cornopteris opaca 17
Cornus 247
Cornus alba 247
Cornus capitata 247
Cornus chinensis 247
Cornus controversa 247
Cornus elliptica 247
Cornus hongkongensis 247
Cornus hongkongensis subsp. *elegans* 247
Cornus hongkongensis subsp. *ferruginea* 247
Cornus kousa subsp. *chinensis* 247
Cornus macrophylla 248
Cornus officinalis 248
Cornus quinquenervis 248
Cornus walteri 248
Cornus wilsoniana 248
Corrigiola 240
Coronopus didymus 231
Corrigiola littoralis 240
Corydalis 119
Corydalis amabilis 119
Corydalis balansae 119
Corydalis decumbens 119
Corydalis edulis 119

Corydalis heterocarpa 119
Corydalis huangshanensis 119
Corydalis incisa 119
Corydalis ophiocarpa 119
Corydalis pallida 119
Corydalis racemosa 119
Corydalis repens 119
Corydalis sheareri 119
Corydalis speciosa 119
Corydalis suaveolens 119
Corydalis turtschaninovii 119
Corydalis wilfordii 119
Corydalis yanhusuo 119
Corylopsis 133
Corylopsis glandulifera 133
Corylopsis glandulifera var. *hypoglauca* 133
Corylopsis multiflora 133
Corylopsis sinensis 133
Corylopsis sinensis var. *calvescens* 133
Corylus 188
Corylus fargesii 188
Corylus heterophylla 188
Corylus heterophylla var. *sutchuanensis* 188
Cotoneaster 166
Cotoneaster divaricatus 166
Cotoneaster horizontalis 166
Cotoneaster silvestrii 166
Cotoneaster zabelii 166
Cotula 324
Cotula anthemoides 324
Crassocephalum 324
Crassocephalum crepidioides 324
Crassulaceae 135
Crataegus 159
Crataegus cuneata 159
Crataegus hupehensis 159
Crataegus kulingensis 159
Crataegus wilsonii 159
Cratoxylum 197
Cratoxylum cochinchinense 197
Cremastra 72
Cremastra appendiculata 72
Cremastra unguiculata 72
Crepidiastrum 326
Crepidiastrum denticulatum 326
Crepidiastrum denticulatum subsp. *longiflorum* 326
Crepidiastrum sonchifolium 326
Crepidium 75
Crepidium purpureum 75
Crepidomanes 05
Crepidomanes latealatum 05
Crepidomanes minutum 05
Crepidomanes racemulosum 05
Crepidomanes schmidianum 05
Crinum 78
Crinum asiaticum var. *sinicum* 78
Croomia 60
Croomia japonica 60
Crossosomatales 214
Crotalaria 146
Crotalaria albida 146

Crotalaria assamica 146
Crotalaria calycina 146
Crotalaria chinensis 146
Crotalaria ferruginea 146
Crotalaria juncea 146
Crotalaria linifolia 146
Crotalaria pallida 146
Crotalaria sessiliflora 146
Crotalaria spectabilis 146
Croton 204
Croton crassifolius 204
Croton lachnocarpus 204
Croton tiglium 204
Cryptocarya 49
Cryptocarya chinensis 49
Cryptocarya chingii 49
Cryptocarya concinna 49
Cryptomeria 36
Cryptomeria japonica 36
Cryptomeria japonica 'Compactoglobosa' 36
Cryptomeria japonica 'Vilmoriniana' 36
Cryptomeria japonica 'Yuantouliusha' 36
Cryptomeria japonica var. *sinensis* 36
Cryptotaenia 351
Cryptotaenia japonica 351
Cryptotaenia japonica f. *dissecta* 351
Ctenitis 22
Ctenitis dingnanensis 22
Ctenitis eatonii 22
Ctenitis sinii 22
Ctenitis subglandulosa 22
Cucumis 189
Cucumis melo 189
Cucumis melo subsp. *agrestis* 189
Cucumis sativus 189
Cucurbita 191
Cucurbita maxima 191
Cucurbita moschata 191
Cucurbitaceae 189
Cucurbitales 189
Cullen 155
Cullen corylifolium 155
Cunninghamia 36
Cunninghamia lanceolata 36
Cunninghamia lanceolata 'Glauca' 36
Cuphea 210
Cuphea hyssopifolia 210
Cupressaceae 34
Cupressus 34
Cupressus funebris 34
Curculigo 75
Curculigo capitulata 75
Curculigo orchioides 76
Curcuma 83
Curcuma phaeocaulis 83
Curcuma wenyujin 83
Cuscuta 285
Cuscuta australis 285
Cuscuta chinensis 285
Cuscuta japonica 285
Cyanotis 81

Cyanotis arachnoidea 81
Cyanotis vaga 81
Cyatheaceae 08
Cyathula 242
Cyathula officinalis 242
Cycadaceae 32
Cycas 32
Cycas revoluta 32
Cycas rumphii 32
Cyclea 121
Cyclea barbata 121
Cyclea gracillima 121
Cyclea hypoglauca 121
Cyclea racemosa 121
Cyclea sutchuenensis 121
Cyclobalanopsis 185
Cyclobalanopsis championii 185
Cyclobalanopsis chungii 185
Cyclobalanopsis disciformis 185
Cyclobalanopsis edithiae 185
Cyclobalanopsis elevaticostata 185
Cyclobalanopsis fleuryi 185
Cyclobalanopsis gilva 185
Cyclobalanopsis glauca 185
Cyclobalanopsis gracilis 185
Cyclobalanopsis hui 185
Cyclobalanopsis hunanensis 185
Cyclobalanopsis jenseniana 186
Cyclobalanopsis litseoides 186
Cyclobalanopsis multinervis 186
Cyclobalanopsis myrsinifolia 186
Cyclobalanopsis neglecta 186
Cyclobalanopsis ningangensis 186
Cyclobalanopsis obovatifolia 186
Cyclobalanopsis oxyodon 186
Cyclobalanopsis pachyloma 186
Cyclobalanopsis patelliformis 186
Cyclobalanopsis sessilifolia 186
Cyclobalanopsis stewardiana 186
Cyclocarya 188
Cyclocarya paliurus 188
Cyclocodon 322
Cyclocodon lancifolius 322
Cyclogramma 18
Cyclogramma leveillei 18
Cyclosorus 18
Cyclosorus acuminatus 18
Cyclosorus acuminatus var. *kuliangensis* 18
Cyclosorus aridus 18
Cyclosorus chengii 19
Cyclosorus dentatus 19
Cyclosorus fukienensis 19
Cyclosorus interruptus 19
Cyclosorus jaculosus 19
Cyclosorus latipinnus 19
Cyclosorus parasiticus 19
Cyclosorus pygmaeus 19
Cyclosorus subacutus 19
Cyclosorus taiwanensis 19
Cyclospermum 351
Cyclospermum leptophyllum 351
Cydonia 170

Cydonia oblonga 170
Cymbalaria 297
Cymbalaria muralis 297
Cymbidium 69
Cymbidium cyperifolium var. *szechuanicum* 69
Cymbidium dayanum 69
Cymbidium ensifolium 69
Cymbidium floribundum 69
Cymbidium faberi 69
Cymbidium goeringii 69
Cymbidium kanran 69
Cymbidium lancifolium 69
Cymbidium macrorhizon 69
Cymbidium omeiense 69
Cymbidium sinense 69
Cymbopogon 95
Cymbopogon goeringii 95
Cymbopogon mekongensis 95
Cymbopogon tortilis 95
Cynanchum 281
Cynanchum amplexicaule 281
Cynanchum amplexicaule var. *castaneum* 281
Cynanchum atratum 281
Cynanchum auriculatum 281
Cynanchum auriculatum var. *sinense* 281
Cynanchum boudieri 282
Cynanchum bungei 282
Cynanchum chekiangense 282
Cynanchum fordii 282
Cynanchum glaucescens 282
Cynanchum inamoenum 282
Cynanchum mooreanum 282
Cynanchum officinale 282
Cynanchum paniculatum 282
Cynanchum stauntonii 282
Cynanchum versicolor 282
Cynanchum wilfordii 282
Cynodon 95
Cynodon dactylon 95
Cynoglossum 283
Cynoglossum amabile 283
Cynoglossum furcatum 283
Cynoglossum lanceolatum 283
Cynosurus 97
Cynosurus cristatus 97
Cyperaceae 85
Cyperus 85
Cyperus amuricus 85
Cyperus compactus 85
Cyperus compressus 85
Cyperus cuspidatus 85
Cyperus cyperinus 86
Cyperus cyperoides 86
Cyperus difformis 86
Cyperus exaltatus 86
Cyperus haspan 86
Cyperus iria 86
Cyperus malaccensis 86
Cyperus malaccensis subsp. *monophyllus* 86
Cyperus michelianus 86

Cyperus microiria 86
Cyperus nipponicus 86
Cyperus orthostachyus 86
Cyperus pilosus 86
Cyperus rotundus 86
Cyperus serotinus 86
Cyperus tenuispica 86
Cypripedium 71
Cypripedium japonicum 71
Cyrtococcum 102
Cyrtococcum patens 102
Cyrtomium 22
Cyrtomium balansae 25
Cyrtomium caryotideum 22
Cyrtomium confertifolium 22
Cyrtomium devexiscapulae 22
Cyrtomium falcatum 23
Cyrtomium fortunei 23
Cyrtomium macrophyllum 23
Cyrtomium yamamotoi 23
Cyrtosia 69
Cyrtosia septentrionalis 69
Cystopteridaceae 13

D

Dactylis 100
Dactylis glomerata 100
Dactyloctenium 102
Dactyloctenium aegyptium 102
Dalbergia 146
Dalbergia assamica 146
Dalbergia balansae 146
Dalbergia benthamii 146
Dalbergia dyeriana 146
Dalbergia hancei 146
Dalbergia hupeana 146
Dalbergia millettii 147
Dalbergia mimosoides 147
Dalbergia rimosa 147
Damnacanthus 273
Damnacanthus giganteus 273
Damnacanthus indicus 273
Damnacanthus labordei 274
Damnacanthus macrophyllus 274
Damnacanthus macrophyllus var. *giganteus* 273
Danxiaorchis 75
Danxiaorchis yangii 75
Daphne 226
Daphne championii 226
Daphne genkwa 227
Daphne kiusiana var. *atrocaulis* 227
Daphne odora 227
Daphne odora 'Aureomariginat' 227
Daphne papyracea 227
Daphniphyllaceae 134
Daphniphyllum 134
Daphniphyllum angustifolium 134
Daphniphyllum calycinum 134
Daphniphyllum longeracemosum 134
Daphniphyllum macropodum 134
Daphniphyllum oldhamii 134

Datura 287
Datura metel 287
Datura stramonium 287
Daucus 354
Daucus carota 354
Daucus carota var. *sativa* 354
Davallia teyermannii 26
Davalliaceae 26
Decaisnea 120
Decaisnea insignis 120
Deinocheilos 292
Deinocheilos jiangxiense 292
Deinostema 297
Deinostema violacea 297
Delphinium 128
Delphinium anthriscifolium 128
Delphinium anthriscifolium var. *savatieri* 128
Dendrobenthamia angustata var. *wuyishanensis* 247
Dendrobenthamia ferruginea var. *jiangxiensis* 247
Dendrobium 70
Dendrobium aduncum 70
Dendrobium catenatum 70
Dendrobium densiflorum 70
Dendrobium falconeri 70
Dendrobium hercoglossum 70
Dendrobium huoshanense 70
Dendrobium loddigesii 70
Dendrobium lohohense 71
Dendrobium moniliforme 71
Dendrobium nobile 71
Dendrobium officinale 71
Dendrobium porphyrochilum 71
Dendrobium shixingense 71
Dendrobium wilsonii 71
Dendrocalamus 103
Dendrocalamus latiflorus 103
Dendrolycopodium 02
Dendrolycopodium verticale 02
Dendropanax 350
Dendropanax brevistylus Ling 350
Dendropanax chevalieri 350
Dendropanax confertus 350
Dendropanax dentiger 350
Dendropanax kwangsiensis 350
Dendropanax proteus 350
Dendrotrophe 232
Dendrotrophe varians 232
Dennstaedtia 11
Dennstaedtia hirsuta 11
Dennstaedtia scabra 11
Dennstaedtia scabra var. *glabrescens* 11
Dennstaedtia wilfordii 11
Dennstaedtiaceae 11
Deparia 17
Deparia conilii 17
Deparia dimorphophylla 17
Deparia japonica 17
Deparia jiulungensis 17
Deparia lancea 17
Deparia okuboana 17

Deparia petersenii 17
Deparia shennongensis 17
Deparia × *tomitaroana* 17
Deparia viridifrons 17
Derris 147
Derris ferruginea 147
Derris fordii 147
Derris marginata 147
Derris trifoliata 147
Descurainia 231
Descurainia sophia 231
Desmodium 144
Desmodium heterocarpon 144
Desmodium heterocarpon var. *strigosum* 144
Desmodium heterophyllum 144
Desmodium laxiflorum 144
Desmodium microphyllum 144
Desmodium multiflorum 145
Desmodium rubrum 145
Desmodium triflorum 145
Deutzia 246
Deutzia glauca 246
Deutzia ningpoensis 246
Deutzia scabra 246
Deutzia schneideriana 247
Deutzia setchuenensis 247
Deyeuxia 102
Deyeuxia arundinacea var. *ligulata* 102
Deyeuxia effusiflora 102
Deyeuxia hakonensis 102
Deyeuxia hupehensis 102
Deyeuxia pyramidalis 102
Dianella 77
Dianella ensifolia 77
Dianthus 239
Dianthus barbatus 239
Dianthus caryophyllus 239
Dianthus chinensis 239
Dianthus longicalyx 239
Dianthus superbus 239
Dichanthelium 117
Dichanthelium acuminatum 117
Dichocarpum 124
Dichocarpum dalzielii 124
Dichocarpum franchetii 124
Dichondra 285
Dichondra micrantha 285
Dichroa 246
Dichroa febrifuga 246
Dichroa tristyla 246
Dichrocephala 328
Dichrocephala benthamii 328
Dichrocephala integrifolia 328
Dickinsia 354
Dickinsia hydrocotyloides 354
Dicliptera 300
Dicliptera chinensis 300
Dicranopteris 06
Dicranopteris ampla 06
Dicranopteris pedata 06
Dictamnus 221
Dictamnus dasycarpus 221

Didymocarpus 292
Didymocarpus hancei 292
Didymocarpus heucherifolius 292
Diflugossa 301
Diflugossa divaricata 301
Digitalis 297
Digitalis purpurea 297
Digitaria 102
Digitaria ciliaris 102
Digitaria ciliaris var. *chrysoblephara* 102
Digitaria fibrosa 102
Digitaria ischaemum 102
Digitaria longiflora 102
Digitaria microbachne 103
Digitaria mollicoma 103
Digitaria radicosa 103
Digitaria sanguinalis 103
Digitaria setigera 103
Digitaria violascens 103
Dimeria 103
Dimeria falcata 103
Dimeria ornithopoda 103
Dimeria sinensis 103
Dinetus 286
Dinetus racemosus 286
Dinetus truncatus 286
Diodia 273
Diodia teres 273
Dioscorea 59
Dioscorea alata 59
Dioscorea bulbifera 59
Dioscorea cirrhosa 59
Dioscorea collettii 59
Dioscorea collettii var. *hypoglauca* 59
Dioscorea fordii 59
Dioscorea futschauensis 59
Dioscorea gracillima 59
Dioscorea japonica 59
Dioscorea japonica var. *oldhamii* 59
Dioscorea japonica var. *pilifera* 59
Dioscorea kamoonensis 59
Dioscorea linearicordata 59
Dioscorea nipponica 60
Dioscorea pentaphylla 60
Dioscorea persimilis 60
Dioscorea polystachya 60
Dioscorea simulans 60
Dioscorea spongiosa 60
Dioscorea tenuipes 60
Dioscorea tokoro 60
Dioscorea zingiberensis 60
Dioscoreaceae 59
Dioscoreales 58
Diospyros 252
Diospyros japonica 252
Diospyros kaki 252
Diospyros kaki var. *silvestris* 252
Diospyros lotus 253
Diospyros morrisiana 253
Diospyros oleifera 253
Diospyros rhombifolia 253
Diospyros tsangii 253

Diospyros xiangguiensis 253
Diplacrum 86
Diplacrum caricinum 86
Diplaziopsidaceae 13
Diplaziopsis 13
Diplaziopsis cavaleriana 13
Diplazium 17
Diplazium baishanzuense 17
Diplazium chinense 17
Diplazium conterminum 17
Diplazium crassiusculum 17
Diplazium dilatatum 17
Diplazium doederleinii 17
Diplazium esculentum 17
Diplazium esculentum var. *pubescens* 18
Diplazium giganteum 18
Diplazium hachijoense 18
Diplazium matthewii 18
Diplazium mettenianum 18
Diplazium mettenianum var. *fauriei* 18
Diplazium okudairai 18
Diplazium pinfaense 18
Diplazium pullingeri var. *pullingeri* 18
Diplazium splendens 18
Diplazium squamigerum 18
Diplazium virescens 18
Diplazium wichurae 18
Diplazium yaoshanense 18
Diploclisia 121
Diploclisia affinis 121
Diploclisia glaucescens 121
Diplopterygium 06
Diplopterygium cantonense 06
Diplopterygium chinense 06
Diplopterygium glaucum 06
Diplopterygium laevissimum 06
Diplospora 274
Diplospora dubia 274
Diplospora fruticosa 274
Dipsacales 342
Dipsacus 346
Dipsacus asper 346
Dipsacus japonicus 346
Disanthus 132
Disanthus cercidifolius 132
Disanthus cercidifolius subsp. *longipes* 133
Discocleidion 202
Discocleidion ulmifolium 202
Disporopsis 78
Disporopsis aspersa 78
Disporopsis fuscopicta 78
Disporopsis pernyi 78
Disporum 62
Disporum cantoniense 62
Disporum longistylum 62
Disporum uniflorum 62
Distyliopsis 133
Distyliopsis dunnii 133
Distyliopsis tutcheri 133
Distylium 132
Distylium buxifolium 132
Distylium chungii 132

Distylium elaeagnoides 132
Distylium macrophyllum 132
Distylium myricoides 132
Distylium myricoides var. *nitidum* 132
Distylium racemosum 132
Dodonaea 219
Dodonaea viscosa 219
Dopatrium 297
Dopatrium junceum 297
Draba 231
Draba nemorosa 231
Drosera 237
Drosera burmanni 237
Drosera peltata 238
Drosera peltata var. *glabrata* 238
Drosera rotundifolia 238
Drosera rotundifolia var. *furcata* 238
Droseraceae 237
Drymaria 238
Drymaria cordata 238
Drynaria 27
Drynaria roosii 27
Dryoathyrium okuboanum 17
Dryopteridaceae 21
Dryopteris 23
Dryopteris atrata 23
Dryopteris championii 23
Dryopteris chinensis 23
Dryopteris commixta 23
Dryopteris cycadina 23
Dryopteris decipiens 23
Dryopteris decipiens var. *diplazioides* 23
Dryopteris dehuaensis 23
Dryopteris dickinsii 23
Dryopteris erythrosora 23
Dryopteris fuscipes 23
Dryopteris gymnophylla 23
Dryopteris gymnosora 23
Dryopteris heterolaena 23
Dryopteris immixta 23
Dryopteris indusiata 23
Dryopteris kawakamii 24
Dryopteris kinkiensis 24
Dryopteris labordei 24
Dryopteris lacera 24
Dryopteris lepidorachis 24
Dryopteris lungquanensis 24
Dryopteris marginata 24
Dryopteris maximowicziana 24
Dryopteris namegatae 24
Dryopteris pacifica 24
Dryopteris paleolata 24
Dryopteris peninsulae 24
Dryopteris ryo-itoana 24
Dryopteris scottii 24
Dryopteris setosa 24
Dryopteris sieboldii 24
Dryopteris sparsa 24
Dryopteris submarginata 24
Dryopteris tenuicula 24
Dryopteris tokyoensis 24
Dryopteris tsoongii 24

Dryopteris uniformis 24
Dryopteris varia 24
Dryopteris wallichiana 25
Dryopteris whangshangensis 25
Dryopteris woodsiisora 25
Dryopteris xunwuensis 25
Duchesnea 169
Duchesnea chrysantha 169
Duchesnea indica 169
Duhaldea 341
Duhaldea cappa 341
Dumasia 147
Dumasia forrestii 147
Dumasia hirsuta 147
Dumasia truncata 147
Dumasia villosa 147
Dunbaria 147
Dunbaria podocarpa 147
Dunbaria rotundifolia 147
Dunbaria truncata 147
Dunbaria villosa 147
Duranta 302
Duranta erecta 302
Dysophylla 310
Dysophylla sampsonii 310
Dysophylla stellata 311
Dysophylla yatabeana 311
Dysosma 122
Dysosma difformis 122
Dysosma hispida 122
Dysosma pleiantha 122
Dysosma versipellis 122
Dysphania 242
Dysphania ambrosioides 242

E

Ebenaceae 252
Echinochloa 104
Echinochloa caudata 104
Echinochloa colona 104
Echinochloa crusgalli 104
Echinochloa crusgalli var. *austrojaponensis* 104
Echinochloa crusgalli var. *mitis* 104
Echinochloa crusgalli var. *zelayensis* 104
Echinochloa glabrescens 104
Echinochloa hispidula 104
Echinochloa oryzoides 104
Echinops 326
Echinops grijsii 326
Eclipta 328
Eclipta prostrata 328
Edgeworthia 227
Edgeworthia chrysantha 227
Ehretia 283
Ehretia acuminata 283
Ehretia dicksonii 283
Ehretia longiflora 283
Eichhornia 82
Eichhornia crassipes 82
Elaeagnaceae 171
Elaeagnus 171

Elaeagnus argyi 171
Elaeagnus bockii 171
Elaeagnus courtoisii 171
Elaeagnus cuprea 171
Elaeagnus difficilis 171
Elaeagnus glabra 171
Elaeagnus gonyanthes 171
Elaeagnus henryi 171
Elaeagnus jiangxiensis 171
Elaeagnus lanceolata 171
Elaeagnus loureiroi 171
Elaeagnus magna 171
Elaeagnus multiflora 171
Elaeagnus multiflora var. *obovoidea* 171
Elaeagnus pungens 171
Elaeagnus stellipila 171
Elaeagnus umbellata 171
Elaeocarpaceae 196
Elaeocarpus 196
Elaeocarpus chinensis 196
Elaeocarpus decipiens 196
Elaeocarpus duclouxii 196
Elaeocarpus glabripetalus 196
Elaeocarpus japonicus 196
Elaeocarpus sylvestris 196
Elaphoglossum 25
Elaphoglossum marginatum 25
Elaphoglossum yoshinagae 25
Elatostema 180
Elatostema cuspidatum 180
Elatostema cyrtandrifolium 180
Elatostema involucratum 180
Elatostema lineolatum 180
Elatostema longipes 180
Elatostema macintyrei 180
Elatostema nasutum 180
Elatostema nasutum var. *puberulum* 180
Elatostema obtusum 180
Elatostema obtusum var. *trilobulatum* 180
Elatostema rupestre 180
Elatostema sinense 180
Elatostema stewardii 180
Elatostema subtrichotomum 180
Eleocharis atropurpurea 91
Eleocharis 91
Eleocharis attenuata 91
Eleocharis congesta 91
Eleocharis dulcis 91
Eleocharis migoana 91
Eleocharis pellucida 91
Eleocharis pellucida var. *japonica* 91
Eleocharis pellucida var. *spongiosa* 91
Eleocharis tetraquetra 91
Eleocharis valleculosa var. *setosa* 91
Eleocharis yokoscensis 91
Elephantopus 327
Elephantopus scaber 327
Elephantopus tomentosus 327
Eleusine 100
Eleusine coracana 100
Eleusine indica 101
Eleutherococcus 348

Eleutherococcus henryi 348
Eleutherococcus leucorrhizus 348
Eleutherococcus leucorrhizus var. *fulvescens* 349
Eleutherococcus leucorrhizus var. *scaberulus* 349
Eleutherococcus nodiflorus 349
Eleutherococcus scandens 349
Eleutherococcus setosus 349
Eleutherococcus trifoliatus 349
Ellisiophyllum 295
Ellisiophyllum pinnatum 295
Elsholtzia 313
Elsholtzia argyi 313
Elsholtzia ciliata 313
Elsholtzia hunanensis 313
Elsholtzia kachinensis 313
Elsholtzia splendens 313
Elsholtzia stachyodes 313
Elymus 100
Elymus ciliaris 100
Elymus ciliaris var. *hackelianus* 100
Elymus × *mayebaranus* 100
Elymus kamoji 100
Embelia 257
Embelia laeta 257
Embelia laeta subsp. *papilligera* 257
Embelia longifolia 257
Embelia parviflora 257
Embelia ribes 257
Embelia undulata 257
Embelia vestita 257
Emilia 324
Emilia prenanthoidea 324
Emilia sonchifolia 324
Emmenopterys 275
Emmenopterys henryi 275
Engelhardia 187
Engelhardia roxburghiana 187
Engelhardtia fenzlii 187
Enkianthus 269
Enkianthus chinensis 269
Enkianthus deflexus 269
Enkianthus quinqueflorus 269
Enkianthus serrulatus 269
Enterolobium 155
Enterolobium contortisiliquum 155
Enterolobium cyclocarpum 155
Eomecon 118
Eomecon chionantha 118
Epaltes 326
Epaltes australis 326
Epigeneium 70
Epigeneium fargesii 70
Epilobium 210
Epilobium amurense 210
Epilobium amurense subsp. *cephalostigma* 210
Epilobium brevifolium 210
Epilobium brevifolium subsp. *trichoneurum* 210
Epilobium hirsutum 210

Epilobium parviflorum 210
Epilobium pyrricholophum 210
Epimedium 122
Epimedium brevicornu 122
Epimedium davidii 122
Epimedium franchetii 122
Epimedium lishihchenii 122
Epimedium pubescens 122
Epimedium sagittatum 122
Epimedium sagittatum var. *glabratum* 122
Epipogium 70
Epipogium roseum 70
Equisetaceae 04
Equisetum 04
Equisetum arvense 04
Equisetum diffusum 04
Equisetum palustre 04
Equisetum ramosissimum 04
Equisetum ramosissimum subsp. *debile* 04
Eragrostis 101
Eragrostis atrovirens 101
Eragrostis autumnalis 101
Eragrostis brownii 101
Eragrostis cilianensis 101
Eragrostis cumingii 101
Eragrostis elongata 101
Eragrostis ferruginea 101
Eragrostis japonica 101
Eragrostis minor 101
Eragrostis multicaulis 101
Eragrostis nevinii 101
Eragrostis nigra 101
Eragrostis perennans 101
Eragrostis perlaxa 101
Eragrostis pilosa 101
Eragrostis pilosa var. *imberbis* 101
Eragrostis pilosissima 101
Eragrostis tenella 101
Eragrostis unioloides 101
Erechtites 327
Erechtites hieraciifolius 327
Eremochloa 117
Eremochloa ciliaris 117
Eremochloa ophiuroides 117
Eria reptans 75
Eria szetschuanica 75
Eriachne 104
Eriachne pallescens 104
Ericaceae 265
Ericales 248
Erigeron 325
Erigeron annuus 325
Erigeron bonariensis 325
Erigeron canadensis 325
Erigeron strigosus 325
Erigeron sumatrensis 325
Eriobotrya 168
Eriobotrya cavaleriei 168
Eriobotrya deflexa 169
Eriobotrya fragrans 169
Eriobotrya japonica 169
Eriocaulaceae 84

Eriocaulon 84
Eriocaulon alpestre 84
Eriocaulon australe 84
Eriocaulon buergerianum 84
Eriocaulon cinereum 84
Eriocaulon decemflorum 84
Eriocaulon echinulatum 84
Eriocaulon faberi 84
Eriocaulon luzulifolium 84
Eriocaulon nepalense 84
Eriocaulon sexangulare 84
Eriochloa 104
Eriochloa villosa 104
Eriosema 148
Eriosema chinense 148
Erodium 208
Erodium stephanianum 208
Erysimum 229
Erysimum cheiranthoides 229
Erythroxylaceae 196
Erythroxylum 196
Erythroxylum sinense 196
Eschenbachia 341
Eschenbachia japonica 341
Eucalyptus 212
Eucalyptus amplifolia 212
Eucalyptus blakelyi 212
Eucalyptus botryoides 212
Eucalyptus camaldulensis 212
Eucalyptus citriodora 212
Eucalyptus exserta 212
Eucalyptus globulus 212
Eucalyptus globulus subsp. *maidenii* 212
Eucalyptus leptophleba 212
Eucalyptus maculata 212
Eucalyptus paniculata 212
Eucalyptus polyanthemos 212
Eucalyptus punctata 212
Eucalyptus robusta 213
Eucalyptus rudis 213
Eucalyptus saligna 213
Eucalyptus tereticornis 213
Eucalyptus torelliana 213
Euchresta 148
Euchresta japonica 148
Euchresta tubulosa 148
Eucommia 270
Eucommia ulmoides 270
Eucommiaceae 270
Eulalia 106
Eulalia leschenaultiana 106
Eulalia phaeothrix 106
Eulalia quadrinervis 107
Eulalia speciosa 107
Eulaliopsis 103
Eulaliopsis binata 103
Eulophia 71
Eulophia spectabilis 71
Eulophia zollingeri 71
Euonymus 193
Euonymus acanthocarpus 193
Euonymus acanthocarpus var. *lushanensis* 194

Euonymus actinocarpus 193
Euonymus alatus 193
Euonymus carnosus 193
Euonymus centidens 193
Euonymus chenmoui 194
Euonymus cornutus 194
Euonymus dielsianus 194
Euonymus echinatus 194
Euonymus euscaphis 194
Euonymus fortunei 194
Euonymus fortunei var. *acuminatus* 194
Euonymus grandiflorus 194
Euonymus hamiltonianus 194
Euonymus hamiltonianus var. *lanceifolius* 194
Euonymus hederaceus 194
Euonymus japonicus 194
Euonymus japonicus 'Aurea-marginatus' 194
Euonymus japonicus var. *albo-marginatus* 194
Euonymus jinggangshanensis 195
Euonymus kiautschovica 194
Euonymus laxiflorus 194
Euonymus lushanensis 194
Euonymus maackii 194
Euonymus microcarpus 194
Euonymus myrianthus 194
Euonymus nitidus 194
Euonymus oblongifolius 194
Euonymus oxyphyllus 195
Euonymus sargentianus 194
Euonymus spraguei 195
Euonymus streptopterus 193
Euonymus subsessilis 194
Euonymus tsoi 195
Euonymus vagans 195
Eupatorium 325
Eupatorium chinense 325
Eupatorium fortunei 325
Eupatorium heterophyllum 325
Eupatorium japonicum 325
Eupatorium lindleyanum 325
Eupatorium verbenifolium 325
Euphorbia 204
Euphorbia bifida 204
Euphorbia cyathophora 204
Euphorbia esula 204
Euphorbia helioscopia 204
Euphorbia heterophylla 204
Euphorbia hippocrepica 205
Euphorbia hirta 204
Euphorbia humifusa 204
Euphorbia hylonoma 204
Euphorbia hypericifolia 204
Euphorbia hyssopifolia 204
Euphorbia jolkinii 205
Euphorbia kansui 205
Euphorbia lathyris 205
Euphorbia maculata 205
Euphorbia marginata 205
Euphorbia milii 205
Euphorbia pekinensis 205

Euphorbia prostrata 205
Euphorbia pulcherrima 205
Euphorbia sieboldiana 205
Euphorbia thymifolia 205
Euphorbia tirucalli 205
Euphorbiaceae 202
Euptelea 118
Euptelea pleiosperma 118
Eupteleaceae 118
Eurya 250
Eurya acuminatissima 250
Eurya acutisepala 250
Eurya alata 250
Eurya brevistyla 250
Eurya chinensis 250
Eurya chinensis var. *glabra* 250
Eurya distichophylla 250
Eurya groffii 250
Eurya hebeclados 250
Eurya huiana f. *glaberrima* 250
Eurya impressinervis 250
Eurya japonica 250
Eurya loquaiana 250
Eurya loquaiana var. *aureopunctata* 250
Eurya macartneyi 250
Eurya metcalfiana 250
Eurya muricata 250
Eurya muricata var. *huiana* 250
Eurya nitida 251
Eurya nitida var. *rigida* 251
Eurya oblonga 251
Eurya obtusifolia 251
Eurya rubiginosa 251
Eurya rubiginosa var. *attenuata* 251
Eurya saxicola 251
Eurya saxicola f. *puberula* 251
Eurya semiserrulata 251
Eurya tetragonoclada 251
Eurya trichocarpa 251
Eurya weissiae 251
Euryale 40
Euryale ferox 40
Eurycorymbus 219
Eurycorymbus cavaleriei 219
Euscaphis 215
Euscaphis japonica 215
Eustigma 132
Eustigma oblongifolium 132
Eutrema 229
Eutrema yunnanense 229
Evolvulus 284
Evolvulus alsinoides 284
Evolvulus alsinoides var. *decumbens* 284
Exacum 277
Exacum tetragonum 277
Exbucklandia 132
Exbucklandia tonkinensis 132
Excoecaria 203
Excoecaria cochinchinensis 203
Exochorda 168
Exochorda giraldii 168
Exochorda racemosa 168

F

Fabaceae 141
Fabales 141
Fagaceae 182
Fagales 182
Fagopyrum 234
Fagopyrum dibotrys 234
Fagopyrum esculentum 234
Fagopyrum tataricum 234
Fagus 182
Fagus engleriana 182
Fagus longipetiolata 182
Fagus lucida 182
Fallopia 237
Fallopia forbesii 237
Fallopia multiflora 237
Farfugium 325
Farfugium japonicum 325
Fatoua 177
Fatoua pilosa 177
Fatoua villosa 177
Fatsia 350
Fatsia japonica 350
Festuca 103
Festuca arundinacea 103
Festuca ovina 103
Festuca parvigluma 103
Festuca rubra 103
Ficus 176
Ficus abelii 176
Ficus carica 176
Ficus concinna 176
Ficus elastica 176
Ficus erecta 176
Ficus formosana 176
Ficus gasparriniana 176
Ficus gasparriniana var. *esquirolii* 176
Ficus heteromorpha 176
Ficus hirta 176
Ficus microcarpa 176
Ficus pandurata 176
Ficus pumila 176
Ficus sarmentosa 176
Ficus sarmentosa var. *henryi* 177
Ficus sarmentosa var. *impressa* 177
Ficus sarmentosa var. *lacrymans* 177
Ficus sarmentosa var. *luducca* 177
Ficus sarmentosa var. *nipponica* 177
Ficus stenophylla 177
Ficus subpisocarpa 177
Ficus trivia 177
Ficus variolosa 177
Fimbristylis 93
Fimbristylis aestivalis 93
Fimbristylis autumnalis 93
Fimbristylis bisumbellata 93
Fimbristylis complanata 93
Fimbristylis complanata var. *exaltata* 93
Fimbristylis dichotoma 93
Fimbristylis dichotoma subsp. *podocarpa* 93
Fimbristylis diphylloides 93

Fimbristylis diphylloides var. *straminea* 93
Fimbristylis dipsacea var. *verrucifera* 93
Fimbristylis eragrostis 93
Fimbristylis fusca 93
Fimbristylis globulosa var. *austro-japonica* 94
Fimbristylis henryi 93
Fimbristylis hookeriana 93
Fimbristylis littoralis 93
Fimbristylis pierotii 93
Fimbristylis quinquangularis 93
Fimbristylis rigidula 93
Fimbristylis schoenoides 93
Fimbristylis stauntonii 94
Fimbristylis subbispicata 94
Fimbristylis tetragona 94
Fimbristylis thomsonii 94
Fimbristylis umbellaris 94
Firmiana 223
Firmiana simplex 223
Fissistigma 46
Fissistigma glaucescens 46
Fissistigma oldhamii 46
Fissistigma uonicum 46
Flacourtia 202
Flacourtia indica 202
Flemingia 148
Flemingia macrophylla 148
Flemingia prostrata 148
Flemingia strobilifera 148
Floscopa 81
Floscopa scandens 81
Flueggea 208
Flueggea suffruticosa 208
Foeniculum 354
Foeniculum vulgare 354
Fokienia 36
Fokienia hodginsii 36
Fontanesia 290
Fontanesia phillyreoides subsp. *fortunei* 290
Fordiophyton 213
Fordiophyton faberi 213
Forsythia 290
Forsythia suspensa 290
Forsythia viridissima 290
Fortunearia 132
Fortunearia sinensis 132
Fortunella hindsii 221
Fortunella margarita 221
Fortunella venosa 221
Fragaria 168
Fragaria × *ananassa* 168
Fraxinus 290
Fraxinus chinensis 290
Fraxinus chinensis var. *acuminata* 290
Fraxinus griffithii 290
Fraxinus insularis 290
Fraxinus odontocalyx 290
Fraxinus retusa 290
Fraxinus retusa var. *henryana* 290
Fraxinus sieboldiana 290
Fraxinus szaboana 290

Fritillaria 64
Fritillaria monantha 64
Fritillaria thunbergii 64

G

Gahnia 86
Galactia 148
Gahnia tristis 86
Galactia tenuiflora 148
Galeobdolon chinense 315
Galeobdolon chinense var. *robustum* 315
Galeobdolon chinense var. *subglabrum* 315
Galeobdolon tuberiferum 315
Galeola 72
Galeola faberi 72
Galeola lindleyana 72
Galinsoga 325
Galinsoga parviflora 325
Galinsoga quadriradiata 325
Galium 275
Galium boreale 275
Galium bungei 275
Galium bungei var. *angustifolium* 275
Galium bungei var. *hispidum* 275
Galium bungei var. *trachyspermum* 275
Galium comari 275
Galium dahuricum 275
Galium dahuricum var. *densiflorum* 275
Galium hoffmeisteri 275
Galium spurium 275
Galium tricornutum 275
Galium trifidum 275
Galium verum 275
Gamblea 349
Gamblea ciliata 349
Gamblea ciliata var. *evodiifolia* 350
Gamochaeta 340
Gamochaeta pensylvanica 340
Garcinia 197
Garcinia multiflora 197
Garcinia oblongifolia 197
Gardenia 273
Gardenia jasminoides 273
Gardenia jasminoides 'Radicans' 273
Gardenia jasminoides f. *longicarpa* 273
Gardenia jasminoides var. *fortuniana* 273
Gardneria 279
Gardneria angustifolia 279
Gardneria lanceolata 279
Gardneria multiflora 279
Garnotia 103
Garnotia acutigluma 103
Garnotia caespitosa 103
Garnotia patula var. *mutica* 103
Garnotia tenuis 103
Garnotia triseta 103
Garnotia triseta var. *decumbens* 103
Garryaceae 270
Garryales 270
Gastrochilus 68
Gastrochilus guangtungensis 68
Gastrochilus japonicus 69

Gastrochilus nanus 69
Gastrochilus obliquus 69
Gastrodia 72
Gastrodia elata 72
Gastrodia peichatieniana 72
Gaultheria 269
Gaultheria leucocarpa var. *cumingiana* 269
Gaultheria leucocarpa var. *yunnanensis* 269
Gaura 211
Gaura lindheimeri 211
Gelidocalamus 117
Gelidocalamus stellatus 117
Gelidocalamus wugongshanensis 117
Gelidocalamus xunwuensis 118
Gelsemiaceae 279
Gelsemium 279
Gelsemium elegans 279
Gentiana 278
Gentiana davidii 278
Gentiana delicata 278
Gentiana kwangsiensis 278
Gentiana loureiroi 278
Gentiana manshurica 278
Gentiana panthaica 278
Gentiana rubicunda 278
Gentiana scabra 278
Gentiana squarrosa 278
Gentiana thunbergii 278
Gentiana triflora 278
Gentiana yokusai 278
Gentiana zollingeri 278
Gentianaceae 277
Gentianales 270
Geraniaceae 208
Geraniales 208
Geranium 208
Geranium carolinianum 208
Geranium nepalense 208
Geranium rosthornii 208
Geranium sibiricum 208
Geranium thunbergii 208
Geranium wilfordii 208
Geranium wilfordii var. *chinense* 208
Gerbera jamesonii 326
Gerbera 326
Gesneriaceae 292
Geum 168
Geum aleppicum 168
Geum japonicum var. *chinense* 168
Ginkgo 32
Ginkgo biloba 32
Ginkgoaceae 32
Girardinia 179
Girardinia diversifolia 179
Glebionis 326
Glebionis segetum 326
Glechoma 313
Glechoma longituba 313
Gleditsia 147
Gleditsia fera 147
Gleditsia japonica 147
Gleditsia sinensis 147

Gleicheniaceae 06
Globba 82
Globba chekiangensis 82
Globba racemosa 83
Glochidion 207
Glochidion daltonii 207
Glochidion eriocarpum 207
Glochidion puberum 207
Glochidion triandrum 207
Glochidion wilsonii 208
Glochidion wrightii 208
Glyceria 106
Glyceria acutiflora subsp. *japonica* 106
Glyceria leptolepis 106
Glyceria tonglensis 106
Glycine 148
Glycine max 148
Glycine soja 148
Glyptostrobus 36
Glyptostrobus pensilis 36
Gmelina 314
Gmelina chinensis 314
Gmelina hainanensis 315
Gnaphalium 326
Gnaphalium japonicum 326
Gnaphalium polycaulon 326
Gnetaceae 32
Gnetum 32
Gnetum luofuense 32
Gnetum parvifolium 32
Gomphostemma 314
Gomphostemma chinense 314
Gomphrena 243
Gomphrena globosa 243
Gonocarpus 138
Gonocarpus chinensis 138
Gonocarpus micranthus 138
Gonostegia 182
Gonostegia hirta 182
Goodyera 71
Goodyera biflora 71
Goodyera bomiensis 71
Goodyera brachystegia 71
Goodyera foliosa 72
Goodyera henryi 72
Goodyera procera 72
Goodyera pusilla 72
Goodyera repens 72
Goodyera schlechtendaliana 72
Goodyera velutina 72
Goodyera viridiflora 72
Gossypium 226
Gossypium arboreum 226
Gossypium herbaceum 226
Gossypium hirsutum 226
Grangea 324
Grangea maderaspatana 324
Gratiola 297
Gratiola griffithii 297
Gratiola japonica 297
Grevillea 130
Grevillea robusta 130

Grewia 223
Grewia biloba 223
Grewia biloba var. *glabrescens* 223
Grewia biloba var. *parviflora* 223
Grewia henryi 223
Grossulariaceae 134
Gueldenstaedtia 148
Gueldenstaedtia verna subsp. *multiflora* 148
Gueldenstaedtia stenophylla 148
Gueldenstaedtia verna 148
Gymnema 280
Gymnema sylvestre 280
Gymnocarpium 13
Gymnocarpium oyamense 13
Gymnocladus 145
Gymnocladus chinensis 145
Gymnogrammitis 27
Gymnogrammitis dareiformis 27
Gymnopetalum 190
Gymnopetalum chinense 190
Gynandropsis 228
Gynandropsis gynandra 228
Gynostemma 190
Gynostemma laxum 190
Gynostemma pentaphyllum 190
Gynostemma yixingense 190
Gynura 326
Gynura bicolor 326
Gynura japonica 326

H

Habenaria 72
Habenaria ciliolaris 72
Habenaria dentata 72
Habenaria fordii 72
Habenaria linearifolia 73
Habenaria petelotii 73
Habenaria rhodocheila 73
Habenaria schindleri 73
Hackelochloa 104
Hackelochloa granularis 104
Halesia 261
Halesia macgregorii 261
Haloragaceae 137
Hamamelidaceae 132
Hamamelis 133
Hamamelis mollis 133
Hamamelis subaequalis 133
Hanceola 305
Hanceola exserta 305
Haplopteris 10
Haplopteris flexuosa 10
Haplopteris fudzinoi 10
Hartia villosa var. *kwangtungensis* 258
Hedera 349
Hedera nepalensis var. *sinensis* 349
Hedychium 82
Hedychium coronarium 82
Hedyotis 276
Hedyotis auricularia 276
Hedyotis biflora 276
Hedyotis caudatifolia 276

Hedyotis chrysotricha 276
Hedyotis corymbosa 276
Hedyotis corymbosa var. *tereticaulis* 276
Hedyotis diffusa 276
Hedyotis hedyotidea 276
Hedyotis herbacea 276
Hedyotis koana 276
Hedyotis matthewii 277
Hedyotis mellii 277
Hedyotis tenelliflora 277
Hedyotis uncinella 277
Hedyotis verticillata 277
Helenium 341
Helenium autumnale 341
Helenium nudiflorum 341
Helianthus 341
Helianthus annuus 341
Helianthus tuberosus 341
Helicia 130
Helicia cochinchinensis 130
Helicia kwangtungensis 130
Helicia reticulata 130
Helicteres 224
Helicteres angustifolia 224
Helicteres lanceolata 224
Helwingia 318
Helwingia japonica 318
Helwingia japonica var. *zhejiangensis* 318
Helwingia zhejiangensis 318
Helwingiaceae 318
Hemarthria 107
Hemarthria altissima 107
Hemarthria compressa 107
Hemarthria sibirica 107
Hemerocallis 77
Hemerocallis citrina 77
Hemerocallis fulva 77
Hemerocallis lilioasphodelus 77
Hemiboea 293
Hemiboea cavaleriei 293
Hemiboea gracilis 293
Hemiboea strigosa 293
Hemiboea subacaulis 293
Hemiboea subacaulis var. *jiangxiensis* 293
Hemiboea subcapitata 293
Hemiphragma 296
Hemiphragma heterophyllum 296
Hemiptelea 174
Hemiptelea davidii 174
Hemisteptia 324
Hemisteptia lyrata 324
Hemsleya 190
Hemsleya chinensis 190
Hemsleya graciliflora 190
Hemsleya sphaerocarpa 190
Hemsleya szechuenensis 190
Hemsleya zhejiangensis 190
Heracleum 354
Heracleum hemsleyanum 354
Heracleum moellendorffii 354
Heracleum tiliifolium 354
Herminium 70

Herminium lanceum 70
Herminium monorchis 70
Hetaeria 70
Hetaeria cristata 70
Heteropanax 347
Heteropanax brevipedicellatus 347
Heteropanax fragrans 347
Heteropogon 106
Heteropogon contortus 106
Heteropolygonatum 80
Heteropolygonatum wugongshanensis 80
Heterosmilax 64
Heterosmilax japonica 64
Hibiscus 224
Hibiscus leviseminus 224
Hibiscus mutabilis 224
Hibiscus paramutabilis 224
Hibiscus rosa-sinensis 224
Hibiscus sinosyriacus 224
Hibiscus syriacus 224
Hibiscus syriacus var. *grandiflorus* 224
Hibiscus syriacus f. *elegantissimus* 224
Hibiscus trionum 225
Hieracium 324
Hieracium umbellatum 324
Himalaiella 341
Himalaiella deltoidea 341
Hippeastrum 78
Hippeastrum rutilum 78
Histiopteris 12
Histiopteris incisa 12
Holboellia 120
Holboellia angustifolia 120
Holboellia coriacea 120
Holboellia grandiflora 120
Holcoglossum 70
Holcoglossum flavescens 70
Holcus 106
Holcus lanatus 106
Homalium 201
Homalium ceylanicum 201
Homalium cochinchinense 201
Hosta 79
Hosta albomarginata 79
Hosta plantaginea 79
Hosta ventricosa 79
Houpoea 45
Houpoea officinalis 45
Houttuynia 41
Houttuynia cordata 41
Hovenia 173
Hovenia acerba 173
Hovenia dulcis 173
Hovenia trichocarpa 173
Hovenia trichocarpa var. *robusta* 173
Huerteales 215
Humata 26
Humata griffithiana 26
Humata repens 26
Humulus 175
Humulus scandens 175
Huodendron 262

Huodendron biaristatum var. *parviflorum* 262
Huperzia 02
Huperzia austrosinica 02
Huperzia crispata 02
Huperzia cryptomeriana 02
Huperzia fordii 02
Huperzia javanica 02
Huperzia mingcheensis 02
Huperzia quasipolytrichoides var. *rectifolia* 02
Huperzia selago 02
Huperzia serrata 02
Huperzia sutchueniana 02
Hydrangea 245
Hydrangea anomala 245
Hydrangea caudatifolia 245
Hydrangea chinensis 245
Hydrangea chungii 246
Hydrangea gracilis 246
Hydrangea jiangxiensis 245
Hydrangea kwangsiensis 246
Hydrangea kwangsiensis var. *hedyotidea* 246
Hydrangea kwangtungensis 246
Hydrangea lingii 246
Hydrangea longipes 246
Hydrangea macrophylla 246
Hydrangea paniculata 246
Hydrangea robusta 246
Hydrangea rosthornii 246
Hydrangea stenophylla 246
Hydrangea strigosa 246
Hydrangea umbellata 245
Hydrangea vinicolor 246
Hydrangea zhewanensis 246
Hydrangeaceae 245
Hydrilla 57
Hydrilla verticillata 57
Hydrilla verticillata var. *roxburghii* 57
Hydrocharis 56
Hydrocharis dubia 56
Hydrocharitaceae 56
Hydrocotyle 349
Hydrocotyle hookeri subsp. *chinensis* 349
Hydrocotyle nepalensis 349
Hydrocotyle ramiflora 349
Hydrocotyle sibthorpioides 349
Hydrocotyle sibthorpioides var. *batrachium* 349
Hydrocotyle verticillata 349
Hydrocotyle wilfordii 349
Hygrophila 300
Hygrophila polysperma 300
Hygrophila ringens 300
Hygroryza 107
Hygroryza aristata 107
Hylodesmum 155
Hylodesmum laterale 155
Hylodesmum laxum 156
Hylodesmum leptopus 156
Hylodesmum oldhamii 156
Hylodesmum podocarpum 156
Hylodesmum podocarpum subsp. *fallax* 156
Hylodesmum podocarpum subsp. *oxyphyllum* 156
Hylomecon 118
Hylomecon japonica 118
Hylotelephium 137
Hylotelephium erythrostictum 137
Hylotelephium mingjinianum 137
Hylotelephium verticillatum 137
Hymenachne 106
Hymenachne patens 106
Hymenasplenium 14
Hymenasplenium cheilosorum 14
Hymenasplenium murakami-hatanakae 15
Hymenasplenium obliquissimum 15
Hymenophyllaceae 05
Hymenophyllum 05
Hymenophyllum badium 05
Hymenophyllum barbatum 05
Hymenophyllum exsertum 06
Hymenophyllum khasyanum 06
Hymenophyllum oligosorum 06
Hymenophyllum polyanthos 06
Hypericaceae 197
Hypericum 197
Hypericum ascyron 197
Hypericum attenuatum 197
Hypericum elodeoides 197
Hypericum erectum 197
Hypericum faberi 197
Hypericum hengshanense 197
Hypericum japonicum 197
Hypericum longistylum 197
Hypericum monogynum 197
Hypericum patulum 197
Hypericum perforatum 197
Hypericum perforatum subsp. *chinense* 197
Hypericum petiolulatum subsp. *yunnanense* 198
Hypericum petiolulatum 198
Hypericum sampsonii 198
Hypericum seniawinii 198
Hypodematiaceae 21
Hypodematium 21
Hypodematium crenatum 21
Hypodematium fordii 21
Hypodematium gracile 21
Hypodematium squamuloso-pilosum 21
Hypolepis 12
Hypolepis punctata 12
Hypoxidaceae 75
Hypoxis 76
Hypoxis aurea 76
Hypserpa 122
Hypserpa nitida 122
Hystrix 105
Hystrix duthiei 105

I

Icacinacea 269
Ichnanthus 106
Ichnanthus pallens var. *major* 106
Ichnanthus vicinus 106
Idesia 201
Idesia polycarpa 201
Idesia polycarpa var. *fujianensis* 201
Idesia polycarpa var. *longicarpa* 201
Idesia polycarpa var. *vestita* 201
Ilex 319
Ilex aculeolata 319
Ilex asprella 319
Ilex bioritsensis 319
Ilex buergeri 319
Ilex buxoides 319
Ilex centrochinensis 319
Ilex championii 319
Ilex chapaensis 319
Ilex chinensis 319
Ilex chingiana 319
Ilex confertiflora 319
Ilex cornuta 319
Ilex crenata 319
Ilex crenata 'Convexa' 319
Ilex crenata var. *convexa* 319
Ilex dasyphylla 319
Ilex editicostata 319
Ilex elmerrilliana 320
Ilex ficifolia 320
Ilex ficoidea 320
Ilex fukienensis 320
Ilex godajam 320
Ilex hainanensis 320
Ilex hanceana 320
Ilex hirsuta 320
Ilex hylonoma var. *glabra* 320
Ilex integra 320
Ilex intermedia 320
Ilex kengii 320
Ilex kiangsiensis 320
Ilex kwangtungensis 320
Ilex lancilimba 320
Ilex latifolia 320
Ilex linii 320
Ilex litseifolia 320
Ilex lohfauensis 320
Ilex macrocarpa 320
Ilex macrocarpa var. *longipedunculata* 321
Ilex macropoda 321
Ilex memecylifolia 321
Ilex micrococca 321
Ilex nitidissima 321
Ilex oligodonta 321
Ilex pedunculosa 321
Ilex pernyi 321
Ilex pubescens 321
Ilex rotunda 321
Ilex sanqingshanensis 321
Ilex serrata 321
Ilex shukunii 321
Ilex sterrophylla 321
Ilex suaveolens 321
Ilex subficoidea 321
Ilex syzygiophylla 321
Ilex szechwanensis 321
Ilex triflora 321
Ilex triflora var. *kanehirae* 322

Ilex tsoi 322
Ilex tutcheri 322
Ilex venusta 322
Ilex verisimilis 322
Ilex viridis 322
Ilex wenchowensis 322
Ilex wilsonii 322
Ilex wugongshanensis 322
Illicium 41
Illicium angustisepalum 41
Illicium brevistylum 41
Illicium henryi 41
Illicium jiadifengpi 41
Illicium lanceolatum 41
Illicium majus 41
Illicium minwanense 41
Illicium ternstroemioides 41
Impatiens 248
Impatiens apalophylla 248
Impatiens balsamina 248
Impatiens blepharosepala 249
Impatiens chekiangensis 249
Impatiens chinensis 249
Impatiens chlorosepala 249
Impatiens commelinoides 249
Impatiens cyanantha 249
Impatiens davidii 249
Impatiens dicentra 249
Impatiens fenghwaiana 249
Impatiens hunanensis 249
Impatiens jinggangensis 249
Impatiens jiulongshanica 249
Impatiens leptocaulon 249
Impatiens macrovexilla var. *yaoshanensis* 249
Impatiens noli-tangere 249
Impatiens obesa 249
Impatiens platysepala 249
Impatiens polyneura 249
Impatiens pterosepala 249
Impatiens siculifer 249
Impatiens tubulosa 249
Impatiens wilsonii 249
Impatiens wuyuanensis 250
Imperata 106
Imperata cylindrica 106
Imperata cylindrica var. *major* 106
Indigofera 145
Indigofera amblyantha 145
Indigofera atropurpurea 145
Indigofera bungeana 145
Indigofera carlesii 145
Indigofera decora 145
Indigofera decora var. *cooperi* 145
Indigofera decora var. *ichangensis* 145
Indigofera fortunei 145
Indigofera hendecaphylla 145
Indigofera kirilowii 145
Indigofera nigrescens 145
Indigofera parkesii 145
Indigofera parkesii var. *longipedunculata* 146

Indigofera parkesii var. *polyphylla* 146
Indigofera suffruticosa 146
Indigofera tinctoria 146
Indocalamus 115
Indocalamus herklotsii 115
Indocalamus hirtivaginatus 115
Indocalamus latifolius 115
Indocalamus longiauritus 115
Indocalamus migoi 115
Indocalamus tessellatus 115
Indosasa 102
Indosasa gigantea 102
Indosasa longispicata 102
Indosasa sinica 102
Indosasa spongiosa 102
Inula 332
Inula britannica 332
Inula japonica 333
Inula linariifolia 333
Ipomoea 285
Ipomoea alba 285
Ipomoea aquatica 285
Ipomoea batatas 285
Ipomoea biflora 285
Ipomoea fimbriosepala 285
Ipomoea nil 285
Ipomoea purpurea 285
Iresine 241
Iresine herbstii 241
Iridaceae 76
Iris 76
Iris anguifuga 76
Iris dichotoma 76
Iris japonica 76
Iris junzifengensis 76
Iris lactea 76
Iris ruthenica 76
Iris speculatrix 76
Iris tectorum 76
Isachne 94
Isachne albens 94
Isachne dispar 94
Isachne globosa 94
Isachne hirsuta var. *yongxiouensis* 94
Isachne hoi 94
Isachne myosotis 94
Isachne nipponensis 94
Isachne nipponensis var. *kiangsiensis* 94
Isachne pulchella 94
Isachne repens 94
Isachne truncata 94
Isatis 231
Isatis tinctoria 231
Ischaemum 95
Ischaemum anthephoroides 95
Ischaemum aristatum 95
Ischaemum aristatum var. *glaucum* 96
Ischaemum barbatum 96
Ischaemum ciliare 96
Ischaemum hondae 95
Ischaemum indicum 96
Isodon 305

Isodon amethystoides 305
Isodon coetsa 305
Isodon eriocalyx 305
Isodon inflexus 305
Isodon latifolius 305
Isodon longitubus 305
Isodon lophanthoides var. *graciliflorus* 305
Isodon lophanthoides 305
Isodon macrocalyx 305
Isodon nervosus 306
Isodon rubescens 306
Isodon serra 306
Isoetes 03
Isoetes hypsophila 03
Isoetes sinensis 03
Isoglossa 301
Isoglossa collina 301
Isolepis 94
Isolepis setacea 94
Itea 134
Itea chinensis 134
Itea coriacea 134
Itea omeiensis 134
Iteaceae 134
Iteadaphne 53
Iteadaphne caudata 53
Ixeridium 341
Ixeridium beauverdianum 341
Ixeridium dentatum 341
Ixeridium gracile 342
Ixeridium laevigatum 342
Ixeris 329
Ixeris chinensis 329
Ixeris chinensis subsp. *versicolor* 329
Ixeris japonica 329
Ixeris polycephala 329
Ixeris repens 329
Ixeris stolonifera 329
Ixonanthaceae 206
Ixonanthes 206
Ixonanthes reticulata 206
Ixora 272
Ixora henryi 272

J

Jasminanthes 283
Jasminanthes mucronata 283
Jasminum 290
Jasminum floridum 290
Jasminum lanceolaria 290
Jasminum lanceolarium var. *puberulum* 290
Jasminum mesnyi 290
Jasminum nudiflorum 290
Jasminum seguinii 290
Jasminum sinense 290
Jasminum urophyllum 290
Juglandaceae 187
Juglans 187
Juglans mandshurica 187
Juglans regia 187
Juncaceae 85
Juncus 85

Juncus alatus　85
Juncus bufonius　85
Juncus diastrophanthus　85
Juncus effusus　85
Juncus gracillimus　85
Juncus prismatocarpus　85
Juncus setchuensis　85
Juncus setchuensis var. *effusoides*　85
Juncus tenuis　85
Juniperus　35
Juniperus chinensis　35
Juniperus chinensis 'Kaizuca'　35
Juniperus chinensis 'Pyramidalis'　35
Juniperus formosana　35
Juniperus procumbens　35
Juniperus rigida　35
Juniperus squamata　35
Juniperus squamata 'Meyeri'　35
Juniperus virginiana　36
Justicia　299
Justicia austrosinensis　299
Justicia championii　299
Justicia procumbens　299
Justicia quadrifaria　299

K

Kadsura　40
Kadsura coccinea　40
Kadsura heteroclita　40
Kadsura japonica　40
Kadsura longipedunculata　40
Kadsura oblongifolia　40
Kalopanax　348
Kalopanax septemlobus　348
Keiskea　306
Keiskea australis　306
Keiskea elsholtzioides　306
Kerria　169
Kerria japonica　169
Keteleeria　33
Keteleeria davidiana　33
Keteleeria fortunei　34
Keteleeria fortunei var. *cyclolepis*　34
Klasea　342
Klasea centauroides　342
Kochia　241
Kochia scoparia　241
Kochia scoparia f. *trichophylla*　241
Koeleria　111
Koeleria macrantha　111
Koelreuteria　216
Koelreuteria bipinnata　216
Koelreuteria paniculata　216
Korthalsella　232
Korthalsella japonica　232
Kummerowia　142
Kummerowia stipulacea　142
Kummerowia striata　142
Kyllinga　92
Kyllinga brevifolia　92
Kyllinga cylindrica　92
Kyllinga nemoralis　92

Kyllinga polyphylla　92

L

Lablab　154
Lablab purpureus　154
Lactuca　330
Lactuca formosana　330
Lactuca indica　330
Lactuca raddeana　330
Lactuca sativa var. *angustata*　330
Lactuca sativa var. *ramosa*　330
Lactuca serriola　330
Lactuca sibirica　330
Lagenaria　191
Lagenaria siceraria　191
Lagerstroemia　209
Lagerstroemia caudata　209
Lagerstroemia chekiangensis　209
Lagerstroemia glabra　209
Lagerstroemia indica　209
Lagerstroemia limii　209
Lagerstroemia subcostata　209
Laggera　332
Laggera alata　332
Lagopsis　303
Lagopsis supina　303
Lamiaceae　302
Lamiales　289
Lamium　305
Lamium album　305
Lamium amplexicaule　305
Lamium barbatum　305
Lantana　302
Lantana camara　302
Lantana montevidensis　302
Laportea　179
Laportea bulbifera　179
Laportea cuspidata　179
Laportea jinganensis　179
Laportea sinensis　179
Lapsanastrum　332
Lapsanastrum apogonoides　332
Lardizabalaceae　119
Larix　32
Larix kaempferi　32
Lasianthus　275
Lasianthus chinensis　275
Lasianthus chunii　276
Lasianthus fordii　276
Lasianthus hartii　276
Lasianthus hartii var. *lancilimbus*　276
Lasianthus henryi　276
Lasianthus japonicus　276
Lasianthus japonicus subsp. *longicaudus*　276
Lasianthus lancifolius　276
Latouchea　279
Latouchea fokienensis　279
Lauraceae　47
Laurales　46
Laurocerasus　167
Laurocerasus aquifolioides　167
Laurocerasus fordiana　167

Laurocerasus hypotricha　167
Laurocerasus marginata　167
Laurocerasus phaeosticta　167
Laurocerasus spinulosa　167
Laurocerasus undulata　168
Laurocerasus undulata f. *microbotrys*　168
Laurocerasus undulata f. *pubigera*　168
Laurocerasus zippeliana　168
Lecanorchis　70
Lecanorchis nigricans　70
Lecanthus　178
Lecanthus peduncularis　178
Lecanthus pileoides　178
Leersia　114
Leersia hexandra　114
Leersia japonica　114
Leersia sayanuka　114
Leibnitzia　333
Leibnitzia anandria　333
Lemmaphyllum　27
Lemmaphyllum carnosum　27
Lemmaphyllum diversum　27
Lemmaphyllum drymoglossoides　27
Lemmaphyllum microphyllum　27
Lemmaphyllum rostratum　27
Lemna　54
Lemna aequinoctialis　54
Lemna minor　54
Lemna trisulca　54
Lentibulariaceae　301
Leontopodium　331
Leontopodium leontopodioides　331
Leonurus　314
Leonurus artemisia var. *albiflorus*　314
Leonurus japonicus　314
Leonurus sibiricus　314
Lepidium　231
Lepidium cuneiforme　231
Lepidium didymum　231
Lepidium ruderale　231
Lepidium virginicum　231
Lepidomicrosorium　27
Lepidomicrosorium buergerianum　27
Lepidomicrosorium superficiale　27
Lepidosperma　91
Lepidosperma chinense　91
Lepisorus　27
Lepisorus asterolepis　27
Lepisorus contortus　27
Lepisorus lewisii　27
Lepisorus macrosphaerus　27
Lepisorus marginatus　27
Lepisorus miyoshianus　28
Lepisorus obscurevenulosus　28
Lepisorus oligolepidus　28
Lepisorus thunbergianus　28
Lepisorus tosaensis　28
Lepisorus ussuriensis　28
Lepisorus ussuriensis var. *distans*　28
Lepistemon　286
Lepistemon lobatum　286
Leptochilus　28

Leptochilus × *hemitomus* 28
Leptochilus ellipticus 28
Leptochilus ellipticus var. *flexilobus* 28
Leptochilus ellipticus var. *pothifolius* 28
Leptochilus hemionitideus 28
Leptochilus henryi 28
Leptochilus leveillei 28
Leptochilus wrightii 28
Leptochloa 111
Leptochloa chinensis 111
Leptochloa fusca 111
Leptochloa mucronata 111
Leptochloa panicea 111
Leptopus 207
Leptopus chinensis 207
Leptosiphonium venustum 300
Lerchea 274
Lerchea micrantha 274
Lespedeza 149
Lespedeza bicolor 149
Lespedeza buergeri 149
Lespedeza chinensis 149
Lespedeza cuneata 149
Lespedeza cyrtobotrya 149
Lespedeza daurica 149
Lespedeza davidii 149
Lespedeza davurica 149
Lespedeza dunnii 149
Lespedeza floribunda 149
Lespedeza fordii 149
Lespedeza friebeana 149
Lespedeza inschanica 149
Lespedeza jiangxiensis 149
Lespedeza maximowiczii 149
Lespedeza mucronata 149
Lespedeza patens 150
Lespedeza pilosa 150
Lespedeza potaninii 150
Lespedeza thunbergii subsp. *formosa* 150
Lespedeza tomentosa 150
Lespedeza virgata 150
Lespedeza wilfordi Ricker 150
Leucanthemum 331
Leucanthemum vulgare 331
Ligularia 331
Ligularia dentata 331
Ligularia fischeri 331
Ligularia hodgsonii 331
Ligularia intermedia 331
Ligularia japonica 331
Ligularia japonica var. *scaberrima* 331
Ligularia stenocephala 331
Ligularia veitchiana 332
Ligusticum 353
Ligusticum acuminatum 353
Ligustrum 291
Ligusticum sinense 353
Ligusticum sinense 'Chuanxiong' 353
Ligusticum sinense 'Fuxiong' 354
Ligustrum calleryanum 291
Ligustrum compactum 291
Ligustrum compactum var. *latifolium* 291

Ligustrum expansum 291
Ligustrum groffiae 292
Ligustrum japonicum 291
Ligustrum leucanthum 291
Ligustrum lianum 291
Ligustrum longitubum 291
Ligustrum lucidum 291
Ligustrum obtusifolium 291
Ligustrum obtusifolium subsp. *suave* 291
Ligustrum pricei 291
Ligustrum quihoui 291
Ligustrum robustum subsp. *chinense* 291
Ligustrum sinense 291
Ligustrum sinense var. *myrianthum* 292
Ligustrum sinense var. *nitidum* 291
Liliaceae 64
Liliales 61
Lilium 64
Lilium brownii var. *viridulum* 64
Lilium brownii 64, 146
Lilium callosum 64
Lilium henryi 64
Lilium speciosum var. *gloriosoides* 64
Lilium tigrinum 64
Limnophila 296
Limnophila aromatica 296
Limnophila connata 296
Limnophila heterophylla 297
Limnophila sessiliflora 297
Limosella 297
Limosella aquatica 297
Lindera 47
Lindera aggregata 47
Lindera angustifolia 47
Lindera chienii 47
Lindera chunii 47
Lindera communis 47
Lindera erythrocarpa 47
Lindera fragrans 47
Lindera glauca 47
Lindera kwangtungensis 47
Lindera megaphylla 47
Lindera megaphylla f. *trichoclada* 47
Lindera metcalfiana var. *dictyophylla* 47
Lindera nacusua 47
Lindera neesiana 47
Lindera obtusiloba 47
Lindera praecox 47
Lindera pulcherrima var. *attenuata* 47
Lindera pulcherrima var. *hemsleyana* 47
Lindera reflexa 47
Lindera rubronervia 48
Lindera umbellata 48
Lindernia 298
Lindernia anagallis 298
Lindernia antipoda 298
Lindernia ciliata 298
Lindernia crustacea 298
Lindernia kiangsiensis 298
Lindernia micrantha 298
Lindernia mollis 298
Lindernia nummulariifolia 299

Lindernia procumbens 299
Lindernia pusilla 299
Lindernia ruellioides 299
Lindernia setulosa 299
Lindernia viscosa 299
Linderniaceae 298
Lindsaea 08
Lindsaea chienii 08
Lindsaea javanensis 08
Lindsaea lucida 08
Lindsaea orbiculata 08
Lindsaea yunnanensis 08
Lindsaeaceae 08
Linociera hainanensis 289
Liparis 65
Liparis bootanensis 65
Liparis campylostalix 65
Liparis cespitosa 65
Liparis dunnii 65
Liparis gigantea 65
Liparis inaperta 65
Liparis luteola 65
Liparis nervosa 65
Liparis odorata 66
Liparis pauliana 66
Liparis petiolata 66
Lipocarpha 90
Lipocarpha chinensis 90
Lipocarpha microcephala 91
Liquidambar 131
Liquidambar acalycina 131
Liquidambar formosana 132
Liriodendron 45
Liriodendron chinense 45
Liriodendron tulipifera 45
Liriope 79
Liriope graminifolia 79
Liriope minor 79
Liriope muscari 79
Liriope spicata 79
Lithocarpus 182
Lithocarpus amygdalifolius 182
Lithocarpus brevicaudatus 183
Lithocarpus calophyllus 183
Lithocarpus chifui 183
Lithocarpus chrysocomus 183
Lithocarpus cleistocarpus 183
Lithocarpus corneus 183
Lithocarpus dealbatus 183
Lithocarpus elizabethiae 183
Lithocarpus elyabathae 183
Lithocarpus floccosus 183
Lithocarpus fenestratus 183
Lithocarpus glaber 183
Lithocarpus haipinii 183
Lithocarpus hancei 183
Lithocarpus harlandii 183
Lithocarpus henryi 183
Lithocarpus iteaphyllus 183
Lithocarpus litseifolius 183
Lithocarpus megalophyllus 183
Lithocarpus oleifolius 183

Lithocarpus paihengii 183	*Lonicera ferruginea* 345	*Lycianthes lysimachioides* 286
Lithocarpus paniculatus 183	*Lonicera fragrantissima* 345	*Lycianthes lysimachioides* var. *sinensis* 287
Lithocarpus polystachyus 184	*Lonicera fragrantissima* var. *lancifolia* 345	*Lycium* 286
Lithocarpus quercifolius 184	*Lonicera henryi* 345	*Lycium chinense* 286
Lithocarpus rosthornii 184	*Lonicera hypoglauca* 345	Lycopodiaceae 02
Lithocarpus skanianus 184	*Lonicera japonica* 345	*Lycopodiastrum* 02
Lithocarpus taitoensis 184	*Lonicera maackii* 345	*Lycopodiastrum casuarinoides* 02
Lithocarpus tenuilimbus 184	*Lonicera macrantha* 345	*Lycopodioides delicatula* 03
Lithocarpus ternaticupulus 183	*Lonicera modesta* 345	*Lycopodium* 02
Lithocarpus truncatus 184	*Lonicera nubium* 345	*Lycopodium casuarinoides* 02
Lithocarpus tsangii 183	*Lonicera omissa* 345	*Lycopodium cernuum* 02
Lithocarpus uvariifolius var. *ellipticus* 184	*Lonicera pampaninii* 345	*Lycopodium complanatum* 02
Lithocarpus variolosus 184	*Lonicera reticulata* 345	*Lycopodium japonicum* 02
Lithocarpus viridis 183	*Lonicera similis* 346	*Lycopodium obscurum* f. *strictum* 02
Lithospermum 284	*Lonicera tangutica* 346	*Lycopus* 314
Lithospermum arvense 284	*Lonicera webbiana* 346	*Lycopus cavaleriei* 314
Lithospermum erythrorhizon 284	*Lophatherum* 114	*Lycopus lucidus* 314
Lithospermum zollingeri 284	*Lophatherum gracile* 114	*Lycopus lucidus* var. *hirtus* 314
Litsea 50	*Lophatherum sinense* 114	*Lycoris* 77
Litsea acutivena 50	Loranthaceae 233	*Lycoris aurea* 77
Litsea auriculata 51	*Loranthus* 233	*Lycoris caldwellii* 77
Litsea coreana 51	*Loranthus chinensis* 233	*Lycoris chinensis* 77
Litsea coreana var. *lanuginosa* 51	*Loranthus delavayi* 233	*Lycoris radiata* 77
Litsea coreana var. *sinensis* 51	*Loropetalum* 133	Lygodiaceae 06
Litsea cubeba 51	*Loropetalum chinense* 133	*Lygodium* 06
Litsea cubeba var. *formosana* 51	*Loropetalum chinense* var. *rubrum* 133	*Lygodium japonicum* 06
Litsea elongata 51	*Lotus* 150	*Lygodium microphyllum* 07
Litsea elongata var. *faberi* 51	*Lotus corniculatus* 150	*Lyonia* 265
Litsea euosma 51	*Loxocalyx* 305	*Lyonia formosa* 269
Litsea glutinosa 51	*Loxocalyx quinquenervius* 305	*Lyonia ovalifolia* 265
Litsea greenmaniana 51	*Loxocalyx urticifolius* 305	*Lyonia ovalifolia* var. *elliptica* 265
Litsea hupehana 51	*Loxogramme* 28	*Lyonia ovalifolia* var. *hebecarpa* 265
Litsea ichangensis 51	*Loxogramme assimilis* 28	*Lyonia ovalifolia* var. *lanceolata* 265
Litsea kingii 51	*Loxogramme chinensis* 28	*Lysimachia* 255
Litsea lancilimba 51	*Loxogramme duclouxii* 28	*Lysimachia alfredii* 255
Litsea mollis 51	*Loxogramme grammitoides* 28	*Lysimachia barystachys* 255
Litsea pedunculata 51	*Loxogramme salicifolia* 28	*Lysimachia brittenii* 255
Litsea pungens 51	Isoetaceae 03	*Lysimachia candida* 255
Litsea rotundifolia 51	*Ludwigia* 210	*Lysimachia capillipes* 255
Litsea rotundifolia var. *oblongifolia* 51	*Ludwigia* × *taiwanensis* 211	*Lysimachia christiniae* 255
Litsea rotundifolia var. *ovatifolia* 51	*Ludwigia adscendens* 210	*Lysimachia circaeoides* 255
Litsea sinoglobosa 51	*Ludwigia epilobioides* 210	*Lysimachia clethroides* 255
Litsea suberosa 51	*Ludwigia hyssopifolia* 210	*Lysimachia congestiflora* 255
Litsea verticillata 52	*Ludwigia octovalvis* 210	*Lysimachia decurrens* 255
Livistona 80	*Ludwigia ovalis* 210	*Lysimachia fistulosa* 255
Livistona chinensis 80	*Ludwigia peploides* subsp. *stipulacea* 210	*Lysimachia fistulosa* var. *wulingensis* 256
Lobelia 323	*Ludwigia perennis* 211	*Lysimachia fordiana* 256
Lobelia chinensis 323	*Ludwigia prostrata* 211	*Lysimachia fortunei* 256
Lobelia davidii 323	*Luffa* 191	*Lysimachia fukienensis* 256
Lobelia melliana 323	*Luffa acutangula* 191	*Lysimachia glanduliflora* 256
Lobelia nummularia 323	*Luffa aegyptiaca* 191	*Lysimachia grammica* 256
Lobelia sessilifolia 323	*Luzula* 85	*Lysimachia hemsleyana* 256
Lobelia siphilitica 323	*Luzula campestris* 85	*Lysimachia henryi* 256
Lobelia zeylanica 323	*Luzula inaequalis* 85	*Lysimachia heterogenea* 256
Loganiaceae 279	*Luzula multiflora* 85	*Lysimachia huitsunae* 256
Lolium 117	*Luzula plumosa* 85	*Lysimachia japonica* 256
Lolium multiflorum 117	*Lychnis* 238	*Lysimachia jiangxiensis* 256
Lolium perenne 117	*Lychnis coronata* 238	*Lysimachia klattiana* 256
Lonicera 345	*Lychnis fulgens* 238	*Lysimachia kwangtungensis* 256
Lonicera acuminata 345	*Lychnis senno* 238	*Lysimachia longipes* 256
Lonicera chrysantha 345	*Lycianthes* 286	*Lysimachia melampyroides* 256
Lonicera confusa 345	*Lycianthes biflora* 286	*Lysimachia nanpingensis* 256

Lysimachia paridiformis 256
Lysimachia parvifolia 256
Lysimachia patungensis 256
Lysimachia patungensis f. *glabrifolia* 256
Lysimachia pentapetala 257
Lysimachia perfoliata 257
Lysimachia phyllocephala 257
Lysimachia pseudohenryi 257
Lysimachia remota 257
Lysimachia remota var. *lushanensis* 257
Lysimachia rosthorniana 256
Lysimachia rubinervis 257
Lysimachia silvestrii 257
Lysimachia stenosepala 257
Lysimachia stigmatosa 257
Lysionotus 292
Lysionotus pauciflorus 292
Lythraceae 209
Lythrum 209
Lythrum salicaria 209

M

Maackia 150
Maackia australis 150
Maackia chekiangensis 150
Maackia hupehensis 150
Maackia tenuifolia 150
Macaranga 203
Macaranga denticulata 203
Machilus 52
Machilus breviflora 52
Machilus chekiangensis 52
Machilus chinensis 52
Machilus decursinervis 52
Machilus grijsii 52
Machilus ichangensis 52
Machilus kwangtungensis 52
Machilus leptophylla 52
Machilus litseifolia 52
Machilus longipedunculata 52
Machilus microcarpa 52
Machilus nakao 52
Machilus nanmu 52
Machilus oculodracontis 52
Machilus oreophila 52
Machilus pauhoi 52
Machilus phoenicis 52
Machilus salicina 52
Machilus thunbergii 52
Machilus velutina 52
Machilus versicolora 52
Macleaya 118
Macleaya cordata 118
Macleaya microcarpa 118
Maclura 177
Maclura cochinchinensis 177
Maclura pubescens 177
Maclura tricuspidata 177
Macropanax 347
Macropanax rosthornii 347
Macrosolen 233
Macrosolen cochinchinensis 233

Macrothelypteris 19
Macrothelypteris oligophlebia 19
Macrothelypteris oligophlebia var. *elegans* 19
Macrothelypteris torresiana 19
Macrothelypteris viridifrons 19
Maddenia 161
Maddenia fujianensis 161
Maesa 253
Maesa japonica 253
Maesa montana 253
Maesa perlarius 253
Maesa tenera 253
Magnolia 45
Magnolia amoena 44
Magnolia cylindrica 44
Magnolia grandiflora 45
Magnolia officinalis subsp. *biloba* 45
Magnolia sieboldii 46
Magnolia sprengeri 45
Magnoliaceae 43
Magnoliales 43
Mahonia 123
Mahonia bealei 123
Mahonia bodinieri 123
Mahonia conferta 123
Mahonia fordii 123
Mahonia fortunei 123
Mahonia japonica 123
Mahonia shenii 123
Maianthemum 79
Maianthemum japonicum 79
Mallotus 203
Mallotus apelta 203
Mallotus barbatus 203
Mallotus dunnii 203
Mallotus illudens 203
Mallotus japonicus 203
Mallotus lianus 203
Mallotus microcarpus 203
Mallotus oreophilus 203
Mallotus paniculatus 203
Mallotus philippensis 203
Mallotus philippensis var. *reticulatus* 203
Mallotus repandus 203
Mallotus repandus var. *chrysocarpus* 203
Mallotus repandus var. *scabrifolius* 203
Mallotus reticulatus 203
Mallotus tenuifolius 203
Mallotus tenuifolius var. *castanopsis* 203
Mallotus tenuifolius var. *paxii* 204
Mallotus tenuifolius var. *subjaponicus* 204
Malpighiales 196
Malus 167
Malus doumeri 167
Malus hupehensis 167
Malus leiocalyca 167
Malus mandshurica 167
Malus sieboldii 167
Malva 224
Malva cathayensis 224
Malva verticillata 224
Malva verticillata var. *crispa* 224

Malva verticillata var. *rafiqii* 224
Malvaceae 222
Malvales 222
Malvastrum 224
Malvastrum coromandelianum 224
Mananthes austrosinensis 299
Manglietia 45
Manglietia conifera 45
Manglietia dandyi 45
Manglietia decidua 45
Manglietia fordiana 45
Manglietia glaucifolia 45
Manglietia grandis 45
Manglietia insignis 45
Manglietia jinggangshanensis 45
Manglietia kwangtungensis 45
Manglietia obovalifolia 45
Manglietia patungensis 45
Manglietia yuyuanensis 45
Manihot 204
Manihot esculenta 204
Mappianthus 269
Mappianthus iodoides 269
Marattiaceae 05
Marsdenia 281
Marsdenia sinensis 281
Marsilea 07
Marsilea minuta 07
Marsilea quadrifolia 07
Marsileaceae 07
Matsumurella 315
Matthiola 229
Matthiola incana 229
Mazaceae 316
Mazus 316
Mazus caducifer 316
Mazus gracilis 316
Mazus miquelii 316
Mazus pumilus 316
Mazus saltuarius 316
Mazus spicatus 316
Mazus stachydifolius 316
Medicago 150
Medicago lupulina 150
Medicago minima 150
Medicago polymorpha 150
Medicago sativa 150
Meehania 315
Meehania fargesii 315
Meehania fargesii var. *pedunculata* 315
Meehania fargesii var. *radicans* 315
Meehania henryi 315
Meehania montis-koyae 315
Meehania zheminensis 315
Melampyrum 318
Melampyrum laxum 318
Melampyrum roseum 318
Melanthiaceae 61
Melastoma 214
Melastoma dodecandrum 214
Melastoma malabathricum 214
Melastoma normale 214

Melastomataceae 213
Melia 222
Melia azedarach 222
Meliaceae 222
Melica 110
Melica grandiflora 110
Melica onoei 110
Melica scabrosa 110
Melicope 221
Melicope pteleifolia 221
Melilotus 149
Melilotus albus 149
Melilotus indicus 149
Melilotus officinalis 149
Meliosma 128
Meliosma alba 128
Meliosma cuneifolia 128
Meliosma cuneifolia var. *glabriuscula* 128
Meliosma flexuosa 128
Meliosma fordii 128
Meliosma glandulosa 128
Meliosma myriantha 128
Meliosma myriantha var. *discolor* 128
Meliosma myriantha var. *pilosa* 128
Meliosma oldhamii 128
Meliosma oldhamii var. *glandulifera* 128
Meliosma parviflora 128
Meliosma paupera 128
Meliosma rhoifolia 128
Meliosma rhoifolia var. *barbulata* 128
Meliosma rigida 129
Meliosma rigida var. *pannosa* 129
Meliosma squamulata 129
Meliosma stewardii 128
Meliosma thorelii 129
Meliosma veitchiorum 129
Melissa 315
Melissa axillaris 315
Melliodendron 263
Melliodendron xylocarpum 263
Melochia 224
Melochia corchorifolia 224
Melodinus 281
Melodinus fusiformis 281
Melodinus suaveolens 281
Menispermaceae 121
Menispermum 121
Menispermum dauricum 121
Mentha 314
Mentha canadensis 314
Mentha spicata 314
Menyanthaceae 324
Mercurialis 204
Mercurialis leiocarpa 204
Merremia 286
Merremia hederacea 286
Merremia sibirica 286
Merremia umbellata subsp. *orientalis* 286
Mesona 315
Mesona chinensis 315
Metadina 276
Metadina trichotoma 276

Metapanax 350
Metapanax davidii 350
Metapanax delavayi 350
Metaplexis 280
Metaplexis hemsleyana 280
Metaplexis japonica 280
Metasequoia 36
Metasequoia glyptostroboides 36
Metathelypteris 20
Metathelypteris adscendens 20
Metathelypteris hattorii 20
Metathelypteris laxa 20
Metathelypteris petiolulata 20
Michelia 43
Michelia × *alba* 43
Michelia caloptila 44
Michelia cavaleriei var. *platypetala* 43
Michelia champaca 43
Michelia chapensis 44
Michelia crassipes 44
Michelia figo 44
Michelia foveolata 44
Michelia foveolata var. *cinerascens* 44
Michelia fujianensis 44
Michelia fulgens 44
Michelia macclurei 44
Michelia martini 44
Michelia maudiae 44
Michelia odora 44
Michelia septipetala 44
Michelia skinneriana 44
Michelia wilsonii 44
Microcos 224
Microcos paniculata 224
Microlepia 12
Microlepia hancei 12
Microlepia hookeriana 12
Microlepia marginata 12
Microlepia marginata var. *bipinnata* 12
Microlepia marginata var. *calvescens* 12
Microlepia marginata var. *villosa* 12
Microlepia modesta 12
Microlepia pseudostrigosa 12
Microlepia strigosa 12
Microlepia substrigosa 12
Micropolypodium 29
Micropolypodium okuboi 29
Microsorum 29
Microsorum insigne 29
Microsorum pteropus 29
Microstachys 205
Microstachys chamaelea 205
Microstegium 113
Microstegium ciliatum 113
Microstegium fasciculatum 113
Microstegium fauriei subsp. *geniculatum* 113
Microstegium japonicum 113
Microstegium nodosum 113
Microstegium nudum 113
Microstegium vimineum 113
Microtis 75
Microtis unifolia 75

Microtoena 315
Microtoena urticifolia 315
Microtropis 195
Microtropis fokienensis 195
Microtropis gracilipes 195
Microtropis obliquinervia 195
Microtropis reticulata 195
Microtropis submembranacea 195
Microtropis triflora 195
Milium 116
Milium effusum 116
Millettia 154
Millettia cognata 144
Millettia pachycarpa 154
Millettia pulchra 154
Millettia pulchra var. *laxior* 154
Mimosa 154
Mimosa bimucronata 154
Mimosa pudica 154
Mimulus 316
Mimulus tenellus 316
Mimulus tenellus var. *nepalensis* 316
Mirabilis 243
Mirabilis jalapa 243
Miscanthus 107
Miscanthus floridulus 107
Miscanthus lutarioriparius 107
Miscanthus sacchariflorus 107
Miscanthus sinensis 107
Mitchella 271
Mitchella undulata 271
Mitracarpus 271
Mitracarpus hirtus 271
Mitrasacme 279
Mitrasacme indica 279
Mitrasacme pygmaea 279
Moehringia 239
Moehringia lateriflora 239
Moehringia trinervia 239
Molinia 110
Molinia hui 110
Molinia japonica 110
Molluginaceae 243
Mollugo 243
Mollugo stricta 243
Momordica 191
Momordica charantia 191
Momordica cochinchinensis 191
Momordica subangulata 191
Monachosorum flagellare 12
Monachosorum flagellare var. *nipponicum* 12
Monachosorum 12
Monachosorum henryi 12
Monachosorum maximowiczii 12
Monarda 316
Monarda didyma 316
Monarda fistulosa 316
Monimopetalum 192
Monimopetalum chinense 192
Monochasma 318
Monochasma savatieri 318
Monochasma shearerii 318

Monochoria 82
Monochoria korsakowii 82
Monochoria vaginalis 82
Monochoria vaginalis var. *pauciflora* 82
Monochoria vaginalis var. *plantaginea* 82
Monotropa 268
Monotropa hypopitys 268
Monotropa uniflora 268
Monotropastrum 269
Monotropastrum humile 269
Moraceae 176
Moraea 76
Moraea iridioides 76
Morinda 270
Morinda citrina 270
Morinda citrina var. *chlorina* 270
Morinda litseifolia 271
Morinda officinalis 271
Morinda parvifolia 271
Morinda scabrifolia 271
Morinda umbellata 271
Morinda umbellata subsp. *obovata* 271
Morus 178
Morus alba 178
Morus australis 178
Morus australis var. *inusitata* 178
Morus cathayana 178
Morus mongolica 178
Morus wittiorum 178
Mosla 313
Mosla cavaleriei 313
Mosla chinensis 313
Mosla chinensis var. *kiangsiensis* 313
Mosla dianthera 313
Mosla grosseserrata 313
Mosla hangchowensis 313
Mosla longibracteata 314
Mosla longispica 314
Mosla scabra 314
Mosla soochowensis 314
Mucuna 154
Mucuna birdwoodiana 154
Mucuna championii 154
Mucuna cyclocarpa 154
Mucuna lamellata 154
Mucuna pruriens var. *utilis* 154
Mucuna sempervirens 154
Muhlenbergia 116
Muhlenbergia huegelii 116
Muhlenbergia japonica 116
Muhlenbergia ramosa 116
Murdannia 81
Murdannia bracteata 81
Murdannia hookeri 81
Murdannia kainantensis 81
Murdannia keisak 81
Murdannia loriformis 81
Murdannia nudiflora 81
Murdannia spirata 81
Murdannia triquetra 81
Musa 82
Musa balbisiana 82

Musa basjoo 82
Musaceae 82
Mussaenda 270
Mussaenda pubescens 270
Mussaenda shikokiana 270
Mycetia 271
Mycetia sinensis 271
Myosoton 240
Myosoton aquaticum 240
Myriactis 331
Myriactis nepalensis 331
Myrica 187
Myrica rubra 187
Myricaceae 187
Myriophyllum 137
Myriophyllum oguraense 137
Myriophyllum quitense 137
Myriophyllum spicatum 137
Myriophyllum ussuriense 137
Myriophyllum verticillatum 137
Myrmechis 69
Myrmechis chinensis 69
Myrmechis japonica 69
Myrsine 253
Myrsine elliptica 253
Myrsine linearis 253
Myrsine seguinii 253
Myrsine semiserrata 254
Myrsine stolonifera 254
Myrtaceae 211
Myrtales 208
Mytilaria 132
Mytilaria laosensis 132

N

Nageia 34
Nageia nagi 34
Najas 56
Najas ancistrocarpa 56
Najas chinensis 56
Najas foveolata 56
Najas gracillima 56
Najas graminea 56
Najas marina 56
Najas marina var. *grossidentata* 56
Najas minor 56
Najas oguraensis 57
Nandina 122
Nandina domestica 122
Nanocnide 181
Nanocnide japonica 181
Nanocnide lobata 181
Narcissus 78
Narcissus tazetta var. *chinensis* 78
Nartheciaceae 58
Nasturtium 228
Nasturtium officinale 228
Neanotis 271
Neanotis boerhavioides 271
Neanotis hirsuta 271
Neanotis ingrata 271
Neanotis kwangtungensis 271

Neillia 157
Neillia jinggangshanensis 157
Neillia sinensis 157
Nelumbo 129
Nelumbo nucifera 129
Nelumbonaceae 129
Neofinetia 75
Neofinetia falcata 75
Neolamarckia 277
Neolamarckia cadamba 277
Neolepisorus 29
Neolepisorus fortunei 29
Neolepisorus ovatus 29
Neolepisorus zippelii 29
Neolitsea 49
Neolitsea aurata 49
Neolitsea aurata var. *chekiangensis* 49
Neolitsea aurata var. *glauca* 49
Neolitsea aurata var. *paraciculata* 49
Neolitsea aurata var. *undulatula* 49
Neolitsea brevipes 49
Neolitsea cambodiana 49
Neolitsea cambodiana var. *glabra* 49
Neolitsea chui 49
Neolitsea confertifolia 49
Neolitsea kwangsiensis 49
Neolitsea levinei 50
Neolitsea phanerophlebia 50
Neolitsea pinninervis 50
Neolitsea pulchella 50
Neolitsea sericea 50
Neolitsea shingningensis 50
Neolitsea zeylanica 50
Neoshirakia 205
Neoshirakia atrobadiomaculata 205
Neoshirakia japonica 205
Neottia 74
Neottia japonica 74
Neottia wardii 74
Neottianthe 74
Neottianthe cucullata 74
Nepeta 312
Nepeta cataria 312
Nepeta everardi 312
Nepeta tenuifolia 312
Nephrolepidaceae 26
Nephrolepis 26
Nephrolepis cordifolia 26
Nerium 283
Nerium oleander 283
Nertera 272
Nertera nigricarpa 272
Nertera sinensis 272
Nervilia 69
Nervilia aragoana 69
Nervilia plicata 69
Neyraudia 116
Neyraudia montana 116
Neyraudia reynaudiana 116
Nicandra 286
Nicandra physalodes 286
Nicotiana 288

Nicotiana glauca 288
Nicotiana tabacum 288
Nothopanax delavayi 350
Nothosmyrnium 353
Nothosmyrnium japonicum 353
Nothosmyrnium japonicum var. *sutchuenense* 353
Notochaete 315
Notochaete hamosa 315
Notoseris 329
Notoseris macilenta 329
Notoseris psilolepis 329
Nuphar 40
Nuphar bornetii 40
Nuphar pumila subsp. *sinensis* 40
Nuphar pumila 40
Nyctaginaceae 243
Nymphaea 40
Nymphaea mexicana 40
Nymphaea tetragona 40
Nymphaeaceae 40
Nymphaeales 40
Nymphoides 324
Nymphoides coreana 324
Nymphoides cristata 324
Nymphoides indica 324
Nymphoides peltata 324
Nyssa 245
Nyssa sinensis 245
Nyssaceae 244

O

Oberonia 68
Oberonia caulescens 68
Oberonia japonica 68
Oberonia mannii 68
Oberonioides 75
Oberonioides microtatantha 75
Ocimum 313
Ocimum basilicum 313
Ocimum basilicum var. *pilosum* 313
Odontochilus 67
Odontochilus guangdongensis 67
Odontochilus poilanei 68
Odontosoria 08
Odontosoria chinensis 08
Oenanthe 352
Oenanthe benghalensis 352
Oenanthe javanica 352
Oenanthe javanica subsp. *rosthornii* 352
Oenanthe linearis 352
Oenanthe thomsonii 352
Oenanthe thomsonii subsp. *stenophylla* 352
Oenothera 211
Oenothera glazioviana 211
Oenothera rosea 211
Oenothera stricta 211
Ohwia 156
Ohwia caudata 156
Olea 291
Olea dioica 291
Olea europaea 291

Oleaceae 289
Oleandra 26
Oleandra cumingii 26
Oleandraceae 26
Oligostachyum 116
Oligostachyum hupehense 116
Oligostachyum lubricum 116
Oligostachyum oedogonatum 11
Oligostachyum scabriflorum 116
Oligostachyum spongiosum 116
Oligostachyum sulcatum 116
Omphalotrigonotis 283
Omphalotrigonotis cupulifera 283
Onagraceae 210
Onocleaceae 15
Onychium 10
Onychium japonicum 10
Onychium japonicum var. *lucidum* 10
Ophioglossaceae 04
Ophioglossum 04
Ophioglossum petiolatum 05
Ophioglossum reticulatum 04
Ophioglossum thermale 05
Ophioglossum vulgatum 05
Ophiopogon 79
Ophiopogon bodinieri 79
Ophiopogon intermedius 79
Ophiopogon japonicus 79
Ophiopogon stenophyllus 80
Ophiopogon umbraticola 80
Ophiorrhiza 272
Ophiorrhiza cantonensis 272
Ophiorrhiza chinensis 272
Ophiorrhiza japonica 272
Ophiorrhiza mitchelloides 272
Ophiorrhiza pumila 272
Opithandra 292
Opithandra burttii 292
Oplismenus 112
Oplismenus compositus 112
Oplismenus undulatifolius 112
Oplismenus undulatifolius var. *imbecillis* 112
Oplismenus undulatifolius var. *japonicus* 112
Opuntia 244
Opuntia dillenii 244
Orchidaceae 65
Oreocharis 293
Oreocharis argyreia var. *angustifolia* 293
Oreocharis auricula 293
Oreocharis benthamii 293
Oreocharis chienii 293
Oreocharis curvituba 293
Oreocharis magnidens 293
Oreocharis maximowiczii 293
Oreocharis tubiflora 293
Oreocharis xiangguiensis 293
Oreocnide 178
Oreocnide frutescens 178
Oreocnide frutescens subsp. *insignis* 178
Oreogrammitis 29
Oreogrammitis dorsipila 29
Oreogrammitis sinohirtella 29

Oreorchis 75
Oreorchis fargesii 75
Oreorchis patens 75
Origanum 314
Origanum vulgare 314
Orixa 220
Orixa japonica 220
Ormosia 151
Ormosia balansae 151
Ormosia fordiana 151
Ormosia glaberrima 151
Ormosia henryi 151
Ormosia hosiei 151
Ormosia semicastrata 151
Ormosia semicastrata f. *pallida* 151
Ormosia xylocarpa 151
Orobanchaceae 317
Orostachys 135
Orostachys fimbriata 135
Orostachys japonica 136
Orychophragmus 229
Orychophragmus violaceus 229
Oryza 112
Oryza rufipogon 112
Oryza sativa 113
Osbeckia 213
Osbeckia chinensis 213
Osbeckia opipara 213
Osbeckia stellata 213
Osmanthus 289
Osmanthus armatus 289
Osmanthus attenuatus 289
Osmanthus cooperi 289
Osmanthus didymopetalus 289
Osmanthus fragrans 289
Osmanthus gracilinervis 289
Osmanthus henryi 289
Osmanthus marginatus 289
Osmanthus marginatus var. *longissimus* 289
Osmanthus matsumuranus 289
Osmanthus minor 289
Osmanthus reticulatus 289
Osmanthus serrulatus 289
Osmanthus sinensis 289
Osmanthus venosus 290
Osmolindsaea 08
Osmolindsaea japonica 08
Osmolindsaea odorata 08
Osmorhiza 355
Osmorhiza aristata 355
Osmunda 05
Osmunda banksiifolia 05
Osmunda japonica 05
Osmunda mildei 05
Osmunda vachellii 05
Osmundaceae 05
Osmundastrum 05
Osmundastrum cinnamomeum 05
Ostericum 353
Ostericum citriodorum 353
Ostericum grosseserratum 353
Ostericum sieboldii 353

Ottelia 57
Ottelia alismoides 57
Oxalidaceae 195
Oxalidales 195
Oxalis 195
Oxalis corniculata 195
Oxalis corymbosa 195
Oxalis griffithii 195
Oxalis stricta 195
Oxalis triangularis 'Urpurea' 196
Oxytropis 151
Oxytropis brevipedunculata 151
Oyama 46
Oyama sieboldii 46

P

Pachyrhizus 156
Pachyrhizus erosus 156
Pachysandra 131
Pachysandra axillaris 131
Pachysandra axillaris var. *stylosa* 131
Pachysandra terminalis 131
Padus 168
Padus brachypoda 168
Padus buergeriana 168
Padus grayana 168
Padus napaulensis 168
Padus obtusata 168
Padus stellipila 168
Padus velutina 168
Padus wilsonii 168
Paederia 272
Paederia cavaleriei 272
Paederia foetida 272
Paederia pertomentosa 272
Paederia scandens var. *tomentosa* 272
Paederia stenobotrya 272
Paeonia 131
Paeonia lactiflora 131
Paeonia obovata 131
Paeonia suffruticosa 131
Paeoniaceae 131
Palhinhaea 02
Palhinhaea cernua 02
Paliurus 172
Paliurus hemsleyanus 172
Paliurus hirsutus 172
Paliurus ramosissimus 172
Panax 348
Panax japonicus 348
Panax japonicus var. *bipinnatifidus* 348
Panax notoginseng 348
Panax quinquefolius 348
Panax vietnamensis 348
Pandanales 60
Panicum 112
Panicum bisulcatum 112
Panicum brevifolium 112
Panicum dichotomiflorum 112
Panicum incomtum 112
Panicum notatum 112
Panicum repens 112

Panicum sumatrense 112
Papaveraceae 118
Paraderris 156
Paraderris elliptica 156
Parakmeria 45
Parakmeria lotungensis 45
Paraphlomis 306
Paraphlomis albida 306
Paraphlomis albida var. *brevidens* 306
Paraphlomis albiflora 306
Paraphlomis foliata 306
Paraphlomis gracilis 306
Paraphlomis javanica 306
Paraphlomis javanica var. *angustifolia* 306
Paraphlomis javanica var. *coronata* 306
Paraphlomis lanceolata 306
Paraphlomis lancidentata 306
Paraphlomis reflexa 306
Paraphlomis setulosa 306
Paraprenanthes 329
Paraprenanthes diversifolia 329
Paraprenanthes heptantha 329
Paraprenanthes multiformis 329
Paraprenanthes sororia 329
Parasenecio 328
Parasenecio ainsliiflorus 328
Parasenecio albus 328
Parasenecio hwangshanicus 329
Parasenecio matsudae 329
Parasenecio rubescens 329
Parathelypteris 20
Parathelypteris angulariloba 20
Parathelypteris beddomei 20
Parathelypteris borealis 20
Parathelypteris chinensis 20
Parathelypteris chinensis var. *trichocarpa* 20
Parathelypteris chingii 20
Parathelypteris glandulmigera 20
Parathelypteris glandmigera var. *puberula* 20
Parathelypteris japonica 20
Parathelypteris japonica var. *glabrata* 20
Parathelypteris nipponica 20
Parietaria 179
Parietaria micrantha 179
Paris 61
Paris delavayi 61
Paris fargesii 61
Paris fargesii var. *petiolata* 61
Paris japonica 61
Paris nitida 61
Paris polyphylla var. *appendiculata* 61
Paris polyphylla var. *chinensis* 61
Paris polyphylla var. *latifolia* 61
Paris polyphylla var. *stenophylla* 61
Paris polyphylla var. *yunnanensis* 61
Paris thibetica 61
Parnassia 195
Parnassia foliosa 195
Parnassia palustris 195
Parnassia wightiana 195
Parrotia 133

Parrotia subaequalis 133
Parthenium 329
Parthenium hysterophorus 329
Parthenocissus 141
Parthenocissus austro-orientalis 140
Parthenocissus dalzielii 141
Parthenocissus henryana 141
Parthenocissus laetevirens 141
Parthenocissus semicordata 141
Parthenocissus suberosa 141
Parthenocissus thomsonii 140
Parthenocissus tricuspidata 141
Paspalum 112
Paspalum distichum 112
Paspalum longifolium 112
Paspalum scrobiculatum 112
Paspalum scrobiculatum var. *orbiculare* 112
Paspalum thunbergii 112
Passiflora 200
Passiflora caerulea 200
Passiflora kwangtungensis 200
Passifloraceae 200
Patrinia 346
Patrinia heterophylla 346
Patrinia monandra 346
Patrinia scabiosifolia 346
Patrinia villosa 346
Paulownia 316
Paulownia fortunei 316
Paulownia kawakamii 317
Paulownia taiwaniana 317
Paulownia tomentosa 317
Paulownia viscosa 317
Paulowniaceae 316
Pecteilis 73
Pecteilis susannae 73
Pedaliaceae 299
Pedicularis 317
Pedicularis henryi 317
Pedicularis kiangsiensis 317
Pelargonium 208
Pelargonium hortorum 208
Pellionia 181
Pellionia brevifolia 181
Pellionia grijsii 181
Pellionia heteroloba 182
Pellionia radicans 182
Pellionia retrohispida 182
Pellionia scabra 182
Peltoboykinia 135
Peltoboykinia tellimoides 135
Pennisetum 113
Pennisetum alopecuroides 113
Pennisetum purpureum 113
Pentapanax 350
Pentapanax henryi 350
Pentapanax henryi var. *wangshanensis* 350
Pentapetes 226
Pentapetes phoenicea 226
Pentaphylacaceae 250
Pentaphylax 251
Pentaphylax euryoides 251

Pentarhizidium 15
Pentarhizidium orientale 15
Pentasachme 283
Pentasachme caudatum 283
Penthoraceae 137
Penthorum 137
Penthorum chinense 137
Peperomia 42
Peperomia blanda 42
Peracarpa 323
Peracarpa carnosa 323
Pericampylus 121
Pericampylus glaucus 121
Perilla 313
Perilla frutescens 313
Perilla frutescens var. *purpurascens* 313
Periploca 281
Periploca sepium 281
Peristrophe 301
Peristrophe bivalvis 301
Peristrophe japonica 301
Peristylus 73
Peristylus affinis 73
Peristylus calcaratus 73
Peristylus densus 73
Peristylus goodyeroides 73
Persicaria 237
Persicaria wugongshanensis 237
Pertya 329
Pertya cordifolia 329
Pertya desmocephala 330
Pertya pubescens 330
Pertya scandens 330
Petasites 330
Petasites japonicus 330
Petrocodon 293
Petrocodon jiangxiensis 293
Petrosavia 58
Petrosavia sakuraii 58
Petrosaviaceae 58
Petrosaviales 58
Petunia 288
Petunia × *atkinsiana* 288
Peucedanum 352
Peucedanum formosanum 352
Peucedanum henryi 352
Peucedanum longshengense 352
Peucedanum medicum 353
Peucedanum praeruptorum 353
Peucedanum terebinthaceum 353
Phaenosperma 110
Phaenosperma globosa 110
Phaius 73
Phaius flavus 73
Phalaris 110
Phalaris arundinacea 110
Phaseolus 151
Phaseolus lunatus 151
Phaseolus vulgaris 151
Phedimus 137
Phedimus aizoon 137
Phegopteris 20

Phegopteris decursive-pinnata 20
Phellodendron 219
Phellodendron amurense 219
Phellodendron chinense 219
Phellodendron chinense var. *glabriusculum* 219
Philadelphus 245
Philadelphus brachybotrys 245
Philadelphus incanus 245
Philadelphus incanus var. *baileyi* 245
Philadelphus laxiflorus 245
Philadelphus sericanthus 245
Philadelphus sericanthus var. *kulingensis* 245
Philadelphus zhejiangensis 245
Phlegmariurus 02
Phlegmariurus austrosinicus 02
Phlegmariurus cryptomerianus 02
Phlegmariurus fordii 02
Phlegmariurus mingcheensis 02
Phlegmariurus petiolatus 03
Phleum 109
Phleum paniculatum 109
Phlomis 312
Phlomis umbrosa var. *australis* 312
Phoebe 50
Phoebe bournei 50
Phoebe chekiangensis 50
Phoebe chinensis 50
Phoebe hunanensis 50
Phoebe neurantha 50
Phoebe neuranthoides 50
Phoebe sheareri 50
Pholidota 73
Pholidota cantonensis 73
Pholidota chinensis 73
Photinia 160
Photinia beauverdiana 160
Photinia beauverdiana var. *brevifolia* 160
Photinia benthamiana 160
Photinia bodinieri 160
Photinia callosa 160
Photinia davidsoniae 160
Photinia fokienensis 160
Photinia glabra 160
Photinia hirsuta 160
Photinia impressivena 160
Photinia komarovii 160
Photinia lasiogyna 160
Photinia lasiogyna var. *glabrescens* 160
Photinia parvifolia 160
Photinia prunifolia 160
Photinia prunifolia var. *denticulata* 160
Photinia raupingensis 160
Photinia schneideriana 160
Photinia serratifolia 160
Photinia villosa 160
Photinia villosa var. *glabricalycina* 161
Photinia villosa var. *sinica* 161
Photinia wuyishanensis 160
Phragmites 109
Phragmites australis 109

Phryma 316
Phryma leptostachya subsp. *asiatica* 316
Phrymaceae 316
Phtheirospermum 317
Phtheirospermum japonicum 317
Phyla 302
Phyla nodiflora 302
Phyllagathis 214
Phyllagathis cavaleriei 214
Phyllagathis guidongensis 214
Phyllagathis oligotricha 214
Phyllanthaceae 206
Phyllanthus 206
Phyllanthus amarus 206
Phyllanthus chekiangensis 206
Phyllanthus emblica 206
Phyllanthus flexuosus 206
Phyllanthus glaucus 206
Phyllanthus leptoclados 206
Phyllanthus niruri 206
Phyllanthus reticulatus 206
Phyllanthus reticulatus var. *glaber* 206
Phyllanthus urinaria 206
Phyllanthus ussuriensis 206
Phyllanthus virgatus 207
Phyllodium 150
Phyllodium pulchellum 150
Phyllostachys 107
Phyllostachys acuta 107
Phyllostachys angusta 107
Phyllostachys arcana 107
Phyllostachys aurea 107
Phyllostachys aureosulcata 107
Phyllostachys aureosulcata 'Aureocaulis' 107
Phyllostachys aureosulcata 'Spectabilis' 107
Phyllostachys bissetii 108
Phyllostachys circumpilis 108
Phyllostachys dulcis 108
Phyllostachys edulis 108
Phyllostachys edulis 'Heterocycla' 108
Phyllostachys edulis f. *bicolor* 108
Phyllostachys edulis f. *huamozhu* 108
Phyllostachys edulis f. *pachyloen* 108
Phyllostachys elegans 108
Phyllostachys fimbriligula 108
Phyllostachys glabrata 108
Phyllostachys glauca 108
Phyllostachys heteroclada 108
Phyllostachys heteroclada f. *solida* 108
Phyllostachys iridescens 108
Phyllostachys makinoi 108
Phyllostachys meyeri 108
Phyllostachys nidularia 108
Phyllostachys nidularia f. *farcta* 108
Phyllostachys nidularia f. *glabrovagina* 108
Phyllostachys nigra 108
Phyllostachys nigra var. *henonis* 108
Phyllostachys nuda 108
Phyllostachys prominens 109
Phyllostachys propinqua 109

Phyllostachys reticulata 109
Phyllostachys robustiramea 109
Phyllostachys rubicunda 109
Phyllostachys rubromarginata 109
Phyllostachys shuchengensis 109
Phyllostachys stimulosa 109
Phyllostachys sulphurea 109
Phyllostachys sulphurea 'Houzeau' 109
Phyllostachys sulphurea f. *robertii* 109
Phyllostachys sulphurea var. *viridis* 109
Phyllostachys sulphurea 'Robert' 109
Phyllostachys violascens 109
Phyllostachys violascens 'Prevernalis' 109
Phyllostachys viridiglaucescens 109
Phyllostachys vivax 109
Physaliastrum 288
Physaliastrum chamaesarachoides 288
Physaliastrum heterophyllum 288
Physalis 288
Physalis alkekengi 288
Physalis alkekengi var. *franchetii* 288
Physalis angulata 288
Physalis angulata var. *villosa* 288
Physalis minima 288
Physalis philadelphica 288
Phytolacca 243
Phytolacca acinosa 243
Phytolacca americana 243
Phytolacca japonica 243
Phytolaccaceae 243
Picea 34
Picea abies 34
Picea asperata 34
Picea brachytyla 34
Picea wilsonii 34
Picrasma 222
Picrasma quassioides 222
Picris 330
Picris hieracioides 330
Picris japonica 330
Pieris 269
Pieris formosa 269
Pieris japonica 269
Pieris swinhoei 269
Pilea 178
Pilea angulata 178
Pilea angulata subsp. *latiuscula* 178
Pilea angulata subsp. *petiolaris* 178
Pilea aquarum 178
Pilea cadierei 179
Pilea cavaleriei 179
Pilea japonica 179
Pilea lomatogramma 179
Pilea martini 179
Pilea microphylla 179
Pilea monilifera 179
Pilea notata 179
Pilea peploides 179
Pilea pumila 179
Pilea pumila var. *hamaoi* 179
Pilea purpurella 179
Pilea semisessilis 179

Pilea sinofasciata 179
Pilea swinglei 179
Pilea verrucosa 179
Pileostegia 245
Pileostegia tomentella 245
Pileostegia viburnoides 245
Piloselloides 330
Piloselloides hirsuta 330
Pimpinella 352
Pimpinella diversifolia 352
Pimpinella fargesii 352
Pinaceae 32
Pinalia 75
Pinalia szetschuanica 75
Pinellia 55
Pinellia cordata 55
Pinellia pedatisecta 55
Pinellia ternata 55
Pinus 33
Pinus armandii 33
Pinus elliottii 33
Pinus fenzeliana var. *dabeshanensis* 33
Pinus kwangtungensis 33
Pinus massoniana 33
Pinus massoniana var. *wulingensis* 33
Pinus palustris 33
Pinus parviflora 33
Pinus pinaster 33
Pinus rigida 33
Pinus serotina 33
Pinus tabuliformis 33
Pinus tabuliformis var. *henryi* 33
Pinus taeda 33
Pinus taiwanensis 33
Pinus thunbergii 33
Pinus virginiana 33
Piper 42
Piper austrosinense 42
Piper bambusifolium 42
Piper hancei 42
Piper hongkongense 42
Piper kadsura 42
Piper sarmentosum 42
Piper wallichii 42
Piperaceae 42
Piperales 41
Pistacia 216
Pistacia chinensis 216
Pistia 55
Pistia stratiotes 55
Pisum 149
Pisum sativum 149
Pittosporaceae 347
Pittosporum 347
Pittosporum brevicalyx 347
Pittosporum fulvipilosum 347
Pittosporum glabratum 347
Pittosporum glabratum var. *neriifolium* 347
Pittosporum illicioides 347
Pittosporum parvicapsulare 347
Pittosporum pauciflorum 347
Pittosporum podocarpum 347

Pittosporum subulisepalum 347
Pittosporum tobira 347
Pittosporum trigonocarpum 347
Pittosporum truncatum 347
Plagiogyria 07
Plagiogyria adnata 07
Plagiogyria euphlebia 07
Plagiogyria falcata 07
Plagiogyria japonica 07
Plagiogyria stenoptera 07
Plagiogyriaceae 07
Plantaginaceae 294
Plantago 295
Plantago asiatica 295
Plantago asiatica subsp. *erosa* 295
Plantago depressa 295
Plantago lanceolata 295
Plantago major 295
Plantago virginica 295
Platanaceae 129
Platanthera 74
Platanthera angustata 74
Platanthera densa 74
Platanthera hologlottis 74
Platanthera japonica 74
Platanthera mandarinorum 74
Platanthera minor 74
Platanthera nanlingensis 74
Platanthera tipuloides 74
Platanthera ussuriensis 74
Platanthera whangshanensis 74
Platanus 129
Platanus acerifolia 129
Platanus occidentalis 130
Platanus orientalis 130
Platycarya 187
Platycarya strobilacea 187
Platycladus 35
Platycladus orientalis 35
Platycladus orientalis 'Sieboldii' 35
Platycodon 323
Platycodon grandiflorus 323
Platycrater 245
Platycrater arguta 245
Pleioblastus 110
Pleioblastus amarus 110
Pleioblastus distichus 110
Pleioblastus fortunei 110
Pleioblastus gramineus 110
Pleioblastus hsienchuensis var. *subglabratus* 110
Pleioblastus maculatus 110
Pleioblastus oleosus 110
Pleioblastus rugatus 110
Pleioblastus sanmingensis 110
Pleioblastus simonii 110
Pleioblastus solidus 111
Pleioblastus wuyishanensis 111
Pleione 74
Pleione bulbocodioides 74
Pleione formosana 74
Pleione hookeriana 74

Poa 100
Poa acroleuca 100
Poa annua 100
Poa compressa 100
Poa faberi 100
Poa pratensis 100
Poa sphondylodes 100
Poa sphondylodes var. *subtrivialis* 100
Poa trivialis 100
Poaceae 94
Poales 84
Podocarpaceae 34
Podocarpium leptopus 156
Podocarpus 34
Podocarpus macrophyllus 34
Podocarpus macrophyllus var. *maki* 34
Podocarpus neriifolius 34
Pogonatherum 111
Pogonatherum crinitum 111
Pogonatherum paniceum 112
Pogonia 75
Pogonia japonica 75
Pogostemon 312
Pogostemon auricularius 312
Pogostemon cablin 312
Pogostemon septentrionalis 312
Poliothyrsis 202
Poliothyrsis sinensis 202
Poliothyrsis sinensis var. *subglabra* 202
Pollia 81
Pollia japonica 81
Pollia secundiflora 81
Polycarpaea 240
Polycarpaea corymbosa 240
Polycarpon 240
Polycarpon prostratum 240
Polygala 156
Polygala arillata 156
Polygala chinensis 156
Polygala fallax 156
Polygala hongkongensis 157
Polygala hongkongensis var. *stenophylla* 157
Polygala japonica 157
Polygala koi 157
Polygala latouchei 157
Polygala polifolia 157
Polygala sibirica 157
Polygala tatarinowii 157
Polygala tenuifolia 157
Polygala wattersii 157
Polygalaceae 156
Polygonaceae 234
Polygonatum 78
Polygonatum cyrtonema 78
Polygonatum filipes 78
Polygonatum nodosum 78
Polygonatum odoratum 78
Polygonatum zanlanscianense 79
Polygonum 235
Polygonum amphibium 235
Polygonum amplexicaule var. *sinense* 235
Polygonum aviculare 235

Polygonum barbatum 235
Polygonum biconvexum 235
Polygonum bistorta 235
Polygonum capitatum 235
Polygonum chinense 235
Polygonum chinense var. *paradoxum* 235
Polygonum criopolitanum 235
Polygonum darrisii 235
Polygonum dichotomum 235
Polygonum dissitiflorum 235
Polygonum glabrum 235
Polygonum hastatosagittatum 235
Polygonum hydropiper 235
Polygonum japonicum 236
Polygonum japonicum var. *conspicuum* 236
Polygonum jucundum 236
Polygonum kawagoeanum 236
Polygonum lapathifolium 236
Polygonum lapathifolium var. *lanatum* 236
Polygonum longisetum 236
Polygonum longisetum var. *rotundatum* 236
Polygonum maackianum 236
Polygonum muricatum 236
Polygonum nepalense 236
Polygonum orientale 236
Polygonum palmatum 236
Polygonum paralimicola 236
Polygonum perfoliatum 236
Polygonum persicaria 236
Polygonum persicaria var. *opacum* 236
Polygonum plebeium 236
Polygonum posumbu 236
Polygonum praetermissum 237
Polygonum pubescens 237
Polygonum runcinatum 237
Polygonum runcinatum var. *sinense* 237
Polygonum sagittatum 237
Polygonum senticosum 237
Polygonum strigosum 237
Polygonum suffultum 237
Polygonum suffultum var. *tomentosum* 237
Polygonum taquetii 237
Polygonum tenellum var. *micranthum* 236
Polygonum thunbergii 237
Polygonum viscoferum 237
Polygonum viscosum 237
Polypodiaceae 26
Polypodiodes amoena 29
Polypodiodes chinensis 29
Polypodiodes niponica 29
Polypodium 29
Polypogon 113
Polypogon fugax 113
Polypogon monspeliensis 113
Polystichum 25
Polystichum balansae 25
Polystichum conjunctum 25
Polystichum craspedosorum 25
Polystichum hancockii 25
Polystichum hecatopterum 25
Polystichum lanceolatum 25
Polystichum latilepis 25

Polystichum makinoi 25
Polystichum neolobatum 25
Polystichum otomasui 25
Polystichum ovatopaleaceum 25
Polystichum pseudomakinoi 25
Polystichum pseudotsus-simense 25
Polystichum pseudoxiphophyllum 25
Polystichum retrosopaleaceum 25
Polystichum rigens 26
Polystichum scariosum 26
Polystichum tripteron 26
Polystichum tsus-simense 26
Polytoca 107
Polytoca digitata 107
Pontederiaceae 82
Populus 201
Populus × *canadensis* 201
Populus adenopoda 201
Populus davidiana 201
Populus nigra var. *italica* 201
Populus simonii 201
Portulaca 244
Portulaca oleracea 244
Portulacaceae 244
Potamogeton 57
Potamogeton crispus 57
Potamogeton cristatus 57
Potamogeton distinctus 57
Potamogeton lucens 58
Potamogeton maackianus 58
Potamogeton natans 58
Potamogeton oxyphyllus 58
Potamogeton perfoliatus 58
Potamogeton pusillus 58
Potamogeton wrightii 58
Potamogetonaceae 57
Potentilla 161
Potentilla centigrana 161
Potentilla chinensis 161
Potentilla discolor 161
Potentilla fragarioides 161
Potentilla freyniana 161
Potentilla freyniana var. *sinica* 161
Potentilla griffithii 161
Potentilla kleiniana 161
Potentilla limprichtii 161
Potentilla multicaulis 161
Potentilla supina 161
Potentilla supina var. *ternata* 162
Pottsia 281
Pottsia grandiflora 281
Pottsia laxiflora 281
Pourthiaea 170
Pourthiaea arguta 170
Pouzolzia 181
Pouzolzia zeylanica 181
Pouzolzia zeylanica var. *microphylla* 181
Premna 312
Premna cavaleriei 312
Premna ligustroides 312
Premna microphylla 312
Premna peii 304

Primula 255
Primula cicutariifolia 255
Primula kwangtungensis 255
Primula merrilliana 255
Primula obconica 255
Primula ranunculoides 255
Primulaceae 253
Primulina 294
Primulina danxiaensis 294
Primulina depressa 294
Primulina dongguanica 294
Primulina fimbrisepala 294
Primulina inflata 294
Primulina juliae 294
Primulina lepingensis 294
Primulina pinnatifida 294
Primulina suichuanensis 294
Primulina wenii 294
Primulina xinningensis 294
Pronephrium 20
Pronephrium lakhimpurense 20
Pronephrium megacuspe 20
Pronephrium penangianum 20
Proteaceae 130
Proteales 128
Protowoodsia 15
Protowoodsia manchuriensis 15
Prunella 308
Prunella asiatica 308
Prunella vulgaris 308
Prunus 159
Prunus adenodonta 168
Prunus brachypoda 168
Prunus discoidea 159
Prunus salicina 159
Prunus xueluoensis 159
Pseudocyclosorus 21
Pseudocyclosorus esquirolii 21
Pseudocyclosorus falcilobus 21
Pseudocyclosorus lushanensis 21
Pseudocyclosorus paraochthodes 21
Pseudocyclosorus subochthodes 21
Pseudocyclosorus tsoi 21
Pseudognaphalium 342
Pseudognaphalium adnatum 342
Pseudognaphalium affine 342
Pseudognaphalium hypoleucum 342
Pseudolarix 32
Pseudolarix amabilis 32
Pseudolysimachion 295
Pseudolysimachion linariifolium 295
Pseudolysimachion linariifolium subsp. *dilatatum* 295
Pseudophegopteris 21
Pseudophegopteris aurita 21
Pseudophegopteris levingei 21
Pseudophegopteris pyrrhorhachis 21
Pseudopogonatherum 115
Pseudopogonatherum contortum var. *sinense* 115
Pseudopogonatherum koretrostachys 115
Pseudoraphis 111

Pseudoraphis sordida 111
Pseudosasa 115
Pseudosasa amabilis 115
Pseudosasa amabilis var. *convexa* 115
Pseudosasa cantorii 115
Pseudosasa hindsii 115
Pseudosasa japonica 115
Pseudosasa orthotropa 115
Pseudosasa pubiflora 115
Pseudosasa subsolida 115
Pseudosasa wuyiensis 115
Pseudosclerochloa 118
Pseudosclerochloa kengiana 118
Pseudostellaria 239
Pseudostellaria heterophylla 239
Pseudostellaria sylvatica 240
Pseudotaxus 37
Pseudotaxus chienii 37
Pseudotsuga 32
Pseudotsuga gaussenii 32
Pseudotsuga menziesii 32
Psilotaceae 04
Psilotum 04
Psilotum nudum 04
Psychotria 273
Psychotria serpens 273
Psychotria tutcheri 273
Pteridaceae 08
Pteridium 12
Pteridium aquilinum var. *latiusculum* 12
Pteridium revolutum 12
Pteris 10
Pteris arisanensis 10
Pteris austrosinica 10
Pteris cadieri 10
Pteris cretica 10
Pteris cretica var. *laeta* 10
Pteris dispar 10
Pteris ensiformis 10
Pteris fauriei 10
Pteris fauriei var. *chinensis* 11
Pteris inaequalis 11
Pteris insignis 11
Pteris kiuschiuensis 11
Pteris kiuschiuensis var. *centrochinensis* 11
Pteris maclurei 11
Pteris maclurioides 11
Pteris multifida 11
Pteris obtusiloba 11
Pteris oshimensis 11
Pteris plumbea 11
Pteris semipinnata 11
Pteris terminalis 11
Pteris vittata 11
Pteris wallichiana 11
Pteris wallichiana var. *obtusa* 11
Pternopetalum 352
Pternopetalum davidii 352
Pternopetalum heterophyllum 352
Pternopetalum tanakae 352
Pternopetalum tanakae var. *fulcratum* 352
Pternopetalum trichomanifolium 352

Pternopetalum vulgare 352
Pterocarya 187
Pterocarya stenoptera 187
Pteroceltis 175
Pteroceltis tatarinowii 175
Pterolobium 143
Pterolobium punctatum 143
Pterospermum 223
Pterospermum heterophyllum 223
Pterostyrax 261
Pterostyrax corymbosus 261
Pterostyrax psilophyllus 262
Pueraria 151
Pueraria montana 151
Pueraria montana var. *lobata* 151
Pueraria montana var. *thomsonii* 151
Pueraria phaseoloides 151
Punica 210
Punica granatum 210
Pycnospora 153
Pycnospora lutescens 153
Pycreus 90
Pycreus diaphanus 90
Pycreus flavidus 90
Pycreus flavidus var. *nilagiricus* 90
Pycreus flavidus var. *strictus* 90
Pycreus polystachyos 90
Pycreus pumilus 90
Pycreus sanguinolentus 90
Pygeum 162
Pygeum topengii 162
Pyracantha 162
Pyracantha atalantioides 162
Pyracantha crenulata 162
Pyracantha fortuneana 162
Pyrenaria 258
Pyrenaria hirta 258
Pyrenaria microcarpa 258
Pyrenaria spectabilis 258
Pyrenaria spectabilis var. *greeniae* 258
Pyrola 269
Pyrola calliantha 269
Pyrola decorata 269
Pyrola elegantula 269
Pyrola rotundifolia 269
Pyrrosia 29
Pyrrosia angustissima 29
Pyrrosia assimilis 29
Pyrrosia calvata 29
Pyrrosia lingua 29
Pyrrosia petiolosa 30
Pyrrosia sheareri 30
Pyrrosia similis 30
Pyrularia 232
Pyrularia edulis 232
Pyrus 167
Pyrus betulifolia 167
Pyrus calleryana 167
Pyrus calleryana f. *tomentella* 167
Pyrus calleryana var. *koehnei* 167
Pyrus pyrifolia 167
Pyrus serrulata 167

Q

Quamoclit 286
Quamoclit pennata 286
Quercus 186
Quercus acutissima 186
Quercus aliena 186
Quercus aliena var. *acutiserrata* 186
Quercus chenii 186
Quercus dentata 186
Quercus engleriana 186
Quercus fabri 186
Quercus oxyphylla 187
Quercus phillyreoides 187
Quercus serrata 187
Quercus spinosa 187
Quercus stewardii 187
Quercus variabilis 187
Quisqualis 209
Quisqualis indica 209
Quisqualis indica var. *villosa* 209

R

Ranalisma 55
Ranalisma rostrata 55
Ranunculaceae 123
Ranunculales 118
Ranunculus 124
Ranunculus arvensis 124
Ranunculus cantoniensis 124
Ranunculus chinensis 124
Ranunculus ficariifolius 124
Ranunculus japonicus 124
Ranunculus japonicus var. *ternatifolius* 124
Ranunculus muricatus 124
Ranunculus podocarpus 124
Ranunculus polii 124
Ranunculus sceleratus 124
Ranunculus sieboldii 125
Ranunculus silerifolius 125
Ranunculus ternatus 125
Rapanea neriifolia 253
Raphanus 229
Raphanus sativus 229
Raphanus sativus var. *longipinnatus* 229
Reevesia 226
Reevesia longipetiolata 226
Reevesia pubescens 226
Reevesia pycnantha 226
Reevesia thyrsoidea 226
Rehderodendron 263
Rehderodendron kwangtungense 263
Rehmannia 317
Rehmannia chingii 317
Reineckea 80
Reineckea carnea 80
Reynoutria 234
Reynoutria japonica 234
Rhachidosoraceae 13
Rhachidosorus 13
Rhachidosorus mesosorus 13
Rhamnaceae 171

Rhamnella 172
Rhamnella franguloides 172
Rhamnus 173
Rhamnus brachypoda 173
Rhamnus crenata 173
Rhamnus dumetorum 173
Rhamnus globosa 173
Rhamnus hemsleyana 173
Rhamnus henryi 173
Rhamnus lamprophylla 173
Rhamnus leptophylla 173
Rhamnus longipes 174
Rhamnus napalensis 174
Rhamnus paniculiflorus 174
Rhamnus rugulosa 174
Rhamnus utilis 174
Rhamnus wilsonii 174
Rhamnus wilsonii var. *pilosa* 174
Rhaphiolepis 162
Rhaphiolepis ferruginea 162
Rhaphiolepis ferruginea var. *serrata* 162
Rhaphiolepis indica 162
Rhaphiolepis lanceolata 162
Rhaphiolepis major 162
Rhaphiolepis salicifolia 162
Rhaphiolepis umbellata 162
Rhapis 80
Rhapis excelsa 80
Rhaponticum 331
Rhaponticum chinense 331
Rhododendron 266
Rhododendron × *pulchrum* 266
Rhododendron bachii 266
Rhododendron cavaleriei 266
Rhododendron championiae 266
Rhododendron crassimedium 268
Rhododendron crassistylum 266
Rhododendron discolor 267
Rhododendron florulentum 267
Rhododendron faithiae 267
Rhododendron farrerae 267
Rhododendron fortunei 267
Rhododendron fuchsiifolium 267
Rhododendron haofui 267
Rhododendron henryi 267
Rhododendron henryi var. *dunnii* 267
Rhododendron hongkongense 267
Rhododendron hunanense 267
Rhododendron jingangshanicum 267
Rhododendron kiangsiense 267
Rhododendron kwangtungense 267
Rhododendron latoucheae 267
Rhododendron maculiferum subsp. *anwheiense* 267
Rhododendron mariae 267
Rhododendron mariesii 267
Rhododendron microcarpum 267
Rhododendron microphyton 267
Rhododendron mitriforme 268
Rhododendron molle 268
Rhododendron moulmainense 268
Rhododendron mucronatum 268

Rhododendron naamkwanense 268
Rhododendron naamkwanense var. *cryptonerve* 268
Rhododendron ovatum 268
Rhododendron rhuyuenense 268
Rhododendron seniavinii 268
Rhododendron simiarum 268
Rhododendron simsii 268
Rhododendron stamineum 268
Rhododendron strigosum 268
Rhododendron tsoi var. *hypoblematosum* 268
Rhododendron westlandii 268
Rhododendron xiangganense 268
Rhododendron xiaoxidongense 268
Rhodomyrtus 212
Rhodomyrtus tomentosa 212
Rhomboda 70
Rhomboda tokioi 70
Rhus 216
Rhus chinensis 216
Rhus chinensis var. *roxburghii* 216
Rhus hypoleuca 216
Rhus hypoleuca var. *barbata* 216
Rhus potaninii 216
Rhynchosia 154
Rhynchosia acuminatifolia 154
Rhynchosia chinensis 154
Rhynchosia dielsii 154
Rhynchosia himalensis var. *craibiana* 154
Rhynchosia volubilis 155
Rhynchospora 92
Rhynchospora chinensis 92
Rhynchospora faberi 92
Rhynchospora rubra 93
Rhynchospora rugosa subsp. *brownii* 93
Rhynchotechum 294
Rhynchotechum discolor 294
Ribes 134
Ribes davidii 134
Ribes fasciculatum 134
Ribes fasciculatum var. *chinense* 134
Ribes glaciale 134
Ribes moupinense 134
Ribes tenue 134
Ricinus 202
Ricinus communis 202
Robinia 156
Robinia pseudoacacia 156
Roegneria ciliaris 100
Roegneria japonensis 100
Roegneria kamoji 100
Rohdea 80
Rohdea japonica 80
Rorippa 229
Rorippa cantoniensis 229
Rorippa dubia 229
Rorippa globosa 229
Rorippa indica 229
Rosa 166
Rosa banksiae 166
Rosa banksiopsis 166
Rosa bracteata 166

Rosa chinensis 166
Rosa cymosa 166
Rosa cymosa var. *puberula* 166
Rosa henryi 166
Rosa kwangtungensis 166
Rosa laevigata 166
Rosa laevigata f. *semiplena* 166
Rosa laevigata var. *leiocarpa* 166
Rosa multiflora 166
Rosa multiflora var. *carnea* 166
Rosa multiflora var. *cathayensis* 166
Rosa roxburghii 166
Rosa roxburghii f. *normalis* 166
Rosa rubus 167
Rosa sertata 167
Rosa xanthina 167
Rosaceae 157
Rosales 157
Rotala 209
Rotala indica 209
Rotala mexicana 209
Rotala rotundifolia 209
Rottboellia 116
Rottboellia cochinchinensis 116
Rubia 272
Rubia alata 272
Rubia argyi 272
Rubia cordifolia 272
Rubia wallichiana 272
Rubiaceae 270
Rubus 162
Rubus adenophorus 162
Rubus alceifolius 162
Rubus amphidasys 162
Rubus buergeri 162
Rubus caudifolius 162
Rubus chiliadenus 162
Rubus chingii 162
Rubus chroosepalus 163
Rubus columellaris 163
Rubus corchorifolius 163
Rubus coreanus 163
Rubus coreanus var. *tomentosus* 163
Rubus crassifolius 163
Rubus eustephanos 163
Rubus flagelliflorus 163
Rubus glabricarpus 163
Rubus glabricarpus var. *glabrutus* 163
Rubus glandulosocarpus 163
Rubus grayanus 163
Rubus gressittii 163
Rubus hanceanus 163
Rubus hastifolius 163
Rubus hirsutus 163
Rubus hunanensis 163
Rubus idaeopsis 163
Rubus impressinervus 163
Rubus innominatus 163
Rubus innominatus var. *aralioides* 163
Rubus innominatus var. *kuntzeanus* 163
Rubus innominatus var. *quinatus* 163
Rubus irenaeus 164

Rubus jambosoides 164
Rubus jianensis 164
Rubus jiangxiensis 163
Rubus kulinganus 164
Rubus lambertianus 164
Rubus lambertianus var. *glaber* 164
Rubus leucanthus 164
Rubus lichuanensis 164
Rubus lucens 164
Rubus malifolius 164
Rubus multisetosus 164
Rubus pacificus 164
Rubus palmatus 162
Rubus parvifolius 164
Rubus parvifolius var. *adenochlamys* 164
Rubus pectinellus 164
Rubus peltatus 164
Rubus phoenicolasius 164
Rubus pinnatisepalus 164
Rubus pirifolius 164
Rubus pluribracteatus 164
Rubus poliophyllus 164
Rubus pungens 165
Rubus pungens var. *oldhamii* 165
Rubus raopingensis 165
Rubus reflexus 165
Rubus reflexus var. *hui* 165
Rubus reflexus var. *lanceolobus* 165
Rubus reflexus var. *orogenes* 165
Rubus refractus 165
Rubus rosifolius 165
Rubus rosifolius var. *coronarius* 165
Rubus rosifolius var. *inermis* 165
Rubus rosifolius var. *wuyishanensis* 165
Rubus rufus 165
Rubus setchuenensis 165
Rubus sorbifolius 165
Rubus sumatranus 165
Rubus swinhoei 165
Rubus tephrodes 165
Rubus tephrodes var. *ampliflorus* 165
Rubus tephrodes var. *setosissimus* 165
Rubus trianthus 165
Rubus tsangii 165
Rubus tsangii var. *yanshanensis* 165
Rubus tsangiorum 165
Rubus xanthoneurus 166
Ruellia 300
Ruellia venusta 300
Rumex 234
Rumex acetosa 234
Rumex acetosella 234
Rumex chalepensis 234
Rumex crispus 234
Rumex dentatus 234
Rumex japonicus 234
Rumex maritimus 234
Rumex nepalensis 234
Rumex obtusifolius 234
Rumex popovii 234
Rumex trisetifer 234
Rungia 301

Rungia chinensis 301
Rungia densiflora 301
Rutaceae 219

S

Sabia 129
Sabia campanulata subsp. *ritchieae* 129
Sabia coriacea 129
Sabia discolor 129
Sabia fasciculata 129
Sabia japonica 129
Sabia japonica var. *sinensis* 129
Sabia nervosa 129
Sabia swinhoei 129
Sabia yunnanensis subsp. *latifolia* 129
Sabiaceae 128
Saccharum 111
Saccharum arundinaceum 111
Saccharum formosanum 111
Saccharum narenga 111
Saccharum officinarum 111
Saccharum sinense 111
Saccharum spontaneum 111
Sacciolepis 104
Sacciolepis indica 104
Sacciolepis myosuroides 104
Sacciolepis myosuroides var. *nana* 104
Sageretia 172
Sageretia hamosa 172
Sageretia henryi 172
Sageretia laxiflora 172
Sageretia lucida 172
Sageretia melliana 172
Sageretia rugosa 172
Sageretia subcaudata 172
Sageretia thea 172
Sageretia thea var. *tomentosa* 172
Sageretia theezans 172
Sagina 240
Sagina japonica 240
Sagina linnaei 240
Sagina maxima 240
Sagina saginoides 240
Sagittaria 56
Sagittaria guayanensis subsp. *lappula* 56
Sagittaria lichuanensis 56
Sagittaria potamogetonifolia 56
Sagittaria pygmaea 56
Sagittaria sagittifolia 56
Sagittaria trifolia 56
Sagittaria trifolia subsp. *leucopetala* 56
Salicaceae 200
Salix 200
Salix babylonica 200
Salix babylonica var. *glandulipilosa* 200
Salix baileyi 200
Salix chaenomeloides 200
Salix chienii 200
Salix chikungensis 200
Salix dunnii 201
Salix leveilleana 201
Salix matsudana 201

Salix mesnyi 201
Salix rosthornii 201
Salix sclerophylla 201
Salix suchowensis 201
Salix wilsonii 201
Salomonia 157
Salomonia cantoniensis 157
Salomonia ciliata 157
Salomonia oblongifolia 157
Salvia 311
Salvia adiantifolia 311
Salvia alatipetiolata 311
Salvia bowleyana 311
Salvia bowleyana var. *subbipinnata* 311
Salvia cavaleriei 311
Salvia cavaleriei var. *simplicifolia* 311
Salvia chienii 311
Salvia chienii var. *wuyuania* 311
Salvia chinensis 311
Salvia chunganensis 311
Salvia filicifolia 311
Salvia japonica 311
Salvia kiangsiensis 312
Salvia miltiorrhiza 312
Salvia nipponica 312
Salvia plebeia 312
Salvia plectranthoides 312
Salvia prionitis 312
Salvia scapiformis 312
Salvia scapiformis var. *carphocalyx* 312
Salvia substolonifera 312
Salvinia natans 07
Salvinia 07
Salviniaceae 07
Sambucus 342
Sambucus javanica 342
Sambucus williamsii 343
Samolus 253
Samolus valerandi 253
Sanguisorba 157
Sanguisorba officinalis 157
Sanguisorba officinalis var. *longifolia* 157
Sanicula 353
Sanicula chinensis 353
Sanicula lamelligera 353
Sanicula orthacantha 353
Santalaceae 232
Santalales 231
Sapindaceae 216
Sapindales 215
Sapindus 217
Sapindus saponaria 217
Sapotaceae 252
Sarcandra 53
Sarcandra glabra 53
Sarcococca 131
Sarcococca longipetiolata 131
Sarcococca orientalis 131
Sarcococca ruscifolia 131
Sarcopyramis 214
Sarcopyramis bodinieri 214
Sarcopyramis bodinieri var. *delicata* 214

Sarcopyramis napalensis 214
Sargentodoxa 120
Sargentodoxa cuneata 120
Saruma 42
Saruma henryi 42
Sasa 98
Sasa guangxiensis 98
Sasa hubeiensis 98
Sasa longiligulata 98
Sasa sinica 98
Sassafras 50
Sassafras tzumu 50
Sauromatum 55
Sauromatum giganteum 55
Saururaceae 41
Saururus 41
Saururus chinensis 41
Saussurea 340
Saussurea bullockii 340
Saussurea cordifolia 340
Saussurea dutaillyana 340
Saussurea hwangshanensis 340
Saussurea japonica 340
Saussurea parviflora 340
Saxifraga 135
Saxifraga luoxiaoensis 135
Saxifraga shennongii 135
Saxifraga stolonifera 135
Saxifragaceae 135
Saxifragales 131
Schefflera 350
Schefflera chinensis 350
Schefflera delavayi 350
Schefflera heptaphylla 350
Schefflera minutistellata 350
Schima 258
Schima argentea 258
Schima bambusifolia 258
Schima brevipedicellata 258
Schima remotiserrata 258
Schima superba 258
Schisandra 41
Schisandra arisanensis subsp. *viridis* 41
Schisandra bicolor 41
Schisandra chinensis 41
Schisandra elongata 41
Schisandra henryi 41
Schisandra propinqua subsp. *sinensis* 41
Schisandra repanda 41
Schisandra sphenanthera 41
Schisandraceae 40
Schizachyrium 98
Schizachyrium brevifolium 98
Schizachyrium fragile 98
Schizachyrium sanguineum 98
Schizophragma 247
Schizophragma hydrangeoides 247
Schizophragma hypoglaucum 247
Schizophragma integrifolium 247
Schizophragma integrifolium var. *denticulatum* 247
Schizophragma integrifolium var. *glaucescens* 247
Schizophragma molle 247
Schizostachyum 98
Schizostachyum dumetorum 98
Schizostachyum dumetorum var. *xinwuense* 98
Schlumbergera 244
Schlumbergera truncata 244
Schnabelia 307
Schnabelia oligophylla 307
Schnabelia terniflora 307
Schoenoplectus 91
Schoenoplectus juncoides 91
Schoenoplectus mucronatus subsp. *robustus* 91
Schoenoplectus tabernaemontani 91
Schoenoplectus triqueter 91
Schoenoplectus wallichii 91
Schoepfia 233
Schoepfia chinensis 233
Schoepfia jasminodora 233
Schoepfiaceae 233
Sciadopityaceae 38
Sciadopitys 38
Sciadopitys verticillata 38
Sciaphila 60
Sciaphila ramosa 60
Sciaphila secundiflora 60
Scirpus 91
Scirpus asiaticus 92
Scirpus karuisawensis 91
Scirpus lushanensis 92
Scirpus mucronatus 92
Scirpus rosthornii 92
Scirpus ternatanus 92
Scirpus triqueter 91
Scirpus wichurae 92
Scleria 92
Scleria biflora 92
Scleria hookeriana 92
Scleria levis 92
Scleria parvula 92
Scleria pergracilis 92
Scleria rugosa 92
Scleria terrestris 92
Sclerochloa kengiana 118
Scoparia 295
Scoparia dulcis 295
Scrophularia 298
Scrophularia ningpoensis 298
Scrophulariaceae 297
Scurrula 233
Scurrula parasitica 233
Scutellaria 309
Scutellaria axilliflora var. *medullifera* 309
Scutellaria baicalensis 309
Scutellaria barbata 309
Scutellaria chekiangensis 310
Scutellaria discolor 310
Scutellaria formosana 310
Scutellaria franchetiana 310
Scutellaria hunanensis 310

Scutellaria incisa 310
Scutellaria indica 310
Scutellaria indica var. *elliptica* 310
Scutellaria indica var. *subacaulis* 310
Scutellaria inghokensis 310
Scutellaria nigrocardia 310
Scutellaria oligophlebia 310
Scutellaria pekinensis 310
Scutellaria pekinensis var. *purpureicaulis* 310
Scutellaria pekinensis var. *transitra* 310
Scutellaria sciaphila 310
Scutellaria subintegra 310
Scutellaria tayloriana 310
Scutellaria tenera 310
Scutellaria tuberifera 310
Scutellaria yingtakensis 310
Sechium 191
Sechium edule 191
Sedirea 68
Sedirea subparishii 68
Sedum 136
Sedum alfredii 136
Sedum baileyi 136
Sedum bracteatum 136
Sedum bulbiferum 136
Sedum drymarioides 136
Sedum emarginatum 136
Sedum filipes 136
Sedum grammophyllum 136
Sedum hakonense 136
Sedum japonicum 136
Sedum latentibulbosum 136
Sedum leptophyllum 136
Sedum lineare 136
Sedum lungtsuanense 136
Sedum lushanense 136
Sedum makinoi 136
Sedum oligospermum 136
Sedum phyllanthum 136
Sedum polytrichoides 136
Sedum sarmentosum 136
Sedum stellariifolium 136
Sedum subtile 136
Sedum tetractinum 137
Sedum tosaense 137
Sedum uniflorum 137
Sedum yvesii 137
Selaginella 03
Selaginella braunii 03
Selaginella davidii 03
Selaginella delicatula 03
Selaginella doederleinii 03
Selaginella heterostachys 03
Selaginella involvens 03
Selaginella labordei 03
Selaginella limbata 03
Selaginella moellendorffii 03
Selaginella nipponica 03
Selaginella picta 03
Selaginella pulvinata 03
Selaginella remotifolia 03

Selaginella tamariscina 03
Selaginella trichoclada 04
Selaginella uncinata 04
Selaginella xipholepis 04
Selaginellaceae 03
Selliguea 30
Selliguea albipes 30
Selliguea engleri 30
Selliguea hastata 30
Selliguea majoensis 30
Selliguea rhynchophylla 30
Selliguea yakushimensis 30
Semiaquilegia 126
Semiaquilegia adoxoides 126
Semiarundinaria 97
Semiarundinaria densiflora 97
Semiliquidambar 132
Semiliquidambar cathayensis 132
Semiliquidambar cathayensis var. *parvifolia* 132
Semiliquidambar chingii 132
Senecio 336
Senecio fukienensis 336
Senecio nemorensis 336
Senecio scandens 336
Senecio scandens var. *incisus* 336
Senecio stauntonii 336
Senegalia 156
Senegalia rugata 156
Senegalia vietnamensis 156
Senna 153
Senna nomame 153
Senna occidentalis 153
Senna sophera 153
Senna tora 153
Sequoia 34
Sequoia sempervirens 34
Serissa 275
Serissa japonica 275
Serissa serissoides 275
Serratula 329
Serratula coronata 329
Sesamum 299
Sesamum indicum 299
Sesbania 153
Sesbania bispinosa 153
Sesbania cannabina 154
Setaria 99
Setaria chondrachne 99
Setaria faberi 99
Setaria geniculata 99
Setaria italica 99
Setaria palmifolia 99
Setaria parviflora 99
Setaria plicata 99
Setaria pumila 99
Setaria viridis 99
Sheareria 340
Sheareria nana 340
Shibataea 98
Shibataea chinensis 98
Shibataea strigosa 98

Sida 226
Sida alnifolia 226
Sida rhombifolia 226
Sida spinosa 226
Sigesbeckia 340
Sigesbeckia glabrescens 340
Sigesbeckia orientalis 340
Sigesbeckia pubescens 340
Sigesbeckia pubescens f. *eglandulosa* 340
Silene 238
Silene aprica 238
Silene baccifera 238
Silene conoidea 238
Silene firma 238
Silene fortunei 238
Silene tatarinowii 238
Simaroubaceae 221
Sindechites 281
Sindechites henryi 281
Sinoadina 274
Sinoadina racemosa 274
Sinobambusa 97
Sinobambusa farinosa 97
Sinobambusa intermedia 97
Sinobambusa nephroaurita 97
Sinobambusa striata 102
Sinobambusa tootsik 97
Sinocrassula 137
Sinocrassula indica 137
Sinofranchetia 120
Sinofranchetia chinensis 120
Sinojackia 262
Sinojackia rehderiana 262
Sinojackia xylocarpa 262
Sinojohnstonia 284
Sinojohnstonia chekiangensis 284
Sinojohnstonia ruhuaii 284
Sinomanglietia glauca 45
Sinomenium 122
Sinomenium acutum 122
Sinomenium acutum var. *cinerum* 122
Sinosenecio 334
Sinosenecio globiger 334
Sinosenecio jiangxiensis 334
Sinosenecio jiuhuashanicus 334
Sinosenecio latouchei 334
Sinosenecio oldhamianus 334
Sinosenecio wuyiensis 334
Sinosideroxylon 252
Sinosideroxylon wightianum 252
Siphocranion 306
Siphocranion nudipes 306
Siphonostegia 317
Siphonostegia chinensis 317
Siphonostegia laeta 317
Siraitia 189
Siraitia grosvenorii 189
Sisyrinchium 76
Sisyrinchium rosulatum 76
Sium 353
Sium suave 353
Skimmia 219

Skimmia reevesiana 219
Sloanea 196
Sloanea hemsleyana 196
Sloanea hongkongensis 196
Sloanea leptocarpa 196
Sloanea sinensis 196
Smilacaceae 62
Smilax 62
Smilax arisanensis 62
Smilax austrozhejiangensis 62
Smilax bockii 64
Smilax china 62
Smilax chingii 62
Smilax cocculoides 62
Smilax darrisii 62
Smilax davidiana 62
Smilax discotis 62
Smilax ferox 63
Smilax glabra 63
Smilax glaucochina 63
Smilax hayatae 63
Smilax hypoglauca 63
Smilax lanceifolia 63
Smilax lanceifolia var. *elongata* 63
Smilax lanceifolia var. *opaca* 63
Smilax megalantha 63
Smilax microphylla 63
Smilax nervomarginata 63
Smilax nervomarginata var. *liukiuensis* 63
Smilax nipponica 63
Smilax opaca 63
Smilax outanscianensis 63
Smilax planipes 63
Smilax riparia 63
Smilax scobinicaulis 63
Smilax sieboldii 63
Smilax stans 63
Smilax trachypoda 63
Smilax trinervula 63
Smithia 142
Smithia sensitiva 142
Solanaceae 286
Solanales 284
Solanum 287
Solanum aculeatissimum 287
Solanum americanum 287
Solanum capsicoides 287
Solanum japonense 287
Solanum lyratum 287
Solanum melongena 287
Solanum nigrum 287
Solanum pittosporifolium 287
Solanum pseudocapsicum 287
Solanum scabrum 287
Solanum tuberosum 287
Solanum violaceum 287
Solanum virginianum 287
Solena 191
Solena heterophylla 191
Solidago 334
Solidago altissima 334
Solidago canadensis 334

Solidago decurrens 334
Solidago graminifolia 334
Solidago rugosa 334
Solidago virgaurea 334
Soliva 334
Soliva anthemifolia 334
Sonchus 335
Sonchus asper 335
Sonchus brachyotus 335
Sonchus oleraceus 335
Sonchus transcaspicus 335
Sonchus wightianus 335
Sonerila 214
Sonerila erecta 214
Sonerila maculata 214
Sonerila plagiocardia 214
Sophora 153
Sophora brachygyna 153
Sophora flavescens 153
Sophora franchetiana 153
Sophora prazeri 153
Sophora tonkinensis 153
Sopubia 318
Sopubia trifida 318
Sorbaria 160
Sorbaria arborea 160
Sorbus 158
Sorbus alnifolia 158
Sorbus alnifolia var. *hirtella* 158
Sorbus amabilis 158
Sorbus caloneura 158
Sorbus dunnii 158
Sorbus folgneri 158
Sorbus folgneri var. *duplicatodentata* 158
Sorbus hemsleyi 158
Sorbus henryi 158
Sorbus hupehensis 158
Sorbus keissleri 158
Sorbus lushanensis 158
Sorbus megalocarpa 158
Sorghum 114
Sorghum bicolor 114
Sorghum nitidum 115
Sorghum propinquum 115
Sparganium 84
Sparganium stoloniferum 84
Spathoglottis 65
Spathoglottis pubescens 65
Spatholirion 81
Spatholirion longifolium 81
Speirantha 79
Speirantha gardenii 79
Speranskia 202
Speranskia cantonensis 202
Speranskia tuberculata 202
Spergularia 239
Spergularia marina 239
Spermacoce 274
Spermacoce alata 274
Spermacoce pusilla 274
Sphaerocaryum 96
Sphaerocaryum malaccense 96

Sphagneticola 335
Sphagneticola calendulacea 335
Sphenoclea 288
Sphenoclea zeylanica 288
Sphenocleaceae 288
Spinacia 240
Spinacia oleracea 240
Spiradiclis 274
Spiradiclis microphylla 274
Spiraea 158
Spiraea × *vanhouttei* 159
Spiraea blumei 158
Spiraea blumei var. *latipetala* 158
Spiraea cantoniensis 158
Spiraea cantoniensis var. *jiangxiensis* 158
Spiraea chinensis 158
Spiraea dasyantha 158
Spiraea fritschiana 159
Spiraea fritschiana var. *angulata* 159
Spiraea hirsuta 159
Spiraea japonica 159
Spiraea japonica var. *acuminata* 159
Spiraea japonica var. *fortunei* 159
Spiraea japonica var. *glabra* 159
Spiraea myrtilloides 159
Spiraea prunifolia 159
Spiraea prunifolia var. *simpliciflora* 159
Spiraea schneideriana 159
Spiranthes 65
Spiranthes hongkongensis 65
Spiranthes sinensis 65
Spiranthes sunii 65
Spirodela 55
Spirodela polyrhiza 55
Spodiopogon 100
Spodiopogon cotulifer 100
Spodiopogon sibiricus 100
Sporobolus 117
Sporobolus fertilis 117
Sporobolus pilifer 117
Stachys 306
Stachys arrecta 306
Stachys arvensis 306
Stachys baicalensis 307
Stachys chinensis 307
Stachys geobombycis 307
Stachys japonica 307
Stachys kouyangensis 307
Stachys oblongifolia 307
Stachys sieboldii 307
Stachyuraceae 215
Stachyurus 215
Stachyurus chinensis 215
Stachyurus himalaicus 215
Stachyurus oblongifolius 215
Stachyurus yunnanensis 215
Stahlianthus 83
Stahlianthus involucratus 83
Staphylea 215
Staphylea bumalda 215
Staphylea holocarpa 215
Staphyleaceae 214

Stauntonia 119
Stauntonia brachyanthera 119
Stauntonia chinensis 120
Stauntonia conspicua 120
Stauntonia duclouxii 120
Stauntonia elliptica 120
Stauntonia maculata 120
Stauntonia obovata 120
Stauntonia obovatifolia subsp. *intermedia* 120
Stauntonia obovatifoliola subsp. *urophylla* 120
Stegnogramma 19
Stegnogramma centrochinensis 19
Stegnogramma intermedia 19
Stegnogramma griffithii 19
Stegnogramma mingchegensis 19
Stegnogramma sagittifolia 19
Stegnogramma scallanii 19
Stegnogramma tottoides 19
Stegnogramma wilfordii 19
Stellaria 239
Stellaria alsine 239
Stellaria chinensis 239
Stellaria media 239
Stellaria monosperma var. *japonica* 239
Stellaria neglecta 239
Stellaria omeiensis 239
Stellaria pallida 239
Stellaria vestita 239
Stellaria wushanensis 239
Stemona 60
Stemona japonica 60
Stemona sessilifolia 60
Stemona tuberosa 61
Stemonaceae 60
Stephanandra 159
Stephanandra chinensis 159
Stephania 121
Stephania cephalantha 121
Stephania excentrica 121
Stephania japonica 121
Stephania longa 121
Stephania tetrandra 121
Stewartia 257
Stewartia crassifolia 257
Stewartia gemmata 257
Stewartia rostrata 257
Stewartia sinensis 257
Stewartia villosa var. *kwangtungensis* 258
Stimpsonia 253
Stimpsonia chamaedryoides 253
Stranvaesia 158
Stranvaesia amphidoxa 158
Stranvaesia davidiana 158
Stranvaesia davidiana var. *undulata* 158
Striga 318
Striga asiatica 318
Strobilanthes 299
Strobilanthes anamitica 299
Strobilanthes aprica 299
Strobilanthes atropurpurea 299

Strobilanthes austrosinensis 299
Strobilanthes cusia 299
Strobilanthes dalzielii 299
Strobilanthes dimorphotricha 300
Strobilanthes divaricata 301
Strobilanthes henryi 300
Strobilanthes labordei 300
Strobilanthes oliganthus 300
Strobilanthes penstemonoides 300
Strobilanthes pentastemonoides 300
Strobilanthes tetrasperma 300
Strobilanthes wallichii 299
Strophanthus 280
Strophanthus divaricatus 280
Stuckenia 58
Stuckenia pectinata 58
Styphnolobium 142
Styphnolobium japonicum 'Pendula' 142
Styphnolobium japonicum 142
Styracaceae 261
Styrax 262
Styrax calvescens 262
Styrax confusus 262
Styrax dasyanthus 262
Styrax faberi 262
Styrax formosanus 262
Styrax formosanus var. *hirtus* 262
Styrax grandiflorus 262
Styrax hemsleyanus 262
Styrax japonicus 262
Styrax japonicus var. *calycothrix* 262
Styrax mollis Dunn 262
Styrax obassis 263
Styrax odoratissimus 263
Styrax suberifolius 263
Styrax tonkinensis 263
Styrax wuyuanensis 263
Suaeda 241
Suaeda australis 241
Swertia 279
Swertia angustifolia 279
Swertia angustifolia var. *pulchella* 279
Swertia bimaculata 279
Swertia diluta 279
Swertia hickinii 279
Swertia punicea 279
Sycopsis 133
Sycopsis dunnii 133
Sycopsis sinensis 133
Sycopsis tutcheri 133
Symphyotrichum 342
Symphyotrichum retroflexum 342
Symphyotrichum subulatum 342
Symphytum 284
Symphytum officinale 284
Symplocaceae 260
Symplocos 260
Symplocos adenopus 260
Symplocos anomala 260
Symplocos botryantha 261
Symplocos chinensis 261
Symplocos cochinchinensis 260

Symplocos cochinchinensis var. *laurina* 260
Symplocos cochinchinensis var. *puberula* 260
Symplocos congesta 260
Symplocos crassifolia 260
Symplocos decora 261
Symplocos dung 260
Symplocos ernestii 260
Symplocos fukienensis 260
Symplocos glauca 260
Symplocos glomerata 260
Symplocos groffii 260
Symplocos heishanensis 260
Symplocos lancifolia 260
Symplocos lancilimba 261
Symplocos laurina var. *bodinieri* 260
Symplocos lucida 260
Symplocos mollifolia 260
Symplocos multipes 260
Symplocos paniculata 261
Symplocos pendula 261
Symplocos pendula var. *hirtistylis* 261
Symplocos phyllocalyx 260
Symplocos pseudobarberina 261
Symplocos ramosissima 261
Symplocos sawafutagi 261
Symplocos setchuensis 260
Symplocos stellaris 261
Symplocos subconnata 261
Symplocos sumuntia 261
Symplocos tetragona 260
Symplocos urceolaris 261
Symplocos viridissima 261
Symplocos wikstroemiifolia 261
Symplocos yizhangensis 260
Synedrella 332
Synedrella nodiflora 332
Syneilesis 331
Syneilesis aconitifolia 331
Synotis 330
Synotis fulvipes 330
Synurus 330
Synurus deltoides 330
Syringa 291
Syringa tomentella 291
Syzygium 212
Syzygium austrosinense 212
Syzygium buxifolium 212
Syzygium buxifolium var. *verticillatum* 212
Syzygium grijsii 212
Syzygium hancei 212

T

Tacca 60
Tacca plantaginea 60
Tadehagi pseudotriquetrum 143
Tadehagi 143
Tadehagi triquetrum 143
Taeniophyllum 68
Taeniophyllum glandulosum 68
Tagetes 342

Tagetes erecta 342
Tainia 67
Tainia cordifolia 67
Tainia dunnii 67
Taiwania 37
Taiwania cryptomerioides 37
Taiwania flousiana 37
Talinaceae 244
Talinum 244
Talinum paniculatum 244
Tapiscia 215
Tapiscia sinensis 215
Tapiscia yunnanensis 215
Tapisciaceae 215
Taraxacum 331
Taraxacum indicum 331
Taraxacum mongolicum 331
Tarenna 273
Tarenna acutisepala 273
Tarenna depauperata 273
Tarenna mollissima 273
Taxaceae 37
Taxillus 233
Taxillus chinensis 233
Taxillus kaempferi 233
Taxillus levinei 233
Taxillus limprichtii 233
Taxillus nigrans 233
Taxillus sutchuenensis 233
Taxodium 36
Taxodium distichum 36
Taxodium distichum var. *imbricatum* 36
Taxodium mucronatum 36
Taxus 37
Taxus wallichiana f. *flaviarilla* 37
Taxus wallichiana var. *chinensis* 37
Taxus wallichiana var. *mairei* 37
Tectaria 26
Tectaria phaeocaulis 26
Tectariaceae 26
Telosma 281
Telosma cordata 281
Tephroseris 331
Tephroseris kirilowii 331
Tephrosia 142
Tephrosia vestita 142
Ternstroemia 251
Ternstroemia gymnanthera 251
Ternstroemia kwangtungensis 252
Ternstroemia luteoflora 252
Ternstroemia nitida 252
Ternstroemia subrotundifolia 252
Tetradium 220
Tetradium austrosinense 220
Tetradium daniellii 220
Tetradium glabrifolium 220
Tetradium rutaecarpa var. *bodinieri* 220
Tetradium rutaecarpa var. *officinalis* 220
Tetradium ruticarpum 220
Tetrapanax 349
Tetrapanax papyrifer 349
Tetrastigma 140

Tetrastigma hemsleyanum 140
Tetrastigma obtectum 140
Tetrastigma obtectum var. *glabrum* 140
Tetrastigma obtectum var. *pilosum* 140
Tetrastigma planicaule 140
Teucrium 307
Teucrium bidentatum 307
Teucrium japonicum 307
Teucrium pernyi 307
Teucrium pilosum 307
Teucrium quadrifarium 307
Teucrium viscidum 307
Teucrium viscidum var. *nepetoides* 307
Thalictrum 125
Thalictrum acutifolium 125
Thalictrum faberi 125
Thalictrum fargesii 125
Thalictrum fortunei 125
Thalictrum ichangense 125
Thalictrum javanicum 125
Thalictrum minus var. *hypoleucum* 125
Thalictrum tuberiferum 126
Thalictrum umbricola 126
Thalictrum wuyishanicum 126
Theaceae 257
Theligonum 274
Theligonum japonicum 274
Thelypteridaceae 18
Themeda 117
Themeda caudata 117
Themeda triandra 117
Themeda villosa 117
Thermopsis 155
Thermopsis chinensis 155
Thesium 232
Thesium chinense 232
Thesium longifolium 232
Thladiantha 190
Thladiantha cordifolia 190
Thladiantha dentata 190
Thladiantha globicarpa 190
Thladiantha harmsii 190
Thladiantha nudiflora 190
Thladiantha punctata 190
Thlaspi 229
Thlaspi arvense 229
Thrixspermum 68
Thrixspermum japonicum 68
Thrixspermum saruwatarii 68
Thuja 37
Thuja occidentalis 37
Thuja plicata 37
Thuja standishii 37
Thujopsis 36
Thujopsis dolabrata 36
Thymelaeaceae 226
Thyrocarpus 283
Thyrocarpus glochidiatus 283
Thyrocarpus sampsonii 283
Thysanolaena 116
Thysanolaena latifolia 116
Thysanotus 79

Thysanotus chinensis 79
Tiarella 135
Tiarella polyphylla 135
Tilia 225
Tilia breviradiata 225
Tilia chingiana 225
Tilia croizatii 225
Tilia endochrysea 225
Tilia henryana 225
Tilia henryana var. *subglabra* 225
Tilia japonica 225
Tilia lepidota 225
Tilia membranacea 225
Tilia miqueliana 225
Tilia mofungensis 225
Tilia oblongifolia 225
Tilia oliveri 225
Tilia paucicostata 225
Tilia tristis 225
Tilia tuan 225
Tilia tuan var. *chinensis* 225
Tinospora 121
Tinospora capillipes 121
Tinospora sagittata 121
Titanotrichum 293
Titanotrichum oldhamii 293
Toddalia 221
Toddalia asiatica 221
Tolypanthus 233
Tolypanthus maclurei 233
Tomophyllum 30
Tomophyllum donianum 30
Tongoloa 351
Tongoloa stewardii 351
Toona 222
Toona ciliata 222
Toona ciliata var. *pubescens* 222
Toona sinensis 222
Torenia 298
Torenia asiatica 298
Torenia fordii 298
Torenia fournieri 298
Torenia violacea 298
Torilis 351
Torilis japonica 351
Torilis scabra 351
Torreya 37
Torreya fargesii 37
Torreya grandis 37
Torreya jackii 37
Torreya nucifera 37
Toxicodendron 216
Toxicodendron radicans subsp. *hispidum* 216
Toxicodendron succedaneum 216
Toxicodendron succedaneum var. *kiangsiense* 216
Toxicodendron sylvestre 216
Toxicodendron trichocarpum 216
Toxicodendron vernicifluum 216
Toxicodendron wallichii var. *microcarpum* 216
Toxocarpus 281

Toxocarpus villosus 281
Trachelospermum 280
Trachelospermum asiaticum 280
Trachelospermum axillare 280
Trachelospermum bodinieri 280
Trachelospermum brevistylum 280
Trachelospermum dunnii 280
Trachelospermum gracilipes 280
Trachelospermum jasminoides 280
Trachycarpus 80
Trachycarpus fortunei 80
Trapa 209
Trapa incisa 209
Trapa macropoda 209
Trapa mammillifera 209
Trapa natans 209
Trapa natans var. *pumila* 209
Trapa pseudoincisa var. *nanchangensis* 209
Trapa quadrispinosa 209
Trapella 295
Trapella sinensis 295
Trema 175
Trema cannabina 175
Trema cannabina var. *dielsiana* 175
Trema tomentosa 175
Triadenum 198
Triadenum breviflorum 198
Triadica 206
Triadica cochinchinensis 206
Triadica rotundifolia 206
Triadica sebifera 206
Trianthema 243
Trianthema portulacastrum 243
Tribulus 141
Tribulus terrestris 141
Trichophorum 94
Trichophorum subcapitatum 94
Trichosanthes 189
Trichosanthes cucumeroides 189
Trichosanthes hupehensis 190
Trichosanthes jinggangshanica 189
Trichosanthes kirilowii 190
Trichosanthes laceribractea 190
Trichosanthes pedata 190
Trichosanthes rosthornii 190
Trichosanthes uniflora 190
Tricyrtis 64
Tricyrtis chinensis 64
Tricyrtis macropoda 64
Tricyrtis pilosa 64
Tricyrtis viridula 64
Trifolium 155
Trifolium pratense 155
Trifolium repens 155
Trigonotis 284
Trigonotis laxa 284
Trigonotis laxa var. *hirsuta* 284
Trigonotis peduncularis 284
Trillium 62
Trillium tschonoskii 62
Triodanis 324
Triodanis biflora 324

Triodanis perfoliata subsp. *biflora* 324
Tripogon 114
Tripogon chinensis 114
Tripogon filiformis 114
Tripogon longearistatus 114
Tripolium 330
Tripolium pannonicum 330
Tripora 316
Tripora divaricata 316
Tripterospermum 278
Tripterospermum chinense 278
Tripterospermum filicaule 278
Tripterospermum nienkui 278
Tripterygium 192
Tripterygium wilfordii 192
Trisetum 114
Trisetum bifidum 114
Trisetum henryi 114
Triumfetta 226
Triumfetta annua 226
Triumfetta bartramia 226
Triumfetta cana 226
Triumfetta pilosa 226
Triumfetta rhomboidea 226
Triuridaceae 60
Tsuga 33
Tsuga chinensis 33
Tsuga longibracteata 33
Tubocapsicum 287
Tubocapsicum anomalum 287
Tulipa 64
Tulipa erythronioides 64
Tulipa gesneriana 64
Turczaninovia 332
Turczaninovia fastigiata 332
Turpinia 214
Turpinia arguta 214
Turpinia arguta var. *pubescens* 214
Turpinia montana 215
Tussilago 332
Tussilago farfara 332
Tylophora 280
Tutcheria brachycarpa 258
Tutcheria greeniae 258
Tutcheria hirta 258
Tutcheria microcarpa 258
Tylophora floribunda 280
Tylophora ovata 280
Tylophora silvestris 280
Typha 84
Typha angustifolia 84
Typha domingensis 84
Typha laxmannii 84
Typha orientalis 84
Typhaceae 84
Typhonium 55
Typhonium blumei 55

U

Ulmaceae 174
Ulmus 174
Ulmus bergmanniana 174

Ulmus castaneifolia 174
Ulmus changii 174
Ulmus davidiana var. *japonica* 174
Ulmus elongata 174
Ulmus macrocarpa 174
Ulmus parvifolia 174
Ulmus pumila 174
Ulmus szechuanica 175
Ulmus wilsoniana 174
Uncaria 271
Uncaria rhynchophylla 271
Uncaria sinensis 271
Uraria 153
Uraria crinita 153
Uraria fujianensis 153
Uraria lagopodioides 153
Uraria neglecta 153
Urceola 280
Urceola huaitingii 280
Urceola micrantha 280
Urceola rosea 280
Urena 225
Urena lobata 225
Urena lobata var. *chinensis* 225
Urena procumbens 225
Urtica 181
Urtica fissa 181
Urtica laetevirens 181
Urtica lotabifolia 181
Urticaceae 178
Utricularia 301
Utricularia aurea 301
Utricularia australis 301
Utricularia bifida 301
Utricularia caerulea 301
Utricularia gibba 302
Utricularia minutissima 302
Utricularia striatula 302
Utricularia vulgaris 302
Utricularia warburgii 302
Uvaria 46
Uvaria boniana 46

V

Vaccaria 240
Vaccaria hispanica 240
Vaccinium 265
Vaccinium bracteatum 265
Vaccinium bracteatum var. *chinense* 266
Vaccinium bracteatum var. *rubellum* 266
Vaccinium carlesii 266
Vaccinium guangdongense 266
Vaccinium henryi 266
Vaccinium henryi var. *chingii* 266
Vaccinium iteophyllum 266
Vaccinium japonicum 266
Vaccinium japonicum var. *sinicum* 266
Vaccinium longicaudatum 266
Vaccinium mandarinorum 266
Vaccinium randaiense 266
Vaccinium trichocladum 266
Vaccinium trichocladum var. *glabrirace-*

mosum 266
Valeriana 346
Valeriana hardwickii 346
Valeriana officinalis 346
Vallisneria 57
Vallisneria asiatica 57
Vallisneria natans 57
Vallisneria spinulosa 57
Vandenboschia 06
Vandenboschia auriculata 06
Vandenboschia kalamocarpa 06
Vandenboschia striata 06
Ventilago 171
Ventilago leiocarpa 171
Veratrum 61
Veratrum grandiflorum 61
Veratrum japonicum 62
Veratrum maackii 61
Veratrum nigrum 61
Veratrum oblongum 61
Veratrum schindleri 62
Verbascum 298
Verbascum thapsus 298
Verbena 302
Verbena officinalis 302
Verbenaceae 302
Vernicia 202
Vernicia fordii 202
Vernicia montana 202
Vernonia 333
Vernonia aspera 333
Vernonia cinerea 333
Vernonia cumingiana 333
Vernonia saligna 333
Vernonia solanifolia 333
Veronica 295
Veronica anagallis-aquatica 295
Veronica arvensis 296
Veronica hederaefolia 296
Veronica henryi 296
Veronica javanica 296
Veronica peregrina 296
Veronica persica 296
Veronica polita 296
Veronica serpyllifolia 296
Veronica undulata 296
Veronica yunnanensis 296
Veronicastrum 294
Veronicastrum axillare 294
Veronicastrum caulopterum 294
Veronicastrum robustum 294
Veronicastrum stenostachyum 294
Veronicastrum stenostachyum subsp. *plukenetii* 294
Veronicastrum villosulum 295
Veronicastrum villosulum var. *glabrum* 295
Veronicastrum villosulum var. *hirsutum* 295
Veronicastrum villosulum var. *parviflorum* 295
Viburnum 343

Viburnum betulifolium 343
Viburnum brachybotryum 343
Viburnum brevipes 343
Viburnum brevitubum 343
Viburnum chunii 343
Viburnum cinnamomifolium 343
Viburnum corymbiflorum 343
Viburnum cylindricum 343
Viburnum dalzielii 343
Viburnum dilatatum 343
Viburnum erosum 343
Viburnum foetidum 343
Viburnum foetidum var. *rectangulatum* 343
Viburnum fordiae 343
Viburnum formosanum 343
Viburnum formosanum subsp. *leiogynum* 343
Viburnum formosanum var. *pubigerum* 343
Viburnum glomeratum 343
Viburnum glomeratum subsp. *magnificum* 344
Viburnum hanceanum 344
Viburnum hengshanicum 344
Viburnum henryi 344
Viburnum lancifolium 344
Viburnum luzonicum 344
Viburnum macrocephalum 344
Viburnum macrocephalum f. *keteleeri* 344
Viburnum melanocarpum 344
Viburnum odoratissimum 344
Viburnum oliganthum 344
Viburnum opulus 344
Viburnum opulus subsp. *calvescens* 344
Viburnum plicatum 344
Viburnum plicatum f. *tomentosum* 344
Viburnum propinquum 344
Viburnum rhytidophyllum 344
Viburnum sargentii f. *calvescens* 344
Viburnum schensianum 344
Viburnum sempervirens 344
Viburnum sempervirens var. *trichophorum* 344
Viburnum setigerum 344
Viburnum setigerum var. *sulcatum Hsu* 344
Viburnum sympodiale 345
Viburnum urceolatum 345
Viburnum wrightii 345
Vicia 151
Vicia cracca 151
Vicia faba 151
Vicia hirsuta 152
Vicia kulingana 152
Vicia mingyueshanensis 152
Vicia pseudo-orobus 152
Vicia sativa 152
Vicia sativa subsp. *nigra* 152
Vicia tetrasperma 152
Vicia unijuga 152
Vicia villosa 152
Vigna 152
Vigna angularis 152
Vigna minima 152
Vigna radiata 152
Vigna umbellata 152

Vigna unguiculata 152
Vigna unguiculata subsp. *cylindrica* 152
Vigna unguiculata subsp. *sesquipedalis* 152
Vigna vexillata 152
Vigna vexillata var. *yunnanensis* 152
Viola 198
Viola acuminata 198
Viola arcuata 198
Viola austrosinensis 198
Viola belophylla 198
Viola betonicifolia 198
Viola chaerophylloides 198
Viola chaerophylloides var. *sieboldiana* 198
Viola changii 198
Viola collina 198
Viola davidii 198
Viola diffusa 198
Viola fargesii 199
Viola faurieana 199
Viola grypoceras 199
Viola hondoensis 199
Viola hunanensis 199
Viola inconspicua 199
Viola japonica 199
Viola jinggangshanensis 199
Viola kiangsiensis 199
Viola kosanensis 199
Viola kwangtungensis 199
Viola lactiflora 199
Viola lucens 199
Viola magnifica 199
Viola monbeigii 198
Viola moupinensis 199
Viola mucronulifera 199
Viola nanlingensis 199
Viola patrinii 199
Viola philippica 199
Viola pilosa 199
Viola rossii 199
Viola selkirkii 199
Viola stewardiana 199
Viola striatella 200
Viola sumatrana 200
Viola thomsonii 200
Viola triangulifolia 200
Viola urophylla 200
Viola variegata 200
Viola violacea 200
Viola yedoensis 199
Viola yunnanfuensis 200
Violaceae 198
Viscum 232
Viscum articulatum 232
Viscum coloratum 232
Viscum diospyrosicola 232
Viscum liquidambaricola 232
Viscum multinerve 232
Vitaceae 138
Vitales 138
Vitex 307
Vitex canescens 307
Vitex negundo 307

Vitex negundo var. *cannabifolia* 307
Vitex negundo var. *heterophylla* 308
Vitex quinata 308
Vitex rotundifolia 308
Vitex sampsonii 308
Vitis 138
Vitis amurensis 138
Vitis balansana 138
Vitis bellula 138
Vitis betulifolia 138
Vitis bryoniifolia 138
Vitis chunganensis 138
Vitis chungii 138
Vitis davidii 138
Vitis davidii var. *ferruginea* 138
Vitis erythrophylla 138
Vitis flexuosa 138
Vitis fagifolia 138
Vitis hancockii 138
Vitis heyneana 138
Vitis heyneana subsp. *ficifolia* 138
Vitis hui 138
Vitis jinggangensis 138
Vitis lanceolatifoliosa 139
Vitis longquanensis 139
Vitis piasezkii 139
Vitis pilosonerva 139
Vitis pseudoreticulata 139
Vitis quinquangularis var. *bellula* 138
Vitis romanetii 139
Vitis silvestrii 139
Vitis sinocinerea 139
Vitis tsoi 139
Vitis vinifera 139
Vitis wilsoniae 139
Vitis wuhanensis 139
Vrydagzynea 68
Vrydagzynea nuda 68
Vulpia 114
Vulpia myuros 114

W

Wahlenbergia 323
Wahlenbergia marginata 323
Waltheria 225
Waltheria indica 225
Weigela 346
Weigela coraeensis 346
Weigela florida 346
Weigela japonica var. *sinica* 346
Wikstroemia 227
Wikstroemia canescens 227
Wikstroemia glabra 227
Wikstroemia gracilis 227
Wikstroemia indica 227
Wikstroemia micrantha 227
Wikstroemia monnula 227
Wikstroemia nutans 227
Wikstroemia nutans var. *brevior* 227
Wikstroemia pilosa 227
Wikstroemia pilosa var. *kulingensis* 227
Wikstroemia trichotoma 227

Wisteria 152
Wisteria floribunda 152
Wisteria sinensis 152
Wolffia 55
Wolffia arrhiza 55
Wollastonia 342
Wollastonia biflora 342
Wollastonia montana 342
Woodsia 15
Woodsia manchuriensis 15
Woodsia polystichoides 15
Woodsiaceae 15
Woodwardia 15
Woodwardia japonica 15
Woodwardia orientalis 15
Woodwardia prolifera 15
Woodwardia unigemmata 16

X

Xanthium 332
Xanthium strumarium 332
Xylosma 202
Xylosma congesta 202
Xylosma controversa 202
Xylosma controversa var. *pubescens* 202
Xyridaceae 84
Xyris 84
Xyris pauciflora 84

Y

Yinshania 228
Yinshania fumarioides 228
Yinshania hui 228
Yinshania hunanensis 228
Yinshania lichuanensis 228
Yinshania rivulorum 228
Yinshania rupicola subsp. *shuangpaiensis* 228
Yinshania sinuata 228
Yinshania sinuata subsp. *qianwuensis* 228
Yoania 68
Yoania japonica 68
Youngia 332
Youngia erythrocarpa 332
Youngia henryi 332
Youngia heterophylla 332
Youngia japonica 332
Youngia japonica subsp. *elstonii* 332
Youngia japonica subsp. *longiflora* 332
Youngia paleacea 332
Ypsilandra 61
Ypsilandra thibetica 61
Yua 140
Yua austro-orientalis 140
Yua thomsonii 140
Yua thomsonii var. *glaucescens* 140
Yulania 44
Yulania × *soulangeana* 45
Yulania amoena 44
Yulania biondii 44
Yulania cylindrica 44
Yulania denudata 44
Yulania kobus 44

Yulania liliiflora 44
Yulania sargentiana 44
Yulania sprengeri 45
Yulania zenii 45
Yushania 113
Yushania baishanzuensis 113
Yushania confusa 114
Yushania farinosa 114
Yushania hirticaulis 114
Yushania niitakayamensis 114
Yushania varians 114

Z

Zabelia 345
Zabelia dielsii 345
Zannichellia 58
Zannichellia palustris 58
Zanthoxylum 219
Zanthoxylum ailanthoides 219
Zanthoxylum armatum 219
Zanthoxylum austrosinense 219
Zanthoxylum austrosinense var. *stenophyllum* 219
Zanthoxylum avicennae 219
Zanthoxylum bungeanum 219
Zanthoxylum dimorphophyllum 220
Zanthoxylum dimorphophyllum var. *spinifolium* 220
Zanthoxylum dissitum 220
Zanthoxylum micranthum 220
Zanthoxylum molle 220
Zanthoxylum myriacanthum 220
Zanthoxylum nitidum 220
Zanthoxylum scandens 220
Zanthoxylum schinifolium 220
Zanthoxylum simulans 220
Zanthoxylum stenophyllum 220
Zanthoxylum stipitatum 220
Zea 113
Zea mays 113
Zehneria 191
Zehneria bodinieri 191
Zehneria indica 191
Zehneria japonica 191
Zehneria mucronata 191
Zelkova 174
Zelkova schneideriana 174
Zelkova serrata 174
Zelkova sinica 174
Zenia 152
Zenia insignis 152
Zephyranthes 78
Zephyranthes candida 78
Zephyranthes carinata 78
Zeuxine 68
Zeuxine flava 68
Zeuxine strateumatica 68
Zingiber 83
Zingiber mioga 83
Zingiber officinale 83
Zingiber striolatum 83
Zingiberaceae 82

Zingiberales 82
Zinnia 342
Zinnia peruviana 342
Zizania 113
Zizania latifolia 113
Ziziphus 172

Ziziphus jujuba 172
Ziziphus jujuba var. *inermis* 172
Zornia 153
Zornia gibbosa 153
Zoysia 113
Zoysia japonica 113

Zoysia pacifica 113
Zoysia sinica 113
Zygophyllaceae 141
Zygophyllales 141

增订物种

① 鳞毛蕨科 Dryopteridaceae Hene

鳞毛蕨属 *Dryopteris* Adanson

- 无盖肉刺蕨 *Dryopteris shikokiana* (Makino) C.Chr.
  分布：崇义。
  评述：江西新记录种。

② 藜芦科 Melanthiaceae Batsch ex Borkh.

仙杖花属 *Chamaelirium* Willd.

- 南岭仙杖花（南岭白丝草）*Chamaelirium nanlingense* (L.Wu, Y.Tong & Q.R.Liu) N.Tanaka
  分布：崇义。
  评述：江西新记录种。

③ 鸭跖草科 Commelinaceae Mirb.

竹叶子属 *Streptolirion* Edgew.

- 竹叶子 *Streptolirion volubile* Edgew.
  分布：崇义。
  评述：江西首次报道，标本凭证"吴大成 840137"。

④ 唇形科 Lamiaceae Martinov

鼠尾草属 *Salvia* L.

- 附片鼠尾草 *Salvia appendiculata* Stib.
  分布：黎川、崇义、会昌、石城、大余。
  评述：江西新记录种。

⑤ 菊科 Asteraceae Bercht. & J. Presl

菊芹属 *Erechtites* Raf.

- 败酱叶菊芹 *Erechtites valerianifolius* (Link ex Spreng.) DC.
  分布：大余、崇义。
  评述：江西新记录种。

后 记

坐在庐山植物园图书楼的窗前,眺望窗外,只见园中松柏巍峨,绿荫生机,而此时大脑不由自主地构想百年前,那些个事和那些个人,往事仿佛昨天,而今天要说的故事,将领着我们走进一段百年植学奋发之路。

1921年,执教于东南大学(前身为南京高等师范学校)农科生物系的胡先骕,与当时的著名动物学家秉志、农科主任邹秉文和著名植物学家陈焕镛创建了我国第一个生物系。为了扩充学校教学标本、研究中国植物和培养植物分类学人才,即将改组为东南大学的南京高等师范学校,在1921之前,就获得了国内7所大学、24所中学和商务印书馆的赞助,并以胡先骕为领队,对中国西南地区植物大举进行采集研究。因当时美国哈佛大学阿诺德树木园副主任威尔逊来信言"自西人采集中国植物以来,多在中国川滇地区,对东南各省深入采集甚少,特别是浙、赣、湘、粤、闽、黔省份"。然浙、赣距离东南大学较近,因此1920年胡先骕先前往浙江采集,得《浙江植物名录》,并刊于当年《科学》杂志上。1921年春转道江西采集,累计历时5月有余,途经庐山、南昌、新建、安福、芦溪、永新、吉安、上犹、赣县、兴国、赣州、大余、龙南、全南、信丰、安远、会昌、石城、宁都、广昌、南城、资溪、铅山、广信、上饶等地采集,是年8月中旬回到庐山,共计获得腊叶标本15000多份。经鉴定整理得《江西植物名录》,年底刊于《科学》杂志上。

胡先骕虽不是江西植物标本采集第一人,但先生是首次全面系统采集调查研究江西各地植物第一人,也是系统整理江西植物名录第一人,开启了江西百年植物研究。往后百年间无数植物学者和采集学者跟随胡先生的脚步继续深入江西山川河流,采集标本34万份,为江西植物研究百年之集成。笔者查阅现有可公开资料得知,近百年来,系统研究整理江西植物名录,并出版或刊发见稿(油印本)的仅见3部。然近20年来随着分子技术手段、物种的概念、植物分类手段、分子系统与进化研究技术的发展,以及江西植物多样性调查深入开展、采集盲区的补充采集以及新记录植物、新物种被大量发现,还有大量专科专属的分类学研究成果对许多物种学名和分类地位进行了修订。以往的名录和资料很难满足现有科研、农林生产和行政管理等需求。

笔者在2018年参与江西数字植物标本馆筹建之时,亦发现上述问题之所在,颇感重新编订名录之重要与迫切。为此,庐山植物园标本馆编写团队,花费两年时间,以庐山植物园标本馆自建园至今采集的10万份馆藏标本为物种编目本底,查阅中国数字植物标本馆24万份标本和近二十年来江西植物研究文献资料,其中包含前人整理之名录,《江西植物名录》(杨祥学,1982)和《江西种子植物名录》(刘仁林,2010),按照最新国际植物分类系统和物种分类修订结果,重新整理修订编撰江西维管植物多样性编目。今此书告成，亦是百年发展之总结，更是开启新版《江西植物志》编撰之蓝本。

　　此书之成，非一人一机构所能为，乃无数先人及学者之功，后学不敢冒领众人之辛劳，亦不过取众家之所研，集之于本书，尽己所能，望推江西植学之发展，以期达学术之意义，又尝能表故人之功德。百年历程，群体之能，后学当不忘初心，不负韶华，奋发进取。特此后记，缅怀曾经那些个事和人。

编　者
于庐山植物园图书楼
2021 年 7 月 9 日